단기완성

모아
공초냉동기계
기사 실기

모아합격전략연구소

합격에 딱 맞춰 다이어트 제대로 한 핵심이론
최신 7개년 과년도 문제 수록(2024~2018년)
이해를 돕는 풍부한 시각적 자료 수록
이론 적용을 위한 챕터별 핵심문제 수록

공조냉동기계기사 자격시험 알아보기

01 공조냉동기계기사는 어떤 업무를 담당하는가?

A. 「에너지이용 합리화법」에 의한 에너지절약전문기업의 기술인력, 「고압가스 안전관리법」에 의해 냉동 제조시설, 냉동기 제조시설의 안전관리책임자, 「건설기술관리법」에 의한 감리전문회사의 감리원 등으로서 고압가스 및 냉동기의 제조공정을 관리하거나, 위해(危害)예방을 위한 안전관리규정의 시행, 냉동 및 공기조화설비의 시공, 유지, 보수 등에 관한 업무를 수행한다.

02 공조냉동기계기사 자격시험은 어떻게 시행되는가?

시행기관
한국산업인력공단

시험과목(필기)
에너지 관리
공조냉동 설계
시운전 및 안전관리
유지보수 공사관리

시행과목(실기)
냉동 및 냉난방 설계

검정방법(필기)
객관식 과목당 20문항
(과목당 30분)

검정방법(실기)
필답형(3시간)

합격기준
필기 : 100점 만점에 과목당 40점 이상
전과목 평균 60점 이상
실기 : 100점 만점에 60점 이상

03 공조냉동기계기사 자격시험은 언제 시행되는가?

구분	필기 원서접수	필기시험	필기 합격자 발표(예정자)	실기 원서접수	실기 시험	최종 합격자 발표일
2025년 제1회	1.13(월) ~ 1.16(목)	2.7(금) ~ 3.4(화)	3.12(수)	3.24(월) ~ 3.27(목)	4.19(토) ~ 5.9(금)	1차 6.5(목) 2차 6.13(금)
2025년 제2회	4.14(월) ~ 4.17(목)	5.10(토) ~ 5.30(금)	6.11(수)	6.23(월) ~ 6.26(목)	7.19(토) ~ 8.6(수)	1차 9.5(금) 2차 9.12(금)
2025년 제3회	7.21(월) ~ 7.24(목)	8.9(토) ~ 9.1(월)	9.10(수)	9.22(월) ~ 9.25(목)	11.1(토) ~ 11.21(금)	1차 12.5(금) 2차 12.24(수)

자세한 정보는 큐넷(https://www.q-net.or.kr)을 참고 바랍니다.

04 공조냉동기계기사 최근 합격률은 어떠한가?

연도	필기			실기		
	응시	합격	합격률	응시	합격	합격률
2024	9,918명	4,357명	43.9%	7,092명	1,907명	26.9%
2023	8,757명	3,223명	36.8%	4,631명	1,908명	41.2%
2022	6,022명	2,051명	34.1%	4,288명	1,503명	35.1%
2021	6,965명	3,425명	49.2%	5,955명	1,813명	30.4%
2020	5,640명	2,707명	48%	5,438명	1,268명	23.3%
2019	5,456명	2,655명	48.7%	4,026명	860명	21.4%
2018	4,570명	1,694명	37.1%	2,855명	938명	32.9%

05 공조냉동기계기사 자격시험 응시 사이트는 어디인가?

A. 큐넷(https://www.q-net.or.kr)원서 접수는 온라인(인터넷, 모바일앱)에서만 가능합니다. 스마트폰, 태블릿PC 사용자는 모바일앱 프로그램을 설치한 후 접수 및 취소, 환불서비스를 이용하시기 바랍니다.

공조냉동기계기사 실기
21일만에 합격하기

하루 소요 공부예정시간
대략 평균 5시간

📝 모아 공조냉동기계기사 **실기**

DAY 1,2	Chapter 01 공기조화 및 냉동공학의 기초이론	✏️ **학습 Comment** 실기시험에 필요한 공기조화 및 냉동공학의 기초이론을 학습하는 챕터입니다. 대다수가 필기에서 배웠던 개념들이므로 정리하는 시간을 가져봅시다. 추가적으로 실기시험에 출제되는 이론을 정리해 주시면 됩니다.
DAY 3,4	Chapter 02 냉동공학	✏️ **학습 Comment** 냉동공학은 실기시험에서 출제 비중이 약 35%가량 되는 챕터입니다. 몰리에르 선도를 이용한 계산문제(응축열량, 증발열량, 냉매순환량, 냉동능력, 성적계수 등), 냉동장치의 흐름도 및 계통도 작성하는 문제, 부속기기의 기능과 역할 등에 대한 단답형 문제 등이 출제됩니다. 주로 계산문제가 출제되므로 선도 해석능력을 높이고, 냉동사이클에 대한 이해와 더불어 공식 암기를 철저히 해야 합니다.
DAY 5,6	Chapter 03 공기조화	✏️ **학습 Comment** 공기조화는 실기시험에서 출제 비중이 약 60%가량 되는 핵심 챕터입니다. 공기조화의 기초와 공기의 성질을 이해하고, 습공기 선도를 해석하여 냉난방 부하를 계산하는 문제, 송풍기의 정압구하는 문제, 덕트 설계 문제 등이 출제됩니다. 이해를 바탕으로 학습하여 주시고, 부하 계산 시 조건을 빠뜨리지 않는 연습을 해야 합니다.
DAY 7	2024년 과년도 문제풀이	
DAY 8	2023년 과년도 문제풀이	✏️ **학습 Comment** 하루에 과년도 3회차씩(1개년씩) 풀어보면, 뒤로 갈수록 눈에 익은 문제들도 많아지고, 답을 도출해내는 속도 또한 빨라질 겁니다. 계산문제들은 반복해서 출제되니 놓치지 마세요. 단답형 문제는 처음부터 암기하려 하지 마시고 눈에 글자를 바른다는 생각으로 쭉 읽어주시기 바랍니다. 또한 조건을 놓치거나, 계산실수가 발생한 문제들은 꼭 체크를 해두세요. 다음 회독할 때 틀린 문제를 중점적으로 보시면 빠르게 점수 향상이 가능합니다.
DAY 9	2022년 과년도 문제풀이	
DAY 10	2021년 과년도 문제풀이	
DAY 11	2020년 과년도 문제풀이	
DAY 12	2019년 과년도 문제풀이	
DAY 13	2018년 과년도 문제풀이	
DAY 14	2024, 2023년 과년도 문제풀이	✏️ **학습 Comment** 하루에 과년도 6회차씩(2개년씩) 틀린 문제와 단답형 문제를 풀어봅니다. 1회독 때 많이 반복된 문제들은 이제 눈에 익고 답도 보일거에요. 2회독 시 계산문제 중 틀린 문제들을 중점적으로 풀어주시고, 단답형 문제들을 2~3번 더 읽어봅니다. 역시나, 이번에도 틀린 문제들은 꼭 체크를 해 두고 다음 회독할 때 같은 실수를 반복하지 않도록 합시다.
DAY 15	2022, 2021년 과년도 문제풀이	
DAY 16	2020, 2019년 과년도 문제풀이	
DAY 17	2018년 과년도 문제풀이, 단답형 정리	
DAY 18	2024, 2023년 과년도 문제풀이 (1, 2회독 시 틀린 것 위주로 학습 및 암기)	
DAY 19	2022, 2021년 과년도 문제풀이 (1, 2회독 시 틀린 것 위주로 학습 및 암기)	✏️ **학습 Comment** 하루에 과년도 6회차씩(2개년씩) 틀린 문제만 풀어봅니다. 이 때는 계산문제보다 단답형 문제 암기를 더 집중적으로 학습합니다. 시험보기 1일 전 모든 내용을 정리해보세요.
DAY 20	2020, 2019년 과년도 문제풀이 (1, 2회독 시 틀린 것 위주로 학습 및 암기)	
DAY 21	2018년 과년도 문제풀이 (1, 2회독 시 틀린 것 위주로 학습 및 암기), 최종 마무리 정리	

공조냉동기계기사 실기
40일만에 합격하기

하루 소요 공부예정시간
대략 평균 3시간

📝 모아 공조냉동기계기사 **실기**

DAY 1~3	Chapter 01 공기조화 및 냉동공학의 기초이론	**✏ 학습 Comment** 실기시험에 필요한 공기조화 및 냉동공학의 기초이론을 학습하는 챕터입니다. 대다수가 필기에서 배웠던 개념들이므로 정리하는 시간을 가져봅시다. 추가적으로 실기시험에 출제되는 이론을 정리해 주시면 됩니다.
DAY 4~6	Chapter 02 냉동공학	**✏ 학습 Comment** 냉동공학은 실기시험에서 출제 비중이 약 35%가량 되는 챕터입니다. 몰리에르 선도를 이용한 계산문제(응축열량, 증발열량, 냉매순환량, 냉동능력, 성적계수 등), 냉동장치의 흐름도 및 계통도 작성하는 문제, 부속기기의 기능과 역할 등에 대한 단답형 문제 등이 출제됩니다. 주로 계산 문제가 출제되므로 선도 해석능력을 높이고, 냉동사이클에 대한 이해와 더불어 공식 암기를 철저히 해야 합니다.
DAY 7~9	Chapter 03 공기조화	**✏ 학습 Comment** 공기조화는 실기시험에서 출제 비중이 약 60%가량 되는 핵심 챕터입니다. 공기조화의 기초와 공기의 성질을 이해하고, 습공기 선도를 해석하여 냉난방 부하를 계산하는 문제, 송풍기의 정압구하는 문제, 덕트 설계 문제 등이 출제됩니다. 이해를 바탕으로 학습하여 주시고, 부하 계산 시 조건을 빠뜨리지 않는 연습을 해야 합니다.
DAY 10~22	2024년 ~ 2018년 과년도 문제풀이	**✏ 학습 Comment** 하루에 과년도 2회차씩 풀어보면, 뒤로 갈수록 눈에 익은 문제들도 많아지고, 답을 도출해내는 속도 또한 빨라질 겁니다. 계산문제들은 반복해서 출제되니 놓치지 마세요. 단답형 문제는 처음부터 암기하려 하지 마시고 눈에 글자를 바른다는 생각으로 쭉 읽어주시기 바랍니다. 또한 조건을 놓치거나, 계산실수가 발생한 문제들은 꼭 체크를 해 두세요. 다음 회독할 때 틀린 문제를 중점적으로 보시면 빠르게 점수 향상이 가능합니다.
DAY 23~29	2024년 ~ 2018년 과년도 문제풀이	**✏ 학습 Comment** 하루에 과년도 3회차씩(1개년씩) 계산문제 위주로 풀어봅니다. 1회독 때 많이 반복된 문제들은 이제 눈에 익고 답도 보일거에요. 2회독 시에도 계산문제에 치중해 주시고, 단답형 문제는 2~3번 반복해서 읽어봅니다. 자주 출제되는 단답형은 저절로 외워질거에요. 역시나, 이번에도 틀린 문제들은 꼭 체크를 해 두고 다음 회독할 때 같은 실수를 반복하지 않도록 합시다.
DAY 30~36	2024년 ~ 2018년 과년도 문제풀이	**✏ 학습 Comment** 하루에 과년도 3회차씩(1개년씩) 틀린 문제와 단답형 문제를 풀어봅니다. 2회독 시 계산문제 중 틀린 문제들을 중점적으로 풀어주시고, 단답형 문제들을 집중적으로 암기합니다.
DAY 37	24, 23, 22년 과년도 틀린 문제풀이	**✏ 학습 Comment** 하루에 과년도 9회차씩(3개년씩) 반복해서 틀린 문제와 단답형 문제만 풀어봅니다. 이 때는 내가 자주 실수하는 부분이 어디인지 자가점검하며, 최종적으로 마지막 정리를 해 나가시면 됩니다.
DAY 38	21, 20, 19년 과년도 틀린 문제풀이	
DAY 39	18년 과년도 틀린 문제풀이 & 단답형 문제 암기	
DAY 40	본인에게 부족한 파트 최종 정리	

참 잘 만들어서 참 공부하기 쉬운
모아 공조냉동기계기사 실기

이 책의 특징 살짝 엿보기

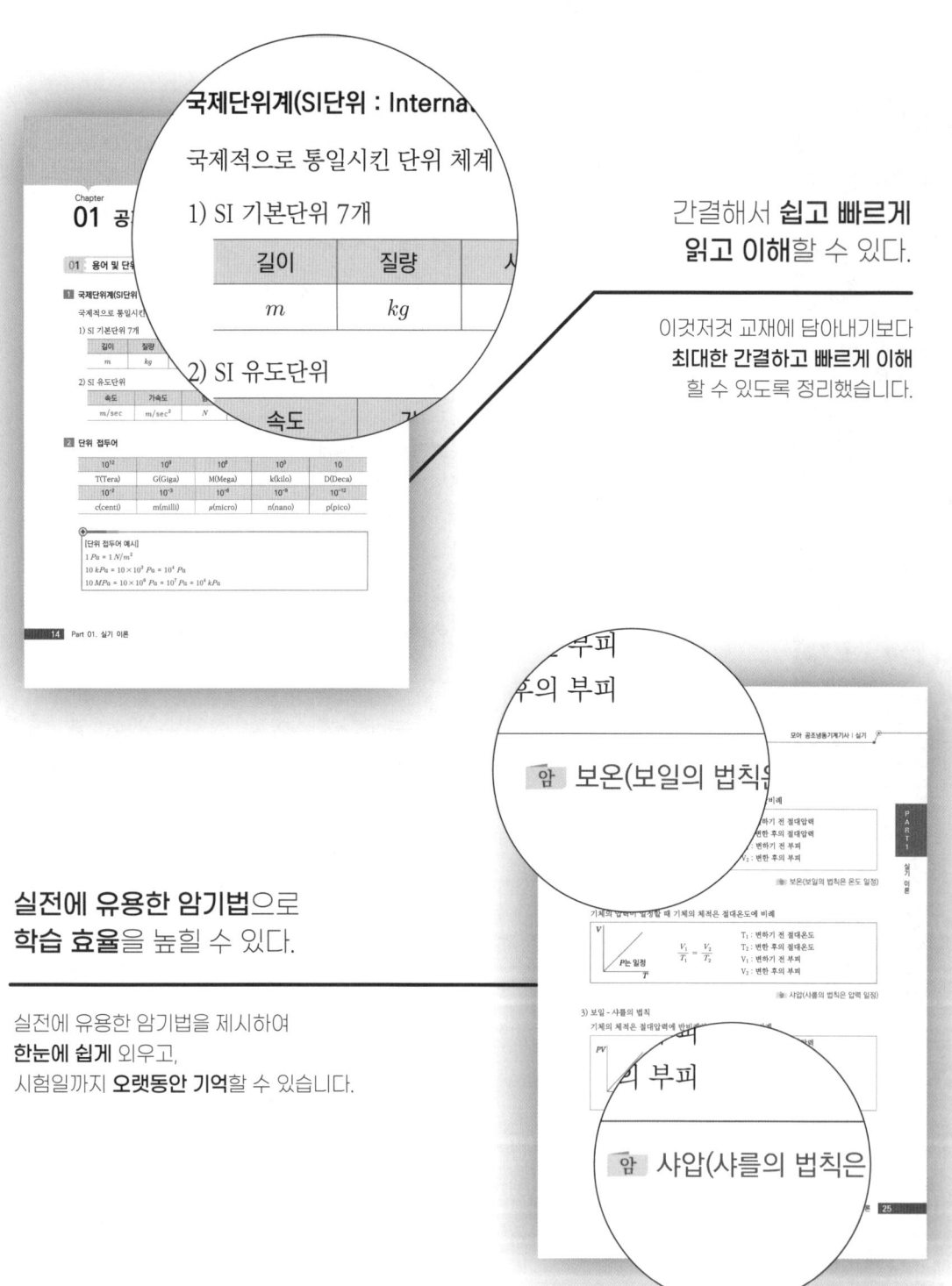

간결해서 **쉽고 빠르게**
읽고 이해할 수 있다.

이것저것 교재에 담아내기보다
최대한 간결하고 빠르게 이해
할 수 있도록 정리했습니다.

실전에 유용한 암기법으로
학습 효율을 높힐 수 있다.

실전에 유용한 암기법을 제시하여
한눈에 쉽게 외우고,
시험일까지 **오랫동안 기억**할 수 있습니다.

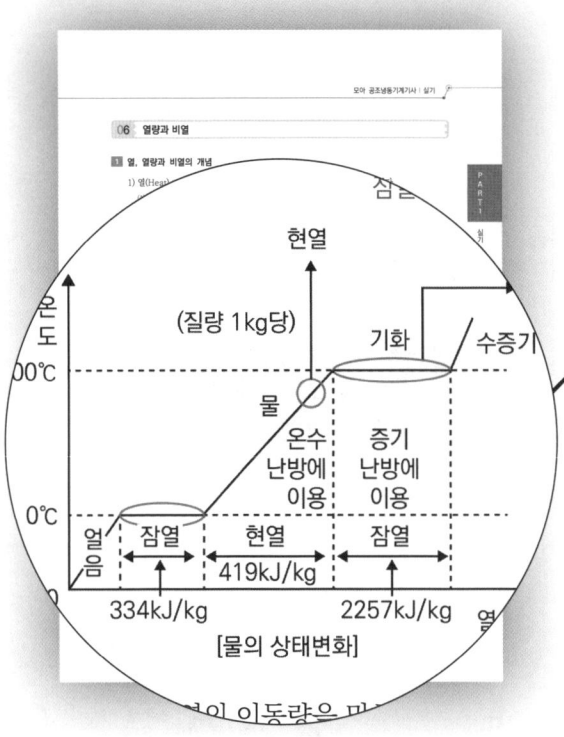

다양한 그림을 부족함 없이 수록하여
더욱 쉽게 이해할 수 있다.

텍스트만으로 설명하기 어려운
부분을 그림으로 표현하여
쉽게 이해할 수 있습니다.

과년도 7개년 문제를 통하여
최근 시험의 출제경향을 파악할 수있다.

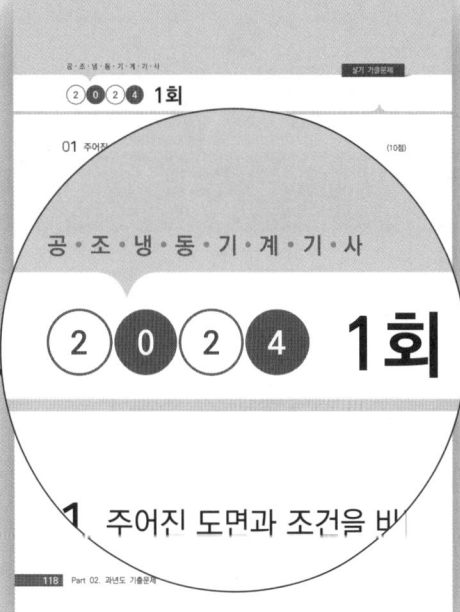

기출 정복이 곧 합격 정복입니다.
과년도 문제를 **연도별로 제공**함으로써
최근 시험 **출제 경향을 파악**하는 데
도움이 될 수 있도록 하였습니다.
또한 **풍부한 풀이**를 포함하여
어려움 없이 문제를 해결할 수 있습니다.

모아 공조냉동기계 시리즈

▌ 합격으로 가는 지름길
　빵꾸노트

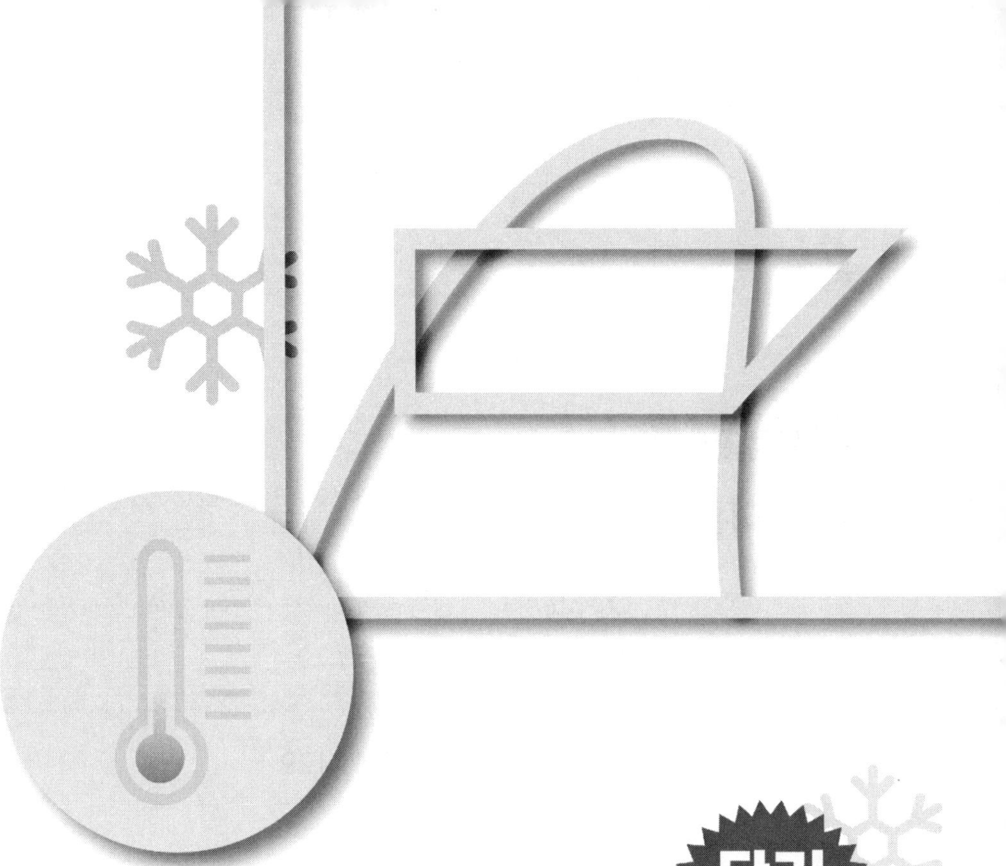

모아 공조냉동기계기사 실기

단기완성

모아합격전략연구소

목차

PART 01
실기 이론

| Chapter 01 | 공기조화 및 냉동공학의 기초이론 ················ 14 |
| 핵심문제 / 34 |
| Chapter 02 | 냉동공학 ·· 40 |
| 핵심문제 / 79 |
| Chapter 03 | 공기조화 ·· 88 |
| 핵심문제 / 129 |

PART 02
과년도 기출문제

2024년 1회 ·· 142
2024년 2회 ·· 161
2024년 3회 ·· 188

2023년 1회 ·· 210
2023년 2회 ·· 236
2023년 3회 ·· 255

2022년 1회 ·· 276
2022년 2회 ·· 296
2022년 3회 ·· 314

2021년 1회 ·· 332
2021년 2회 ·· 350
2021년 3회 ·· 368

2020년 1회	387
2020년 2회	407
2020년 3회	436
2020년 4회	457
2019년 1회	476
2019년 2회	497
2019년 3회	523
2018년 1회	550
2018년 2회	574
2018년 3회	594

PART 03

부록

1 습공기 h-x 선도	618
2 R-134a 몰리에르 선도	619
3 R-410A 몰리에르 선도	620
4 덕트 마찰손실 선도 (1)	621
5 덕트 마찰손실 선도 (2)	622
6 덕트 마찰손실 선도 (3)	623
7 덕트 마찰손실 선도 (4)	624

모아바 www.moa-ba.com
모아소방전기학원 www.moate.co.kr

Part 01

실기 이론

Chapter 01 공기조화 및 냉동공학의 기초이론

01 용어 및 단위

1 국제단위계(SI단위 : International System of Units)

국제적으로 통일시킨 단위체계

1) SI 기본단위 7개

길이	질량	시간	온도	광도	전류	물질량
m	kg	sec	K	cd	A	mol

2) SI 유도단위

속도	가속도	힘	일	일률(동력)	압력
m/sec	m/sec^2	N	J	W	Pa

2 단위 접두어

10^{12}	10^9	10^6	10^3	10
T(Tera)	G(Giga)	M(Mega)	k(kilo)	D(Deca)
10^{-2}	10^{-3}	10^{-6}	10^{-9}	10^{-12}
c(centi)	m(milli)	μ(micro)	n(nano)	p(pico)

> [단위 접두어 예시]
> $1\,Pa = 1\,N/m^2$
> $10\,kPa = 10 \times 10^3\,Pa = 10^4\,Pa$
> $10\,MPa = 10 \times 10^6\,Pa = 10^7\,Pa = 10^4\,kPa$

3 질량과 중량

1) 질량
   (1) 장소나 상태에 따라 달라지지 않는 물질의 고유한 양
   (2) 단위 : kg 또는 kg_m

2) 중량
   (1) 중력이 물체를 끌어당기는 힘의 크기
   (2) 단위 : kg$_f$(kg중) 또는 N
   (3) 1 kg$_f$ = 질량 1 kg인 물체에 중력가속도 9.8 m/s^{2}이 작용할 때의 무게
       1 N = 질량 1 kg인 물체를 1 m/s^{2}의 가속시키는 데 필요한 힘
   (4) 뉴턴의 운동 제2법칙에 의해 질량이 m인 물체에 외력이 작용하면 작용하는 힘 F에 비례하는 가속도 a가 생김
       f = ma 또는 W = mg에서
       - $1\,kg_f = 1\,kg \times 9.8\,m/s^2 = 9.8\,kg \cdot m/s^2$
       - $1\,N = 1\,kg \times 1\,m/s^2 = 1\,kg \cdot m/s^2$
       따라서 $1\,kg_f = 9.8\,N(= kg \cdot m/s^2)$

4 온도

1) 온도의 개념
   온도는 물체의 열 정도를 나타내는 물리적 척도로 분자의 운동속도(또는 떨림)를 말한다.

2) 온도의 단위
   (1) 섭씨온도(℃) : 물의 어는 점(빙점 = 융점 = 녹는점)을 0 ℃로 물의 끓는점(비점)을 100 ℃로 100등분하여 사용한 것
   (2) 캘빈온도(K) : 자연계 최저온도를 0 K(약 -273 ℃)로 설정하고 물의 어는점을 약 273 K로, 물의 끓는점을 373 K로 100등분하여 사용한 것
   (3) 화씨온도(°F) : 물의 어는점을 32 °F로, 물의 끓는점을 212 °F로 180등분하여 사용한 것
   (4) 랭킨온도(R) : 자연계 최저온도를 0 R로 설정하고 물의 어는점을 492 R로, 물의 끓는점을 672 R로 180등분하여 사용한 것

구분	계산식
섭씨온도	$℃ = \dfrac{5}{9} \times (℉ - 32)$
화씨온도	$℉ = \dfrac{9}{5} \times ℃ + 32$
켈빈온도	$K = ℃ + 273$
랭킨온도	$R = ℉ + 460$

3) 측정 구분에 따른 온도

   (1) 건구온도(DB : Dry Bulb Temperature, t ℃)
      온도계로 측정 가능한 온도, 습도와 관계없이 측정되는 온도

   (2) 습구온도(WB : Wet Bulb, t´℃)
      봉상온도계(유리온도계)의 수은 부분에 명주를 물에 적셔 수분이 대기 중에 증발될 때 측정된 온도를 말한다. 이는 증발원이 있는 물체, 대표적으로 인체 등 실제적으로 느낄 수 있는 온도로 해석될 수 있다.

[건구·습구 온도계]

   (3) 노점온도(DT : Dew Point Temperature, t˝℃)
      수증기로 포화되지 않은 공기를 냉각시키면 100%의 상대습도가 되어 포화상태에 도달하는데, 이때의 온도를 노점온도(이슬점)라 한다. 공기가 노점온도 이하로 냉각되면 여분의 수증기는 응결하여 물방울이 된다.

[결로]

   (4) 흑구온도(GT : Globe Bulb, t ℃)
      태양 복사열로부터 받는 온도를 측정한다. 이는 주변의 열을 모두 흡수하되 반사가 거의 되지 않는 검은 구(球) 모양의 온도계를 사용하여 측정된다. 흑구온도는 주변 환경의 열적 조건을 더 정확하게 반영하며, 공기 온도, 습도, 풍속, 그리고 태양 복사열을 모두 고려하는 종합적인 온도 척도이다.

[흑구 온도계]

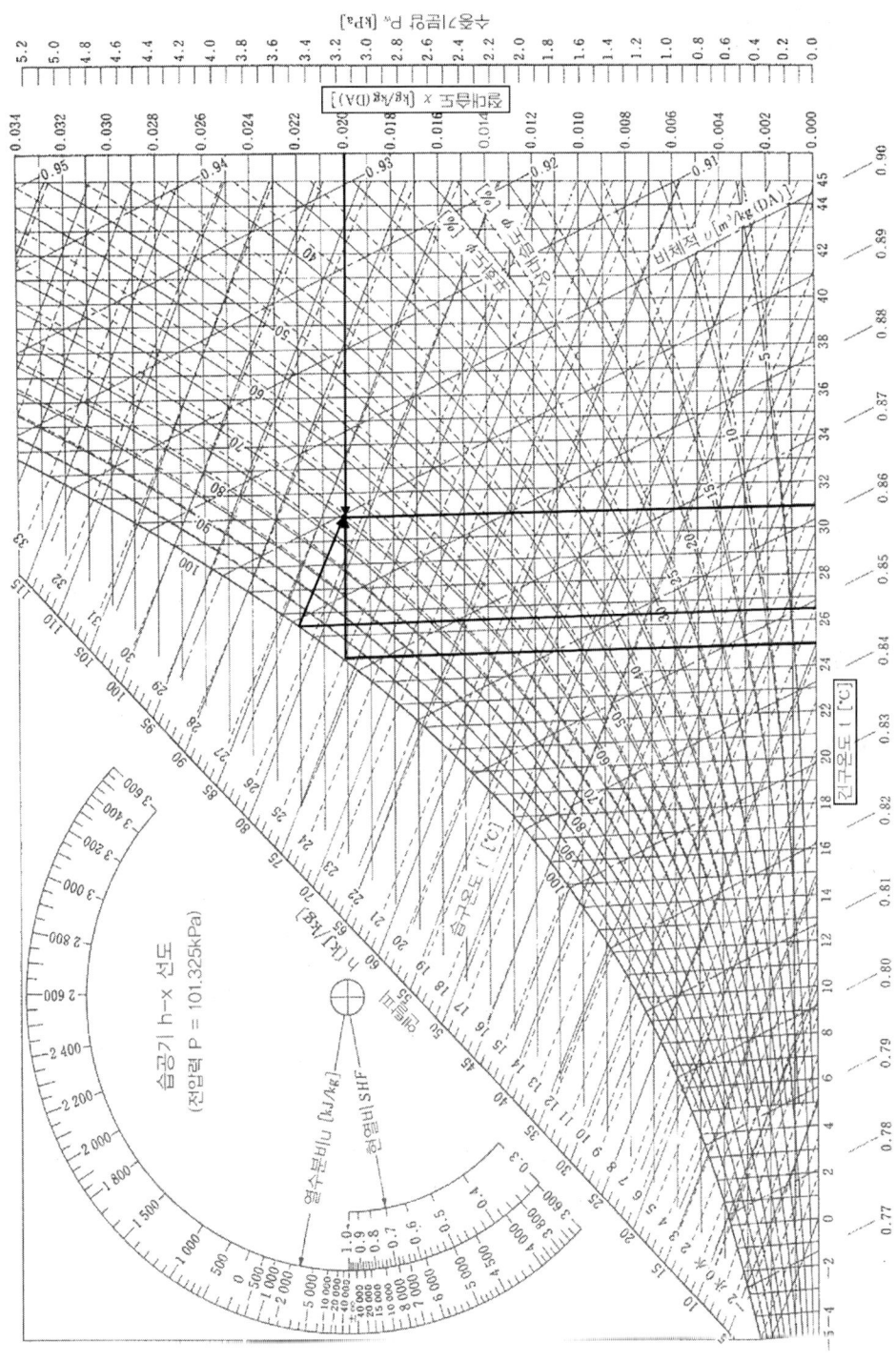

[습공기 h-x 선도]

02 물질의 성질

1 밀도(ρ)

1) 단위체적당 질량

2) 계산식

$$\text{밀도 } \rho\,[kg/m^3] = \frac{m}{V}$$

ρ : 밀도(kg/m³)
m : 질량(kg)
V : 체적(m³)

$$\text{기체의 밀도 } \rho\,[kg/m^3] = \frac{PM}{RT}$$

P : 절대압력(atm)
M : 분자량(kg/kmol)
T : 절대온도(K)
R : 기체상수($atm \cdot m^3/kmol \cdot K$)

3) 물의 밀도 : 1000 kg/m³ = 1000 N·s²/m⁴

2 비체적(V_s : Specific Volume)

1) 밀도의 역수로 단위질량당 체적

2) 계산식

$$\text{비체적 } V_s\,[m^3/kg] = \frac{V}{m} = \frac{1}{\rho}$$

V_s : 비체적(m³/kg)
ρ : 밀도(kg/m³)
m : 질량(kg)
V : 체적(m³)

※ 액체와 고체의 경우 압력에 따라 밀도와 비체적은 거의 변하지 않는 비압축성 유체임에 비하여 기체의 경우 밀도와 비체적은 압력에 따라 큰 폭의 변화가 크다. 이에 따라 기체를 압축성 유체로 분류한다.

3 비중량(γ)

1) 단위체적당 중량(= 무게 = 힘)

2) 계산식

$$비중량\ \gamma = \frac{W}{V} = \frac{mg}{V} = \rho g$$

γ : 비중량(N/m^3)
W : 중량(N), V : 체적(m^3)
m : 질량(kg)
ρ : 밀도(kg/m^3), g : 중력가속도(m/s^2)

3) 물의 비중량 : 1000 kg_f/m^3 = 9800 N/m^3

4 비중(S)

1) (액체) 비중

(1) $S = \dfrac{어떤\ 물질의\ 비중량(\gamma)}{4℃에서\ 물의\ 비중량(\gamma_w)} = \dfrac{어떤\ 물질의\ 밀도(\rho)}{4℃에서\ 물의\ 밀도(\rho_w)}$

일반적으로 비중이라고 하면 기준(4℃, 1 atm 물)과 비교한 비를 말한다. 액체, 고체에 한한다. 단위는 분모와 분자의 단위가 소거되어 없다. 무차원(무단위)이다.

(2) 계산식

$$비중\ S = \frac{\gamma}{\gamma_w} = \frac{\rho}{\rho_w}$$

S : 비중(무차원수)
ρ : 어떤 물질의 밀도(kg/m^3)
ρ_w : 물의 밀도(kg/m^3)
γ : 어떤 물질의 비중량(N/m^3)
γ_w : 물의 비중량(N/m^3)

(3) 물의 비중 : 1

[비중(S)이 주어졌을 때 비중량(γ)과 밀도(ρ)]

비중량 $\gamma = S \cdot \gamma_w$

밀도 $\rho = S \cdot \rho_w$

2) (가스) 비중

(1) $S = \dfrac{\text{어떤 가스의 분자량}}{\text{공기의 평균 분자량}}$

가스 비중은 공기의 평균분자량과 비교한 어떠한 가스의 분자량의 비를 말한다. 기체만 해당된다.

(2) 계산식

비중 $S = \dfrac{M}{M_{공기}}$

S : 비중(무차원수)
$M_{공기}$: 공기의 평균분자량(kg/kmol)
M : 어떤 물질의 분자량(kg/kmol)

03 일량과 동력

1 일량(W)

1) 물체에 힘을 가했을 때 힘과 힘이 가해진 방향으로 움직인 거리를 곱한 물리량
W = 힘 × 거리 = $F \cdot S$ ($N \cdot m = J$)

2) 단위 : J(줄)

일(일량) : $N \cdot m = J$

$1\,cal ≒ 4.19\,J$ 이며 $1\,kcal ≒ 4.19\,kJ$
$J/s = W$ 이므로 $J = W \cdot s$ 이다.
따라서 일량의 단위는 $kJ = kW \cdot s$ 또는 kWh 등으로 나타낼 수 있다.

2 동력(= 일률 : P)

1) 단위시간당 행한 일량

$P = \dfrac{\text{일량}}{\text{시간}} = \dfrac{F \cdot S}{t}$ ($J/s = W$)

2) 단위 : W(와트)

　(1) $1\ kW = 102\ kg_f \cdot m/s = 860\ kcal/h = 3600\ kJ/h$

　(2) $1\ HP$(영국마력) $= 76\ kg_f \cdot m/s = 641\ kcal/h = 2685\ kJ/h$

　(3) $1\ PS$(국제마력) $= 75\ kg_f \cdot m/s = 632\ kcal/h = 2646\ kJ/h$

> 암 1 HP = 0.746 kW
> 　　1 PS = 0.735 kW

[예제 1] 1 HP는 몇 kW인가?
$1\ kW = 102\ kg_f \cdot m/s = 3600\ kJ/h$
$1\ HP = 76\ kg_f \cdot m/s = 2685\ kJ/h$
$1\ HP = 1\ HP \times \dfrac{2685\ kJ/h}{1\ HP} \times \dfrac{1\ kW}{3600\ kJ/h} ≒ 0.746\ kW$

[예제 2] 1 PS는 몇 kW인가?
$1\ kW = 102\ kg_f \cdot m/s = 3600\ kJ/h$
$1\ PS = 75\ kg_f \cdot m/s = 2646\ kJ/h$
$1\ PS = 1\ PS \times \dfrac{2646\ kJ/h}{1\ PS} \times \dfrac{1\ kW}{3600\ kJ/h} ≒ 0.735\ kW$

04　압력

1　압력의 정의

단위 면적당 수직으로 작용하는 힘

$$P = \dfrac{F}{A}$$

F : 힘(N)
A : 단위 면적(m^2)

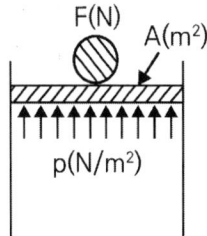

2 계산식

$$압력\ P[Pa] = \gamma h = S\gamma_w \cdot h = \rho g \cdot h$$

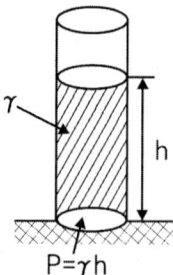

P : 게이지압력(Pa)
γ : 비중량(N/m³)
h : 높이(m)
S : 비중
γ_w : 물의 비중량(N/m³)
ρ : 밀도(kg/m³)
g : 중력가속도(9.8m/s²)

3 대기압의 구분

대기압이란 지구를 둘러싼 공기(대기)에 의하여 누르는 압력으로, 기압계로 측정한 압력

1) 표준대기압 : 해발고도가 0인 해면에서 국소대기압의 평균치

2) 국소대기압 : 표준대기압을 제외한 모든 임의의 대기압(지구의 위도에 따라 변함)

4 표준대기압

1 atm = 760 mmHg = 76 cmHg(수은주의 높이)
    = 10.332 mAq = 10332 mmAq(수두 또는 수주의 높이)
    = 101325 Pa = 101.325 kPa = 0.101325 MPa(Pa = N/m²)
    = 1.01325 bar = 1013.25 mbar(1 bar = 10⁵ Pa)
    = 1.0332 kgf/cm² = 10332 kgf/m²
    = 14.7 psi

5 게이지압력, 진공압, 절대압력

1) 게이지압력(= 계기압력) : 압력계로 측정한 압력으로 <u>대기압을 기준</u>으로 그 이상의 압력

   TIP 게이지압은 대기압에서 올라간 정도라고 이해하면 쉽다.

2) 진공압(= 진공게이지압) : 진공계로 측정한 압력으로 <u>대기압을 기준</u>으로 그 이하의 압력

   TIP 진공압은 대기압에서 내려간 정도라고 이해하면 쉽다.

3) 절대압력 : <u>완전진공을 기준</u>으로 측정한 압력

   (1) 절대압력 = 대기압 + 게이지압력
   (2) 절대압력 = 대기압 - 진공압

   TIP 절대압력은 완전진공에서 올라간 정도라고 이해하면 쉽다.

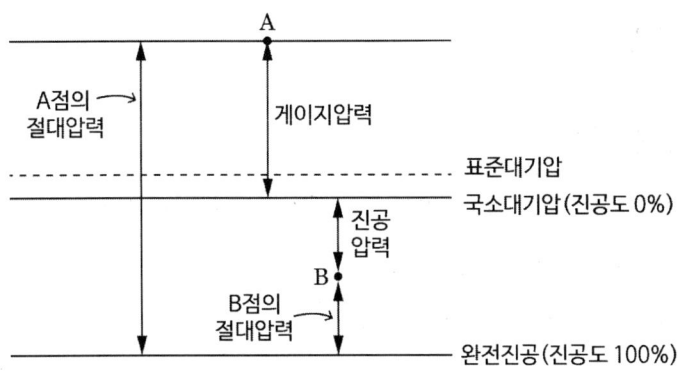

[절대압력과 게이지압력]

6 진공도(Degree of Vacuum)

대기압의 기준을 0으로 하여 완전진공 사이를 측정한 % 값, 진공도를 절대압력으로 환산하면 완전진공으로부터 대기압 사이를 100 %로 하여 진공도로 뺀 값과 같다.

$$\frac{대기압 - 절대압력}{대기압} \times 100 = 진공도 \%$$

7 압력 단위의 환산

1) 표준대기압을 이용한 단위환산

$$x\ mmHg \times \frac{10.332\ mAq}{760\ mmHg} = y\ mAq$$

2) $P = \gamma h$를 이용한 단위환산

$$P(kPa) = \gamma(kN/m^3) \times h(m), \quad h(m) = \frac{P(kPa)}{\gamma(kN/m^3)}$$

05 이상기체

1 완전가스 성립 조건

1) 분자의 크기나 용적이 없을 것(분자가 차지하는 부피는 무시)

2) 완전 탄성체일 것(완전 탄성충돌)

3) 분자의 평균 운동에너지는 절대온도에 비례할 것

4) 기체를 구성하는 분자 상호 간에 인력이 없을 것

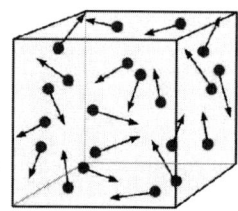

2 아보가드로의 법칙

1) 기체는 온도(T)와 압력(P)이 같을 때 같은 부피 속에 같은 수의 분자 수를 포함하며, 기체의 종류와 무관함. 즉, 이상 기체의 부피(V)는 기체 몰 수(n)에 비례함($V \propto n$)

2) 0 ℃, 1 atm에서 이상 기체 22.4 L 속에는 6.02×10^{23}개(아보가드로의 수)의 분자 수(1 mol)가 존재함

TIP 몰(mol)은 물질의 양을 나타내는 단위로 연필 1다스와 같은 개념의 양 단위로 생각하면 쉽다.

3 보일-샤를의 법칙

1) 보일의 법칙

기체의 온도가 일정할 때 기체의 체적은 절대압력에 반비례

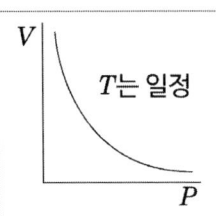

$$P_1 V_1 = P_2 V_2$$

P_1 : 변하기 전 절대압력
P_2 : 변한 후의 절대압력
V_1 : 변하기 전 부피
V_2 : 변한 후의 부피

암 보온(보일의 법칙은 온도 일정)

2) 샤를의 법칙

기체의 압력이 일정할 때 기체의 체적은 절대온도에 비례

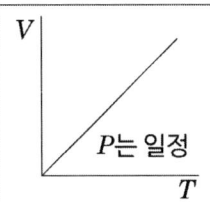

$$\frac{V_1}{T_1} = \frac{V_2}{T_2}$$

T_1 : 변하기 전 절대온도
T_2 : 변한 후의 절대온도
V_1 : 변하기 전 부피
V_2 : 변한 후의 부피

암 샤압(샤를의 법칙은 압력 일정)

3) 보일-샤를의 법칙

기체의 체적은 절대압력에 반비례하고, 절대온도에 비례

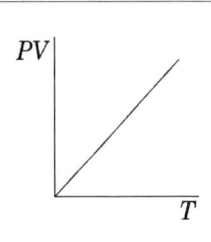

$$\frac{P_1 V_1}{T_1} = \frac{P_2 V_2}{T_2}$$

P_1 : 변하기 전 절대압력
P_2 : 변한 후의 절대압력
T_1 : 변하기 전 절대온도
T_2 : 변한 후의 절대온도
V_1 : 변하기 전 부피
V_2 : 변한 후의 부피

4 이상기체상태방정식

$$PV = nRT = \frac{G}{M}RT$$

P : 절대압력(kPa)
V : 부피(m^3)
n : 몰수(kmol)
R : 일반기체상수(kPa·m^3/kmol·K)(= kJ/kmol·K)
T : 절대온도(K)
G : 질량(kg)
M : 분자량(kg/kmol)

> 일반기체상수 R = 8.314 kPa·m^3/kmol·K(= 0.082 atm·m^3/kmol·K)

5 특정기체 상태방정식 및 실제기체 상태방정식

1) 특정기체 상태방정식 : $PV = nRT$

$$PV = \frac{G(질량)}{M(분자량)}RT \text{에서}$$

$\frac{R}{M} = \overline{R}[kJ/(kg·K)]$를 특정기체상수 $\overline{R}$로 규정한다.

따라서, $PV = G\overline{R}T$

$$PV = G\overline{R}T$$
$$PV = \frac{G}{M}RT = G\left(\frac{R}{M}\right)T = G\overline{R}T$$

P : 절대압력(kPa)
V : 부피(m^3)
G : 질량(kg)
M : 분자량(kg/kmol)
R : 일반기체상수(kPa·m^3/kmol·K)(= kJ/kmol·K)
$\overline{R}$: 특정기체상수(kPa·m^3/kg·K)(= kJ/kg·K)
T : 절대온도(K)

2) 실제기체 상태방정식 : 실제기체 중 온도가 높고 낮은 압력에서 이상기체에 가까우며 분자 간 인력까지 계산된 실제기체 상태방정식

06 열량과 비열

1 열, 열량과 비열의 개념

1) 열(Heat) : 열은 온도 차이에 의하여 물체 간 이동하는 에너지의 일종이다.
   (1) 현열(감열) : 온도변화만 일으키는 열(상태변화 없음)
   (2) 잠열 : 상태변화만 일으키는 열(온도변화 없음)
      ① 얼음의 융해(응고) 잠열 : 334 kJ/kg(≒ 79.68 kcal/kg)
      ② 물의 증발(응축) 잠열 : 2257 kJ/kg(≒ 539 kcal/kg)

   TIP 현열은 온도변화가 있어 단위에 온도가 있다.
   잠열은 온도변화가 없어 단위에 온도가 없다.

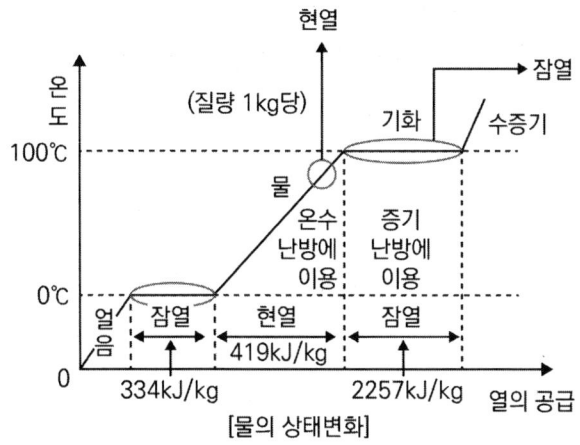

[물의 상태변화]

2) 열량(Heat Capacity) : 열량은 열의 이동량을 말한다.
   (1) 단위 : kcal 또는 kJ
   (2) 1 kcal : 1 kg의 물을 1 ℃ 올릴 때 필요한 열량

   암 1 kcal ≒ 4.19 kJ

3) 비열(Specific Heat) : 어떤 물질 1 kg의 온도를 1 K(또는 1 ℃) 올리는 데 필요한 열량을 말한다.
   (1) 단위 : kcal/(kg·℃), kJ/(kg·K)

   TIP 비열은 단위에 온도가 있다.

(2) 물질의 비열
   ① 물의 비열 : 4.19 kJ/(kg·K)
   ② 얼음의 비열 : 2.09 kJ/(kg·K)
   ③ 수증기의 (정압)비열 : 1.85 kJ/(kg·K)
   ④ 공기의 (정압)비열 : 1.01 kJ/(kg·K)

4) 열용량 : 어떤 물질의 지금 현상 그대로 전부를 1℃ 올릴 때 필요한 열량은 열용량이라 한다.

2 정압비열과 정적비열

1) 정압비열(C_P) : 압력을 일정하게 하여 가열하였을 때의 비열
   (1) 공기의 정압비열 = 1.01 kJ/(kg·K)(= 0.24 kcal/(kg·℃))
   (2) 수증기의 정압비열 = 1.85 kJ/(kg·K)

2) 정적비열(C_V) : 부피를 일정하게 하여 가열하였을 때의 비열

3) 비열비(k) : 정적비열에 대한 정압비열의 비를 말한다.
   (1) 정압비열(C_P) > 정적비열(C_V) : 정압비열이 항상 크고 정적비열이 항상 작다.
   (2) 비열비(k)는 항상 1보다 크다 (정압비열 C_P > 정적비열 C_V)

$$비열비\, k = \frac{C_P}{C_V} > 1$$

3 열량의 계산

1) 현열 구간일 때

$$Q = GC\Delta T$$
※ 열평형식

Q : 열량(현열)(kJ/s, kW)
G : 물체의 질량유량(kg/s)
C : 비열(kJ/(kg·K))
ΔT : 온도차(℃, K)
   ※ 온도 차(ΔT)에 대한 두 단위(℃, K)의 절댓값은 같다.

2) 잠열 구간일 때(온도의 변화가 없다 = 온도 변수가 없다)

$$Q = G \times r$$

Q : 열량(잠열, kJ/s, kW)
G : 물체의 질량유량(kg/s)
r : 잠열(kJ/kg)

→ 물의 증발잠열 2257 kJ/kg(539 kcal/kg), 얼음의 융해잠열 334 kJ/kg(79.68 kcal/kg 보통 80)으로 계산한다.

4 일과 열의 비교

1) 일의 열당량 A(일을 열로 전환할 때 발생되는 열량) → 일을 할 때 발생되는 열의 양

$$1/427 \; kcal/(kg_f \cdot m) = 1/4.19 kcal/kJ$$

2) 열의 일당량 J(열량으로 할 수 있는 일의 양)

$$427 \; kg_f \cdot m/kcal = 4.19 \; kN \cdot m/kcal = 4.19 \; kJ/kcal$$

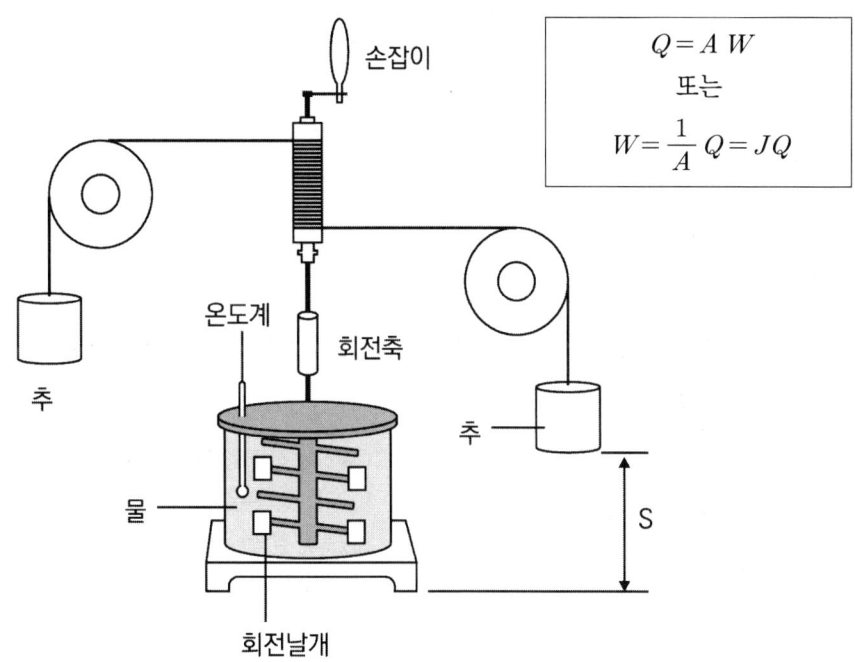

$$Q = AW$$
또는
$$W = \frac{1}{A}Q = JQ$$

07 열전달

1 열전달 개념

열의 이동은 두 물체 사이 온도가 높은 곳에서 낮은 곳으로 이동하여 결국 평형을 이룬다. 두 물체 사이 온도 차가 클수록 빠르게 이동된다. 이것의 기울기 정도를 온도 구배라고도 한다 (열역학 제0법칙).

1) 열전달 : 온도 차에 의한 에너지 전달로 전도, 대류, 복사 3가지 형태로 구분한다.

2) 전달되는 단위면적(m^2)당 열전달률(W)을 열유속 $\dot{Q}''\,(W/m^2)$이라고 한다.

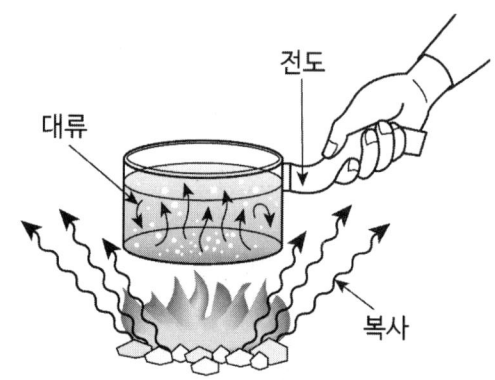

2 열전달 메커니즘

1) 전도(Conduction)
   (1) 물질이 직접 이동하지 않고 물체에 이웃한 분자들의 연속적인 충돌로 열이 전달
   (2) 푸리에의 열전도법칙

   $$q[W] = \frac{\lambda}{l} \times A \times (T_1 - T_2)$$

   λ : 열전도율(W/m·K)
   l : 물질의 두께(m)
   A : 물질의 표면적(m^2)
   T_1, T_2 : 물질의 표면온도(K)

① 열전도율(λ[람다] ; Heat Conduction Coefficient) : 물질에 따라 열이 이동하는 정도가 다른데 이것을 열전도율(열전도도)이라 한다. 전열재료로 비중이 작은 것일수록 열전도율이 작다. 따라서 단열재는 비중이 작다.
② 열전도율의 단위 : 열전도율은 [W/(m·K)] 또는 [J/(m·h·K)]을 사용한다.

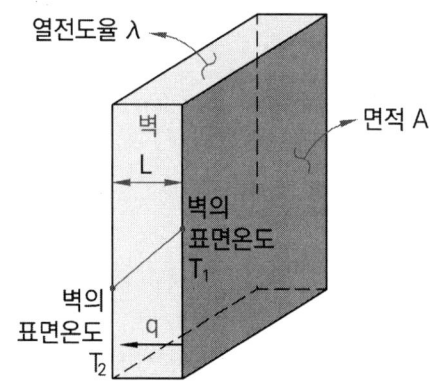

2) 대류(Convection)

(1) 유체의 유동에 의해 액체나 기체 상태의 분자가 직접 이동하면서 열을 전달

(2) 뉴턴의 냉각법칙

$$q[W] = \alpha_o \times A \times (T_{물체} - T_{유체})$$
또는
$$q[W] = \alpha_i \times A \times (T_{유체} - T_{물체})$$

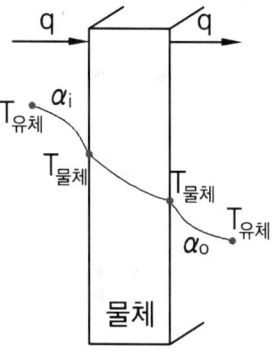

h : 대류열전달계수(W/m²·K)
A : 표면적(m²)
$T_{유체}$: 유체의 온도(K)
$T_{물질}$: 물질의 표면온도(K)

3) 복사(Radiation)

(1) 물질의 도움 없이(매개체 없이) 전자파 형태로 열이 전달

(2) 스테판 볼츠만의 법칙

$$\dot{Q}''\ \dot{Q}''\ [W/m^2] = \varnothing \times \varepsilon \times \sigma \times T^4$$

$\varnothing$: 형태계수
ε : 방사율 (흑체일 때 $\varepsilon = 1$)
σ : 스테판 볼츠만 계수
   ($5.67 \times 10^{-8}\ W/m^2 \cdot K^4$)
T : 절대온도(K)

> [흑체 (Black Body)]
> 흑체는 표면에 입사하는 전자기파를 완전히 흡수하였다가 재방출하는 물체로, 완전 흑체라고도 한다. 이상적인 물체를 의미하며 실제로 존재하지 않는다.

3 열통과율(열관류율)

1) 열통과율(열관류율) 산출

$$열통과율(W/m^2 \cdot K) = \frac{1}{\Sigma 열저항(m^2 \cdot K/W)}$$

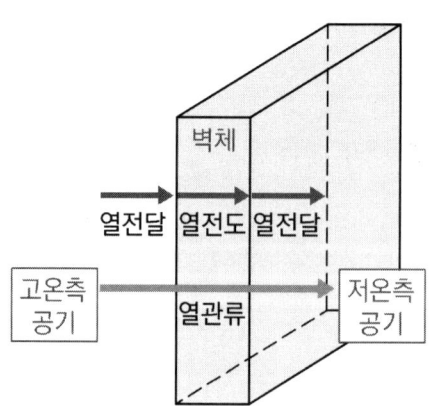

2) 열저항 R

열저항은 열통과율의 역수 (열저항 R = $\dfrac{1}{열통과율 \, K}$)

$$열저항 \, R = \dfrac{1}{K} = \dfrac{1}{\alpha_i} + \dfrac{L_1}{\lambda_1} + \dfrac{L_2}{\lambda_2} + \dfrac{L_3}{\lambda_3} + \dfrac{1}{\alpha_o} = \dfrac{1}{\alpha_i} + \sum \dfrac{L}{\lambda} + \dfrac{1}{\alpha_o}$$

$$K = \dfrac{1}{\dfrac{1}{\alpha_i} + \dfrac{L_1}{\lambda_1} + \dfrac{L_2}{\lambda_2} + \dfrac{L_3}{\lambda_3} + \dfrac{1}{\alpha_o}}$$

α_i : 내측 열전달계수(W/m^2·K)

α_o : 외측 열전달계수(W/m^2·K)

$\lambda_1, \lambda_2, \lambda_3$: 물질의 열전도계수(W/(m·K))

L_1, L_2, L_3 : 물질의 두께(m)

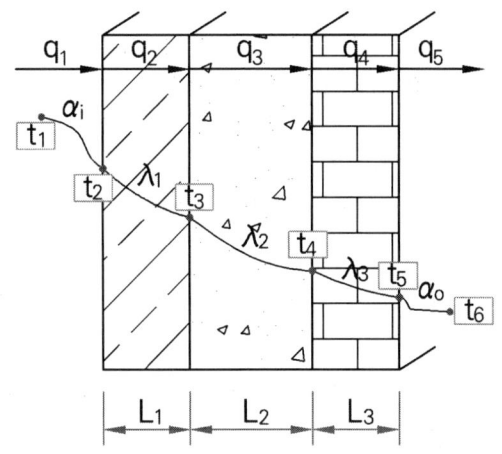

공기조화 및 냉동공학의 기초이론

01 어떤 방열벽의 열통과율이 0.23 W/m²·K이며, 벽 면적은 1000 m²인 냉장고가 외기 온도 30 ℃에서 사용되고 있다. 이 냉장고의 증발기는 열통과율이 24 W/m²·K이고 전열면적은 29 m²이다. 이때 각 물음에 답하시오. (6점)

가. 냉장고 내 온도가 0 ℃일 때 외기로부터 방열벽을 통해 침입하는 열량은 몇 kW인가?

나. 냉장고 내부에 열통과율 4.7 W/m²·K, 전열면적 500 m², 온도 5 ℃인 식품을 보관할 때 이 식품의 발생열 부하와 외벽을 통과한 침입열량을 고려한 냉장고 내의 최종온도는 몇 ℃인가? (단, 증발기의 증발온도는 -15 ℃이다)

[풀이]

가. 냉장고 내 온도가 0℃일 때 방열벽 침입열량 $q(kW)$

$$q = K \cdot A \cdot \triangle t = \frac{0.23 \times 1000 \times (30-0)}{1000} = 6.9 \, kW$$

나. 냉장고 내의 최종온도 $t(℃)$
식품에서의 발생열량 + 벽체 침입열량 = 증발기 냉각열량

① 식품에서 발생열량 q_1

$$q_1 = K \cdot A \cdot \triangle t = 4.7 \times 500 \times (5-t) = 2350 \times (5-t)$$

② 벽체 침입열량 q_2

$$q_2 = K \cdot A \cdot \triangle t = 0.23 \times 1000 \times (30-t) = 230 \times (30-t)$$

③ 증발기 냉각열량 q_3

$$q_3 = K \cdot A \cdot \triangle t = 24 \times 29 \times (t-(-15)) = 696 \times (t+15)$$

④ 열평형식 $q_1 + q_2 = q_3$

$$2350 \times (5-t) + 230 \times (30-t) = 696 \times (t+15)$$

$$\therefore t = \frac{(2350 \times 5) + (230 \times 30) - (696 \times 15)}{696 + 2350 + 230} = 2.506 ≒ 2.51 \, ℃$$

02 다음 그림과 같은 두께 100 mm의 콘크리트 벽 내측을 두께 50 mm의 방열층으로 시공하고, 그 내면에 두께 15 mm의 목재로 마무리한 냉장실 외벽이 있다. 각 층의 열전도율 및 열전달률의 값은 아래 표와 같다. 외기온도 30 ℃, 상대습도 85 %, 냉장실 온도 -30 ℃인 경우 다음 물음에 답하시오. (7점)

재질	열전도율(W/m·K)	벽면	열전달률(W/m²·K)
콘크리트	1.0	외표면	23
방열재	0.06	내표면	7
목재	0.17		

공기온도(℃)	상대습도(%)	노점온도(℃)
30	80	26.2
30	90	28.2

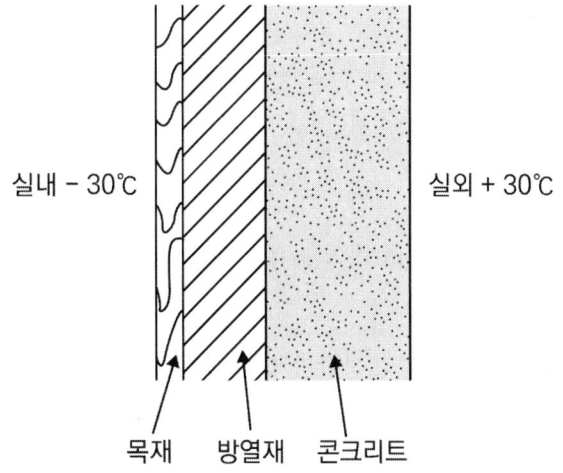

(1) 열통과율(W/m²·K)을 구하시오.

(2) 외벽 표면온도를 구하고 결로 여부를 판별하시오.

풀이

(1) 열통과율(K)

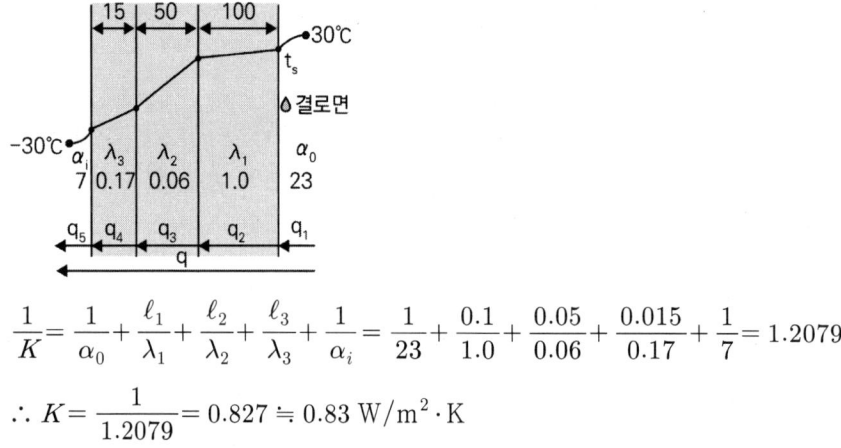

$$\frac{1}{K} = \frac{1}{\alpha_o} + \frac{\ell_1}{\lambda_1} + \frac{\ell_2}{\lambda_2} + \frac{\ell_3}{\lambda_3} + \frac{1}{\alpha_i} = \frac{1}{23} + \frac{0.1}{1.0} + \frac{0.05}{0.06} + \frac{0.015}{0.17} + \frac{1}{7} = 1.2079$$

$$\therefore K = \frac{1}{1.2079} = 0.827 ≒ 0.83 \text{ W/m}^2 \cdot \text{K}$$

(2) 외벽 표면온도 및 결로 여부 판결

① 외벽 표면온도(t_S)

$q_1 = q_2 = q_3 = q_4 = q_5 = q$이므로 $q_1 = q$이다.

$\alpha_o \cdot A \cdot (t_o - t_S) = K \cdot A \cdot (t_o - t_i)$에서

$$t_S = t_o - \frac{K}{\alpha_o}(t_o - t_i)$$

$$\therefore t_S = 30 - \frac{0.83}{23} \times (30 - (-30)) = 27.8 \text{ ℃}$$

② 결로 여부 판별

- 외기 노점온도 t_D (직선 보간법으로 구함)

공기온도(℃)	상대습도(%)	노점온도(℃)
30	80	26.2
30	85	t_D
30	90	28.2

$$\frac{85 - 80}{90 - 80} = \frac{t_D - 26.2}{28.2 - 26.2}$$에서 $t_D = 26.2 + \frac{85 - 80}{90 - 80}(28.2 - 26.2) = 27.2 \text{ ℃}$

- 판별 : 외벽 표면온도 t_S(27.8 ℃)가 외기 노점온도 t_D(27.2 ℃)보다 높으므로 결로가 발생하지 않는다.

03 두께 100 mm의 콘크리트벽 내면에 200 mm의 발포스티로폼 방열을 시공하고, 그 내면에 10 mm의 판을 댄 냉장고가 있다. 이 냉장고의 고내 온도는 -20 ℃, 외기온도 30 ℃, 벽면적이 100 m²일 때 각 물음에 답하시오. (6점)

재료명	열전도율(W/m·K)
콘크리트	1.10
발포스티로폼	0.047
판	0.17

벽면	열전도율(W/m²·K)
외벽면	23.3
내벽면	5.8

(1) 이 벽의 열관류율(W/m²·K) 얼마인가?
(2) 이 냉장고 벽면의 전열량(kW)은 얼마인가?

풀이

(1) 열관류율(K)

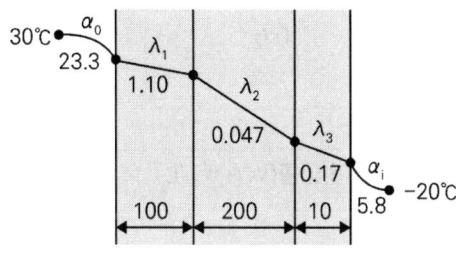

$$\frac{1}{K} = \frac{1}{\alpha_0} + \frac{\ell_1}{\lambda_1} + \frac{\ell_2}{\lambda_2} + \frac{\ell_3}{\lambda_3} + \frac{1}{\alpha_i} = \frac{1}{23.3} + \frac{0.1}{1.10} + \frac{0.2}{0.047} + \frac{0.01}{0.17} + \frac{1}{5.8} = 4.6204$$

$$\therefore K = \frac{1}{4.6204} = 0.216 ≒ 0.22 \text{ W/m}^2 \cdot \text{K}$$

(2) 전열량(q)

$$q = K \cdot A \cdot \triangle t = 0.22 \times 10^{-3} \times 100 \times (30-(-20)) = 1.1 \text{ kW}$$

04 어느 벽체의 구조가 다음과 같을 때, 벽체의 열관류율(W/m² · ℃)을 구하시오. (5점)

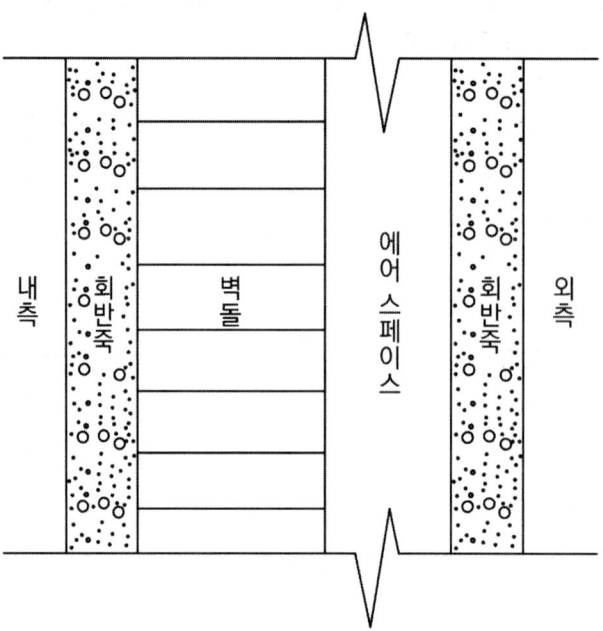

재질	개당 두께(mm)	열전도율(W/m · ℃)	열저항(m² · ℃/W)
회반죽	30	1	
벽돌	150	0.6	
에어 스페이스	100		0.2

표면	열전달률(W/m² · ℃)
내표면	8
외표면	20

풀이

벽체의 열관류율(K)

$$\frac{1}{K} = \frac{1}{\alpha_i} + \frac{\ell_1}{\lambda_1} + \frac{\ell_2}{\lambda_2} + R + \frac{\ell_3}{\lambda_3} + \frac{1}{\alpha_o} \quad (\text{여기서 } R : \text{에어 스페이스 열저항}[\text{m}^2 \cdot \text{℃/W}])$$

$$= \frac{1}{8} + \frac{0.03}{1} + \frac{0.15}{0.6} + 0.2 + \frac{0.03}{1} + \frac{1}{20} = 0.685$$

$$\therefore K = \frac{1}{0.685} = 1.459 \fallingdotseq 1.46 \text{ W/m}^2 \cdot \text{℃}$$

Chapter 02 냉동공학

01 냉동공학 주요 용어

1 냉매의 정의

냉동사이클 내를 순환하는 동작유체의 총칭

1) 1차 냉매(직접 냉매) : 냉동사이클 내를 순환하는 동작유체로, 잠열에 의해 열을 운반하는 냉매

2) 2차 냉매(간접 냉매) : 상변화를 하지 않고 열을 흡수, 운반, 방출하는 물질을 간접냉매라 함. 브라인, 냉각수 등이 2차 냉매로 사용됨. 즉, 현열(감열)에 의해 열을 운반하는 냉매

2 냉매의 특성

1) 암모니아
   (1) 가연성, 폭발성, 독성이며 악취가 있음(폭발범위 : 13 ~ 27 %, 허용농도 25 ppm)
   (2) 수분
      ① 물에 잘 용해되는 특성이 있음
      ② 수분이 침투되면 금속의 부식을 촉진시킴
      ③ 암모니아와 수분이 1 % 혼합 시 증발온도가 0.5 ℃ 상승하여 냉동장치의 기능을 저하시킴
      ④ 암모니아에 수분이 다량 혼합 시 윤활유에 에멀젼(Emulsion) 현상을 일으킴

>
> [에멀젼 현상]
> 암모니아 냉동장치에서 장치 내 수분이 침투하면 암모니아와 반응하여 암모니아수가 생성되며, 이 암모니아수는 오일의 입자를 미립자로 분리시키고 오일의 빛이 우윳빛으로 변하는 현상

(3) 윤활유

   ① 윤활유에 잘 용해되지 않음

   ② 냉동장치 내 윤활유가 증발기나 응축기에 정체될 시 냉동능력이 저하됨. 따라서 반드시 유분리기를 설치하여 윤활유가 증발기 등에 고이지 않도록 해야 함

(4) 전열효과가 커서 다른 냉매보다 냉매 순환량이 작아도 되기 때문에 배관경이 작아도 됨(전열효과 : 암모니아 > 물 > 프레온 > 공기)

(5) 비열비가 냉매 중 가장 큼(k = 1.31). 따라서 토출가스의 온도가 높아 실린더 상부에 워터재킷(Water Jacket)을 설치하여 냉각해야 함

(6) 배관재료는 강관을 사용해야 함. 암모니아는 수분과 혼입 시, 아연, 주석, 동 및 동합금을 부식시키기 때문에 동관을 사용하지 않음

(7) 패킹재료는 천연고무나 아스베스토스(석면)를 사용함(인조고무를 침식시킴 - 에보나이트, 베이클라이트를 침식시킴)

(8) 절연물질을 약화시키기 때문에 밀폐식 냉동기에 부적합

(9) 수은과 폭발적으로 화합함

2) 할로겐화탄화수소 냉매(프레온)

탄소(C), 수소(H)와 염소(Cl), 불소(F)와의 혼합 물질로 독성이 없고 공기와 혼합하여도 폭발성이 없으며 화학적으로도 매우 안정된 냉매

(1) 무색, 무취이며 독성이 없음

(2) 불연성이며 비폭발성을 가짐(단, R - 40은 예외)

(3) 수분

   ① 물에 잘 용해되지 않음

   ② 장치 내에 수분을 제거하기 위해 드라이어를 설치해야 함. 수분이 장치 내를 순환할 때 팽창밸브에서 결빙되어 냉매의 흐름을 막을 수 있음

(4) 윤활유

   ① 윤활유에 잘 용해되는 특성이 있음

   ② 윤활유에 용해되어 있던 냉매가 증발할 때 유면이 약동하여 윤활유에 거품이 일어나는 오일포밍현상을 일으키며, 윤활유가 압축기에서 압축되면 오일햄머링이 발생할 수 있음

> **[오일 포밍 현상]**
> 1) 오일 포밍 현상
>   프레온 냉동기에서 압축기 정지 시 크랭크 케이스 내의 윤활유 중에 용해되어 있던 프레온 냉매가 압축기 기동 시 크랭크 케이스 내의 압력이 급격히 낮아져 오일과 냉매가 급격히 분리하는데, 이 때문에 유면이 약동하여 윤활유에 거품이 일어나는 현상
> 2) 오일 포밍 방지
>   ① 크랭크 케이스 내에 오일 히터를 설치하여 기동 30분 ~ 2시간 전에 예열하여 오일과 냉매를 분리시킨 뒤 압축기 기동한다.
>   ② 정지할 때 크랭크 케이스 내를 펌프 다운하여 둔다.
>   ※ 오일 해머링
>   냉동장치에서 오일 포밍 현상이 일어나면 실린더 내부로 다량의 윤활유가 올라가 윤활유를 압축하여 실린더 헤드부에서 이상음이 발생되는 현상

(5) 증발잠열이 작고, 전열이 좋지 않음. 따라서 다른 냉매보다 냉매 순환량이 많아야 하므로 배관경이 커야 함. 또한 전열면적을 넓히기 위해 핀 튜브를(Fin Tube) 사용함

[핀 튜브]

(6) 비열비가 작음. 따라서 토출가스 온도가 낮아 압축기를 공랭식으로 냉각할 수 있음
(7) 배관재료는 동관을 사용해야 함. 수분이 있으면 산이 생성되고 금속을 부식시킴. 납, 마그네슘, 마그네슘을 2% 이상 함유하는 합금도 부식시키므로 동관을 사용함. 강, 주물, 동, 아연, 주석, 알루미늄 및 이들의 합금 등 기계구성용 금속재료의 자유로운 선택 가능(강관을 사용 시 장치 내의 수분을 완전히 제거해야 함)
(8) 패킹재료는 인조고무, 테프론(합성수지)을 사용함(천연고무나 아스베스토스(석면)을 침식시킴)
(9) 절연내력이 크고 전기 절연물을 침식하지 않으므로 밀폐형 냉동기에 사용 가능
(10) 오존층 파괴 물질임

3) 공비혼합냉매

서로 다른 2종의 냉매를 어떤 특정 비율로 혼합하면 각각 냉매의 특성과는 다른 단일냉매의 특성을 나타내게 됨. 이때 액상 혹은 기상에서 모두 그 조성이 같고 증발과 응축을 반복해도 동일 조성을 유지함(혼합 비율은 중량비로 표시)

(1) R-500
① R-12(CCl_2F_2) : 73.8 %   ② R-152a($C_2H_4F_2$) : 26.2 %

(2) R-501
① R-12(CCl_2F_2) : 25 %   ② R-22($CHClF_2$) : 75 %

(3) R-502
① R-22($CHClF_2$) : 48.8 %   ② R-115(C_2ClF_5) : 51.2 %

> 보충 R-503 : R13($CClF_3$) + R23(CHF_3)
> R-504 : R115(C_2ClF_5) + R32(CH_2F_5)

4) 비공비혼합냉매

서로 다른 2종 이상의 냉매가 혼합되어 각각 개별적인 특성을 나타내게 됨. 이때 증발과 응축을 겪을 시 조성비가 변함

3 천연냉매

구분	특징
암모니아(NH_3, R-717)	① 증발잠열이 가장 큰 냉매 ② 가연성, 폭발성, 독성이며 악취가 있음
공기(R-729)	① 성적계수가 낮음 ② 소요동력이 큼 ③ 항공기의 냉방, 공기액화장치 등 특수 목적에 사용됨
이산화탄소(CO_2, R-744)	① 가스의 비체적이 매우 작아 냉동장치를 소형으로 할 수 있음 ② 임계온도가 매우 낮아 응축기에서 냉각수 온도가 충분히 낮지 않으면 냉매 가스가 응축액화되지 않음 ③ 부식성이 없음 ④ 연소 및 폭발성이 없음

4 냉매 명명법

1) 할로겐화탄화수소 냉매(프레온)
   (1) 화학식 : $C_k\ H_l\ F_m\ Cl_n$
   (2) 냉매번호 : $R-xyz = R-(k-1)(l+1)(m)$
   ① R : Refrigerant
   ② $x = k-1$: 100단위 숫자 → 탄소(C) 원자 수 -1
   ③ $y = l+1$: 10단위 숫자 → 수소(H) 원자 수 +1
   ④ $x = m$: 1단위 숫자 → 불소(F) 원자 수
   (3) Br이 있으면 오른쪽 영문자 Bromine의 머리글자 'B'를 붙이고 그 오른쪽에 Br의 원자수를 쓴다.

   예) $CBrF_3$: R − (1−1) (0+1) (3) B1 → R − 013B1 → R − 13B1

   (4) 구성 : 탄화수소와 할로겐 원소(17족)의 화합물
   ① R-○○ : 메탄계 탄화수소 (R-10 ~ R-50) 두 자리
      ㉠ R-12 : CCl_2F_2
      ㉡ R-22 : $CHClF_2$
   ② R-○○○ : 에탄계 탄화수소 (R-110 ~ R-170) 세 자리
      ㉠ R-113 : $C_2Cl_3F_3$
      ㉡ R-123 : $C_2HCl_2F_3$

2) 무기화합물 냉매 : R-7○○, 뒤의 두 자리에는 분자량

예) 암모니아(NH_3)는 분자량 : 17이므로 R-717,
물(H_2O)은 분자량 : 18이므로 R-718

[원자량]

원소	원자량	원소	원자량
H	1	F	19
C	12	S	32
N	14	Cl	35.5
O	16	Br	80

3) 유기화합물 냉매 : R-6○○

　(1) 부탄계는 R-60○
　(2) 산소 화합물은 R-61○
　(3) 황 화합물은 R-62○
　(4) 질소 화합물은 R-63○

　　　　　　　　　　　　　　　　　📖 여기(유기)에유(6) 부산항 N
　　　　　　　　　　　　　　　　　　　　　　　　　　　　　0 1 2 3

4) 공비 및 비공비 혼합 냉매

구분	특징
공비혼합냉매	R-5○○ 📖 공비오(5)
비공비혼합냉매	R-4○○ 📖 비공비사(4)

5) 할론(Halon) 냉매

　(1) 화합물 중 Br(Bromine)을 포함하는 냉매를 Halon냉매라 함
　(2) R-○○○과 Halon-○○○○ 두 가지 방식으로 명명함

　　　　　　　　　　　　　　　　　　　　　　　　　　📖 Halon-1301

종류	분자식	C 개수	F 개수	Cl 개수	Br 개수
Halon-1211	CF_2ClBr	1	2	1	1
Halon-1301	CF_3Br	1	3	0	1
Halon-2402	$C_2F_4Br_2$	2	4	0	2

5 브라인

1) 브라인의 정의

증발기에서 발생하는 냉매의 냉동력을 피 냉각물질 또는 냉각물질에 열전달의 중계 역할을 하는 2차 냉매로, 냉매는 잠열에 의해 열을 운반하고 브라인은 현열에 의해 열을 운반

2) 구비조건

  (1) 부식성이 없을 것
  (2) 열용량이 클 것
  (3) 응고점이 낮을 것
  (4) 점성이 작을 것
  (5) 누설되어도 냉장품에 손상이 없을 것
  (6) 가격이 저렴할 것
  (7) 비열이 클 것
  (8) 열전도율이 클 것
  (9) 불연성일 것
  (10) 구입이 용이할 것

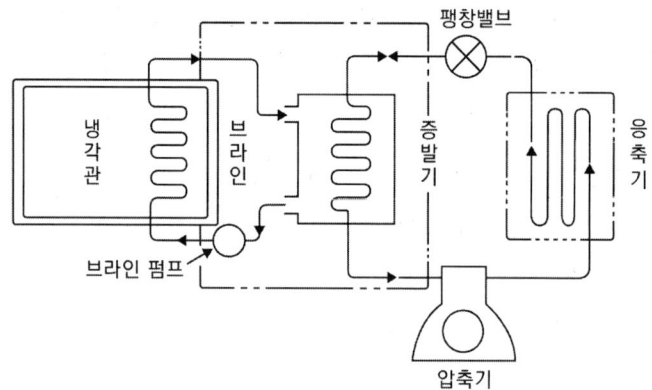

6 냉동용어

1) **냉각톤(CRT)** : 냉각탑의 용량을 나타내는 단위

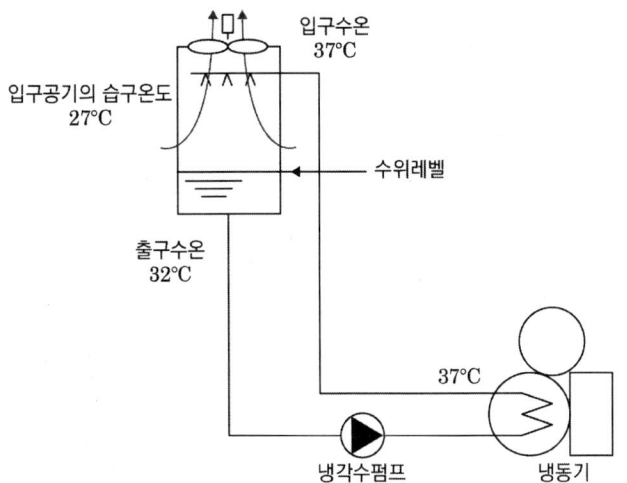

냉각탑의 입구수온 : 37 ℃
냉각탑의 출구수온 : 32 ℃
대기 습구온도 : 27 ℃
순환수량 : 13 L/min

$$1[CRT] = G \times C \times \Delta T = \frac{13}{60} \times 4.19 \times (37-32) = 4.54\,kW = 3900\,kcal/h$$

$$1\,CRT = 4.54\,kW = 3900\,kcal/h$$

> 알 물 1 L = 1 kg

2) **냉동능력** : 냉동기가 단위시간 동안 증발기에서 흡수할 수 있는 열량. 단위로는 kW 및 냉동톤(RT)을 사용한다.

(1) 1 RT(냉동톤) : 표준대기압에서 0 ℃ 물 1 ton을 24시간 동안에 0 ℃ 얼음으로 만드는 냉동능력

$$1\,RT = \frac{79.68\,kcal/kg \times 1000\,kg}{24\,hr} = 3320\,kcal/hr = 3.86\,kW$$

> 알 1 RT = 3.86 kW

(2) 1[usRT](미국 냉동톤) : 표준대기압에서 32 °F의 물 1 ton(2000[파운드])을 24시간 동안에 32 °F의 얼음으로 만드는 데 필요한 냉동능력

$$1\,usRT = \frac{1144\,Btu/lb \times 2000\,lb}{24\,hr} = 12000\,Btu/h = 3024\,kcal/hr = 3.52\,kW$$

> 알 1 usRT = 3.52 kW

3) 냉동효과(냉동량, 냉동력) : 압축기 흡입가스 엔탈피에서 팽창밸브 직전 엔탈피를 뺀 값으로, 냉매 1 kg이 증발기에서 흡수하는 열량(kJ/kg)

02 냉동기의 성적계수

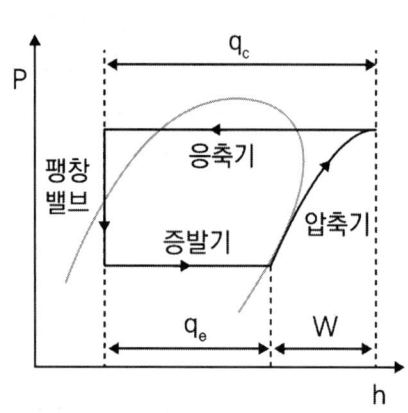
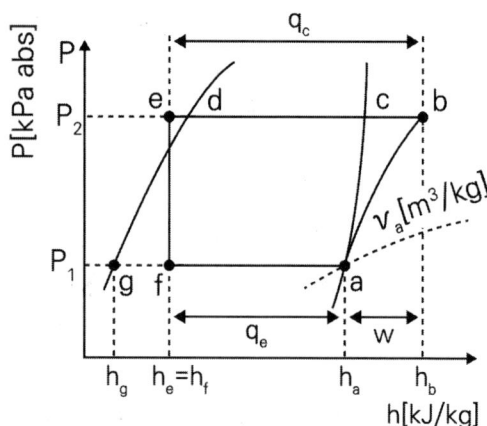

1) 냉동기의 성적계수

$$COP_R = \frac{증발열량(q_e)}{압축기의 소요열량(W)} = \frac{q_e}{W} = \frac{q_e}{q_c - q_e}$$

2) 열펌프의 성적계수

$$COP_H = \frac{응축열량(q_c)}{압축기의 소요열량(W)} = \frac{q_c}{W} = \frac{q_c}{q_c - q_e}$$

TIP $COP_H = COP_R + 1$
열펌프 성적계수 = 냉동기 성적계수 + 1

3) 냉동능력(Q_e)

$$Q_e = G \times q_e = G \times (h_a - h_f)$$

여기서, Q_e : 냉동능력(kW), G : 냉매순환량(kg/s), q_e : 냉동효과(kJ/kg)

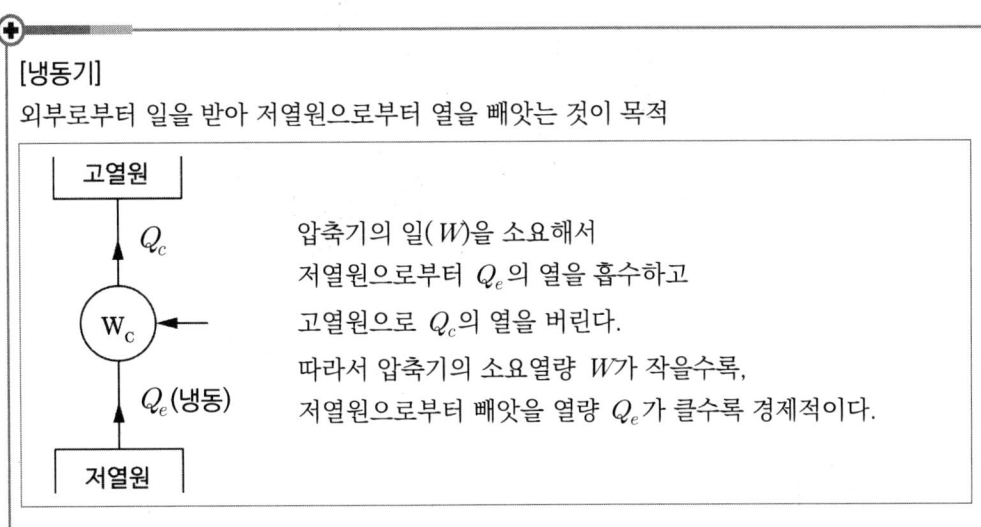

03 냉동사이클

1 몰리에르 선도

냉동에서는 모든 이론적 계산에 P-h 선도가 일반적으로 사용되면 세로축에 절대압력, 가로축은 엔탈피를 잡아 이들의 관계를 선도로 나타낸 것이며, 이때 P-h 선도를 냉동 몰리에르 선도라고 한다.

1) 과냉각액 구역 : 동일 압력하에서 포화 온도 이하로 냉각된 액의 구역

2) 과열증기 구역 : 건조포화증기를 더욱 가열하여 포화온도 이상으로 상승시킨 구역

3) 습포화증기 구역 : 포화액이 동일 압력 하에서 동일 온도의 증기와 공존할 때의 상태구역

4) 포화액선 : 포화온도 압력이 일치하는 비등 직전 상태의 액선

5) 건조포화증기선 : 포화액이 증발하여 포화온도의 가스로 전환한 상태의 선

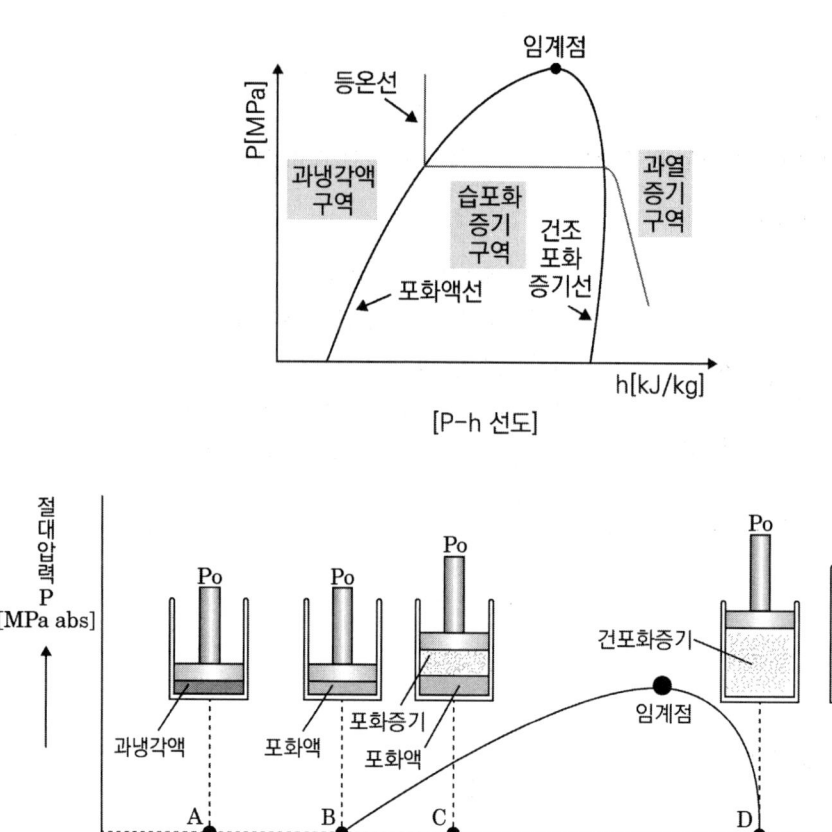

2 몰리에르 선도 6대 구성 요소

1) 등압선(P : MPa)

   (1) 가로축(횡축)과 평행함
   (2) 하나의 선상에서 압력은 과냉각액, 습증기, 과열증기 구역이 모두 동일함
   (3) 냉동사이클의 응축과정과 증발과정 : 압력 일정

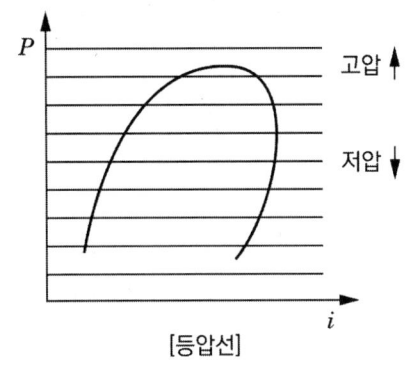

[등압선]

2) 등엔탈피선(i 또는 h : kJ/kg, kcal/kg)

   (1) 세로축(종축)과 평행함
   (2) 하나의 선상에서 엔탈피는 모두 동일함
   (3) 0 ℃ 포화액의 엔탈피는 100 kcal/kg(= 419 kJ/kg),
       0 ℃ 건조공기의 엔탈피는 0으로 함
   (4) 냉동사이클의 팽창과정 : 엔탈피 일정

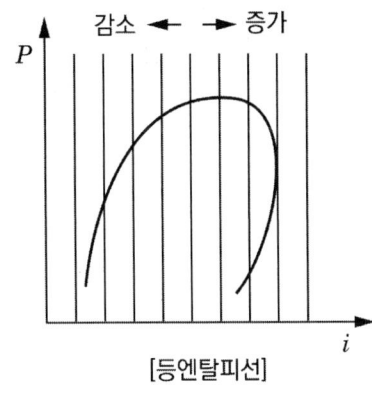

[등엔탈피선]

3) 등온선(t : ℃)
   (1) 과냉각액 구역에서는 세로축과 평행
   (2) 습증기 구역에서는 등압선과 평행
   (3) 과열증기 구역에서는 다소 굽은 모양에서 급경사로 내려옴

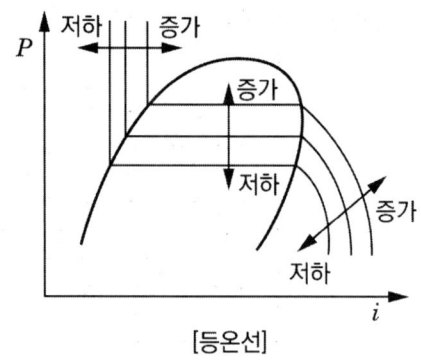

[등온선]

4) 등엔트로피선(S : kJ/kg·K)
   (1) 습증기 구역과 과열증기 구역에만 존재
   (2) 냉동사이클에서 압축 과정은 이론상 단열압축으로 간주하므로 등엔트로피선을 따라 진행됨
   (3) 냉동사이클의 압축과정 : 엔트로피 일정

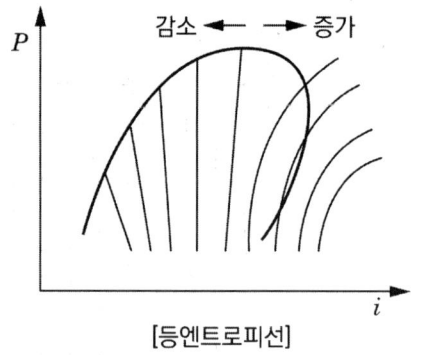

[등엔트로피선]

5) 등비체적선(v : m³/kg)
   (1) 습증기 구역과 과열증기 구역에만 존재
   (2) 압축기 흡입증기의 비체적을 알 수 있음

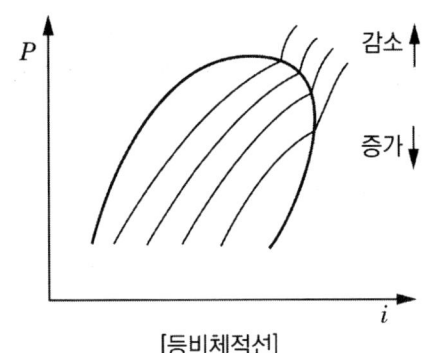

[등비체적선]

※ 압력이 높아지면 1 kg당 체적(m³)이 감소하므로 위로 올라갈수록 비체적 감소

6) 등건조도선(x : %)

 ⑴ 포화액선과 포화증기선 사이(습증기구역)에만 존재

 ⑵ 포화액의 건조도는 0이며 건조포화증기의 건조도는 1임

 ⑶ 냉매 1 kg이 포함하고 있는 증기량을 알 수 있음

 ⑷ 냉동사이클에서 플래시가스의 양을 알 수 있음

  보충 플래시가스 : 증발기가 아닌 곳에서 증발한 냉매증기

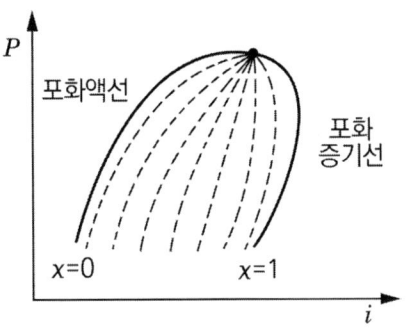

[등건조도선]

구분					
명칭	과냉액체	포화액	습증기	건포화증기 (= 포화증기)	과열증기
건도(x)	$x = 0$	$x = 0$	$0 < x < 1(100\%)$	$x = 1(100\%)$	$x = 1(100\%)$

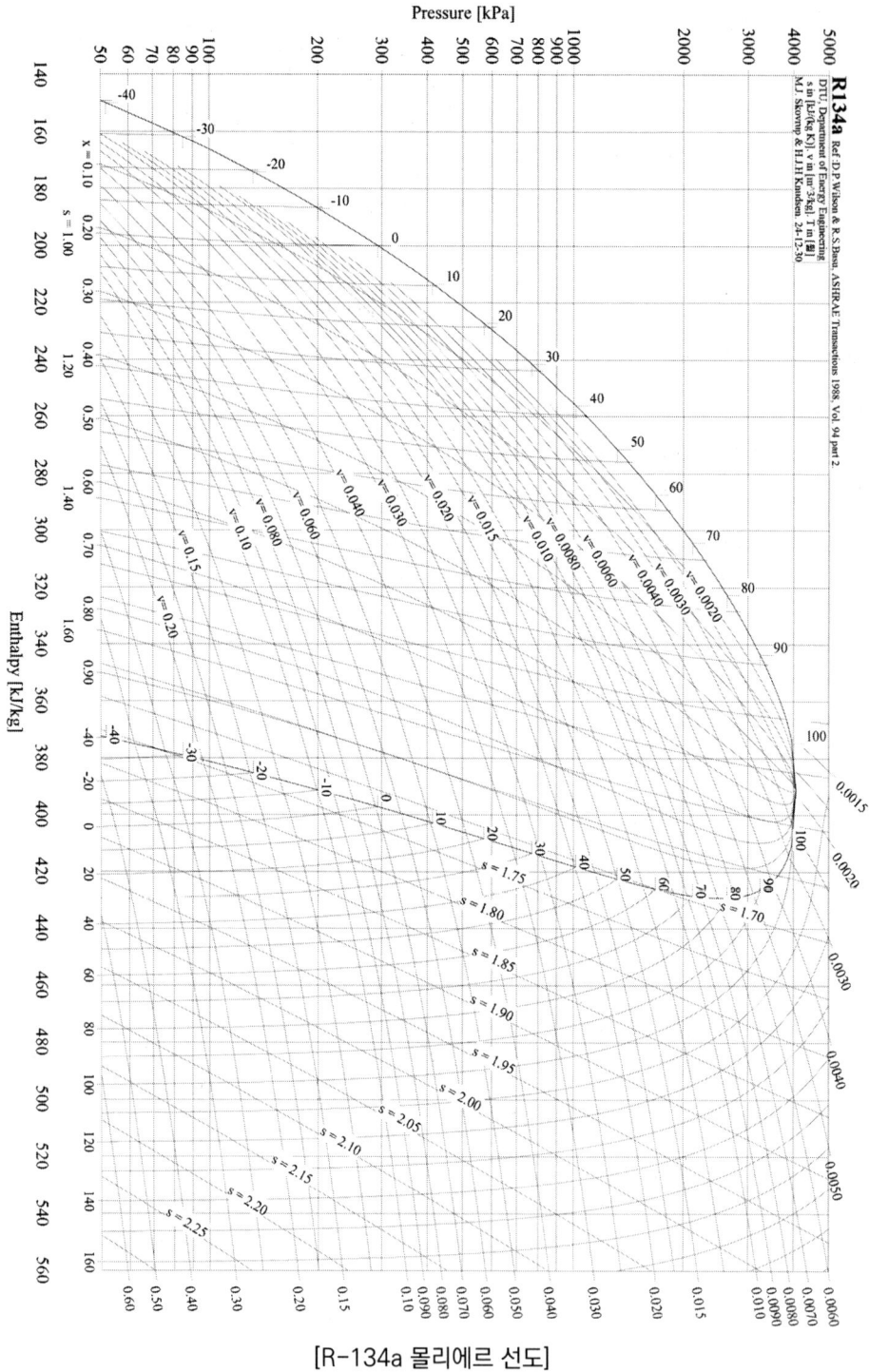

[R-134a 몰리에르 선도]

3 압축냉동사이클과 몰리에르 선도

1) 과냉각도가 크면 클수록 팽창밸브 통과 시 플래시가스 발생량이 감소하므로 냉동능력이 증대됨
2) 과냉각도 = 응축온도(t_d) - 팽창밸브 직전온도(t_e)

> 보충 과냉각 : 응축기에서 액화된 냉매를 다시 냉각하여 해당 압력에 대한 포화온도보다 낮은 온도가 되도록 냉각하는 것

> 보충 플래시가스 : 증발기가 아닌 곳에서 증발한 냉매증기

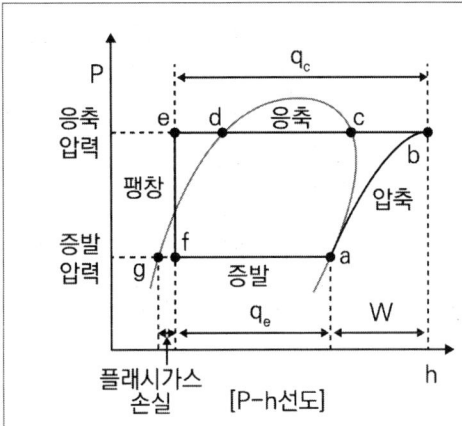

a : 압축기 흡입지점(증발기 출구지점)
b : 압축기 토출지점(응축기 입구지점)
c : 응축기에서 응축이 시작되는 지점
d : 과냉각이 시작되는 점
　　(응축기에서 응축이 끝난 지점)
e : 팽창밸브 입구지점
f : 팽창밸브 출구지점(증발기 입구지점)

[P-h선도]

(1) a → b : 압축기
(2) b → e : 응축기 (b ~ c : 과열 제거 과정, c ~ d : 응축 과정, d ~ e : 과냉각 과정)
(3) e → f : 팽창밸브
(4) f → a : 증발기

> 보충 g ~ f : 팽창밸브 통과 시 플래시 가스 발생에 의한 손실

	과정 분류		압력 P	온도 T	엔탈피 h	비체적 v	엔트로피 s
압축기	a → b	압축과정	상승	상승	증가	감소	일정 ★ (단열압축)
응축기	b → c	과열 제거 과정	일정 ★	감소	감소	감소	감소
	c → d	응축과정	일정 ★	일정	감소	감소	감소
	d → e	과냉각 과정	일정 ★	감소	감소	-	-
팽창밸브	e → f	팽창과정	감소	감소	일정 ★ (교축과정)	증가	증가
증발기	f → a	증발과정	일정 ★	일정 ★	증가	증가	증가

4 증기압축 냉동사이클

냉동사이클은 압축, 응축, 팽창, 증발 4요소를 순환하면서 냉매를 액체에서 기체로, 기체에서 액체로 반복하면서 이루어짐

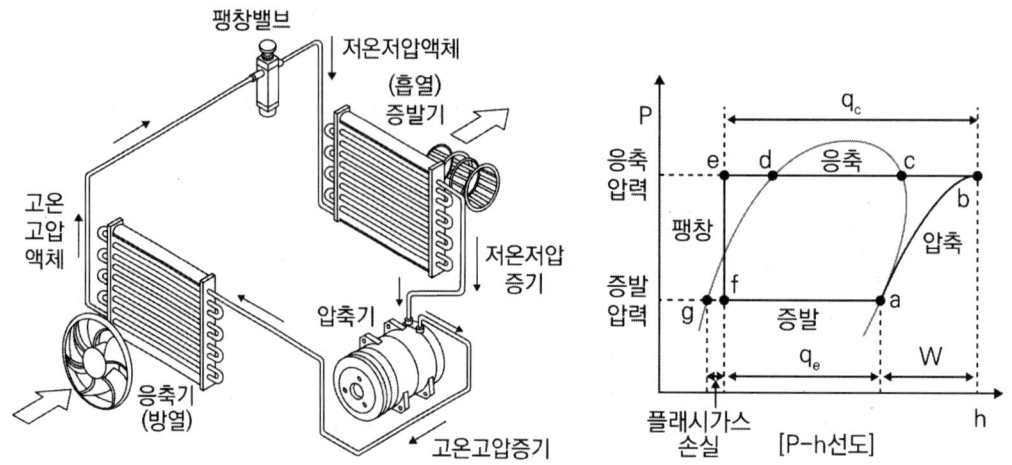

1) 압축(a → b) : 단열과정(등엔트로피)

    저온 저압의 냉매 증기를 압축기에서 흡입, 압축하여 고온 고압의 과열증기로 만들어 냉매를 액화하기 쉽게 하는 과정

2) 응축(b → e) : 등압과정

    (1) 압축기에서 나온 과열증기를 열교환 시켜서 액화시킴
    (2) 응축기에는 냉매의 상태가 기체, 액체로 공존하고 있는 상태이며, 기체에서 액체로 변화하는 동안 기화잠열을 모두 흡수하기 전까지는 압력과 온도가 일정한 관계를 유지함
    (3) 외부와 열교환하여 방출하는 열을 응축기 방열량(q_c)이라 하고, 이 열은 증발기에서 흡수한 흡열량(q_e)과 압축기의 소요동력(W)을 합한 값임($q_c = q_e + W$)
    (4) 응축기에서 액화되는 과정은 압력과 온도가 일정하나 응축기 전체에서 엔탈피는 감소함

3) 팽창(e → f) : 교축과정(단열팽창이므로 팽창밸브 전 후의 엔탈피가 일정)

    (1) 응축기에서 액화한 고온 고압의 냉매액을 팽창밸브에서 감압시켜 증발기에서 기화하기 쉬운 상태의 압력으로 감압하는 과정
    (2) 팽창밸브는 감압작용을 함과 동시에 증발온도에 따라 필요한 냉매량을 조절하여 공급하는 유량제어장치

4) 증발(f → a) : 등압과정

 (1) 저압의 냉매액이 증발기 내에서 기화하면서 냉각관 주위에 있는 공기 또는 물질(브라인)로부터 증발에 필요한 열을 흡수하는 과정
 (2) 증발기는 외부로부터 열을 흡수하는 장치
 (3) 열을 빼앗긴 공기(또는 물질)는 냉각되어 온도가 낮아진 상태에서 자연대류 또는 fan에 의해 강제 대류되어 냉장고 내에 퍼져 저온으로 유지시킴
 (4) 팽창밸브를 통하여 감압되어 저온도로 되며 증발하는 과정에서는 압력과 온도가 일정한 관계를 유지하면서(냉매가 모두 증발하여 증발잠열을 모두 충족하기 전까지는) 변화가 없음

5 표준 냉동사이클(기준 냉동사이클)

냉동기의 성능은 응축온도, 증발온도 등 사용 조건에 따라 달라진다. 이 때 냉동기의 능력을 비교하기 위해서는 어느 일정한 기준이 필요한데, 동일한 온도 조건에 의한 사이클을 표준 냉동사이클(기준 냉동사이클)이라 한다.

1) 응축온도(응축 압력에 대한 포화온도) : 30℃

2) 팽창밸브 직전온도 : 25℃

3) 과냉각도 : 5℃

4) 증발온도(흡입 압력에 대한 포화온도) : -15℃

5) 압축기 흡입가스 : 건조포화증기(-15℃)

6) 과열도 : 0℃

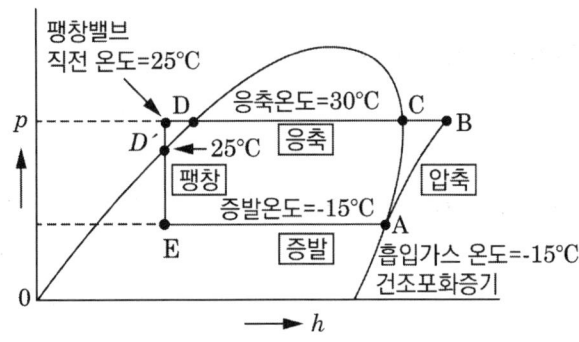

[$P-h$ 선도상의 기준 냉동사이클 표시]

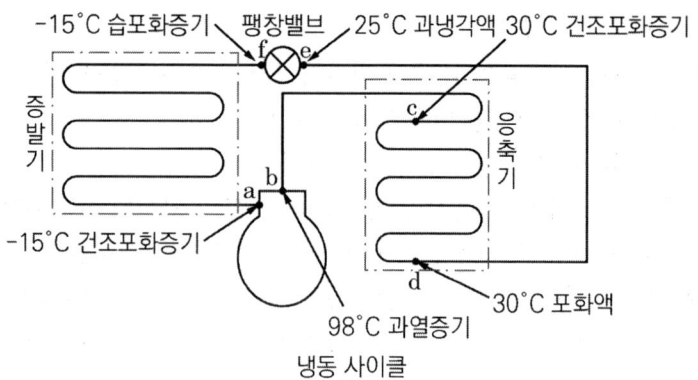

냉동 사이클

6 1단 압축 냉동사이클 열량 계산

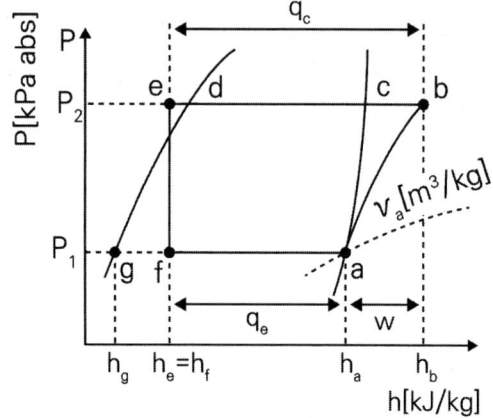

1) 냉동효과(냉동력) : 냉매 1 kg이 증발기에서 흡수하는 열량

$$q_e(kJ/kg) = h_a - h_f = q_c - w$$

2) 냉동능력 : 증발기에서 시간당 흡수하는 열량

$$Q_e(kJ/s) = G \times q_e = G \times (h_a - h_e) = \frac{V}{v_a}\eta_v(h_a - h_e)$$

G : 냉매순환량(kg/s)
q_e : 냉동효과(kJ/kg)
V : 피스톤 압출량(m^3/s)
v_a : 흡입가스 비체적(m^3/kg)
η_v : 체적효율

3) 냉매순환량 : 시간당 냉동장치를 순환하는 냉매의 질량

$$G[kg/s] = \frac{Q_e}{q_e} = \frac{Q_e}{(h_a - h_f)}$$

G : 냉매순환량(kg/s)
q_e : 냉동효과(kJ/kg)

4) 압축일량

$$w[kJ/kg] = h_b - h_a = q_c - q_e$$

5) 응축열량

$$q_c[kJ/kg] = h_b - h_e = q_e + w$$

6) 냉매 1 kg에 대한 증발잠열

$$q[kJ/kg] = h_a - h_g$$

7) 팽창밸브 통과 직후(증발기 입구) 플래시가스 발생에 의한 손실

$$q_f[kJ/kg] = h_f - h_g$$

8) 팽창밸브 통과 직후의 건조도 x

$$x = \frac{\text{플래시가스 발생 손실}}{\text{증발잠열}} = \frac{h_f - h_g}{h_a - h_g}$$

9) 팽창밸브 통과 직후의 습도 y

$$y = 1 - x = \frac{h_a - h_f}{h_a - h_g}$$

10) 성적계수

(1) 이론적 성적계수

$$COP = \frac{q_e}{w}$$

q_e : 냉동효과(kJ/kg)
w : 압축일량(kJ/kg)

(2) 이상적 성적계수

$$COP = \frac{T_2}{T_1 - T_2}$$

T_1 : 고압(응축) 절대온도(K)
T_2 : 저압(증발) 절대온도(K)

(3) 실제적 성적계수

$$COP' = \frac{q_e}{w}\eta_c\eta_m = \frac{Q_e}{N}$$

q_e : 냉동효과(kJ/kg)
w : 압축일량(kJ/kg)
η_c : 압축효율
η_m : 기계효율
Q_e : 냉동능력(kW)
N : 축동력(kW)

> 암 1 kW = 1 kJ/s

11) 냉동톤

$$냉동톤[RT] = \frac{Q_e}{3.86} = \frac{G \times q_e}{3.86}$$

Q_e : 냉동능력(kW)
G : 냉매순환량(kg/s)
q_e : 냉동효과(kJ/kg)

> 암 1 RT = 3.86 kW

12) 압축비(높을수록 악영향)

$$a = \frac{P_2}{P_1}$$

P_1 : 증발압력
P_2 : 응축압력

04 2단 냉동사이클 및 2원 냉동사이클

1 2단 압축사이클

-35℃ 이하의 낮은 증발온도를 얻기 위해 압축기를 2대 이상 사용하여 냉매 증기를 2번 이상 압축한다. 냉동기의 증발온도가 너무 낮으면 이에 따라 증발압력이 저하되기 때문에 저압가스를 1단으로 압축할 경우 압축비가 커진다. 이렇게 압축비가 커지면 압축기 토출가스의 온도가 높아지고 체적효율이 감소하여 냉동능력이 감소, 소요동력이 증가한다. 따라서 2번 이상의 압축을 통해 냉동기의 열화 방지 및 효율 증가 등 성능을 개선할 수 있다. 여기서, 증발기로 들어가는 냉매의 건도를 개선할 목적으로 2단압축 2단팽창사이클을 사용한다.

1) 2단 압축 냉동사이클

   (1) 2단 압축 1단 팽창사이클(중간냉각이 완전)

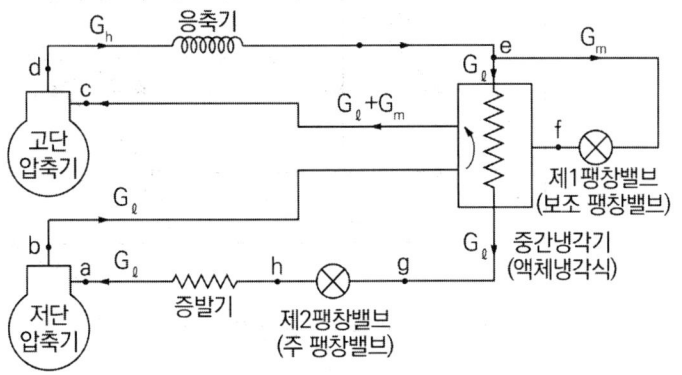

[2단 압축 1단 팽창 장치도]

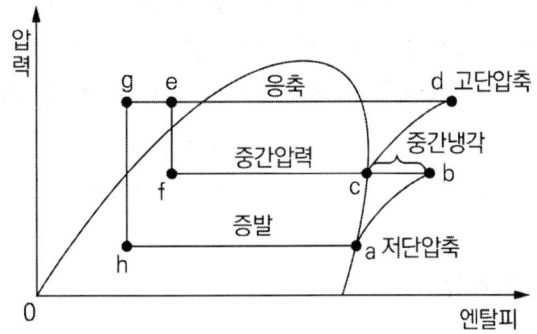

[2단 압축 1단 팽창 P-h 선도]

   (2) 2단 압축 2단 팽창사이클(중간냉각이 완전)

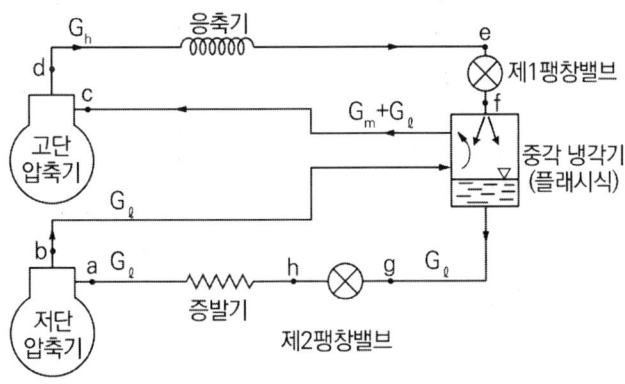

[2단 압축 2단 팽창 장치도]

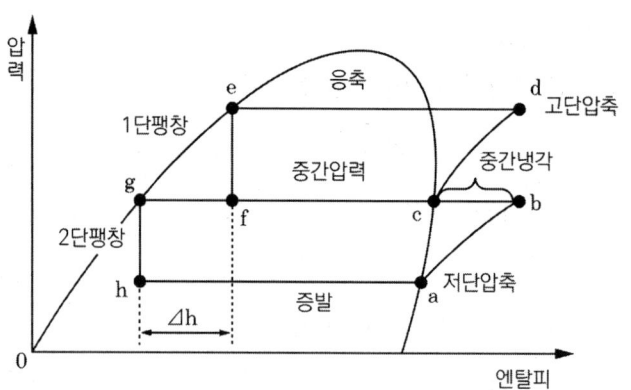

2단 압축 2단 팽창 P-h 선도

2) 중간 냉각기(Intercooler) 역할
    (1) 고단 측 압축기 흡입가스 중 액을 분리하여 액압축을 방지함
    (2) 저단 측 압축기 토출가스 온도의 과열도를 제거하여 고단 압축기 과열 압축을 방지함
    (3) 팽창밸브 직전의 액냉매를 과냉각시켜 플래시가스의 발생량을 감소시켜 냉동 효과 향상

> **TIP** 플래시 가스 : 증발기가 아닌 곳에서 증발한 냉매증기
> 플래시 현상 : 액화되어 있는 냉매가 조건(압력과 온도)에 따라 다시 증기가 되는 현상

2 2단 냉동사이클 열량계산

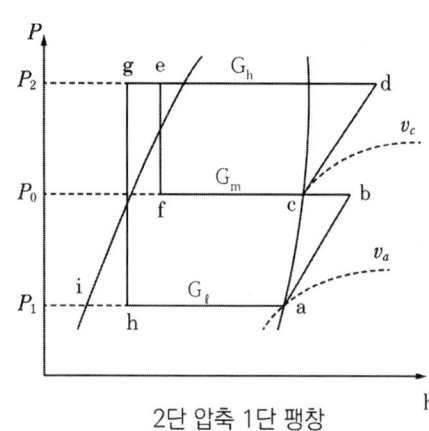
2단 압축 1단 팽창

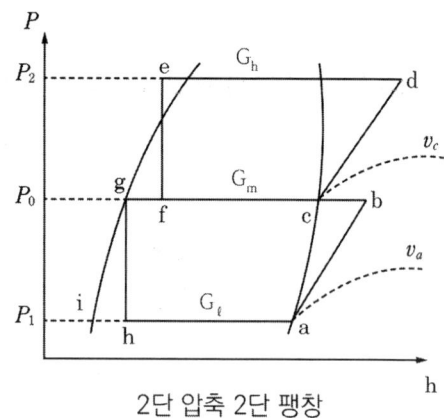
2단 압축 2단 팽창

1) 냉동효과

$$q_e[kJ/kg] = h_a - h_h$$

2) 냉매순환량

   (1) 저단 압축기 냉매순환량(G_ℓ)

   $$G_\ell[kg/s] = \frac{Q_e}{q_e} = \frac{Q_e}{h_a - h_h}$$

   Q_e : 냉동능력(kW)
   q_e : 냉동효과(kJ/kg)
   w : 압축일량(kJ/kg)

   (2) 중간 냉각기 냉매순환량(G_m)

   $$G_m[kg/s] = \frac{G_\ell(h_b - h_c) + G_\ell(h_f - h_g)}{h_c - h_f}$$

   (3) 고단 냉매순환량(G_h)

   $$G_h = G_\ell + G_m = G_\ell + G_\ell\frac{[(h_b - h_c) + (h_f - h_g)]}{(h_c - h_f)}$$
   $$= G_\ell\frac{(h_c - h_f) + (h_b - h_c) + (h_f - h_g)}{(h_c - h_f)} = G_\ell\frac{(h_b - h_g)}{(h_c - h_f)}$$
   $$\therefore G_h[kg/s] = G_\ell\frac{h_b - h_g}{h_c - h_f}$$

   TIP $G_h = G_\ell + G_m$, $\dfrac{G_h}{G_\ell} = \dfrac{h_b - h_g}{h_c - h_f}$

3) 압축일량

$$W = W_\ell + W_h = G_\ell(h_b - h_a) + G_h(h_d - h_c)$$

4) 응축열량

$$Q_c = G_h(h_d - h_e)$$

5) 성적계수

$$COP = \frac{Q_e}{W} = \frac{Q_e}{W_\ell + W_h} = \frac{G_\ell(h_h - h_a)}{G_\ell(h_b - h_a) + G_h(h_d - h_c)}$$

$$= \frac{(h_h - h_a)}{(h_b - h_a) + \dfrac{h_b - h_g}{h_c - h_f}(h_d - h_c)}$$

6) 압축비

$$\text{저단압축비 } a_1 = \frac{P_0}{P_1}, \quad \text{고단압축비 } a_2 = \frac{P_2}{P_0}$$

7) 중간압력

성능이 가장 좋은 조건 : 저단 압축비 = 고단 압축비 ($a_1 = a_2$)

$$a_1 = a_2$$
$$\frac{P_0}{P_1} = \frac{P_2}{P_0}$$
$$P_o = \sqrt{P_1 \times P_2}$$

3 2원 냉동장치

-70 ℃ 이하의 초저온을 얻고자 할 경우 채택하는 방식이다. 단일 냉매로는 2단 또는 다단 압축을 하여도 냉매의 특성 때문에 초저온을 얻을 수 없다. 따라서 비등점이 각각 다른 2개의 냉동사이클을 병렬로 구성하여 고온 측 증발기로 저온 측 응축기를 냉각시켜 초저온을 얻는다.

(1) 저온 측 냉동기에 사용되는 냉매
R-13, R-14, R-503, 에틸렌, 메탄, 에탄 등의 비등점이 낮은 냉매
(2) 고온 측 냉동기에 사용되는 냉매
R-12, R-22 등 비등점이 높은 냉매
(3) 캐스케이드 콘덴서
2원 냉동사이클 저온 측 응축기와 고온 측 증발기를 조합하여 저온 측 응축기의 열을 효과적으로 제거하여 응축액화를 촉진시켜주는 일종의 열교환기

※ 2원 냉동장치의 구조

고온 측 냉매와 저온 측 냉매를 사용하는 두 개의 냉동사이클을 조합하는 형태로 된 초저온 장치로 2단 냉동장치와 계산식은 동일하다.

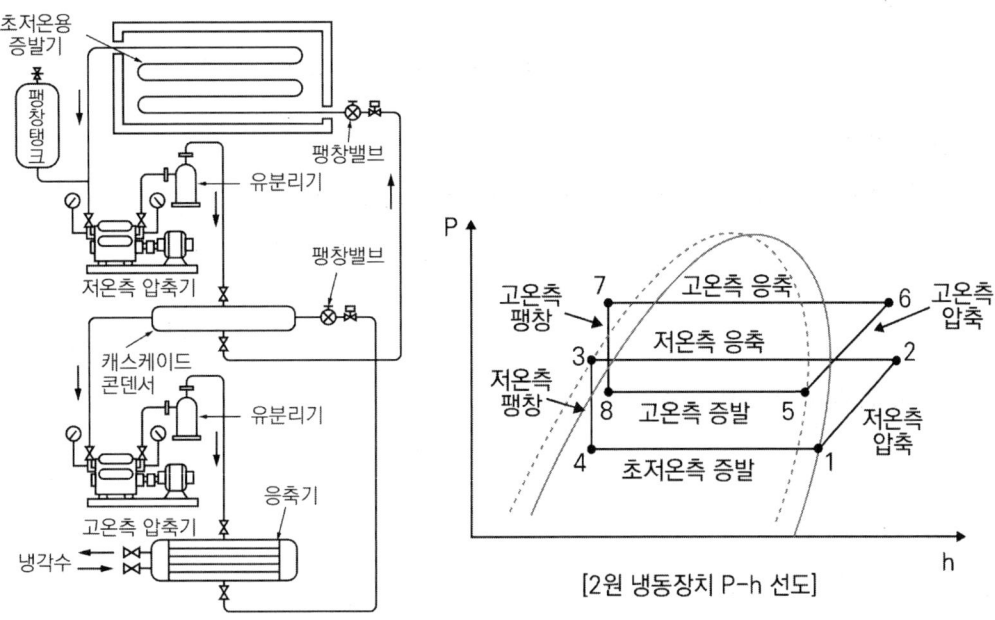

[2원 냉동장치 P-h 선도]

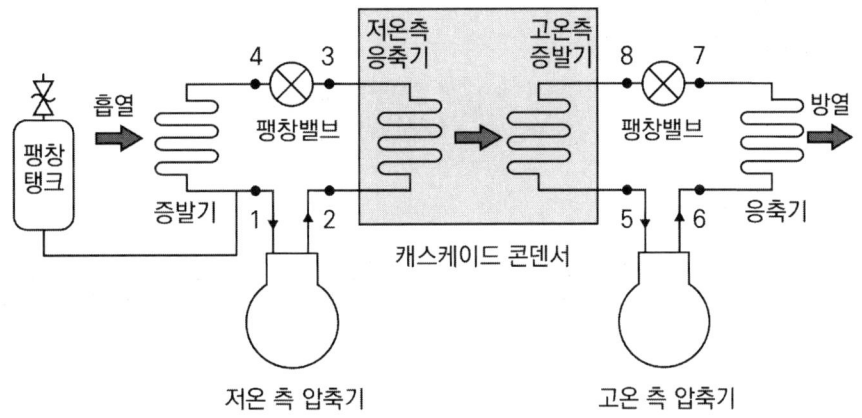

[2원 냉동사이클 장치도]

1) 냉동효과

$$q_e [kJ/kg] = h_1 - h_4$$

2) 냉동능력

$$Q_e [kW] = G_L(h_1 - h_4)$$

3) 방열량

　(1) 저온 측 냉동기 응축열량 = 고온 측 냉동기 증발열량

$$G_L(h_2 - h_3) = G_H(h_5 - h_8)$$

　　　TIP 고온·저온 냉동기의 냉매순환량 비 : $\dfrac{G_H}{G_L} = \dfrac{h_2 - h_3}{h_5 - h_8}$

　(2) 고온 측 냉동기 응축열량

$$Q_c = G_H(h_6 - h_7)$$

4) 성적계수

　(1) 저온냉동기 성적계수

$$COP_L = \frac{h_1 - h_4}{h_2 - h_1}$$

　(2) 고온냉동기 성적계수

$$COP_H = \frac{h_5 - h_8}{h_6 - h_5}$$

　(3) 총 성적계수

$$COP = \frac{G_L q_e}{G_L w_L + G_H w_H} = \frac{G_L(h_1 - h_4)}{G_L(h_2 - h_1) + G_H(h_6 - h_5)} = \frac{COP_L \times COP_H}{COP_L + COP_H + 1}$$

[2원 냉동장치의 총 성적계수 유도과정]

$$COP = \frac{G_L q_e}{G_L w_L + G_H w_H}$$

$$= \frac{G_L(h_1 - h_4)}{G_L(h_2 - h_1) + G_H(h_6 - h_5)} \quad \text{(여기서, } G_H = G_L \times \frac{(h_2 - h_3)}{(h_5 - h_8)} \text{이므로)}$$

$$= \frac{G_L(h_1 - h_4)}{G_L(h_2 - h_1) + G_L \frac{(h_2 - h_3)}{(h_5 - h_8)}(h_6 - h_5)}$$

(여기서, 분모, 분자에 $(h_5 - h_8)$을 곱한다)

$$= \frac{(h_1 - h_4)(h_5 - h_8)}{(h_2 - h_1)(h_5 - h_8) + (h_2 - h_3)(h_6 - h_5)}$$

$$= \frac{(h_1 - h_4)(h_5 - h_8)}{(h_2 - h_1)(h_5 - h_8) + (h_2 - h_3)(h_6 - h_5)}$$

(여기서, 분모, 분자를 $(h_2 - h_1)(h_6 - h_5)$로 나눈다)

$$= \frac{\dfrac{(h_1 - h_4)(h_5 - h_8)}{(h_2 - h_1)(h_6 - h_5)}}{\dfrac{(h_2 - h_1)(h_5 - h_8)}{(h_2 - h_1)(h_6 - h_5)} + \dfrac{(h_2 - h_3)(h_6 - h_5)}{(h_2 - h_1)(h_6 - h_5)}}$$

$$= \frac{\dfrac{(h_1 - h_4)(h_5 - h_8)}{(h_2 - h_1)(h_6 - h_5)}}{\dfrac{\cancel{(h_2 - h_1)}(h_5 - h_8)}{\cancel{(h_2 - h_1)}(h_6 - h_5)} + \dfrac{(h_2 - h_3)\cancel{(h_6 - h_5)}}{(h_2 - h_1)\cancel{(h_6 - h_5)}}}$$

$$= \frac{COP_L \times COP_H}{COP_H + \dfrac{(h_2 - h_3)}{(h_2 - h_1)}} \quad \text{(여기서, } h_3 = h_4 \text{이므로)}$$

$$= \frac{COP_L \times COP_H}{COP_H + \dfrac{(h_2 - h_4)}{(h_2 - h_1)}} = \frac{COP_L \times COP_H}{COP_H + \dfrac{(h_2 - h_4 + h_1 - h_1)}{(h_2 - h_1)}}$$

$$= \frac{COP_L \times COP_H}{COP_H + \dfrac{(h_1 - h_4) + (h_2 - h_1)}{(h_2 - h_1)}} = \frac{COP_L \times COP_H}{COP_L + COP_H + 1}$$

05 흡수식 냉동사이클

1 흡수식 냉동기

기계적인 일을 하지 않고 고온도의 열을 직접 적용시켜 냉동하는 방법으로, 서로 잘 용해하는 두 가지 물질을 사용한다. 즉, 저온 상태에서는 두 물질이 강하게 용해되나 고온에서는 두 물질이 분리되어 그 중의 한 물질이 냉매 작용을 하여 냉동하는 것이다. 이때 열을 운반하는 물질을 냉매라 하고, 이 가스를 용해하는 물질을 흡수제라 한다.

1) 냉매와 흡수제

냉매	물(H_2O)	암모니아(NH_3)	물(H_2O)	물(H_2O)
흡수제	리튬브로마이드($LiBr$)	물(H_2O)	염화리튬($LiCl$)	황산(H_2SO_4)

2) 성적계수

$$COP = \frac{증발기\ 냉각열량}{재생기\ 가열량}$$

보충 1중 효용 성적계수 : 0.65 ~ 0.75
2중 효용 성적계수 : 1 ~ 1.3

2 1중 효용 흡수식 냉동사이클

흡수기 → 재생기(발생기) → 응축기 → 증발기

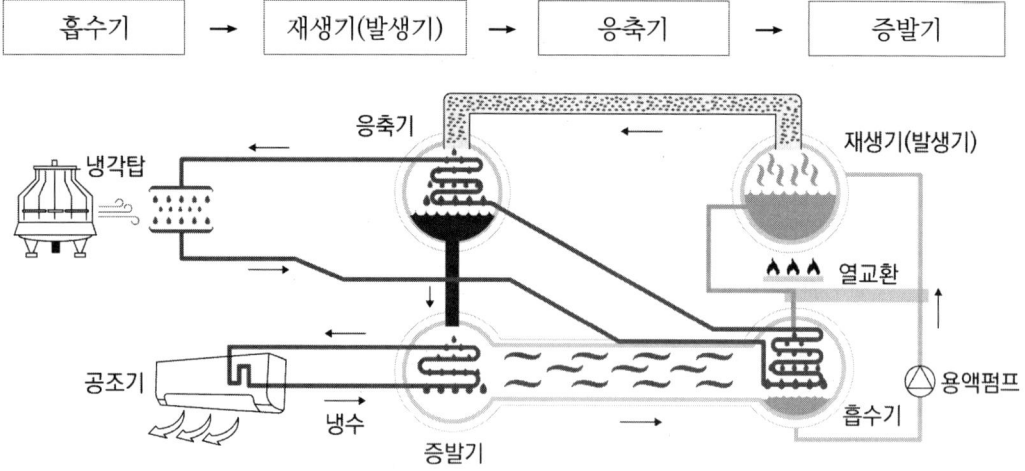

흡수식 냉동기는 진공상태에서 냉매가 낮은 온도에서도 쉽게 증발하는 원리를 이용한다. 흡수식 냉동기에서 6 ~ 7 mmHg 정도의 진공상태로 유지하여 냉매인 물을 약 5 ℃ 정도에서 비등·증발시킨다. 물이 증발하면서 주위의 열을 빼앗아 냉각시키게 된다.

> 보충 물의 비등점 : 대기압(760 mmHg)에서는 100 ℃ / 6 ~ 7 mmHg에서는 5 ℃

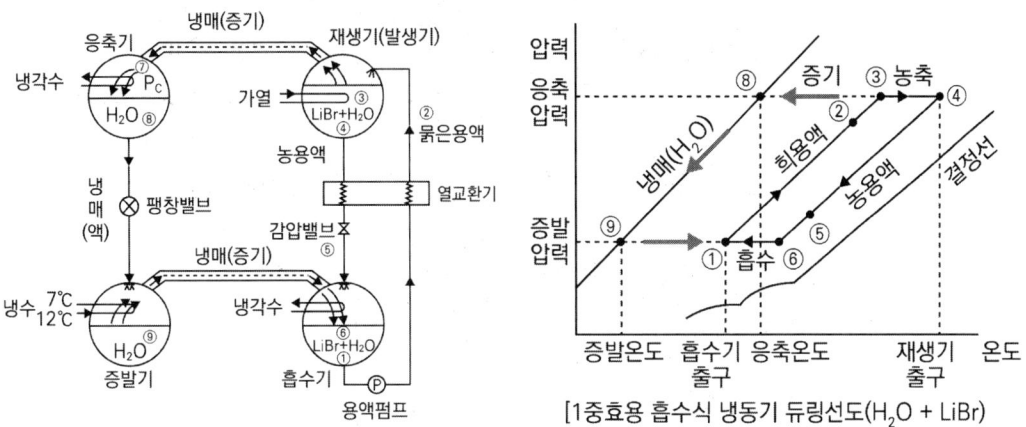

[1중효용 흡수식 냉동기 듀링선도(H_2O + LiBr)]

[1중 효용 흡수식 냉동기 과정]
⑥ → ① : 증발기로부터 냉매(물)를 흡수기에서 흡수하는 과정 (흡수기의 농용액 → 묽은용액)
① → ② : 용액펌프에 의해 저온의 묽은 용액이 재생기로 보내지면서 압력이 상승하고, 고온의 농용액과 열교환하여 온도가 상승하는 과정
② → ③ : 재생기에서 비등점(끓는점)에 이르기까지의 가열 과정
③ → ④ : 재생기 내에서 용액 내의 냉매(물)이 증발하여 농축되는 과정
 (재생기의 묽은용액 → 농용액)
④ → ⑤ : 재생기에서 나온 고온의 농용액이 저온의 묽은 용액과 열교환하여 온도 강하 및 감압밸브에 의해 압력이 감소되면서 흡수기로 들어가는 과정
⑤ → ⑥ : 농용액이 흡수기에 살포되면서 냉각수에 의해 냉각되어 온도 강하가 일어나는 과정
③ → ⑧ : 재생기 내 용액에서 분리된 냉매(물) 증기가 응축기에서 냉각되어 응축되는 과정
⑧ → ⑨ : 응축된 냉매(물)가 팽창밸브를 통과하면서 압력이 감소되어 증발기로 들어가는 과정
⑨ → ① : 증발기에서 냉매(물)가 증발하여 흡수기로 흡수되는 과정

3 2중 효용 흡수식 냉동사이클

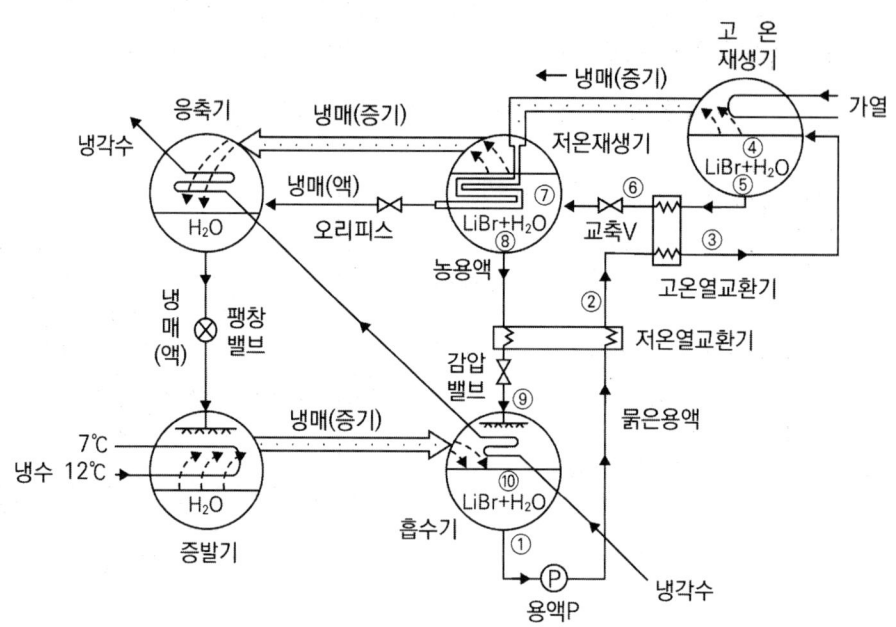

[2중효용 흡수식냉동기(H₂O + LiBr)]

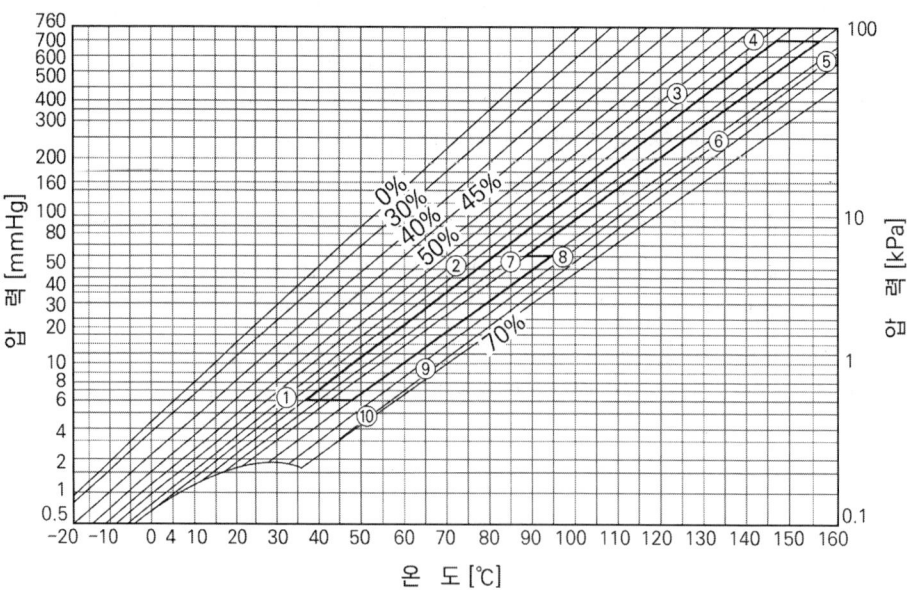

[2중효용 흡수식냉동기 듀링선도(H₂O + LiBr)]

[2중 효용 흡수식 냉동기 냉동사이클]

⑩ → ① : 흡수기에서 흡수과정을 나타냄. ⑩지점의 농도가 짙은 흡수액은 냉각수에 의해 냉각되면서 증발기로부터 들어온 냉매증기를 흡수하여 ①지점의 묽은 농도까지 희용액이 됨

① → ② : 흡수기를 나온 묽은 용액(희용액)이 저온 열교환기를 통해 일정농도 아래 온도 상승

② → ③ : 흡수기를 나온 묽은 용액(희용액)이 고온 열교환기를 통해 일정농도 아래 온도 상승

③ → ④ : 고온재생기에 들어간 묽은 용액이 포화온도(④지점의 온도)까지 가열됨

④ → ⑤ : 포화온도에서 더 가열되어 묽은용액 속에 있던 냉매(물)가 증발하면 농도가 짙어져 ⑤지점의 중간농도 용액이 됨

⑤ → ⑦ : 고온열교환기에서 중간농도 용액과 묽은용액이 열교환하여 농도는 일정하고 온도는 강하되고 교축밸브를 지나면서 압력이 중간 압력까지 낮아짐

⑦ → ⑧ : 중간농도용액에서 냉매(물)가 증발하여 용액의 농도가 짙어짐

⑧ → ⑨ : 저온재생기에서 나온 짙은용액(농용액)이 저온열교환기에서 냉각되어 일정 농도 아래 온도 강하 및 감압밸브에 의한 압력 감소

⑨ → ⑩ : 흡수기에 농용액이 들어갈 때 냉각수에 의해 온도 강하

06 냉동장치

1 압축기 토출량

1) 이론적 압축기 토출량

   (1) 왕복동식 압축기

   피스톤의 왕복운동으로 행하는 압축방식

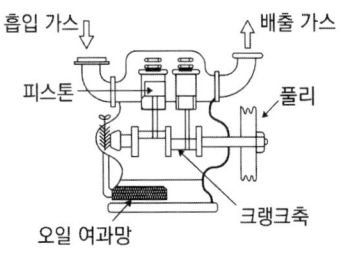

$$V_a[m^3/h] = \frac{\pi}{4}D^2 \times L \times N \times Z \times \frac{60[\min]}{1[hr]}$$

V_a : 이론적 피스톤 압출량(m^3/h)
D : 피스톤의 직경 및 실린더의 내경(m)
L : 피스톤의 행정(m)
Z : 실린더 수(기통 수)
N : 분당 회전수(rpm)

(2) 회전식 압축기

로터리 컴프레서라고도 하며, 로터의 회전에 의해 압축하는 방식

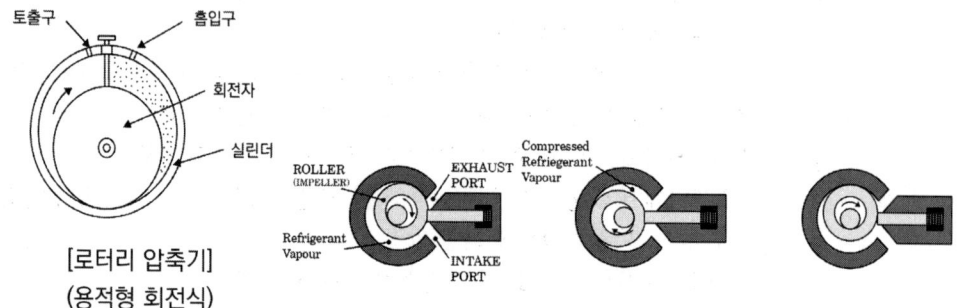

[로터리 압축기]
(용적형 회전식)

$$V_a[m^3/h] = \frac{\pi}{4}(D^2 - d^2) \times t \times N \times Z \times \frac{60[\min]}{1[hr]}$$

V_a : 이론적 피스톤 압출량(m^3/h)
D : 실린더의 내경(m)
d : 로터의 지름(m)
t : 실린더의 높이(m)
Z : 실린더 수(기통 수)
N : 분당 회전수(rpm)

2) 실제적 압축기 토출량

$$V_{act} = V \times \eta_v$$

V : 이론적 피스톤 압출량 (m^3/h)
η_v : 체적효율

2 증발기

1) 압력조정밸브

  (1) 증발압력 조정밸브(EPR : Evaporator Pressure Regulator)

    ① 설치 목적

      증발압력(온도)이 일정 압력(온도) 이하가 되는 것을 방지한다(냉각기 동파 방지).

    ② 설치 위치

      증발기에서 압축기로 가는 흡입배관에 설치한다(증발기 출구에 설치).

    ③ 동작

      밸브 입구 압력에 의해 작동되고 압력이 높으면 열리고 낮으면 닫힌다.

  (2) 흡입압력 조정밸브(SPR; Suction Pressure Regulator)

    ① 설치 목적

      증발압력(온도)이 일정 압력(온도) 이상이 되는 것을 방지한다.

    ② 설치 위치

      증발기에서 압축기로 가는 흡입배관에 설치한다(압축기 입구에 설치).

    ③ 동작

      밸브 출구 압력에 의해 작동되고 압력이 높으면 닫히고 낮으면 열린다(압축기 운전을 안정시키고 전동기 과부하 방지).

  (3) 응축압력 조정밸브(CPR : Condenser Pressure Regulator)

    ① 설치 목적

      응축압력(온도)가 일정 압력(온도) 이하가 되는 것을 방지한다. 외기 온도가 너무 낮아 응축압력이 낮아져 냉동능력이 감소하는 것을 방지한다.

    ② 설치 위치

      응축기 출구와 수액기 사이에 설치한다.

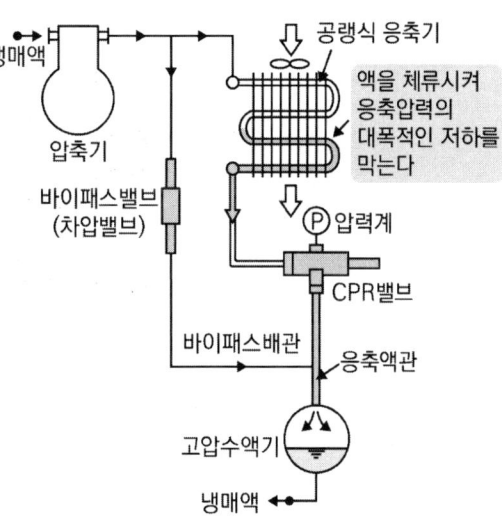

[응축압력 조정밸브]

[공랭식 응축기]

공랭식 응축기는 여름철(하절기) 최고온도로 응축 가능한 만큼의 냉각능력을 가지고 있는 크기의 응축기가 설치되어 있다. 따라서 겨울철(동절기)에 한랭지 등에서 외기가 크게 저하되면 응축압력, 온도가 크게 낮아진다. 응축압력이 소정 이하로 낮아지면 팽창밸브에서 증발기로 냉매가 지나갈 때, 1차 측의 압력(고압)과 증발기 압력(저압)의 차압이 너무 작아 팽창밸브에서 증발기로 보내는 냉매량이 작아져 냉동능력이 감소한다. 따라서 응축압력 조정밸브를 설치하여 소정의 응축압력(온도) 이하로 저하하는 것을 방지한다.

2) 증발열량

$$Q[W] = KA_o \triangle t_m = K(m \times A_i)\triangle t_m = K(m \times \pi D_i L)\triangle t_m$$

Q : 증발열량(W)

K : 증발기 외표면 기준 열통과율($W/m^2 \cdot K$)

A_o : 증발기 외표면적(m^2) A_i : 증발기 내표면적(m^2)

m : 증발기 내외 표면적비 $\triangle t_m$: 냉매와 공기의 평균 온도차(℃)

D_i : 증발기의 내경(m)

3 응축기

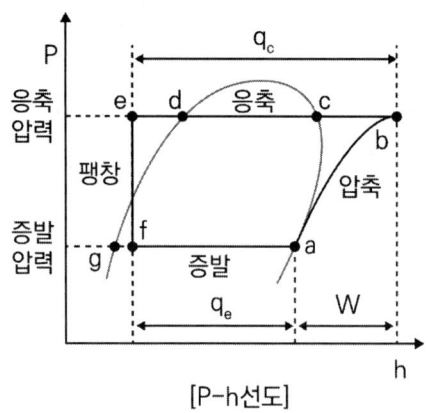

[P-h선도]

1) 응축부하

냉매가스로부터 단위시간당 제거하는 열량

$$Q_c[kW] = G(h_b - h_e) = G_w C_w (t_{w_2} - t_{w_1}) = KF\Delta t_m = Q_e C$$

G : 냉매순환량(kg/s)
h_b : 응축기 입구 냉매 엔탈피(kJ/kg)
h_e : 응축기 출구 냉매 엔탈피(kJ/kg)
G_w : 냉각수 순환량(kg/s)
C_w : 비열(물의 비열 : 4.19 kJ/kg·K)
t_{w_1} : 냉각수 입구온도(℃)
t_{w_2} : 냉각수 출구 온도(℃)
K : 열통과율(kW/m²·K)
F : 면적 [m²]
Δt_m : 냉매와 냉각수의 평균온도차(℃) ($\Delta t_m = t_c - \dfrac{t_{w_1} + t_{w_2}}{2}$)
Q_e : 냉동능력
C : 방열계수(냉장·냉방 : 1.2, 냉동 : 1.3)

2) 온도차(℃)

(1) 냉각수 온도차

$$\Delta t = t_{w_2} - t_{w_1}$$

t_{w_1} : 냉각수 입구온도(℃)
t_{w_2} : 냉각수 출구온도(℃)

(2) 산술 평균온도차

$$\Delta t_m = t_c - \dfrac{t_{w_1} + t_{w_2}}{2}$$

t_c : 응축온도(℃)

(3) 대수 평균온도차

$$LMTD = \dfrac{\Delta_1 - \Delta_2}{\ln \dfrac{\Delta_1}{\Delta_2}}$$

$\Delta_1 = t_c - t_{w_1}$, $\Delta_2 = t_c - t_{w_2}$
t_c : 응축온도(℃)
t_{w_1} : 냉각수 입구온도(℃)
t_{w_2} : 냉각수 출구온도(℃)

4 액분리기, 유분리기, 수액기

1) 액분리기(Accumulator)

(1) 기능

압축기로 들어가는 흡입가스에 냉매액이 혼입되어 있으면 이것을 분리하여 증기만을 압축기에 흡입시켜 액압축을 방지하여 압축기를 보호하는 역할을 한다.

> 보충 액분리기에서 분리된 액은 액회수장치에 의해 수액기로 돌려보내진다.

(2) 설치위치 : 증발기와 압축기 사이 흡입 배관 중에 설치한다.

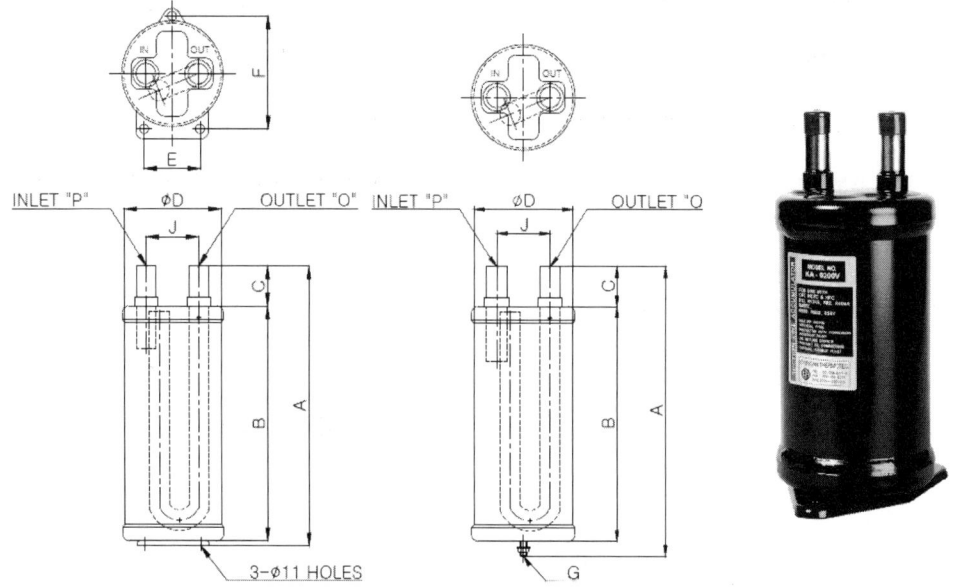

[액분리기]

출처 : KYUNGAN THERMOTECH

2) 유분리기(Oil Separator)

(1) 기능

압축기 토출가스 배관 중에 유분리기를 설치하여 토출되는 냉매가스 중에 섞여 있는 윤활유를 분리시킨다.

> **보충** 토출가스에 윤활유가 많이 섞여 있으면 압축기에 윤활유가 부족하게 되고, 압축기에서 나온 윤활유가 응축기와 증발기에 고이면 열교환을 저해하여 악영향을 끼친다.

(2) 설치위치 : 압축기와 응축기 사이의 토출 배관 중에 설치한다.

① 프레온 냉동장치 : 압축기에 가까이 설치, 즉 압축기와 응축기 사이의 1/4 지점
② 암모니아 냉동장치 : 응축기에 가까이 설치, 즉 압축기와 응축기 사이의 3/4 지점

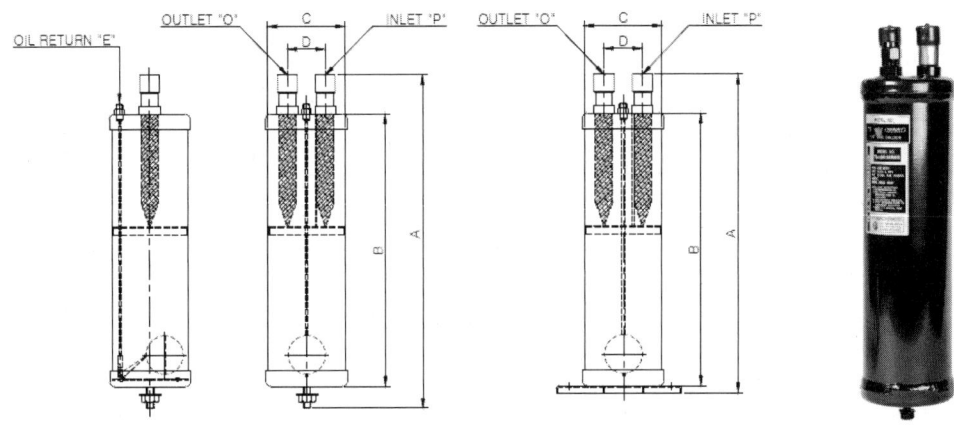

[유분리기]

출처 : KYUNGAN THERMOTECH

3) 수액기(Receiver)

(1) 기능

응축기에서 응축된 고온 고압의 냉매액을 팽창밸브로 보내기 전에 일시적으로 저장하는 용기이다.

(2) 역할

냉동장치를 수리하거나 장시간 정지시키는 경우 장치 내의 모든 냉매를 회수하여 저장할 수 있는 역할을 한다.

(3) 설치위치

응축기와 팽창밸브 사이에 설치한다(응축기 하부에 설치).

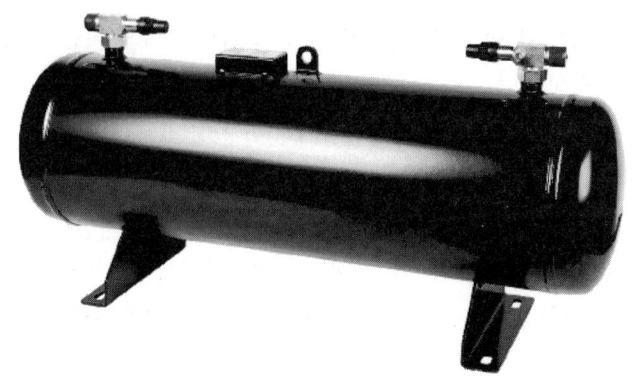

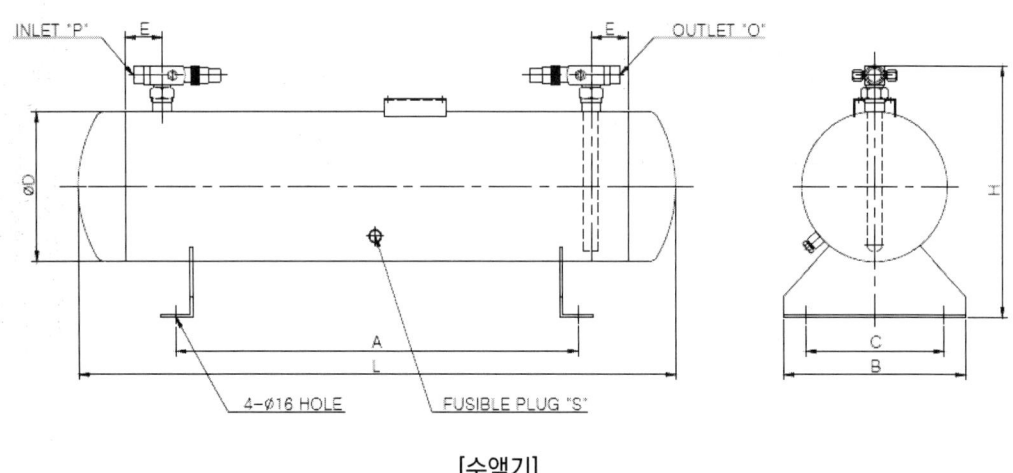

[수액기]

출처 : KYUNGAN THERMOTECH

핵심문제 냉동공학

01 어떤 제빙장치로 30 ℃의 물 2톤을 -20 ℃의 얼음으로 만드는 데 3시간이 요구된다. 이 제빙장치의 제빙능력(kW)을 구하시오. (단, 얼음의 융해 잠열이 335 kJ/kg이며, 얼음의 비열은 2.1 kJ/kg℃, 물의 비열은 4.2 kJ/kg · ℃ 다른 손실은 고려하지 않는다) (5점)

풀이

> **참고**
> (1) 현열 : $Q = G \cdot C \cdot \triangle t$
> (2) 잠열 : $Q = G \cdot \gamma$

[풀이 1]

물 2 ton = 2000 kg 이므로

① $\boxed{30\,℃\,물} \xrightarrow{현열} \boxed{0\,℃\,물}$ $Q_1 = G \cdot C \cdot \triangle t = 2000 \times 4.2 \times (30-0) = 252000\,kJ$

② $\boxed{0\,℃\,물} \xrightarrow{잠열} \boxed{0\,℃\,얼음}$ $Q_2 = G \cdot \gamma = 2000 \times 335 = 670000\,kJ$

③ $\boxed{0\,℃\,얼음} \xrightarrow{현열} \boxed{-20\,℃\,얼음}$ $Q_3 = G \cdot C \cdot \triangle t = 2000 \times 2.1 \times (0-(-20)) = 84000\,kJ$

$$\therefore 제빙능력(kW) = \frac{(Q_1 + Q_2 + Q_3)[kJ]}{(3 \times 3600)[\sec]} = \frac{(252000 + 670000 + 84000)\,kJ}{3 \times 3600\,\sec}$$

$$= 93.148 ≒ 93.15\,kW$$

[풀이 2]

물 2 ton = 2000 kg이므로

$$제빙능력(kW) = \frac{G \cdot C \cdot \triangle t[kJ] + G \cdot \gamma[kJ] + G \cdot C \cdot \triangle t[kJ]}{3 \times 3600[\sec]}$$

$$= \frac{G \times (C \cdot \triangle t + \gamma + C \cdot \triangle t)[kJ]}{3 \times 3600[\sec]}$$

$$= \frac{2000 \times (4.2 \times 30 + 335 + 2.1 \times 20)}{3 \times 3600} = 93.148 ≒ 93.15\,kW$$

02 냉동장치 각 기기의 온도변화 시에 이론적인 값이 상승하면 O, 감소하면 X, 무관하면 △을 하시오. (단, 다른 조건은 변화 없다고 가정한다) (5점)

온도변화 상태변화	응축온도 상승	증발온도 상승	과열도 증가	과냉각도 증가
성적계수				
압축기 토출가스 온도				
압축일량			-	-
냉동효과			-	
압축기 흡입가스 비체적				

풀이

온도변화 상태변화	응축온도 상승	증발온도 상승	과열도 증가	과냉각도 증가
성적계수	X	O	O	O
압축기 토출가스 온도	O	X	O	△
압축일량	O	-	-	△
냉동효과	X	-	O	O
압축기 흡입가스 비체적	△	X	O	△

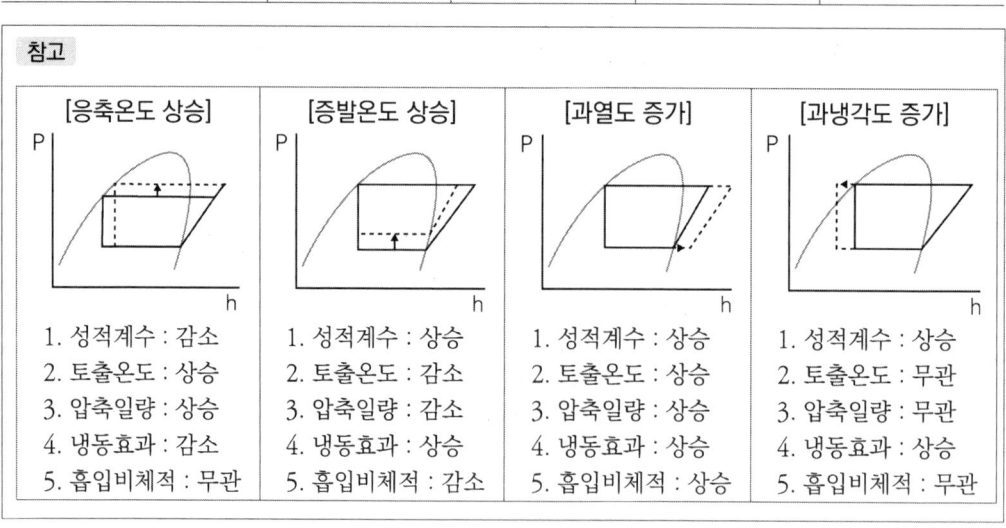

참고

[응축온도 상승]
1. 성적계수 : 감소
2. 토출온도 : 상승
3. 압축일량 : 상승
4. 냉동효과 : 감소
5. 흡입비체적 : 무관

[증발온도 상승]
1. 성적계수 : 상승
2. 토출온도 : 감소
3. 압축일량 : 감소
4. 냉동효과 : 상승
5. 흡입비체적 : 감소

[과열도 증가]
1. 성적계수 : 상승
2. 토출온도 : 상승
3. 압축일량 : 상승
4. 냉동효과 : 상승
5. 흡입비체적 : 상승

[과냉각도 증가]
1. 성적계수 : 상승
2. 토출온도 : 무관
3. 압축일량 : 무관
4. 냉동효과 : 상승
5. 흡입비체적 : 무관

03 다음 보기의 기호를 사용하여 공조배관 계통도를 작성하시오. (단, 냉수공급관 및 환수관은 개별식으로 배관한다) (6점)

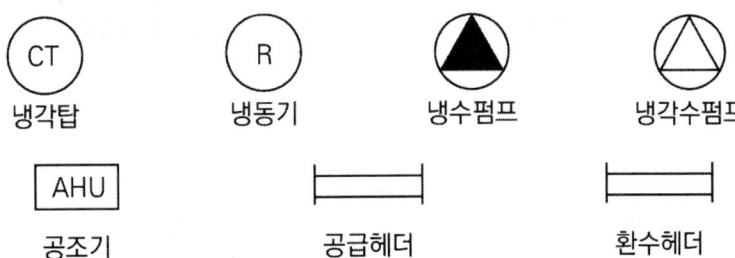

풀이

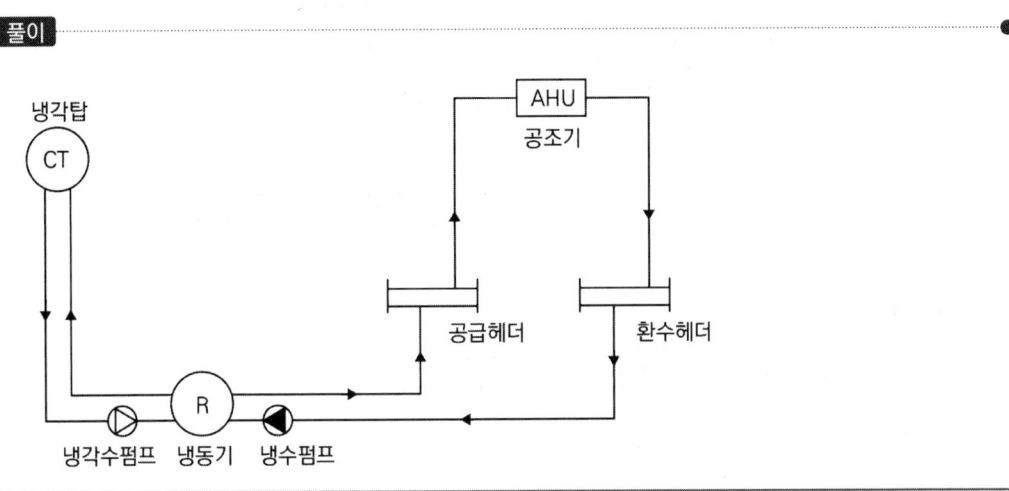

04 기통비 2인 컴파운드 R-22 고속 다기통 압축기가 다음 그림에서와 같이 중간 냉각이 불완전한 2단압축 1단팽창식으로 운전되고 있다. 이때 중간냉각기 팽창밸브 직전의 냉매액 온도가 33 ℃, 저단 측 흡입냉매의 비체적이 0.15 m³/kg, 고단 측 흡입냉매의 비체적이 0.06 m³/kg이라고 할 때 저단 측의 냉동효과(kJ/kg)는 얼마인가? (단, 고단 측과 저단 측의 체적효율은 같다)

(8점)

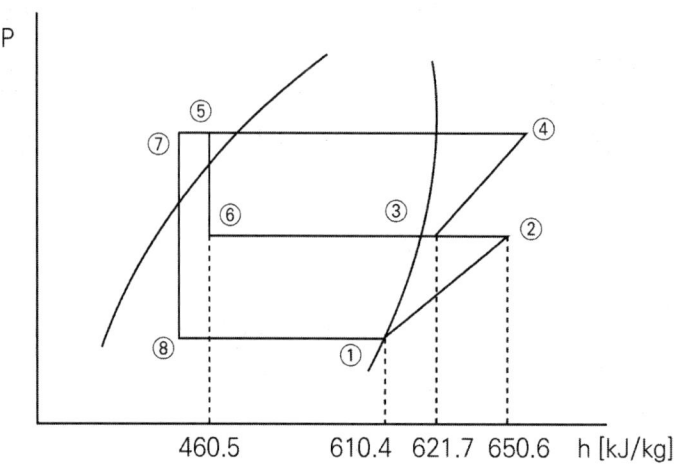

풀이

냉동효과 $q_e = h_1 - h_8$　　기통수비 $2 = \dfrac{\text{저단 기통수}}{\text{고단 기통수}}$

$\dfrac{G_\ell}{G_h} = \dfrac{h_3 - h_6}{h_2 - h_7} = \dfrac{h_3 - h_6}{h_2 - h_8}$ 에서

$h_8 = h_2 - \dfrac{G_h}{G_\ell}(h_3 - h_6) = h_2 - \dfrac{\dfrac{V}{v_3}}{\dfrac{2V}{v_1}}(h_3 - h_6) = h_2 - \dfrac{v_1}{2v_3}(h_3 - h_6)$

$= 650.6 - \dfrac{0.15}{2 \times 0.06}(621.7 - 460.5) = 449.1 \text{ kJ/kg}$

∴ 냉동효과 $q_e = 610.4 - 449.1 = 161.3 \text{ kJ/kg}$

05 2대의 증발기가 압축기 위쪽에 위치하고 각각 다른 층에 설치되어 있는 경우 프레온 증발기 출구와 흡입구 배관을 연결하는 배관 계통을 도시하시오. (단, 점선 ------- 은 증발기 상부, 하부를 나타낸 것이다) (8점)

풀이

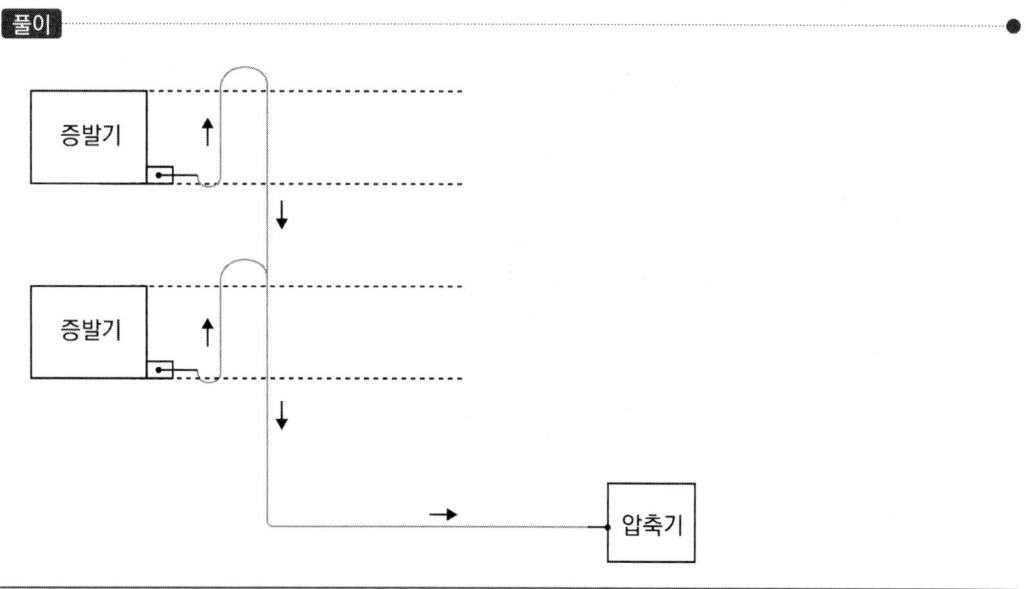

06 과열증기 압축사이클로 작동하는 냉동시스템에서 압축기 흡입 냉매 엔탈피는 390.21 kJ/kg이다. 가역 단열과정으로 압축했을 때 압축기 출구 엔탈피는 425.47 kJ/kg이다. 실제 압축기의 압축효율이 85 %일 때 다음을 구하시오. (6점)

(1) 압축기 출구 실제 엔탈피(kJ/kg)를 구하시오.

(2) 압축기 냉매 질량유량이 1.5 kg/s이고, 체적효율이 82 %이며, 기계효율이 91 %일 때 실제 압축기를 구동시키는 전동기 동력(kW)을 구하시오.

풀이

(1) 압축기 출구 실제 엔탈피(h_2')

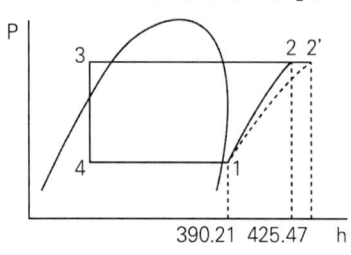

압축효율 $\eta_C = \dfrac{h_2 - h_1}{h_2' - h_1}$ 이므로

압축기 출구 실제 엔탈피 $h_2' = h_1 + \dfrac{h_2 - h_1}{\eta_C} = 390.21 + \dfrac{425.47 - 390.21}{0.85}$

$= 431.692 ≒ 431.69 \, \text{kJ/kg}$

(2) 실제 압축기를 구동시키는 전동기 동력(L)

[풀이 1]

$L = \dfrac{G \cdot (h_2' - h_1)}{\eta_m} = \dfrac{1.5 \times (431.69 - 390.21)}{0.91} = 68.373 ≒ 68.37 \, \text{kW}$

[풀이 2]

$L = \dfrac{G \cdot (h_2 - h_1)}{\eta_C \cdot \eta_m} = \dfrac{1.5 \times (425.47 - 390.21)}{0.85 \times 0.91} = 68.377 ≒ 68.38 \, \text{kW}$

07 다음과 같은 2단압축 1단팽창 냉동장치를 보고 P-h 선도상에 냉동사이클을 그리고 1~8점을 표시하시오. (6점)

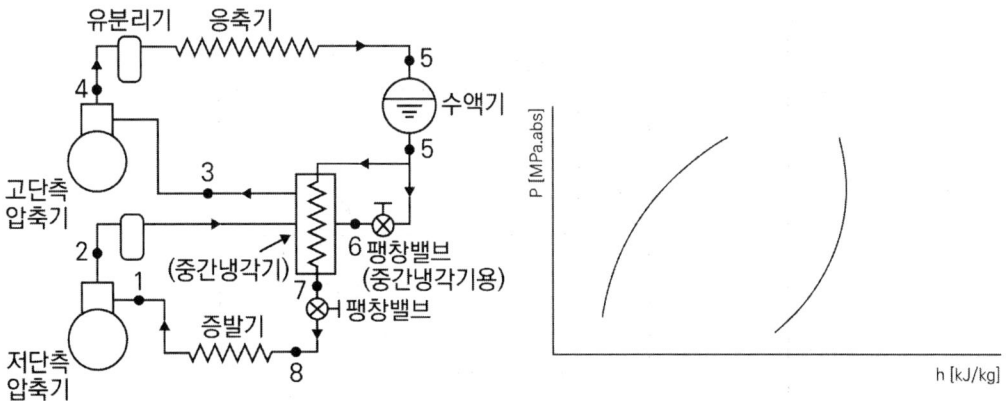

> [풀이]

[냉동사이클 표시]

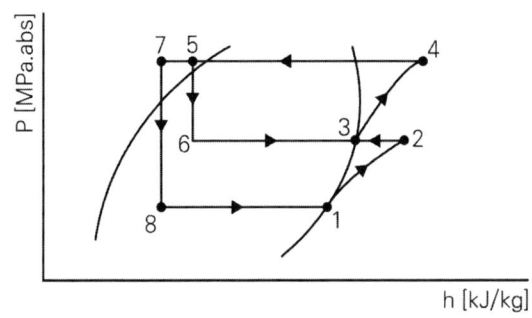

08 다음 그림은 2단압축 1단팽창 냉동사이클을 나타낸 것이다. 저단 측 냉매순환량이 100 kg/h일 때 다음을 구하시오. (10점)

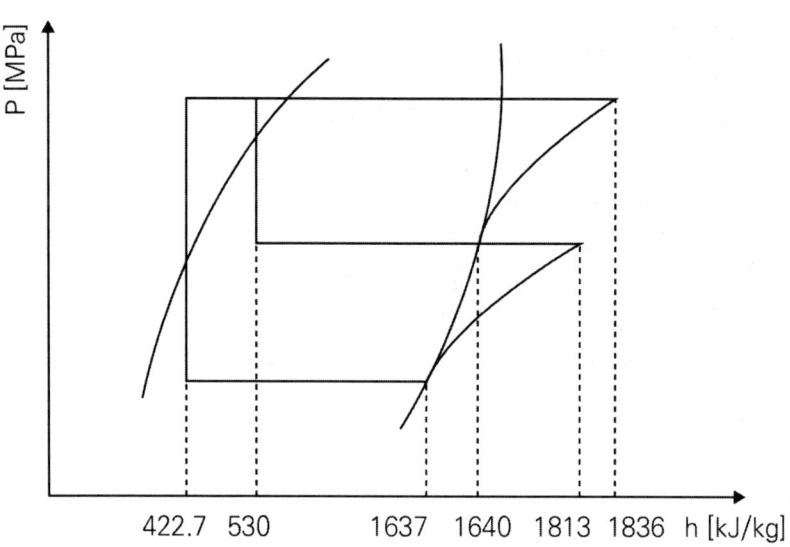

(1) 저단 압축기의 소요동력(kW)
(2) 고단 압축기의 소요동력(kW)
(3) 냉동능력(kW)
(4) 냉동사이클의 성적계수

풀이

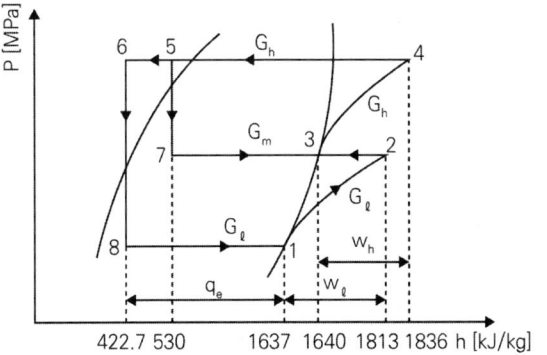

(1) 저단 압축기의 소요동력

$$W_\ell = G_\ell \times w_\ell = G_\ell(h_2 - h_1) = \frac{100}{3600} \times (1813 - 1637) = 4.888 ≒ 4.89 \text{ kW}$$

(2) 고단 압축기의 소요동력

$$\frac{G_h}{G_\ell} = \frac{h_2 - h_6}{h_3 - h_7} \text{에서 } G_h = G_\ell \frac{h_2 - h_6}{h_3 - h_7}$$

$$W_h = G_h \times w_h = G_\ell \frac{h_2 - h_6}{h_3 - h_7} \times (h_4 - h_3)$$

$$= \frac{100}{3600} \times \frac{1813 - 422.7}{1640 - 530} \times (1836 - 1640) = 6.819 ≒ 6.82 \text{ kW}$$

(3) 냉동능력

$$Q_e = G_\ell \times q_e = G_\ell(h_1 - h_8) = \frac{100}{3600} \times (1637 - 422.7) = 33.73 \text{ kW}$$

(4) 냉동사이클의 성적계수

$$COP = \frac{Q_e}{W_\ell + W_h} = \frac{33.73}{4.89 + 6.82} = 2.88$$

Chapter 03 공기조화

01 공기조화 주요 용어

1 건조공기(Dry Air)

1) 수증기를 전혀 포함하지 않은 공기

2) 20℃ 기준 건공기의 밀도 $\rho = 1.2\ kg/m^3$, 건공기의 비체적 $v = 0.83\ m^3/kg$

2 습공기

1) 수증기가 포함되어 있는 공기

2) 습공기의 상태

습공기는 건공기와 수증기의 혼합기체로서,
공기의 압력을 P라고 하면 건공기 분압 P_a와 수증기 분압 P_w의 합으로 볼 수 있다.

$$P = P_a + P_w$$

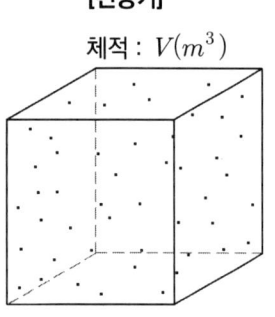

[건공기]	[수증기]	[습공기]
체적 : $V(m^3)$	체적 : $V(m^3)$	체적 : $V(m^3)$
건공기 압력 : $P_a(Pa)$	수증기 압력 : $P_w(Pa)$	전압 $P(Pa) : P_a + P_w$
건공기 질량 : $1(kg')$	수증기 질량 : $x(kg)$	전체 질량 : $1 + x(kg)$

따라서 건공기 분압은 수증기 분압을 제외한 값이다.

$$P_a = P - P_w$$

건공기와 수증기의 특정기체 상태 방정식을 적용하면

$$\text{습공기 내 수증기 상태방정식}: P_w V = GRT$$
$$\text{습공기 내 건공기의 이상기체상태방정식}: P_a V = G'R'T$$

건공기와 수증기의 체적과 온도는 같으므로 $\dfrac{G}{G'} = \dfrac{R'P_w}{RP_a} = 0.622 \dfrac{P_w}{P-P_w}$ 으로 수증기 분압과 습도 사이 관계를 유도할 수 있다.

[절대습도 x]

$$x = \frac{\text{수증기 질량}}{\text{건공기 질량}} = \frac{G}{G'} = \frac{\dfrac{P_w V}{RT}}{\dfrac{P_a V}{R'T}} = \frac{R'P_w}{RP_a} = \frac{R'}{R} \times \frac{P_w}{P_a} = \frac{287.2}{461.6} \times \frac{P_w}{P_a}$$

$$= 0.622 \times \frac{P_w}{P_a} = 0.622 \frac{P_w}{P-P_w}$$

보충 수증기 특정 기체상수 $R = 0.462\ kJ/(kg \cdot K) = 461.6\ J/(kg \cdot K)$
건공기 특정 기체상수 $R' = 0.287\ kJ/(kg \cdot K) = 287.2\ J/(kg \cdot K)$

3 절대습도

[건공기]

체적 : $V(m^3)$

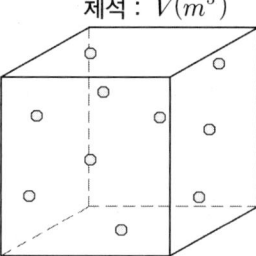

건공기 압력 : $P_a(Pa)$
건공기 질량 : $1\ kg'$

[수증기]

체적 : $V(m^3)$

수증기 압력 : $P_w(Pa)$
수증기 질량 : $x\ kg$

[습공기]

체적 : $V(m^3)$

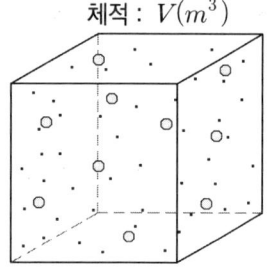

전압 $P(Pa) : P_a + P_w$
전체 질량 : $1+x(kg)$

습공기 중에 포함되어 있는 건공기 1 kg'에 대한 수증기의 질량을 말하며, 절대습도는 가습·감습 없이 냉각, 가열만으로는 변화가 없다(다만 이슬점에 도달하지 않은 것으로 전제할 때). 수증기는 공기 중 소량이지만 물의 잠열이 크기 때문에 공기의 열적 성질에 크게 영향을 미친다.

$$x = \frac{수증기\ 질량(kg)}{건공기\ 질량(kg')} = 0.622 \frac{P_w}{P-P_w}\ kg/kg'$$

4 상대습도(%)

기온에 따른 습하고 건조한 정도를 백분율로 나타낸 것으로 현재 불포화공기 수증기 분압을 포화공기 수증기 분압으로 나눈 것 또는 현재 불포화공기 중 수증기의 질량을 현재 온도의 포화 수증기 질량으로 나눈 것을 말한다.

1) 상대습도 = "습공기 중 수분의 양"과 "포화공기 중 수분의 양"의 비
   관계 습도라고도 불리며 현재 습공기 수증기 분압과 동일온도에서 포화공기의 수증기 분압과의 비로 정의할 수 있다.

$$\phi = \frac{\rho_w}{\rho_s} \times 100\ \% = \frac{P_w}{P_s} \times 100\ \%$$

ρ_w : 현재 불포화공기 1 m³ 중에 함유된 수분의 질량(밀도)
ρ_s : 포화공기 1 m³ 중에 함유된 수분의 질량(밀도)
P_w : 현재 불포화공기 상태에서 수증기 분압
P_s : 동일온도, 동일압력에 대한 포화공기 수증기 분압

2) 비교습도(비습도) 또는 포화도(%)
   비습도는 현재 절대습도와 포화상태의 절대습도 비를 말한다.

$$\psi = \frac{x}{x_s} \times 100\ \%$$

x : 현재 공기의 절대습도(kg/kg')
x_s : 동일조건에서 포화습공기의 절대습도(kg/kg')

5 수증기의 엔탈피

1) 건공기 엔탈피(h_a)

$$h_a = C_{pa} t$$

h_a : 건공기 1 kg에 대한 엔탈피(kJ/kg)
C_{pa} : 건공기 정압비열 ≒ $1.01\ kJ/kg \cdot K$ (≒ $0.24\ kcal/kg \cdot ℃$)
t : 공기온도(℃)(건구온도)

※ 비엔탈피로 표기되는 경우 단위 질량당 엔탈피를 말한다(kJ/kg). 용어에 구분 없이 엔탈피로 표기되나 단위 표현이 kJ/kg이라면 비엔탈피이다.

※ 건구온도 0 ℃의 건공기 엔탈피 = 0 kJ/kg

2) 수증기 엔탈피(h_{wa})

수증기는 0℃의 물을 기준으로 하므로 물에서 증기로 변화하는 데에 필요한 증발 잠열을 온도만큼의 수증기 정압비열을 계산한 열에 더해야 한다.

$$h_{wa} = \gamma_0 + C_{pw} t = 2501 + 1.85 t$$

γ_0 : 0 ℃ 물의 증발잠열 = 2501 kJ/kg
　　(0 ℃ 물 1 kg → 0 ℃ 수증기 1 kg)
C_{pw} : 수증기 정압비열 = 1.85 kJ/(kg·K)

> **[증발된 경로에 따라 100 ℃ 수증기의 엔탈피가 다르다]**
> ① 0 ℃ 물 ▶ 0 ℃ 수증기 ▶ 100 ℃ 수증기(자연적인)
> 　2501 kJ/kg + 1.85 kJ/(kg·K) × 100 K = 2686 kJ/kg
> ② 0 ℃ 물 ▶ 100 ℃ 물 ▶ 100 ℃ 수증기(기계적인)
> 　4.19 kJ/(kg·K) × 100 K + 2257 kJ/kg = 2676 kJ/kg

3) 습공기의 엔탈피(h)

$$\begin{aligned} h &= h_a + x \times h_{wa} \\ &= C_{pa} \cdot t + x(\gamma_0 + C_{pw} \cdot t) \\ &= 1.01 \cdot t + x(2501 + 1.85 \cdot t) \end{aligned}$$

x : 습공기의 절대습도(kg/kg')
h : 습공기의 엔탈피(kJ/kg)
h_a : 건공기 1 kg의 엔탈피(kJ/kg)
h_{wa} : 수증기 1 kg의 엔탈피(kJ/kg)
t : 공기온도(℃, 건구온도)

02 공기조화 방식

1 공기조화방식의 분류

공조기의 설치방법 (열분배 방식)	열매 (열을 운반하는 매개체의 종류)	공기조화방식	
중앙식	1) 전공기방식 (All Air Sytem)	① 단일덕트방식	정풍량
			변풍량
		② 이중덕트방식	정풍량
			변풍량
		③ 멀티존유닛방식	
	2) 수-공기방식 (Water-Air Sytem)	① 덕트병용 팬코일유닛	
		② 덕트병용 복사냉난방방식	
		③ 유인유닛방식	
		④ 각층유닛방식(각층 공조기 설치 방식)	
	3) 전수방식 (All Water Sytem)	① 팬코일유닛방식	
		② 복사냉난방방식	
개별식	냉매방식	① 패키지방식	
		② 룸쿨러방식	분리형
			멀티유닛형
			창문설치형

1) 중앙 공조방식(Central system)
  (1) 공조방식의 종류
    ① 전공기방식(All Air Sytem)
      온습도가 조절된 공기(냉풍, 온풍)으로만 냉, 난방하는 방식
    ② 수 - 공기방식(Water-Air Sytem)
      전공기방식과 전수방식의 단점을 보완하고 장점만을 취한 방식
    ③ 전수방식(All Water Sytem)
      중앙기계실로부터 냉·온수를 실내에 설치된 유닛에 순환시켜 공조하는 방식

(2) 특성
① 중앙기계실에서 조화된 공기 또는 냉수, 온수를 각 실로 공급하는 방식
② 규모가 큰 건물에 적합
③ 중앙기계실에 장치가 모두 집중되어 있어 운전 및 유지보수가 용이
④ 덕트샤프트·파이프샤프트가 필요(건물 내 공간이 필요)

2) 개별 공조방식(냉매방식)
(1) 암모니아, 프레온 등과 같은 냉매를 열매개체로 사용하는 방식
(2) 특성
① 각 실에 공조유닛을 분산 설치하여 개별제어함. 따라서 중앙기계실이 필요없고 설치 및 철거 용이
② 국소적으로 운전이 가능하므로 에너지 절약 공조 방식

2 공기조화 방식

1) 팬코일 유닛방식

물·공기방식의 공조방식으로서 중앙기계실의 열원설비로부터 냉수 또는 온수를 각 실에 있는 유닛에 공급하여 냉난방하는 공조방식

외부존은 수배관에 의한 팬코일유닛으로 냉난방하고 내부존은 공조덕트로 냉난방하는 방식

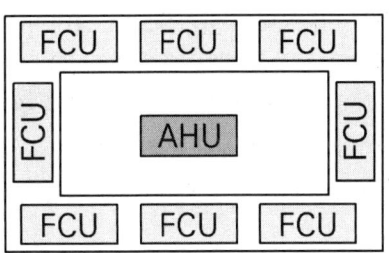

[덕트병용 팬코일 유닛방식 – 평면도]

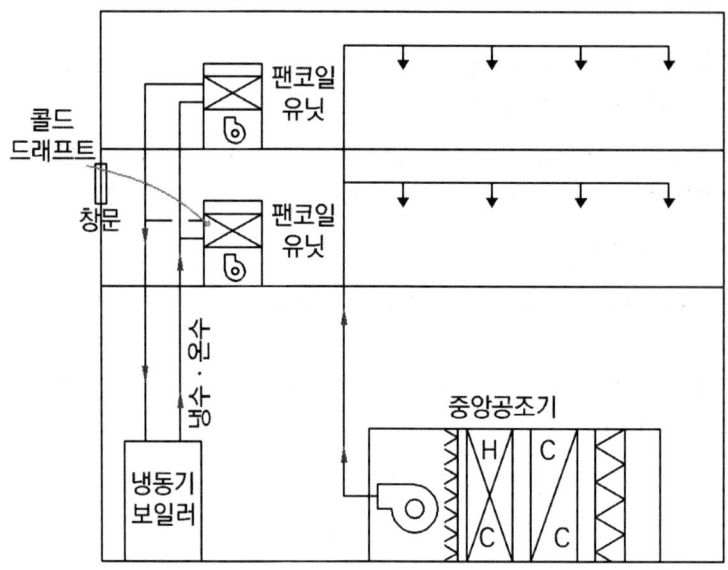

[덕트병용 팬코일 유닛방식]

장점	① 전공기방식에 비해 덕트 공간, 공조기의 크기가 작음 ② 각 유닛마다 조절할 수 있으므로 각 실 조절에 적합 ③ 부하 변동에 대한 적응 속도가 빠름 ④ 각 실별로 개별제어 가능(FCU 설치되기 때문) ⑤ 팬코일유닛을 창문 근처에 설치시 콜드드래프트(냉기류)를 줄일 수 있음
단점	① 팬코일유닛이 실내에 설치되므로 실내 바닥의 유효면적이 작아짐 　(건축계획상 지장을 받는 경우가 있음) ② 팬코일유닛이 각 실에 분산 설치되므로 관리 및 유지보수가 어려움 ③ 수배관에서 누수 및 동파 우려있음 ④ 송풍량이 전공기방식에 비해 적기 때문에 실내 청정도가 떨어짐

2) 유인유닛방식

공조기에서 조화된 1차 공기를 노즐을 통해 고속으로 분출하면 주변의 실내공기(2차 공기)가 유인됨. 이때 이 실내공기는 유인되면서 냉수, 온수코일을 통과하게 되고, 1차 공기와 실내 공기(2차 공기)가 혼합되어 분출됨

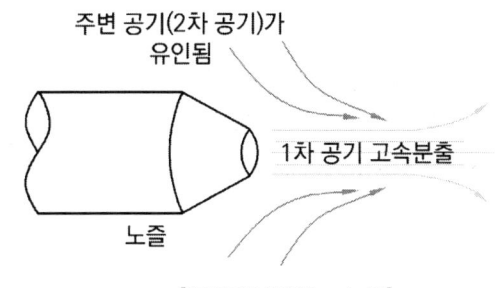

[유인유닛방식 – 노즐]

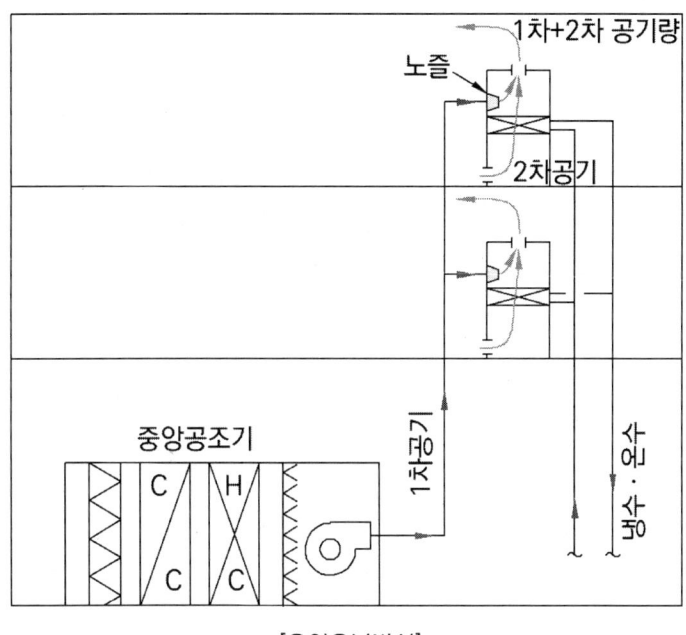

[유인유닛방식]

장점	① 1차 공기와 2차 냉·온수를 별도로 공급함으로써 재실자의 기호에 알맞은 실온을 선정할 수 있음(실내 부하변동에 따른 적응성이 좋음) ② 2차 공기를 유인하는 데 별도의 동력이 필요없음. 따라서 비교적 낮은 운전비로 개별실 제어 가능함 ③ 중앙공조기는 1차공기만 처리하므로 풍량이 작아 소형으로 운전 가능 ④ 고속덕트를 사용하므로 덕트단면적이 작아져 필요한 덕트스페이스가 줄어듦
단점	① 1차 공기의 고속 분출로 소음이 팬코일유닛보다 큼 ② 각 유닛에 수배관이 설치되므로 누수의 우려 있음 ③ 송풍량이 적어서 외기냉방 효과가 적음

> [고속덕트와 저속덕트]
> (1) 고속덕트 : 덕트 내 풍속이 15 m/s 초과
> (2) 저속덕트 : 덕트 내 풍속이 15 m/s 이하

03 습공기선도

1 습공기선도

공기 선도는 외기와 환기의 혼합비율을 공기조화기에서 처리하는 과정에 따라 실내를 희망하는 상태로 할 수 있는지 여부 또는 운전 중 실내의 변화와 공기조화 중 공기의 상태변화 등을 일목요연하게 판별할 수 있게 선도로 나타낸 것

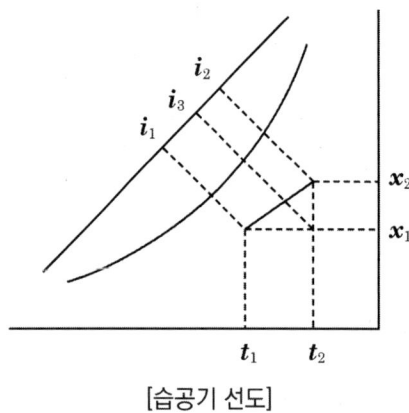

[습공기 선도]

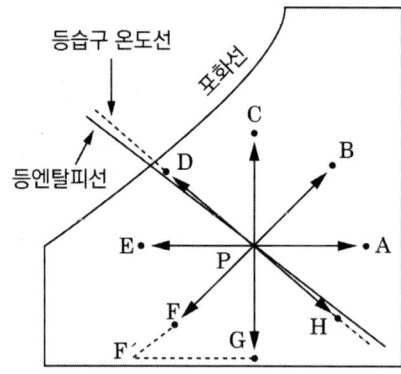

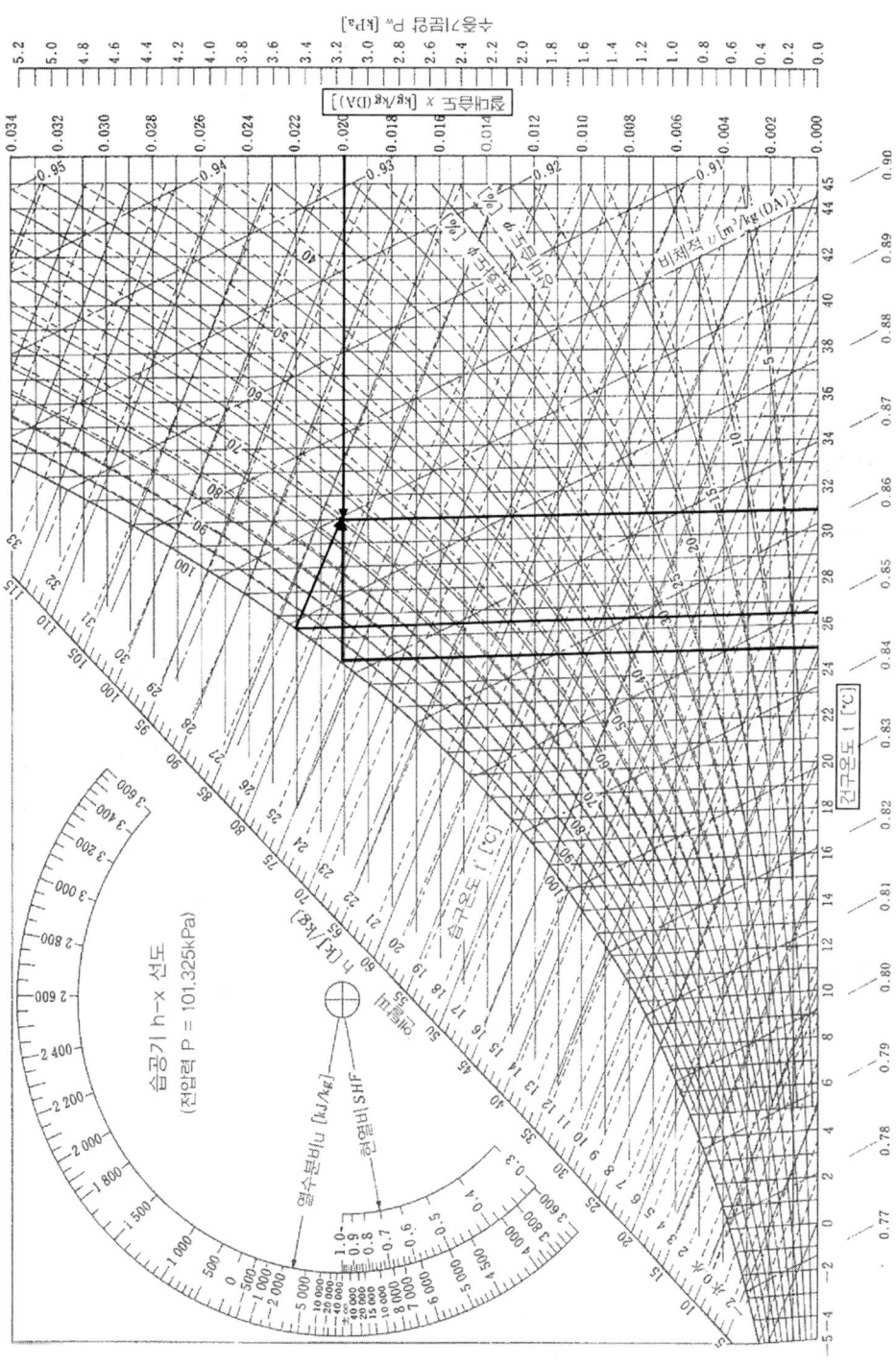

[습공기 h-x 선도]

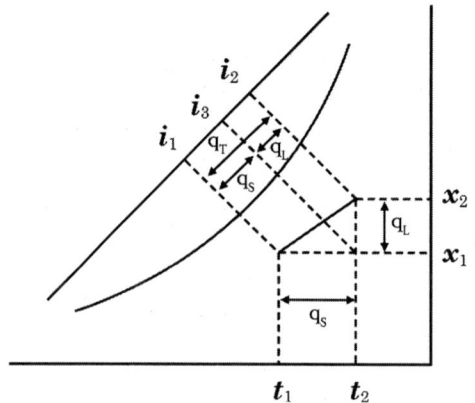

2 열수분비(U : Moisture Ratio)

절대습도의 변화량에 대한 엔탈피 변화량이다.

$$\text{열수분비}\, u = \frac{\text{전열량의 변화량}[kJ]}{\text{수분의 변화량}[kg]}$$
$$= \frac{\text{엔탈피의 변화량}}{\text{절대습도의 변화량}}$$
$$= \frac{i_2 - i_1}{x_2 - x_1} = \frac{\Delta i}{\Delta x}$$
$$= \frac{q_S + q_L}{L}$$

i_1 : 상태 1인 공기의 엔탈피(kJ/kg)
i_2 : 상태 2인 공기의 엔탈피(kJ/kg)
x_1 : 상태 1인 공기의 절대습도(kg/kg')
x_2 : 상태 2인 공기의 절대습도(kg/kg')

3 현열비(SHF : Sensible Heat Factor)

전체 공급 전열량 중 온도를 올리는데 사용된 현열량의 비로, 실내로 송출되는 공기 상태를 나타낸다.

$$SHF = \frac{\text{현열량}}{\text{전열량}} = \frac{q_S}{q_T} = \frac{q_S}{q_S + q_L}$$

현열과 잠열로 소비된 열량을 구분하기 위해 산정하는 것으로,

$SHF = \dfrac{q_s}{q_s + q_L}$ 으로 표현할 수 있다(q_s : 현열량, q_L : 잠열량).

4 습공기의 상태 변화

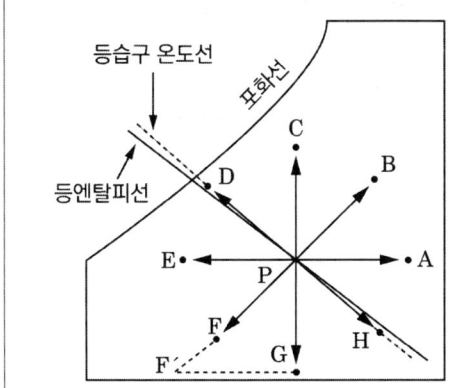

$\overrightarrow{PA}$: 가열 변화
$\overrightarrow{PB}$: 가열·가습 변화
$\overrightarrow{PC}$: 등온·가습 변화
$\overrightarrow{PD}$: 가습·냉각 변화(단열 가습)
$\overrightarrow{PE}$: 냉각 변화
$\overrightarrow{PF}$: 감습·냉각 변화
$\overrightarrow{PG}$: 등온·감습 변화
$\overrightarrow{PH}$: 가열·감습 변화

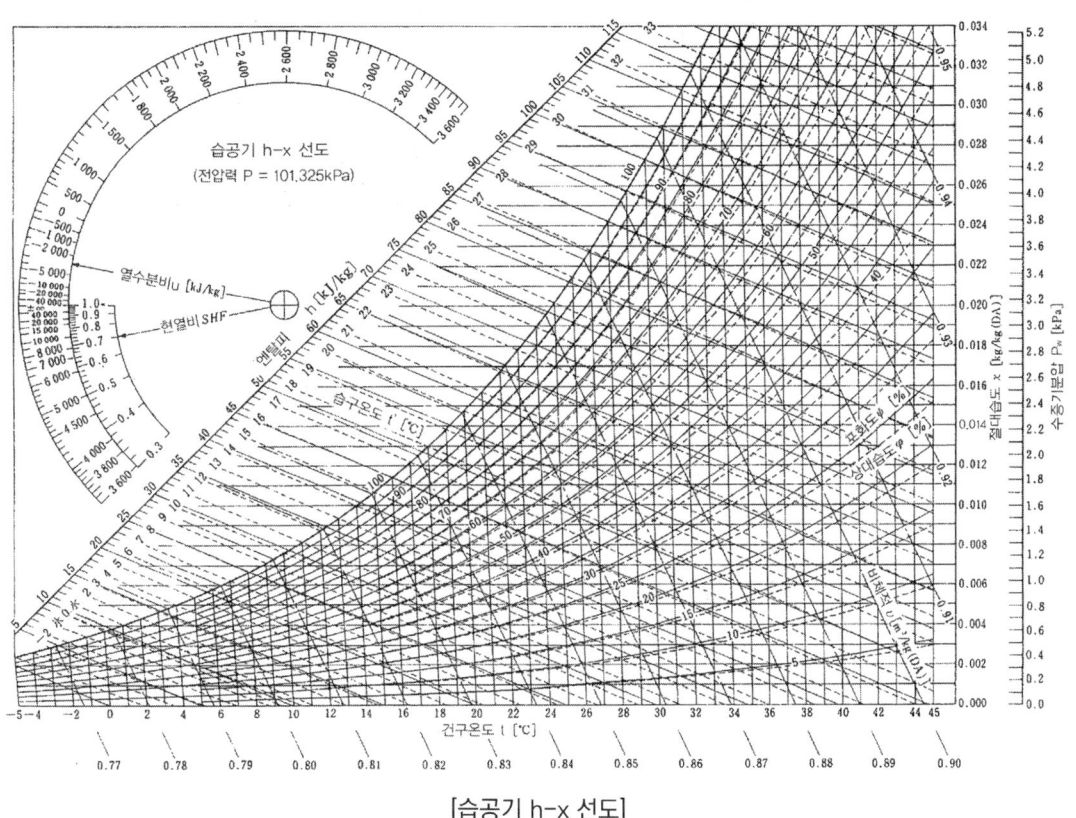

[습공기 h-x 선도]

1) 가열과 냉각
   (1) 잠열량없이 현열량만의 공급과 방출로 공기 중의 수증기량은 변하지 않고 온도만 올라가거나 내려가는 상태 변화

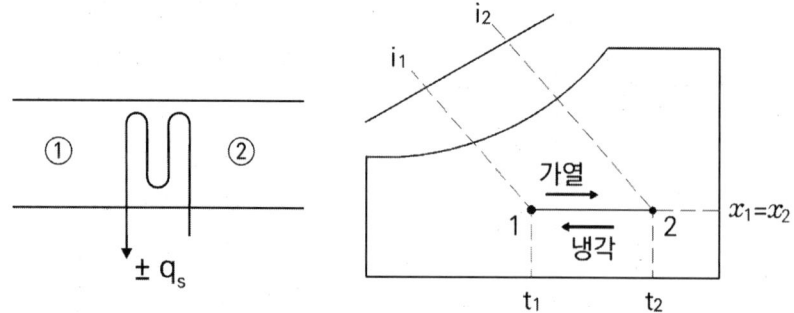

   (2) 현열량(q_s)

$$q_S[kW] = G(i_2 - i_1) = \rho Q(i_2 - i_1) \\ = GC_p(t_2 - t_1) = \rho Q C_p(t_2 - t_1)$$

   G : 공기량(kg/s)
   $\quad (= \rho(kg/m^3) \times Q(m^3/s))$
   C_p : 공기의 정압비열(1.01 kJ/kg·K)
   Q : 풍량(공기량, m³/s)
   ρ : 공기밀도(1.2 kg/m³)

2) 등온가습
   공기의 온도는 변하지 않고 공기 중 수증기의 양이 증가한 상태 변화

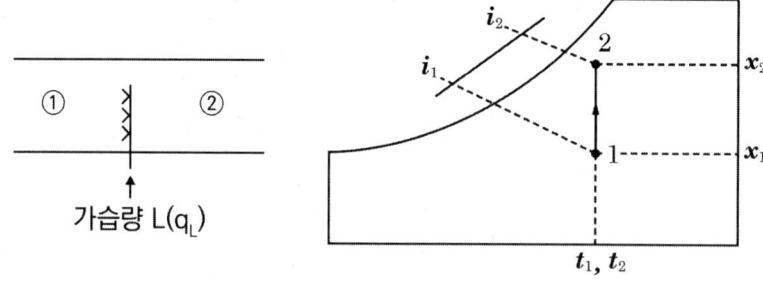

(1) 잠열량(가열량)

$$q_L[kW] = G(i_2 - i_1) = \rho Q(i_2 - i_1)$$
$$= \gamma L = G\gamma(x_2 - x_1) = \rho Q \gamma(x_2 - x_1)$$
$$= 1.2 \times Q \times 2501(x_2 - x_1)$$

q_L : 잠열량(kW)
L : 가습량(kg/s)
G : 공기량(kg/s)
Q : 풍량(공기량, m³/s)
x : 절대습도(kg/kg′)
ρ : 공기밀도(1.2 kg/m³)
γ : 0℃ 물의 증발잠열(2501 kJ/kg)

(2) 수분량(가습량) L

$$L[kg/s] = G(x_2 - x_1)$$
$$= \rho Q(x_2 - x_1)$$

L : 수분량(가습량, kg/s)
G : 공기량(kg/s)
x : 절대습도(kg/kg′)
Q : 풍량(공기량, m³/s)
ρ : 공기밀도(1.2 kg/m³)

(3) 수공기비와 가습효율

① 수공기비 : 수량과 공기량의 비

$$수공기비 = \frac{수량}{공기량} = \frac{L(kg/s)}{\rho(kg/m^3) \times Q(m^3/s)}$$

② 가습효율 : 분무된 물 중 수증기가 된 수량의 비

$$가습효율\ \eta_s = \frac{증발수량}{분무수량}$$

3) 가열·가습

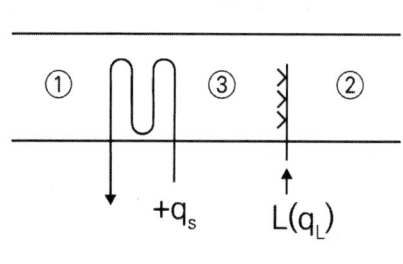
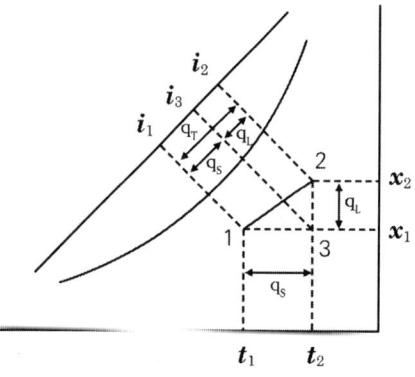

Chapter 03. 공기조화

(1) 현열량

$$q_S[kW] = GC_p(t_2 - t_1) = G(i_3 - i_1)$$

q_S : 현열량(kW)
G : 공기량(kg/s)
   (= 공기밀도 ρ(1.2 kg/m³) × 풍량 Q(m³/s))
C_p : 공기의 정압비열(1.01 kJ/(kg·K))

(2) 잠열량

$$q_L[kW] = \gamma L = G\gamma(x_2 - x_3) = G(i_2 - i_3)$$

q_L : 잠열량(kW)
L : 가습량(kg/s)
G : 공기량(kg/s)
   (= 공기밀도 ρ(1.2 kg/m³) × 풍량 Q(m³/s))
x : 절대습도(kg/kg′)
γ : 0℃ 물의 증발잠열(2501 kJ/kg)

(3) 전열량(총 열량)

$$q_T = q_S + q_L = G(i_3 - i_1) + G(i_2 - i_3) = G(i_2 - i_1)$$

4) 냉각·감습

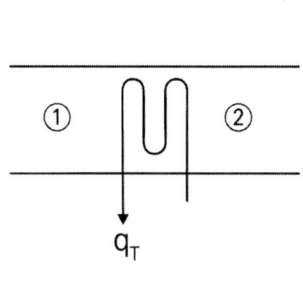
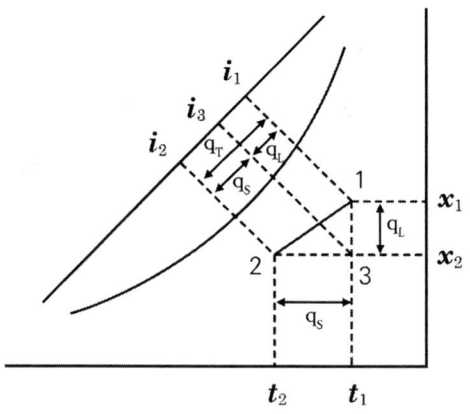

(1) 감습량

$$L[kg/s] = G(x_1 - x_2) = \rho Q(x_1 - x_2)$$

G : 공기량(kg/s)
   (= 공기밀도 ρ(1.2 kg/m³) × 풍량 Q(m³/s))
x : 절대습도(kg/kg′)

(2) 전열량(총 열량)

$$q_T[kW] = q_S + q_L \\ = G(i_3 - i_2) + G(i_1 - i_3) \\ = G(i_1 - i_2)$$

5) 혼합

실내 환기(리턴량)를 ① = Q_1, 외기풍량을 ② = Q_2라고 한다면 혼합공기 ③의 건구온도 t, 절대습도 x 및 엔탈피 i는 다음과 같다(산술평균).

$$t_3 = \frac{t_1 Q_1 + t_2 Q_2}{Q_1 + Q_2} \qquad x_3 = \frac{x_1 Q_1 + x_2 Q_2}{Q_1 + Q_2} \qquad i_3 = \frac{i_1 Q_1 + i_2 Q_2}{Q_1 + Q_2}$$

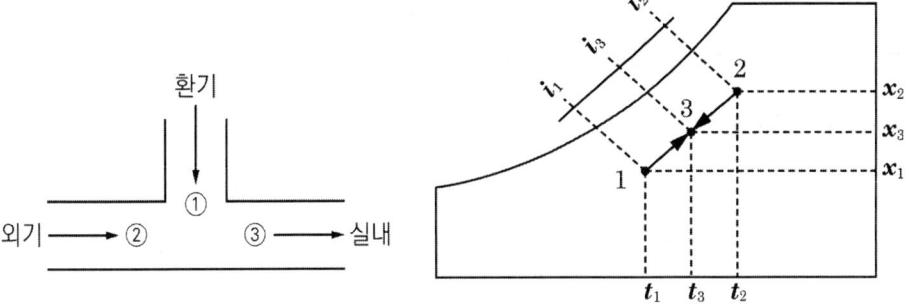

5 냉각·감습과 바이패스 팩터

① → ③의 상태로 냉각하는 경우 냉각 코일의 노점 온도는 선분 ① ~ ③의 연장선에서 포화곡선과 만나는 점 ②가 노점 온도가 되고, 여기서 BF(By-Pass Factor)는 ③에서 ②의 상태이고 CF(Contact Factor)는 ①에서 ③의 상태이다.

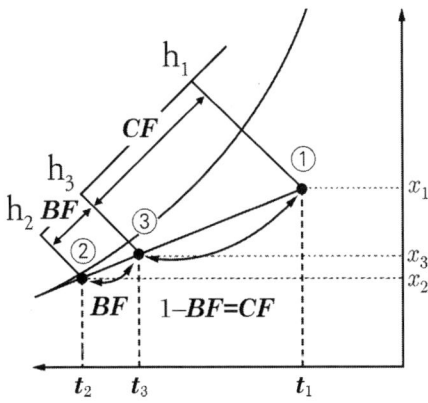

1) 바이패스 팩터 : 열전달 없이 냉각되지 않고(코일을 접촉하지 않고) 통과하는 공기의 비율

2) 콘택트 팩터 : 코일표면에 접촉하면서 통과한 공기의 비율

(1) $BF = \dfrac{t_3 - t_2}{t_1 - t_2} = \dfrac{h_3 - h_2}{h_1 - h_2} = \dfrac{x_3 - x_2}{x_1 - x_2}$

(2) $CF = \dfrac{t_1 - t_3}{t_1 - t_2} = \dfrac{h_1 - h_3}{h_1 - h_2} = \dfrac{x_1 - x_3}{x_1 - x_2}$

(3) 바이패스팩터(BF) = 1 - 콘택트팩터 = 1 - CF

TIP 장치노점온도(Apparatus Dewpoint Temperature) :
공기조화기의 냉각코일을 통과하는 공기의 수증기가 응축하여 물방울이 되는 온도.
냉각과 감습을 하는 공기조화에서 총 현열선이 공기선도의 포화선과 교차하는 점.

6 공조장치 내의 상태변화와 선도 작도

1) 혼합·냉각감습

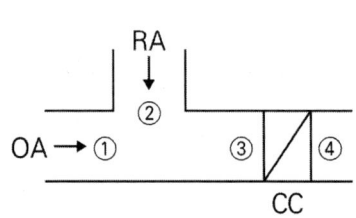 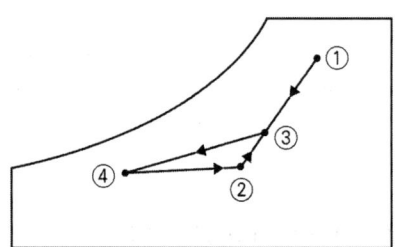

보충 RA : Return Air(환기)
OA : Out Air(외기)
CC : Cooling Coil(냉각코일)

2) 혼합·가열

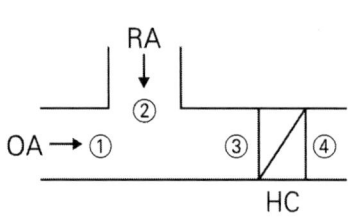 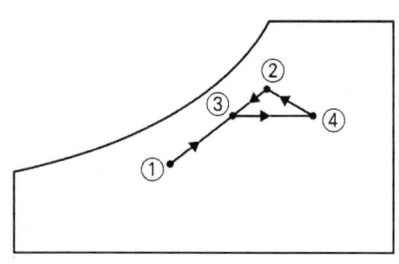

보충 HC : Heating Coil(가열코일)

3) 혼합·온수가습·가열

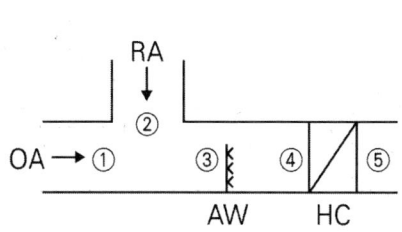
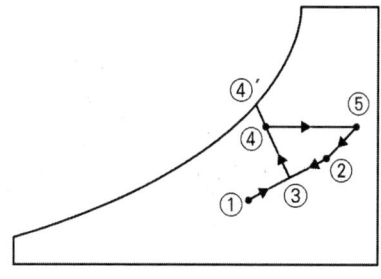

보충 AW : Air Washer(에어워셔)

4) 혼합·예열·온수가습·재열

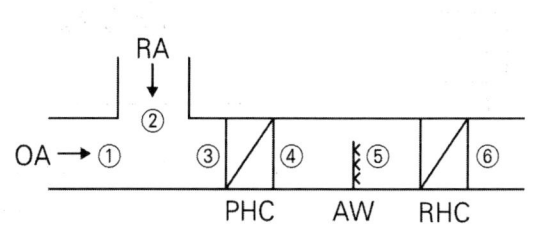
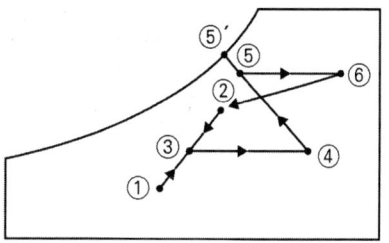

보충 PHC : Pre-Heating Coil(예열코일)
RHC : Re-Heating Coil(재열코일)

5) 혼합·증기가습·가열

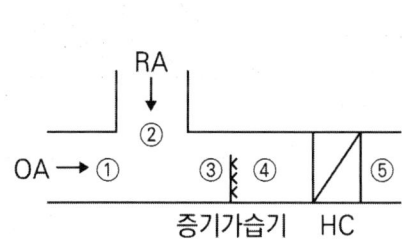
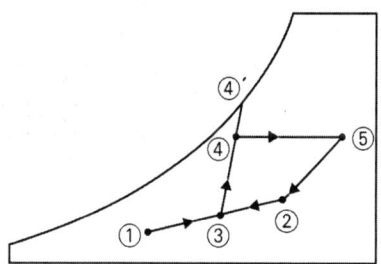

6) 외기예열·혼합·온수가습·재열

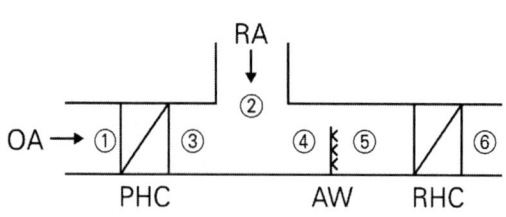 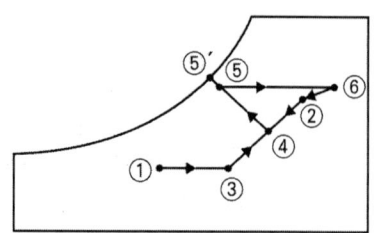

7) 외기예냉·혼합·냉각감습

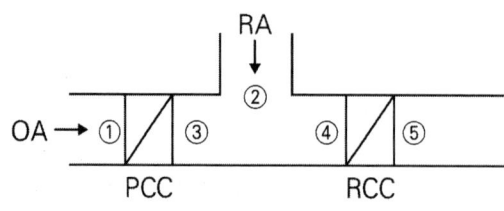 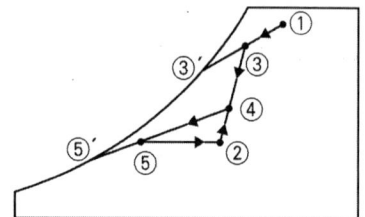

보충 PCC : Pre-Cooling Coil(예냉코일)
RCC : Re-Cooling Coil(재냉각코일)

8) 혼합·감습·냉각

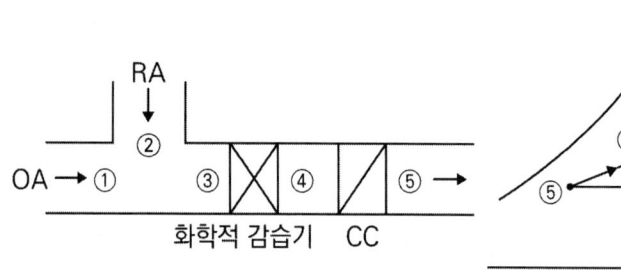 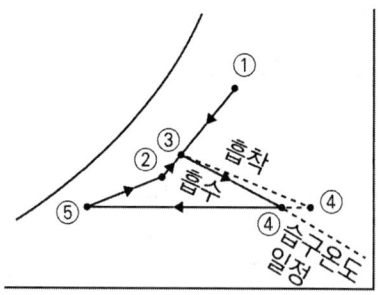

보충 흡착제 : 실리카겔($SiO_2 \cdot nH_2O$)
흡수제 : 염화리튬(LiCl)

9) 혼합·냉각·바이패스

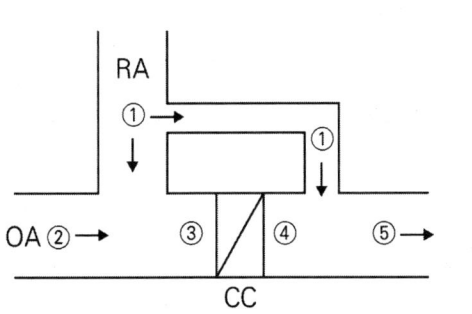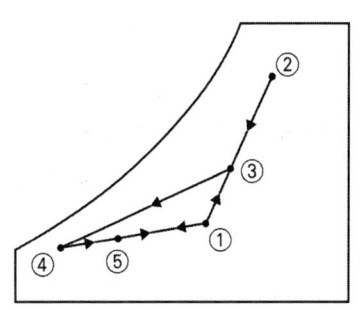

04 공조 부하

1 냉방부하와 난방부하

1) 냉방부하 : 냉방을 위해 제거해야 하는 열량 ⇨ 실을 덥게 만드는 것들의 열량

2) 난방부하 : 난방을 위해 공급해야 하는 열량 ⇨ 실을 차갑게 만드는 것들의 열량

2 현열부하와 잠열부하

1) 현열부하 : 실내 "온도"에 변화를 주는 열량

2) 잠열부하 : 실내 "습도"를 변화시키는 수분의 양을 열량으로 환산한 것

3 냉방부하

1) 냉방부하의 종류

> 냉동기 부하 = 실내 부하 + 장치(기기) 부하 + 재열부하 + 열원부하 + 외기부하

구분	부하 발생원인	현열	잠열
(1) 실내 부하	① 벽체로부터의 취득 열량	○	
	② 유리창으로부터의 취득 열량(일사 및 열관류)	○	
	③ 극간풍에 의한 취득 열량	○	○
	④ 인체의 발생 열량	○	○
	⑤ 실내 기구의 발생 열량*	○	○
(2) 장치(기기) 부하	① 송풍기에 의한 발생 열량	○	
	② 덕트의 열손실	○	
(3) 재열 부하	재열기의 취득 열량	○	
(4) 열원 부하	① 배관의 열손실	○	
	② 펌프에서의 취득 열량	○	
(5) 외기 부하	외기도입에 의한 취득 열량	○	○

TIP 단, 실내 기구 중 조명기구(백열등, 형광등), 전동기 및 기계 등에 의한 취득열량 : 현열만 해당

2) 냉방부하의 계산

(1) 실내 부하

① 벽체로부터의 취득 열량 (현열)

열관류율 [W/m²·K] × 면적 [m²] × 상당외기온도차 [K]

$$q_w[W] = K \cdot A \cdot \Delta t_e$$

K : 벽체의 열관류율(W/m²·K)
A : 벽체의 면적(m²)
Δt_e : 상당외기온도차(℃)

[상당외기온도차(ETD : Equivalent Temperature Difference)]
벽체 또는 지붕은 태양의 일사가 표면에 닿아 표면온도가 상승하는데, 이를 상당외기온도라 하며 실내 온도와의 차를 상당외기온도차라고 한다.

상당외기온도차 $\Delta t_e(K) = t_e - t_i$

t_e : 상당외기온도(K)
t_i : 실내온도(K)

② 유리창으로부터의 취득 열량 - 일사 및 열관류 (현열)
　㉠ 복사열량(일사량)

$$q_{GR}[W] = I_{GR} \cdot A_G \cdot k_S$$

I_{GR} : 유리창의 일사취득열량(W/m²)
A_G : 유리창의 면적(m²)
k_S : 차폐계수(밝은 색 블라인드 : 0.53)

　㉡ 전도·대류열량

$$q_{GC}[W] = I_{GC} \cdot A_G$$

I_{GC} : 유리창의 단위면적당 전도·대류열량(W/m²)
A_G : 유리창의 면적(m²)

　㉢ 관류열량

$$q_{GT}[W] = K \cdot A_G \cdot \Delta t$$

K : 유리창의 열관류율(W/m²·K)
A_G : 유리창의 면적(m²)
Δt : 실내·외 온도차(℃)

③ 극간풍에 의한 취득 열량 (현열 + 잠열)
　틈새바람에 의한 열량 = $q_{IS} + q_{IL}$

　㉠ 현열(감열) q_{IS}

$$\begin{aligned} q_{IS}[kW] &= G_I \cdot C_P \cdot \Delta t \\ &= \rho Q_I \cdot C_P \cdot \Delta t \\ &= 1.2 \times Q_I \times 1.01 \times \Delta t \end{aligned}$$

G_I : 틈새 바람의 양(kg/s)
Δt : 실내·외 온도차(℃)
Q_I : 틈새 바람의 양(m³/s)
ρ : 공기의 밀도(1.2 kg/m³)
C_P : 건공기의 정압비열(1.01 kJ/kg·K)

　㉡ 잠열 q_{IL}

$$\begin{aligned} q_{IL}[kW] &= \gamma_0 \cdot G_I \cdot \Delta x \\ &= 2501 \cdot G_I \cdot \Delta x \\ &= 2501 \times \rho Q_I \times \Delta x \\ &= 2501 \times 1.2 \times Q_I \times \Delta x \end{aligned}$$

γ_0 : 0℃ 물의 증발잠열(2501 kJ/kg)
G_I : 틈새 바람의 양(kg/s)
Δx : 실내·외 절대습도 차(kg/kg′)
ρ : 공기의 밀도(1.2 kg/m³)
Q_I : 틈새 바람의 양(m³/s)

> [극간풍 방지법]
> (1) 회전문을 설치
> (2) 에어 커튼(Air Curtain)의 사용
> (3) 충분한 간격을 두고 이중문을 설치
> (4) 실내를 가압하여 외부압력보다 높게 유지
> (5) 이중문의 중간에 강제대류 컨벡터(Convector) 또는 FCU을 설치
> (6) 건축의 건물 기밀성 유지와 현관의 방풍실 설치, 층간의 구획 등

④ 인체의 발생 열량(현열 + 잠열)

  인체에서 발생하는 열량 = $q_S + q_L$

  ㉠ 현열 q_S = 재실인원수 × 1인당 발생 현열량(kJ/h)

  ㉡ 잠열 q_L = 재실인원수 × 1인당 발생 잠열량(kJ/h)

⑤ 실내 기구의 발생 열량

  ㉠ 조명 부하(현열)

  • 백열등 발열량

  $$q_E[W] = W \times f$$

  W : 조명기구의 전체 출력(W)
  f : 조명기구의 점등 비율

  • 형광등 발열량

  $$q_E[W] = W \times f \times 1.2$$

  W : 조명기구의 전체 출력(W)
  f : 조명기구의 점등 비율
  1.2 : 형광등의 안정기 발열량 (20 % 가산)

  ㉡ 전동기 부하 (현열)

  $$q_E[kW] = P \times f_e \times f_0 \times f_k$$

  P : 전동기 정격출력(kW)
  f_e : 부하율(0.8 ~ 0.9)
  f_0 : 전동기 가동율
  f_k : 사용상태 계수
  η : 전동기 효율

(2) 장치(기기) 부하
① 송풍기에 의한 발생 열량
일반적으로 실내에서 취득한 현열량의 5 ~ 13 % 정도로 함
송풍기에 입력된 전기에너지의 일부가 공기 온도 상승에 쓰임
② 덕트의 열손실
일반적으로 실내에서 취득한 현열량의 2 ~ 7 % 정도로 함
덕트가 비 공조 공간을 통과할 때 주위로부터 현열을 취득함
(3) 재열부하(현열)
습도가 높은 경우 공기 중 수분제거를 위해 취출온도 이하 냉각된 공기를 취출온도로 가열할 때 부하. 재열기의 가열량만큼을 더 냉각해야 함
(4) 열원부하
배관 열 손실 및 펌프에서의 열취득
(5) 외기부하(현열 + 잠열)
공기조화 시 신선한 외기를 도입하게 되는데 이 외기를 실내공기의 온·습도 조건과 동일한 공기로 만드는 데 필요한 열량

외기부하 = $q_S + q_L$
① 현열 $q_S [kW] = G C_P (t_o - t_i)$
② 잠열 $q_L [kW] = G \gamma_0 (x_o - x_i)$
(여기서, $G = \rho Q_o$)

Q_o : 외기도입량(m^3/s)
G : 외기도입 공기 질량(kg/s)
C_p : 공기 비열(1.01 kJ/kg·K)
t_i, t_o : 실내외 공기의 건구온도(℃)
γ_0 : 0℃ 물의 증발잠열(2501 kJ/kg)
x_i, x_o : 실내외 공기의 절대습도(kg/kg′)
ρ : 공기 밀도(1.2 kg/m^3)

4 난방부하

1) 난방부하의 종류

구분	부하 발생원인	현열	잠열
(1) 실내 부하	① 외벽체, 지붕, 유리창에서의 열손실 (방위계수를 고려한다)	○	
	② 실내 벽체, 실내 창문, 실내 천장, 실내 바닥에서의 열손실 (내벽 등과 같이 실외측과 면하지 않으면 방위계수를 적용하지 않는다)	○	
	③ 극간풍에 의한 열손실	○	○
(2) 외기 부하	외기도입에 의한 취득 열량	○	○
(3) 장치(기기) 부하	덕트로부터의 취득 열량	○	

2) 난방부하의 계산

(1) 실내 부하

① 외벽체, 지붕, 유리창 등에서의 손실열량

실외와 면한 구조체에 의한 열손실, 즉 외벽, 지붕, 유리창, 문 등에 의한 손실열량

$$q_w[W] = K \cdot A \cdot \Delta t \cdot k$$

K : 구조체의 열관류율(W/m²K)
A : 구조체의 면적(m²)
Δt : 실내·외 온도차(℃)
k : 방위계수 [단, 내벽은 방위계수 고려하지 않음]
  (N, W, NW : 1.1, SE, E, NE, SW : 1.05, S : 1)

보충 동쪽(E : East), 서쪽(W : West), 남쪽(S : South), 북쪽(N : North)
북동(NW), 남동(SE), 남동(NE), SW(남서)

② 실내 벽체, 실내 창문, 실내 천장, 실내 바닥에서의 열손실

실외와 면한 구조체에 의한 열손실, 즉 외벽, 지붕, 유리창, 문 등에 의한 손실열량

$$q_w[W] = K \cdot A \cdot \Delta t$$

K : 구조체의 열관류율(W/m²K)
A : 구조체의 면적(m²)
Δt : 실내·외 온도차(℃)
※ 내벽은 방위계수 고려하지 않음

TIP 비난방실 온도 $= \dfrac{\text{실내온도} + \text{외기온도}}{2}$

③ 극간풍(틈새바람)에 의한 열손실

침입공기에 의한 열손실 = $q_{IS} + q_{IL}$

㉠ 현열(감열) q_{IS}

$$q_{IS}[kW] = G_I \cdot C_P \cdot \Delta t$$
$$= \rho Q_I \cdot C_P \cdot \Delta t$$
$$= 1.2 \times Q_I \times 1.01 \times \Delta t$$

G_I : 틈새 바람의 양(kg/s)
C_P : 건공기의 정압비열(1.01 kJ/kg·K)
Δt : 실내·외 온도차(℃)
ρ : 공기의 밀도(1.2 kg/m³)
Q_I : 틈새 바람의 양(m³/s)

㉡ 잠열 q_{IL}

$$q_{IL}[kW] = \gamma_0 \cdot G_I \cdot \Delta x$$
$$= 2501 \cdot G_I \cdot \Delta x$$
$$= 2501 \times \rho Q_I \times \Delta x$$
$$= 2501 \times 1.2 \times Q_I \times \Delta x$$

γ_0 : 0℃ 물의 증발잠열(2501 kJ/kg)
G_I : 틈새 바람의 양(kg/s)
Δx : 실내·외 절대습도 차(kg/kg′)
ρ : 공기의 밀도(1.2 kg/m³)
Q_I : 틈새 바람의 양(m³/s)

(2) 외기부하

외기에 의한 열손실

외기부하 = $q_S + q_L$
① 현열 $q_S[kW] = GC_P(t_o - t_i)$
② 잠열 $q_L[kW] = G\gamma_0(x_o - x_i)$
(여기서, $G = \rho Q_o$)

Q_o : 외기도입량(m³/s)
G : 외기도입 공기 질량(kg/s)
C_P : 건공기의 정압비열(1.01 kJ/kg·K)
t_i, t_o : 실내외 공기의 건구온도(℃)
γ_0 : 0℃ 물의 증발잠열(2501 kJ/kg)
x_i, x_o : 실내외 공기의 절대습도(kg/kg′)
ρ : 공기 밀도(1.2 kg/m³)

(3) 장치부하(기기에 의한 열손실)

일반적으로 덕트에서의 손실과 여유 등을 합산하여, 실내 취득 현열부하의 5 % 정도로 함

05 공기조화장치

1 공기조화장치의 구성

1) 열운반장치 : 송풍기, 펌프, 덕트, 배관 등
2) 공기조화기 : 공기여과기, 냉각코일, 난방코일, 공기가습기, 공기예냉기, 공기예열기, 공기재열기, 송풍기(급기팬, 리턴팬) 등

> [공기조화기]
> 공기냉각기는 냉수코일, 공기가열기는 증기 또는 온수코일이 사용되고 냉수와 온수를 겸한 냉·온수코일도 이용되며, 그 외에도 공기여과기, 가습기, 송풍기 등을 포함하여 공장 등에 주로 사용

3) 열원장치 : 보일러, 냉동기, 냉각탑 등
4) 자동제어장치 : 공조장치 운전 시 경제적 운전을 위한 각종 자동으로 제어되는 장치

2 송풍기

1) 사용압력에 따른 구분
   (1) 압축기(컴프레서) : 0.1MPa 이상
   (2) 송풍기
       ① 블로워(Blower) : 0.01 MPa 이상 0.1 MPa 미만
       ② 팬(Fan) : 0.01MPa 미만

2) 송풍기 번호
   (1) 원심형(다익형) 송풍기 번호 $No. = \dfrac{임펠러\ 지름(mm)}{150}$
   (2) 축류형 송풍기 번호 $No. = \dfrac{임펠러\ 지름(mm)}{100}$

   TIP 송풍기 번호는 송풍기의 크기를 나타냄

3) 송풍기 전압, 정압, 동압
   (1) 송풍기의 전압 = 덕트 마찰저항(직관, 곡관) + 기기 마찰저항 + 취출구의 손실
       = 토출 측 전압 - 흡입 측 전압($P_T = P_{T2} - P_{T1}$)

(2) 송풍기의 정압 = 전압 - 토출 측 동압($P_S = P_T - P_{V2}$)

(3) 송풍기 동압

$$동압[Pa] = \frac{\gamma \times V^2}{2g} = \frac{\rho g \times V^2}{2g} = \frac{\rho \times V^2}{2}$$

ρ : 밀도(kg/m^3)
V : 토출 측 유속(m/s)

4) 송풍기 소요동력

(1) 공기동력

$$L[kW] = \frac{P_t \times Q}{102}$$

$$L[HP] = \frac{P_t \times Q}{76}$$

$$L[PS] = \frac{P_t \times Q}{75}$$

P_t : 송풍기 전압($mmAq$)
Q : 풍량(m^3/s)

(2) 축동력

$$L[kW] = \frac{P_t \times Q}{102\eta}$$

$$L[HP] = \frac{P_t \times Q}{76\eta}$$

$$L[PS] = \frac{P_t \times Q}{75\eta}$$

P_t : 송풍기 전압($mmAq$)
Q : 풍량(m^3/s)
η : 송풍기 효율

(3) 소요동력

$$L[kW] = \frac{P_t \times Q}{102\eta} \times K$$

$$L[HP] = \frac{P_t \times Q}{76\eta} \times K$$

$$L[PS] = \frac{P_t \times Q}{75\eta} \times K$$

P_t : 송풍기 전압($mmAq$)
Q : 풍량(m^3/s)
η : 송풍기 효율
K : 전달계수

※ 여유율이 주어질 경우, 공기동력, 축동력, 소요동력은 모두 여유율을 고려함

1 HP = 0.746 kW, 1 PS = 0.735 kW

5) 송풍기 상사법칙

송풍기 크기나 회전수의 변화에 따라 송풍기 상사법칙은 아래와 같이 성립됨

유량 (풍량)	압력 (양정)	동력
$Q_2 = Q_1 \left(\dfrac{N_2}{N_1}\right)\left(\dfrac{D_2}{D_1}\right)^3$	$P_2 = P_1 \left(\dfrac{N_2}{N_1}\right)^2\left(\dfrac{D_2}{D_1}\right)^2\left(\dfrac{\gamma_2}{\gamma_1}\right)$	$L_2 = L_1 \left(\dfrac{N_2}{N_1}\right)^3\left(\dfrac{D_2}{D_1}\right)^5\left(\dfrac{\gamma_2}{\gamma_1}\right)$

여기서 N : 송풍기 회전수, D : 임펠러 지름, γ : 공기의 비중량

TIP 상사법칙에서 공기의 비중량(γ)의 변화량이 매우 미소하므로 무시하는 경우가 많다.

3 덕트

1) 동압과 정압

덕트 내의 공기가 흐를 때 에너지 보존법칙에 의해 베르누이의 정리가 성립한다.

$$P_1 + \frac{v_1^2}{2g}\gamma = P_2 + \frac{v_2^2}{2g}\gamma + \triangle P$$

$$P_1 + \frac{v_1^2}{2}\rho = P_2 + \frac{v_2^2}{2}\rho + \triangle P$$

γ : 공기의 비중량(N/m³)
g : 중력가속도(m/s²)
ρ : 공기밀도(1.2 kg/m³)
P, v : 덕트 내의 임의의 점에 있어서의
    압력(Pa) 및 공기의 유속(m/s)
$\triangle P$: 공기가 2점간을 흐르는 동안 생기는
    압력손실(Pa)

(P_s : 정압, $\dfrac{v^2}{2}\rho$: 동압)

※ 전압 = 정압 + 동압 = $P_s + \dfrac{v^2}{2}\rho$

2) 애스펙트비와 원형덕트로 환산 시 직경

(1) 애스펙트비

애스펙트비 $\left(\dfrac{a}{b} = \dfrac{장변}{단변}\right)$는 가능한 4 : 1 이하로 제한하며 최대 8 : 1 이상이 되지 않을 것

(2) 장방형 덕트를 원형덕트로 환산

$$D = 1.3 \left[\frac{(a \cdot b)^5}{(a+b)^2}\right]^{\frac{1}{8}}$$

D : 장방형 덕트의 상당지름(원형덕트로 환산 시 직경)
a : 장방형 덕트의 장변
b : 장방형 덕트의 단변

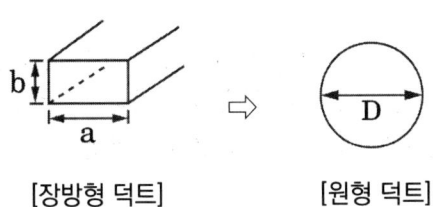

[장방형 덕트]   [원형 덕트]

3) 마찰저항과 국부저항

   (1) 덕트 직관부 마찰저항

   마찰손실 $\triangle P(Pa) = \lambda \dfrac{l}{d} \dfrac{v^2}{2} \rho$

   λ : 마찰계수, l : 덕트의 길이(m)
   d : 덕트의 직경(m)
   v : 풍속(m/s), g : 중력가속도(m/s²)

   (2) 덕트 국부 마찰저항

   마찰손실 $\triangle P(Pa) = K \dfrac{v^2}{2} \rho$

   K : 국부저항계수
   v : 풍속(m/s), g : 중력가속도(m/s²)

4) 덕트 설계 시 주의사항

   (1) 저속 덕트 풍속은 15 m/s 이하, 고속덕트 풍속은 15 m/s 초과의 덕트로 할 것
   (2) 장방형 덕트의 종횡비는 가능한 4 : 1 이하가 되게 한다.
      (최대 8 : 1 이하로 하고 2 : 1을 표준으로 할 것)
   (3) 덕트를 확대할 때 확대 각도는 15° 이하로 되게 한다.
   (4) 덕트를 축소할 때 축소 각도는 30° 이하로 되게 한다.

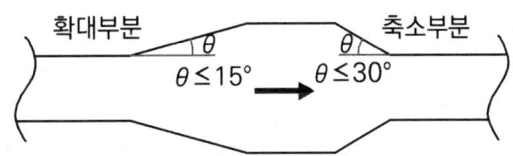

5) 덕트의 치수 설계법

   (1) 등마찰손실법(등압법, 정압법)
      ① 덕트 1 m당 마찰손실과 동일 값을 사용하여 덕트 치수를 결정한 것으로 선도 또는 덕트 설계용으로 개발한 계산으로 결정할 수 있음
      ② 가장 널리 이용되고 있는 방법
   (2) 등속법
      덕트 내의 풍속이 일정하게 유지되도록 덕트 치수를 정하는 방법

(3) 정압 재취득법

주덕트에서 말단 또는 분기부로 갈수록 풍속이 감소함에 따라 동압이 감소하게 된다. 따라서 동압의 차만큼 정압이 상승하며 이때 이 정압의 상승분을 다음 구간의 덕트 압력손실에 재이용하여 덕트 치수를 정하는 방법

(4) 전압법

급기덕트에서 각 취출구의 전압이 같아지도록 덕트 치수를 정하는 방법

4 공기 여과기(Air Filter)

1) 필터의 여과효율(%)

$$\eta_f = \frac{C_1 - C_2}{C_1} \times 100 \%$$

C_1 : 필터 입구측 공기 중의 오염농도(mg/m^3)
C_2 : 필터 출구측 공기 중의 오염농도(mg/m^3)

2) 효율측정법

(1) 중량법 : 비교적 큰 입자를 대상으로 측정하는 방법으로, 필터에서 제거되는 먼지의 중량으로 효율을 결정함

(2) 비색법(변색도법) : 비교적 작은 입자를 대상으로 하며, 필터의 상류와 하류에서 포집한 공기를 각각 여과지에 통과시켜 그 오염도를 광전관으로 측정함

(3) 계수법(DOP법) : 고성능의 필터를 측정하는 방법으로, 일정한 크기의 시험입자를 사용하여 먼지의 수를 계측함

---

1) 고성능 필터(HEPA 필터)
   (1) $0.3\mu m$ 입자의 포집효율이 99.97 % 이상(DOP법)이며, 여과재는 글라스파이버, 아스베스토스 파이버가 사용된다.
   (2) 병원 수술실, 클린룸, 방사선물질 취급소 등에 사용된다.

2) 초고성능 필터(ULPA 필터)
   (1) HEPA필터보다 포집효율이 높다.
   (2) $0.1\mu m$ 입자의 포집효율이 99.9997 % 이상(DOP법)이다.
   (3) Super Clean Room 최말단 필터로 사용된다.

5 공기냉각코일 및 가열코일

넓은 의미에서는 공기냉각코일, 가열코일을 비롯하여 냉동기의 증발기, 응축기 등도 포함되지만, 공조기에서는 증기와 물, 물과 물, 공기와 공기의 것을 말한다.

1) 대수평균온도차

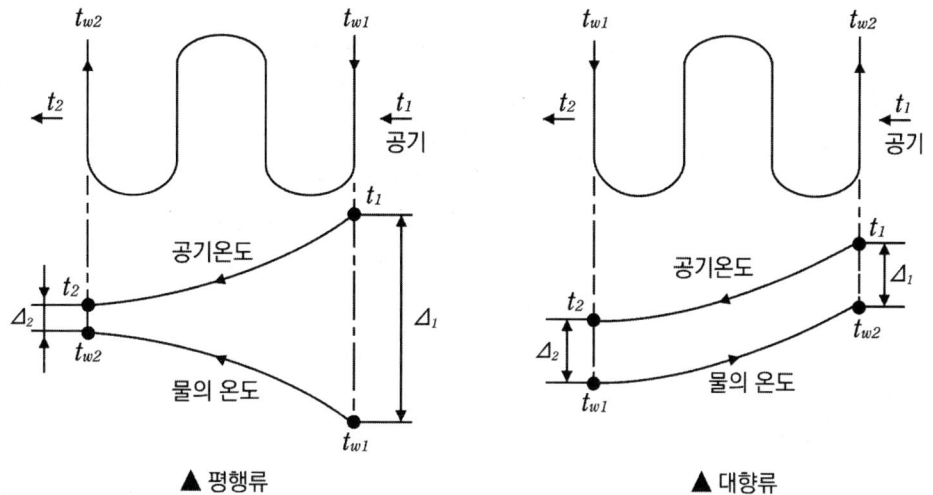

▲ 평행류 ▲ 대향류

$$LMTD = \frac{\Delta_1 - \Delta_2}{2.3\log\frac{\Delta_1}{\Delta_2}} = \frac{\Delta_1 - \Delta_2}{\ln\frac{\Delta_1}{\Delta_2}}$$

Δ_1 : 공기 입구 측에서의 온도차(℃ 또는 K)

Δ_2 : 공기 출구 측에서 온도차(℃ 또는 K)

(1) 평행류(향류) : $\Delta_1 = t_1 - t_{w1}$, $\Delta_2 = t_2 - t_{w2}$

(2) 대향류(역류) : $\Delta_1 = t_1 - t_{w2}$, $\Delta_2 = t_2 - t_{w1}$

2) 냉수코일의 전열량

$$q = G(i_1 - i_2) \\ = G_w C_w \Delta t \\ = K \times F \times \Delta t_m \times N \times C_m$$

q : 전열량(kW)
G : 송풍량(kg/s)
i_1, i_2 : 공기 엔탈피(kJ/kg)
G_w : 냉수량 (kg/s)
C_w : 냉각수 비열(kJ/(kg·K))
Δt : 냉수 입구와 출구의 온도차(℃ 또는 K)
K : 코일의 열관류율(kW/m²·K)
F : 코일의 정면면적(m²)
Δt_m : 대수평균온도차 LMTD(℃ 또는 K)
   또는 산술평균온도차(℃ 또는 K)
N : 코일의 열수
C_m : 습면계수(1 이상)

3) 코일의 배열방식에 따른 분류

풀 서킷 코일 (Full Circuit Coil)	더블 서킷 코일 (Double Circuit Coil)	하프 서킷 코일 (Half Circuit Coil)
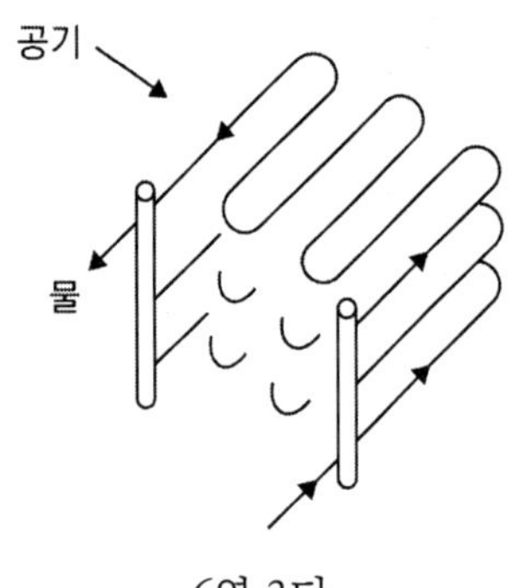 6열 3단	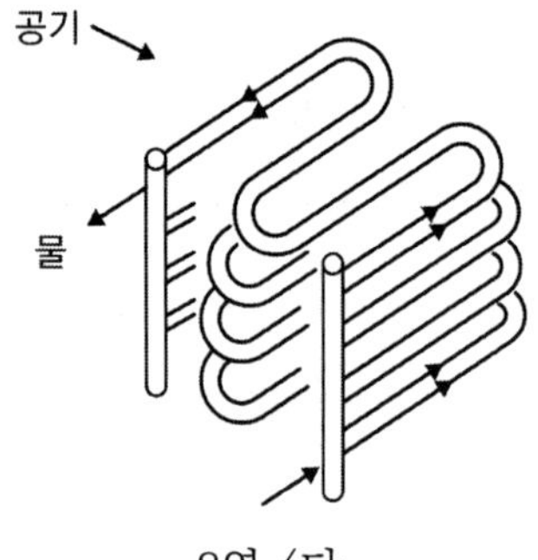 8열 4단	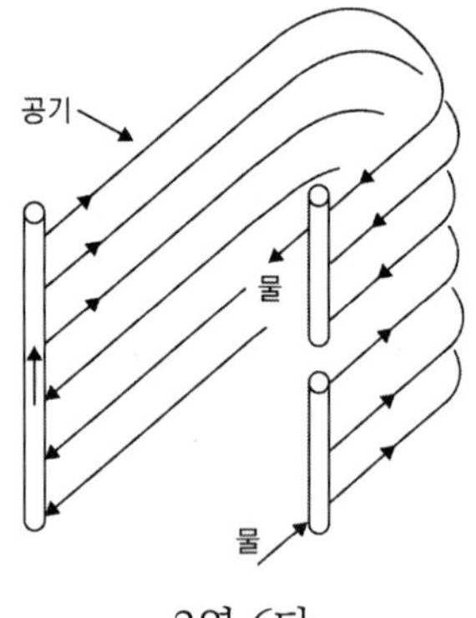 2열 6단
표준 유속일 때	유량이 많아 코일 내 유속이 빠를 때	유량이 적어 코일 내 유속이 느릴 때

4) 냉수코일의 설계 시 주의사항

(1) 코일 내의 물의 유속은 1 m/s 전후로 한다.
(2) 코일의 통과 풍속을 2 ~ 3 m/s(온수코일 2.0 ~ 3.5 m/s) 정도로 한다.
(3) 공기와 물의 흐름은 대향류 흐름으로 하고 대수평균온도차(LMTD)를 크게 한다.
(4) 공기의 압력손실을 고려하여 코일열수는 최대 10열로 하며 보통 4 ~ 8열 정도로 한다.
(5) 냉수의 입·출구 온도차를 5 ℃ 정도로 한다.
(6) 냉온수 겸용 코일인 경우 냉수코일을 기준으로 선정한다.

6 에어와셔(Air Washer; 공기세정기)

통과 공기 중에 온수, 냉수를 분무하여 1차적 목적으로 가습을 하고 2차적 목적으로 공기를 세정하는 역할을 한다.

1) 구성

(1) 루버(Louver) : 유입되는 공기의 흐름을 일정하게 하고 분무수가 분무실 밖으로 튀어나가는 것을 방지하는 장치
(2) 분무 노즐(Spray Nozzle) : 물을 미세하게 분무함
(3) 플러딩 노즐(Flooding Nozzle) : 엘리미네이터에 부착된 이물질을 제거하는 장치
(4) 엘리미네이터(Eliminator) : 출구 공기에 섞여 나가는 비산수(물방울)를 제거하는 장치

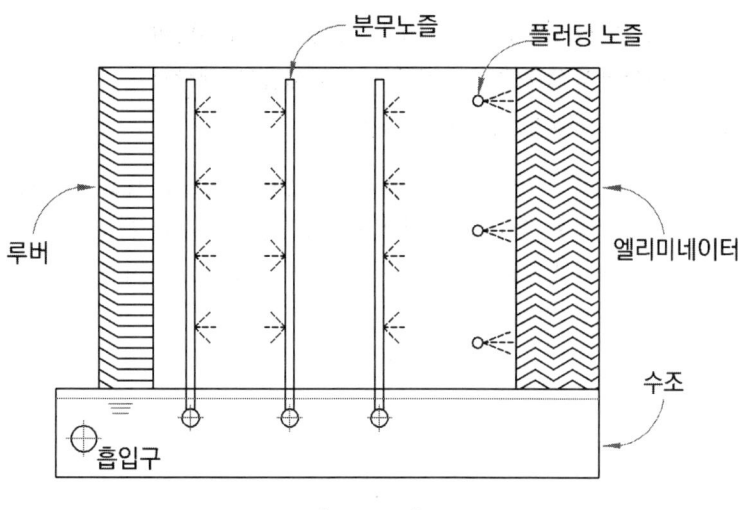

[에어와셔]

2) 수공기비

$$수공기비 = \frac{수량\,L}{공기량\,G} = \frac{L[kg/s]}{\rho[kg/m^3] \times Q[m^3/s]}$$

L : 분무 수량(kg/s)
G : 통과 공기량(kg/s)
ρ : 공기 밀도(kg/m^3)
Q : 풍량(m^3/s)

3) 공기세정기의 포화효율

순환수 가습의 경우 단열가습이 되며, 그때의 CF(컨택트 팩터)를 포화효율이라 함

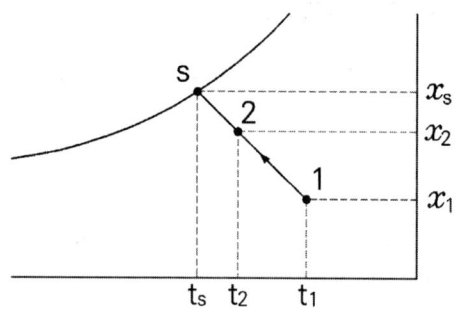

$$\eta_s = \frac{t_1 - t_2}{t_1 - t_s} \times 100 = \frac{x_1 - x_2}{x_1 - x_s} \times 100 = \frac{h_1 - h_2}{h_1 - h_s} \times 100$$

t_1, x_1, h_1 : 에어와셔 입구공기의 건구온도, 절대습도, 엔탈피
t_2, x_2, h_2 : 에어와셔 출구공기의 건구온도, 절대습도, 엔탈피
t_s, x_s, h_s : 장치 노점온도, 절대습도, 엔탈피

> **TIP** 장치노점온도(Apparatus Dewpoint Temperature) :
> 공기조화기의 냉각코일을 통과하는 공기의 수증기가 응축하여 물방울이 되는 온도.
> 냉각과 감습을 하는 공기조화에서 총 현열선이 공기선도의 포화선과 교차하는 점.

7 환기량 산출

1) 실내 발열량 제거 환기량

$$Q[m^3/s] = \frac{q}{\rho C_P (t_i - t_o)}$$

q : 실내 발열량(kW)
t_i : 실내 허용온도(℃)
t_o : 외기온도(℃)
ρ : 공기의 밀도(1.2 kg/m³)
C_P : 공기의 정압비열(1.01 kJ/kg·K)

2) 유해가스 및 먼지 제거 환기량

$$Q[m^3/h] = \frac{M}{C_i - C_o}$$

M : 오염물질의 발생량(m³/h)
C_i : 실내 허용 오염농도(m³/m³)
C_o : 외기의 오염농도(m³/m³)

3) 환기 횟수에 의한 필요 환기량

$$Q[m^3/h] = n \cdot V$$

n : 환기횟수(회/h)
V : 실의 체적(m³)

06 열원 및 반송장치

1 펌프

1) 펌프 소요동력

(1) 수동력

$$L[kW] = \gamma \times Q \times H$$

γ : 비중량(kN/m^3)
Q : 유량(m^3/s)
H : 전양정[m]

(2) 축동력

$$L[kW] = \frac{\gamma \times Q \times H}{\eta}$$

γ : 비중량(kN/m^3)
Q : 유량(m^3/s)
H : 전양정(m)
η : 효율

(3) 소요동력

$$L[kW] = \frac{\gamma \times Q \times H}{\eta} \times K$$

γ : 비중량(kN/m^3)
Q : 유량(m^3/s)
H : 전양정(m)
η : 효율
K : 여유율 혹은 전달계수

※ 여유율이 주어질 경우, 공기동력, 축동력, 소요동력은 모두 여유율을 고려함

> 1 HP = 0.746 kW, 1 PS = 0.735 kW

2) 펌프 상사법칙

펌프 크기나 회전수의 변화에 따라 펌프의 상사법칙은 아래와 같이 성립됨

유량 (풍량)	압력 (양정)	동력
$Q_2 = Q_1 \left(\dfrac{N_2}{N_1}\right)\left(\dfrac{D_2}{D_1}\right)^3$	$P_2 = P_1 \left(\dfrac{N_2}{N_1}\right)^2\left(\dfrac{D_2}{D_1}\right)^2$	$L_2 = L_1 \left(\dfrac{N_2}{N_1}\right)^3\left(\dfrac{D_2}{D_1}\right)^5$

여기서 N : 송풍기 회전수, D : 임펠러 지름

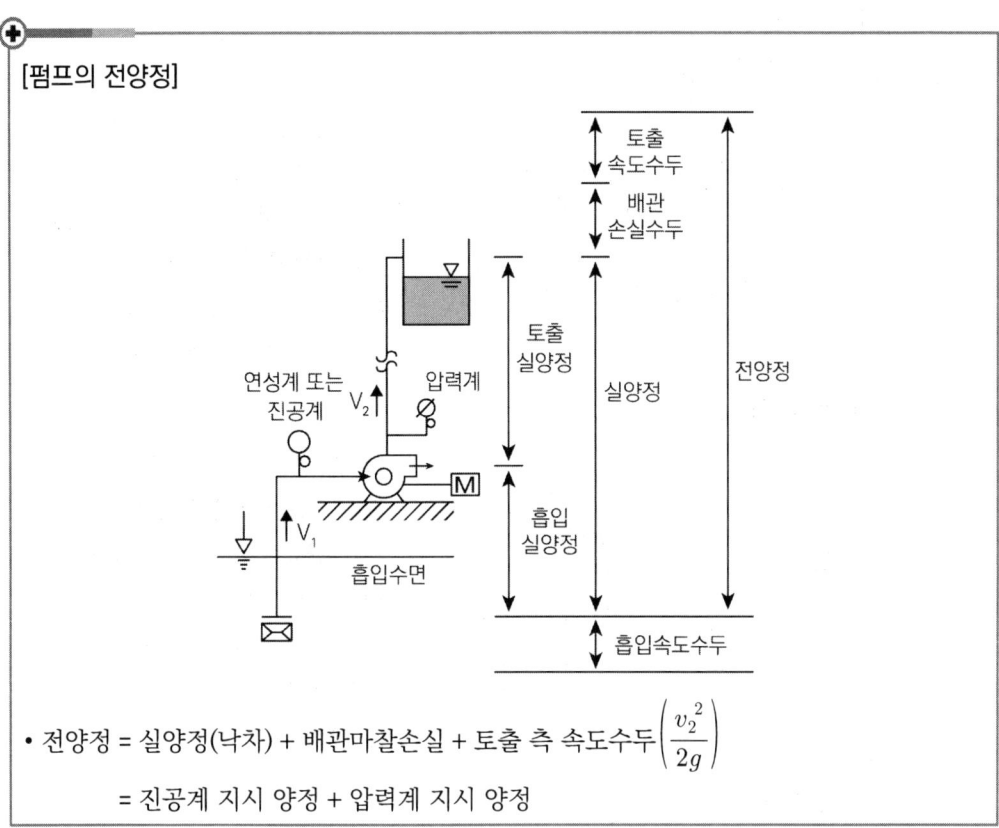

- 전양정 = 실양정(낙차) + 배관마찰손실 + 토출 측 속도수두 $\left(\dfrac{v_2^2}{2g}\right)$
  = 진공계 지시 양정 + 압력계 지시 양정

2 보일러

밀폐되어 있는 용기 내에 열매체(물)를 넣고 고온의 화염이나 연소가스와 접촉시켜 고온의 증기나 온수를 발생시키는 장치

1) 보일러의 3대 구성요소

  (1) 본체

  (2) 연소장치

  (3) 부속장치(자동제어장치, 통풍장치, 송기장치, 급수장치, 급유장치, 안전장치, 분출장치, 계측장치, 폐열회수장치 등)

2) 보일러의 효율

(1) 증기보일러의 효율

$$\text{효율 } \eta = \frac{\text{발생증기의 열량}}{\text{공급 열량}} = \frac{Q}{G_f \times H_L} = \frac{G(h_2 - h_1)}{G_f \times H_L}$$

Q : 발생증기의 열량(kW)
G_f : 연료 사용량(kg/s)
H_L : 연료의 저위발열량(kJ/kg)
G : 실제 증발량(kg/s)
h_1 : 급수의 엔탈피(kJ/kg)
h_2 : 발생증기의 엔탈피(kJ/kg)

(2) 온수보일러의 효율

$$\text{효율 } \eta = \frac{\text{발생온수의 열량}}{\text{공급 열량}} = \frac{Q}{G_f \times H_L} = \frac{G \times C \times (t_2 - t_1)}{G_f \times H_L}$$

Q : 발생온수의 열량(kW)
G_f : 연료 사용량(kg/s)
H_L : 연료의 저위발열량(kJ/kg)
G : 발생 온수량(kg/s)
C : 물의 비열(kJ/kg·K)
t_1 : 급수의 온도(K)
t_2 : 온수의 온도(K)

3) 보일러의 출력

(1) 정미출력(kW) : 난방부하 + 급탕부하
(2) 상용출력(kW) : 난방부하 + 급탕부하 + 배관부하
(3) 정격출력(kW) : 난방부하 + 급탕부하 + 배관부하 + 예열부하
(4) 과부하출력(kW) : 과부하가 발생하거나 운전초기에 정격출력의 10 ~ 20 %가량 증가하여 운전할 때의 출력

4) 방열기의 표준방열량

표준 상태에서 방열면적 1 m²당 방출되는 열량

(1) 증기 : 756 W/m²(증기온도 102 ℃, 실내온도 18.5 ℃ 기준)
  방열기 내의 열매인 증기의 온도를 102 ℃, 실내 온도를 18.5 ℃를 표준 상태로 하였을 때의 방열량
(2) 온수 : 523 W/m²(온수온도 80 ℃, 실내온도 18.5 ℃ 기준)
  방열기 내의 열매인 온수의 온도를 80 ℃, 실내 온도를 18.5 ℃를 표준 상태로 하였을 때의 방열량

5) 상당방열면적계산(EDR)

$$\text{상당방열면적 EDR [m}^2\text{]} = \frac{\text{방열기 방열량 } Q[W]}{\text{표준방열량 } q[W/m^2]}$$

$$\Rightarrow EDR = \frac{Q}{q}$$

Q : 방열기 방열량(W)
q : 표준방열량(W/m²)
EDR : 상당방열면적(m²)

6) 방열기 방열량

$$Q[W] = q[W/m^2] \times EDR[m^2]$$

Q : 방열기 방열량(W)
q : 표준방열량(W/m²)
EDR : 상당방열면적(m²)

7) 방열기 절수 공식

$$\text{방열기 절 수} = \frac{\text{총 손실열량(난방부하)}[kW]}{\text{표준방열량}[kW/m^2] \times \text{방열기 1절당 면적}[m^2]}$$

3 냉각탑

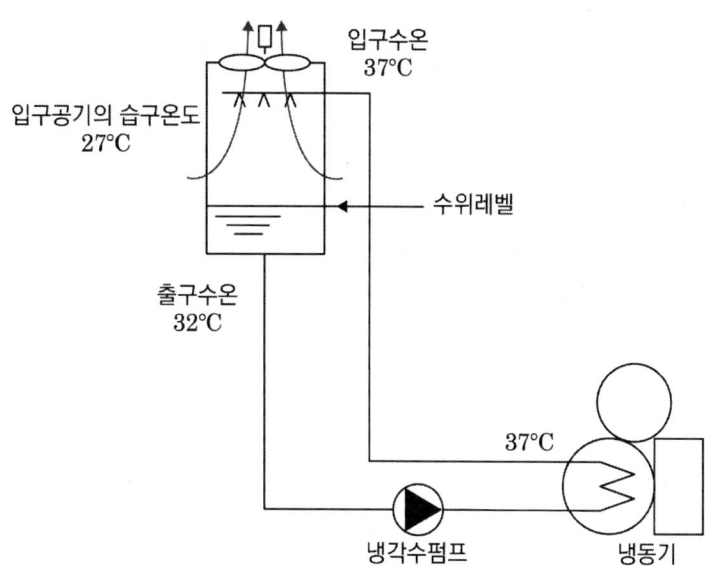

물을 공기와 접촉시켜 냉각하는 장치이다. 냉동기의 응축기를 냉각시키기 위해 사용되는 물을 냉각수라 하고, 이 냉각수를 재활용하기 위한 장치로 사용된다.

1) 표준설계 조건과 냉각톤
   (1) 냉각탑 표준설계 조건
      ① 냉각탑의 입구수온 : 37 ℃
      ② 냉각탑의 출구수온 : 32 ℃
      ③ 입구공기의 습구온도 : 27 ℃
      ④ 순환수량 : 13 L/min
   (2) 1 CRT(냉각톤)

$$1\,CRT(냉각톤) = G \cdot C \cdot \triangle T = \left(\frac{13}{60}\right) \times 4.19 \times (37-32)$$
$$= 4.54\,kW = 3900\,kcal/h$$

2) 냉각탑의 용량

$$냉각탑\ 용량 = \frac{냉동기\ 응축열량}{1\,CRT} = \frac{냉동기\ 응축열량(kW)}{4.54\,kW}$$

3) 쿨링 레인지(Cooling Range)

   냉각탑에서 입구수온과 출구수온의 차

   냉각탑 입구수온 - 냉각탑 출구수온 = 37 - 32 = 5 ℃

   ※ 다른 조건이 동일하다면, 쿨링 레인지가 클수록 냉각능력이 크다.

4) 쿨링 어프로치(Cooling Approach)

   냉각수가 최저 온도에 얼마나 가까워졌는지에 대한 수치

   냉각수 출구온도 - 대기 습구온도 = 32 - 27 = 5 ℃

   ※ 냉각탑 입구공기의 습구온도(대기 습구온도)가 일정하다면, 쿨링어프로치가 작을수록 냉각탑 출구수온이 낮아지므로 냉각능력이 크다.

5) 냉각탑 설치 시 주의사항
   (1) 냉각탑 설치위치는 통풍이 잘 되는 곳에 설치해야 한다. 또한 토출공기가 다시 유입되지 않는 곳이어야 한다.
   (2) 겨울철 사용 시 동파방지용 히터(전기식)를 설치해야 한다.
   (3) 냉각탑에서 비산되는 물방울에 의해 피해가 없는 장소에 설치해야 한다.
   (4) 냉각탑의 진동, 소음으로 인한 피해가 없는 곳에 설치해야 한다.
   (5) 옥상 등에 설치할 때에는 운전 중량이 건축구조계산에 반영되어 있어야 한다.

핵심문제 공기조화

01 건구온도 25 ℃, 상대습도 50 % 2000 kg/h의 공기를 15 ℃로 냉각할 때와 35 ℃로 가열할 때 필요한 열량(kW)을 공기선도를 이용하여(각 상태 표시) 구하시오. (단, 절대습도는 일정하고 공기 정압비열은 1.01 kJ./kg·℃이다) (8점)

풀이

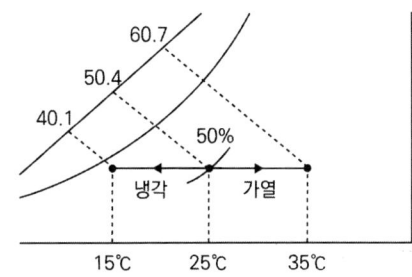

가. 냉각열량(q)

[풀이 1] $q = G \cdot C_p \cdot \triangle t = \dfrac{2000}{3600} \times 1.01 \times (25 - 15) = 5.611 ≒ 5.61 \text{ kW}$

[풀이 2] $q = G \cdot \triangle h = \dfrac{2000}{3600} \times (50.4 - 40.1) = 5.722 ≒ 5.72 \text{ kW}$

나. 가열열량(q)

[풀이 1] $q = G \cdot C_p \cdot \triangle t = \dfrac{2000}{3600} \times 1.01 \times (35 - 25) = 5.611 ≒ 5.61 \text{ kW}$

[풀이 2] $q = G \cdot \triangle h = \dfrac{2000}{3600} \times (60.7 - 50.4) = 5.722 ≒ 5.72 \text{ kW}$

※ 선도에서 읽은 온도 또는 엔탈피 사이에 오차가 있으나 계산과정이 맞으면 정답이다.

02

①의 공기상태 t_1 = 25 ℃, x_1 = 0.022 kg/kg', h_1 = 91.7 kJ/kg, ②의 공기상태 t_2 = 22 ℃, x_2 = 0.006 kg/kg', h_2 = 37.7 kJ/kg일 때 공기 ①을 25 %, 공기 ②를 75 %로 혼합한 후의 공기 ③의 상태(t_3, x_3, h_3)를 구하고, 공기 ①과 공기 ③ 사이의 열수분비를 구하시오.

(8점)

풀이

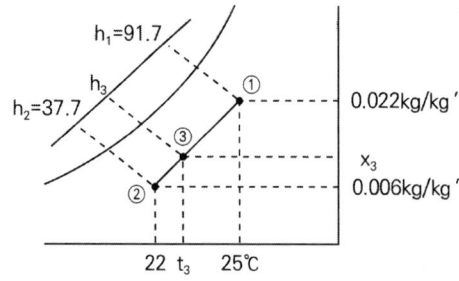

(1) 혼합 후의 공기 ③의 상태(t_3, x_3, h_3)

① $t_3 = \dfrac{G_1 t_1 + G_2 t_2}{G_3} = \dfrac{0.25 \times 25 + 0.75 \times 22}{1} = 22.75$ ℃

② $x_3 = \dfrac{G_1 x_1 + G_2 x_2}{G_3} = \dfrac{0.25 \times 0.022 + 0.75 \times 0.006}{1} = 0.01$ kg/kg'

③ $h_3 = \dfrac{G_1 h_1 + G_2 h_2}{G_3} = \dfrac{0.25 \times 91.7 + 0.75 \times 37.7}{1} = 51.2$ kJ/kg

(2) 공기 ①과 공기 ③ 사이의 열수분비(u)

$u = \dfrac{h_1 - h_3}{x_1 - x_3} = \dfrac{91.7 - 51.2}{0.022 - 0.01} = 3375$ kJ/kg

참고

열수분비 $u = \dfrac{\Delta h}{\Delta x} = \dfrac{\text{열의 변화량}}{\text{수분의 변화량}} = \dfrac{\text{엔탈피의 변화량}}{\text{절대습도의 변화량}}$

03 다음과 같은 조건의 건물 중간층 난방부하를 구하시오. (16점)

[조건]

1. 열관류율(W/m²·K) : 천장(0.98), 바닥(1.91), 문(3.95), 유리창(6.63)
2. 난방실의 실내온도 : 25 ℃ , 비난방실의 온도 : 5 ℃
   외기온도 : -10 ℃, 상·하층 난방실의 실내온도 : 25 ℃
3. 벽체 표면의 열전달률

구분	표면위치	대류의 방량	열전달률(W/m²·K)
실내 측	수직	수평(벽면)	9
실외 측	수직	수직·수평	23

4. 방위계수

방위	방위계수
북쪽 외벽, 창, 문	1.1
남쪽 외벽, 창, 문, 내벽	1.0
동쪽, 서쪽 외벽, 창, 문	1.05

5. 환기횟수
   난방실 : 1 회/h, 비난방실 : 3 회/h
6. 공기의 비열 : 1.01 kJ/kg·K, 공기 밀도 : 1.2 kg/m³

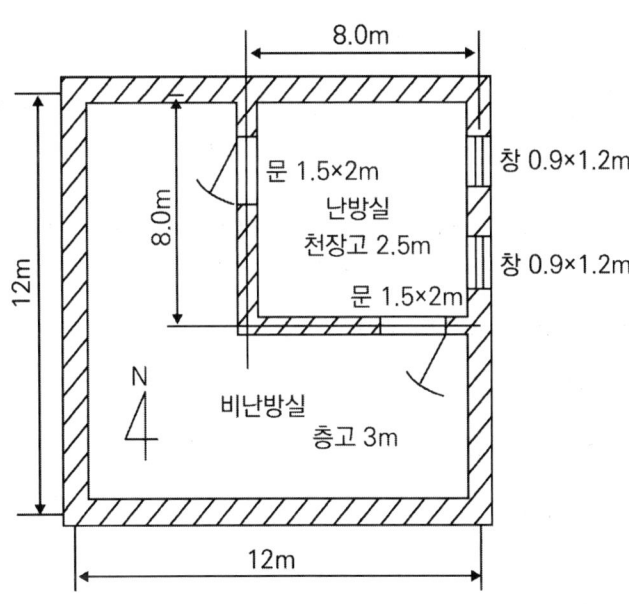

벽체의 종류	구조	재료	두께(mm)	열전도율(W/m·K)
외벽		타일	10	1.3
		모르타르	15	1.5
		콘크리트	120	1.6
		모르타르	15	1.5
		플라스터	3	0.6
내벽		콘크리트	100	1.5

(1) 외벽과 내벽의 열관류율(W/m²·K)을 구하시오.

(2) 다음 부하계산(W)을 하시오.
   ① 벽체를 통한 부하
   ② 유리창을 통한 부하
   ③ 문을 통한 부하
   ④ 극간풍 부하(환기횟수에 의함)

풀이

(1) 외벽, 내벽 열관류율(K)

① 외벽 열관류율(K_1)

$$\frac{1}{K_1} = \frac{1}{\alpha_i} + \frac{\ell_1}{\lambda_1} + \frac{\ell_2}{\lambda_2} + \frac{\ell_3}{\lambda_3} + \frac{\ell_4}{\lambda_5} + \frac{\ell_5}{\lambda_5} + \frac{1}{\alpha_o}$$

$$\frac{1}{K_1} = \frac{1}{9} + \frac{0.01}{1.3} + \frac{0.015}{1.5} + \frac{0.120}{1.6} + \frac{0.015}{1.5} + \frac{0.003}{0.6} + \frac{1}{23} = 0.2623$$

$$\therefore K_1 = \frac{1}{0.2623} ≒ 3.81 \text{ W/m}^2 \cdot \text{K}$$

② 내벽 열관류율(K_2)

$$\frac{1}{K_2} = \frac{1}{\alpha_i} + \frac{\ell_1}{\lambda_1} + \frac{1}{\alpha_i}$$

$$\frac{1}{K_2} = \frac{1}{9} + \frac{0.100}{1.5} + \frac{1}{9} = 0.2889$$

$$\therefore K_2 = \frac{1}{0.2889} ≒ 3.46 \text{ W/m}^2 \cdot \text{K}$$

(2) 부하계산

① 벽체를 통한 부하 $q_W = K \cdot A \cdot \triangle t \cdot k$

- 동쪽(E)외벽
$$q_{WE} = 3.81 \times (8 \times 3 - 0.9 \times 1.2 \times 2) \times (25 - (-10)) \times 1.05 = 3057.982 \text{ W}$$

- 북쪽(N)외벽
$$q_{WN} = 3.81 \times (8 \times 3) \times (25 - (-10)) \times 1.1 = 3520.44 \text{ W}$$

- 서쪽내벽(I)
$$q_{WI} = 3.46 \times (8 \times 2.5 - 1.5 \times 2) \times (25 - 5) \times 1.0 = 1176.4 \text{ W}$$

- 남쪽내벽(I)
$$q_{WI} = 3.46 \times (8 \times 2.5 - 1.5 \times 2) \times (25 - 5) \times 1.0 = 1176.4 \text{ W}$$

∴ 벽체를 통한 부하 q_W

∴ q_W = 동쪽 외벽부하 + 북쪽 외벽부하 + 서쪽 내벽부하 + 남쪽 외벽부하
  = 3057.982 + 3520.44 + 1176.4 + 1176.4 = 8931.222 ≒ 8931.22 W

> **참고**
> 일반적으로 내벽 및 내벽에 설치된 문, 창문 등은 방위계수를 적용하지 않는다. 그러나 문제의 조건 4에서 내벽의 방위계수가 1.0으로 주어졌기 때문에 내벽 방위계수를 적용한다.

② 유리창을 통한 부하 $q_G = K \cdot A \cdot \triangle t \cdot k$
$$q_G = 6.63 \times (0.9 \times 1.2 \times 2) \times (25 - (-10)) \times 1.05 = 526.289 ≒ 526.29 \text{ W}$$

③ 문을 통한 부하 $q_D = K \cdot A \cdot \triangle t \cdot k$
$$q_D = 3.95 \times (1.5 \times 2 \times 2) \times (25 - 5) \times 1.0 = 474 \text{ W}$$

④ 극간풍 부하($q_I = q_{IS} + q_{IL}$)
$$q_I = q_{IS} + q_{IL} = \rho Q_I \cdot C_p \cdot \triangle t + 2501 \rho Q_I \cdot \triangle x$$
$$= \frac{[\{1.2 \times (8 \times 8 \times 2.5 \times 1) \times 1.01 \times (25 - (-10))\} + 0] \times 1000}{3600}$$
$$≒ 1885.33 \text{ W}$$

단, 문제에서 절대습도에 대한 조건이 주어지지 않았으므로 잠열에 의한 극간풍 부하(q_{IL})는 무시한다.

04
다음 설계조건을 이용하여 각 부분의 손실열량을 시각별(10시, 12시)로 각각 구하시오. (8점)

[조건]

1. 공조시간 : 10시간
2. 외기 : 10시 31℃, 12시 33℃
3. 인원 : 6인
4. 실내설계 온·습도 : 26℃, 50%
5. 조명(형광등) : 20 W/m² (단, 계수는 고려하지 않는다)
6. 각 구조체의 열통과율
   외벽 3.5 W/m²·℃, 칸막이벽 2.3 W/m²·℃, 유리창 5.8 W/m²·℃
7. 인체에서의 발열량
   현열 62.8 W/인, 잠열 68.6 W/인
8. 유리 일사량(W/m²)

	10시	12시
일사량	360.5	52.3

9. 상당 온도차(℃)

	N	E	S	W	유리	내벽온도차
10시	5.5	12.5	3.5	5.0	5.5	2.5
12시	4.7	20.0	6.6	6.4	6.5	3.5

10. 유리창 차폐계수 $k_s = 0.70$

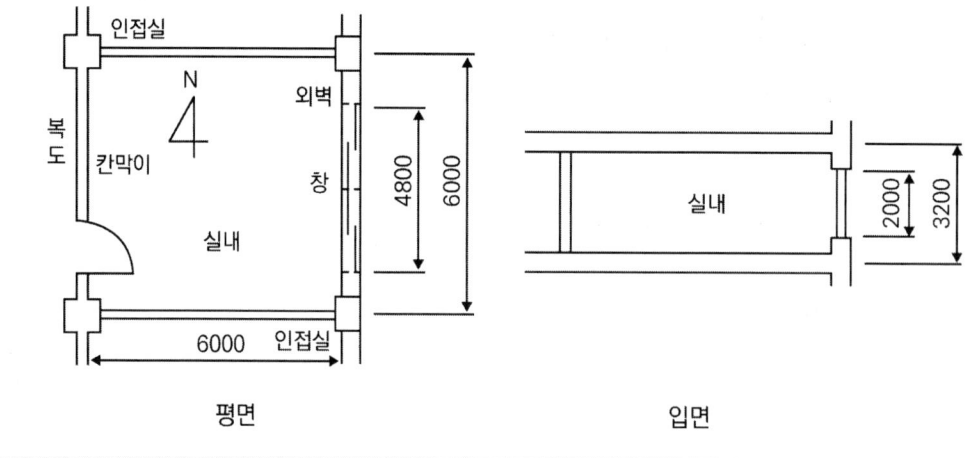

평면   입면

가. 동쪽 외벽부하(W)

나. 칸막이벽과 문에 대한 내벽부하(W) (단, 문의 열통과율은 칸막이벽과 동일)

다. 유리창부하(W) (단, 일사량과 전도열량을 고려하시오)

라. 조명부하(W)

마. 인체부하(W)

[풀이]

가. 동쪽 외벽부하(W) $q_W = K \cdot A \cdot \triangle t_e$
- 10시 : $q_W = 3.5 \times (6 \times 3.2 - 4.8 \times 2) \times 12.5 = 420\,W$
- 12시 : $q_W = 3.5 \times (6 \times 3.2 - 4.8 \times 2) \times 20 = 672\,W$

나. 칸막이벽과 문에 대한 내벽부하(W)
- 10시 : $q_W = 2.3 \times (6 \times 3.2) \times 2.5 = 110.4\,W$
- 12시 : $q_W = 2.3 \times (6 \times 3.2) \times 3.5 = 154.56\,W$

다. 유리창부하(W)

〈일사량〉
- 10시 : $q_{GR} = I_{GR} \cdot A \cdot k_s = 360.5 \times (4.8 \times 2.0) \times 0.7 = 2422.56\,W$
- 12시 : $q_{GR} = I_{GR} \cdot A \cdot k_s = 52.3 \times (4.8 \times 2.0) \times 0.7 = 351.46\,W$

〈전도열량〉
- 10시 : $q_{GT} = K \cdot A \cdot \triangle t_e = 5.8 \times (4.8 \times 2.0) \times 5.5 = 306.24\,W$
- 12시 : $q_{GT} = K \cdot A \cdot \triangle t_e = 5.8 \times (4.8 \times 2.0) \times 6.5 = 361.92\,W$

※ 상당온도차가 주어지지 않았을 경우, 실내·외 온도차($\triangle t$)로 계산한다.

라. 조명부하(W) $q_E = W \times f$ [형광등](조건에 따라 계수 1.2는 고려하지 않는다)
- 10시, 12시 : $q_E = (6 \times 6 \times 20) \times 1 = 720\,W$

마. 인체부하(W) $q_H = q_{HS} + q_{HL}$
- 10시, 12시 : $q_{HS} = n \cdot H_S = 6 \times 62.8 = 376.8\,W$
  $q_{HL} = n \cdot H_L = 6 \times 68.6 = 411.6\,W$
  ∴ $q_H = 376 + 411.6 = 788.4\,W$

05 다음 그림과 같은 2중 덕트 장치도를 보고 공기선도에 각 상태점을 나타내어 흐름도를 완성 시키시오. (6점)

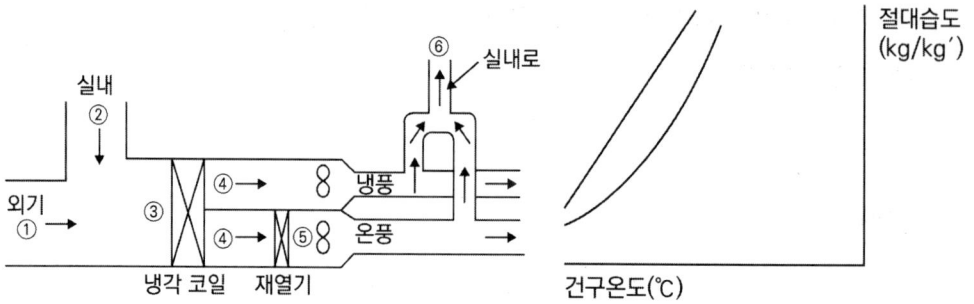

풀이

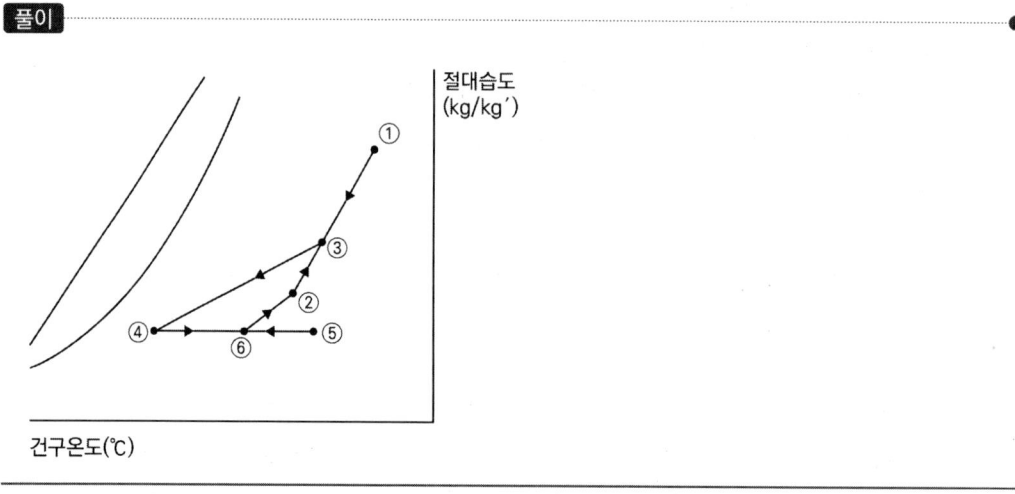

06 다음은 단일 덕트 공조방식을 나타낸 것이다. 주어진 조건과 습공기 선도를 이용하여 각 물음에 답하시오. (13점)

[조건]
1. 실내부하
   ① 현열부하(q_S) : 30 kW
   ② 잠열부하(q_L) : 5 kW
2. 실내 : 온도 20 ℃, 상대습도 50 %
3. 외기 : 온도 2 ℃, 상대습도 40 %
4. 환기량과 외기량의 비는 3 : 1
5. 공기의 밀도 : 1.2 kg/m³
6. 공기의 비열 : 1.01 kJ/kg·K
7. 실내 송풍량 : 10000 kg/h
8. 덕트장치 내의 열취득(손실)을 무시한다.
9. 가습은 순환수 분무로 한다.

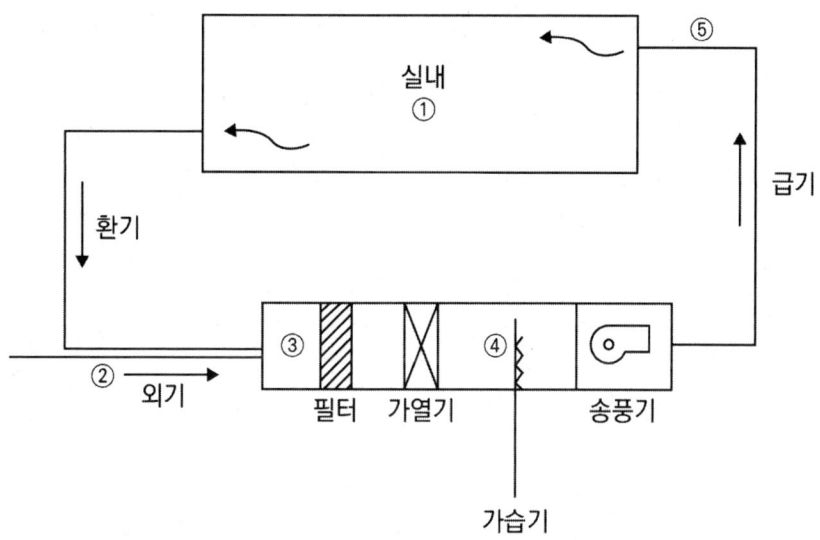

(1) 계통도를 보고 공기의 상태변화를 습공기선도상에 나타내고, 장치의 각 위치에 대응하는 점(① ~ ⑤)을 표시하시오.

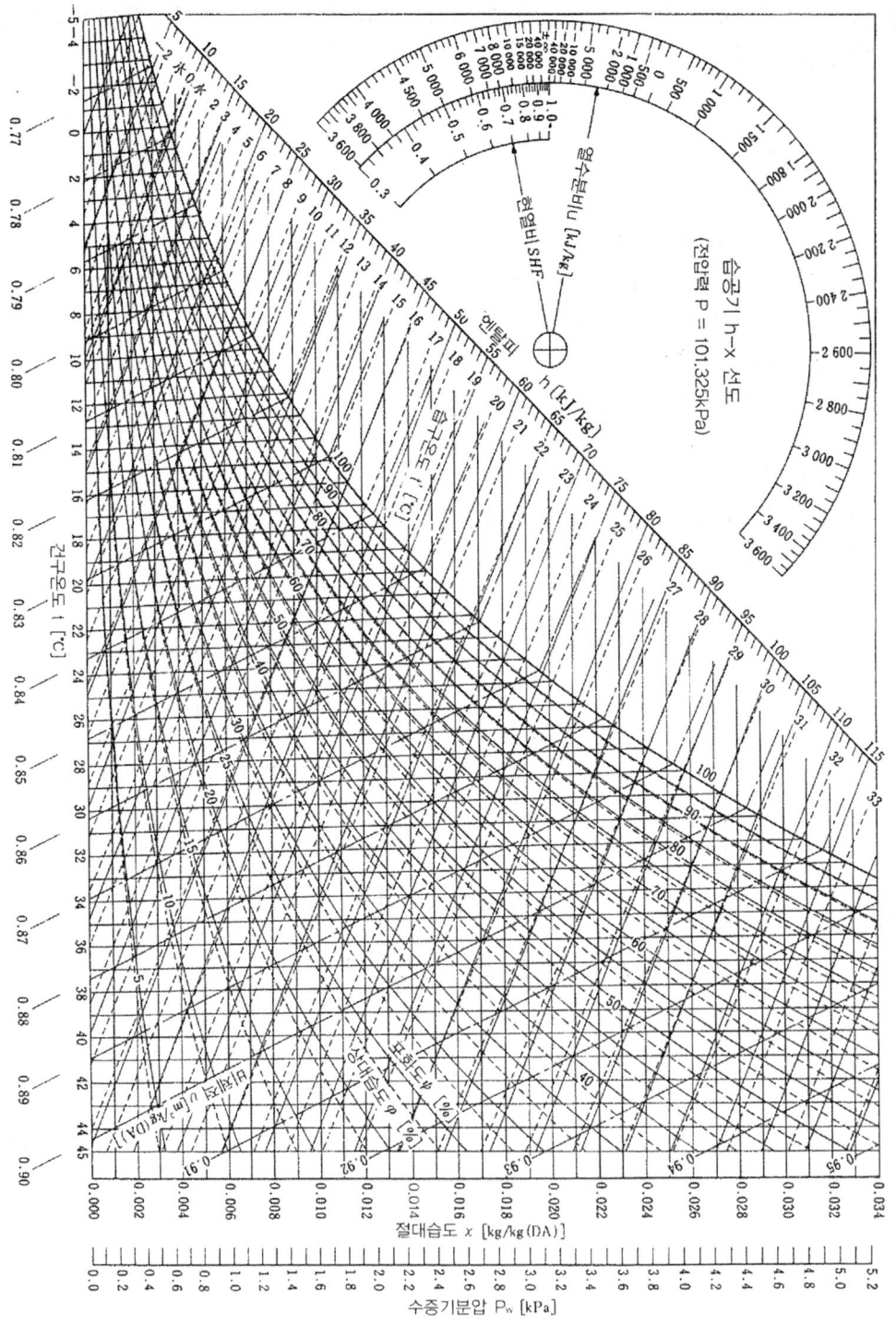

(2) 실내부하의 현열비(SHF)를 구하시오.
(3) 취출공기 온도를 구하시오.
(4) 가열기 용량(kW)을 구하시오.

풀이

(1) 공기선도 작성

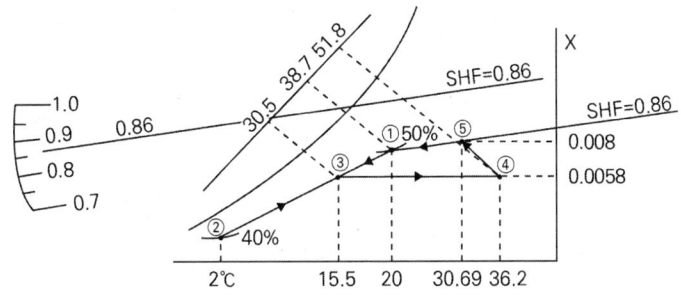

〈선도작성방법〉

1) ①, ②점을 주어진 실내, 외 온도 습도에 의해 표시한다.
2) ③점의 온도를 계산에 의해 구하고, ① ②선분상에 표시한다.

$$t_3 = \frac{G_1 t_1 + G_2 t_2}{G_3} = \frac{7500 \times 20 + 2500 \times 2}{10000} = 15.5\ ℃$$

(열평형식에 의해 $G_3 C_p t_3 = G_1 C_p t_1 + G_2 C_p t_2$이므로)

3) 실내부하의 현열비(SHF)를 계산에 의해 구하고, SHF선과 평행한 선을 ①점에서 ⑤쪽으로 긋는다.

$$SHF = \frac{q_S}{q_S + q_L} = \frac{30}{30+5} = 0.857 ≒ 0.86$$

4) 주어진 실내 송풍량과 실내 현열량에 의해 취출공기온도 t_5를 구하여 SHF선상에 표시한다.

$q_S = G \cdot C_p \cdot (t_5 - t_1)$에서

$$t_5 = t_1 + \frac{q_S}{G \cdot C_p} = 20 + \frac{30 \times 3600}{10000 \times 1.01} ≒ 30.69\ ℃$$

5) 가습은 순환수 분무가습이므로 습구온도선을 따라 변화한다.
   따라서 ⑤점에서 ④점의 선분은 $t_4' = t_5'$이 된다.
6) ③점에서 수평선(가열과정)을 그어 ⑤점에서 그은 가습과정 선과 만나는 점이 ④점이 된다.

(2) 실내부하의 현열비

$$SHF = \frac{q_S}{q_S + q_L} = \frac{30}{30 + 5} = 0.857 ≒ 0.86$$

※ (1)항의 〈선도작성방법〉의 3)에서 구했으나, (2)항에 다시 계산식과 답을 작성하여야 함

(3) 취출공기온도

$$t_5 = t_1 + \frac{q_S}{G \cdot C_p} = 20 + \frac{30 \times 3600}{10000 \times 1.01} ≒ 30.69\text{℃}$$

※ (1)항의 〈선도작성방법〉의 4)에서 구했으나, (3)항에 다시 계산식과 답을 작성하여야 함

(4) 가열기 용량(q_H)

[풀이 1] $q_H = G \cdot C_p \cdot (t_4 - t_3) = \dfrac{10000 \times 1.01 \times (36.2 - 15.5)}{3600} ≒ 58.08 \text{ kW}$

[풀이 2] $q_H = G \cdot (h_4 - h_3) = \dfrac{10000 \times (51.8 - 30.5)}{3600} = 59.166 ≒ 59.17 \text{ kW}$

※ 온도로 구한 값과 엔탈피로 구한 값의 오차는 정답으로 인정된다.

공·조·냉·동·기·계·기·사

Part 02

과년도 기출문제

2024 1회

01 주어진 도면과 조건을 바탕으로 다음을 구하시오. (10점)

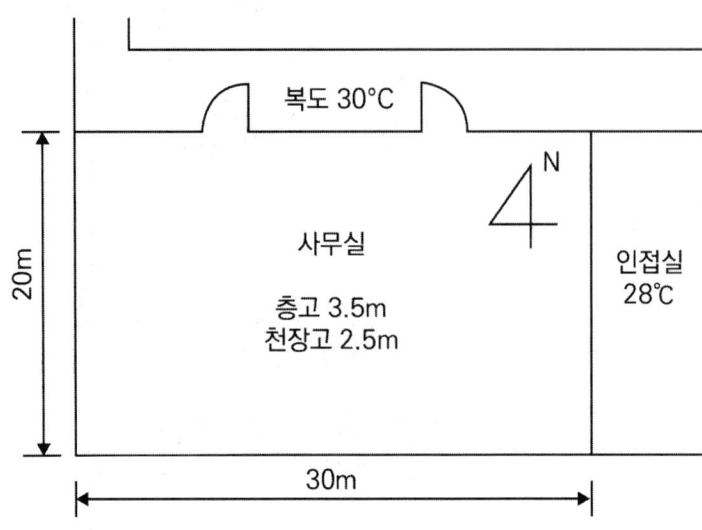

[조건]

구분	건구온도(℃)	상대습도(%)	절대습도(kg/kg')
실내	27	50	0.0112
실외	32	68	0.0206

1. 상·하층은 사무실과 동일한 공조 상태이다.
2. 남쪽 및 서쪽벽은 외벽이 40 %이고 창면적이 60 %이다.
3. 열관류율
   ① 외벽 : 3.4 W/m²·K
   ② 내벽 : 4.1 W/m²·K
   ③ 내부문 : 4.1 W/m²·K (단, 복도와 면한 문의 크기는 1.5 m × 2 m이고, 2개소 있다)
4. 유리는 6 mm 반사유리이고, 차폐계수는 0.65이다.
5. 인체발열량
   ① 현열 : 54.7 W/인

② 잠열 : 69.7 W/인
6. 침입외기에 의한 실내환기 횟수 : 0.5 회/h
7. 실내 사무기기 : 200 W×5개, 실내조명(형광등) : 20 W/m²
8. 실내인원 : 0.2 인/m², 1인당 필요 외기량 : 25 m³/h·인
9. 공기의 밀도는 1.2 kg/m³, 정압비열은 1.01 kJ/kg·℃이다.
10. 보정된 외벽의 상당외기 온도차 : 남쪽 8.4 ℃, 서쪽 5 ℃
11. 유리를 통한 열량의 침입(W/m²)

구분 \ 방위	동	서	남	북
직달일사 I_{GR}	33.4	199.9	67.7	33.4
전도대류 I_{GC}	50.2	95.8	67.7	50.2

가. 벽체부하(동, 서, 남, 북)(W)

나. 유리를 통한 부하(W)

다. 인체부하(W)

라. 조명부하(W) (단, 안정기 계수는 무시한다)

마. 틈새부하(W)

풀이

가. 벽체부하
   1) 동쪽벽체(내벽) $q = K \cdot A \cdot \triangle t$
      $q = 4.1 \times (20 \times 2.5) \times (28 - 27) = 205$ W
   2) 북쪽벽체(내벽, 문)
      (1) 벽 $q = 4.1 \times (30 \times 2.5 - 1.5 \times 2 \times 2) \times (30 - 27) = 848.7$ W
      (2) 문 $q = 4.1 \times (1.5 \times 2 \times 2) \times (30 - 27) = 73.8$ W
      (3) 벽 + 문 = 848.7 + 73.8 = 922.5 W
   3) 서쪽벽체(외벽) $q = K \cdot A \cdot \triangle t_e$
      $q = 3.4 \times (20 \times 3.5 \times 0.4) \times 5 = 476$ W
   4) 남쪽벽체(외벽) $q = K \cdot A \cdot \triangle t_e$
      $q = 3.4 \times (30 \times 3.5 \times 0.4) \times 8.4 = 1199.52$ W
   ∴ 벽체 부하 = 2803.02 W

나. 유리를 통한 부하
　1) 직달일사 $q = I_{GR} \cdot A \cdot k_s$
　　(1) 남쪽유리 $q = 67.7 \times (30 \times 3.5 \times 0.6) \times 0.65 = 2772.315$ W
　　(2) 서쪽유리 $q = 199.9 \times (20 \times 3.5 \times 0.6) \times 0.65 = 5457.27$ W
　2) 전도대류 $q = I_{GC} \cdot A$
　　(1) 남쪽유리 $q = 67.7 \times (30 \times 3.5 \times 0.6) = 4265.1$ W
　　(2) 서쪽유리 $q = 95.8 \times (20 \times 3.5 \times 0.6) = 4023.6$ W
　∴ 유리를 통한 부하 $= 16518.285 ≒ 16518.29$ W

다. 인체부하
　1) 현열부하 $q_S = n \cdot H_S = (30 \times 20 \times 0.2) \times 54.7 = 6564$ W
　2) 잠열부하 $q_L = n \cdot H_L = (30 \times 20 \times 0.2) \times 69.7 = 8364$ W
　∴ 인체부하 $= 14928$ W

라. 조명부하 $q = W \times f$
　$q = (20 \times 30) \times 20 \times 1 = 12000$ W

여기서, f : 점등률

마. 틈새부하(침입외기에 의한 부하)
　1) 현열부하 $q_S = GC_P \triangle t = \rho Q C_P \triangle t$
　　$q_S = \dfrac{1.2 \times (0.5 \times 30 \times 20 \times 2.5)}{3600} \times 1.01 \times 10^3 \times (32 - 27) = 1262.5$ W
　2) 잠열부하 $q_L = 2501 \times \rho Q \triangle x$
　　$q_L = \dfrac{2501 \times 10^3 \times 1.2 \times (0.5 \times 30 \times 20 \times 2.5)}{3600} \times (0.0206 - 0.0112) = 5877.35$ W
　∴ 틈새부하 $= 7139.85$ W

02 건축물에서 공조 설계 시 극간풍(틈새바람)을 구하는 방법을 2가지만 쓰고, 각각 설명하시오.
(8점)

1) (   ) :
2) (   ) :

풀이

① 환기횟수에 의한 방법 : 실의 체적에 환기횟수를 곱하여 구하는 방법
② 틈새길이에 의한 방법(극간길이법, 크랙[Crack]법) : 창이나 문의 틈새길이에 틈새길이당 극간풍량을 곱하여 구하는 방법
③ 창면적에 의한 방법 : 창(또는 문)의 면적당 극간풍량에 창(또는 문)의 총 면적을 곱하여 구하는 방법
④ 사용빈도수에 의한 방법 : 실의 용도에 따라 사용인원 1인당 1시간에 침입하는 바람의 양을 나타낸 표에서 찾아 구하는 것으로 출입문의 사용빈도 수에 따라 구하는 방법

위 내용 중 2가지 기술하면 정답

참고

1) 극간풍(틈새바람) 구하는 방법
   ① 환기횟수에 의한 방법
   ② 틈새길이에 의한 방법(극간길이법, Crack법)
   ③ 창면적에 의한 방법
   ④ 사용빈도수에 의한 방법
2) 극간풍(틈새바람)을 방지하는 방법
   ① 회전문을 설치
   ② 에어 커튼(Air Curtain)의 사용
   ③ 충분한 간격을 두고 이중문을 설치
   ④ 실내를 가압하여 외부압력보다 높게 유지
   ⑤ 이중문의 중간에 강제대류 컨벡터(Convector) 또는 FCU을 설치
   ⑥ 건축의 건물 기밀성 유지와 현관의 방풍실 설치, 층간의 구획 등

03 아래 배관도를 보고 각종 부속류 및 밸브류 수량과 금액을 다음의 일위대가표에 작성하시오.
(8점)

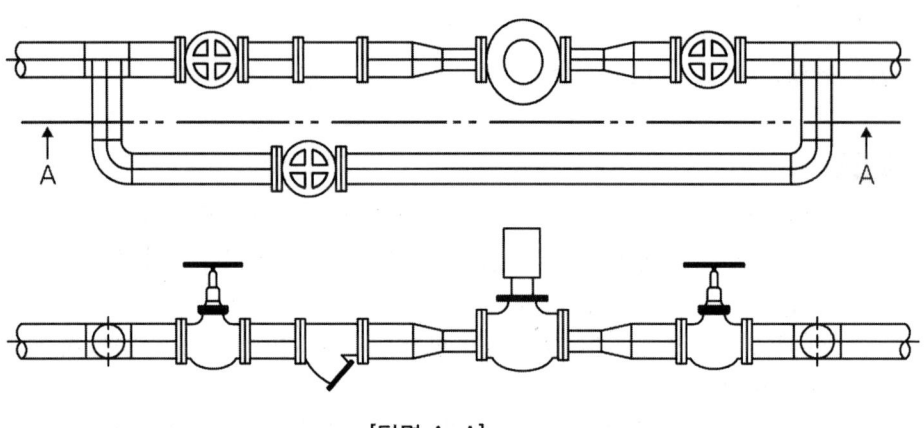

[단면 A-A]

품명	규격	단위	단가(원)	수량	금액(원)
백강관	50 mm	m	1,000	4.2	4,200
게이트밸브	50 mm	개	18,230		
글로브밸브	50 mm	개	17,400		
스트레이너	50 mm	개	16,000		
티	50 mm	개	1,190		
엘보우	50 mm	개	1,220		
레듀셔	50 mm×25 mm	개	1,080		
잡자재	-	-	강관의 3 %	-	126
공구손료	-	식	-	-	28,949
관보온	50×25 t	식	-	-	157,810
재료비계					
노무비	배관공	인	80,000	2	160,000
노무비	보통인부	인	50,000	1	50,000
노무비계					210,000

풀이

[일위대가]

품명	규격	단위	단가(원)	수량	금액(원)
백강관	50 mm	m	1,000	4.2	4,200
게이트밸브	50 mm	개	18,230	2	36,460
글로브밸브	50 mm	개	17,400	1	17,400
스트레이너	50 mm	개	16,000	1	16,000
티	50 mm	개	1,190	2	2,380
엘보우	50 mm	개	1,220	2	2,440
레듀셔	50 mm × 25 mm	개	1,080	2	2,160
잡자재	-	-	강관의 3 %	-	126
공구손료	-	식	-	-	28,949
관보온	50 × 25 t	식	-	-	157,810
재료비계					267,925
노무비	배관공	인	80,000	2	160,000
노무비	보통인부	인	50,000	1	50,000
노무비계					210,000

04 다음 그림에 표시한 200RT 냉동기를 위한 냉각수 순환계통의 냉각수 순환 펌프의 축동력(kW)을 구하시오. (6점)

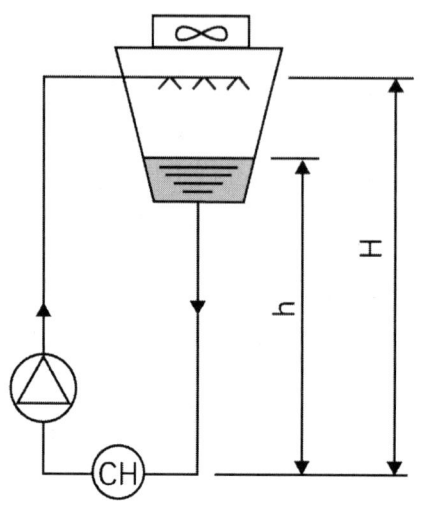

[조건]
1. $H = 50\ m$
2. $h = 48\ m$
3. 배관 총길이 $l = 200\ m$
4. 부속류의 직관 상당길이 $l' = 100\ m$
5. 펌프효율 $\eta = 65\ \%$
6. 1RT당 응축열량 : 4.5 kW
7. 노즐압력 $P = 3\ mAq$
8. 배관의 단위 길이당 저항 $r = 0.03\ mAq/m$
9. 냉동기(응축기)수 저항 $R_e = 6\ mAq$
10. 여유율(안전율) : 10 %
11. 냉각수 온도차 : 5 ℃
12. 냉각수 비열 : 4.2 kJ/kg·K
13. 냉각수 밀도 : 1000 kg/m³

풀이

전양정 H_T = 실양정 + 배관손실수두 + 기기손실수두 + 노즐압력
  = (50 − 48) + (200 + 100) × 0.03 + 6 + 3 = 20 m

$q_C = G \cdot C \cdot \triangle t = \rho Q \cdot C \cdot \triangle t$ 에서

유량 $Q = \dfrac{q_C}{\rho \cdot C \cdot \triangle t} = \dfrac{200 \times 4.5}{1000 \times 4.2 \times 5} = 0.04286\ m^3/s$

펌프의 축동력 $L_b = \dfrac{\gamma Q H_T}{\eta}$ kW (여기서 $\gamma : kN/m^3$, $H_T : m$, $Q : m^3/s$)

  $= \dfrac{9.8 \times 0.04286 \times 20}{0.65} \times 1.1 = 14.216 \fallingdotseq 14.22\ kW$

> **참고** 관의 상당길이(등가길이)
> 관 부속물에 유체가 흐를 때 발생되는 마찰 손실과 같은 크기의 마찰 손실을 가지는 동일 구경의 직관의 길이

05
댐퍼가 있는 취출구에서의 풍량이 10 m³/min이고 속도가 2 m/s라고 한다. 자유면적비가 0.5일 때 취출구의 전면적(m²)을 구하여라. (2점)

풀이

풍량 $Q = A \times V \times R$ (여기서 A: 전면적(m²), R: 자유면적비, V: 풍속(m/s))

전면적 $A = \dfrac{Q}{V \times R} = \dfrac{\frac{10}{60}}{2 \times 0.5} = 0.166 ≒ 0.17 \text{m}^2$

> **참고**
> - 전면적(Face Area) : 취출구의 개구부에 접하는 바깥둘레를 기준으로 한 전체 면적($x \times y$)
> - 자유면적(Free Area) : 바람이 실제 통과할 수 있는 면적
>
>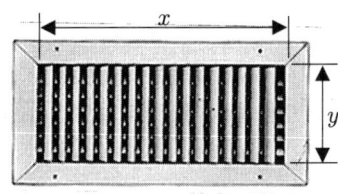

06
응축부하가 100 kW이고 성적계수(COP)가 3인 단단 증기압축식 냉동장치가 있다. 이 냉동장치의 증발기에서 2차 유체의 입·출구 온도가 각각 -5 ℃, -15 ℃, 냉매의 증발온도가 -20 ℃일 때, 소요되는 증발기의 전열면적(m²)을 구하시오. (단, 증발기의 열통과율은 600 W/m²·℃, 온도차는 대수평균을 적용하고 열손실은 무시한다) (6점)

풀이

증발열량 $Q_e = K \cdot A \cdot \triangle t_m$ 이므로

전열면적 $A = \dfrac{Q_e}{K \cdot \triangle t_m}$

① 증발열량 Q_e

$COP = \dfrac{Q_e}{W}$, $W = Q_C - Q_e$ 이므로

$$COP = \frac{Q_e}{Q_c - Q_e}$$

$$3 = \frac{Q_e}{100 - Q_e}$$

$$\therefore Q_e = 75\ kW$$

② $\triangle t_m$

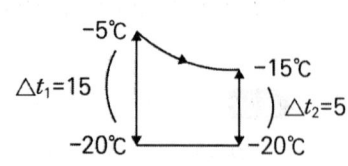

$$\triangle t_m = \frac{\triangle t_1 - \triangle t_2}{\ln \frac{\triangle t_1}{\triangle t_2}} = \frac{15 - 5}{\ln \frac{15}{5}} = 9.1\ ℃$$

$$\therefore 전열면적\ A = \frac{Q_e}{K \cdot \triangle t_m} = \frac{75 \times 10^3}{600 \times 9.1} = 13.736 ≒ 13.74\ m^2$$

07 냉동장치 흡입배관(증발기-압축기 사이)에 이중 입상관을 설치하는 목적을 설명하시오.(8점)

풀이

[이중 입상관 설치목적]

- 프레온 냉동장치에서 오일의 회수를 용이하게 하기 위해
  굵은관 입구에 트랩을 설치하여 최소 부하 시에는 오일이 트랩에 고여 굵은 관을 막아 가는 관으로만 가스가 통과하여 오일을 회수하고, 최대 부하 시에는 두 관을 통해 가스가 통과되면서 오일을 회수한다.

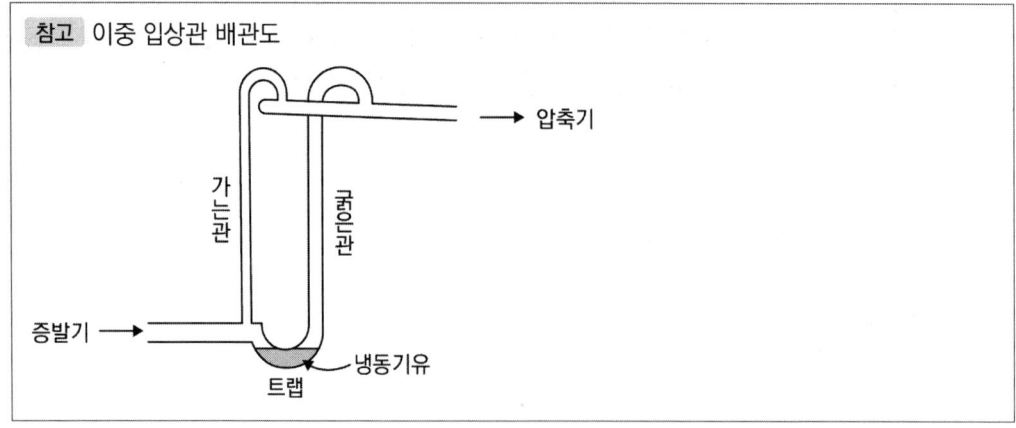

참고 이중 입상관 배관도

08 송풍기나 펌프에서 일어나는 맥동(Surging)현상에 대해 설명하시오. (4점)

풀이

(1) 서징(Surging) 현상
- 펌프 운전 중 송출 유량이 주기적으로 변하면서 펌프 입구의 진공계와 출구의 압력계 지침이 흔들리고 진동과 소음을 수반하는 현상

(2) 송풍기의 서징 발생원인 및 방지법

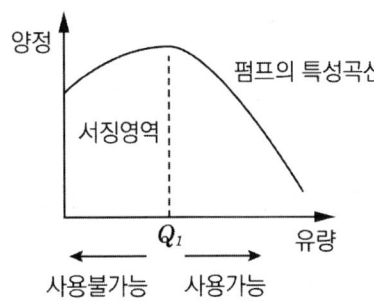
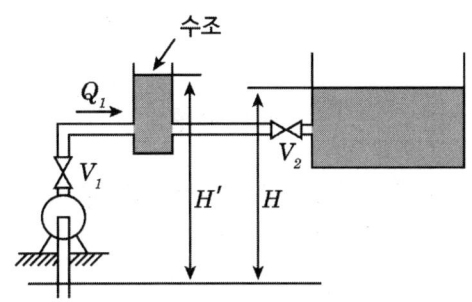

발생원인	방지대책
펌프의 H-Q 곡선이 우상향 특성	펌프의 H-Q 곡선이 우하향 특성
배관 중에 수조나 공기조가 있을 때	배관 중에 수조나 공기조 제거
토출량이 Q_1 범위 이내에서 운전할 때	바이패스배관으로 서징 범위 이외 운전
유량조절밸브가 탱크 뒤쪽에 설치	유량조절밸브 펌프 토출 측 직후에 설치

09 외부 균압형 온도식 팽창밸브(Thermostatic Expansion Valve, TEV)에 관한 다음 물음에 각각 답하시오. (8점)

가. 아래 그림에서 온도식 팽창밸브의 감온통 부착 위치로 가장 적당한 곳을 골라 배관 계통도를 완성(연결)하시오.

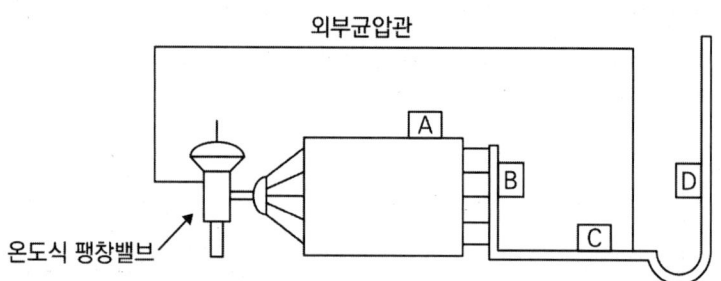

나. 온도식 팽창밸브의 작동원리를 [보기]에 제시된 기호를 활용하여 과열도와 냉매순환량을 관련지어 설명하시오.

[보기]
1. 감온통 내부 압력 : P_1
2. 팽창밸브 스프링 압력 : P_2
3. 증발기에서 냉매의 증발압력 : P_3

풀이

가. 배관 계통도

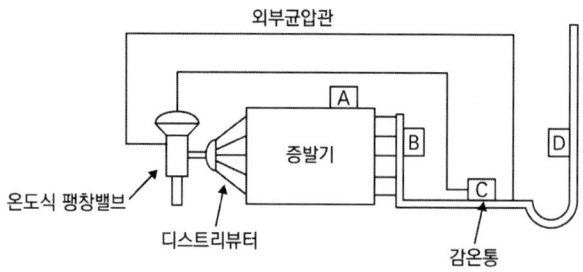

나. 과열도와 냉매 순환량의 관계

과열도가 증가하면 감온통 내부 압력이 팽창밸브 스프링 압력과 냉매증발압력의 합산보다 커진다. 따라서 $P_1 > (P_2 + P_3)$가 되어 팽창밸브가 열려 냉매가 증발기로 유입된다.

과열도가 감소하면 감온통 내부 압력이 팽창밸브 스프링 압력과 냉매증발압력의 합산보다 작아진다. $P_1 < (P_2 + P_3)$가 되어 팽창밸브가 닫혀 냉매가 증발기로 유입되지 못한다.

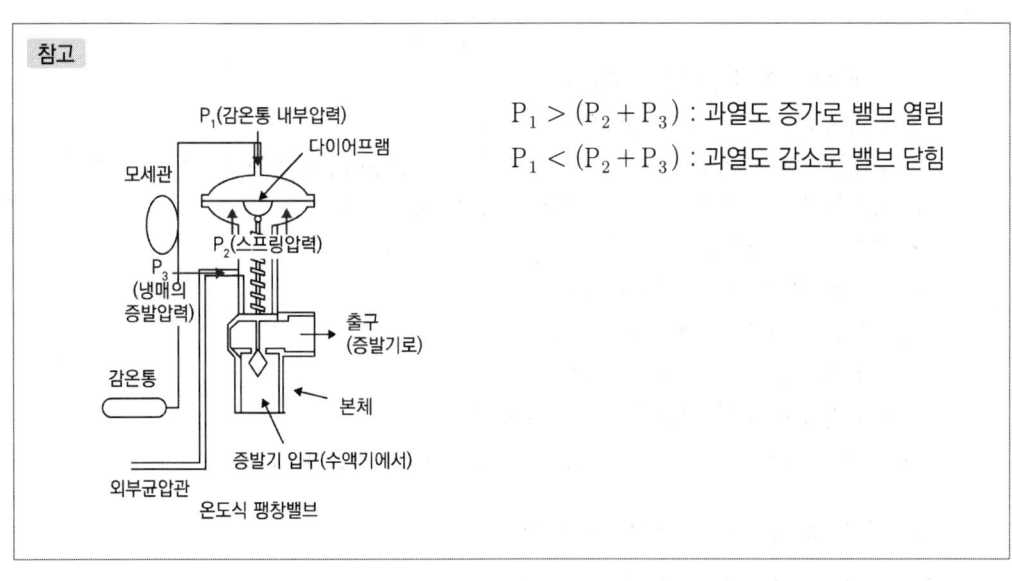

10 다음 그림과 같은 공기조화 시스템에 대하여 주어진 조건과 습공기선도를 이용하여 다음을 구하시오. (8점)

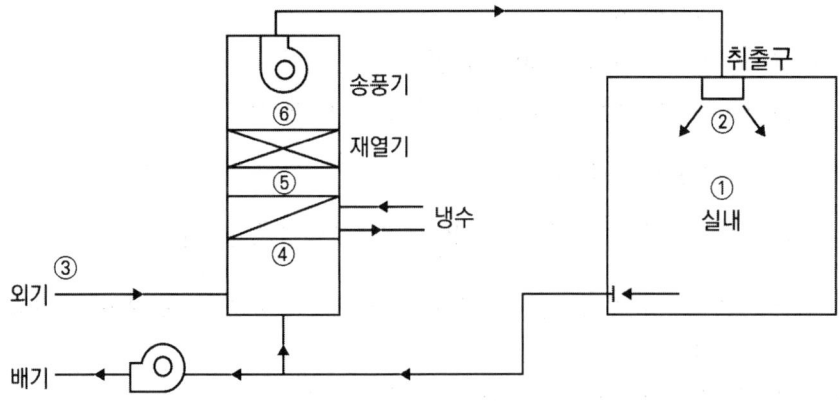

[조건]
1. 실내온도 : 25 ℃, 실내 상대습도 : 50 %
2. 외기온도 : 31 ℃, 외기 상대습도 : 60 %
3. 실내급기풍량 : 6000 m³/h, 취입외기풍량 : 1000 m³/h, 공기밀도 : 1.2 kg/m³
4. 취출공기온도 : 17 ℃, 공조기 송풍기 입구온도 : 16.5 ℃
5. 공기냉각기 냉수량 : 1.4 L/s
6. 냉수입구온도(공기냉각기) : 6 ℃
7. 냉수출구온도(공기냉각기) : 12 ℃
8. 재열기(전열기) 소비전력 : 5 kW
9. 공조기 입구의 환기온도는 실내온도와 같다.
10. 공기의 정압비열 : 1.01 kJ/kg·K, 냉수의 비열 : 4.2 kJ/kg·K

(1) 실내 냉방 현열부하(kW)를 구하시오.

(2) 실내 냉방 잠열부하(kW)를 구하시오.

풀이

(1) 실내 냉방 현열부하(q_S)

$$q_S = G \cdot C_p \cdot \Delta t = \rho Q \cdot C_p(t_1 - t_2) = 1.2 \times \frac{6000}{3600} \times 1.01 \times (25 - 17) = 16.16 \text{ kW}$$

(2) 실내 냉방 잠열부하(q_L)

$$q_L = 2501 \times G(x_1 - x_2) = 2501 \times \rho Q(x_1 - x_2)$$

x_1, x_2를 습공기 선도에서 구하기 위해 습공기 선도를 작성한다.

1) 혼합공기의 온도와 엔탈피(t_4, h_4)

$$t_4 = \frac{Q_1 t_1 + Q_3 t_3}{Q_4} = \frac{(6000 - 1000) \times 25 + 1000 \times 31}{6000} = 26 \text{ ℃}$$

$h_4 = 54.5 \text{ kJ/kg}$(습공기선도에서 26 ℃에 해당하는 혼합점을 찾아서 엔탈피를 읽으면 54.5이다)

2) 냉각코일 출구 엔탈피(h_5) = 재열기 입구 엔탈피(h_5)

냉각코일부하 $q_{CC} = G_w \cdot C \cdot \Delta t_w = G_a(h_4 - h_5)$에서

$$h_5 = h_4 - \frac{G_w \cdot C \cdot \Delta t_w}{G_a} = 54.5 - \frac{(1.4 \times 3600) \times 4.2 \times (12-6)}{1.2 \times 6000} = 36.86 \text{ kJ/kg}$$

3) 냉각코일 출구 온도(t_5) = 재열기 입구 온도(t_5)

재열기부하 $q_{RH} = G_a \cdot C_p(t_6 - t_5)$에서

$t_5 = t_6 - \dfrac{q_{RH}}{G_a C_p}$ 여기서 $t_6 = 16.5\,℃$ (공조기 송풍기 입구온도 = 재열기의 출구온도)

$\therefore t_5 = 16.5 - \dfrac{5 \times 3600}{(1.2 \times 6000) \times 1.01} = 14.024 ≒ 14.02\,℃$

4) 습공기선도상에서 t_5와 h_5가 만나는 점 ⑤를 찾는다.
5) ⑤점에서 수평선을 그어 16.5℃와 만나는 점이 재열기 출구점 ⑥점이며
6) ⑤점에서 수평선을 그러 17℃와 만나는 점이 ②점이 된다.
7) ①점의 절대습도 $x_1 = 0.0099\,kg/kg'$

②점의 절대습도 $x_2 = 0.009\,kg/kg'$

8) 실내냉방 잠열부하 q_L

[풀이 1]

$q_L = 2501 \times G(x_1 - x_2) = 2501 \times \rho Q(x_1 - x_2)$

$= 2501 \times 1.2 \times \dfrac{6000}{3600} \times (0.0099 - 0.009) = 4.501 ≒ 4.50\,kW$

[풀이 2]

$q_L = q_T - q_S = G(h_1 - h_2) - q_S = 1.2 \times \dfrac{6000}{3600} \times (50.35 - 40) - 16.16 = 4.54\,kW$

※ 선도에서 읽은 값은 오차가 발생할 수 밖에 없으므로 $q_L = 2501 \times G(x_1 - x_2)$와 $q_L = G(h_1 - h_2) - q_S$ 사이에 오차가 발생한다. 계산과정만 맞다면 모두 정답이다.

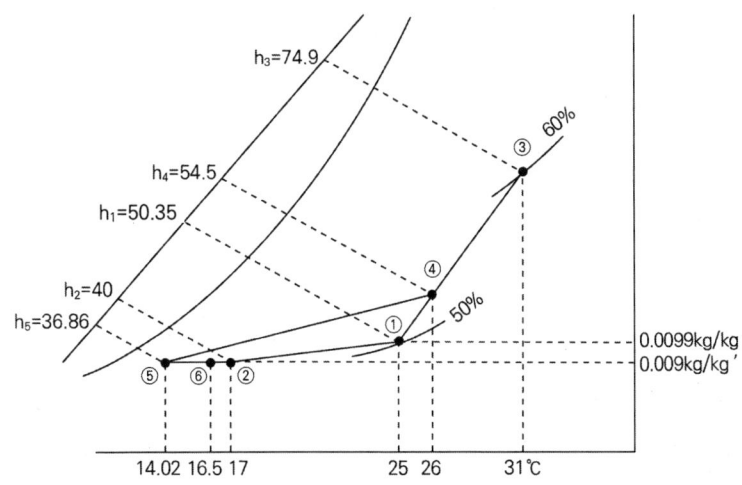

11 어떤 냉장고 벽체 외측면에 표면 결로를 방지하기 위해 그림과 같은 단열층 구조를 추가하려고 한다. 주어진 조건을 이용하여 다음을 구하시오. (단, 단열재 이외의 열전도 저항은 무시하는 것으로 한다)

(10점)

실외 측 표면 열전달률	9 W/m²·K
실내 측 표면 열전달률	9 W/m²·K
단열재 열전도율	0.025 W/m·K
외기 온도	35 ℃
실내 온도	-25 ℃
외기 노점온도	31 ℃

단열재(폴리우레탄 판넬), d

가. 결로 발생 방지를 위한 벽체의 최대 열관류율(W/(m²·K))

나. 위 기준을 만족시키는 데 필요한 단열재의 최소 두께 d(mm)

풀이

가. 결로 발생 방지를 위한 벽체의 최대 열관류율

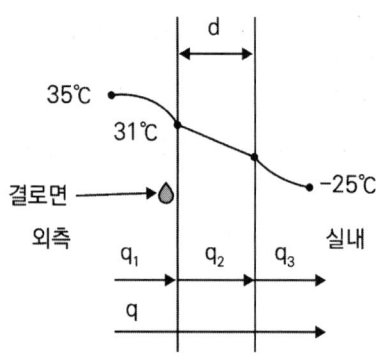

$q_1 = q_2 = q_3 = q$ 이므로

$q_1 = 9 \times A(35 - 31)$

$q = K \cdot A(35 - (-25))$

$q_1 = q$ 이므로

$9 \times A(35 - 31) = K \cdot A(35 - (-25))$

$K = \dfrac{9 \times (35 - 31)}{(35 - (-25))} = 0.6 \text{ W/m}^2 \cdot \text{K}$ (결로가 발생하기 시작하는 열관류율)

∴ $K = 0.59 \text{ W/m}^2 \cdot \text{K}$ (결로가 발생하지 않는 최대 열관류율)

나. 단열재의 최소 두께

$$\frac{1}{K} = \frac{1}{\alpha_o} + \frac{d}{\lambda} + \frac{1}{\alpha_i}$$

$$\frac{1}{0.59} = \frac{1}{9} + \frac{d}{0.025} + \frac{1}{9}$$

$$\therefore d = 0.036817\ m = 36.82\ mm$$

12 다음 그림은 -100 ℃ 정도의 증발온도를 필요로 할 때 사용되는 2원 냉동사이클의 $P-h$ 선도이다. 각 지점의 엔탈피를 이용하여 이론 성적계수(COP) 구하는 식을 유도하시오. (단, 저온 증발기의 냉동능력 : Q_{2L}, 고온 증발기의 냉동능력 : Q_{2H}, 저온부의 냉매순환량 : G_1, 고온부의 냉매 순환량 : G_2) (8점)

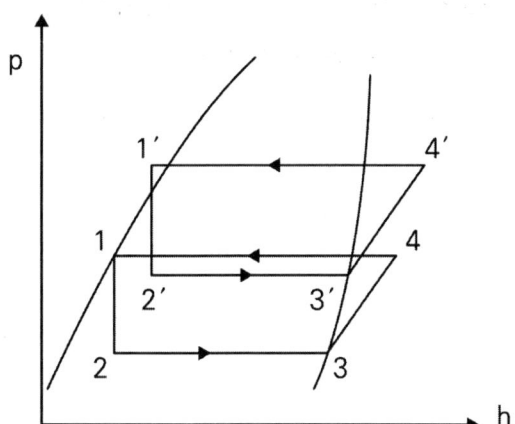

풀이

[성적계수(COP)]

$$COP = \frac{Q_{2L}}{W_1 + W_2} = \frac{G_1(h_3 - h_2)}{G_1(h_4 - h_3) + G_2(h_4' - h_3')}$$

참고

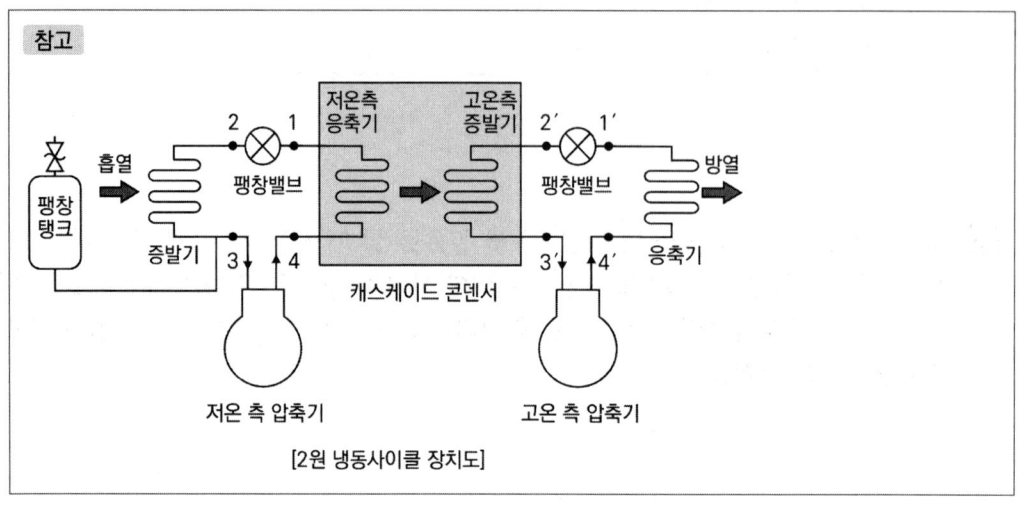

[2원 냉동사이클 장치도]

13 다음 [보기]에 열거된 난방용 기기가 서로 기능을 발휘할 수 있도록 기호를 연결하여 배관 계통도를 완성하시오. (6점)

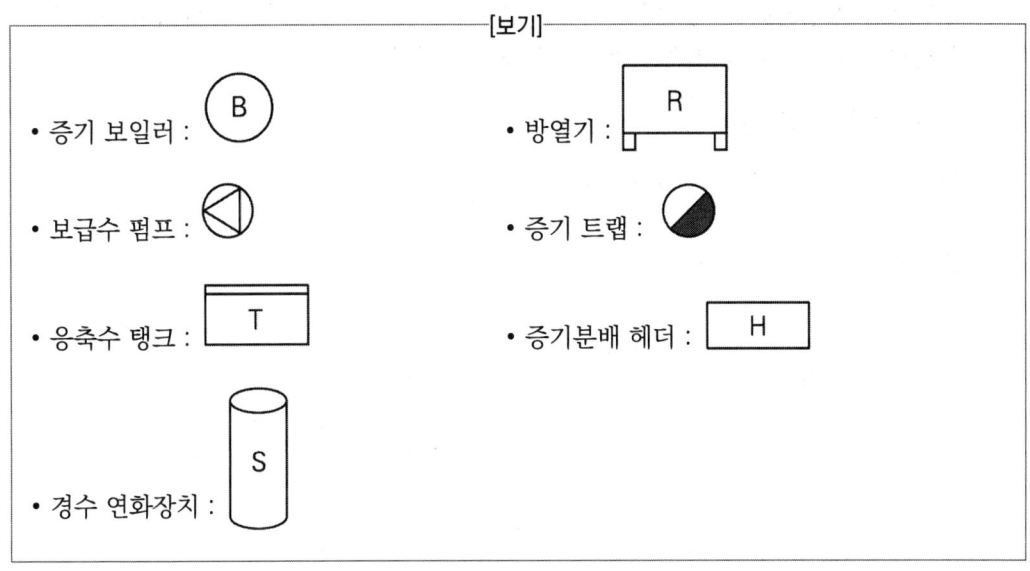

> 풀이

[배관 계통도 완성]

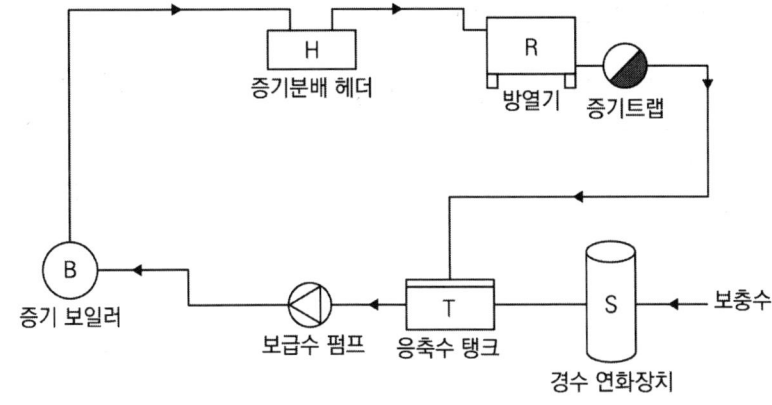

14 냉동능력이 4.07 kW인 R22 냉동기를 사용하는 냉동고의 증발기가 냉매와 공기의 평균 온도차가 8 K로 운전되고 있다. 이때 증발기는 내외 면적비 8.5, 공기측 열전달계수 0.035 kW/(m²·K), 냉매 측 열전달계수 0.7 kW/(m²·K)인 플레이트 핀코일이라 할 때, 다음을 구하시오. (단, 핀코일 재료의 열전도 저항은 무시한다) (8점)

가. 증발기의 외표면적 기준 열통과율(kW/m²·K)

나. 증발기의 관내경이 23.5 mm일 때, 증발기 코일의 길이(m)

풀이

가. 증발기 외표면적 기준 열통과율(K)

외표면적기준 $\dfrac{1}{K} = \dfrac{1}{\alpha_a} + m\left(\dfrac{\ell}{\lambda} + \dfrac{1}{\alpha_r}\right)$ m : 내외 표면적비

문제에서 핀코일 재료의 열전도저항은 무시한다 했으므로 $\dfrac{\ell}{\lambda} = 0$

$\dfrac{1}{K} = \dfrac{1}{0.035} + 8.5 \times \left(0 + \dfrac{1}{0.7}\right) = 40.714$

$\therefore K = \dfrac{1}{40.714} = 0.024 ≒ 0.02 \text{ kW/m}^2 \cdot \text{K}$

나. 증발기 코일길이(L)

- 증발열량(q) = 냉동능력(R)
- $q = KA_o \triangle t_m = K(mA_i)\triangle t_m = K(m\pi D_i L)\triangle t_m$ 에서

$L = \dfrac{q}{K(m\pi D_i)\triangle t_m} = \dfrac{4.07}{0.02 \times (8.5 \times \pi \times 0.0235) \times 8} = 40.535 ≒ 40.54 \, m$

2024 2회

01 다음 온수난방 계통도를 역환수(Reverse Return) 배관방식으로 완성하시오. (단, 압력 조정밸브(PRV)는 반드시 공급관에 연결되어야 한다) (10점)

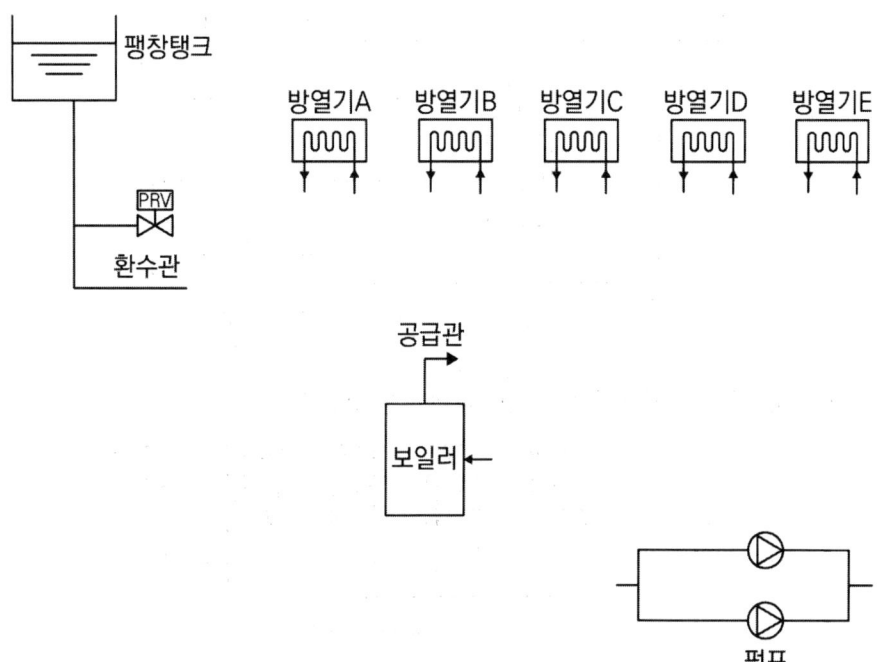

> 풀이

[역환수(Reverse Return) 배관방식]

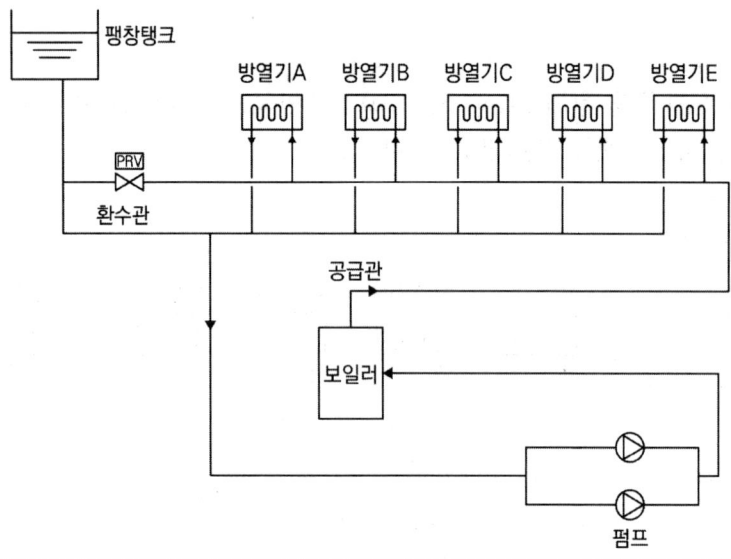

참고 직접 환수식 배관 방식과 역환수식 배관 방식의 비교

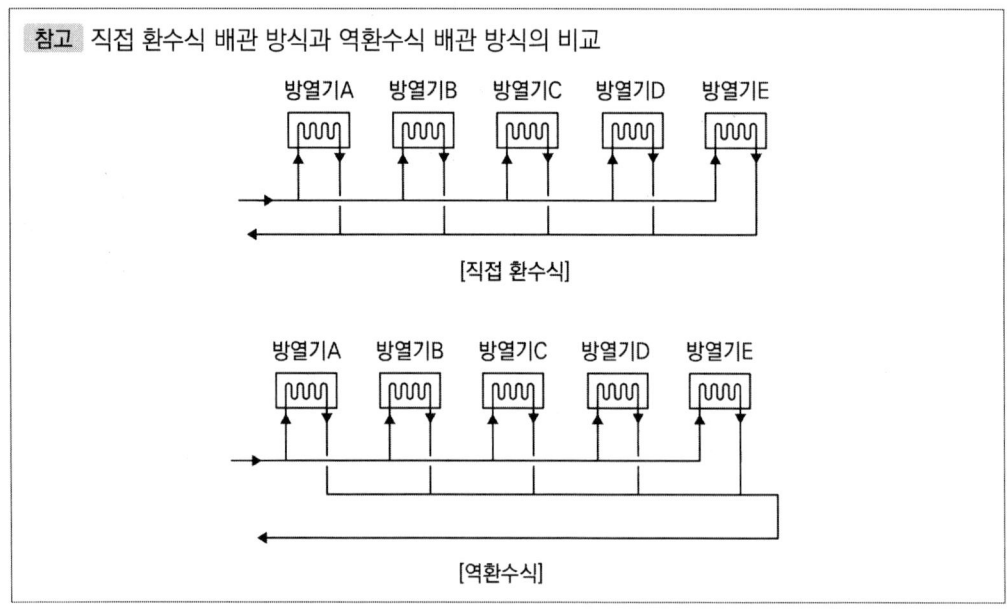

02

1대의 압축기로 증발온도가 다른 2대의 증발기를 사용하는 냉동장치의 배관도를 완성하시오.
(단, 예시에 주어진 기호를 각각 1개씩 그리고, 냉매의 흐름 방향까지 표시하시오) (10점)

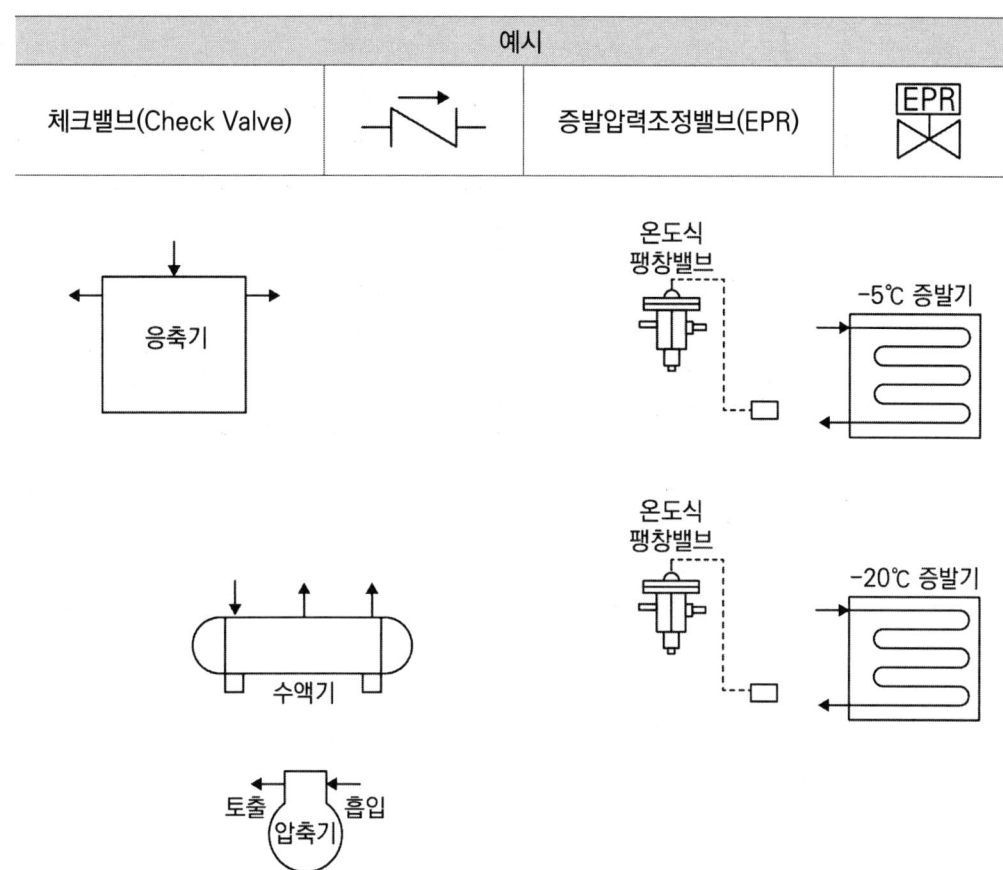

> **풀이**

[냉동장치 배관 계통도]

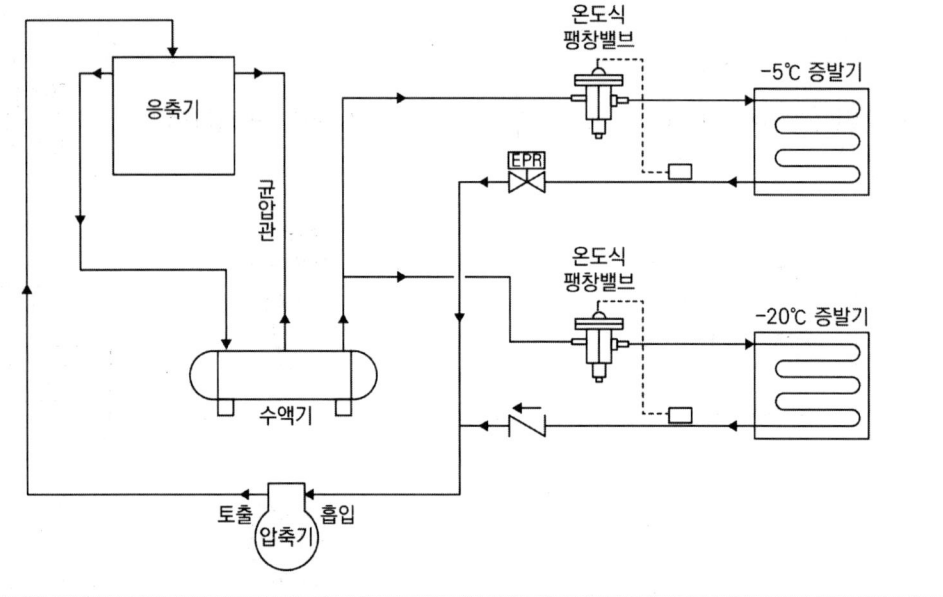

03 건구온도 32 ℃, 습구온도 27 ℃(엔탈피 84.1kJ/kg)인 공기 21600 kg/h를 12 ℃의 수돗물(20000 L/h)로서 냉각하여 건구온도 및 습구온도가 20 ℃ 및 18 ℃(엔탈피 51.1 kJ/kg)로 되었을 때 코일의 필요 열수를 구하시오. (단, 코일통과풍속 2.5 m/s, 습윤면계수 1.45, 열통과율은 1.07 kW/m²·K·열, 물의 비열 4.18 kJ/kg·K이고, 대수평균온도차를 이용하여 공기의 통과 방향과 물의 통과 방향은 역으로 한다) (6점)

> **풀이**
>
> [코일의 열수(N)]
>
> 1) 코일의 열전달열량=공기 냉각열량
>
> $q_T = K \cdot F \cdot N \cdot \Delta t_m \cdot C_w = G_a \cdot \Delta h_a$ 에서
>
> $N = \dfrac{G_a \cdot \Delta h_a}{K \cdot F \cdot \Delta t_m \cdot C_w}$ C_w : 습윤면계수
>
>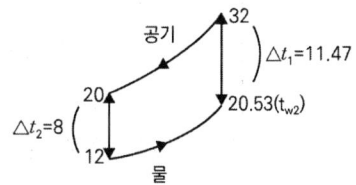
>
> 2) 코일전면면적 $F = \dfrac{Q_a}{V_a} = \dfrac{G_a}{\rho_a V_a} = \dfrac{21600}{1.2 \times 2.5 \times 3600} = 2 \text{ m}^2$
>
> 3) 대수평균온도차 Δt_m
>
>   ① 수돗물 출구온도 t_{w2}
>
>   냉각수 냉각열량 $q_T = G_w \cdot C \cdot (t_{w2} - t_{w1}) = G_a \cdot \Delta h_a$ 에서
>
> $t_{w2} = t_{w1} + \dfrac{G_a \cdot \Delta h_a}{G_w \times C}$
>
> $= 12 + \dfrac{21600 \times (84.1 - 51.1)}{20000 \times 4.18} = 20.526 ≒ 20.53 \text{ ℃}$
>
>   ② 대수평균온도차 Δt_m
>
> $\Delta t_m = \dfrac{\Delta t_1 - \Delta t_2}{\ln \dfrac{\Delta t_1}{\Delta t_2}} = \dfrac{11.47 - 8}{\ln \dfrac{11.47}{8}} = 9.631 ≒ 9.63 \text{ ℃}$
>
> 4) 코일의 열수 N
>
>   [풀이 1]
>
> $N = \dfrac{q}{K \cdot F \cdot \Delta t_m \cdot C_w} = \dfrac{21600 \times (84.1 - 51.1)}{1.07 \times 3600 \times 2 \times 9.63 \times 1.45} = 6.62 ≒ 7$열
>
>   [풀이 2]
>
> $N = \dfrac{G_w \cdot C \cdot (t_{w2} - t_{w1})}{K \cdot F \cdot \Delta t_m \cdot C_w} = \dfrac{20000 \times 4.18 \times (20.53 - 12)}{1.07 \times 3600 \times 2 \times 9.63 \times 1.45} = 6.62 ≒ 7$열

04 다음 그림에서 2단압축 1단팽창 냉동사이클은 A와 같고, 같은 온도 조건에서 1단 압축할 때의 냉동사이클은 B와 같다. 두 사이클의 성적계수 COP(A), COP(B)를 비교하여 어느 것이 에너지 절약 차원에서 유리한지 설명하시오. (8점)

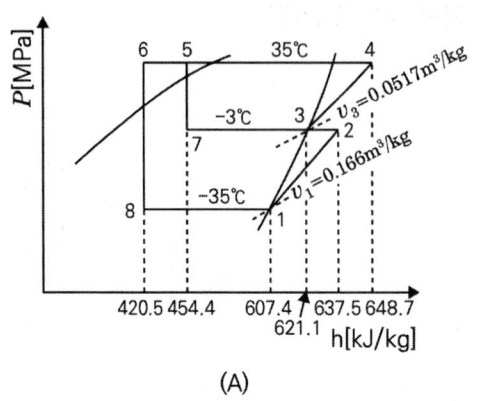
(A)

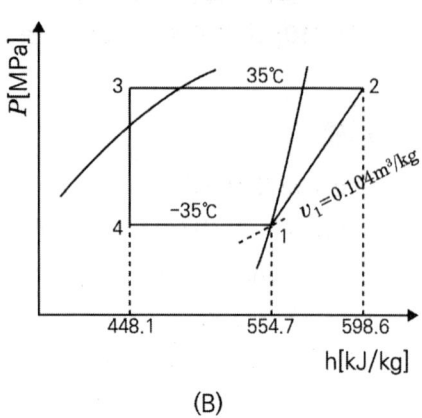
(B)

풀이

① 2단압축 1단팽창사이클 A의 성적계수

$$COP(A) = \frac{h_1 - h_8}{(h_2 - h_1) + \frac{h_2 - h_6}{h_3 - h_7}(h_4 - h_3)}$$

$$= \frac{607.4 - 420.5}{(637.5 - 607.4) + \frac{637.5 - 420.5}{621.1 - 454.4}(648.7 - 621.1)} = 2.83$$

② 1단압축 1단팽창사이클 B의 성적계수

$$COP(B) = \frac{h_1 - h_4}{h_2 - h_1} = \frac{554.7 - 448.1}{598.6 - 554.7} = 2.428 ≒ 2.43$$

③ 에너지 절약 비교

$COP(A) - COP(B) = 2.83 - 2.43 = 0.4$

성적계수 비교결과 A사이클이 B사이클보다 0.4만큼 크므로 2단압축 1단팽창 냉동사이클이 에너지 절약 차원에서 유리하다.

> **참고**
>
> 2단압축사이클 성적계수 공식
>
> $$COP = \frac{Q_e}{W_L + W_H} = \frac{G_L(h_1 - h_8)}{G_L(h_2 - h_1) + G_H(h_4 - h_3)} = \frac{(h_1 - h_8)}{(h_2 - h_1) + \frac{h_2 - h_6}{h_3 - h_7}(h_4 - h_3)}$$
>
> ※ $\frac{G_H}{G_L} = \frac{h_2 - h_6}{h_3 - h_7}$

05 사무실 A, B에 가동되는 공조 시스템에 대하여 조건을 참고하여 다음 각 물음에 답하시오.

(8점)

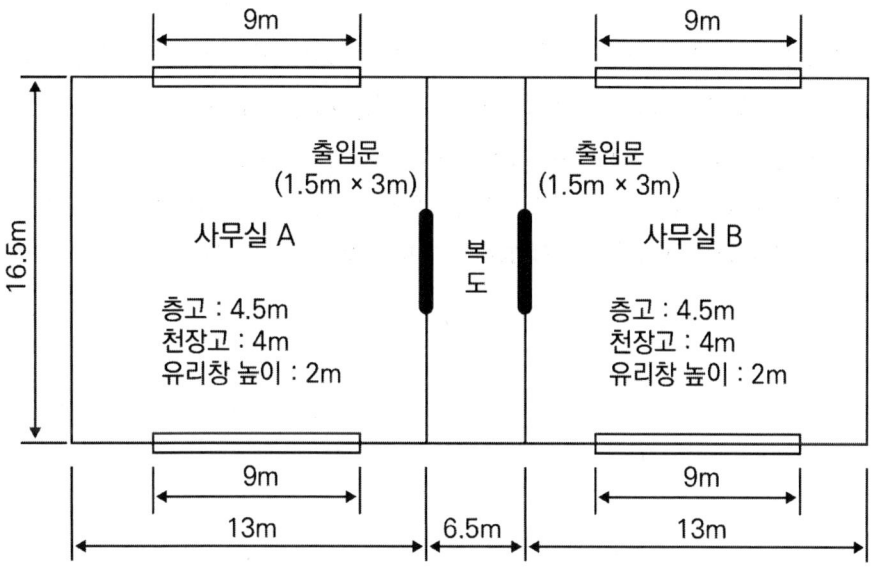

[조건]

1. 사무실 A, B의 부하

종류 사무실	실내부하(kW)			기기부하 (kW)	외기부하 (kW)
	현열(kW)	잠열(kW)	전열(kW)		
A	16.7	2	18.7	3.5	7.8
B	12.5	1.2	13.7	2.5	6
계	29.2	3.2	32.4	6	13.8

2. 상·하층은 동일한 공조 조건이다.
3. 덕트에서의 열취득은 없는 것으로 한다.
4. 중앙공조 시스템이며 냉동기+AHU에 의한 전공기 방식이다.
5. 공기의 밀도는 1.2 kg/m³, 정압비열은 1.01 kJ/kg·K이다.
6. 펌프 및 배관 부하는 냉각코일 부하의 5 %이다.

가. A, B실의 실내 취출온도차가 모두 11K일 때, A실과 B실의 풍량(m^3/h)을 각각 구하시오.

나. A실과 B실의 총계부하에 대한 냉동기 부하(kW)를 구하시오.

다. 아래 몰리에르 선도를 이용('라'항 포함)하여 이론 냉매순환량(kg/h)을 구하시오. (단, 냉동기의 응축온도는 40 ℃, 증발온도는 0 ℃, 과냉각도 및 과열도는 각각 5 ℃이며, 압축기의 체적효율은 0.8, 회전수는 1800 rpm, 기통수는 6이다)

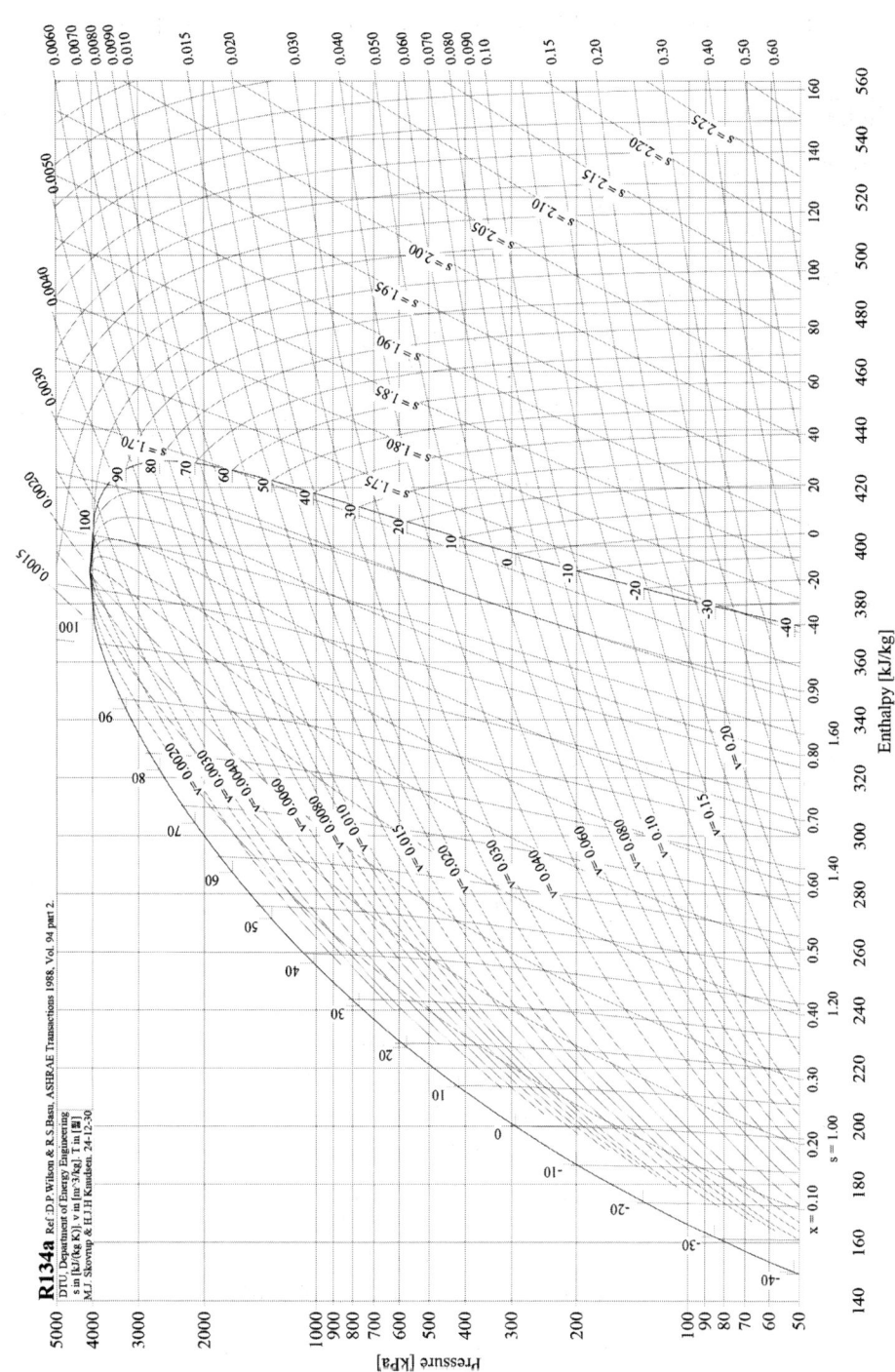

라. 압축기의 1기통당 행정체적(m^3)을 구하시오. (단, 소수점 여섯째자리까지 구하시오)

풀이

가. A실과 B실의 풍량(Q)

$q_s = G \cdot C_p \cdot \triangle t = \rho Q \cdot C_p \cdot \triangle t$에서

$Q = \dfrac{q_s}{\rho \cdot C_p \cdot \triangle t}$

∴ A 사무실 풍량 $Q_A = \dfrac{16.7 \times 3600}{1.2 \times 1.01 \times 11} = 4509.45 \ m^3/h$

∴ B 사무실 풍량 $Q_B = \dfrac{12.5 \times 3600}{1.2 \times 1.01 \times 11} = 3375.337 ≒ 3375.34 \ m^3/h$

나. A실과 B실의 총계부하에 대한 냉동기부하

냉동기부하 = (실내부하 + 기기부하 + 외기부하) + (펌프 및 배관부하)
= (32.4 + 6 + 13.8) × 1.05 = 54.81kW

다. 이론 냉매순환량

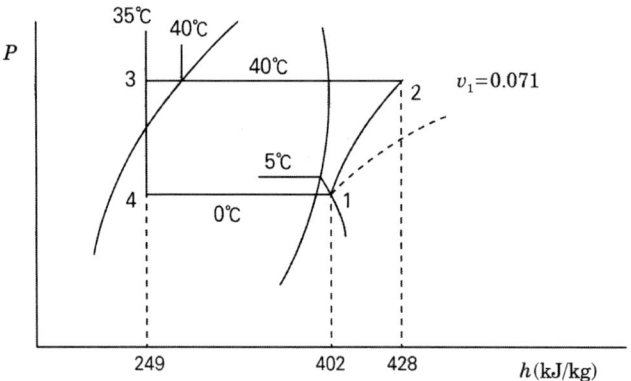

실제 냉매순환량 = $\dfrac{냉동기부하}{증발기 \ 입출구 \ 엔탈피차}$

이론 냉매순환량 = 실제 냉매순환량 × $\dfrac{1}{체적 \ 효율}$

$= \dfrac{냉동기부하}{증발기 \ 입출구 \ 엔탈피차 \times 체적효율}$

$= \dfrac{54.81 \times 3600}{(402 - 249) \times 0.8} = 1612.058 ≒ 1621.06 \ kg/h$

라. 압축기 1기통당 행정체적

$V = V_s \cdot n \cdot Z$

$V_s = \dfrac{V}{n \cdot Z}$ (여기서, $V = G \cdot v_1$)

$V = \dfrac{G \cdot v_1}{n \cdot Z} = \dfrac{1612.06 \times 0.071}{(1800 \times 60) \times 6} = 0.0001766 ≒ 0.000177\ \text{m}^3$

여기서 V : 피스톤 총 배출체적(m^3/h)
V_s : 1기통당 행정체적(m^3)
n : 시간당 회전수(회/h)
Z : 기통수
G : 이론 냉매순환량(kg/h)
v_1 : 흡입냉매가스 비체적(m^3/kg)

06 어느 벽체의 구조가 다음과 같을 때, 벽체의 열관류율($\text{W/m}^2 \cdot \text{℃}$)을 구하시오. (5점)

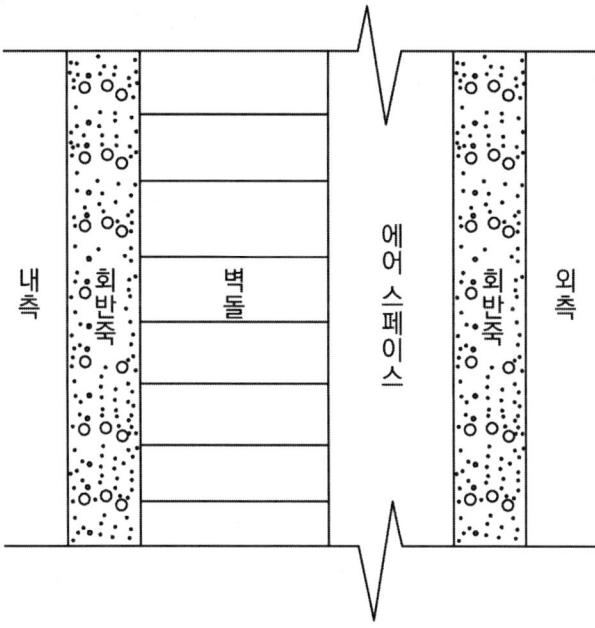

재질	개당 두께(mm)	열전도율(W/m·℃)	열저항(m²·℃/W)
회반죽	30	1	
벽돌	150	0.6	
에어 스페이스	100		0.2

표면	열전달률(W/m²·℃)
내표면	8
외표면	20

풀이

벽체의 열관류율(K)

$$\frac{1}{K} = \frac{1}{\alpha_i} + \frac{\ell_1}{\lambda_1} + \frac{\ell_2}{\lambda_2} + R + \frac{\ell_3}{\lambda_3} + \frac{1}{\alpha_o}$$

$$= \frac{1}{8} + \frac{0.03}{1} + \frac{0.15}{0.6} + 0.2 + \frac{0.03}{1} + \frac{1}{20} = 0.685$$

여기서 R : 에어 스페이스 열저항(m²·℃/W)

$$\therefore K = \frac{1}{0.685} = 1.459 ≒ 1.46 \, W/m^2·℃$$

07 다음과 같은 공조 급기 장치를 설계하려고 한다. 주어진 조건을 이용하여 다음을 구하시오.

(8점)

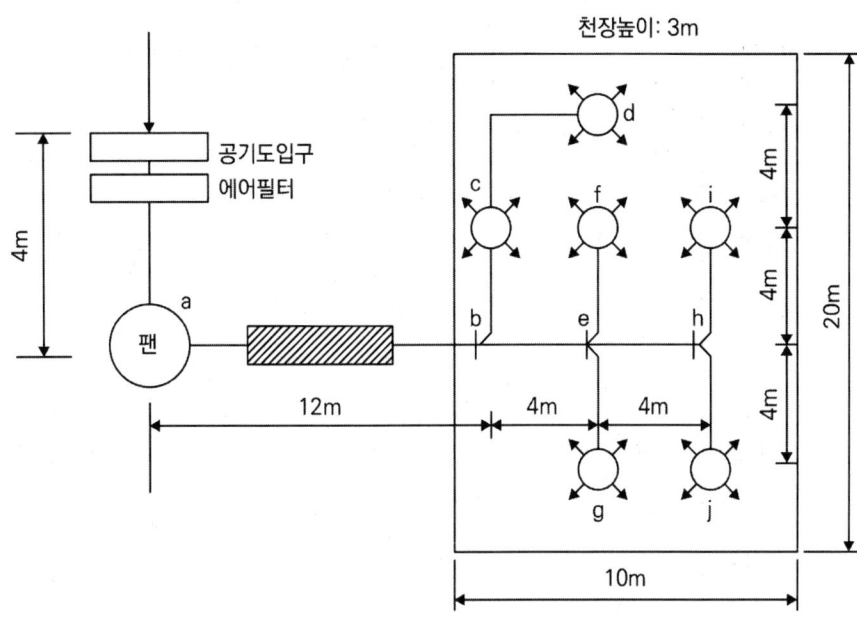

[조건]

1. 직관덕트 내의 마찰저항손실 : $R = 1.0 \, \text{Pa/m}$
2. 환기횟수 : 10 회/h
3. 공기 도입구의 저항손실 : 5 Pa
4. 에어필터의 저항손실 : 100 Pa
5. 공기 취출구의 저항손실 : 50 Pa
6. 굴곡부 1개의 상당길이는 덕트 지름의 10배(분기부 b, e, h도 굴곡부로 간주한다)
7. 송풍기의 전압효율 : 60 %
8. 각 취출구의 풍량은 모두 같다.

가. 각 구간별 풍량과 덕트 지름을 구하시오. (단, 덕트 지름은 마찰손실 선도에서 읽어서 구한다)

구간	풍량(m³/h)	덕트지름(mm)
a-b		
b-c		
c-d		
b-e		
e-f		
h-i		

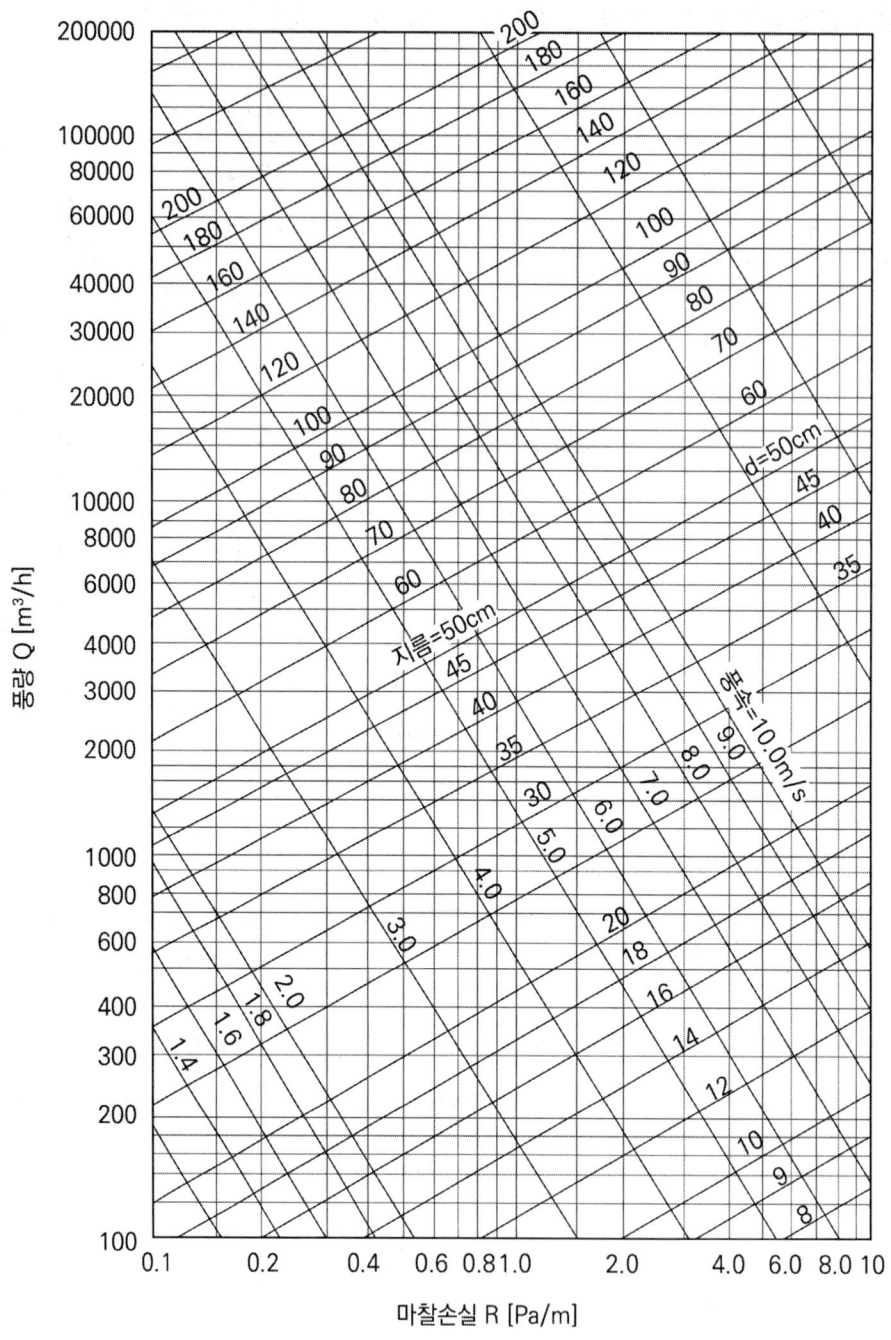

나. '가'항의 결과를 고려하여 덕트의 전 저항손실(Pa)을 구하시오.

다. 송풍기의 소요동력(kW)을 구하시오.

풀이

가. 각 구간별 풍량과 덕트지름

　1) 총 급기 풍량 $= nV = 10 \times (10 \times 20 \times 3) = 6000 \text{ m}^3/h$

　2) 각 취출구 풍량 $= \dfrac{6000}{6} = 1000 \text{ } m^3/h$

　3) 각 구간별 풍량과 덕트지름

구간	풍량(m³/h)	덕트지름(mm)
a-b	6000	530
b-c	2000	360
c-d	1000	275
b-e	4000	465
e-f	1000	275
h-i	1000	275

나. 덕트의 전 저항손실

　1) 저항손실이 가장 큰 경로 : 공기도입구 → a → b → e → h → i(또는 j)

　2) 공기도입구부터 I지점까지 직관덕트 손실 = (4 + 12 + 4 + 4 + 4) × 1.0 = 28 Pa

　3) 곡관덕트 손실 = (0.53 × 10 + 0.465 × 10 + 0.36 × 10) × 1.0 = 13.55 Pa

　4) 공기도입구, 에어필터, 취출구손실 = 5 + 100 + 50 = 155 Pa

　∴ 전 덕트 저항손실 = 28 + 13.55 + 155 = 196.55 Pa

다. 송풍기의 소요동력

$$\text{소요동력} = \frac{P_t \times Q}{\eta}[\text{kW}] = \frac{\dfrac{196.55}{1000} \times \dfrac{6000}{3600}}{0.6} = 0.545 ≒ 0.55 \text{ kW}$$

$Q : \text{m}^3/\text{s}, P_t : \text{kPa}$

08 그림과 같은 공기조화 장치를 아래 주어진 조건으로 냉방운전 할 때, 다음을 구하시오. (8점)

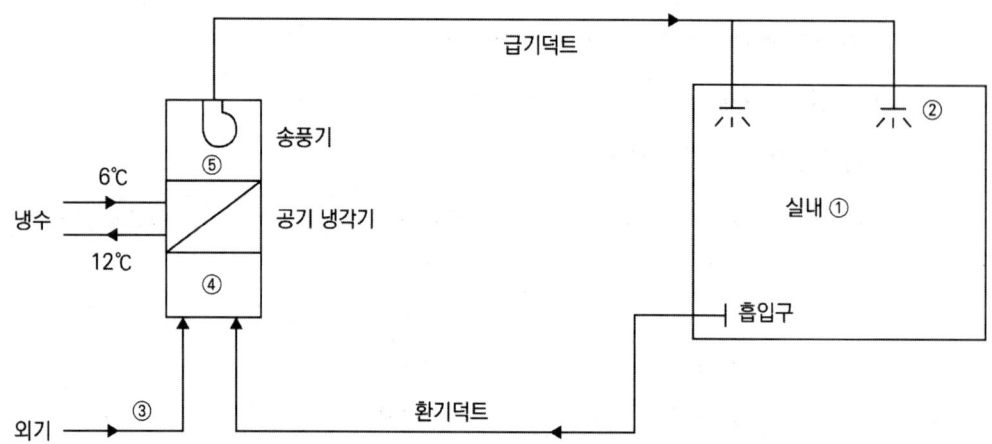

[조건]

1. 실내조건 : 건구온도 26 ℃, 상대습도 50 %
2. 외기조건 : 건구온도 33 ℃, 습구온도 27 ℃
3. 실내냉방부하 : 현열 13.5 kW, 잠열 2.3 kW
4. 도입외기량 : 실내 송풍량의 30 %
5. 실내 취출공기의 온도 : 16 ℃
6. 공기의 비체적 : 0.83 m³/kg 공기의 정압비열 : 1.01 kJ/kg·K
7. 송풍기 부하 : 현열 1 kW
8. 급기덕트에서의 열취득 : 현열 0.35 kW(환기덕트에서의 열취득은 무시)
9. 냉수 비열 : 4.2 kJ/kg·K
10. 공기냉각기 수온 : 입구 6 ℃, 출구 12 ℃

가. 실내 송풍량(m³/h)은 얼마인가?

나. 공기냉각기의 냉수량(kg/h)은 얼마인가? (단, 공기선도를 이용하고 계산과정에 필요한 수치는 선도에 필히 기입하시오)

풀이

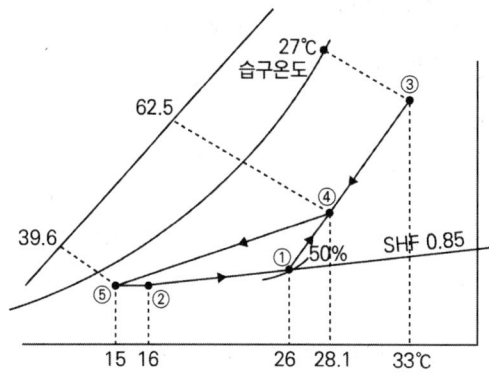

가. 실내송풍량(Q)

$q_S = G \cdot C_p \cdot \Delta t = \rho Q \cdot C_p \cdot \Delta t$ 에서

$$Q = \frac{q_S}{\rho \cdot C_p \cdot \Delta t} = \frac{q_S}{\frac{1}{v} \cdot C_p \cdot \Delta t} = \frac{13.5}{\frac{1}{0.83} \times 1.01 \times (26-16)} = 1.109405 \ m^3/s$$

$= 1.109405 \ m^3/s \times 3600 \ m^3/h = 3993.858 ≒ 3993.86 \ m^3/h$

TIP 밀도 $\rho = \dfrac{1}{비체적 \ v}$

나. 냉수량(G_w)

공기냉각기에서 공기 냉각열량=냉수 가열량

$q_C = G_a \cdot \Delta h = G_w \cdot C_w \cdot \Delta t_w$

$$G_w = \frac{G_a \cdot \Delta h}{C_w \cdot \Delta t_w} = \frac{\frac{1}{v} Q_a \cdot (h_4 - h_5)}{C_w \cdot \Delta t_w}$$

h_4, h_5를 구하기 위해 공기선도를 작성하고 엔탈피 값을 구한다.

① 외기와 실내환기의 혼합공기온도(t_4)

$G_1 C_p t_1 + G_3 C_p t_3 = G_4 C_p t_4$ 에서

$$t_4 = \frac{G_1 t_1 + G_3 t_3}{G_4} = \frac{0.7 \times 26 + 0.3 \times 33}{1.0} = 28.1 \ ℃$$

② 송풍기와 급기덕트에서 열취득에 의한 상승온도(Δt)

송풍기 : $q = G \cdot C_p \cdot \Delta t$ 에서

$$\Delta t = \frac{q}{G \cdot C_p} = \frac{q}{\frac{1}{v} Q \cdot C_p} = \frac{1 \times 3600}{\frac{1}{0.83} \times 3993.86 \times 1.01} = 0.740 \ ℃$$

2024년 2회

급기덕트 : $q = G \cdot C_p \cdot \triangle t$에서

$$\triangle t = \frac{q}{G \cdot C_p} = \frac{q}{\frac{1}{v}Q \cdot C_p} = \frac{0.35 \times 3600}{\frac{1}{0.83} \times 3993.86 \times 1.01} = 0.259 \text{℃}$$

따라서, 상승온도 $\triangle t = 0.74 + 0.259 = 1\text{℃}$

③ 현열비$(SHF) = \dfrac{13.5}{13.5 + 2.3} = 0.854 ≒ 0.85$

공기선도를 작도하여 공기냉각기 입구 엔탈피 h_4, 출구 엔탈피 h_5를 읽으면
$h_4 = 62.5 \text{ kJ/kg}$, $h_5 = 39.6 \text{ kJ/kg}$이다.

$$∴ 냉수량 G_w = \frac{\frac{1}{v}Q_a \cdot (h_4 - h_5)}{C_w \cdot \triangle t_w} = \frac{(\frac{1}{0.83} \times 3993.86) \times (62.5 - 39.6)}{4.2 \times (12 - 6)} = 4372.7 \text{ kg/h}$$

09 다음 표는 냉동장치에 사용되는 프레온(R-22)과 암모니아(NH_3) 냉매의 특성을 비교한 것이다. 빈칸에 숫자 "1" 또는 "2"를 기입하시오. (7점)

구분	분류
1	대(大), 유(有), 고(高), 난(難)
2	소(小), 무(無), 저(低), 이(易)

비교 항목	R-22	NH_3
수분 혼입이 냉동장치에 미치는 영향의 정도		
오존 파괴 지수 대소		
독성의 유무		
동에 대한 부식성 대소		
폭발성 및 가연성 유무		
1냉동톤당 냉매순환량의 대소		
대기압 상태에서 응고점 고저		
(예시) 누설발견의 난이	1	2

[풀이]

비교 항목	R-22	NH₃
수분 혼입이 냉동장치에 미치는 영향의 정도	1	2
오존 파괴 지수 대소	1	2
독성의 유무	2	1
동에 대한 부식성 대소	2	1
폭발성 및 가연성 유무	2	1
1냉동톤당 냉매순환량의 대소	1	2
대기압 상태에서 응고점 고저	2	1
(예시) 누설발견의 난이	1	2

10 냉각탑(Cooling Tower)과 관련된 다음 용어를 설명하시오. (6점)

가. 쿨링 레인지(Cooling Range)

나. 백연현상(White Smoke)

다. 캐리오버(Carry Over)

[풀이]

가. 쿨링 레인지(Cooling Range)
  냉각탑 입구수온과 출구수온의 차이다.
  냉각탑에서 냉각되는 온도차로 일반적으로 5℃ 정도이다.

나. 백연현상(White Smoke)
  냉각탑을 가동하면 냉각탑 출구에서 고온다습한 습증기가 토출된다. 중간기 및 동절기에 차가운 외기가 고온다습한 습증기와 만나 혼합되는 과정에서 습증기 중 일부가 응축되어 흰색 연기처럼 보이게 되는데 이를 백연현상이라 한다.

다. 캐리오버(Carry Over)
  증기가 보일러에서 격렬하게 증발할 때의 물의 일부가 물방울 또는 거품 상태로 증기와 더불어 보일러 밖으로 분출되는 현상. 증기의 순도(건도)를 저하시켜 증기의 품질을 저하시킨다(캐리오버 = 기수공발).

11 왕복동식 압축기의 용량제어 방법을 3가지만 쓰시오. (3점)

> **풀이**
> 1. 언로더 장치에 의한 방법
> 2. 압축기 회전수 가감에 의한 방법
> 3. 바이패스 방법
> 4. 클리어런스 포켓에 의한 방법
> 위 내용 중 3가지 기술할 것

12 다음 주어진 조건을 이용하여 사무실(A)의 부하를 각각 구하시오. (10점)

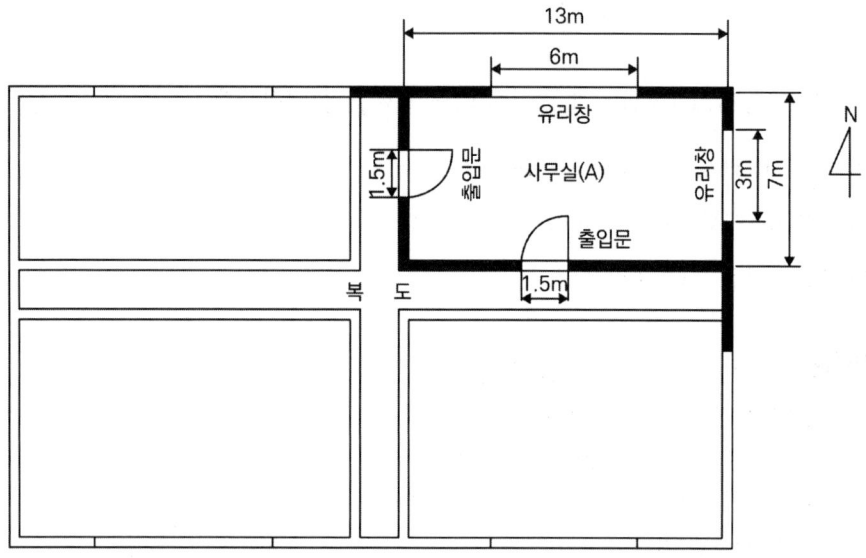

[조건]

1. 사무실(A)
   ① 층 높이 : 3.4 m   ② 천장 높이 : 2.8 m
   ③ 창문 높이 : 1.5 m   ④ 출입문 높이 : 2 m
2. 냉방 설계조건
   ① 실외 : 33 ℃ DB, 68 % RH, x = 0.0218 kg/kg′
   ② 실내 : 26 ℃ DB, 50 % RH, x = 0.0105 kg/kg′
3. 계산시각 : 14시
4. 열관류율
   ① 외벽 : 3.5 W/m²·℃   ② 내벽 : 8.7 W/m²·℃   ③ 출입문 : 2.8 W/m²·℃
5. 복도 온도는 28 ℃이고, 위·아래층은 동일한 공조 상태이다.
6. 유리 : 보통유리 3 mm, 차폐는 내측 베니션 블라인드(색상은 중간색)
7. 조명
   ① 형광등 50 W/m²   ② 천장 매입에 의한 제거율 없음
8. 중앙 공조 시스템이며, 냉동기+AHU에 의한 전공기 방식이다.
9. 1인당 신선외기량 : 25 m³/h
10. 틈새바람은 없는 것으로 한다.
11. 공기 밀도 : 1.2 kg/m², 공기 정압비열 : 1.01 kJ/kg·℃

[표 1] 외벽의 상당 외기온도차(℃)

시각 \ 방위	N	E	S	W
10	4.4	18.1	3.7	3.3
12	6.5	14.6	6.1	3.6
14	7.1	12.4	9	4.5
16	8.5	9.2	8.5	8.3

[표 2] 유리창의 취득열량(W/m²)

방위 시각	I_{gr}				I_{gc}			
	N	E	S	W	N	E	S	W
10	49.7	283.9	107.5	49.7	38.7	44.5	41.4	38.7
12	52.8	52.8	107.6	52.8	44.8	44.8	48.8	44.8
14	49.7	49.7	107.5	283.9	44.1	44.1	46.9	50.0
16	42.0	36.8	35.8	488.6	39.0	39.0	39.0	46.4

[표 3] 유리창의 차폐계수

종류		차폐계수(k_s)
보통유리		1.00
마판유리		0.94
내측 Venetian Blind(보통유리)	엷은색	0.56
	중간색	0.65
	진한색	0.75
외측 Venetian Blind(보통유리)	엷은색	0.12
	중간색	0.15
	진한색	0.22

[표 4] 재실인원 1인당의 면적(m²/인)

	사무소		백화점, 상점			레스토랑	극장, 영화 관의 관객석	학교의 보통교실
	사무실	회의실	평균	혼잡	한산			
일반 설계치	5	2	3.0	1.0	5.0	1.5	0.5	1.4

[표 5] 1인당 발열량(W/인)

작업 상태	실내온도		27 ℃		26 ℃		21 ℃	
	예	전열량	현열	잠열	현열	잠열	현열	잠열
정좌	극장	102.3	57	45.3	61.6	40.7	75.6	26.7
사무소 업무	사무소	131.6	58.1	73.5	62.8	68.8	83.4	48.2
착석 업무	공장의 경작업	219.8	65.1	154.7	72.1	147.7	107	112.8
보행 4.8 km/h	공장의 중작업	293.1	88.4	204.7	96.5	196.6	134.9	158.2
볼링	볼링장	424.4	136	288.4	140.7	283.7	177.9	246.5

가. 동쪽 외벽부하(W)

나. 서쪽 내벽부하(W)

다. 남쪽 내벽부하(W)

라. 북쪽 외벽부하(W)

마. 서쪽 출입문부하(W)

바. 남쪽 출입문부하(W)

사. 동쪽 유리창부하(W)

아. 북쪽 유리창부하(W)

자. 인체 발열부하(W)

차. 조명부하(W) (단, 계수는 고려하지 않는다)

풀이

[사무실 부하계산]

가. 동쪽 외벽부하 : $q = K \cdot A \cdot \triangle t_e$

$q = 3.5 \times (7 \times 3.4 - 3 \times 1.5) \times 12.4 = 837.62$ W

나. 서쪽 내벽부하 : $q = K \cdot A \cdot \triangle t$

$q = 8.7 \times (7 \times 2.8 - 1.5 \times 2) \times (28 - 26) = 288.84$ W

다. 남쪽 내벽부하 : $q = K \cdot A \cdot \triangle t$
$q = 8.7 \times (13 \times 2.8 - 1.5 \times 2) \times (28 - 26) = 581.16$ W

라. 북쪽 외벽부하 : $q = K \cdot A \cdot \triangle t_e$
$q = 3.5 \times (13 \times 3.4 - 6 \times 1.5) \times 7.1 = 874.72$ W

마. 서쪽 출입문부하 : $q = K \cdot A \cdot \triangle t$
$q = 2.8 \times 1.5 \times 2 \times (28 - 26) = 16.8$ W

바. 남쪽 출입문부하 : $q = K \cdot A \cdot \triangle t$
$q = 2.8 \times 1.5 \times 2 \times (28 - 26) = 16.8$ W

사. 동쪽 유리창부하 : q = 일사부하 + 대류 및 전도부하
$q = I_{gr} \cdot A \cdot k_s + I_{gc} \cdot A$

여기서, I_{gr} : 유리창의 일사취득열량
I_{gc} : 유리창의 대류 및 전도에 의한 취득열량

$q = 49.7 \times (3 \times 1.5) \times 0.65 + 44.1 \times (3 \times 1.5) = 343.822 ≒ 343.82$ W

아. 북쪽 유리창부하 : q = 일사부하 + 대류 및 전도부하
$q = I_{gr} \cdot A \cdot k_s + I_{gc} \cdot A$
$q = 49.7 \times (6 \times 1.5) \times 0.65 + 44.1 \times (6 \times 1.5) = 687.645 ≒ 687.65$ W

자. 인체 발열부하 : q = 현열부하 + 잠열부하
$q = n \cdot H_S + n H_L = n(H_S + H_L) = \dfrac{13 \times 7}{5}(62.8 + 68.8) = 2395.12$ W

차. 조명부하 : $q = W \times f(f$: 점등률$)$
$q = 50 \times (13 \times 7) = 4550$ W

13 다음 그림 같이 바닥 면적이 90 m × 60 m인 공장을 온풍 난방하고자 한다. 재실자는 총 400명(1인당 외기 도입량은 40 m³/h·인)이며, 외기 온도가 1 ℃일 때, 실내 온도를 20 ℃로 유지하기 위한 온풍로의 출력(kW)을 구하시오. (단, 공기의 밀도와 비열은 각각 1.2 kg/m³, 1.01 kJ/kg·℃이고, 배관 열손실을 실내 손실열량의 10 %, 온풍로의 여유율은 20 %로 하며, 기타 다른 열손실을 무시한다) (5점)

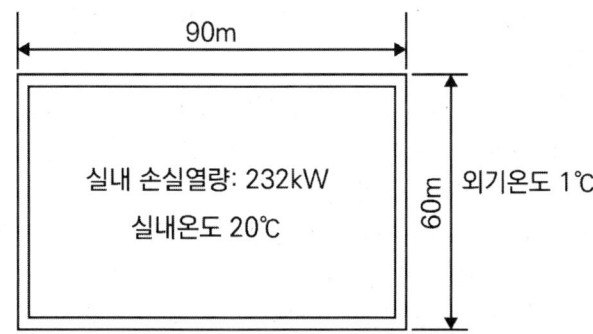

풀이

1) 실내 손실열량 $q_1 = 232 \text{kW}$

2) 배관 열손실량 $q_2 = 232 \times 0.1 = 23.2 \text{kW}$

3) 외기부하 $q_3 = \rho \cdot Q \cdot C_P \cdot \triangle t = 1.2 \times \dfrac{400 \times 40}{3600} \times 1.01 \times (20-1) = 102.346 \text{ kW}$

[풀이 1]
온풍로의 출력 $= (q_1 + q_2 + q_3) \times$ 여유율
$= (232 + 23.2 + 102.346) \times 1.2 = 429.055 ≒ 429.06 \text{ kW}$

[풀이 2]
온풍로의 출력 $= \{($실내 손실열량 $+$ 배관 열손실량$) +$ 외기부하$\} \times 1.2$
$= \left\{(232 \times 1.1) + 1.2 \times \dfrac{400 \times 40}{3600} \times 1.01 \times (20-1)\right\} \times 1.2$
$= 429.056 ≒ 429.06 \text{ kW}$

14 1중 효용(단효용) 흡수식 냉동기와 비교한 2중 효용 흡수식 냉동기의 특징을 3가지 쓰시오.
(6점)

> **풀이**
>
> [2중 효용 흡수식 냉동기의 특징]
> 1. 단효용 흡수식 냉동기의 효율을 높이기 위해 재생기를 2단(고온용, 저온용) 으로 나눈 냉동기를 말한다.
> 2. 2중 효용 흡수식은 고온발생기 에서 발생한 냉매증기의 잠열을 저온발생기 흡수 용액 가열에 이용한다.(일반 흡수식은 발생기에서 발생한 냉매증기를 모두 응축기에서 냉각수에 의해 열을 방출하여 냉매액이 된다)
> 3. 2중 효용 흡수식 냉동기는 발생 증기의 열에너지를 2중으로 이용하기 때문에 가열 열량을 감소시킴으로써 운전비가 절감된다.
> 4. 일반 흡수식 냉동기에 비해 연료소모량이 65 % 정도 절감된다.
> 5. 약 75 % 정도로 작게 냉각탑 규모 축소가 가능하다.
> 위 내용 중 3가지를 기술할 것

> **참고**
>
> [1중 효용 흡수식 냉동기]
>
>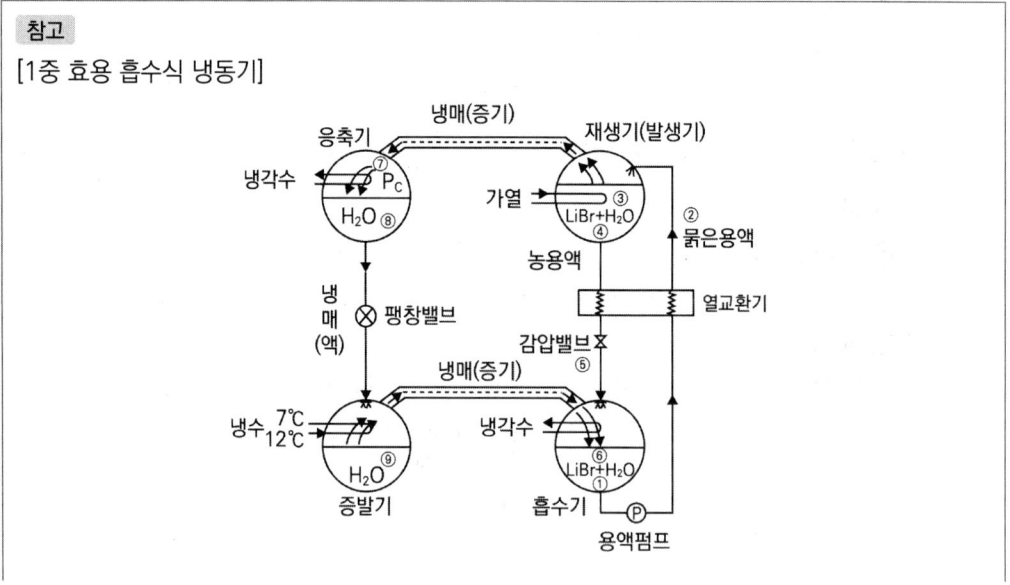

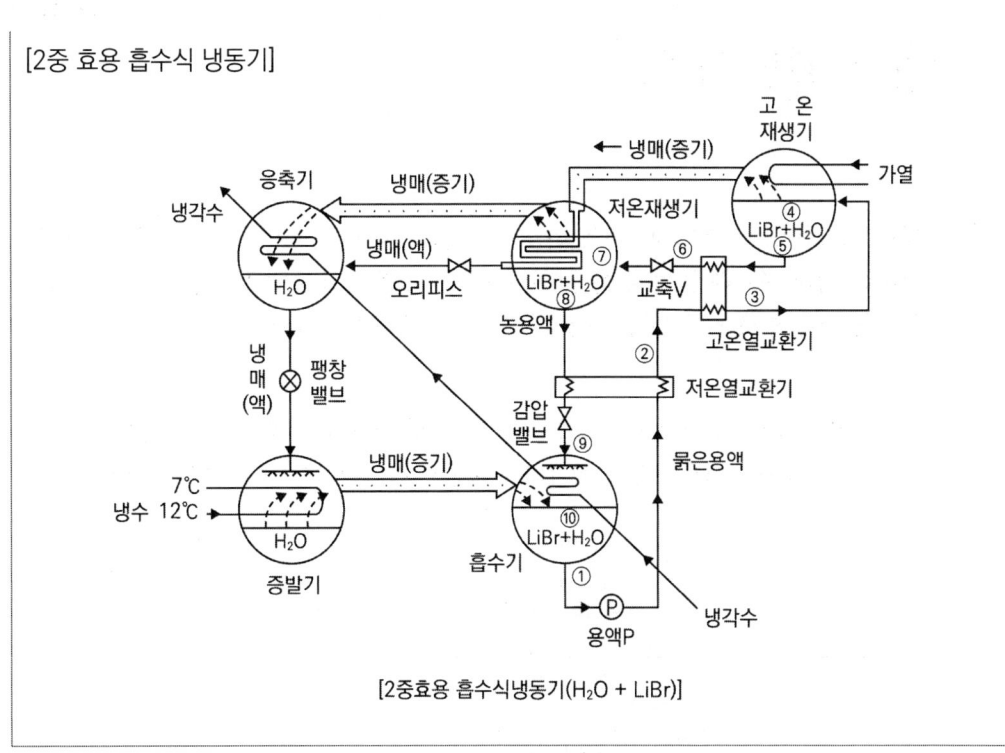

2024 3회

01 다음은 실내온도 −10 ℃와 +5 ℃의 2개의 냉장실을 갖는 냉동장치의 계통도이다. 조건을 참고하여 아래 보기에 있는 부품 및 자동제어기기를 계통도의 필요한 위치에 기호로 표시하시오. (단, 유압보호 스위치와 열전대를 설치한 예를 참고하시오) (10점)

[조건]
① 온도식 자동팽창밸브와 전자밸브는 2번 사용한다(그 외 부품은 1번 사용).
② 온도식 자동팽창밸브는 밸브 몸체와 감온통의 적정위치를 고려하여 설치한다.

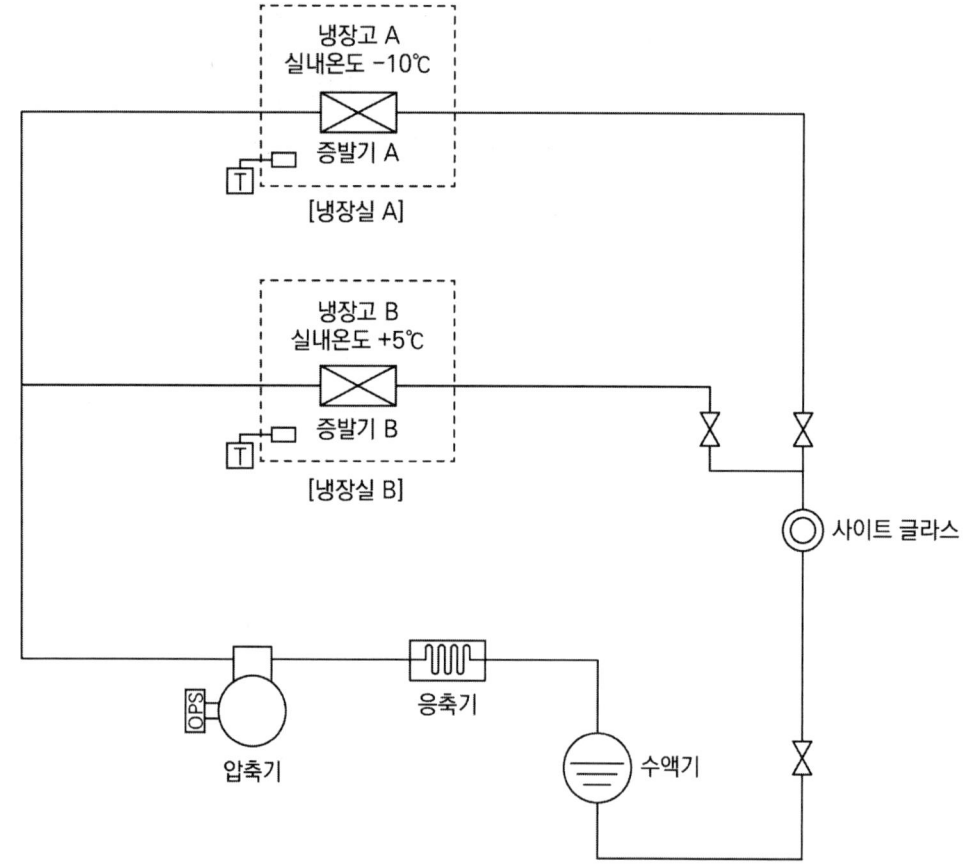

[보기]

냉매건조기	전자밸브	열전대
Ⓓ	SV	T □ (예시)
고저압스위치	온도식팽창밸브	흡입압력조정밸브
—[DPS]—	⊗—[TB] ([TB] : 감온통)	SPR
유압보호스위치	증발압력조정밸브	체크밸브
[OPS] (예시)	EPR	⊲⊳

풀이

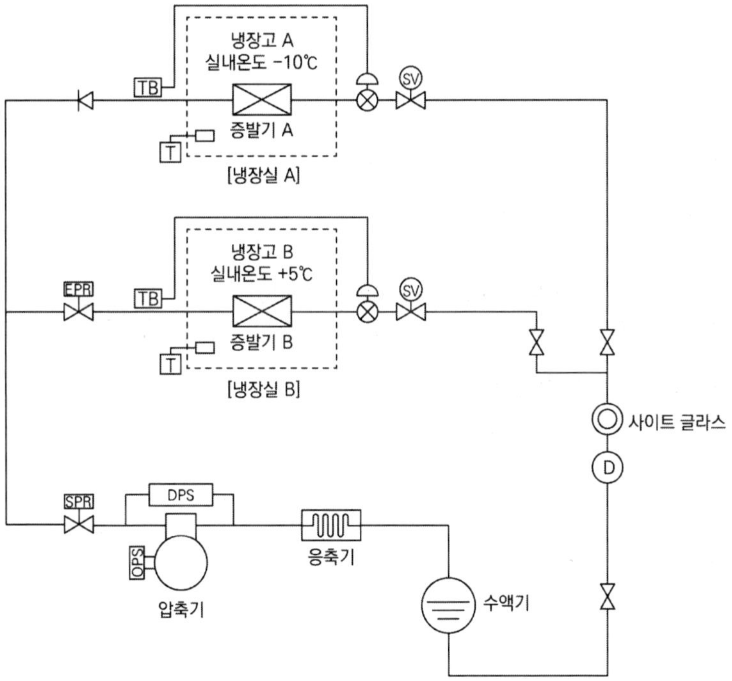

[냉장고 A 실내온도 -10℃ / 증발기 A / 냉장실 A]

[냉장고 B 실내온도 +5℃ / 증발기 B / 냉장실 B]

사이트 글라스
Ⓓ
SPR / DPS / OPS / 압축기 / 응축기 / 수액기

2024년 3회

02 다음과 같은 벽체의 열관류율(W/m²·K)을 계산하시오. (4점)

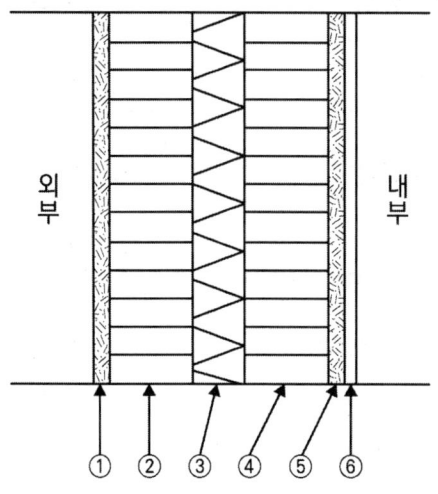

[표 1] 재료표

재료 번호	종류	재료 두께 (mm)	열전도율 (W/m·K)
①	모르타르	20	1.3
②	시멘트벽돌	100	0.78
③	글라스울	50	0.03
④	시멘트벽돌	100	0.78
⑤	모르타르	20	1.3
⑥	비닐벽지	2	0.23

[표 2] 벽 표면의 열전달률(W/m²·K)

실내 측	수직면	8.7
실외 측	수직면	23.2

풀이

[벽체의 열관류율(K)]

$$\frac{1}{K} = \frac{1}{\alpha_o} + \frac{\ell_1}{\lambda_1} + \frac{\ell_2}{\lambda_2} + \frac{\ell_3}{\lambda_3} + \frac{\ell_4}{\lambda_4} + \frac{\ell_5}{\lambda_5} + \frac{\ell_6}{\lambda_6} + \frac{1}{\alpha_i}$$

$$= \frac{1}{23.3} + \frac{0.02}{1.3} + \frac{0.1}{0.78} + \frac{0.05}{0.03} + \frac{0.1}{0.78} + \frac{0.02}{1.3} + \frac{0.002}{0.23} + \frac{1}{8.7} = 2.1205$$

$$\therefore K = \frac{1}{2.1205} = 0.471 \fallingdotseq 0.47 \text{ W/m}^2 \cdot \text{K}$$

03 그림과 같이 R134a용 증발기에 내부 균압형 온도식 자동 팽창밸브를 부착하였다. 이때 이 자동 밸브가 다음의 조건에서 작동할 경우 과열도($\triangle T$)는 몇 ℃로 해야 하는지 구하시오.

(7점)

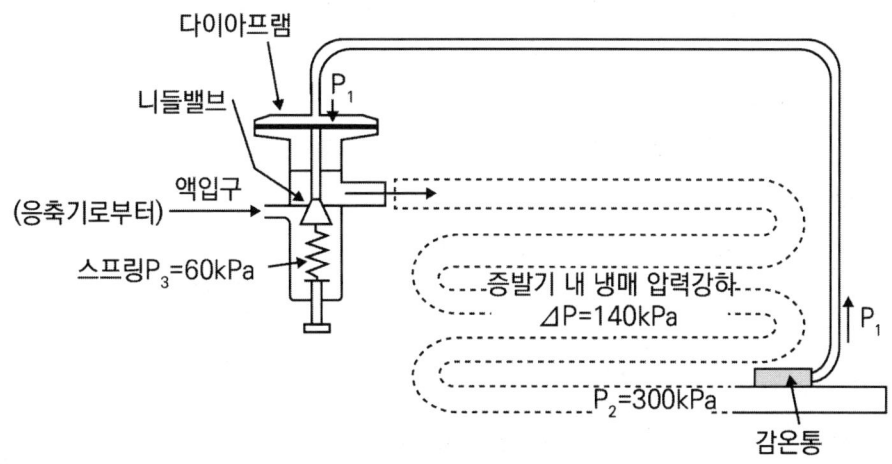

[R134a 포화압력표]

온도(℃)	압력(kPa)	온도(℃)	압력(kPa)
0	500	-8	380
-1	480	-9	360
-2	460	-10	350
-3	450	-11	340
-4	430	-12	330
-5	420	-13	320
-6	400	-14	310
-7	390	-15	300

[조건]

1. 감온통에 봉입된 가스압력 : P_1
2. 증발기내 냉매 압력강하 : $\triangle P = 140\,kPa$
3. 증발기 출구 압력 : $P_2 = 300\,kPa$
4. 팽창밸브 과열도 조절나사에 의한 스프링 압력 : $P_3 = 60\,kPa$
5. 팽창밸브 감온통 봉입 냉매 : $R134a$

풀이

감온통에 봉입된 가스 압력(P_1) = 증발기 내의 냉매의 증발압력($P_2 + \triangle P$)
+ 과열도 조절나사에 의한 스프링 압력(P_3)

따라서, $P_1 = (P_2 + \triangle P) + P_3 = (300 + 140) + 60 = 500 \, kPa$

1) $P_1(500 \, kPa)$에 해당하는 포화온도 = 0 ℃
2) $P_2(300 \, kPa)$에 해당하는 포화온도 = -15 ℃

∴ 과열도 = 과열증기온도 - 포화온도(증발온도) = 0 - (-15) = 15 ℃

> **참고**
> 과열도 = 과열증기온도 - 포화온도(증발온도) = 0 - (-15) = 15 ℃
>
>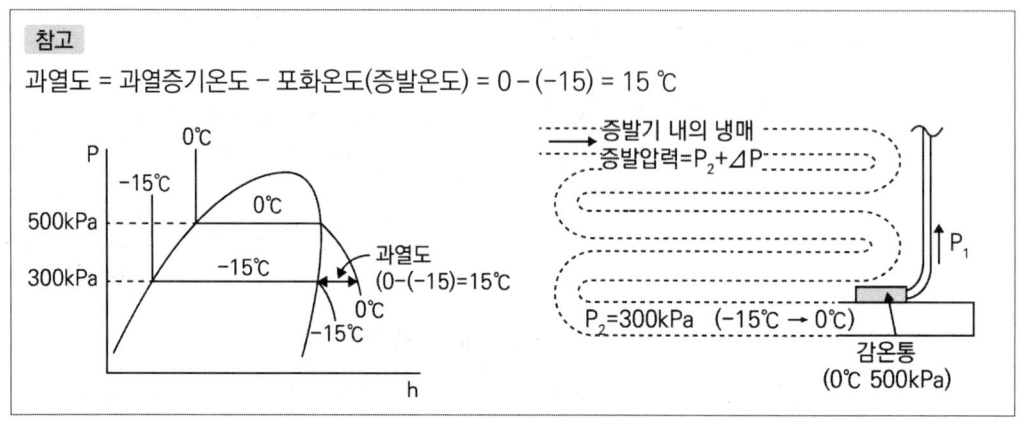

---

04 냉동능력이 130 RT(1 RT = 3.86 kW)인 냉동사이클에서 압축기 흡입 측 냉매의 비체적은 0.4 m³/kg, 피스톤 토출량은 800 m³/h이다. 압축기 입구의 냉매 엔탈피가 1621.9 kJ/kg, 팽창밸브 입구의 엔탈피가 491 kJ/kg일 때, 압축기의 체적효율(%)을 구하시오. (6점)

풀이

1) 체적효율 $\eta_V = \dfrac{\text{실제 피스톤 토출량}}{\text{(이론)피스톤 토출량}}$

2) 실제 피스톤 토출량 = 실제 냉매량 × 흡입 비체적
$$= \dfrac{\text{냉동능력}}{\text{증발기 입출구 엔탈피차}} \times \text{흡입 비체적}$$
$$= \dfrac{130 \times 3.86 \times 3600}{1621.9 - 491} \times 0.4 = 638.953 \, m^3/h$$

∴ 체적효율 $\eta_V = \dfrac{638.953}{800} \times 100 = 79.869 ≒ 79.87\%$

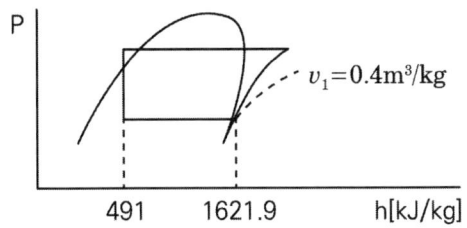

05 다음 그림은 사무소 건물의 기준 층에 위치한 실의 일부를 나타낸 것이다. 다음 각 물음에 답하시오. (10점)

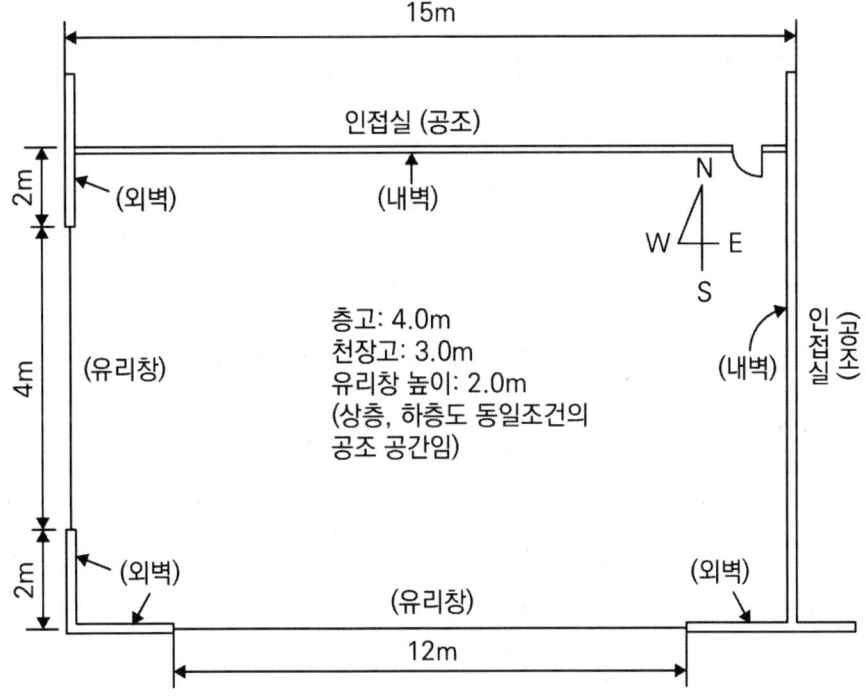

[조건]

1. 외기조건 : 32 ℃DB, 70 %RH
2. 실내조건 : 26 ℃DB, 50 %RH
3. 열관류율
   ① 외벽 : 0.58 W/m²·℃
   ② 유리창 : 6.39 W/m²·℃
   ③ 내벽 : 2.32 W/m²·℃
4. 유리창 차폐계수 : 0.71
5. 재실인원 : 0.2 인/m²
6. 인체 발생열 : 현열 57 W/인, 잠열 61 W/인
7. 조명부하 : 20 W/m²(형광등/안정기계수는 적용하지 않는다)
8. 틈새바람에 의한 외풍은 없는 것으로 하며 인접실의 실내조건은 대상 실과 동일하다.

[표 1] 외벽의 상당외기온도차(℃)

방위 시각	수평	N	NE	E	SE	S	SW	W	NW
10	12.8	3.9	10.9	14.2	11.0	4.0	3.2	3.3	5.2
12	21.4	5.6	10.6	14.9	13.8	8.1	5.6	5.3	5.2
14	27.2	7.0	9.8	12.4	12.6	11.2	10.2	8.7	7.0
16	26.2	7.6	9.4	10.9	11.0	11.6	15.0	15.0	11.2

[표 2] 유리창의 일사량(W/m²)

방위 시각	수평	N	NE	E	SE	S	SW	W	NW
10	731	45	117	363	363	117	45	45	45
12	844	50	50	50	120	181	120	50	50
14	731	45	45	45	45	117	362	362	117
16	441	32	32	32	32	32	399	562	406

가. 위 조건을 바탕으로 12시, 14시, 16시의 냉방부하를 구하시오.

①

방위	구분	면적 (m²)	열관류율 (W/m²·℃)	12시 온도차 (K)	12시 부하 (W)	14시 온도차 (K)	14시 부하 (W)	16시 온도차 (K)	16시 부하 (W)
S	외벽								
S	유리창								
W	외벽								
W	유리창								
					합계		합계		합계

②

방위	구분	면적 (m²)	차폐계수	12시 일사량 (W/m²)	12시 부하 (W)	14시 일사량 (W/m²)	14시 부하 (W)	16시 일사량 (W/m²)	16시 부하 (W)
S	유리창								
W	유리창								
					합계		합계		합계

인체부하(W)	
조명부하(W)	

나. 위 결과를 바탕으로 실내 냉방부하의 최대 발생시각을 결정하라.

다. 최대부하 발생시각의 취출풍량(m³/h)을 구하시오. (단, 취출온도는 15 ℃이며, 공기의 비열은 1.01 kJ/kg·K, 공기의 밀도는 1.2 kg/m³이다)

[풀이]

가. 12시, 14시, 16시의 냉방부하

①

방위	구분	면적 (m²)	열관류율 (W/m²·℃)	12시 온도차 (K)	12시 부하 (W)	14시 온도차 (K)	14시 부하 (W)	16시 온도차 (K)	16시 부하 (W)
S	외벽	36	0.58	8.1	169.13	11.2	233.86	11.6	242.21
S	유리창	24	6.39	6	920.16	6	920.16	6	920.16
W	외벽	24	0.58	5.3	73.78	8.7	121.10	15.0	208.8
W	유리창	8	6.39	6	306.72	6	306.72	6	306.72
				합계	1469.79	합계	1581.84	합계	1677.89

②

방위	구분	면적 (m²)	차폐계수	12시 일사량 (W/m²)	12시 부하 (W)	14시 일사량 (W/m²)	14시 부하 (W)	16시 일사량 (W/m²)	16시 부하 (W)
S	유리창	24	0.71	181	3084.24	117	1993.68	32	545.28
W	유리창	8	0.71	50	284	362	2056.16	562	3192.16
				합계	3368.24	합계	4049.84	합계	3737.44

인체부하(W)	현열 : 0.2 × (15 × 8) × 57 = 1368 잠열 : 0.2 × (15 × 8) × 61 = 1464 ∴ 인체부하 = 1368 + 1464 = 2832
조명부하(W)	(15 × 8) × 20 = 2400

나. 냉방부하의 최대 발생시각

① 12시 : 1469.79 + 3368.24 + 2832 + 2400 = 10070.03 W
② 14시 : 1581.84 + 4049.84 + 2832 + 2400 = 10863.68 W
③ 16시 : 1677.89 + 3737.44 + 2832 + 2400 = 10647.33 W
∴ 냉방부하의 최대 발생시각은 14시이다.

다. 최대부하 발생시각의 취출풍량

$q_S = \rho \cdot Q \cdot C_p \cdot \triangle t$ 에서

$Q = \dfrac{q_S}{\rho \cdot C_p \cdot \triangle t} = \dfrac{(10863.68 - 1464) \times 3600}{1.2 \times 1.01 \times 10^3 \times (26 - 15)} = 2538.167 ≒ 2538.17 \text{ m}^3/\text{h}$

06 냉각탑(Cooling Tower)의 성능 평가에 대한 다음 물음에 답하시오. (7점)

(1) 쿨링 레인지(Cooling Range)에 대하여 서술하시오.
(2) 쿨링 어프로치(Cooling Approach)에 대하여 서술하시오.
(3) 냉각탑의 능력(kW)을 쓰고 계산하시오. (단, 변수 이름은 한글로 쓰시오)
(4) 냉각탑 설치 시 주의사항을 3가지만 쓰시오.

풀이

(1) 쿨링 레인지(Cooling Range)
   냉각탑 입구수온과 출구수온의 차이다.
   냉각탑에서 냉각되는 온도차로 일반적으로 5℃ 정도이다.

(2) 쿨링 어프로치(Cooling Approach)
   냉각탑 출구 수온과 냉각탑 입구공기 습구온도의 차이를 말한다.
   어프로치는 같은 냉각탑에서 부하와 더불어 커지며, 동일한 부하에서는 냉각탑이 크면 클수록 작아진다.

(3) 냉각탑의 (공칭)능력
   냉각탑 입구공기 습구온도 27℃에서 냉각탑 입구 수온이 37℃인 냉각수 순환수량 13L/min 의 유량을 출구수온이 32℃로 만들기 위한 냉각능력(열량)을 말한다.

   냉각탑 (공칭)능력 $= (\dfrac{13}{60}) \times 4.19 \times (37-32) = 4.54 \, kW$

(4) 냉각탑 설치 시 주의사항
   ① 냉각탑 설치위치는 통풍이 잘 되는 곳에 설치해야 한다. 또한 토출공기가 다시 유입되지 않는 곳이어야 한다.
   ② 겨울철 사용 시 동파방지용 히터(전기식)를 설치해야 한다.
   ③ 냉각탑에서 비산되는 물방울에 의해 피해가 없는 장소에 설치해야 한다.
   ④ 냉각탑의 진동, 소음으로 인한 피해가 없는 곳에 설치해야 한다.
   ⑤ 옥상 등에 설치할 때에는 운전 중량이 건축구조계산에 반영되어 있어야 한다.
   위 내용 중 3가지를 기술할 것

07 그림은 액-가스 열교환기가 설치되어 있는 R-134a 냉동장치의 개략도이다. 이 장치가 아래 조건과 같이 운전된다고 할 때 다음을 구하시오. (단, 배관에서 열출입은 없는 것으로 가정한다)

(10점)

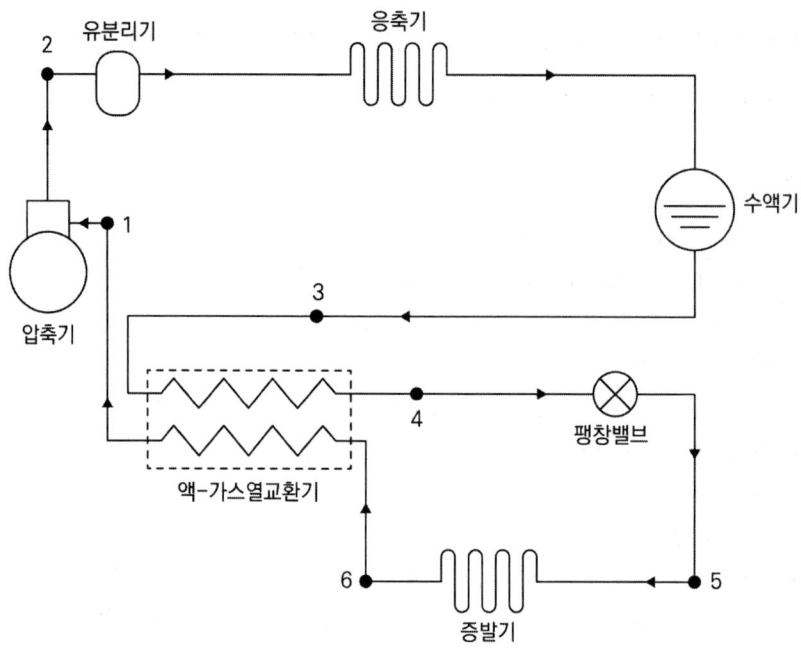

[조건]

- 1지점 엔탈피 : 400 kJ/kg
- 2지점 엔탈피 : 436 kJ/kg
- 3지점 엔탈피 : 287 kJ/kg
- 4지점 엔탈피 : 267.5 kJ/kg
- 압축기의 단열압축효율 : 0.85
- 압축기의 기계효율 : 0.83
- 응축기의 냉각수량 : 66.55 kg/min
- 응축기의 냉각수 비열 : 4.18 kJ/kg·℃
- 응축기의 냉각수 출·입구 온도차 : 5 K

가. 실제 냉매순환량(kg/h)

나. 액-가스 열교환기에서의 열교환량(kW)

다. 실제 성적계수

[풀이]

가. 실제 냉매순환량

응축열량 $Q_C = G_W C_W \Delta t_W = G_R \times (h_2' - h_3)$ 에서

실제 냉매량 $G_R = \dfrac{G_W C_W \Delta t_W}{(h_2' - h_3)}$

압축효율 $\eta_C = \dfrac{h_2 - h_1}{h_2' - h_1}$ 에서

$h_2' = h_1 + \dfrac{h_2 - h_1}{\eta_C} = 400 + \dfrac{436 - 400}{0.85} = 442.352$

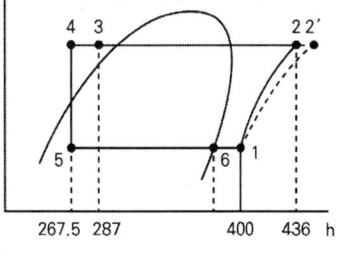

∴ 실제 냉매량 $G_R = \dfrac{(66.55 \times 60) \times 4.18 \times 5}{442.352 - 287} = 537.191 ≒ 537.19 \, \text{kg/h}$

나. 액-가스 열교환기에서의 열교환량

열교환량 $Q = G_R \times (h_3 - h_4) = \dfrac{537.19}{3600} \times (287 - 267.5) = 2.909 ≒ 2.91 \, \text{kW}$

다. 실제 성적계수

실제 성적계수 $COP = \dfrac{q_e}{w} \times \eta_C \times \eta_m = \dfrac{h_6 - h_5}{h_2 - h_1} \times \eta_C \times \eta_m$

열평형식 $(h_3 - h_4) = (h_1 - h_6)$ 에서

$h_6 = h_1 - (h_3 - h_4) = 400 - (287 - 267.5) = 380.5$

∴ 실제 성적계수 $COP = \dfrac{380.5 - 267.5}{436 - 400} \times 0.85 \times 0.83 = 2.214 ≒ 2.21$

또는

실제 성적계수 $COP = \dfrac{h_6 - h_5}{h_2' - h_1} \times \eta_m = \dfrac{380.5 - 267.5}{442.352 - 400} \times 0.83 = 2.214 ≒ 2.21$

08 실내 공간을 난방하기 위해 그림과 같은 덕트 시스템을 설계하고자 한다. 각 취출구에서의 취출풍량은 400 m³/h이고, 마찰손실은 1 Pa/m인 등압법(등마찰손실법)으로 할 때, 해당 구간의 풍량(m³/h), 덕트 지름(cm), 저항(Pa)을 각각 구하시오. (6점)

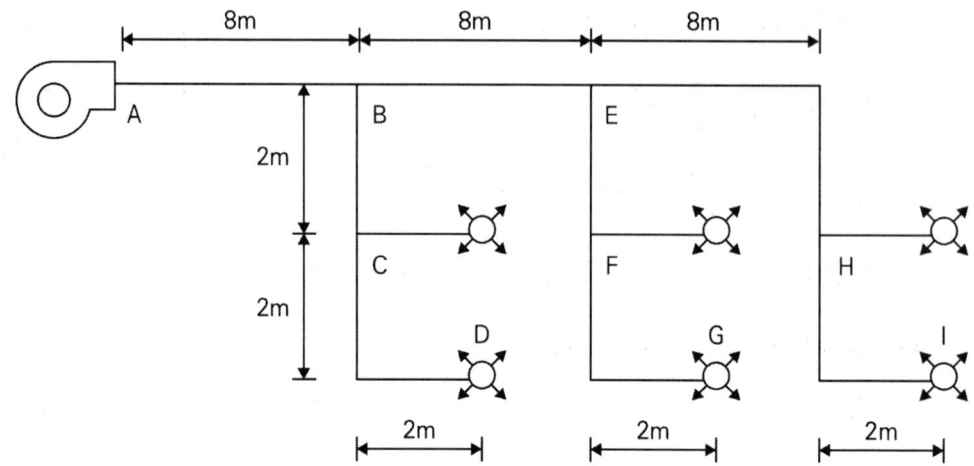

구간	풍량(m³/h)	덕트 지름(cm)	저항(Pa)
A-B			
B-C			
B-E			
E-H			
H-I			
E-F			

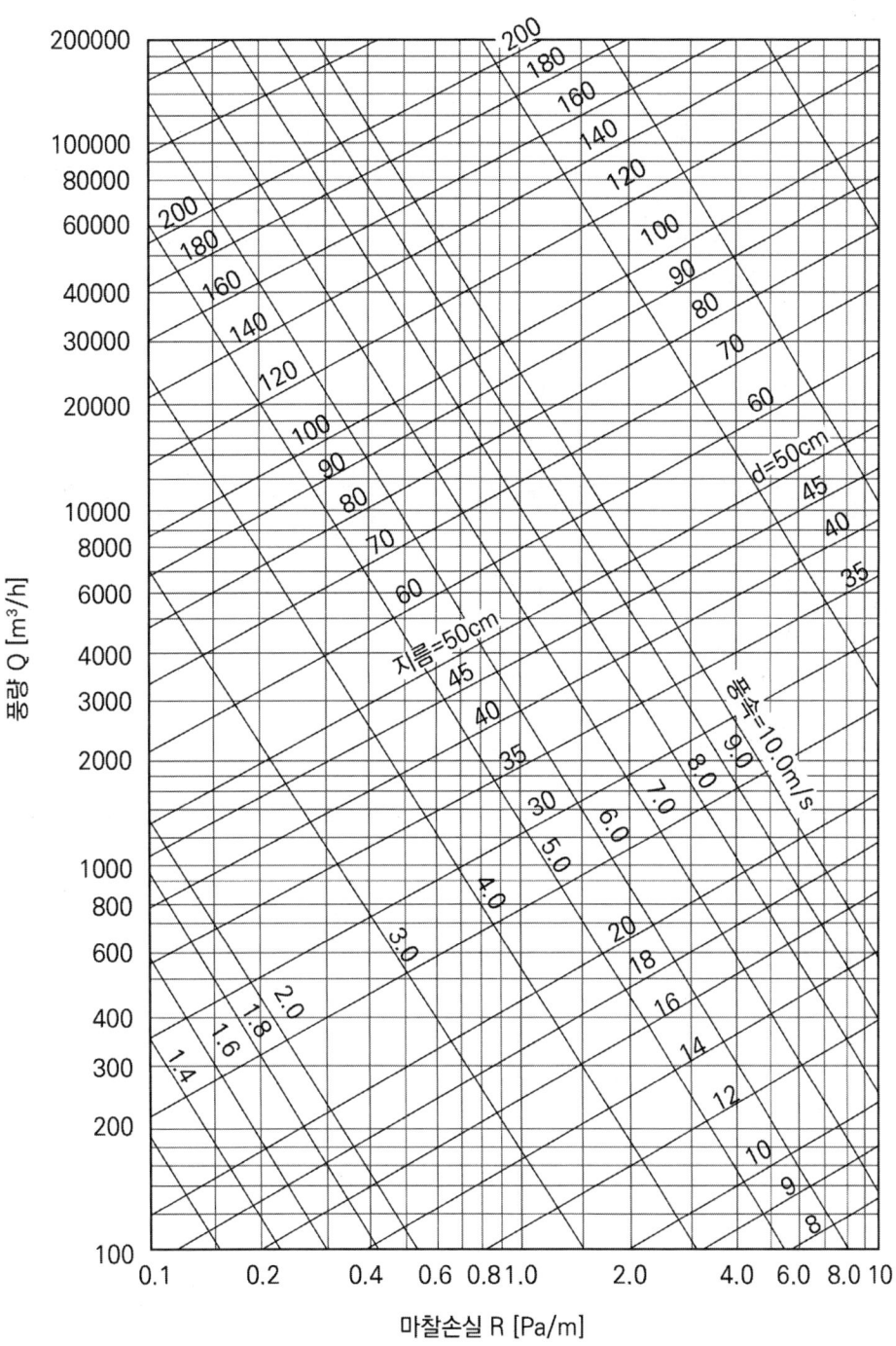

[풀이]

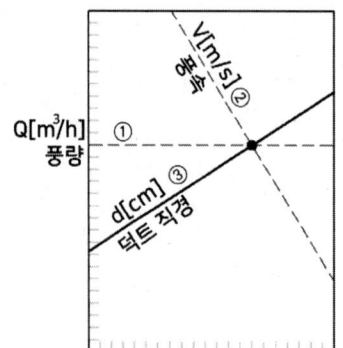

1. 풍량 : 각 구간의 덕트를 통과하는 풍량
2. 덕트 직경 : 마찰손실 선도에서 각 구간의 풍량과 마찰손실 1 Pa/m가 만나는 점에서 덕트의 지름을 읽는다.
3. 저항 : 각 구간의 덕트길이×1 Pa/m로 구한다.

구간	풍량(m^3/h)	덕트 지름(cm)	저항(Pa)
A-B	2400	38	8
B-C	800	25.5	2
B-E	1600	33	8
E-H	800	25.5	10
H-I	400	19.5	4
E-F	800	25.5	2

09 공조시스템에서 다음 사항의 에너지 절약(저감) 방법을 각각 2가지씩 쓰시오. (4점)

가. 열원 시스템에서 에너지 절약 방법

나. 공조장치에서 에너지 절약 방법

> **풀이**
>
> 가. 열원 시스템에서 에너지 절약 방법
>   ① 부분부하 및 전부하 운전효율이 좋은 열원기기 선정한다.
>   ② 부하 상황에 맞는 대수 분할 운전을 한다.
>   ③ 보일러, 공조기의 폐열을 회수하는 시스템 적용한다.
>   ④ 축열조의 설치를 통한 심야 공조에 활용한다.
>   위 내용 중 2가지 기술할 것
>
> 나. 공조장치에서 에너지 절약 방법
>   ① 중간기 외기냉방 적용
>   ② 에너지절약형 풍량 제어방식 채택한다(가변익 축류, 흡입베인, 가변속제어 방식).
>   ③ 방위별, 용도별, 부위별 적합한 Zoning 설계를 한다.
>   위 내용 중 2가지 기술할 것

10 그림은 압축기 1대, 증발온도가 다른 3대의 증발기를 가진 다온 냉동장치의 개략도이다. 다음을 구하시오. (단, 증발기 Ⅰ, Ⅱ, Ⅲ의 냉동능력 및 각 지점에서의 엔탈피는 아래 표와 같다) (8점)

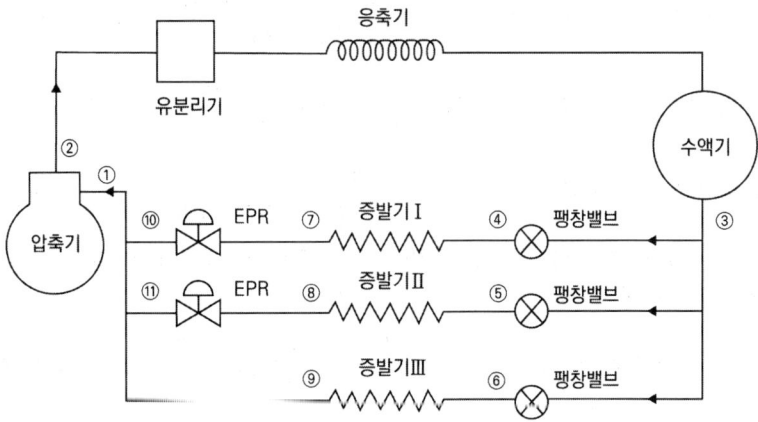

증발기	I	II	III
냉동능력(kJ/h)	139440	209160	278880

지점	1	2	3,4,5,6	7, 10	8, 11	9
엔탈피(kJ/kg)	246	290	100	265	260	230

가. 압축기로 들어가는 총 냉매유량(kg/h)

나. 냉동장치의 성능계수(COP)

[풀이]

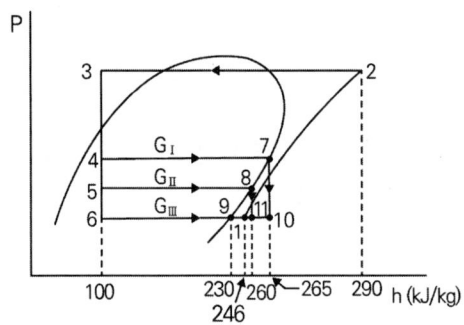

가. 압축기로 들어가는 총 냉매유량

  1) 냉동능력 = 냉매유량 × 증발기 입·출구 엔탈피차

  2) 냉매유량 = $\dfrac{냉동능력}{증발기 입·출구 엔탈피차}$

  3) 증발기 I의 냉매유량 : $G_I = \dfrac{Q_I}{h_7 - h_4} = \dfrac{139440}{265 - 100} = 845.09 \text{ kg/h}$

  4) 증발기 II의 냉매유량 : $G_{II} = \dfrac{Q_{II}}{h_8 - h_5} = \dfrac{209160}{260 - 100} = 1307.25 \text{ kg/h}$

  5) 증발기 III의 냉매유량 : $G_{III} = \dfrac{Q_{III}}{h_9 - h_6} = \dfrac{278880}{230 - 100} = 2145.23 \text{ kg/h}$

  ∴ 압축기로 들어가는 총 냉매유량 $G = 845.09 + 1307.25 + 2145.23 = 4297.57 \; kg/h$

나. 냉동장치의 성적계수

  성적계수 $COP = \dfrac{Q}{W} = \dfrac{Q_I + Q_{II} + Q_{III}}{G \times (h_2 - h_1)} = \dfrac{139440 + 209160 + 278880}{4297.57 \times (290 - 246)} = 3.318 ≒ 3.32$

11 다음 도면과 같은 온수난방에 있어서 리버스 리턴 방식에 의한 배관도를 완성하시오. (단, A, B, C, D는 방열기를 표시한 것이며, 온수공급관은 실선으로, 귀환관은 점선으로 표시하시오) (8점)

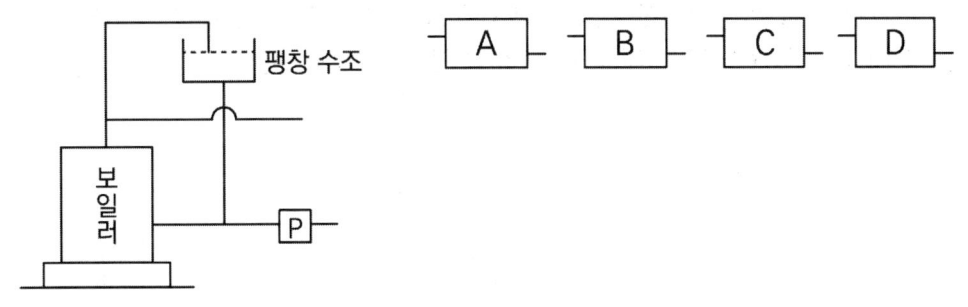

> **풀이**

[리버스 리턴(Reverse Return) 배관 방식]

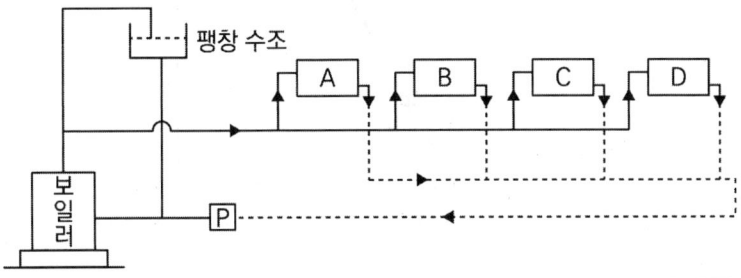

> **참고**

※ 직접 환수식 배관 방식과 역환수식 배관 방식의 비교

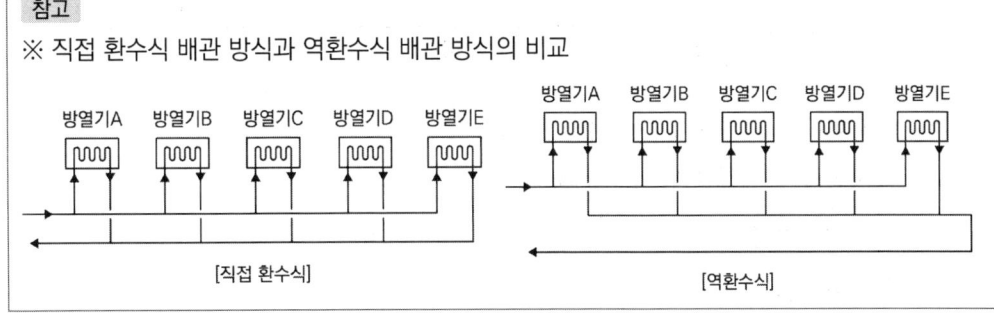

12 그림은 어느 사무실을 냉방하는 경우에 대한 공기조화 과정을 공기선도 상에 나타낸 것이다. 도입하는 외기량은 실내 송풍공기량의 20 %이고, 실내 현열부하 34.9 kW, 실내 잠열부하는 9.3 kW이다. 취출온도차가 10 ℃일 때, 다음을 구하시오. (단, 그림에서 ①은 실내공기, ②는 외기, ③은 혼합공기, ④는 실내로 취출하는 공기의 상태를 나타내고, 공기의 비열은 1.01 kJ/kg℃이며, 절대습도는 소수점 넷째자리까지 구한다) (8점)

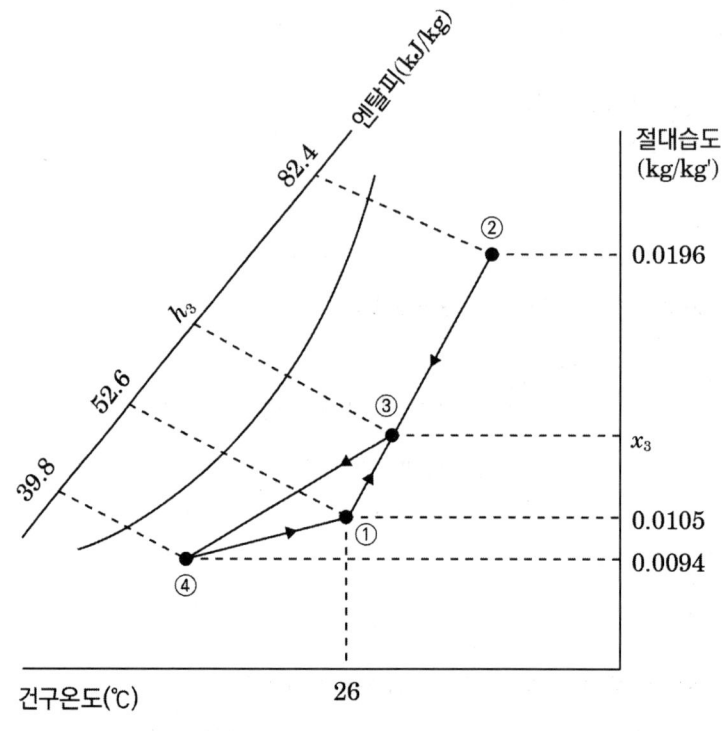

가. 1) 혼합공기의 절대습도 x_3 (kg/kg′)
　　 2) 혼합공기의 엔탈피 h_3 (kJ/kg)

나. 실내현열비(SHF)

다. 감습량(kg/h)

라. 냉각코일부하(kW)

마. 외기부하(kW)

풀이

가.

1) 혼합공기의 절대습도 $x_3 (\text{kg/kg}')$

$$x_3 = \frac{G_1 x_1 + G_2 x_2}{G_3} = \frac{0.8 \times 0.0105 + 0.2 \times 0.0196}{0.8 + 0.2} = 0.01232 ≒ 0.0123 \text{ kg/kg}'$$

2) 혼합공기의 엔탈피 $h_3 (\text{kJ/kg})$

$$h_3 = \frac{G_1 h_1 + G_2 h_2}{G_1 + G_2} = \frac{0.8 \times 52.6 + 0.2 \times 82.4}{0.8 + 0.2} = 58.56 \text{ kJ/kg}$$

나. 실내현열비(SHF)

$$SHF = \frac{현열}{전열} = \frac{34.9}{34.9 + 9.3} = 0.789 ≒ 0.79$$

다. 감습량 $L(kg/h)$

$q_s = G \cdot C_P \cdot \triangle t$ 에서

$$G = \frac{q_s}{C_p \cdot \triangle t} = \frac{34.9}{1.01 \times 10} \times 3600 = 12439.6 \text{ kg/h}$$

$$L = G \times (x_3 - x_4) = 12439.6 \times (0.0123 - 0.0094) = 36.074 ≒ 36.07 \text{ kg/h}$$

라. 냉각코일부하 $q_c (\text{kW})$

$$q_c = G \times (h_3 - h_4) = \frac{12439.6 \times (58.56 - 39.8)}{3600} = 64.824 ≒ 64.82 \text{ kW}$$

마. 외기부하 $q_o (kW)$

[풀이 1]

$$q_o = G_o (h_2 - h_1) = \frac{(12439.6 \times 0.2) \times (82.4 - 52.6)}{3600} = 20.594 ≒ 20.59 \text{ kW}$$

[풀이 2]

$$q_o = G(h_3 - h_1) = \frac{12439.6 \times (58.56 - 52.6)}{3600} = 20.594 ≒ 20.59 \text{ kW}$$

13 어떤 방열벽의 열통과율이 0.23 W/m²·K이며, 벽 면적은 1000 m²인 냉장고가 외기 온도 30 ℃에서 사용되고 있다. 이 냉장고의 증발기는 열통과율이 24 W/m²·K이고 전열면적은 29 m²이다. 이때 각 물음에 답하시오. (6점)

가. 냉장고 내 온도가 0 ℃일 때 외기로부터 방열벽을 통해 침입하는 열량은 몇 kW인가?

나. 냉장고 내부에 열통과율 4.7 W/m²·K, 전열면적 500 m², 온도 5 ℃인 식품을 보관할 때 이 식품의 발생열 부하와 외벽을 통과한 침입열량을 고려한 냉장고 내의 최종온도는 몇 ℃인가? (단, 증발기의 증발온도는 -15 ℃이다)

풀이

가. 냉장고 내 온도가 0℃일 때 방열벽 침입열량 $q(kW)$

$$q = K \cdot A \cdot \triangle t = \frac{0.23 \times 1000 \times (30-0)}{1000} = 6.9 \, kW$$

나. 냉장고 내의 최종온도 $t(℃)$

식품에서의 발생열량 + 벽체 침입열량 = 증발기 냉각열량

① 식품에서 발생열량 q_1

$$q_1 = K \cdot A \cdot \triangle t = 4.7 \times 500 \times (5-t) = 2350 \times (5-t)$$

② 벽체 침입열량 q_2

$$q_2 = K \cdot A \cdot \triangle t = 0.23 \times 1000 \times (30-t) = 230 \times (30-t)$$

③ 증발기 냉각열량 q_3

$$q_3 = K \cdot A \cdot \triangle t = 24 \times 29 \times (t-(-15)) = 696 \times (t+15)$$

④ 열평형식 $q_1 + q_2 = q_3$

$$2350 \times (5-t) + 230 \times (30-t) = 696 \times (t+15)$$

$$\therefore t = \frac{(2350 \times 5) + (230 \times 30) - (696 \times 15)}{696 + 2350 + 230} = 2.506 ≒ 2.51 \, ℃$$

14 프레온 냉동장치에 사용되고 있는 횡형 원통 다관식 증발기가 있다. 이 증발기가 다음 조건에서 운전된다고 할 때 냉매의 증발온도(℃)를 구하시오. (단, 냉매온도와 브라인 온도의 온도차는 산술평균 온도차를 사용한다) (6점)

[조건]
1. 브라인 유량 : 150 L/min
2. 브라인 입구온도 : -18 ℃
3. 브라인 출구온도 : -23 ℃
4. 브라인의 밀도 : 1.25 kg/L
5. 브라인의 비열 : 2.76 kJ/kg·K
6. 증발기의 냉각면적 : 18 m²
7. 증발기의 열통과율 : 0.436 kW/m²·K

풀이

냉매의 증발온도(t_e)

산술평균온도차 $\triangle t_m = \dfrac{t_{b1} + t_{b2}}{2} - t_e$ 이므로

냉매의 증발온도 $t_e = \dfrac{t_{b1} + t_{b2}}{2} - \triangle t_m$

브라인의 냉각열량=증발기의 열교환열량

$q = G_b \cdot C_b \cdot (t_{b1} - t_{b2}) = K \cdot A \cdot \triangle t_m$ 에서

$\triangle t_m = \dfrac{G_b \cdot C_b \cdot (t_{b1} - t_{b2})}{K \cdot A}$

$\therefore t_e = \dfrac{t_{b1} + t_{b2}}{2} - \dfrac{G_b \cdot C_b \cdot (t_{b1} - t_{b2})}{K \cdot A}$

$= \dfrac{-18 + (-23)}{2} - \dfrac{(150 \times 1.25) \times 2.76 \times (-18 - (-23))}{60 \times 0.436 \times 18} = -25.995 ≒ -26$ ℃

2023 1회

01 24시간 동안에 30 ℃의 원료수 5000 kg을 −10 ℃의 얼음으로 만들 때 냉동기용량(냉동톤)을 구하시오. (단, 냉동기 안전율은 10 %로 하고 물의 응고잠열은 334 kJ/kg, 물과 얼음의 비열이 4.2, 2.1 kJ/kg K이고, 1RT는 3.86 kW이다) (5점)

[풀이]

> **참고**
> 1) 현열 : $Q = G \cdot C \cdot \triangle t$
> 2) 잠열 : $Q = G \cdot \gamma$

1) $\boxed{30\,℃\,물} \xrightarrow{현열} \boxed{0\,℃\,물}$ $Q_1 = G \cdot C \cdot \triangle t = 5000 \times 4.2 \times (30-0) = 630000\,kJ$

2) $\boxed{0\,℃\,물} \xrightarrow{잠열} \boxed{0\,℃\,얼음}$ $Q_2 = G \cdot \gamma = 5000 \times 334 = 1670000\,kJ$

3) $\boxed{0\,℃\,얼음} \xrightarrow{현열} \boxed{-10\,℃\,얼음}$ $Q_3 = G \cdot C \cdot \triangle t = 5000 \times 2.1 \times (0-(-10)) = 105000\,kJ$

따라서,

$$냉동기\ 용량(kW) = \frac{(Q_1 + Q_2 + Q_3)\,kJ}{(24 \times 3600)\,\sec} \times 1.1$$

$$= \frac{630000 + 1670000 + 105000}{24 \times 3600} \times 1.1 ≒ 30.62\,kW$$

∴ 냉동기 용량(냉동톤) $RT = \dfrac{30.62}{3.86} ≒ 7.93\,RT$

02 다음 주어진 조건에 따라 그림의 사무실(B)에 대해 각 물음에 답하시오. (10점)

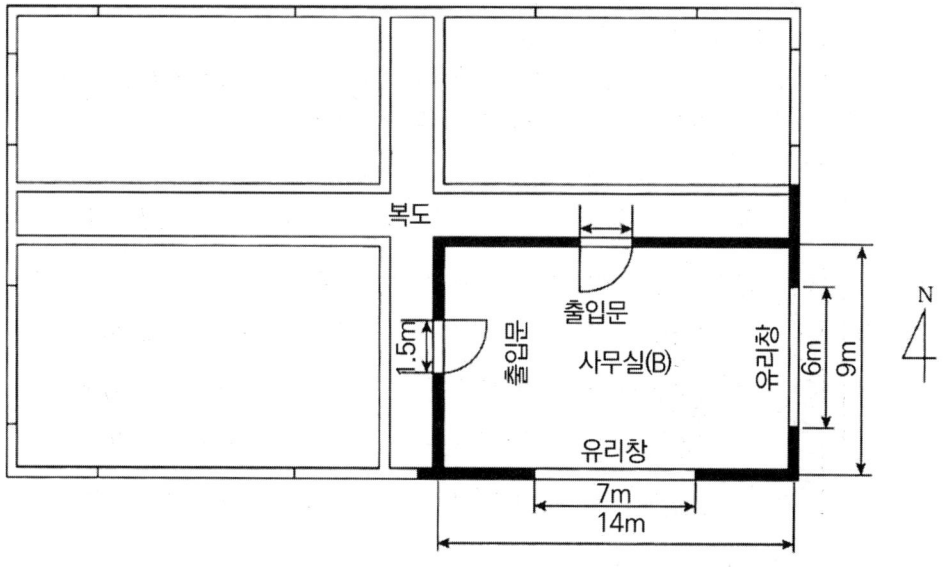

[조건]

1. 사무실(B)
   ① 층 높이 : 3.4 m
   ② 천장 높이 : 2.8 m
   ③ 출입문 높이 : 2 m
   ④ 창문 높이 : 1.5 m
2. 설계조건
   ① 실내 : 26 ℃ DB, 50 % RH, x = 0.0105 kg/kg′
   ② 실외 : 33 ℃ DB, 68 % RH, x = 0.0218 kg/kg′
3. 계산시각 : 14시
4. 벽의 열전달률
   ① 내측 : 7.5 W/m²·K
   ② 외측 : 20 W/m²·K
5. 유리 : 보통유리 3 mm, 내측 베니션 블라인드(색상은 중간색)를 설치한다.
6. 틈새바람은 없는 것으로 가정한다.
7. 1인당 신선 외기량 : 25 m³/h

8. 조명
 ① 형광등 : 50 W/m²(안정기 계수는 적용하지 않는다)
 ② 천장 매입에 의한 제거율은 없다.
  *제거율 : 천장 속에서 실내취득열량으로 처리되지 않는 열량에 대한 비율
9. 중앙 공조 시스템이며, 냉동기 + AHU에 의한 전공기 방식
10. 외벽체 구조

외벽	(두께)	(열전도율)
타 일	10mm	0.76 W/m·K
모르타르	30mm	1.2 W/m·K
콘크리트	120mm	1.4 W/m·K
모르타르	20mm	1.2 W/m·K
플라스터	3mm	0.53 W/m·K

11. 내벽 열통과율 : 3.85 W/m²·K
12. 복도는 28℃이고, 출입문의 열관류율은 2.4 W/m²·K이다.
13. 위·아래층은 동일한 공조 상태이다.

[재실인원 1인당 면적 A_f(m²/인)]

	사무소		백화점, 상점			레스토랑	극장, 영화관의 관객석	학교의 보통교실
	사무실	회의실	평균	혼잡	한산			
일반 설계치	5	2	3.0	1.0	5.0	1.5	0.5	1.4

[인체로부터의 발열량(W/인)]

작업 상태	실온		27℃		26℃		21℃	
	예	전발열량	H_S	H_L	H_S	H_L	H_S	H_L
정좌	극장	88	49	39	53	35	65	23
사무소 업무	사무소	113	50	63	54	59	72	41
착석업무	공장의 경작업	189	56	133	62	127	92	97
보행 4.8 km/h	공장의 중작업	252	76	173	83	169	116	136
볼링	볼링장	365	117	248	121	244	153	212

[외벽의 상당 외기온도차]

시각	H	N	NE	E	SE	S	SW	W	NW
8	4.9	2.8	7.5	8.6	5.3	1.2	1.5	1.6	1.5
9	9.3	3.7	11.6	14.0	9.4	2.1	2.2	2.3	2.2
10	15.0	4.4	14.2	18.1	13.3	3.7	3.2	3.3	3.2
11	21.1	5.2	15.0	20.4	16.3	6.1	4.4	4.4	4.4
12	27.0	6.1	14.3	20.5	18.0	8.8	5.6	5.5	5.4
13	32.2	6.9	13.1	18.8	18.2	11.3	7.6	6.6	6.4
14	36.1	7.5	12.2	16.6	16.9	13.2	10.6	8.7	7.3
15	38.3	8.0	11.5	14.8	15.1	14.3	14.1	12.3	9.0
16	38.8	8.4	11.0	13.4	13.7	14.3	17.4	16.6	11.8
17	37.4	8.5	10.4	12.2	12.4	13.3	19.9	20.8	15.1
18	34.1	8.9	9.7	11.0	11.2	11.9	20.9	23.9	18.1

[보통유리의 일사량(W/m^2)]

	시각	H	N	NE	E	SE	S	SW	W	NW
	6	73.9	76.0	270.5	294.4	139.3	21.5	21.5	21.5	21.5
	7	204.6	54.1	353.0	433.2	251.8	30.2	30.2	30.2	30.2
	8	351.1	36.0	313.3	449.9	308.3	35.9	35.9	35.9	35.9
	9	480.1	40.0	215.3	392.9	315.4	58.4	40.0	40.0	40.0
	10	575.4	42.7	100.4	276.9	276.9	100.5	42.7	42.7	42.7
	11	635.0	44.3	44.3	130.9	197.9	134.7	44.3	44.3	44.3
I_{GR}	12	655.2	44.8	44.8	44.8	101.3	147.4	101.3	44.8	44.8
	13	635.0	44.3	44.3	44.3	44.3	134.7	197.9	130.9	44.3
	14	575.4	42.7	42.7	42.7	42.7	100.5	276.9	276.9	100.4
	15	480.1	40.0	40.0	40.0	40.0	58.4	315.4	392.9	215.4
	16	351.1	36.0	35.9	35.9	35.9	35.9	308.3	449.9	313.3
	17	204.6	54.1	30.2	30.2	30.2	30.2	251.8	433.2	353.0
	18	73.9	76.0	21.5	21.5	21.5	21.5	139.3	294.4	270.6

	시각	H	N	NE	E	SE	S	SW	W	NW
I_{GC}	6	2.2	2.4	4.7	4.9	3.4	0.4	0.4	0.4	0.4
	7	12.0	8.7	13.4	14.2	12.3	7.4	7.4	7.4	7.4
	8	23.2	16.7	22.6	24.0	22.5	16.6	16.6	16.6	16.6
	9	32.9	24.7	29.7	31.7	30.9	25.7	24.7	24.7	24.7
	10	40.3	31.1	33.8	36.9	36.9	33.8	31.1	31.1	31.1
	11	44.4	34.5	34.5	38.2	39.2	38.3	34.5	34.5	34.5
	12	47.0	36.8	36.8	36.8	39.5	40.8	39.5	36.8	36.8
	13	47.9	37.9	37.9	37.9	37.9	41.7	42.6	41.6	37.9
	14	47.1	37.9	37.9	37.9	37.9	40.7	43.8	43.8	40.7
	15	46.0	37.9	37.9	37.9	37.9	38.9	44.0	44.8	42.8
	16	39.8	33.2	33.2	33.2	33.2	33.2	39.1	40.6	39.1
	17	33.1	28.6	28.6	28.6	28.5	28.5	33.5	35.4	34.6
	18	23.9	22.1	22.1	22.1	22.1	22.1	25.1	26.7	26.4

[유리의 차폐계수]

종류		차폐계수(k_s)
보통유리		1.00
마판유리		0.94
내측 Venetian blind (보통유리)	엷은색	0.56
	중간색	0.65
	진한색	0.75
외측 Venetian blind (보통유리)	엷은색	0.12
	중간색	0.15
	진한색	0.22

(1) 외벽체 열통과율(W/m² · K)

(2) 벽체를 통한 부하(W)
　① 동　　② 서　　③ 남　　④ 북

(3) 출입문 총 부하(W)

(4) 유리를 통한 부하(W)(전도 및 대류(I_{GC})와 일사량(I_{GR})을 고려)
　① 동　　② 남

(5) 인체부하(W)

(6) 조명부하(W)

> **풀이**

(1) 외벽체 열통과율(K)

$$\frac{1}{K} = \frac{1}{\alpha_i} + \frac{l_1}{\lambda_1} + \frac{l_2}{\lambda_2} + \frac{l_3}{\lambda_3} + \frac{l_4}{\lambda_4} + \frac{l_5}{\lambda_5} + \frac{1}{\alpha_o}$$

$$= \frac{1}{7.5} + \frac{0.01}{1.76} + \frac{0.03}{1.2} + \frac{0.12}{1.4} + \frac{0.02}{1.2} + \frac{0.003}{0.53} + \frac{1}{20} = 0.3295$$

$$K = \frac{1}{0.3295} = 3.034 ≒ 3.03 \text{ W/m}^2 \cdot \text{K}$$

(2) 벽체를 통한 부하(q_W)

　① 동쪽(외벽) $q_{WE} = K \cdot A \cdot \triangle t_e$

　　$q_{WE} = 3.03 \times (9 \times 3.4 - 6 \times 1.5) \times 16.6 = 1086.436 ≒ 1086.44$ W

　② 서쪽(내벽) $q_{WW} = K \cdot A \cdot \triangle t$

　　$q_{WW} = 3.85 \times (9 \times 2.8 - 1.5 \times 2) \times (28 - 26) = 170.94$ W

　③ 남쪽(외벽) $q_{WS} = K \cdot A \cdot \triangle t_e$

　　$q_{WS} = 3.03 \times (14 \times 3.4 - 7 \times 1.5) \times 13.2 = 1483.851 ≒ 1483.85$ W

　④ 북쪽(내벽) $q_{WN} = K \cdot A \cdot \triangle t$

　　$q_{WN} = 3.85 \times (14 \times 2.8 - 1.5 \times 2) \times (28 - 26) = 278.74$ W

(3) 출입문 총 부하(q_D)

　$q_D = K \cdot A \cdot \triangle t = 2.4 \times (1.5 \times 2) \times 2 \times (28 - 26) = 28.8$ W

(4) 유리를 통한 부하(q_G = 일사 + 대류 및 전도)

$q_G = I_{GR} \cdot A \cdot k_s + I_{GC} \cdot A$

① 동쪽 $q_{GS} = 42.7 \times (6 \times 1.5) \times 0.65 + 37.9 \times (6 \times 1.5) = 590.895 ≒ 590.90$ W

② 남쪽 $q_{GS} = 100.5 \times (7 \times 1.5) \times 0.65 + 40.7 \times (7 \times 1.5) = 1113.262 ≒ 1113.26$ W

(5) 인체 부하(q_H = 현열 + 잠열)

$q_H = q_{HS} + q_{HL} = (n \cdot H_S) + (n \cdot H_L)$

현열 $q_{HS} = \dfrac{14 \times 9}{5} \times 54 = 1360.8$ W

잠열 $q_{HL} = \dfrac{14 \times 9}{5} \times 59 = 1486.8$ W

∴ $q_{HL} = 1360.8 + 1486.8 = 2847.6$ W

(6) 조명부하(q_E)

$q_E = W \times f = 50 \times (14 \times 9) \times 1 = 6300$ W

f : 점등률

03

다음과 같은 덕트 시스템에 대하여 조건을 만족하도록 등마찰 손실법을 적용하여 급기 덕트를 설계하고 표를 완성하시오. (8점)

[조건]

1. ① → A → ② 취출 주덕트는 8 m/s, ⑪ → ⑫ 환기 주덕트는 4 m/s의 풍속을 갖는다.
2. 각 취출구의 취출량은 1350 m³/h이며, 환기덕트의 흡입량은 각 3780 m³/h이다.
3. 사각덕트는 Aspect Ratio가 2인 ④ → ⑤ 덕트만 구하시오.

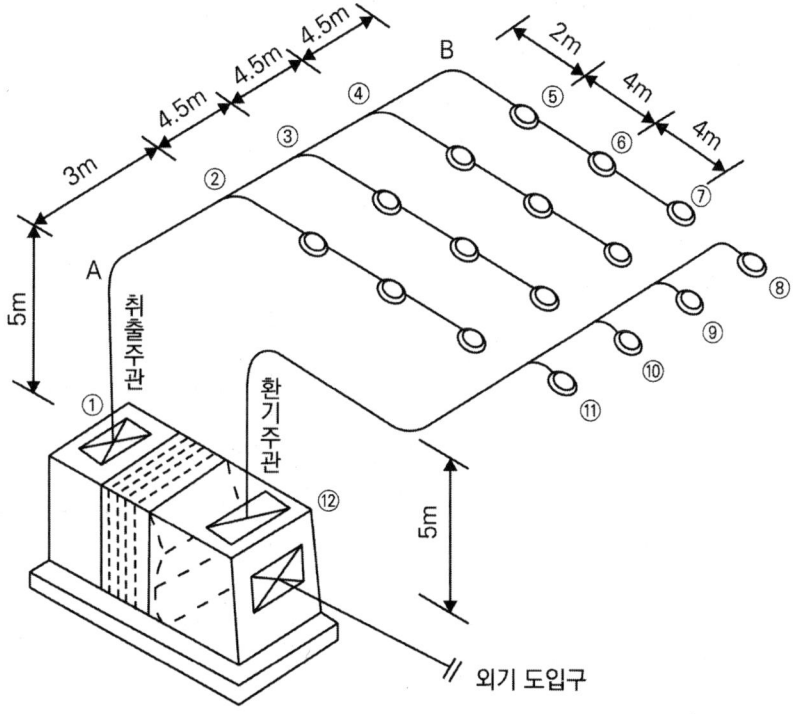

외기 도입구

구간	풍량(m³/h)	원형 덕트(cm)	사각 덕트(cm) (장변 × 단변)
① - ②	12150	73	-
② - ③	8100	67	-
③ - ④	4050	58	-
④ - ⑤	4050	58	76 × 38
⑤ - ⑥	2700	53	-
⑥ - ⑦	1350	46	-

[풀이]

① - ② 구간 : 각 분기마다 3개의 취출구가 있으므로 9 × 1350 = 12150 m³/h

$$D_1 = \sqrt{\frac{4Q}{\pi V}} = \sqrt{\frac{4 \times (12150/3600)}{\pi \times 8}} = 0.733 \text{ m} \approx 73 \text{ cm}$$

이후 구간은 등마찰 손실법에 따라 동일 마찰저항을 유지하도록

$$\frac{Q}{Q_1} = \left(\frac{D}{D_1}\right)^{4.73}$$

의 관계로부터 원형 덕트 지름을 구한다.

④ - ⑤ 구간 사각 덕트 환산 (Aspect Ratio = 2, 장변 a = 2b)

$$D_e = 1.3 \frac{(ab)^{0.625}}{(a+b)^{0.25}}$$

로부터 b ≈ 38 cm, a ≈ 76 cm → **76 × 38 cm**

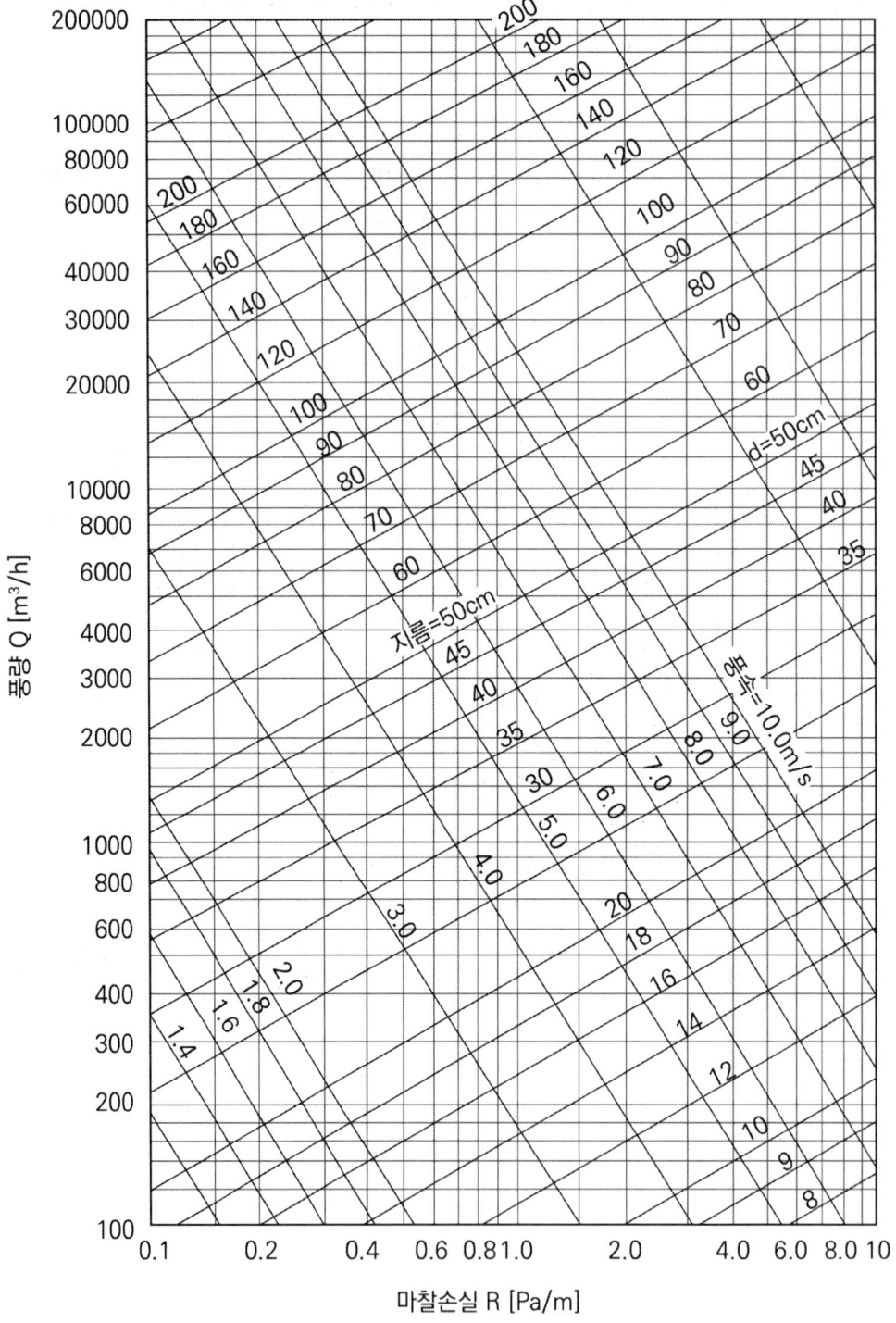

[장방형 덕트와 원형 덕트의 환산표 (단위 : cm)]

장변\단변	10	15	20	25	30	35	40	45	50	55	60	65	70	75	80	85	90	95	100
10	10.9																		
15	13.3	16.4																	
20	15.2	18.9	21.9																
25	16.9	21.0	24.4	27.3															
30	18.3	22.9	26.6	29.9	32.8														
35	19.5	24.5	28.6	32.2	35.4	38.5													
40	20.7	26.0	30.5	34.3	37.8	40.9	43.7												
45	21.7	27.4	32.1	36.3	40.0	43.3	46.4	49.2											
50	22.7	28.7	33.7	38.1	42.0	45.6	48.8	51.8	54.7										
55	23.6	29.9	35.1	39.8	43.9	47.7	51.1	54.3	57.3	60.1									
60	24.5	31.0	36.5	41.4	45.7	49.6	53.3	56.7	59.8	62.8	65.6								
65	25.3	32.1	37.8	42.9	47.4	51.5	55.3	58.9	62.2	65.3	68.3	71.1							
70	26.1	33.1	39.1	44.3	49.0	53.3	57.3	61.0	64.4	67.7	70.8	73.7	76.5						
75	26.8	34.1	40.2	45.7	50.6	55.0	59.2	63.0	66.6	69.7	73.2	76.3	79.2	82.0					
80	27.5	35.0	41.4	47.0	52.0	56.7	60.9	64.9	68.7	72.2	75.5	78.7	81.8	84.7	87.5				
85	28.2	35.9	42.4	48.2	53.4	58.2	62.6	66.8	70.6	74.3	77.8	81.1	84.2	87.2	90.1	92.9			
90	28.9	36.7	43.5	49.4	54.8	59.7	64.2	68.6	72.6	76.3	79.9	83.3	86.6	89.7	92.7	95.6	98.4		
95	29.5	37.5	44.5	50.6	56.1	61.1	65.9	70.3	74.4	78.3	82.0	85.5	88.9	92.1	95.2	98.2	101.1	103.9	
100	30.1	38.4	45.4	51.7	57.4	62.6	67.4	71.9	76.2	80.2	84.0	87.6	91.1	94.4	97.6	100.7	103.7	106.5	109.3
105	30.7	39.1	46.4	52.8	58.6	64.0	68.9	73.5	77.8	82.0	85.9	89.7	93.2	96.7	100.0	103.1	106.2	109.1	112.0
110	31.3	39.9	47.3	53.8	59.8	65.2	70.3	75.1	79.6	83.8	87.8	91.6	95.3	98.8	102.2	105.5	108.6	111.7	114.6
115	31.8	40.6	48.1	54.8	60.9	66.5	71.7	76.6	81.2	85.5	89.6	93.6	97.3	100.9	104.4	107.8	111.0	114.1	117.2
120	32.4	41.3	49.0	55.8	62.0	67.7	73.1	78.0	82.7	87.2	91.4	95.4	99.3	103.0	106.6	110.0	113.3	116.5	119.6
125	32.9	42.0	49.9	56.8	63.1	68.9	74.4	79.5	84.3	88.8	93.1	97.3	101.2	105.0	108.6	112.2	115.6	118.8	122.0
130	33.4	42.6	50.6	57.7	64.2	70.1	75.7	80.8	85.7	90.4	94.8	99.0	103.1	106.9	110.7	114.3	117.7	121.1	124.4
135	33.9	43.3	51.4	58.6	65.2	71.3	76.9	82.2	87.2	91.9	96.4	100.7	104.9	108.8	112.6	116.3	119.9	123.3	126.7
140	34.4	43.9	52.2	59.5	66.2	72.4	78.1	83.5	88.6	93.4	98.0	102.4	106.6	110.7	114.6	118.3	122.0	125.5	128.9
145	34.9	44.5	52.9	60.4	67.2	73.5	79.3	84.8	90.0	94.9	99.6	104.1	108.4	112.5	116.5	120.3	124.0	127.6	131.1
150	35.3	45.2	53.6	61.2	68.1	74.5	80.5	86.1	91.3	96.3	101.1	105.7	110.0	114.3	118.3	122.2	126.0	129.7	133.2
155	35.8	45.7	54.4	62.1	69.1	75.6	81.6	87.3	92.6	97.4	102.6	107.2	111.7	116.0	120.1	124.1	127.9	131.7	135.3
160	36.2	46.3	55.1	62.9	70.6	76.6	82.7	88.5	93.9	99.1	104.1	108.8	113.3	117.7	121.9	125.9	129.8	133.6	137.3
165	36.7	46.9	55.7	63.7	70.9	77.6	83.8	89.7	95.2	100.5	105.5	110.3	114.9	119.3	123.6	127.7	131.7	135.6	139.3
170	37.1	47.5	56.4	64.4	71.8	78.5	84.9	90.8	96.4	101.8	106.9	111.8	116.4	120.9	125.3	129.5	133.5	137.5	141.3

풀이

(1) 각 구간의 풍량을 산출한다.
(2) 덕트 마찰 손실표에서 마찰손실 값을 확인한다.
   ① 덕트 마찰 손실표에서 총 풍량 16200 m³/h와 풍속 8 m/s가 만나는 점을 찾는다.
   ② ①의 교점에서 수직 아래로 선을 내리면 그 선이 등마찰손실선이 되므로 값을 확인한다.($R = 0.75$ Pa/m)
(3) 각 구간의 풍량과 등마찰손실 $R = 0.75$선이 만나는 점에서 원형덕트 지름을 찾는다.
(4) ④ - ⑤ 구간의 사각 덕트 장변과 단변 산출
   해당 구간의 원형덕트 지름을 가지고 아스팩트비가 2 이상인 직사각형 덕트를 표에서 구한다(표에서 원형덕트 지름 49 cm 와 가장 가까우면서 그 이상 사이즈의 덕트를 찾으면 어스팩트비가 2인 사각 덕트는 70×35이다).

구간	풍량(m³/h)	원형 덕트(cm)	사각 덕트(cm)
① - ②	16200	84	-
② - ③	12150	76	-
③ - ④	8100	65	-
④ - ⑤	4050	49	70×35
⑤ - ⑥	2700	42	-
⑥ - ⑦	1350	33	-

04 2단압축 1단팽창사이클로 운전하는 암모니아 냉동기가 있다. 다음 물음에 각각 답하시오.
(단, 냉매 냉각은 중간 냉각기에서 100 % 일어난다고 본다)　　　　　　　　　　(6점)

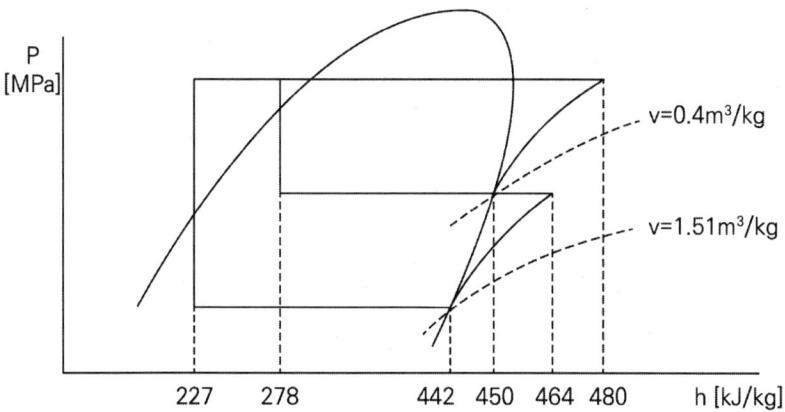

[조건]
- 저단 측 압축기의 체적효율 : 70 %
- 고단 측 압축기의 체적효율 : 80 %
- 냉동능력 : 20 kW

(1) 저단 측 냉매순환량을 구하시오(Kg/h).

(2) 고단 측 압축기의 피스톤 토출량을 구하시오(m^3/h).

[풀이]

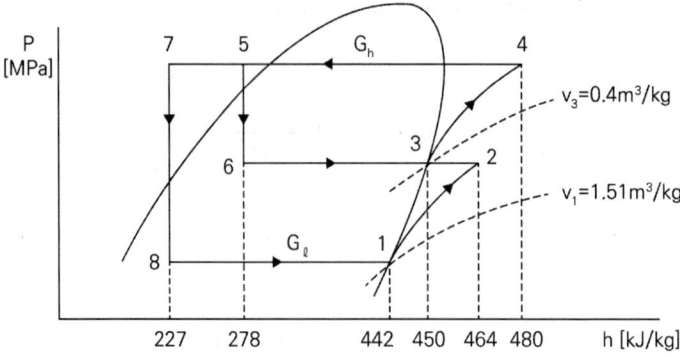

(1) 저단 측 냉매순환량(G_ℓ)

$Q_e = G_\ell(h_1 - h_8)$에서

$$G_\ell = \frac{Q_e}{(h_1 - h_8)} = \frac{20}{442 - 227} \times 3600 = 334.883 ≒ 334.88 \text{ kg/h}$$

(2) 고단 측 압축기의 피스톤 토출량(V_h)

$\dfrac{G_h}{G_\ell} = \dfrac{h_2 - h_7}{h_3 - h_6}$에서

$$G_h = G_\ell \times \frac{h_2 - h_7}{h_3 - h_6} = 334.88 \times \frac{464 - 227}{450 - 278}$$

$$= 461.433 \text{ kg/h (고단 측 압축기의 실제 피스톤 토출량이다)}$$

$V_h = \dfrac{G_h \cdot v_3}{\eta_{vh}}$ (고단 측 압축기의 이론 피스톤 토출량)

$$= \frac{461.433 \times 0.4}{0.8} = 230.716 ≒ 230.72 \text{ m}^3/\text{h}$$

05 다음 용어와 가장 관계 깊은 것을 [보기]에서 골라 기호로 쓰시오. (8점)

[보기]
① 창가에 방열기(Radiator) 설치　② 펌프 이상현상
③ 균등한 유량 분배　　　　　　　④ 디퓨저(Diffuser) 선정
⑤ 배수 수직관　　　　　　　　　⑥ 냉방부하 계산
⑦ 회전문 설치　　　　　　　　　⑧ 진공환수식

(1) 연돌 효과(Stack Effect) : (　)　　(2) 종국유속(속도) : (　)
(3) 콜드 드래프트(Cold Draft) : (　)　(4) ADPI 지수 : (　)
(5) CLTD : (　)　　　　　　　　　　(6) 리프트 피팅(Lift Fitting) : (　)
(7) 공동현상 : (　)　　　　　　　　　(8) 역환수 방식(Reverse Return) : (　)

풀이

(1) 연돌 효과(Stack Effect) : (⑦)　　(2) 종국유속(속도) : (⑤)
(3) 콜드 드래프트(Cold Draft) : (①)　(4) ADPI 지수 : (④)
(5) CLTD : (⑥)　　　　　　　　　　(6) 리프트 피팅(Lift Fitting) : (⑧)
(7) 공동현상 : (②)　　　　　　　　　(8) 역환수 방식(Reverse Return) : (③)

용어	관계 깊은 것	설명
(1) 연돌 효과	⑦ 회전문 설치	출입문에 회전문을 설치하여 건물의 연돌효과를 방지한다.
(2) 종국유속(속도)	⑤ 배수 수직관	배수 수직관 내의 유속은 처음에는 급격히 증가하지만 어느 거리까지 내려가면 관 내벽의 마찰저항과 공기저항으로 더 이상 증가하지 않고 일정한 유속을 유지하게 되는데, 이 일정한 유속을 종국유속(終局流速)이라 한다.
(3) 콜드 드래프트	① 창가에 방열기(Radiator) 설치	냉기류이며, 방열기를 창가에 설치하여 겨울철 창가에서 내려오는 콜드 드래프트를 방지할 수 있다.
(4) ADPI 지수	④ 디퓨저(Diffuser) 선정	Air Diffusion Performance Index(공기확산 성능계수)이며, 취출구(디퓨저)의 성능을 나타낼 때 표기한다.
(5) CLTD	⑥ 냉방부하 계산	Cooling Lord Temperature Difference, 냉방부하 온도차라고 정의하며 벽체 구조에 따라 축열효과(시간지연)를 고려한 냉방부하계산법이다

용어	관계 깊은 것	설명
(6) 리프트 피팅	⑧ 진공환수식	진공환수식 난방장치에서 환수관이 방열기보다 높은 곳에 있을 때 리프트 피팅(Lift Fitting)을 설치하면 응축수를 끌어 올릴 수 있다.
(7) 공동현상	② 펌프 이상현상	Cavitation이라 하며, 액체가 굴곡부 또는 곡부를 흐를 때 그 액체의 증기압보다 낮은 저입·부분이 생겨 거기서 증기(기포)가 발생하는 현상
(8) 역환수 방식	③ 균등한 유량 분배	각 유니트마다 공급관에서부터 환수관까지의 총 길이를 동일하게 함으로써 배관저항을 같게 하여 각 유니트에 균등한 유량을 분배하는 배관 방식

06 다음 그림의 배관 평면도를 입체도로 그리시오. (단, 굽힘부분에서는 반드시 엘보를 사용한다)
(4점)

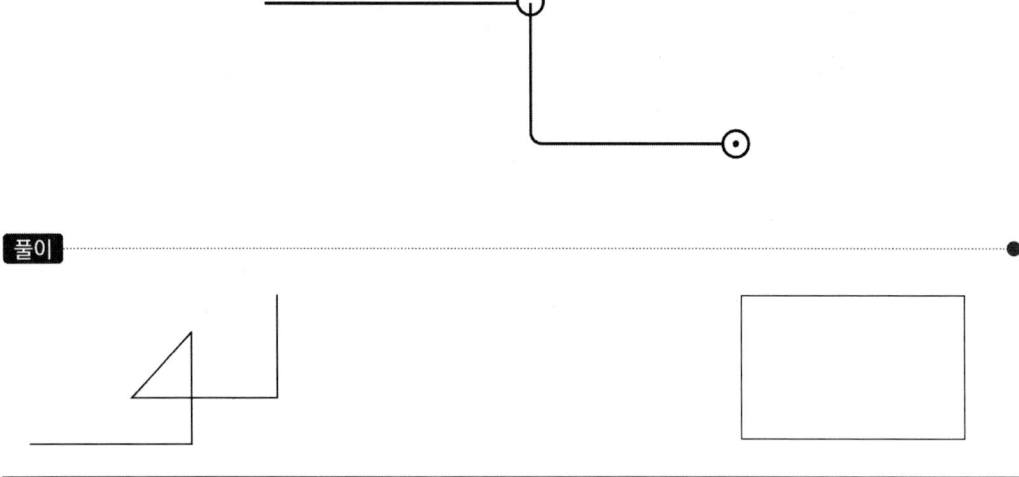

풀이

07 냉각수 순환펌프의 순환수량이 1300 L/min이고, 전양정이 20 m일 때 소요동력(kW)을 구하시오. (단, 펌프효율은 50 %이고, 동력전달 손실은 무시한다) (5점)

풀이

[소요동력]

$$L_d = \frac{\gamma \cdot H \cdot Q}{\eta} = \frac{9.8 \times 20 \times \frac{1300}{60} \times 10^{-3}}{0.5} = 8.493 ≒ 8.49 \text{ kW}$$

참고
- 물의 비중량 γ : 9.8 kN/m^3
- 동력전달 손실은 무시한다는 조건으로 볼 때 문제에서 요구하는 소요동력은 전동기 출력을 의미한다고 판단된다.

08 어떤 냉동장치의 증발기 출구상태가 건조포화 증기인 냉매를 흡입 압축하는 냉동기가 있다. 증발기의 냉동능력이 10 RT, 압축기의 체적효율이 65 %라고 한다면 이 압축기의 분당 회전수는 얼마인가? (단, 이 압축기는 기통 지름 : 120 mm, 행정 : 100 mm, 기통수 : 6 기통, 압축기 흡입증기의 비체적 : 0.15 m³/kg, 압축기 흡입증기의 엔탈피 624 kJ/kg, 압축기 토출증기의 엔탈피 : 687 kJ/kg, 팽창밸브 직후의 엔탈피 460 kJ/kg, 1 RT = 3.86 kW) (8점)

풀이

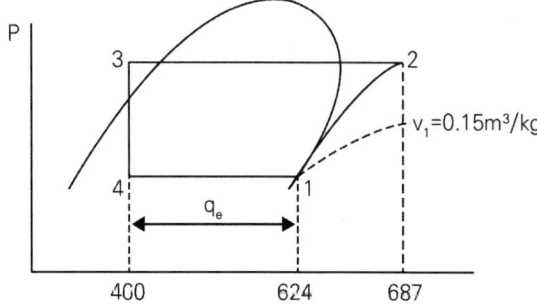

1) 피스톤 압출량 $V = \dfrac{\pi}{4} D^2 \cdot L \cdot n \cdot Z \cdot 60 \ \mathrm{m^3/h}$ 에서

2) 압축기 분당 회전수 $n = \dfrac{V}{\dfrac{\pi}{4} D^2 \cdot L \cdot Z \cdot 60} \ \mathrm{rpm}$

3) 냉동능력 $Q_e = G \cdot q_e = \rho V_{act} \cdot q_e = \dfrac{1}{v_1} V_{act} \cdot q_e$

   ($\eta_v = \dfrac{V_{act}}{V}$ 에서 $V_{act} = V \cdot \eta_v$) 이므로

   $Q_e = \dfrac{1}{v_1} V \cdot \eta_v \cdot q_e$ 에서

   $V = \dfrac{Q_e \cdot v_1}{\eta_v \cdot q_e}$ ·············· 이 값은 위 회전수식에 대입

4) 압축기 분당회전수 n

   $= \dfrac{Q_e \cdot v_1}{\dfrac{\pi}{4} D^2 \cdot L \cdot Z \cdot 60 \cdot \eta_v \cdot q_e} = \dfrac{(10 \times 3.86 \times 3600) \times 0.15}{\dfrac{\pi}{4} \times 0.12^2 \times 0.1 \times 6 \times 60 \times 0.65 \times (624 - 460)}$

   $= 480.251 \fallingdotseq 480.25 \ \mathrm{rpm}$

09 다음 그림은 서로 다른 증발온도에서 3종의 냉동부하가 동시에 발생하는 냉동장치를 나타낸 것이다. 이 냉동장치가 필요로 하는 압축기 축동력(kW)을 구하시오. (단, 압축기의 압축효율은 0.7, 기계효율은 0.9이며, 1 RT = 3.86 kW이다) (8점)

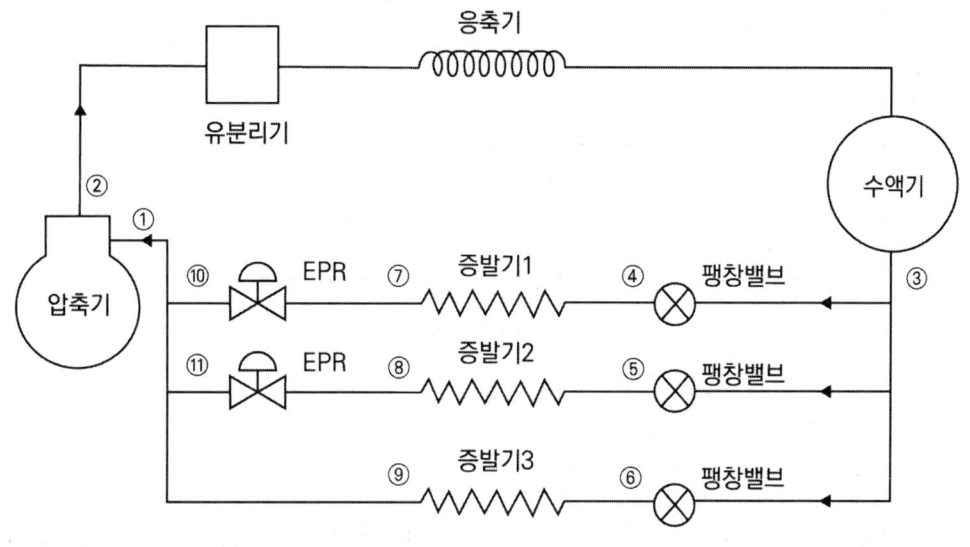

[조건]
1. 압축기 출구(②) 엔탈피 : 680 kJ/kg
2. 팽창밸브 입구(③) 엔탈피 : 456 kJ/kg
3. 증발기 1의 출구(⑦) 엔탈피 : 624 kJ/kg
4. 증발기 2의 출구(⑧) 엔탈피 : 620 kJ/kg
5. 증발기 3의 출구(⑨) 엔탈피 : 615 kJ/kg
6. 증발기 1의 냉동능력 : 1 RT
7. 증발기 2의 냉동능력 : 2 RT
8. 증발기 3의 냉동능력 : 2 RT

풀이

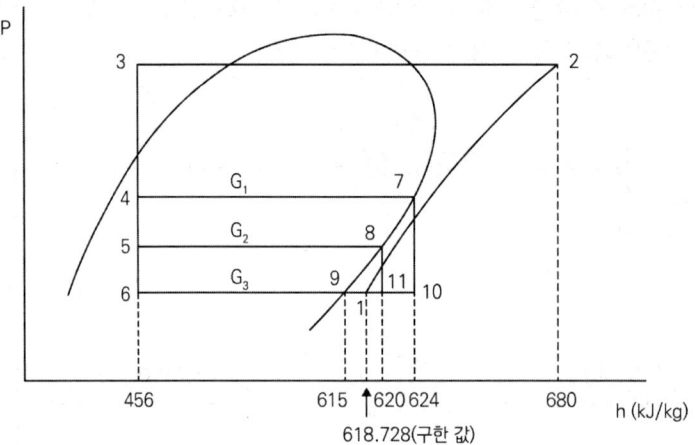

축동력 $L_b = \dfrac{(G_1 + G_2 + G_3) \times (h_2 - h_1)}{\eta_c \times \eta_m}$

G_1, G_2, G_3 및 h_1을 구하여 대입한다.

① 냉매순환량 : $G_1 = \dfrac{Q_{e1}}{h_7 - h_4} = \dfrac{Q_{e1}}{h_7 - h_3} = \dfrac{1 \times 3.86}{624 - 456} = 0.0229761 \fallingdotseq 0.022976 \ kg/s$

② 냉매순환량 : $G_2 = \dfrac{Q_{e2}}{h_8 - h_5} = \dfrac{Q_{e2}}{h_8 - h_3} = \dfrac{2 \times 3.86}{620 - 456} = 0.0470731 \fallingdotseq 0.047073 \ kg/s$

③ 냉매순환량 : $G_3 = \dfrac{Q_{e3}}{h_9 - h_6} = \dfrac{Q_{e3}}{h_9 - h_3} = \dfrac{2 \times 3.86}{615 - 456} = 0.485534 \fallingdotseq 0.048553 \ kg/s$

④ 혼합가스의 엔탈피(h_1)

$G_1 h_{10} + G_2 h_{11} + G_3 h_9 = (G_1 + G_2 + G_3) h_1$ 에서

$h_1 = \dfrac{G_1 h_{10} + G_2 h_{11} + G_3 h_9}{G_1 + G_2 + G_3}$ 에서

$h_{10} = h_7$, $h_{11} = h_8$ 이므로

$h_1 = \dfrac{(0.022976 \times 624) + (0.047073 \times 620) + (0.048553 \times 615)}{0.022976 + 0.047073 + 0.048553} = 618.728 \ kJ/kg$

⑤ 축동력 $L_b = \dfrac{(0.022976 + 0.047073 + 0.048553) \times (680 - 618.728)}{0.7 \times 0.9}$

$= 11.534 \fallingdotseq 11.53 \ kW$

10 다음 그림과 같은 장치로 공기조화를 할 때 주어진 공기선도와 조건을 이용하여 겨울철의 공기조화에 대한 각 물음에 답하시오. (단, 공기의 정압비열 = 1.01 kJ/kg·K이다) (10점)

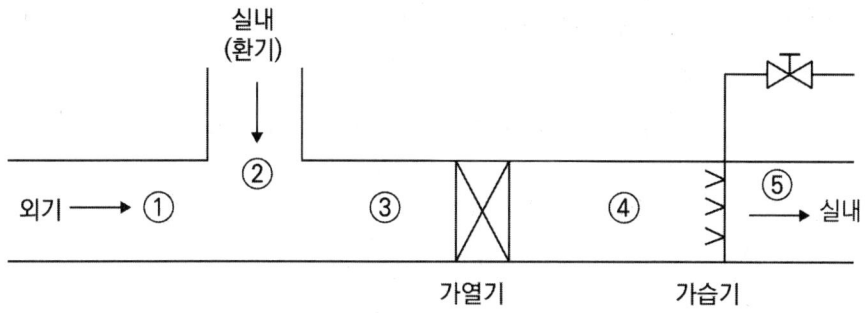

	$t(℃)$	$\phi(\%)$	$x(kg/kg')$	$h(kJ/kg)$
실내	20	50	0.00725	38.6
외기	4	35	0.00175	8.4
실내 손실열량	$q_s = 35.2\ \text{kW}, \ q_l = 15\ \text{kW}$			
송풍량	9000 kg/h			
외기량비	$K_F = 0.3$			
가습	증기분무 : 0.2 MPa, $h_u = 2700\ \text{kJ/kg}$			

(1) 현열비를 구하시오.

(2) 혼합 공기상태(t_3, h_3)를 구하시오.

(3) 취출 공기상태(t_5, h_5)를 구하시오.

(4) 공기 ④의 상태를 공기선도를 이용하여 온도(℃), 엔탈피(kJ/kg), 절대습도(kg/kg')를 구하시오.

(5) 가열기의 가열량(kW)을 구하시오.

(6) 가습열량(kW)을 구하시오.

풀이

(1) 현열비(SHF)

$$SHF = \frac{q_s}{q_t} = \frac{q_s}{q_s + q_\ell} = \frac{35.2}{35.2 + 15} = 0.701 ≒ 0.7$$

(2) 혼합 공기상태(t_3, h_3)

$$t_3 = \frac{G_1 t_1 + G_2 t_2}{G_3} = \frac{(9000 \times 0.3 \times 4) + (9000 \times 0.7 \times 20)}{9000} = 15.2\,℃$$

열평형식 $G_3 h_3 = G_1 h_1 + G_2 h_2$에서

$$h_3 = \frac{G_1 h_1 + G_2 h_2}{G_3} = \frac{(9000 \times 0.3 \times 8.4) + (9000 \times 0.7 \times 38.6)}{9000} = 29.54\,kJ/kg$$

(3) 취출 공기상태(t_5, h_5)

$$q_s = G \cdot C_p \cdot (t_5 - t_2)$$에서

$$t_5 = t_2 + \frac{q_s}{G \cdot C_P} = 20 + \frac{35.2 \times 3600}{9000 \times 1.01} = 33.94\,℃$$

$$q_t = G \cdot (h_5 - h_2)$$에서

$$h_5 = h_2 + \frac{q_t}{G} = 38.6 + \frac{(35.2 + 15) \times 3600}{9000} = 58.68\,kJ/kg$$

(4) 공기 ④의 상태(t_4, h_4, x_4) : 공기선도를 작도하여 ④점의 상태값을 찾기

①점 : 4 ℃, 35 %   ②점 : 20 ℃, 50 %   ③점 : 15.2 ℃

⑤점 : ②점에서 SHF = 0.7선과 평행선을 긋고 33.94 ℃와 만나는 점이 ⑤점

④점 : ⑤점에서 u = 2700선과 평행선을 긋고 ③에서 그은 수평선과 만나는 점이 ④점

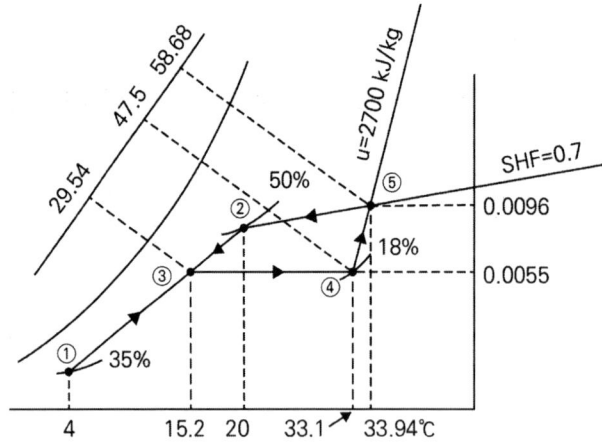

1) 온도 t_4 = 33.1 ℃   2) 엔탈피 h_4 = 47.5 kJ/kg   3) 절대습도 x_4 = 0.0055 kg/kg'

(5) 가열기의 가열량(q_h)

$q_h = G \cdot C_P \cdot (t_4 - t_3) = \dfrac{9000 \times 1.01 \times (33.1 - 15.2)}{3600} = 45.197 ≒ 45.20 \text{ kW}$

또는 $q_h = G(h_4 - h_3) = \dfrac{9000 \times (47.5 - 29.54)}{3600} = 44.9 \text{ kW}$

(6) 가습열량(q)

$q = G \cdot (h_5 - h_4) = \dfrac{9000 \times (58.68 - 47.5)}{3600} = 27.95 \text{ kW}$

11 다음 그림과 같은 2중 덕트 장치도를 보고 공기선도에 각 상태점을 나타내어 흐름도를 완성시키시오.

(6점)

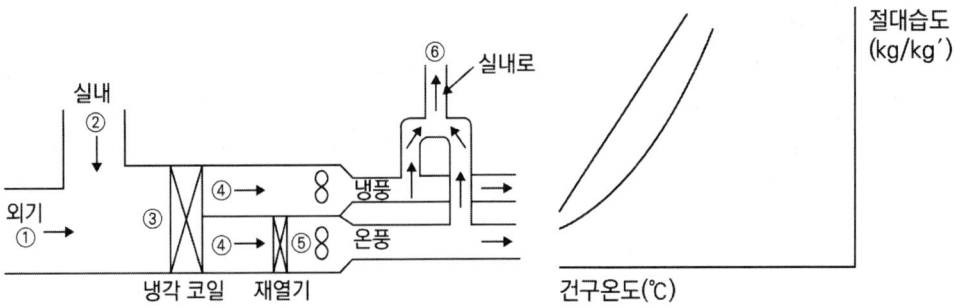

풀이

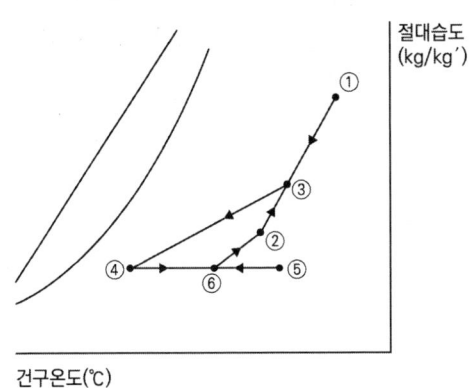

12 3상 유도전동기 정역회로 동작 플로우를 보기에서 찾아 빈칸(① ~ ⑤)을 채우시오. (5점)

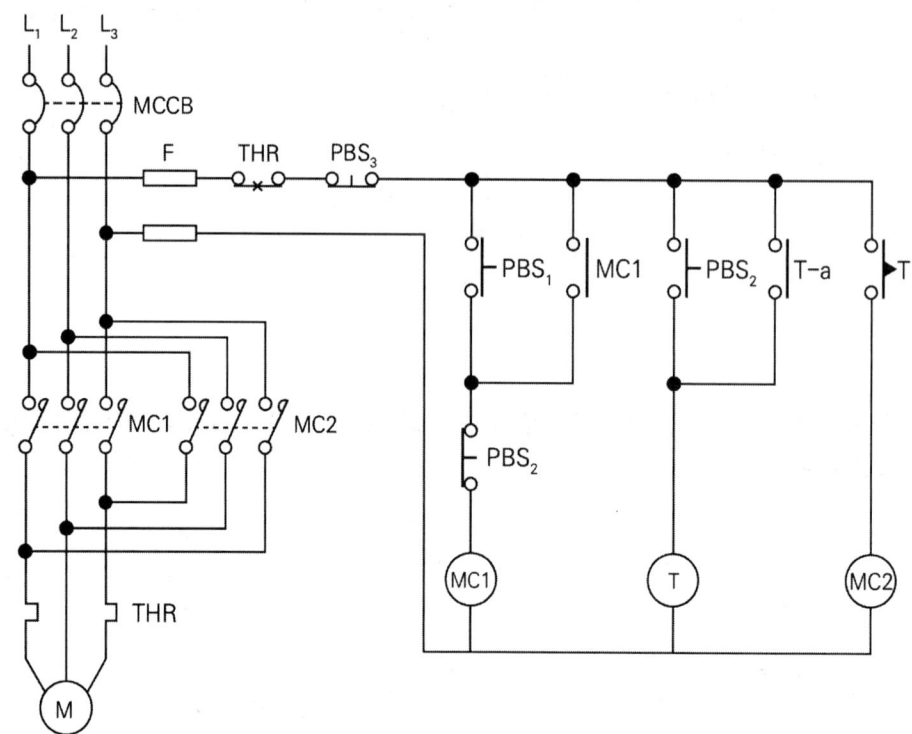

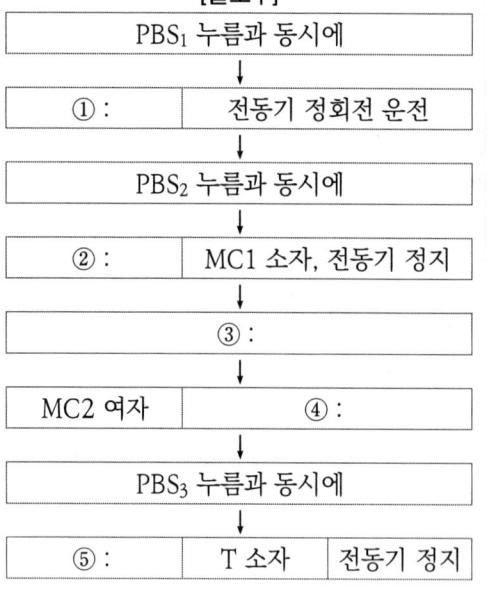

[플로우]

PBS₁ 누름과 동시에	
① :	전동기 정회전 운전
PBS₂ 누름과 동시에	
② :	MC1 소자, 전동기 정지
③ :	
MC2 여자	④ :
PBS₃ 누름과 동시에	
⑤ :	T 소자	전동기 정지

[보기]

MC1 여자	전동기 정회전 운전
MC1 소자	전동기 역회전 운전
MC2 여자	THR 동작
MC2 소자	T초(세팅시간) 후
T 여자	
T 소자	

풀이

① : MC1 여자, ② : T 여자, ③ : T초(세팅시간) 후, ④ : 전동기 역회전, ⑤ : MC2 소자

참고 PBS(푸시버튼 스위치) 구조

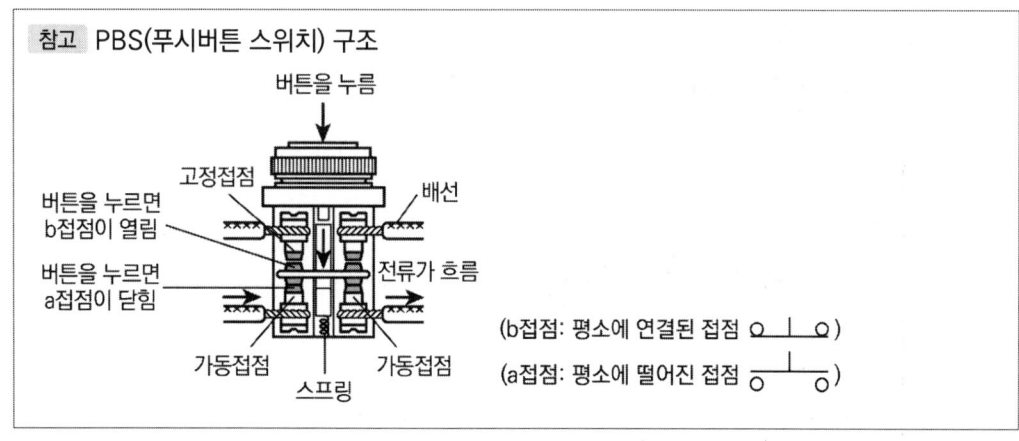

13 다음 그림은 2단압축 1단팽창 냉동사이클을 나타낸 것이다. 저단 측 냉매순환량이 100 kg/h일 때 다음을 구하시오. (10점)

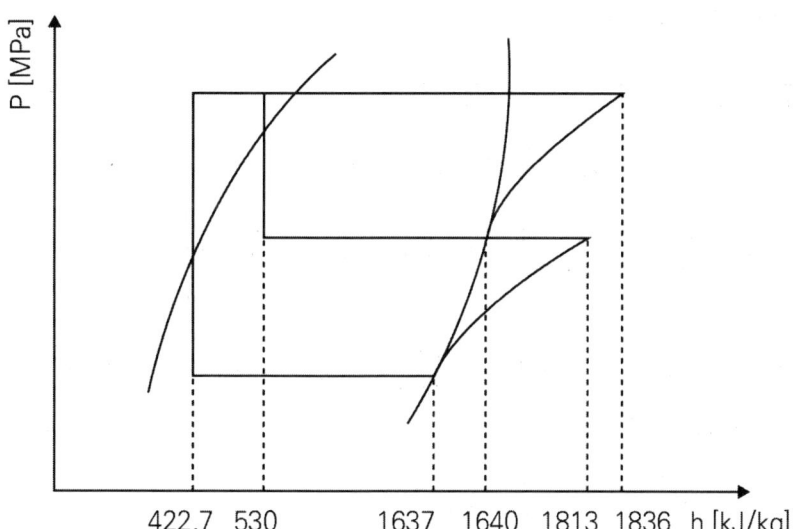

(1) 저단 압축기의 소요동력(kW)

(2) 고단 압축기의 소요동력(kW)

(3) 냉동능력(kW)

(4) 냉동사이클의 성적계수

풀이

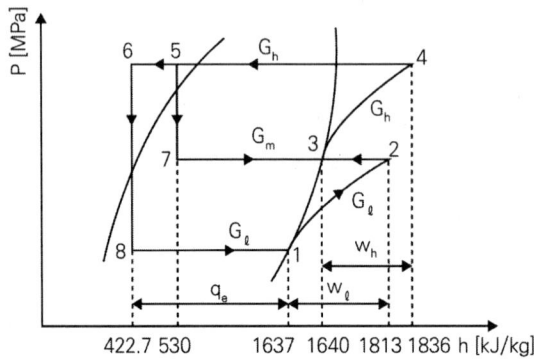

(1) 저단 압축기의 소요동력

$$W_\ell = G_\ell \times w_\ell = G_\ell(h_2 - h_1) = \frac{100}{3600} \times (1813 - 1637) = 4.888 ≒ 4.89\,\text{kW}$$

(2) 고단 압축기의 소요동력

$$\frac{G_h}{G_\ell} = \frac{h_2 - h_6}{h_3 - h_7} \text{에서 } G_h = G_\ell \frac{h_2 - h_6}{h_3 - h_7}$$

$$W_h = G_h \times w_h = G_\ell \frac{h_2 - h_6}{h_3 - h_7} \times (h_4 - h_3)$$

$$= \frac{100}{3600} \times \frac{1813 - 422.7}{1640 - 530} \times (1836 - 1640) = 6.819 ≒ 6.82\,\text{kW}$$

(3) 냉동능력

$$Q_e = G_\ell \times q_e = G_\ell(h_1 - h_8) = \frac{100}{3600} \times (1637 - 422.7) = 33.73\,\text{kW}$$

(4) 냉동사이클의 성적계수

$$COP = \frac{Q_e}{W_\ell + W_h} = \frac{33.73}{4.89 + 6.82} = 2.88$$

14 다음 그림과 같이 2대의 증발기를 가진 냉동장치에서 핫가스 제상(Hot Gas Defrost)을 위한 배관을 완성하고, 필요한 밸브를 그려 넣으시오. (7점)

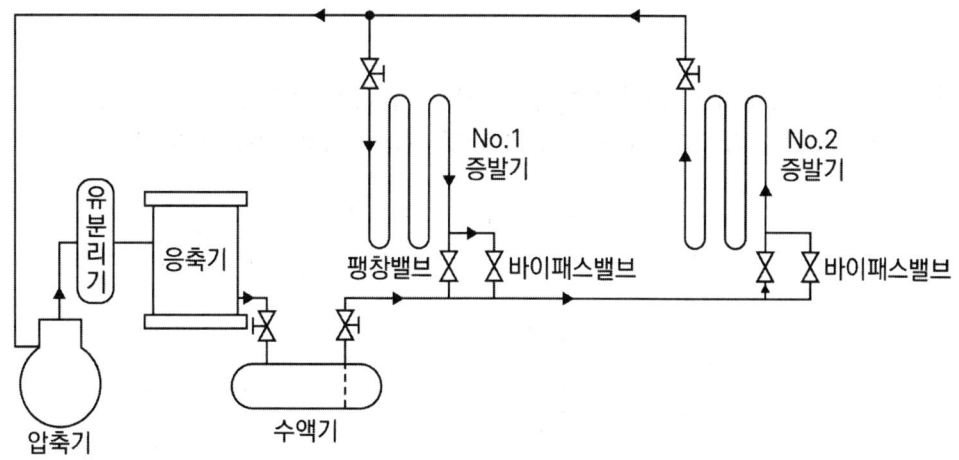

> 풀이

(1) 배관 완성

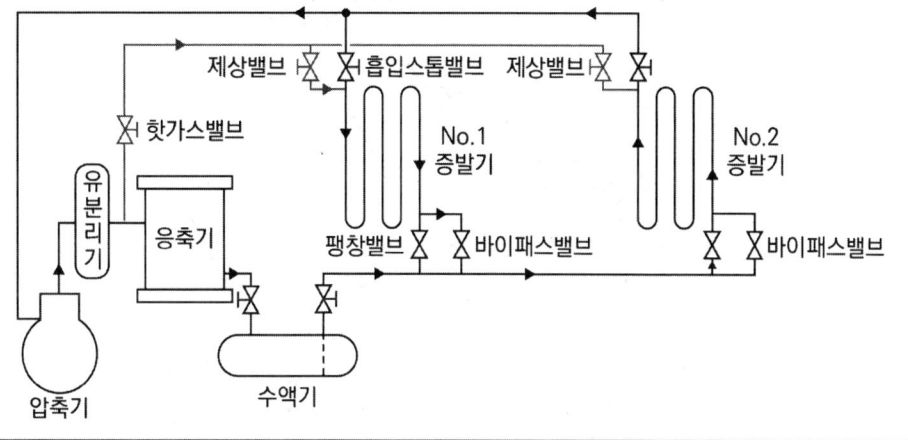

01 아래 그림은 2중덕트 방식을 사용하는 장치도의 공기 상태변화를 습공기 선도에 나타낸 것이다. 주어진 조건을 이용하여 각 물음에 답하시오. (단, 덕트에 의한 열 취득은 없다고 본다) (8점)

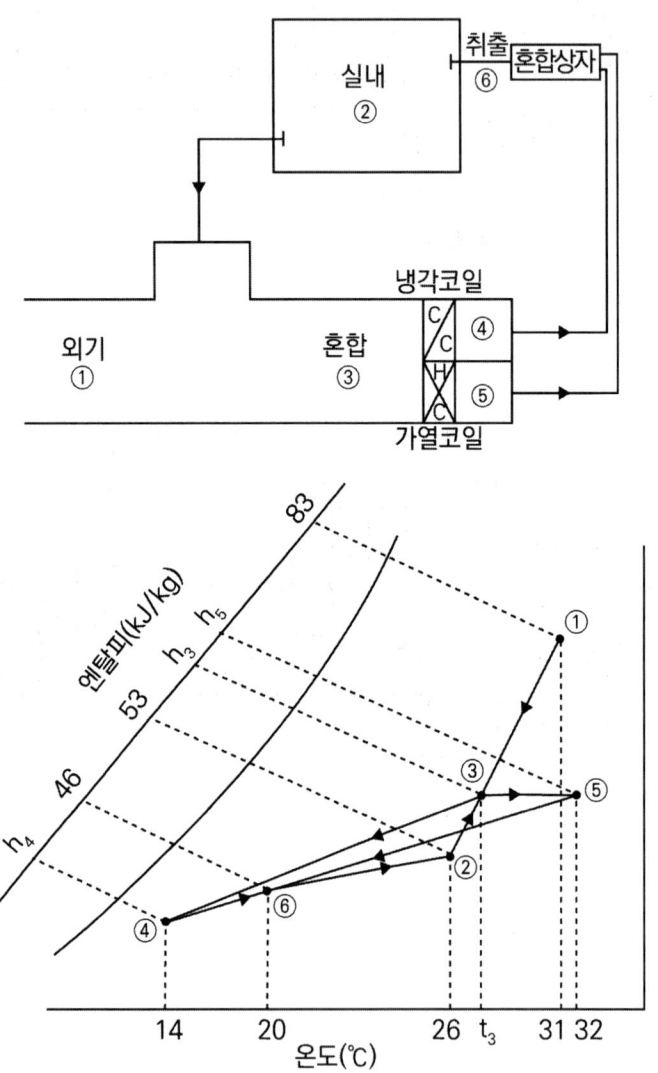

[조건]
1. 공기 비열 : 1.01 kJ/kg·℃
2. 공기 밀도 : 1.2 kg/m³
3. 실내온도 26 ℃, 엔탈피 53 kJ/kg
4. 외기온도 31 ℃, 엔탈피 83 kJ/kg
5. 전풍량(총 공기 순환량) : 7200 kg/h
6. 외기량 : 1800 kg/h
7. 냉각코일 출구온도 : 14 ℃
8. 가열코일 출구온도 : 32 ℃
9. 혼합상자 취출점 : 온도 20 ℃, 엔탈피 46 kJ/kg

가. 외기와 환기의 혼합공기 온도 t_3(℃)와 엔탈피 h_3(kJ/kg)를 구하시오.

나. 냉각코일을 통과하는 풍량(m^3/h)을 구하시오.

다. 외기부하(kW)를 구하시오.

라. 실내부하(kW)를 구하시오.

마. 가열코일부하(kW)를 구하시오.

바. 냉각코일부하(kW)를 구하시오.

풀이

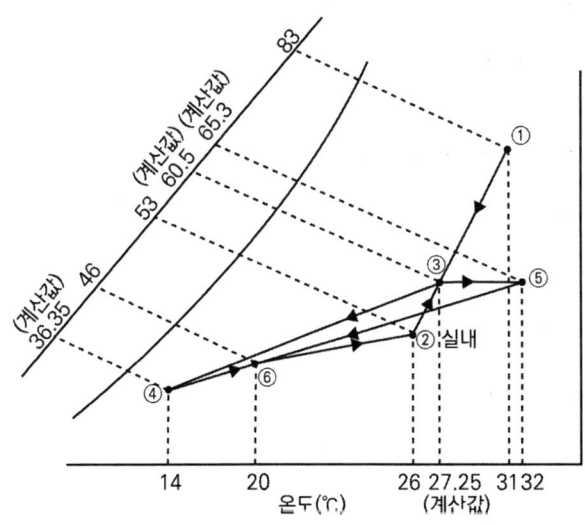

가. 외기와 환기의 혼합공기 온도 t_3(℃)와 엔탈피 h_3(kJ/kg)

1. 외기와 환기의 혼합공기 온도 t_3(℃)

$$\therefore \text{혼합공기온도 } t_3 = \frac{G_1 t_1 + G_2 t_2}{G_3} = \frac{1800 \times 31 + (7200-1800) \times 26}{7200} = 27.25 \text{ ℃}$$

2. 외기와 환기의 혼합공기 엔탈피 h_3(kJ/kg)

$$\therefore \text{혼합공기엔탈피 } h_3 = \frac{G_1 h_1 + G_2 h_2}{G_3} = \frac{1800 \times 83 + (7200-1800) \times 53}{7200}$$
$$= 60.5 \text{ kJ/kg}$$

나. 냉각코일을 통과하는 풍량(m³/h)

$$G_4 G_p t_4 + G_5 C_p t_5 = G_6 C_p t_6$$

여기서 G_4 : 냉각코일 통과 풍량, G_5 : 가열코일 통과 풍량

$$G_4 t_4 + (G_6 - G_4) t_5 = G_6 t_6$$
$$G_4 (t_4 - t_5) = G_6 (t_6 - t_5)$$
$$G_4 = \frac{G_6 (t_6 - t_5)}{(t_4 - t_5)} = \frac{7200 \times (20-32)}{(14-32)} = 4800 \text{ kg/h}$$

$$\therefore \text{냉각코일 통과풍량 } Q_4 = \frac{G_4}{\rho} = \frac{4800}{1.2} = 4000 \text{ m}^3/\text{h}$$

다. 외기부하(kW)

[풀이 1]

외기부하 = 외기량 × (외기 엔탈피 - 실내공기 엔탈피)

$$= \frac{1800}{3600} \times (83-53) = 15 \text{ kW}$$

[풀이 2]

외기부하 = 전풍량 × (혼합공기 엔탈피 - 실내공기 엔탈피)

$$= \frac{7200}{3600} \times (60.5-53) = 15 \text{ kW}$$

라. 실내부하(kW)

실내부하 = 전풍량 × (실내공기 엔탈피 - 취출공기 엔탈피)

$$= \frac{7200}{3600} \times (53-46) = 14 \ kW$$

마. 가열코일부하(kW)

가열코일부하 $= G_5 \cdot C_p \cdot (t_5 - t_3)$

$= \dfrac{7200 - 4800}{3600} \times 1.01 \times (32 - 27.25) = 3.198 ≒ 3.2 \, \text{kW}$

G_5 : 가열코일 통과 풍량

바. 냉각코일부하(kW)

h_4를 구하기 위해 가열코일부하로부터 h_5를 구한 후 h_4를 구한다.

가열코일부하$= G_5(h_5 - h_3)$

따라서,

① h_5

$h_5 = h_3 + \dfrac{가열코일부하}{G_5} = 60.5 + \dfrac{3.2 \times 3600}{2400} = 65.3 \, \text{kJ/kg}$

② h_4

$h_4 = \dfrac{G_6 h_6 - G_5 h_5}{G_4} = \dfrac{7200 \times 46 - 2400 \times 65.3}{4800} = 36.32 \, \text{kJ/kg}$

③ 냉각코일부하 : $G_4(h_3 - h_4)$

∴ 냉각코일부하 $= G_4(h_3 - h_4) = \dfrac{4800}{3600} \times (60.5 - 36.35) = 32.2 \, \text{kW}$

G_4 : 냉각코일 통과 풍량

02 아래 그림은 2단압축 1단 및 2단팽창 장치의 개략도이다. 이 냉동장치의 계통도를 완성하시오. (단, 계통도에 중간냉각기, 증발기, 팽창밸브를 그리고 기기 명칭도 기재하시오) (10점)

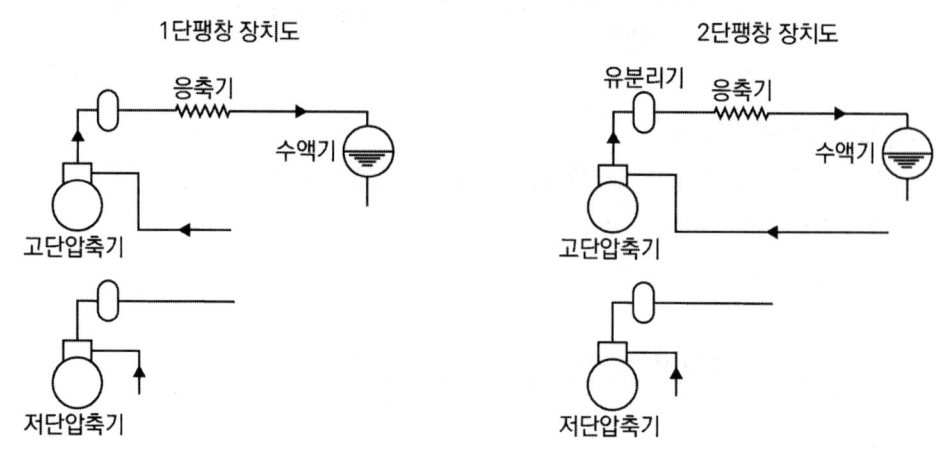

풀이

냉동장치도 완성

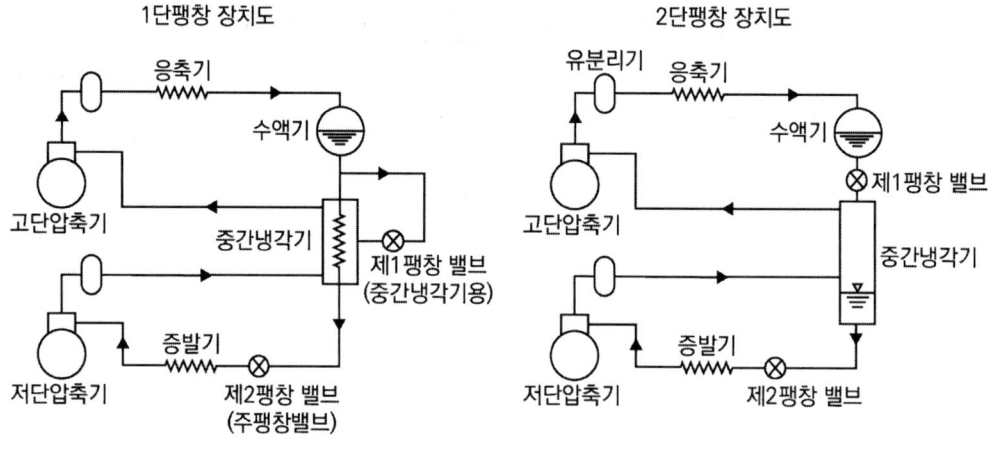

03
다음 설계조건을 이용하여 각 부분의 손실열량을 시각별(10시, 12시)로 각각 구하시오. (8점)

[조건]
1. 공조시간 : 10시간
2. 외기 : 10시 31 ℃, 12시 33 ℃
3. 인원 : 6인
4. 실내설계 온·습도 : 26 ℃, 50 %
5. 조명(형광등) : 20 W/m² (단, 계수는 고려하지 않는다)
6. 각 구조체의 열통과율
   외벽 3.5 W/m²·℃, 칸막이벽 2.3 W/m²·℃, 유리창 5.8 W/m²·℃
7. 인체에서의 발열량
   현열 62.8 W/인, 잠열 68.6 W/인
8. 유리 일사량(W/m²)

	10시	12시
일사량	360.5	52.3

9. 상당 온도차(℃)

	N	E	S	W	유리	내벽온도차
10시	5.5	12.5	3.5	5.0	5.5	2.5
12시	4.7	20.0	6.6	6.4	6.5	3.5

10. 유리창 차폐계수 $k_s = 0.70$

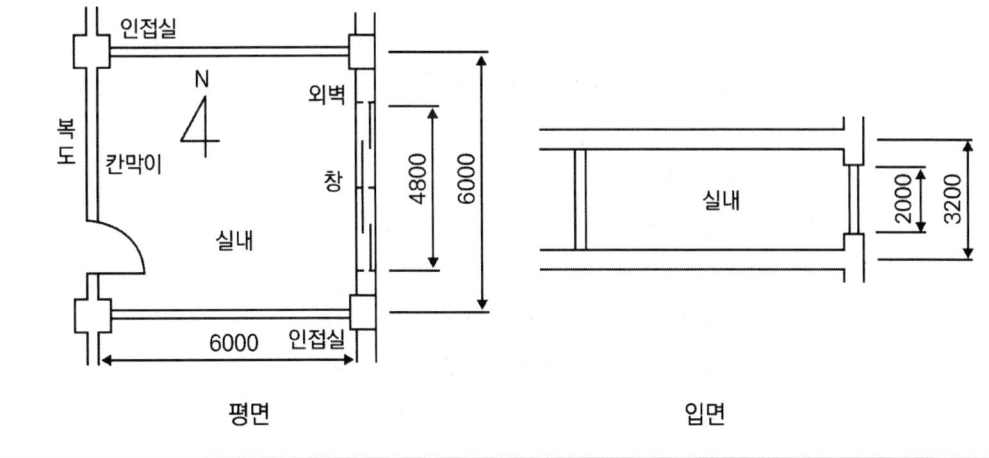

평면   입면

가. 동쪽 외벽부하(W)

나. 칸막이벽과 문에 대한 내벽부하(W) (단, 문의 열통과율은 칸막이벽과 동일)

다. 유리창부하(W) (단, 일사량과 전도열량을 고려하시오)

라. 조명부하(W)

마. 인체부하(W)

풀이

가. 동쪽 외벽부하(W) $q_W = K \cdot A \cdot \triangle t_e$
- 10시 : $q_W = 3.5 \times (6 \times 3.2 - 4.8 \times 2) \times 12.5 = 420\,W$
- 12시 : $q_W = 3.5 \times (6 \times 3.2 - 4.8 \times 2) \times 20 = 672\,W$

나. 칸막이벽과 문에 대한 내벽부하(W)
- 10시 : $q_W = 2.3 \times (6 \times 3.2) \times 2.5 = 110.4\,W$
- 12시 : $q_W = 2.3 \times (6 \times 3.2) \times 3.5 = 154.56\,W$

다. 유리창부하(W) $q_G = $ 일사부하(q_{GR}) + 관류부하(q_{GT})

〈일사량〉
- 10시 : $q_{GR} = I_{GR} \cdot A \cdot k_s = 360.5 \times (4.8 \times 2.0) \times 0.7 = 2422.56\,W$

  $q_{GT} = K \cdot A \cdot \triangle t_e = 5.8 \times (4.8 \times 2.0) \times 5.5 = 306.24\,W$

  $\therefore q_H = 2422.56 + 306.24 = 2728.8\,W$

- 12시 : $q_{GR} = I_{GR} \cdot A \cdot k_s = 52.3 \times (4.8 \times 2.0) \times 0.7 = 351.46\,W$

  $q_{GT} = K \cdot A \cdot \triangle t_e = 5.8 \times (4.8 \times 2.0) \times 6.5 = 361.92\,W$

  $\therefore q_H = 351.46 + 361.92 = 713.38\,W$

※ 상당온도차가 주어지지 않았을 경우, 실내·외 온도차($\triangle t$)로 계산한다.

라. 조명부하(W) $q_E = W \times f$ [형광등](조건에 따라 계수 1.2는 고려하지 않는다)
- 10시, 12시 : $q_E = (6 \times 6 \times 20) \times 1 = 720\,W$

마. 인체부하(W) $q_H = q_{HS} + q_{HL}$
- 10시, 12시 : $q_{HS} = n \cdot H_S = 6 \times 62.8 = 376.8\,W$

  $q_{HL} = n \cdot H_L = 6 \times 68.6 = 411.6\,W$

  $\therefore q_H = 376 + 411.6 = 788.4\,W$

04 다음 그림은 R-502냉매를 사용하는 냉동장치의 P-h선도를 나타낸 것이다. 이 냉동장치의 피스톤 토출량(V)이 66 m³/h, 체적효율(η_V)이 0.7일 때 다음 물음에 답하시오. (10점)

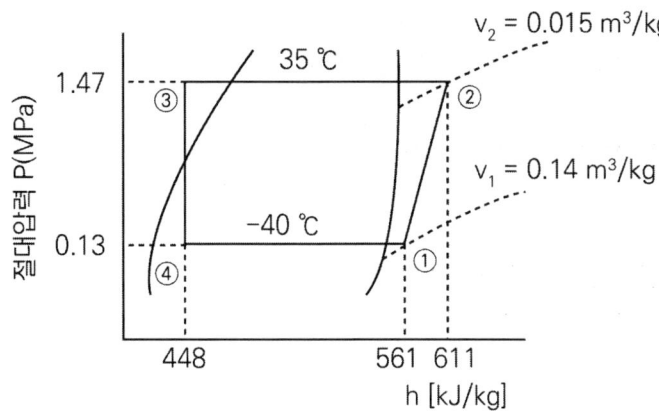

가. 실제 냉매순환량(kg/h)을 구하시오.

나. 냉동능력(kW)을 구하시오.

다. 실제 성적계수를 구하시오.

라. 압축기의 압축비를 구하시오.

풀이

가. 실제 냉매순환량(G)

$$G = V \times \eta_V \times \frac{1}{v_1} = 66 \times 0.7 \times \frac{1}{0.14} = 330 \text{ kg/h}$$

나. 냉동능력(Q_e)

$$Q_e = G \times (h_1 - h_4) = \frac{330}{3600} \times (561 - 448) = 10.358 \fallingdotseq 10.36 \text{ kW}$$

다. 실제 성적계수(COP)

$$\text{COP} = \frac{q_e}{w} = \frac{h_1 - h_4}{h_2 - h_1} = \frac{561 - 448}{611 - 561} = 2.26$$

라. 압축비(α)

$$\alpha = \frac{P_2}{P_3} = \frac{1.47}{0.13} = 11.307 \fallingdotseq 11.31$$

05 덕트의 소음 방지법을 3가지 쓰시오. (6점)

풀이

1. 송풍기 입구 및 출구쪽에 소음기를 설치한다.
2. 덕트의 도중에 흡음재를 부착한다.
3. 댐퍼나 취출구에 흡음재를 부착한다.
4. 소음 챔버를 설치한다.
5. 최대한 풍속을 낮춘다.
6. 덕트의 단면을 급격하게 변화시키지 않는다.

위 6가지 중 3가지 기술하면 정답

06 시로코팬에서 공기 200 m³/min을 전압 588.6 Pa로 송풍하기 위한 송풍기의 축동력(kW)을 구하시오. (단, 송풍기의 전압효율은 70 %이고, 다른 동력손실은 무시한다) (4점)

풀이

$$\text{축동력} = \frac{P_T \cdot Q}{\eta_T} = \frac{588.6 \times 10^{-3} \times \frac{200}{60}}{0.7} = 2.802 ≒ 2.80 \text{ kW}$$

07

냉매의 표기 방법에 대한 다음 설명에서 ( ) 안에 들어갈 알맞은 말을 쓰시오. (6점)

[조건]

냉매를 표기할 때 화학명을 그대로 쓰면 복잡하고 불편하기 때문에 국제표준화기구(ISO)에서 정하는 방법에 따라 번호를 부여하여 냉매(Refrigerants)의 머리글자를 따서 'R + number'의 형태로 표기한다. 때로는 '프레온22'와 같이 제조회사의 상품명에 냉매번호를 붙이기도 하지만 공식적인 명칭은 다음과 같은 방법에 따라 표기하는 것이 원칙이다.

- 공비혼합냉매는 (①)번대의 번호로 개발된 순서대로 번호가 부여된다.
- (②)은(는) 400번대의 번호로 표시하며, 혼합냉매를 이루고 있는 구성냉매의 번호 및 질량 조성비를 명시한다. 이때 (③)이(가) 낮은 것부터 먼저 명시하는 것이 관례이다.
- (④)은(는) 600번대의 번호로 부탄계, 산소화합물, 질소화합물 등이 포함된다.
- 무기화합물 냉매는 (⑤)번대의 번호로 표시하며 뒤의 두 자리는 분자량을 사용하며 암모니아, 물, 이산화탄소 등이 이에 해당한다.
- 불포화 유기화합물 냉매는 (⑥)번대의 번호로 표시하며, 100단위 이하는 할로카본 냉매의 번호를 붙이는 방법을 따른다.

풀이

① 500　　② 비공비혼합 냉매
③ 비등점　④ 유기화합물 냉매
⑤ 700　　⑥ 1000

08 건구온도 25 ℃, 상대습도 50 % 2000 kg/h의 공기를 15 ℃로 냉각할 때와 35 ℃로 가열할 때 필요한 열량(kW)을 공기선도를 이용하여(각 상태 표시) 구하시오. (단, 절대습도는 일정하고 공기 정압비열은 1.01 kJ./kg·℃이다) (8점)

풀이

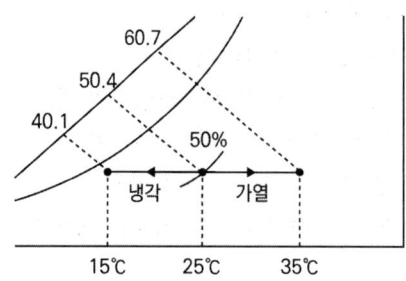

가. 냉각열량(q)

[풀이 1] $q = G \cdot C_p \cdot \triangle t = \dfrac{2000}{3600} \times 1.01 \times (25-15) = 5.611 ≒ 5.61 \, \mathrm{kW}$

[풀이 2] $q = G \cdot \triangle h = \dfrac{2000}{3600} \times (50.4 - 40.1) = 5.722 ≒ 5.72 \, \mathrm{kW}$

나. 가열열량(q)

[풀이 1] $q = G \cdot C_p \cdot \triangle t = \dfrac{2000}{3600} \times 1.01 \times (35-25) = 5.611 ≒ 5.61 \, \mathrm{kW}$

[풀이 2] $q = G \cdot \triangle h = \dfrac{2000}{3600} \times (60.7 - 50.4) = 5.722 ≒ 5.72 \, \mathrm{kW}$

※ 선도에서 읽은 온도 또는 엔탈피 사이에 오차가 있으나 계산과정이 맞으면 정답이다.

09 다음 용어를 설명하시오. (5점)

가. 플래시가스(Flash Gas)

나. 액백(Liquid Back)

다. 안전두(Safety Head)

라. 펌프다운(Pump Down)

마. 펌프아웃(Pump Out)

> **풀이**

가. 플래시가스(Flash Gas)
- 증발기가 아닌 곳에서 증발한 냉매가스를 플래시가스라고 한다.
- 방지대책으로는 액-가스 열교환기를 이용하여 냉매액을 과냉각시키거나, 액관이나 밸브류의 규격을 충분히 크게 하여 압력손실을 작게 한다.

나. 액백(Liquid Back)
증발기의 냉매액이 전부 증발하지 못하고, 액체상태로 압축기로 흡입되는 현상을 말한다.

다. 안전두(Safety Head)
- 액압축 시 압축기 파손을 방지하기 위해 압축기의 실린더 상부에 설치한 안전장치이다.

라. 펌프다운(Pump Down)
- 냉동장치의 저압 측을 수리하거나 장기간 휴지(정지) 시에 저압 측의 냉매를 고압 측의 수액기로 회수하는 것(운전)을 펌프다운이라 한다.

마. 펌프아웃(Pump Out)
- 냉동장치의 고압 측을 수리할 때 냉매를 저압 측 증발기 또는 외부 용기에 모아 보관하는 것(운전)을 펌프아웃이라 한다.

10 아래 그림과 같이 2대의 증발기가 압축기 위쪽에 위치하고 동일한 위치에 설치되어 있다. 프레온 증발기 출구와 압축기 흡입구 배관을 연결하는 배관 계통을 완성하시오. (단, 그림에서 점선 ------- 은 증발기 상부와 하부의 기준선을 나타낸 것이다) (10점)

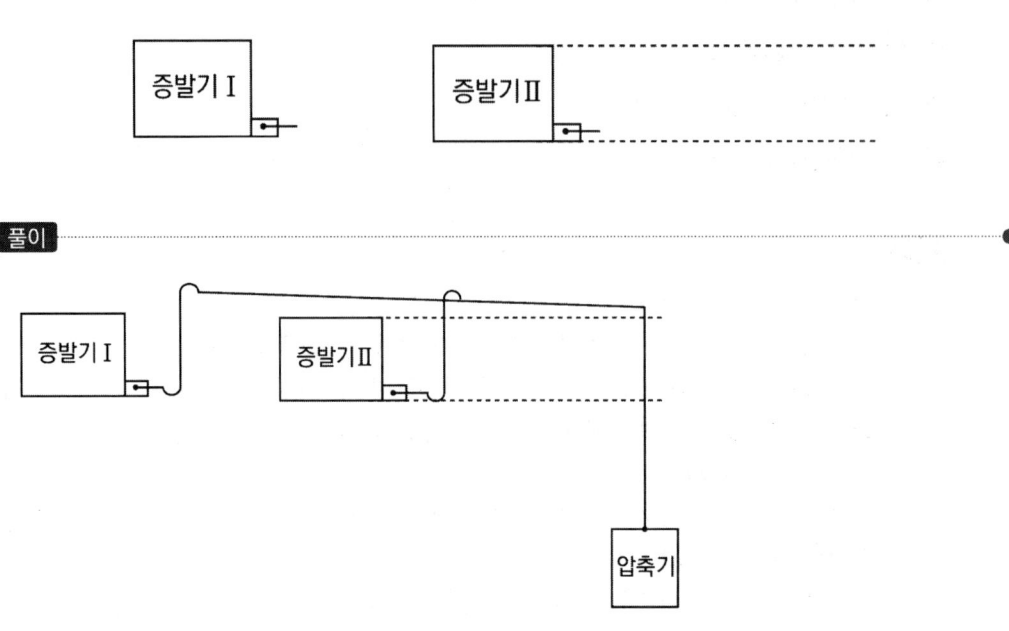

풀이

11 수냉 횡형 쉘 앤 튜브(Shell and Tube) 응축기가 다음과 같은 조건에서 운전되는 경우 필요한 냉각면적(m²)을 구하시오. (단, 냉각관의 열전도저항은 무시한다) (6점)

[조건]
1. 냉매 측 열전달률 : $4.1\ kW/m^2 \cdot ℃$
2. 오염계수 : $0.1\ m^2 \cdot ℃/kW$
3. 물 측 열전달률 : $1.4\ kW/m^2 \cdot ℃$
4. 냉각능력 : 25 RT (1 RT = 3.86 kW)
5. 압축기 소요동력 : 25 kW
6. 냉매와 물과의 평균온도차 : 6 ℃

풀이

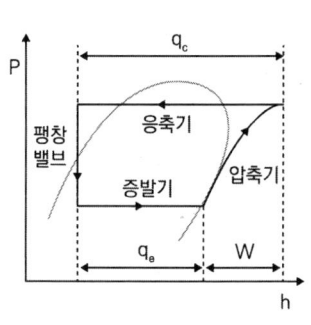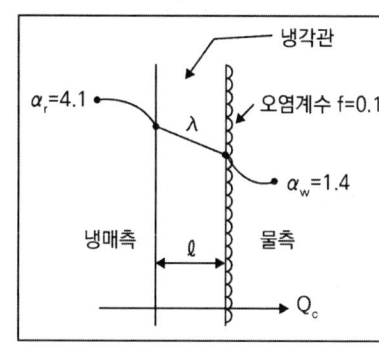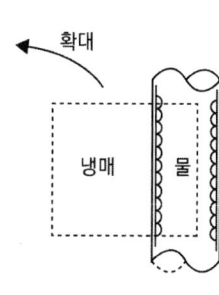

응축열량 $Q_c = K \cdot A \cdot \triangle t_m = Q_e + W$

$A = \dfrac{Q_e + W}{K \cdot \triangle t_m}$

$\dfrac{1}{K} = \dfrac{1}{\alpha_r} + \dfrac{\ell}{\lambda} + f + \dfrac{1}{\alpha_w}$ (열전도 저항은 무시하므로 $\dfrac{\ell}{\lambda} = 0$)

$\dfrac{1}{K} = \dfrac{1}{4.1} + 0 + 0.1 + \dfrac{1}{1.4} = 1.058188$

$K = \dfrac{1}{1.058188} = 0.945\ kW/m^2 \cdot ℃$

∴ 냉각면적 $A = \dfrac{(25 \times 3.86 + 25)}{0.945 \times 6} = 21.428 ≒ 21.43\ m^2$

12 다음 그림은 R-22 냉매를 사용하는 냉동장치도의 개략도이다. 이 장치의 각 지점에서의 엔탈피가 아래 표와 같을 때 다음 물음에 답하시오. (단, 배관에서의 열손실은 무시한다)

(7점)

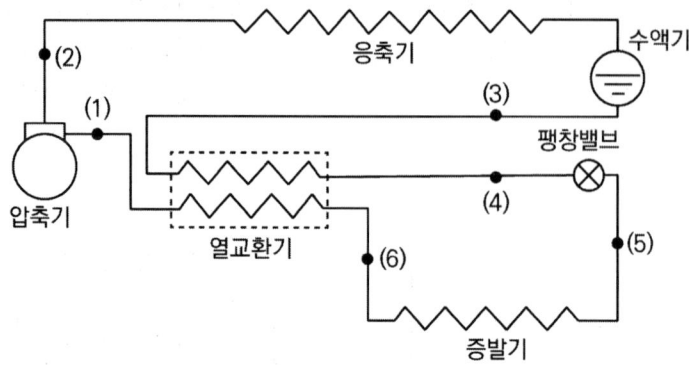

지점	엔탈피(kJ/kg)
2	688.6
3	452.1
4	439.5
6	607

가. 냉동장치도의 냉매 상태점과 엔탈피(kJ/kg)를 아래의 p-h 선도에 나타내시오.

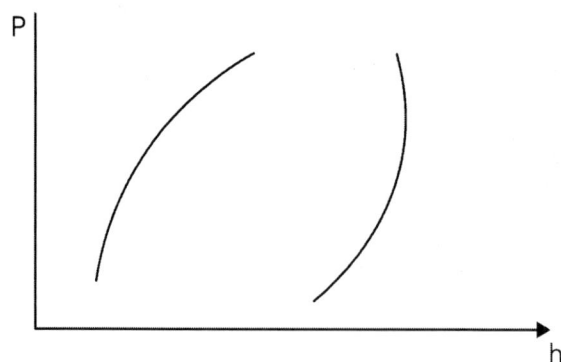

나. 장치도의 운전상태가 다음과 같을 때 압축기 축동력(kW)을 구하시오.

[조건]
1. 냉매순환량 : 50 kg/h
2. 압축효율 : 0.55
3. 기계효율 : 0.9

풀이

가.

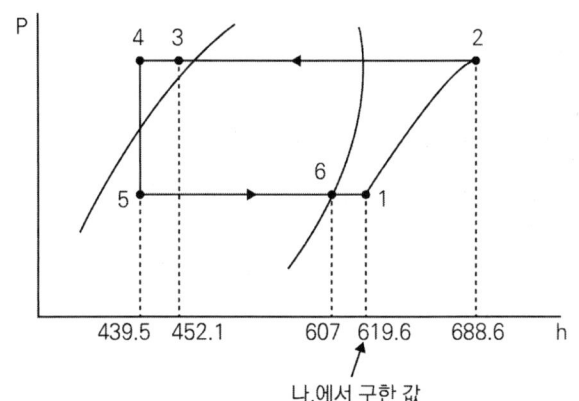

나.에서 구한 값

나. 압축기의 축동력(L_b)

$$L_b = \frac{\dfrac{G}{3600} \times (h_2 - h_1)}{\eta_c \times \eta_m} \text{ kW}$$

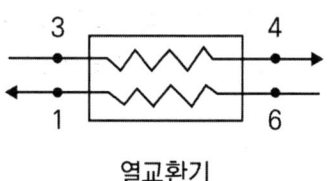

열교환기

열교환기에서 h_1을 구하면

$(h_3 - h_4) = (h_1 - h_6)$

$h_1 = (h_3 - h_4) + h_6 = (452.1 - 439.5) + 607 = 619.6 \text{ kJ/kg}$

$\therefore L_b = \dfrac{\dfrac{50}{3600} \times (688.6 - 619.6)}{0.55 \times 0.9} = 1.936 ≒ 1.94 \text{ kW}$

13 일반적인 냉동장치에서 구성 순서에 알맞게 설비를 보기에서 선택하여 기입하시오. (6점)

[보기]
건조기, 유분리기, 수액기, 액분리기, 균압관, 여과기

1) 일반적인 냉동장치 구성순서 :
   압축기 → ( ) → 응축기 → ( ) → ( ) →
   ( ) → 전자밸브 → 팽창밸브 → 증발기 → ( ) → 압축기

2) 응축기와 수액기 사이 : ( )

풀이

1) 일반적인 냉동장치 구성순서 :
   압축기 → (유분리기) → 응축기 → (수액기) → (여과기) →
   (건조기) → 전자밸브 → 팽창밸브 → 증발기 → (액분리기) → 압축기
2) 응축기와 수액기 사이 : (균압관)

14 아래 그림과 같은 덕트 시스템을 마찰손실 1 Pa/m인 등마찰손실법으로 설계하려고 한다. 송풍기의 총 풍량이 6000 m³/h일 때 각 구간의 원형 덕트 크기와 풍속을 구하시오. (단, 덕트 풍속은 계산에 의하지 말고, 덕트 선도에 의하여 구한다) (6점)

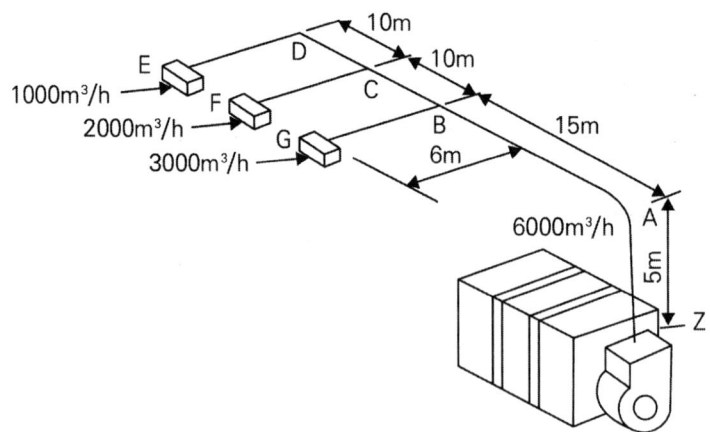

구간	원형 덕트 크기(cm)	풍속(m/s)
Z-A-B		
B-C		
C-D-E		

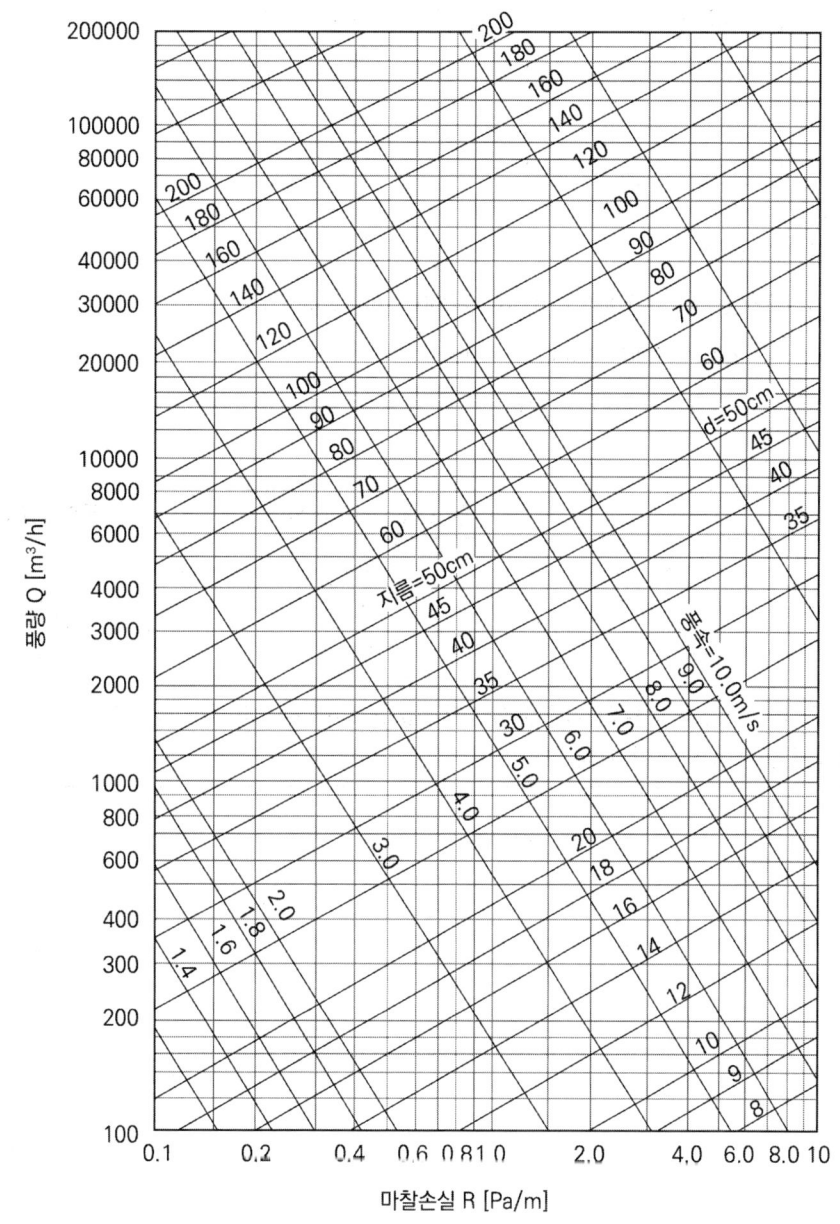

풀이

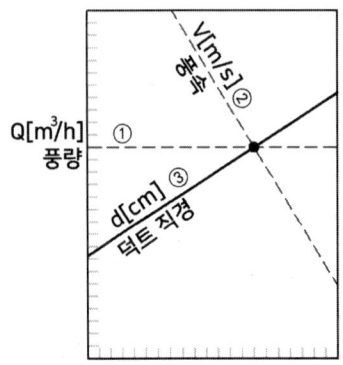

1. 풍량 : 각 구간의 덕트를 통과하는 풍량
2. 덕트 직경과 풍속 :
   마찰손실 선도에서 각 구간의 풍량과 마찰손실 1 Pa/m가 만나는 점에서 덕트의 지름을 읽고, 그 점의 풍속도 읽는다.

(1) 각 구간의 풍량

Z - A - B 구간 $Q_1 = 1000 + 2000 + 3000 = 6000\ m^3/h$

B - C 구간 $Q_2 = 1000 + 2000 = 3000\ m^3/h$

C - D - E 구간 $Q_3 = 1000\ m^3/h$

(2) 덕트의 크기와 풍속

구간	원형 덕트 크기(cm)	풍속(m/s)
Z - A - B	54	7.1
B - C	41.5	6.1
C - D - E	28	4.7

각 구간의 풍량과 덕트의 마찰손실 1.0 Pa/m가 만나는 점에서 덕트의 지름을 구하고, 그 점에서 풍속을 읽으면 된다.

2023 3회

01 대기압 101.325 kPa의 상태에서 어떤 실내 공기의 공기의 온도가 20 ℃이고, 상대습도는 50 %이다. 이 공기의 수증기 포화압력이 2.3 kPa일 때 다음을 구하시오. (단, 공기 비열은 1.01 kJ/(kg·℃), 수증기 비열은 1.8 kJ/(kg·℃)이고, 물의 증발잠열 2501 kJ/kg이다)

(6점)

가. 수증기 분압(kPa)
나. 절대습도(kg/kg′)
다. 습공기 엔탈피(kJ/kg)

풀이

가. 수증기 분압(P_w)

$$\text{상대습도 } \phi = \frac{P_w}{P_{ws}} \times 100 [\%]$$

P_w : 습공기 수증기 분압
P_{ws} : 포화공기 수증기 분압 (수증기 포화압력)

수증기 분압 $P_w = \dfrac{\phi P_{ws}}{100} = \dfrac{50 \times 2.3}{100} = 1.15 \text{ kPa}$

나. 절대습도(x)

$$x = 0.622 \times \frac{P_w}{P - P_w}$$

$$= 0.622 \times \frac{1.15}{101.325 - 1.15} = 0.00714 = 7.14 \times 10^{-3} \text{ kg/kg}'$$

다. 습공기 엔탈피(h)

$h = h_a + x h_w = C_p \cdot t + x(\gamma + C_w \cdot t)$

$= 1.01 \times 20 + 7.14 \times 10^{-3} \times (2501 + 1.8 \times 20)$

$= 38.314 ≒ 38.31 \text{ kJ/kg}$

02 다음 그림은 각종 송풍기의 임펠러 형상을 나타낸 것이다. [보기]에서 해당하는 송풍기의 명칭을 골라 쓰시오. (6점)

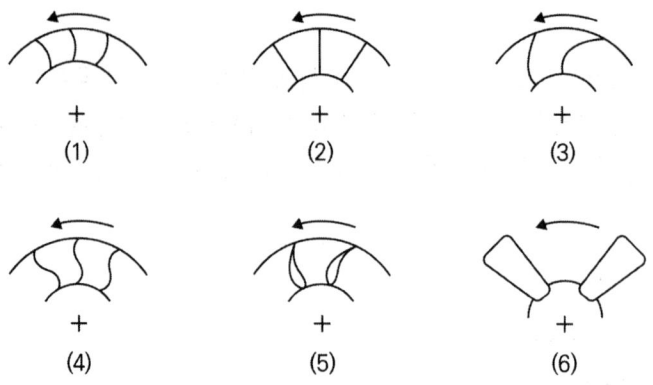

[보기]
가. 터보 팬(사이런트형) 나. 에어로 휠 팬 다. 시로코 팬(다익송풍기)
라. 리밋 로드 팬 마. 플레이트 팬 바. 프로펠러 팬

> 풀이

(1) 시로코 팬(다익송풍기) (2) 플레이트 팬 (3) 터보 팬(사이런트형)
(4) 리밋 로드 팬 (5) 에어로 휠 팬 (6) 프로펠러 팬

> 참고

(1) 시로코 팬(다익송풍기) : 전곡형 날개를 가지고 있음. 주로 저속덕트용 팬으로 사용됨
(2) 플레이트 팬 : 날개가 방사형이며 자기청소(Self Cleaning)의 특성이 있음. 효율 및 소음에 있어서 타 송풍기보다 좋지 않음
(3) 터보 팬(사이런트형) : 후곡형 날개를 가지고 있고, 효율이 높음. 고속덕트용 팬으로 사용됨.
(4) 리밋 로드 팬 : 날개 형상이 S자 모양으로 시로코팬과 터보팬의 중간 용도로 쓰임. 소요동력에 상한(上限)이 있음
(5) 에어로 휠 팬 : 날개 형상이 익형(Airfoil)으로 유선형임. 고속회전이 가능하고, 소음이 적으며, 효율이 가장 높음
(6) 프로펠러 팬 : 축류팬으로 소음은 다소 크나, 낮은 정압, 대풍량에 적합함

03 어떤 1단압축 냉동장치의 팽창변 직전 엔탈피는 455.1 kJ/kg, 압축기 흡입증기 엔탈피는 621.7 kJ/kg, 단열압축 후의 엔탈피는 660.5 kJ/kg이다. 이 냉동장치의 압축효율이 0.63, 기계효율이 0.85이고, 응축기에 사용되는 냉각수량이 165.3 L/min, 냉각수의 온도차가 5 ℃, 냉각수의 비열이 4.2 kJ/kg·℃일 때 다음을 구하시오. (단, 배관손실은 없는 것으로 한다) (10점)

가. 냉동장치의 냉매순환량(kg/hr)

나. 냉동능력(kW)

다. 압축기의 소요동력(kW)

[풀이]

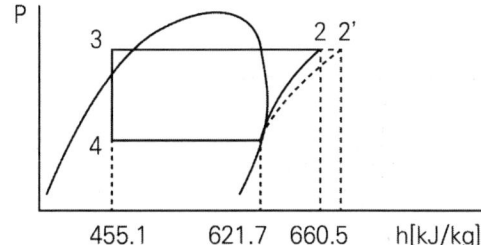

가. 냉동장치의 냉매순환량(kg/hr)

① 실제압축 후의 엔탈피 h_2'

$$\eta_c = \frac{h_2 - h_1}{h_2' - h_1}$$

$$0.63 = \frac{660.5 - 621.7}{h_2' - 621.7}$$

$$\therefore h_2' = 683.287 \text{ kJ/kg}$$

② 냉매순환량

응축열량 $Q_c = G_w \cdot C_w \cdot \Delta t_w = G_R \times (h_2' - h_3)$ 에서

냉매순환량 $G_R = \dfrac{G_w \cdot C_w \cdot \Delta t_w}{h_2' - h_3}$

$= \dfrac{(165.3 \times 60) \times 4.2 \times 5}{683.287 - 455.1} = 912.751 ≒ 912.75 \text{ kg/hr}$

나. 냉동능력(KW)

냉동능력 $Q_e = G_R \times (h_1 - h_4) = \dfrac{912.75}{3600} \times (621.7 - 455.1) = 42.24 \text{ kW}$

다. 압축기의 소요동력(kW)

[풀이 1] $L = \dfrac{G_R \times (h_2 - h_1)}{\eta_c \times \eta_m} = \dfrac{912.75}{3600} \times \dfrac{(660.5 - 621.7)}{0.63 \times 0.85} = 18.37 \, \text{kW}$

[풀이 2] $L = \dfrac{G_R(h_2' - h_1)}{\eta_m} = \dfrac{912.75}{3600} \times \dfrac{(683.287 - 621.7)}{0.85} = 18.37 \, \text{kW}$

04 증발기 2대를 이용하는 2단압축 냉동장치이다. P-h 선도를 참고하여 미완성 배관 계통도를 완성하시오. (10점)

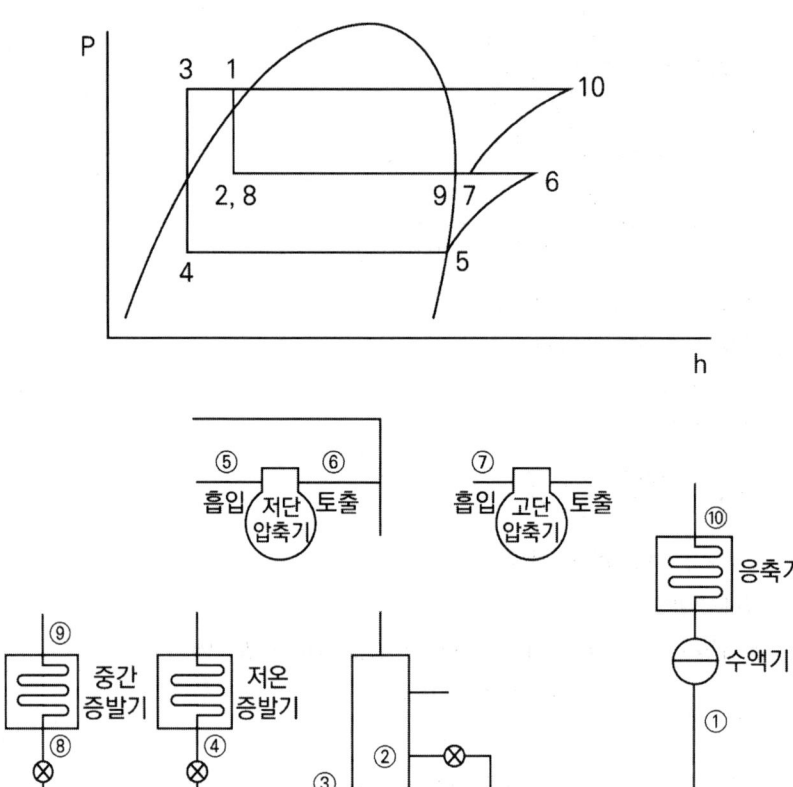

> 풀이

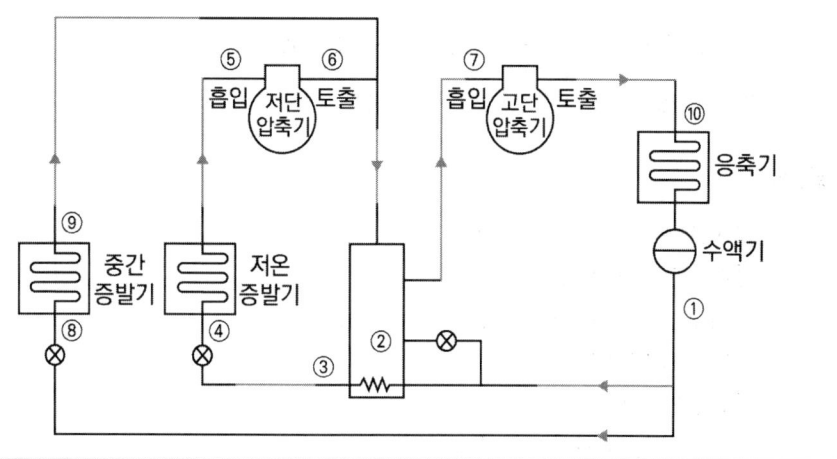

05 냉매에 대한 다음 물음에 각각 답하시오. (8점)

가. 냉매의 표준비점에 대하여 설명하시오.

나. 표준비점이 낮은 냉매(예: R - 22)를 사용할 경우, 비점이 높은 냉매를 사용할 경우와 비교한 장점과 단점을 설명하시오.

> 풀이

가. 표준비점 : 표준대기압에서의 포화온도(증발온도)

나. 표준비점이 낮은 냉매를 사용할 경우 장·단점

① 장점
- 비점이 높은 냉매를 사용하는 경우보다 소형의 압축기 사용이 가능하다(피스톤 압출량이 작아지므로).
- 비점이 높은 냉매를 사용하는 경우보다 진공 운전을 하기 어렵다.

② 단점
- 비점이 높은 냉매보다 응축압력이 높게 된다.

06 공기조화 부하에서 극간풍(틈새바람)에 대한 다음 물음에 답하시오. (4점)

가. 극간풍(틈새바람)을 구하는 방법 2가지 쓰시오.

나. 위 현상을 방지하는 방법을 2가지 쓰시오.

> **풀이**
>
> 가. 극간풍(틈새바람) 구하는 방법
> ① 환기횟수에 의한 방법
> ② 틈새길이에 의한 방법(극간길이법, Crack법)
> ③ 창면적에 의한 방법
> ④ 사용빈도수에 의한 방법
> 위 내용 중 2가지 기술하면 정답
>
> 나. 극간풍(틈새바람)을 방지하는 방법
> ① 회전문을 설치
> ② 에어 커튼(Air Curtain)의 사용
> ③ 충분한 간격을 두고 이중문을 설치
> ④ 실내를 가압하여 외부압력보다 높게 유지
> ⑤ 이중문의 중간에 강제대류 컨벡터(Convector) 또는 FCU을 설치
> ⑥ 건축의 건물 기밀성 유지와 현관의 방풍실 설치, 층간의 구획 등
> 위 내용 중 2가지 기술하면 정답

07 프레온 냉동장치에서 플래시 가스(Flash Gas) 발생원인(2가지)과 방지법(2가지)을 각각 쓰시오. (8점)

> **풀이**
>
> 가. 발생원인
> ① 액관이 현저하게 입상된 경우
> ② 액관의 관경이 가늘고 긴 경우
> ③ 배관의 밸브 등 부속품의 규격이 작은 경우
> ④ 스트레이너(여과기)가 막힌 경우
> ⑤ 액관이 주위로부터 가열되는 경우

⑥ 수액기에 직사광선이 직접 노출되는 경우

위 6가지 중 2가지 기술하면 정답

나. 방지법

① 액관의 입상 높이를 낮게 한다.

② 열교환기를 설치하여 냉매액을 과냉각시킨다.

③ 액관의 관경을 규격에 맞게 설치한다.

④ 배관의 밸브 등 부속품을 규격에 맞게 설치한다.

⑤ 스트레너(여과기)를 청소한다.

⑥ 액관이 가열되지 않도록 보온한다.

⑦ 수액기가 햇빛에 노출되지 않도록 차광시킨다.

위 7가지 중 2가지 기술하면 정답

08 다음 그림과 같이 구성되어 있는 벽체의 열관류율(W/m² · K)을 구하시오. (단, 외표면 열 전달율은 9.3 W/m² · K, 내표면 열전달률은 34.9 W/m² · K이다) (3점)

재료	두께(mm)	열전도율(W/m · K)
모르타르	20	1.5
벽돌 I	120	1.6
벽돌 II	20	1.5
석고	5	0.6

풀이

[벽체의 열관류율(W/m² · K)]

$$\frac{1}{K} = \frac{1}{\alpha_0} + \frac{\ell_1}{\lambda_1} + \frac{\ell_2}{\lambda_2} + \frac{\ell_3}{\lambda_3} + \frac{\ell_4}{\lambda_4} + \frac{1}{\alpha_i} \quad (\text{재료두께}: \ell[m])$$

$$= \frac{1}{9.3} + \frac{0.02}{1.5} + \frac{0.12}{1.6} + \frac{0.02}{1.5} + \frac{0.005}{0.6} + \frac{1}{34.9} = 0.24618$$

∴ 벽체의 열관류율 $K = \dfrac{1}{0.24618} = 4.062 ≒ 4.06 \text{ W/m}^2 \cdot \text{K}$

09 프레온 냉동장치에서 1대의 압축기로 증발온도가 다른 2대의 증발기를 냉각운전하고자 한다. 이때 1대의 증발기에 증발압력 조정밸브를 부착하여 제어하고자 한다면 아래의 냉동장치는 어디에 증발압력 조정밸브 및 체크밸브를 부착하여야 하는지 흐름도를 완성하시오. 또 증발압력 조정밸브의 기능을 간단히 설명하시오. (10점)

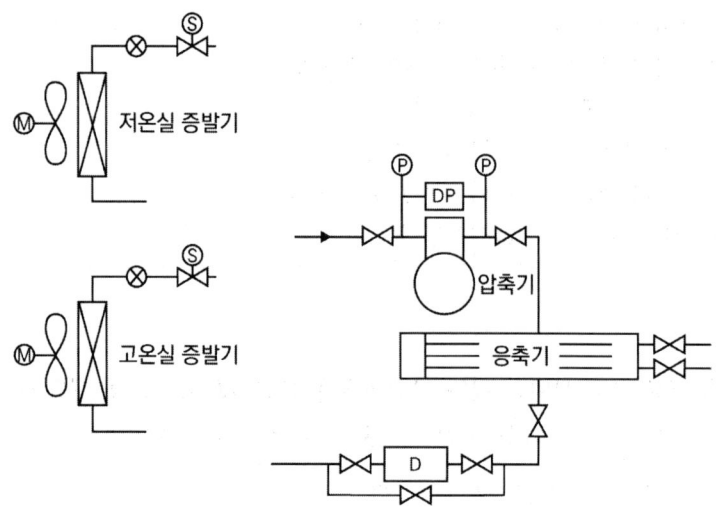

• 증발압력 조정밸브의 기능 :

풀이

(1) 냉동장치의 배관계통도

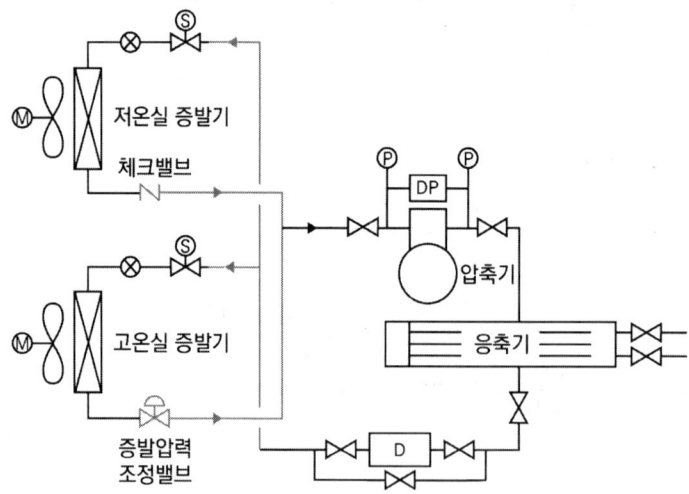

(2) 증발압력 조정밸브 (EPR : Evaporator Pressure Regulator)의 기능
증발압력(온도)이 일정 압력(온도) 이하가 되는 것을 방지한다(냉각기 동파 방지).
밸브 입구 압력에 의해 작동되고 압력이 높으면 열리고 낮으면 닫힌다.

10 다음과 같은 건물의 A실에 대하여 아래 조건을 이용하여 각 물음에 답하시오. (단, 실 A는 최상층으로 사무실 용도이며, 아래층의 난방 조건은 동일하다) (10점)

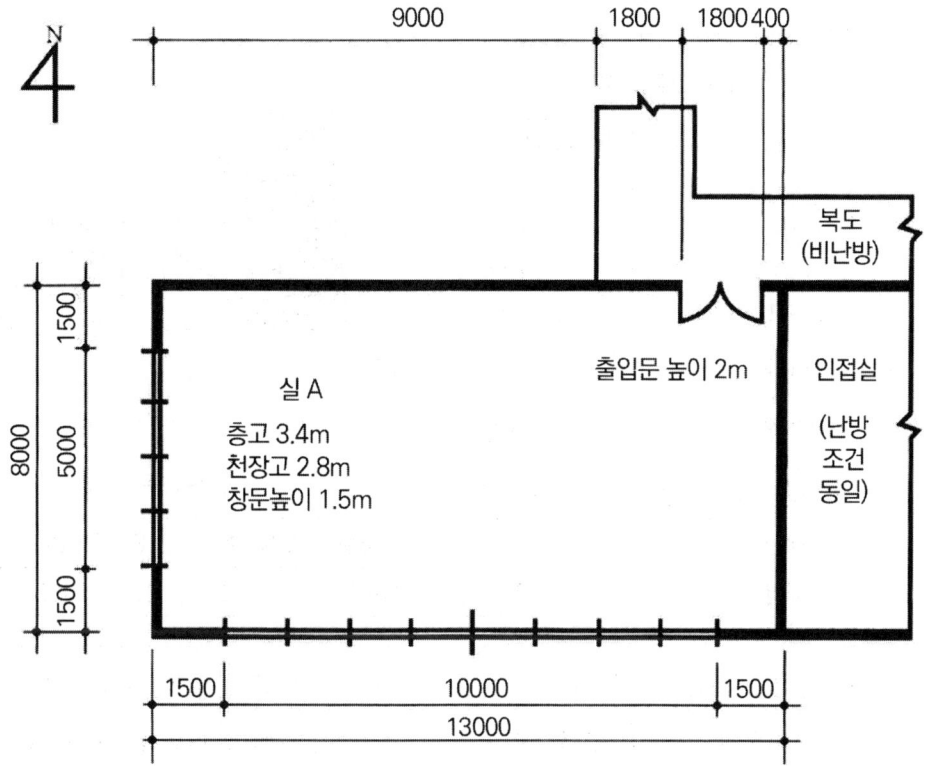

[조건]

1. 난방 설계용 온·습도

	난방	비고
실내	20 ℃ DB, 50 % RH, x=0.00725 kg/kg′	비공조실은 실내·외의 중간 온도로 약산함
외기	-5 ℃ DB, 70 % RH, x=0.00175 kg/kg′	

2. 유리 : 복층유리(공기층 6 mm), 블라인드 없음, 열관류율 $K = 3.5$ W/m² · K
   출입문 : 목제 플래시문, 열관류율 $K = 2.2$ W/m² · K

3. 공기의 밀도 $\rho = 1.2$ kg/m³

4. 외벽

   [각 재료의 열전도율]

재료명	열전도율(W/m · K)
1. 모르타르	1.4
2. 시멘트 벽돌	1.4
3. 단열재	0.035
4. 콘크리트	1.6

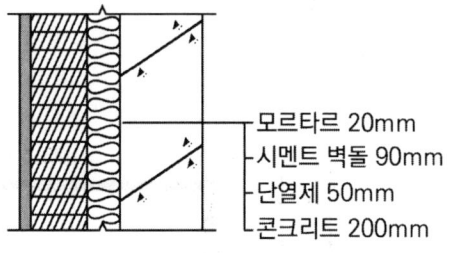
- 모르타르 20mm
- 시멘트 벽돌 90mm
- 단열재 50mm
- 콘크리트 200mm

5. 내벽 열관류율 : 3.0 W/m² . K,   지붕 열관류율 : 0.49 W/m² . K

[표면 열전달률 α_i, α_0 (W/m² · K)]

표면의 종류	난방 시	냉방 시
내면	8.4	8.4
외면	24.2	22.7

[방위계수]

방위	N, 수평	E	W	S
방위계수	1.2	1.1	1.1	1.0

가. 외벽 열관류율(W/m² · ℃)을 구하시오.   나. 서쪽 외벽 부하(W)를 구하시오.
다. 서쪽 유리창 부하(W)를 구하시오.   라. 남쪽 외벽 부하(W)를 구하시오.
마. 남쪽 유리창 부하(W)를 구하시오.   바. 지붕 부하(W)를 구하시오.
사. 내벽 부하(W)를 구하시오.   아. 출입문 부하(W)를 구하시오.

풀이

가. 외벽 열관류율(K)

$$\frac{1}{K} = \frac{1}{\alpha_i} + \frac{\ell_1}{\lambda_1} + \frac{\ell_2}{\lambda_2} + \frac{\ell_3}{\lambda_3} + \frac{\ell_4}{\lambda_4} + \frac{1}{\alpha_0} \quad (두께\ \ell : m)$$

$$= \frac{1}{8.4} + \frac{0.02}{1.4} + \frac{0.09}{1.4} + \frac{0.05}{0.035} + \frac{0.2}{1.6} + \frac{1}{24.2} = 1.7925$$

$$\therefore K = \frac{1}{1.7925} = 0.557 ≒ 0.56\ \text{W/m}^2 \cdot \text{K}$$

나. 서쪽 외벽 부하 $q = K \cdot A \cdot \triangle t \cdot k$

$q = 0.56 \times (8 \times 3.4 - 5 \times 1.5) \times (20 - (-5)) \times 1.1 = 303.38\ \text{W}$

다. 서쪽 유리창 부하 $q = K \cdot A \cdot \triangle t \cdot k$

$q = 3.5 \times (5 \times 1.5) \times (20 - (-5)) \times 1.1 = 721.875 ≒ 721.88\ \text{W}$

라. 남쪽 외벽 부하 $q = K \cdot A \cdot \triangle t \cdot k$

$q = 0.56 \times (13 \times 3.4 - 10 \times 1.5) \times (20 - (-5)) \times 1.0 = 408.8\ \text{W}$

마. 남쪽 유리창 부하 $q = K \cdot A \cdot \triangle t \cdot k$

$q = 3.5 \times (10 \times 1.5) \times (20 - (-5)) \times 1.0 = 1312.5\ \text{W}$

바. 지붕 부하 $q = K \cdot A \cdot \triangle t \cdot k$

$q = 0.49 \times (8 \times 13) \times (20 - (-5)) \times 1.2 = 1528.8\ \text{W}$

사. 내벽 부하 $q = K \cdot A \cdot \triangle t$

$q = 3.0 \times (4 \times 2.8 - 1.8 \times 2) \times \left(20 - \frac{20 + (-5)}{2}\right) = 285\ \text{W}$

아. 출입문 부하 $q = K \cdot A \cdot \triangle t$

$q = 2.2 \times (1.8 \times 2) \times \left(20 - \frac{20 + (-5)}{2}\right) = 99\ \text{W}$

11 다음과 같은 공조장치가 아래 [조건]으로 운전되고 있다. 각 물음에 답하시오. (단, 송풍기 입구와 취출구 온도, 흡입구와 공조기 입구온도는 각각 동일하며, 물(水) 가습에 의한 공기의 상태 변화는 습구온도 선상에 일정한 상태로 변화한다) (10점)

[조건]
1. 실내온도 : 22 ℃
2. 실내 상대습도 : 45 %
3. 실내 급기량 : 10000 m³/h
4. 취입 외기량 : 2000 m³/h
5. 외기온도 : 5 ℃, 상대습도 : 45 %
6. 실내 난방부하 : 현열부하 : 20.2 kW, 잠열부하 : 4.18 kW
7. 온수 입구온도 : 45 ℃, 출구온도 : 40 ℃
8. 공기의 정압비열 : 1.01 kJ/kg·℃
9. 공기의 밀도 : 1.2 kg/m³
10. 물의 증발잠열 : 2501 kJ/kg
11. 물의 비열 : 4.18 kJ/kg·℃

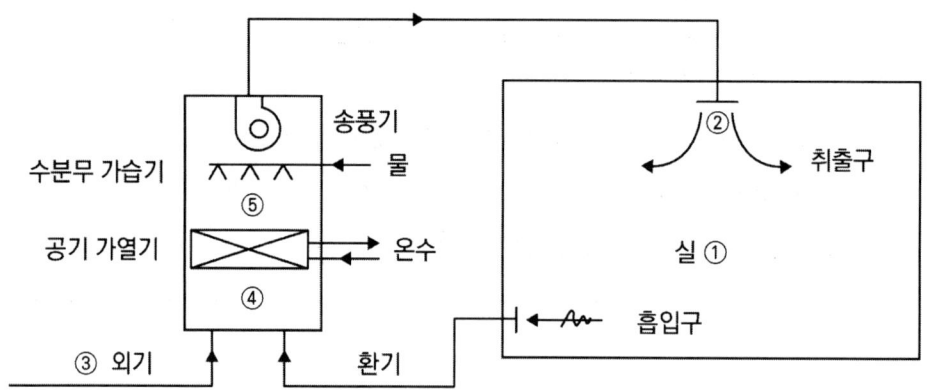

가. 장치도에 나타낸 운전상태 ① ~ ⑤를 공기 선도 상에 나타내시오.

나. 공기 가열기의 가열량(kW)을 구하시오.

다. 온수량(kg/h)을 구하시오.

풀이

가. ① 혼합공기온도(t_4)

$$t_4 = \frac{Q_1 t_1 + Q_3 t_3}{Q_4} = \frac{(8000 \times 22) + (2000 \times 5)}{10000} = 18.6\ ℃$$

② 현열비(SHF)

$$SHF = \frac{q_S}{q_S + q_L} = \frac{20.2}{20.2 + 4.18} = 0.828 ≒ 0.83$$

③ 취출온도(t_2)

$q_S = \rho Q C_p (t_2 - t_1)$에서

$20.2 \times 3600 = 1.2 \times 10000 \times 1.01 \times (t_2 - 22)$

∴ $t_2 = 28\ ℃$

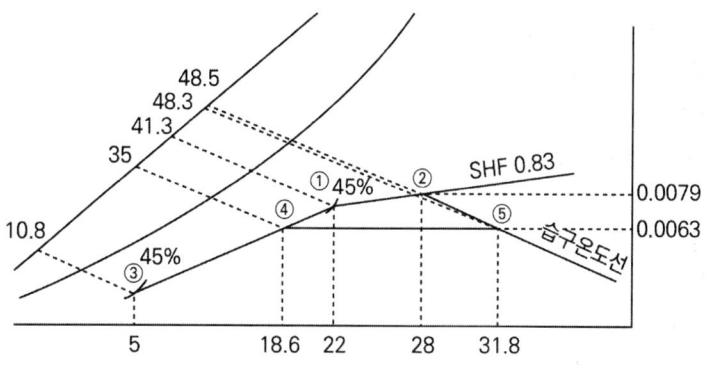

나. 공기 가열기의 가열량(q_H)

[풀이 1] $q_H = G C_P (t_5 - t_4) = \rho Q C_P (t_5 - t_4)$

$$= \frac{1.2 \times 10000}{3600} \times 1.01 \times (31.8 - 18.6) = 44.44\ \text{kW}$$

[풀이 2] $q_H = G(h_5 - h_4) = \rho Q(h_5 - h_4)$

$$= \frac{1.2 \times 10000}{3600} \times (48.3 - 35) = 44.333 ≒ 44.33\ \text{kW}$$

※ [풀이 1]과 [풀이 2]의 오차는 모두 인정되므로 둘 다 정답임

다. 온수량(G_w)

$q_H = G_w \cdot C \cdot \Delta t_w$

$44.44 \times 3600 = G_w \times 4.18 \times (45-40)$

$G_w = 7654.736 ≒ 7654.74 \ kg/h$

12 어떤 사무소 공조설비 과정이 다음과 같다. 물음에 답하시오. (8점)

[조건]

1. 마찰손실 : 1.0 Pa/m
2. 국부저항계수 : 0.29(분기부는 무시한다)
3. 1개당 취출구 풍량 : 3000 m³/h
4. 송풍기 출구 풍속 : 13 m/s
5. 에어필터 저항 : 50 Pa
6. 가열 코일 저항 : 150 Pa
7. 냉각기 저항 : 150 Pa
8. 송풍기 저항 : 100 Pa
9. 취출구 저항 : 50 Pa
10. 공기밀도 : 1.2 kg/m³
11. 송풍기 정압효율 : 50 %
12. 덕트 구간 길이
    A ~ B : 60 m, B ~ C : 6 m, C ~ D : 12 m, D ~ E : 12 m,
    E ~ F : 20 m, B ~ G : 18 m, G ~ H : 12 m

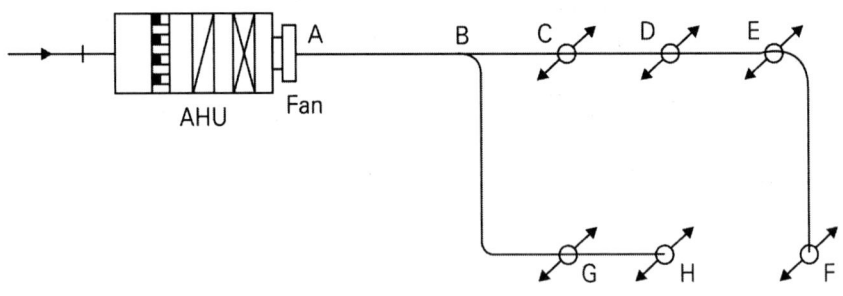

가. 실내에 설치한 덕트 시스템을 위의 그림과 같이 설계하고자 한다. 각 취출구의 풍량이 동일할 때 장방형 덕트의 크기를 결정하고, 풍속을 구하시오. (단, 풍속은 마찰선도에서 구하시오)

구간	풍량(m³/h)	원형덕트지름(cm)	풍속(m/s)	장방형 덕트(cm)
A-B				×35
B-C				×35
C-D				×35
D-E				×35
E-F				×35

나. 위의 결과를 바탕으로 구한 송풍기의 정압(Pa)

다. 위의 결과를 바탕으로 구한 송풍기의 동력(kW)

[장방형 덕트와 원형 덕트의 환산표 (단위 : cm)]

단변\장변	10	15	20	25	30	35	40	45	50	55	60	65	70	75	80	85	90	95	100
10	10.9																		
15	13.3	16.4																	
20	15.2	18.9	21.9																
25	16.9	21.0	24.4	27.3															
30	18.3	22.9	26.6	29.9	32.8														
35	19.5	24.5	28.6	32.2	35.4	38.3													
40	20.7	26.0	30.5	34.3	37.8	40.9	43.7												
45	21.7	27.4	32.1	36.3	40.0	43.3	46.4	49.2											
50	22.7	28.7	33.7	38.1	42.0	45.6	48.8	51.8	54.7										
55	23.6	29.9	35.1	39.8	43.9	47.7	51.1	54.3	57.3	60.1									
60	24.5	31.0	36.5	41.4	45.7	49.6	53.3	56.7	59.8	62.8	65.6								
65	25.3	32.1	37.8	42.9	47.4	51.5	55.3	58.9	62.2	65.3	68.3	71.1							
70	26.1	33.1	39.1	44.3	49.0	53.3	57.3	61.0	64.4	67.7	70.8	73.7	76.5						
75	26.8	34.1	40.2	45.7	50.6	55.0	59.2	63.0	66.6	69.7	73.2	76.3	79.2	82.0					
80	27.5	35.0	41.4	47.0	52.0	56.7	60.9	64.9	68.7	72.2	75.5	78.7	81.8	84.7	87.5				
85	28.2	35.9	42.4	48.2	53.4	58.2	62.6	66.8	70.6	74.3	77.8	81.1	84.2	87.2	90.1	92.9			
90	28.9	36.7	43.5	49.4	54.8	59.7	64.2	68.6	72.6	76.3	79.9	83.3	86.6	89.7	92.7	95.6	198.4		
95	29.5	37.5	44.5	50.6	56.1	61.1	65.9	70.3	74.4	78.3	82.0	85.5	88.9	92.1	95.2	98.2	101.1	103.9	
100	30.1	38.4	45.4	51.7	57.4	62.6	67.4	71.9	76.2	80.2	84.0	87.6	91.1	94.4	97.6	100.7	103.7	106.5	109.3
105	30.7	39.1	46.4	52.8	58.6	64.0	68.9	73.5	77.8	82.0	85.9	89.7	93.2	96.7	100.0	103.1	106.2	109.1	112.0
110	31.3	39.9	47.3	53.8	59.8	65.2	70.3	75.1	79.6	83.8	87.8	91.6	95.3	98.8	102.2	105.5	108.6	111.7	114.6
115	31.8	40.6	48.1	54.8	60.9	66.5	71.7	76.6	81.2	85.5	89.6	93.6	97.3	100.9	104.4	107.8	111.0	114.1	117.2
120	32.4	41.3	49.0	55.8	62.0	67.7	73.1	78.0	82.7	87.2	91.4	95.4	99.3	103.0	106.6	110.0	113.3	116.5	119.6
125	32.9	42.0	49.9	56.8	63.1	68.9	74.4	79.5	84.3	88.8	93.1	97.3	101.2	105.0	108.6	112.2	115.6	118.8	122.0
130	33.4	42.6	50.6	57.7	64.2	70.1	75.7	80.8	85.7	90.4	94.8	99.0	103.1	106.9	110.7	114.3	117.7	121.1	124.4
135	33.9	43.3	51.4	58.6	65.2	71.3	76.9	82.2	87.2	91.9	96.4	100.7	104.9	108.8	112.6	116.3	119.9	123.3	126.7
140	34.4	43.9	52.2	59.5	66.2	72.4	78.1	83.5	88.6	93.4	98.0	102.4	106.6	110.7	114.6	118.3	122.0	125.5	128.9
145	34.9	44.5	52.9	60.4	67.2	73.5	79.3	84.8	90.0	94.9	99.6	104.1	108.4	112.5	116.5	120.3	124.0	127.6	131.1
150	35.3	45.2	53.6	61.2	68.1	74.5	80.5	86.1	91.3	96.3	101.1	105.7	110.0	114.3	118.3	122.2	126.0	129.7	133.2
155	35.8	45.7	54.4	62.1	69.1	75.6	81.6	87.3	92.6	97.4	102.6	107.2	111.7	116.0	120.1	124.1	127.9	131.7	135.3
160	36.2	46.3	55.1	62.9	70.6	76.6	82.7	88.5	93.9	99.1	104.1	108.8	113.3	117.7	121.9	125.9	129.8	133.6	137.3
165	36.7	46.9	55.7	63.7	70.9	77.6	83.8	89.7	95.2	100.5	105.5	110.3	114.9	119.3	123.6	127.7	131.7	135.6	139.3
170	37.1	47.5	56.4	64.4	71.8	78.5	84.9	90.8	96.4	101.8	106.9	111.8	116.4	120.9	125.3	129.5	133.5	137.5	141.3
175	37.5	48.0	57.1	65.2	72.6	79.5	85.9	91.9	97.6	103.1	108.2	113.2	118.0	122.5	127.0	131.2	135.3	139.3	143.2
180	37.9	48.5	57.7	66.0	73.5	80.4	86.9	93.0	98.8	104.3	109.6	114.6	119.5	124.1	128.6	133.9	137.1	141.2	145.2
185	38.3	49.1	58.4	66.7	74.3	81.4	87.9	94.1	100.0	105.6	110.9	116.0	120.9	125.6	130.2	134.6	138.8	143.0	147.0
190	38.7	49.6	59.0	67.4	75.1	82.2	88.9	95.2	101.2	106.8	112.2	117.4	122.4	127.2	131.8	136.2	140.5	144.7	148.8
195	39.1	50.1	59.6	68.1	75.9	83.1	89.9	96.3	102.3	108.0	113.5	118.7	123.8	128.5	133.3	137.9	142.2	146.5	150.6
200	39.5	50.6	60.2	68.8	76.7	84.0	90.8	97.3	103.4	109.2	114.7	120.0	125.2	130.1	134.8	139.4	143.8	148.1	152.3
210	40.3	51.6	61.4	70.2	78.3	85.7	92.7	99.3	105.6	111.5	117.2	122.6	127.9	132.9	137.8	142.5	147.0	151.5	155.8
220	41.0	52.5	62.5	71.5	79.7	87.4	94.5	101.3	107.6	113.7	119.5	125.1	130.5	135.7	140.6	145.5	150.2	154.7	159.1
230	41.7	53.4	63.6	72.8	81.2	89.0	96.3	103.1	109.7	115.9	121.8	127.5	133.0	138.3	143.4	148.4	153.2	157.8	162.3
240	42.4	54.3	64.7	74.0	82.6	90.5	98.0	105.0	111.6	118.0	124.1	129.9	135.5	140.9	146.1	151.2	156.1	160.8	165.5
250	43.0	55.2	65.8	75.3	84.0	92.0	99.6	106.8	113.6	120.0	126.2	132.2	137.9	143.4	148.8	153.9	158.9	163.8	168.5

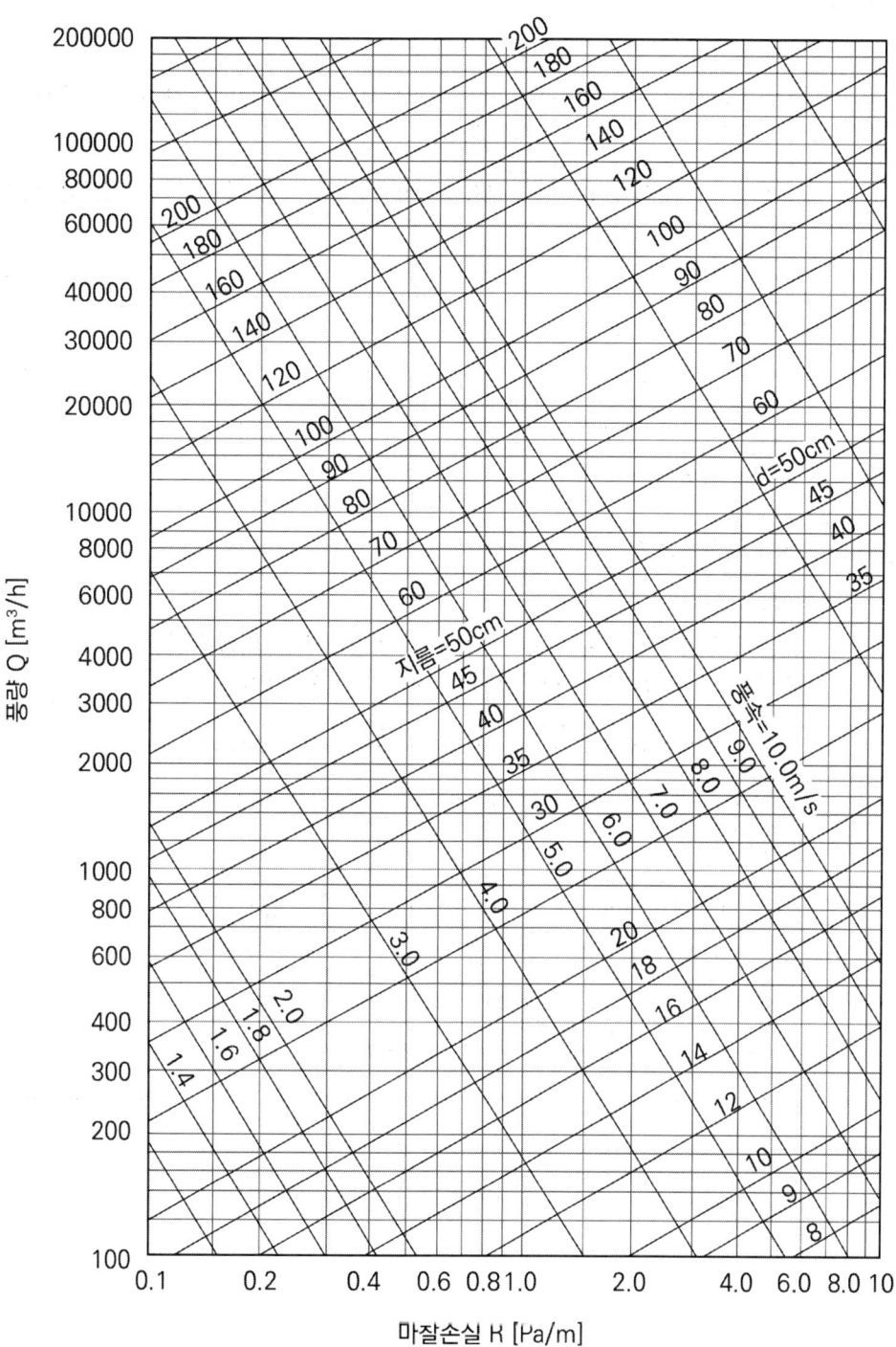

풀이

가. 장방형 덕트 크기 결정 및 풍속
① 덕트 선도에서 마찰손실 1 Pa/m로 원형덕트 지름을 구하고, 풍속을 구한다.
② 덕트표에서 장방형 덕트크기를 구한다.

구간	풍량(m^3/h)	원형덕트지름(cm)	풍속(m/s)	장방형 덕트(cm)
A-B	18000	82	9.2	190×35
B-C	12000	71	8.3	135×35
C-D	9000	63	7.8	105×35
D-E	6000	54	7.1	75×35
E-F	3000	42	6.1	45×35

나. 송풍기 정압(P_S)

- 정압 = 전압 - 토출 측 동압($\frac{V^2}{2}\rho$)

- 전압 = 덕트마찰손실 + 각종저항

① A-F구간 덕트 마찰손실(마찰손실이 가장 큰 경로의 마찰손실)
- 직관덕트 마찰손실 = (60 + 6 + 12 + 12 + 20) × 1.0 = 110 Pa
- 밴드부 마찰손실 = $\zeta \frac{V^2}{2}\rho = 0.29 \times \frac{6.1^2}{2} \times 1.2 = 6.474$ Pa

∴ A-F구간 마찰손실 = 110 + 6.474 = 116.474 ≒ 116.47 Pa

② 송풍기 정압

$$P_S = \{116.47 + (50 + 150 + 150 + 100 + 50)\} - \frac{13^2}{2} \times 1.2 = 515.07 \text{ Pa}$$

다. 송풍기 동력(L)

$$L = \frac{P_S \times Q}{\eta_s} = \frac{\frac{515.07}{1000} \times \frac{18000}{3600}}{0.5} = 5.15 \text{ kW}$$

13 다음과 같은 온수난방설비에서 각 물음에 답하시오.(단, 방열기 입·출구 온도차는 10 ℃, 국부저항 상당관 길이는 직관길이의 50 %, 1 m당 마찰손실은 147 Pa, 온수비열은 4.2 kJ/kg·K이다) (6점)

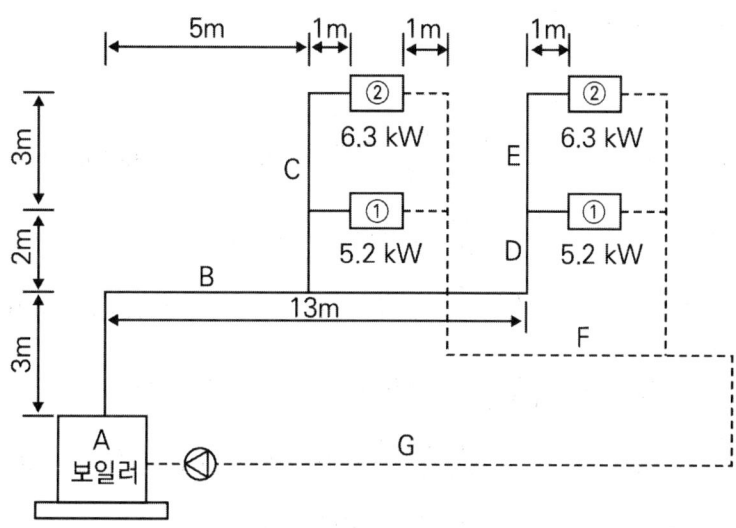

가. 순환펌프의 전마찰손실(kPa)을 구하시오. (단, 환수관의 길이는 30 m이다)

나. ①과 ②의 온수순환량(L/min)을 구하시오.

다. 각 구간의 온수순환량을 구하시오.

구간	B	C	D	E	F	G
순환수량 (L/min)						

풀이

가. 순환펌프의 전마찰손실($\triangle P_\ell$)

$$\triangle P_\ell = (\ell + \ell')R = (3+13+2+3+1+30) \times 1.5 \times \frac{147}{1000} = 11.466 ≒ 11.47 \text{ kPa}$$

나. ①의 온수순환량

$q = G \cdot C \cdot \triangle t$ 에서

$$G_1 = \frac{q_1}{C \cdot \triangle t} = \frac{5.2 \times 60}{4.2 \times 10} = 7.428 ≒ 7.43 \text{ kg/min} = 7.43 \text{ L/min}$$

②의 온수순환량

$$G_2 = \frac{q_2}{C \cdot \Delta t} = \frac{6.3 \times 60}{4.2 \times 10} = 9.00 \text{ kg/min} = 9.00 \text{ L/min}$$

※ 물 1 kg = 1 L

다. 각 구간의 온수 순환량

순환량 $G = \dfrac{q}{C \cdot \Delta t}$ 이므로

B구간 순환량 $G_B = \dfrac{(5.2+6.3) \times 2 \times 60}{4.2 \times 10} = 32.857 ≒ 32.86 \ kg/\min = 32.86 \ L/\min$

C구간 순환량 $G_C = \dfrac{6.3 \times 60}{4.2 \times 10} = 9.00 \ kg/\min = 9.00 \ L/\min$

D구간 순환량 $G_D = \dfrac{(5.2+6.3) \times 60}{4.2 \times 10} = 16.428 ≒ 16.43 \text{ kg/min} = 16.43 \text{ L/min}$

E구간 순환량 $G_E = \dfrac{6.3 \times 60}{4.2 \times 10} = 9.00 \text{ kg/min} = 9.00 \text{ L/min}$

F구간 순환량 $G_F = \dfrac{(5.2+6.3) \times 60}{4.2 \times 10} = 16.428 ≒ 16.43 \ kg/\min = 16.43 \ L/\min$

G구간 순환량 $G_G = \dfrac{(5.2+6.3) \times 2 \times 60}{4.2 \times 10} = 32.857 ≒ 32.86 \ kg/\min = 32.86 \ L/\min$

구간	B	C	D	E	F	G
순환수량(L/min)	32.86	9.00	16.43	9.00	16.43	32.86

14 실내조건이 건구온도 27 ℃, 상대습도 60 %인 정밀기계 공장 실내에 피복하지 않은 덕트가 노출되어 있다. 결로 방지를 위한 보온이 필요한지 여부를 계산과정으로 나타내어 판정하시오. (단, 덕트 내 공기온도 20 ℃, 실내 노점온도 = 18.5 ℃, 덕트 표면 열전달률 = 9.3 W/m²·K, 덕트 재료 열관류율 = 0.6 W/m²·K이다) (5점)

풀이

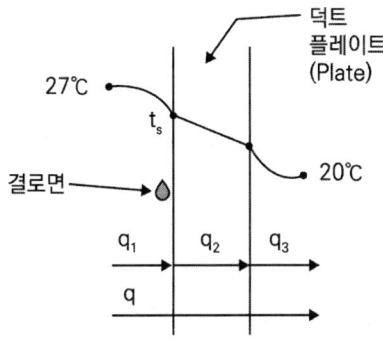

$q_1 = q_2 = q_3 = q$

$q = K \cdot A \cdot \triangle T = K \cdot A(27 - 20)$

$q_1 = \alpha_0 \cdot A(27 - t_s)$

$q_1 = q$ 이므로

$\alpha_0 \cdot A(27 - t_s) = K \cdot A(27 - 20)$ 에서

$t_s = 27 - \dfrac{K \times (27-20)}{\alpha_0} = 27 - \dfrac{0.6 \times (27-20)}{9.3} = 26.548 ≒ 26.55 \ ℃$

[판정]
실내 노점온도(18.5 ℃)가 덕트 표면 온도 t_s(26.55 ℃)보다 낮기 때문에 결로가 발생하지 않는다. 따라서 보온은 필요하지 않다.

2022 1회

01 겨울철에 냉동장치 운전 중에 고압 측 압력이 갑자기 낮아질 경우 장치 내에서 일어나는 현상을 2가지 쓰고, 그 이유를 각각 설명하시오. (8점)

> **풀이**
>
> ① 팽창밸브 통과하는 냉매량이 감소함
>   고압이 과도하게 낮아지면서 고압과 저압의 압력 차가 줄어들어 유속이 감소하고 시간에 따른 냉매 유량이 감소함
> ② 단위시간당 냉동능력 저하
>   팽창밸브를 통과하는 냉매량이 감소하므로 단위시간당 냉동능력이 저하됨
>   (※ 일반적으로 고압이 낮아지면 냉동효과가 증대되나, 과도하게 낮아지면 냉매량 감소로 냉동효과가 저하됨)
> ③ 압축기 소요동력 증가
>   단위시간당 냉동능력이 저하되므로 동일한 냉동능력을 내기 위해 압축기 가동시간이 증가하고 이에 따라 압축기 소요 동력이 증가함
> 위 내용 중 2개 기술할 것

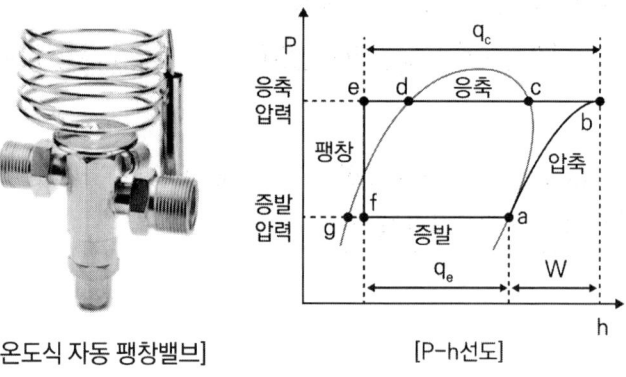

[온도식 자동 팽창밸브]   [P-h선도]

02 공조방식에서 유인유닛 방식과 팬코일유닛 방식의 차이점을 기술하시오. (6점)

풀이

(1) 유인유닛 방식(Induction Unit System)

수-공기 방식이며, 중앙 공조기에서 조화된 1차 공기를 노즐을 통해 고속으로 분출하면 주변의 실내공기(2차 공기)가 유인된다. 이때 이 실내공기는 유인되면서 냉수, 온수코일을 통과하게 되고, 1차 공기와 실내 공기(2차 공기)가 혼합되어 분출되는 방식이다.

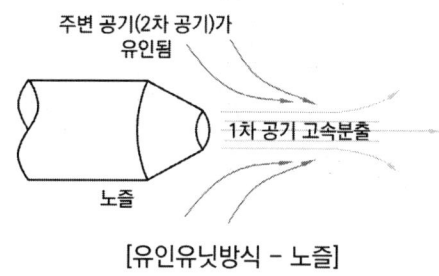

[유인유닛방식 - 노즐]

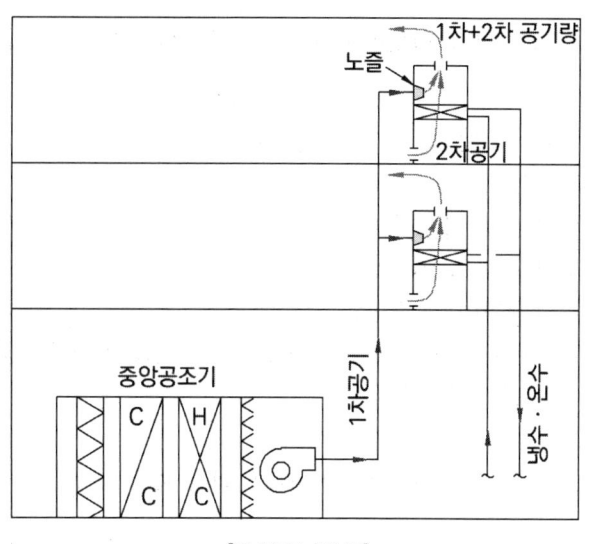

[유인유닛방식]

(2) 팬코일유닛 방식(Fan Coil Unit System)

수·공기방식의 공조방식으로서 중앙기계실의 열원설비로부터 냉수 또는 온수를 각 실에 있는 유닛에 공급하여 냉난방하는 공조방식이다.

외부존은 수배관에 의한 팬코일유닛으로 냉난방하고 내부존은 공조덕트로 냉난방하는 방식을 주로 사용한다.

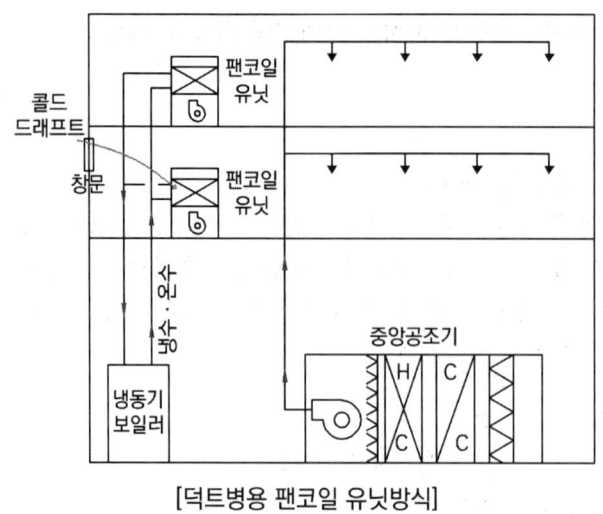

[덕트병용 팬코일 유닛방식]

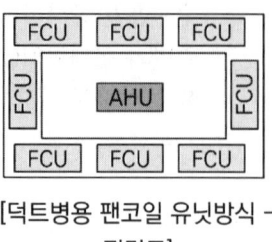

[덕트병용 팬코일 유닛방식 – 평면도]

03 다음과 같은 급기장치에서 덕트선도와 주어진 조건을 이용하여 각 물음에 답하시오. (8점)

[조건]
1. 직관덕트 내의 마찰저항손실 : 1.0 Pa/m
2. 환기횟수 : 10 회/h
3. 공기 도입구의 저항손실 : 5 Pa
4. 에어필터의 저항손실 : 100 Pa
5. 공기 취출구의 저항손실 : 50 Pa
6. 굴곡부 1개소의 상당길이 : 직경 10배(b, e, h 부분도 굴곡부로 간주한다)
7. 송풍기의 전압효율(η_t) : 60 %
8. 각 취출구의 풍량은 모두 같다.
9. R = 1.0 Pa/m에 대한 원형 덕트의 지름은 다음 표에 의한다.

풍량(m³/h)	200	400	600	800	1000	1200	1400	1600	1800
지름(mm)	152	195	227	252	276	295	316	331	346
풍량(m³/h)	2000	2500	3000	3500	4000	4500	5000	5500	6000
지름(mm)	360	392	418	444	465	488	510	528	545

10. $L(kW) = \dfrac{Q' \times \triangle P}{E}$ (Q'(m³/s), △P(kPa))

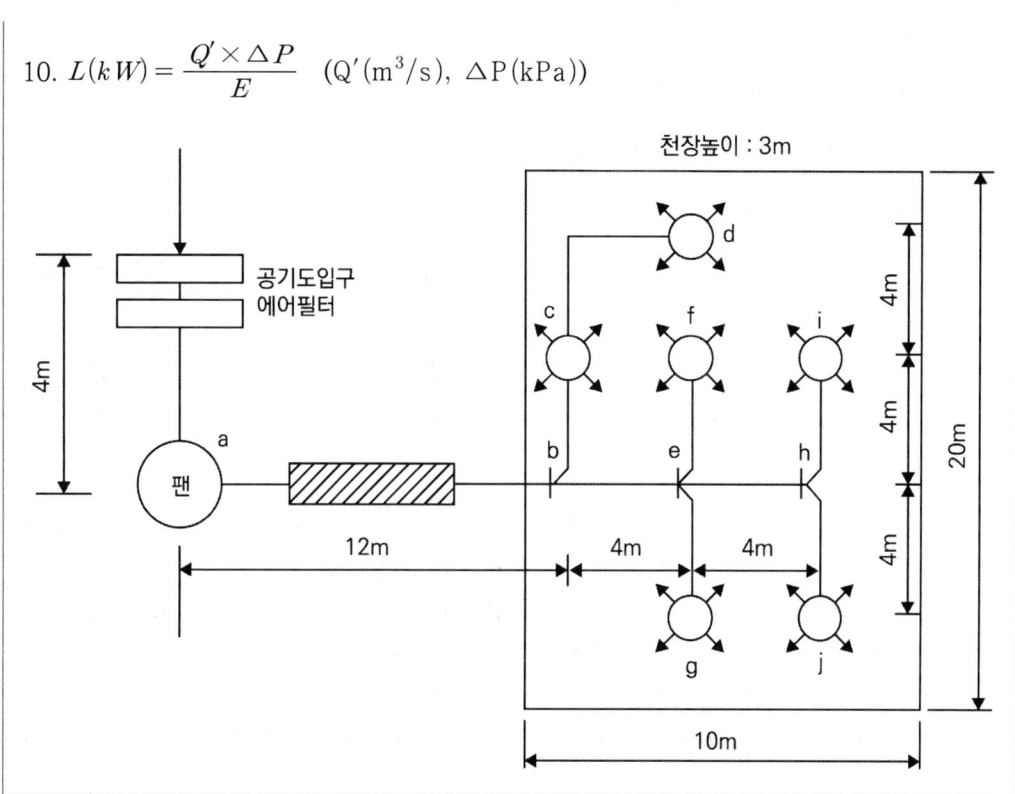

(1) 각 구간의 풍량(m³/h)과 덕트지름(mm)을 구하시오.

구간	풍량(m³/h)	덕트지름(mm)
a-b		
b-c		
c-d		
b-e		

(2) 전 덕트 저항손실(Pa)을 구하시오.

(3) 송풍기의 소요동력(kW)을 구하시오.

풀이

(1) ① 총 급기 풍량 $Q = nV = 10 \times (10 \times 20 \times 3) = 6000 \text{ m}^3/\text{h}$

② 각 취출구 풍량 $= \dfrac{6000}{6} = 1000 \text{ m}^3/\text{h}$

③ 각 구간 풍량과 덕트지름

구간	풍량(m³/h)	덕트지름(mm)
a–b	6000	545
b–c	2000	360
c–d	1000	276
b–e	4000	465

(2) 전 덕트 저항손실(Pa) : 공기도입구 → a → b → e → h → i(또는 j) 경로 저항손실

① 직관덕트 손실 $= (4 + 12 + 4 + 4 + 4) \times 1.0 = 28 \text{ Pa}$

② 곡관덕트 손실 $= (0.545 \times 10 + 0.465 \times 10 + 0.360 \times 10) \times 1.0 = 13.7 \text{ Pa}$

③ 도입구, 에어필터, 취출구손실 $= 5 + 100 + 50 = 155 \text{ Pa}$

∴ 전 덕트 저항손실 $= 28 + 13.7 + 155 = 196.7 \text{ } Pa$

(b, e, h분기부에서 분기되기 직전 직경 중 큰 값을 기준으로 하여 상당길이를 구한다)

(3) 송풍기의 송풍동력(kW)

$$L_b [kW] = \dfrac{P_T [kPa] \times Q [m^3/s]}{\eta_p} = \dfrac{0.1967 \text{ } kPa \times \dfrac{6000}{3600} \text{ } m^3/s}{0.6} = 0.546 \fallingdotseq 0.55 \text{ kW}$$

04 다음 그림과 같이 2대의 증발기를 가진 냉동시스템에서 핫가스 제상을 위한 배관을 완성하시오. 그리고 [Ⅰ]증발기에서 서리가 발생하여 핫가스 제상할 경우 [Ⅱ]증발기로 냉매를 회수하는 방법을 밸브 조작을 이용하여 설명하시오. (10점)

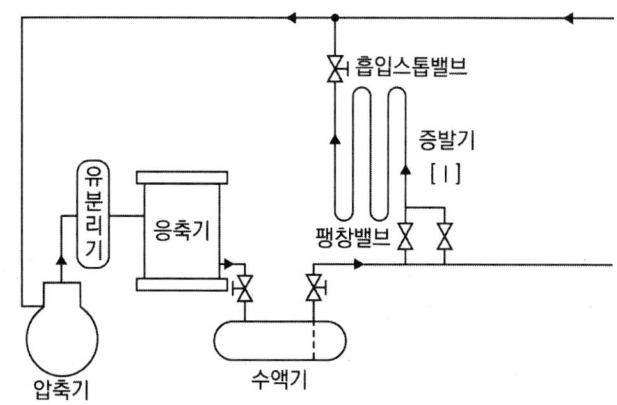

(1) 배관 계통도를 완성하시오.
(2) 제상 시 냉매 회수 방법을 설명하시오.

> 풀이

(1) 배관 계통도

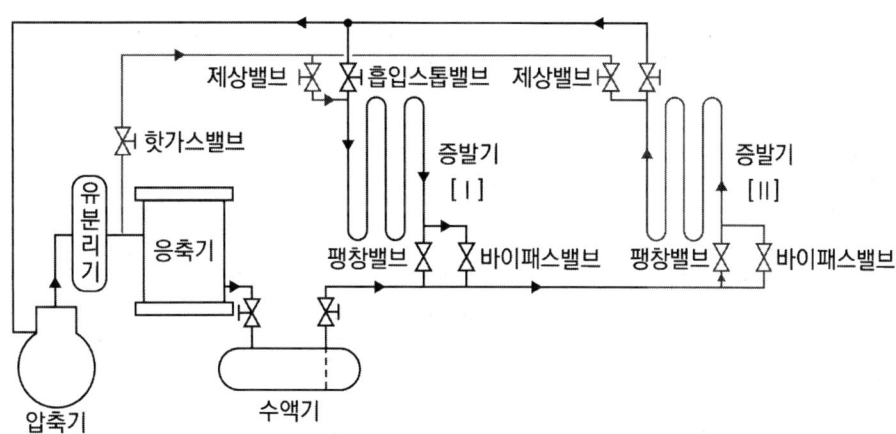

(2) 제상 시 냉매 회수 방법

[Ⅰ] 증발기를 제상하기 위해 팽창밸브와 증발기 출구 흡입밸브를 닫고 팽창밸브 옆 바이패스밸브와 증발기 출구 제상밸브를 열어 압축기 토출가스를 유입시켜 [Ⅰ] 증발기를 제상하면 냉매는 액화된다.

이 냉매가 팽창밸브 옆 바이패스 밸브를 통하여 [Ⅱ] 증발기로 냉매를 회수하게 되고 [Ⅱ] 증발기에서 증발시킨 냉매증기를 압축기로 회수한다.

---

05 아래 그림과 같은 팬코일 유닛 연결배관(냉수공급, 환수, 응축수라인)에 대하여 역환수식 배관도면을 완성하시오. (단, 밸브류는 생략하고, 배관연결과 흐름 방향을 기입하시오) (8점)

[FCS(팬코일냉수 공급), FCR(팬코일냉수 환수), FCD(팬코일 드레인)]

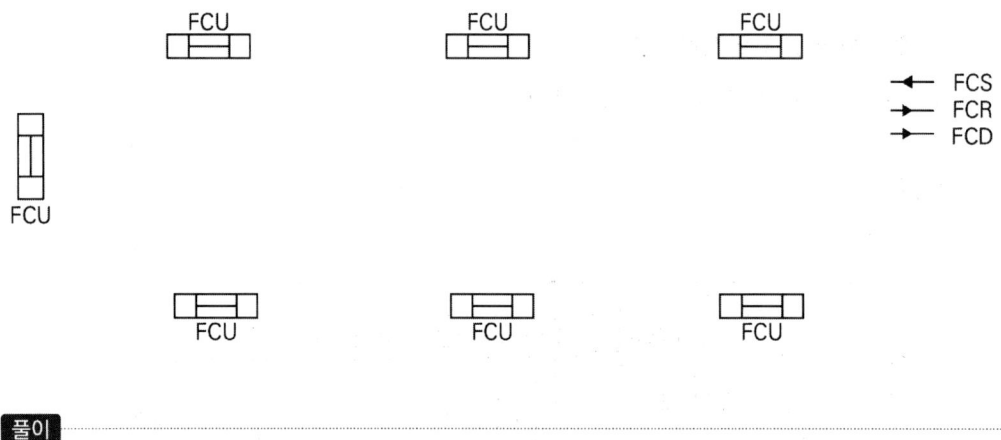

풀이

[풀이1]

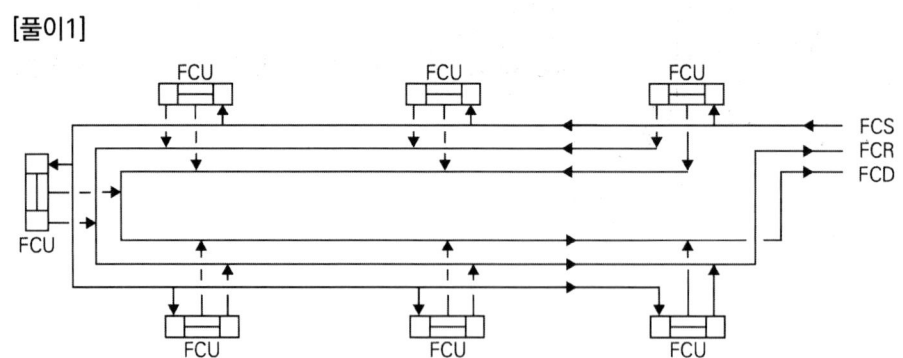

[풀이2]

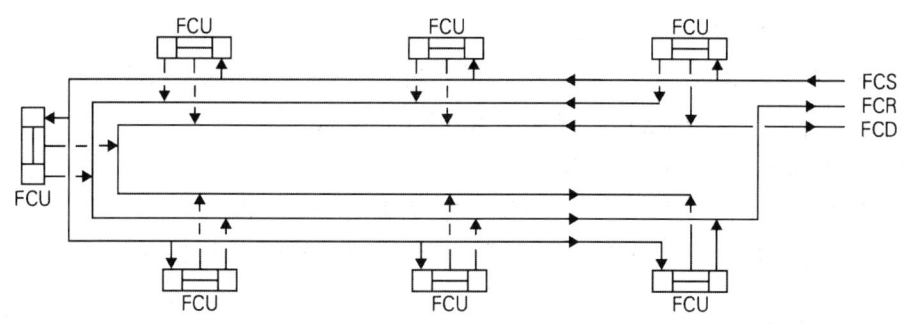

06 다음 조건에 대하여 각 물음에 답하시오. (8점)

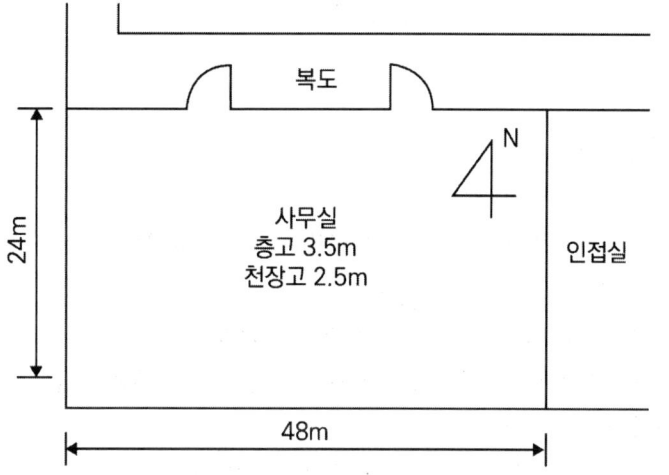

구분	건구온도(℃)	절대습도(kg/kg')
실내	26	0.0107
실외	31	0.0186

[조건]
1. 인접실과 하층은 동일한 공조상태이다.
2. 지붕 열통과율 $K=1.76 \text{ W/m}^2 \cdot \text{K}$이고, 상당 외기온도차 $\triangle t_e = 3.9\,\text{℃}$이다.
3. 조명은 바닥면적당 20 W/m², 형광등, 제거율 0.25이다.
4. 외기도입량은 바닥면적당 5 m³/h·m²이다.
5. 인명수 0.5 인/m², 인체 발생 현열 58 W/인, 잠열 73 W/인이다.
6. 공기의 밀도 1.2 kg/m³, 비열 1.01 kJ/kg·K, 포화액증발잠열 2501 kJ/kg

(1) 인체 발열부하(W)
   ① 현열   ② 잠열

(2) 조명부하(W)를 구하시오.

(3) 지붕부하(W)를 구하시오.

(4) 외기부하(W)
   ① 현열   ② 잠열

풀이

(1) 인체 발열부하
   ① 현열 $q_{HS} = n \cdot H_S = (48 \times 24) \times 0.5 \times 58 = 33408 \text{ W}$
   ② 잠열 $q_{HL} = n \cdot H_L = (48 \times 24) \times 0.5 \times 73 = 42048 \text{ W}$

(2) 조명부하 (형광등) $q_E = 1.2 \times W \times f$
   $q_E = 1.2 \times (48 \times 24) \times 20 \times (1 - 025) = 20736 \text{ W}$
   ※ 제거율 : 실내취득열량으로 처리되지 않는 열량에 대한 비율

(3) 지붕부하 ($q = K \cdot A \cdot \triangle t_e$)
   $q = 1.76 \times (48 \times 24) \times 3.9 = 7907.328 ≒ 7907.33 \text{ W}$

(4) 외기부하
   ① 현열 $q_{FS} = G_F \cdot C_P \cdot \triangle t = \rho Q_F \cdot C_p \cdot \triangle t$
   $= \dfrac{1.2 \times (48 \times 24) \times 5}{3600} \times 1.01 \times 10^3 \times (31 - 26) = 9696 \text{ W}$

   ② 잠열 $q_{FS} = 2501 \cdot G_F \cdot \triangle x = 2501 \cdot \rho Q_F \cdot \triangle x$
   $= 2501 \times 10^3 \times \dfrac{1.2 \times (48 \times 24) \times 5 \times (0.0186 - 0.0107)}{3600}$
   $= 37935.168 ≒ 37935.17 \text{ W}$

07 500 rpm으로 회전하는 송풍기를 600 rpm으로 증가하여 운행하였을 때 처음 회전수 대비 압력의 비(P_2 / P_1)와 축동력의 비(L_2 / L_1)를 각각 구하시오. (4점)

> **풀이**
>
> (1) 압력의 비(P_2/P_1)
>
> $$\frac{P_2}{P_1} = \left(\frac{N_2}{N_1}\right)^2 = \left(\frac{600}{500}\right)^2 = 1.44$$
>
> (2) 축동력의 비(L_2/L_1)
>
> $$\frac{L_2}{L_1} = \left(\frac{N_2}{N_1}\right)^3 = \left(\frac{600}{500}\right)^3 = 1.728 ≒ 1.73$$

> **참고**
>
> 서로 다른 치수의 송풍기(또는 펌프)를 비교(상사)했을 때
>
> 풍량(유량) $[m^3/s]$　　$Q_2 = \left(\dfrac{N_2}{N_1}\right)^1 \times \left(\dfrac{D_2}{D_1}\right)^3 \times Q_1$
>
> 전압 [Pa] (양정 [m])　　$P_2 = \left(\dfrac{N_2}{N_1}\right)^2 \times \left(\dfrac{D_2}{D_1}\right)^2 \times P_1$
>
> 동력 [kW]　　$L_2 = \left(\dfrac{N_2}{N_1}\right)^3 \times \left(\dfrac{D_2}{D_1}\right)^5 \times L_1$

08 다음 그림과 같은 물-리튬브로마이드 2중 효용 흡수식 냉동기 계통도를 보고 혼합용액 상태변화 사이클을 주어진 듀링선도에 나타내시오. (8점)

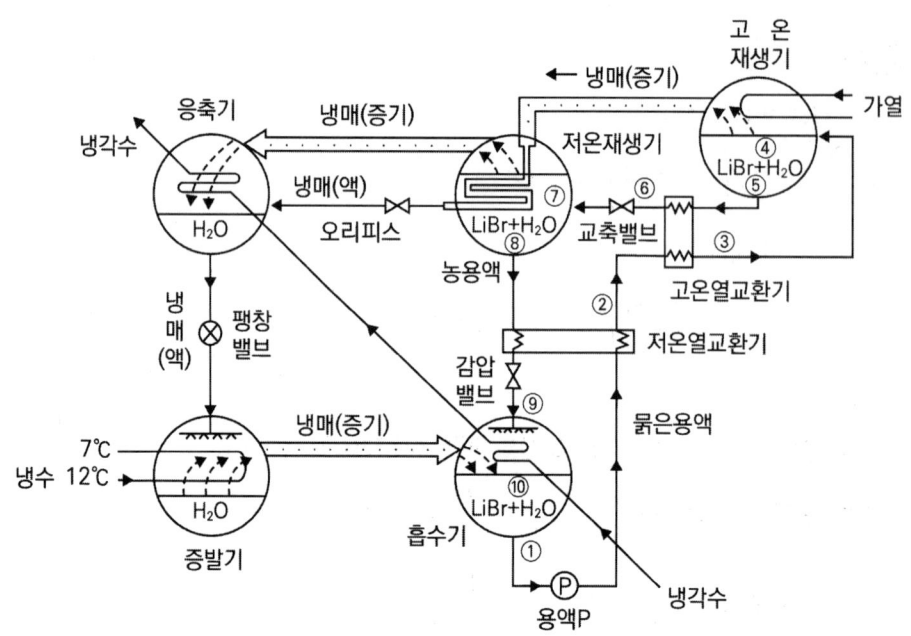

[2중효용 흡수식냉동기(H₂O + LiBr)]

> **풀이**

[듀링선도 작성]

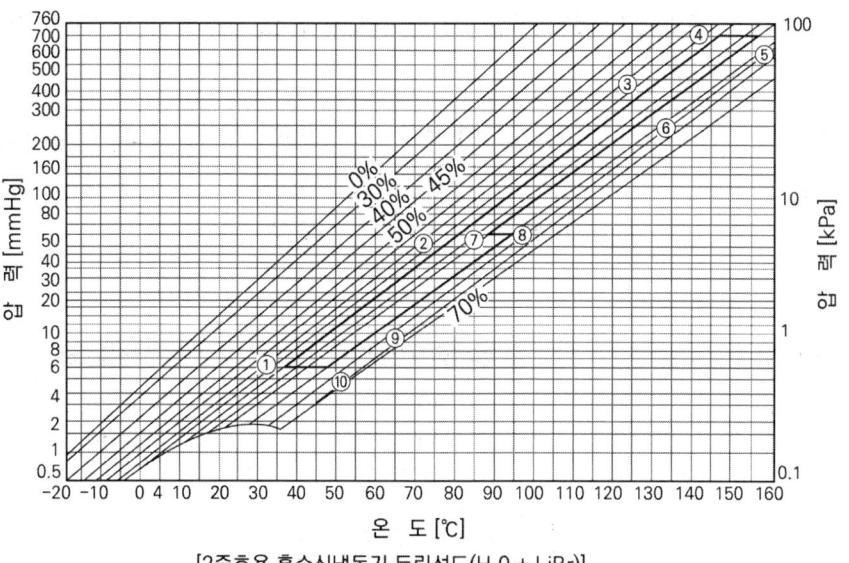

[2중효용 흡수식냉동기 듀링선도(H_2O + LiBr)]

> **참고**
>
> 2중 효용 흡수식 냉동기 혼합용액 상태변화 사이클
>
> 〈과정〉
>
> ⑩ → ① : 흡수기에서 흡수과정을 나타냄. ⑩지점의 농도가 짙은 흡수액은 냉각수에 의해 냉각되면서 증발기로부터 들어온 냉매증기를 흡수하여 ①지점의 묽은 농도까지 희용액이 됨
>
> ① → ② : 흡수기를 나온 묽은 용액(희용액)이 저온 열교환기를 통해 일정농도 아래 온도 상승
>
> ② → ③ : 흡수기를 나온 묽은 용액(희용액)이 고온 열교환기를 통해 일정농도 아래 온도 상승
>
> ③ → ④ : 고온재생기에 들어간 묽은 용액이 포화온도(④지점의 온도)까지 가열됨
>
> ④ → ⑤ : 포화온도에서 더 가열되어 묽은용액 속에 있던 냉매(물)가 증발하면 농도가 짙어져 ⑤지점의 중간농도 용액이 됨
>
> ⑤ → ⑦ : 고온열교환기에서 중간농도 용액과 묽은용액이 열교환하여 농도는 일정하고 온도는 강하되고 교축밸브를 지나면서 압력이 중간 압력까지 낮아짐
>
> ⑦ → ⑧ : 중간농도용액에서 냉매(물)가 증발하여 용액의 농도가 짙어짐
>
> ⑧ → ⑨ : 저온재생기에서 나온 짙은용액(농용액)이 저온열교환기에서 냉각되어 일정 농도 아래 온도 강하 및 감압밸브에 의한 압력 감소
>
> ⑨ → ⑩ : 흡수기에 농용액이 들어갈 때 냉각수에 의해 온도 강하

09 다음 그림과 같은 두께 100 mm의 콘크리트 벽 내측을 두께 50 mm의 방열층으로 시공하고, 그 내면에 두께 15 mm의 목재로 마무리한 냉장실 외벽이 있다. 각 층의 열전도율 및 열전달률의 값은 아래 표와 같다. 외기온도 30 ℃, 상대습도 85 %, 냉장실 온도 −30 ℃인 경우 다음 물음에 답하시오. (7점)

재질	열전도율(W/m·K)	벽면	열전달률(W/m²·K)
콘크리트	1.0	외표면	23
방열재	0.06	내표면	7
목재	0.17		

공기온도(℃)	상대습도(%)	노점온도(℃)
30	80	26.2
30	90	28.2

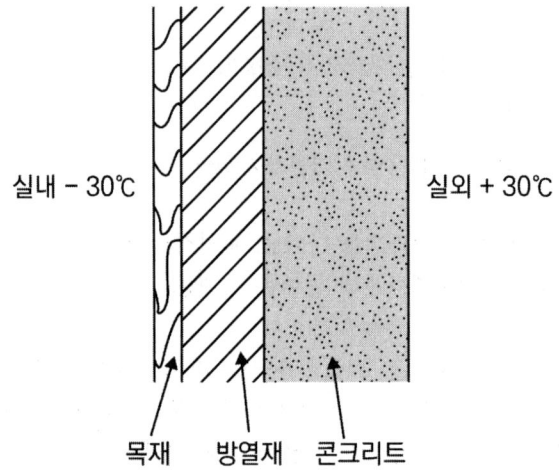

(1) 열통과율(W/m²·K)을 구하시오.

(2) 외벽 표면온도를 구하고 결로 여부를 판별하시오.

풀이

(1) 열통과율(K)

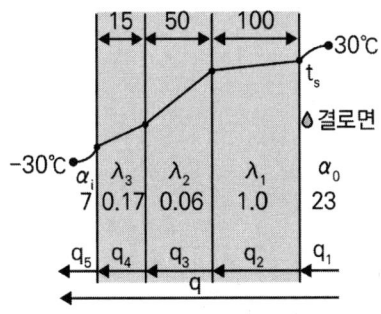

$$\frac{1}{K} = \frac{1}{\alpha_o} + \frac{\ell_1}{\lambda_1} + \frac{\ell_2}{\lambda_2} + \frac{\ell_3}{\lambda_3} + \frac{1}{\alpha_i} = \frac{1}{23} + \frac{0.1}{1.0} + \frac{0.05}{0.06} + \frac{0.015}{0.17} + \frac{1}{7} = 1.2079$$

$$\therefore K = \frac{1}{1.2079} = 0.827 \fallingdotseq 0.83 \text{ W/m}^2 \cdot \text{K}$$

(2) 외벽 표면온도 및 결로여부 판결

① 외벽 표면온도(t_S)

$q_1 = q_2 = q_3 = q_4 = q_5 = q$이므로 $q_1 = q$이다.

$\alpha_o \cdot A \cdot (t_o - t_S) = K \cdot A \cdot (t_o - t_i)$에서

$$t_S = t_o - \frac{K}{\alpha_o}(t_o - t_i)$$

$$\therefore t_S = 30 - \frac{0.83}{23} \times (30 - (-30)) = 27.8 \text{ ℃}$$

② 결로여부 판별

• 외기 노점온도 t_D(직선 보간법으로 구함)

공기온도(℃)	상대습도(%)	노점온도(℃)
30	80	26.2
30	85	t_D
30	90	28.2

$$\frac{85-80}{90-80} = \frac{t_D - 26.2}{28.2 - 26.2} \text{에서 } t_D = 26.2 + \frac{85-80}{90-80}(28.2 - 26.2) = 27.2 \text{ ℃}$$

• 판별 : 외벽 표면온도 t_S(27.8 ℃)가 외기 노점온도 t_D(27.2 ℃)보다 높으므로 결로가 발생하지 않는다.

10 어느 벽체의 구조가 다음과 같은 조건을 갖출 때 각 물음에 답하시오. (8점)

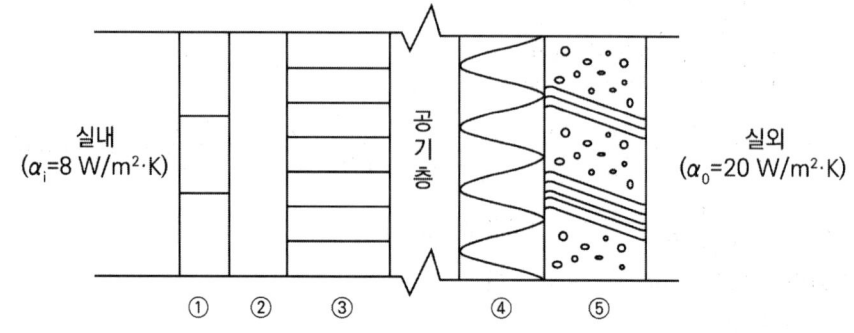

1. 실내온도 : 27 ℃, 외기온도 : 32 ℃
2. 공기층 열 컨덕턴스 : 5.2 W/m²·K
3. 외벽의 면적 : 40 m²
4. 벽체의 구조

재료	두께(m)	열전도율(W/m·K)
① 타일	0.01	1.1
② 시멘트 모르타르	0.03	1.1
③ 시멘트 벽돌	0.19	1.2
④ 스티로폴	0.05	0.03
⑤ 콘크리트	0.10	1.4

(1) 벽체의 열통과율(W/m²·K)을 구하시오.

(2) 벽체의 손실열량(W)을 구하시오.

(3) 벽체의 외표면 온도(℃)를 구하시오.

풀이

(1) 벽체 열통과율(K)

$$\frac{1}{K} = \frac{1}{\alpha_i} + \frac{\ell_1}{\lambda_1} + \frac{\ell_2}{\lambda_2} + \frac{\ell_3}{\lambda_3} + \frac{1}{c} + \frac{\ell_4}{\lambda_4} + \frac{\ell_5}{\lambda_5} + \frac{1}{\alpha_o}$$

$$= \frac{1}{8} + \frac{0.01}{1.1} + \frac{0.03}{1.1} + \frac{0.19}{1.2} + \frac{1}{5.2} + \frac{0.05}{0.03} + \frac{0.10}{1.4} + \frac{1}{20} = 2.300$$

$$\therefore K = \frac{1}{2.300} = 0.4347 \fallingdotseq 0.435 \text{ W/m}^2 \cdot \text{K}$$

여기서, c : 공기층 열 컨덕턴스

(2) 벽체 손실열량(q)

$q = KA\triangle t = 0.435 \times 40 \times (32-27) = 87 \text{ W}$

(3) 벽체 외표면 온도(t_s)

$q_1 = q$이므로

$\alpha_o A(32 - t_s) = 87$

$t_s = 32 - \dfrac{87}{\alpha_o \times A} = 32 - \dfrac{87}{20 \times 40} = 31.891 \fallingdotseq 31.89 \text{ ℃}$

$\alpha_o A(32 - t_s) = KA(32 - 27)$에서

$t_s = 32 - \dfrac{K(32-27)}{\alpha_o} = 32 - \dfrac{0.435 \times 5}{20} = 31.891 \fallingdotseq 31.89 \text{ ℃}$

11 배관지름이 25 mm이고 수속이 2 m/s, 밀도 1000 kg/m³일 때 다음 물음에 답하시오.

(6점)

(1) 관의 유동 단면적(m²)을 구하시오(소수점 다섯째 자리까지 나타내시오).

(2) 체적 유량(m³/s)을 구하시오(소수점 다섯째 자리까지 나타내시오).

(3) 질량 유량(kg/s)를 구하시오(소수점 둘째 자리까지 나타내시오).

풀이

(1) 관의 유동 단면적

$$A = \frac{\pi}{4}d^2 = \frac{\pi}{4} \times 0.025^2 = 0.00049 \text{ m}^2$$

(2) 체적 유량

$$Q = A \cdot v = 0.00049 \times 2 = 0.00098 \text{ m}^3/\text{s}$$

(3) 질량유량

$$G = \rho \cdot Q = 1000 \times 0.00098 = 0.98 \text{ kg/s}$$

12 2단압축 1단팽창 냉동사이클 각 점의 상태값이 아래와 같다. 저단 압축기의 압축효율이 0.79일 때 실제 고단압축기 피스톤 압출량 V_a와 이론 고단압축기 피스톤 압출량 V_h의 비 (V_a/V_h)는 얼마인가?

(8점)

1. 저단압축기 흡입 측 냉매의 엔탈피 $h_1 = 615.5 \text{ kJ/kg}$
2. 고단압축기 흡입 측 냉매의 엔탈피 $h_2 = 628 \text{ kJ/kg}$
3. 저단압축기 토출 측 냉매의 엔탈피 $h_3 = 636.4 \text{ kJ/kg}$
4. 중간냉각기 팽창밸브 직전 냉매액의 엔탈피 $h_4 = 460.5 \text{ kJ/kg}$
5. 증발기용 팽창밸브 직전의 냉매액의 엔탈피 $h_5 = 414.5 \text{ kJ/kg}$

[풀이]

이론 압출량= 압축효율이 미적용된 압출량
실제 압출량= 압축효율이 적용된 압출량

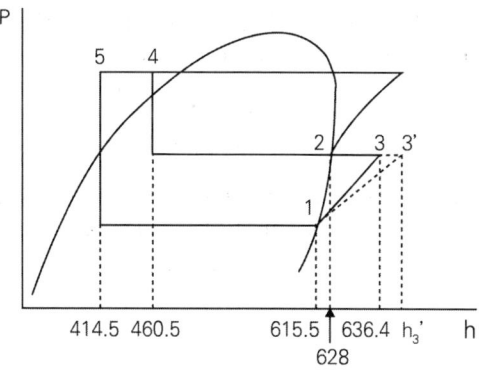

이론 냉매량 비 $\dfrac{G_h}{G_l} = \dfrac{h_3 - h_5}{h_2 - h_4}$ 에서 $G_h = G_l \dfrac{h_3 - h_5}{h_2 - h_4}$

실제 냉매량 비 $\dfrac{G_h{'}}{G_l} = \dfrac{h_3{'} - h_5}{h_2 - h_4}$ 에서 $G_h{'} = G_l \dfrac{h_3{'} - h_5}{h_2 - h_4}$

$\dfrac{\text{실제 압출량}(V_a)}{\text{이론 압출량}(V_h)} = \dfrac{G_h{'}}{G_h} = \dfrac{G_l \dfrac{h_3{'} - h_5}{h_2 - h_4}}{G_l \dfrac{h_3 - h_5}{h_2 - h_4}} = \dfrac{h_3{'} - h_5}{h_3 - h_5}$

압축효율 $\eta_c = \dfrac{h_3 - h_1}{h_3{'} - h_1}$ 에서

$h_3{'} = h_1 + \dfrac{h_3 - h_1}{\eta_c} = 615.5 + \dfrac{636.4 - 615.5}{0.79} = 641.955 ≒ 641.96$

$\therefore \dfrac{V_a}{V_h} = \dfrac{h_3{'} - h_5}{h_3 - h_5} = \dfrac{641.96 - 414.5}{636.4 - 414.5} = 1.025 ≒ 1.03$

13 다음 ( ) 안에 알맞은 말을 [보기]에서 골라 넣으시오. (5점)

> 표준 냉동장치에서 흡입가스는 (①)을 따라서 (②)하여 과열증기가 되어 외부와 열교환을 하고, 응축기 출구 (③)에서 5℃ 과냉각시켜서 (④)을 따라서 교축작용으로 단열팽창되어 증발기에서 등압선을 따라 포화증기가 된다.

──[보기]──
단열압축, 등온압축, 습압축, 등엔탈피선, 등비체적선, 등엔트로피선,
포화액선, 습증기선, 등온선

풀이

① 등엔트로피선   ② 단열압축   ③ 포화액선   ④ 등엔탈피선

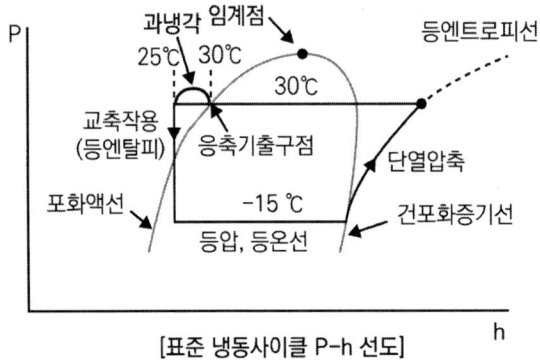

[표준 냉동사이클 P-h 선도]

14 전열면적 A = 60 m²의 수냉응축기가 응축온도 t_c = 32 ℃, 냉각수량 G = 500 L/min, 입구 수온 t_{w1} = 23 ℃, 출구 수온 t_{w2} = 31 ℃로서 운전되고 있다. 이 응축기를 장기 운전하였을 때 냉각관의 오염이 원인이 되어 냉각수량을 640 L/min로 증가하지 않으면 원래의 응축 온도를 유지할 수 없게 되었다. 이 상태에 대한 수냉응축기의 냉각관의 열통과율은 약 몇 W/m²·K인가? (단, 냉각수 비열은 4.2 kJ/kg·K, 냉매와 냉각수 사이의 온도차는 산술 평균 온도차를 사용하고, 열통과율과 냉각수량 외의 응축기의 열적상태는 변하지 않는 것으로 한다) (6점)

풀이

① 오염된 후 더 낮아진 냉각수 출구온도 t_{w2}'

$q = K \cdot A \cdot \triangle t_m$

$q = G_1 \cdot C \cdot \triangle t_1 = \dfrac{500 \times 4.2 \times (31-23)}{60} = 280 \text{ kW}$

$q = G_2 \cdot C \cdot \triangle t_2 = \dfrac{640 \times 4.2 \times (t_{w2}' - 23)}{60}$

여기서 t_{w2}' : 오염된 후 냉각수 출구온도

② 산술 평균온도차 $\triangle t_m$

$t_{w2}' = 23 + \dfrac{280 \times 60}{640 \times 4.2} = 29.25 \text{ ℃}$

$\triangle t_m = 32 - \dfrac{23 + 29.25}{2} = 5.875 \text{ ℃}$

③ 냉각관의 열통과율 K

$\therefore K = \dfrac{q}{A \cdot \triangle t_m} = \dfrac{280 \times 10^3}{60 \times 5.875} = 794.33 \text{ W/m}^2 \cdot \text{K}$

2022 2회

01 2단압축 1단팽창사이클의 직접팽창형 중간냉각기이다. 빈칸에 보기의 용어를 써 넣으시오.
(8점)

[보기]
1. 고압 수액기 2. 고압 측 압축기 3. 저압 측 압축기 4. 응축기 5. 증발기
6. 드레인 7. 솔레노이드 밸브 8. 엘리미네이터 9. 안전밸브 10. 팽창밸브

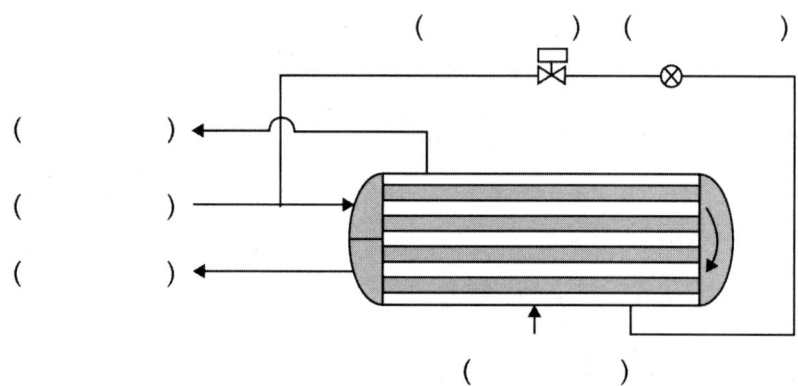

[직접팽창형 중간냉각기]

풀이

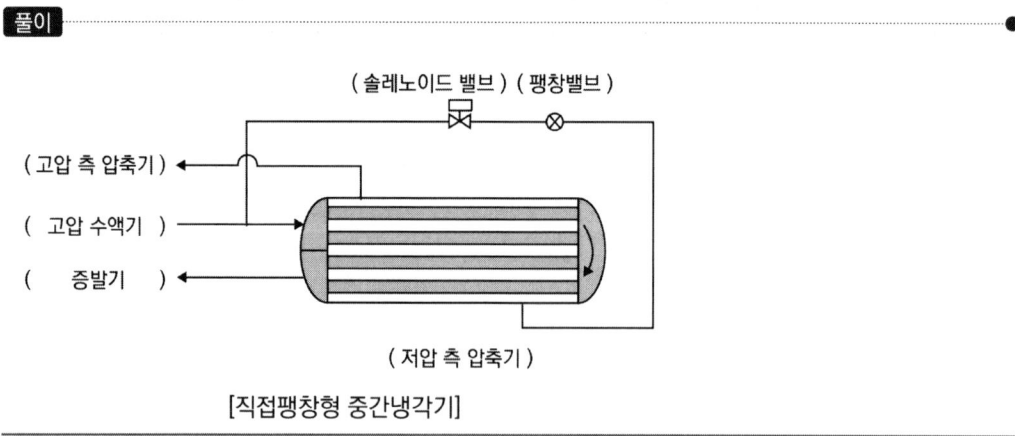

[직접팽창형 중간냉각기]

02 냉매액 강제 순환식 냉동장치에서 다음에 답하시오. (10점)

(1) 아래 냉매액 강제 순환식 암모니아 냉동장치의 주요장치에 대한 배관을 완성하시오.
(단, 고압 측은 점선, 저압 측은 실선으로 표시하시오)

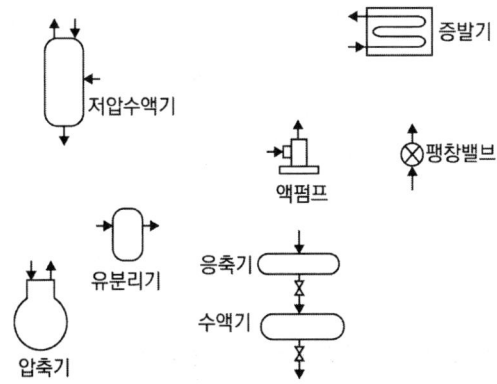

(2) 냉매액 강제 순환식 냉동장치의 장점 2가지를 적으시오.

풀이

(1) 배관 계통도(고압 측 : 점선, 저압 측 : 실선)

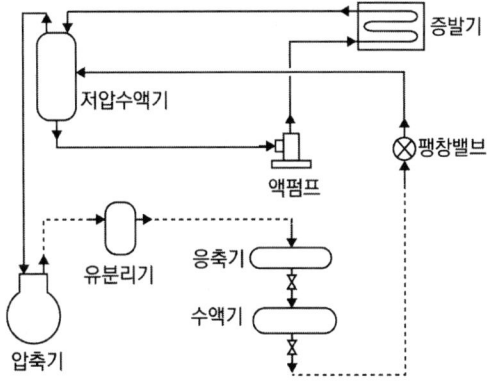

(2) 냉매액 강제 순환식 냉동장치 장점 2가지
① 전열이 양호하며 증발기 내에 냉동기유가 고이지 않는다.
② 액백(Liquid Back)을 방지할 수 있으며 제상의 자동화가 용이하다.
③ 부하 변동의 영향이 작은 편이다.
④ 냉매 측 열전달 성능이 좋아 증발기 냉각능력이 우수하다.
위 4가지 중 2가지 기술하던 정답

03 다음과 같은 덕트 시스템에 대하여 덕트 치수를 등압법(1.0 Pa/m)에 의하여 결정하시오.
(단, 각 토출구의 토출 풍량은 1000 m³/h이며, 덕트풍속은 선도에서 읽어서 구한다) (8점)

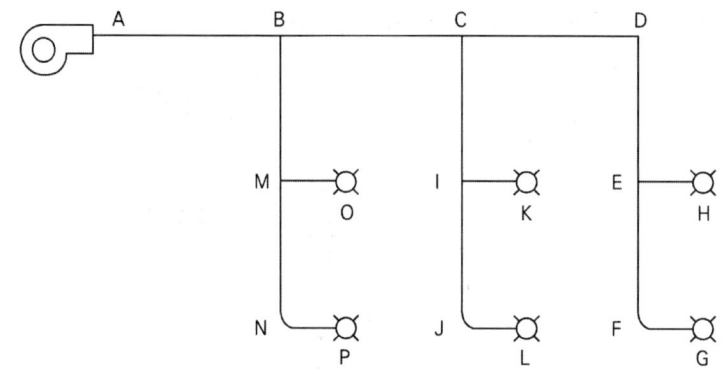

구간	풍량(m³/h)	지름(cm)	풍속(m/s)	직사각형 덕트 $a \times b$[mm]
A-B				( ) × 200
B-C				( ) × 200
C-E				( ) × 200
E-G				( ) × 200

[장방형 덕트와 원형 덕트의 환산표(단위 : cm)]

단변 장변	10	15	20	25	30	35	40	45	50	55	60	65	70	75	80	85	90	95	100
10	10.9																		
15	13.3	16.4																	
20	15.2	18.9	21.9																
25	16.9	21.0	24.4	27.3															
30	18.3	22.9	26.6	29.9	32.8														
35	19.5	24.5	28.6	32.2	35.4	38.3													
40	20.7	26.0	30.5	34.3	37.8	40.9	43.7												
45	21.7	27.4	32.1	36.3	40.0	43.3	46.4	49.2											
50	22.7	28.7	33.7	38.1	42.0	45.6	48.8	51.8	54.7										
55	23.6	29.9	35.1	39.8	43.9	47.7	51.1	54.3	57.3	60.1									
60	24.5	31.0	36.5	41.4	45.7	49.6	53.3	56.7	59.8	62.8	65.6								
65	25.3	32.1	37.8	42.9	47.4	51.5	55.3	58.9	62.2	65.3	68.3	71.1							
70	26.1	33.1	39.1	44.3	49.0	53.3	57.3	61.0	64.4	67.7	70.8	73.7	76.5						
75	26.8	34.1	40.2	45.7	50.6	55.0	59.2	63.0	66.6	69.7	73.2	76.3	79.2	82.0					
80	27.5	35.0	41.4	47.0	52.0	56.7	60.9	64.9	68.7	72.2	75.5	78.7	81.8	84.7	87.5				
85	28.2	35.9	42.4	48.2	53.4	58.2	62.6	66.8	70.6	74.3	77.8	81.1	84.2	87.2	90.1	92.9			
90	28.9	36.7	43.5	49.4	54.8	59.7	64.2	68.6	72.6	76.3	79.9	83.3	86.6	89.7	92.7	95.6	98.4		
95	29.5	37.5	44.5	50.6	56.1	61.1	65.9	70.3	74.4	78.3	82.0	85.5	88.9	92.1	95.2	98.2	101.1	103.9	
100	30.1	38.4	45.4	51.7	57.4	62.6	67.4	71.9	76.2	80.2	84.0	87.6	91.1	94.4	97.6	100.7	103.7	106.5	109.3
105	30.7	39.1	46.4	52.8	58.6	64.0	68.9	73.5	77.8	82.0	85.9	89.7	93.2	96.7	100.0	103.1	106.2	109.1	112.0
110	31.3	39.9	47.3	53.8	59.8	65.2	70.3	75.1	79.6	83.8	87.8	91.6	95.3	98.8	102.2	105.5	108.6	111.7	114.6
115	31.8	40.6	48.1	54.8	60.9	66.5	71.7	76.6	81.2	85.5	89.6	93.6	97.3	100.9	104.4	107.8	111.0	114.1	117.2
120	32.4	41.3	49.0	55.8	62.0	67.7	73.1	78.0	82.7	87.2	91.4	95.4	99.3	103.0	106.6	110.0	113.3	116.5	119.6
125	32.9	42.0	49.9	56.8	63.1	68.9	74.4	79.5	84.3	88.8	93.1	97.3	101.2	105.0	108.6	112.2	115.6	118.8	122.0
130	33.4	42.6	50.6	57.7	64.2	70.1	75.7	80.8	85.7	90.4	94.8	99.0	103.1	106.9	110.7	114.3	117.7	121.1	124.4
135	33.9	43.3	51.4	58.6	65.2	71.3	76.9	82.2	87.2	91.9	96.4	100.7	104.9	108.8	112.6	116.3	119.9	123.3	126.7
140	34.4	43.9	52.2	59.5	66.2	72.4	78.1	83.5	88.6	93.4	98.0	102.4	106.6	110.7	114.6	118.3	122.0	125.5	128.9
145	34.9	44.5	52.9	60.4	67.2	73.5	79.3	84.8	90.0	94.9	99.6	104.1	108.4	112.5	116.5	120.3	124.0	127.6	131.1
150	35.3	45.2	53.6	61.2	68.1	74.5	80.5	86.1	91.3	96.3	101.1	105.7	110.0	114.3	118.3	122.2	126.0	129.7	133.2
155	35.8	45.7	54.4	62.1	69.1	75.6	81.6	87.3	92.6	97.4	102.6	107.2	111.7	116.0	120.1	124.1	127.9	131.7	135.3
160	36.2	46.3	55.1	62.9	70.6	76.6	82.7	88.5	93.9	99.1	104.1	108.8	113.3	117.7	121.9	125.9	129.8	133.6	137.3
165	36.7	46.9	55.7	63.7	70.9	77.6	83.8	89.7	95.2	100.5	105.5	110.3	114.9	119.3	123.6	127.7	131.7	135.6	139.3
170	37.1	47.5	56.4	64.4	71.8	78.5	84.9	90.8	96.4	101.8	106.9	111.8	116.4	120.9	125.3	129.5	133.5	137.5	141.3

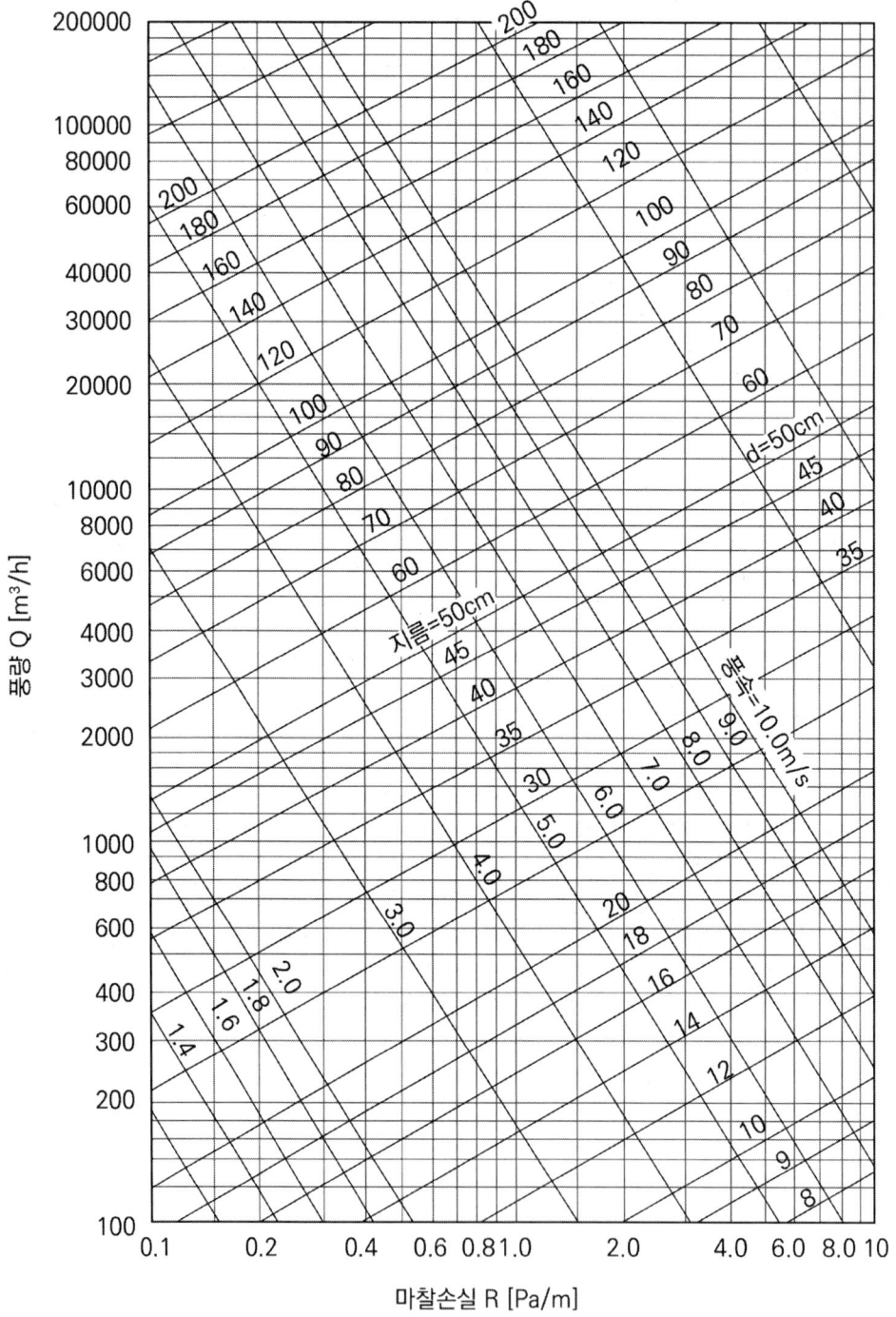

> 풀이

구간	풍량(m³/h)	지름(cm)	풍속(m/s)	직사각형 덕트 $a \times b$[mm]
A-B	6000	54	7.1	(1550) × 200
B-C	4000	46	6.5	(1050) × 200
C-E	2000	36	5.5	(600) × 200
E-G	1000	28	4.8	(350) × 200

04 다음 보기의 기호를 사용하여 공조배관 계통도를 작성하시오. (단, 냉수공급관 및 환수관은 개별식으로 배관한다) (6점)

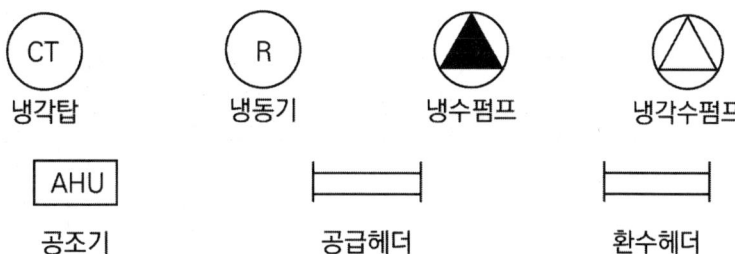

> 풀이

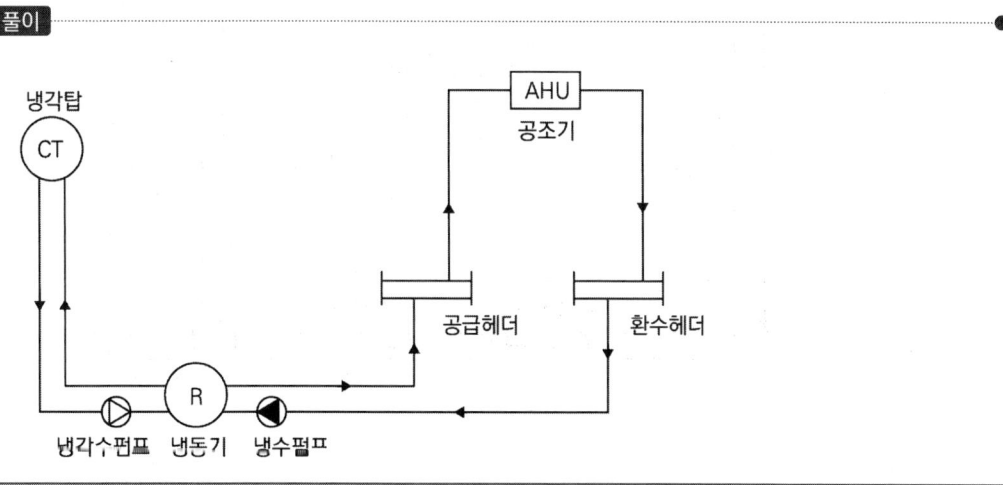

05 주어진 설계조건을 이용하여 사무실 각 부분에 대하여 손실열량을 구하시오. (10점)

[설계조건]
1. 설계온도(℃): 실내온도 19℃, 실외온도 -1℃, 복도온도 10℃
2. 열관류율(W/m²·K) : 외벽 3.2, 내벽 3.5, 바닥 1.9, 유리(2중) 2.2, 문 3.5
3. 방위보정계수(K)
   1) 북쪽, 북서쪽, 북동쪽 : 0.15
   2) 동남쪽, 남서쪽 : 0.05
   3) 동쪽, 서쪽 : 0.10
   4) 남쪽 : 0.0
4. 환기 횟수 : 1 회/h
5. 천장 높이와 층고는 동일하게 간주한다.
6. 공기의 정압비열 : 1.01 kJ/kg·K, 공기의 밀도 : 1.2 kg/m³

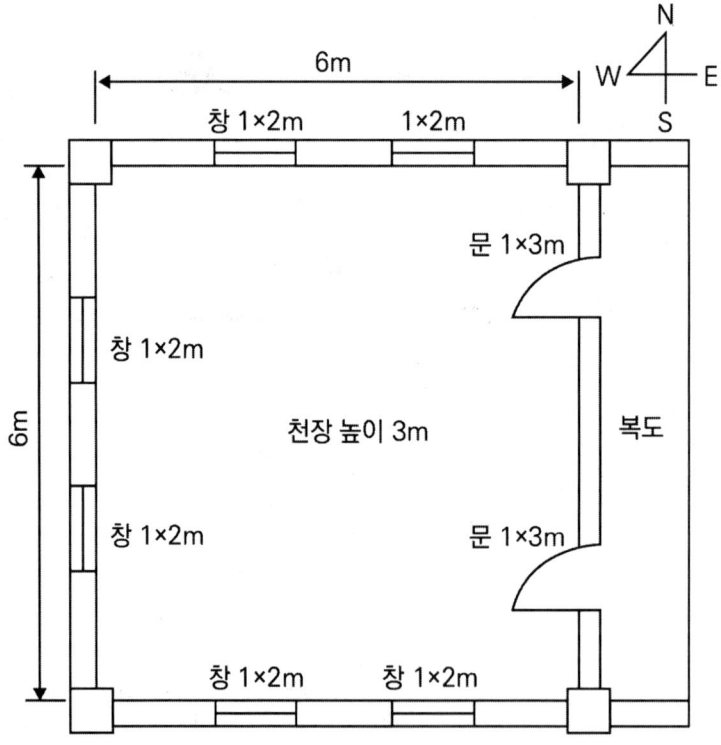

구분	열관류율(W/m²·K)	면적(m²)	온도차(℃)	방위계수(1+K)	부하(W)
동쪽 내벽				-	
동쪽 문				-	
서쪽 외벽					
서쪽 창					
남쪽 외벽					
남쪽 창					
북쪽 외벽					
북쪽 창					
환기 부하	계산식 : 부하량 :				
난방 부하	계산식 : 부하량 :				

풀이

부하 $q = K \cdot A \cdot \triangle t \cdot k$

구분	열관류율(W/m²·K)	면적(m²)	온도차(℃)	방위계수(1+K)	부하(W)
동쪽 내벽	3.5	12	9	-	378
동쪽 문	3.5	6	9	-	189
서쪽 외벽	3.2	14	20	1.1	985.6
서쪽 창	2.2	4	20	1.1	193.6
남쪽 외벽	3.2	14	20	1.0	896
남쪽 창	2.2	4	20	1.0	176
북쪽 외벽	3.2	14	20	1.15	1030.4
북쪽 창	2.2	4	20	1.15	202.4
환기 부하	계산식 : $\dfrac{1.2 \times (6 \times 6 \times 3 \times 1회)}{3600} \times 1.01 \times 10^3 \times (19 - (-1)) = 727.2$ W 부하량 : 727.2 W				
난방 부하	계산식 : 378 + 189 + 985.6 + 193.6 + 896 + 176 + 1030.4 + 202.4 + 727.2 = 4778.2 W 부하량 : 4778.2 W				

06 기통비 2인 컴파운드 R-22 고속 다기통 압축기가 다음 그림에서와 같이 중간 냉각이 불완전한 2단압축 1단팽창식으로 운전되고 있다. 이때 중간냉각기 팽창밸브 직전의 냉매액 온도가 33 ℃, 저단 측 흡입냉매의 비체적이 0.15 m³/kg, 고단 측 흡입냉매의 비체적이 0.06 m³/kg이라고 할 때 저단 측의 냉동효과(kJ/kg)는 얼마인가? (단, 고단 측과 저단 측의 체적효율은 같다) (8점)

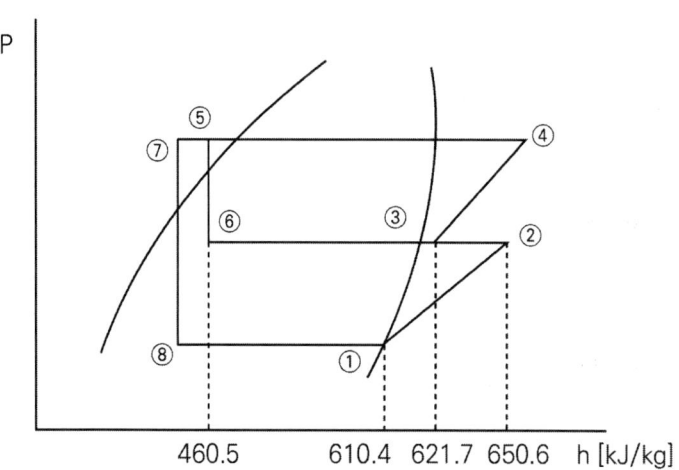

풀이

냉동효과 $q_e = h_1 - h_8$ 기통수비 $2 = \dfrac{저단\ 기통수}{고단\ 기통수}$

$\dfrac{G_\ell}{G_h} = \dfrac{h_3 - h_6}{h_2 - h_7} = \dfrac{h_3 - h_6}{h_2 - h_8}$ 에서

$h_8 = h_2 - \dfrac{G_h}{G_\ell}(h_3 - h_6) = h_2 - \dfrac{\dfrac{V}{v_3}}{\dfrac{2V}{v_1}}(h_3 - h_6) = h_2 - \dfrac{v_1}{2v_3}(h_3 - h_6)$

$= 650.6 - \dfrac{0.15}{2 \times 0.06}(621.7 - 460.5) = 449.1 \text{ kJ/kg}$

∴ 냉동효과 $q_e = 610.4 - 449.1 = 161.3 \text{ kJ/kg}$

07 송풍기가 회전수 800 RPM에서 400 m³/min의 송풍량을 갖는다. 회전수가 1000 RPM일 때의 송풍량(m³/min)을 구하시오. (4점)

> **풀이**
>
> 풍량 $Q_2 = Q_1 \times \left(\dfrac{N_2}{N_1}\right) = 400 \times \left(\dfrac{1000}{800}\right) = 500 \text{ m}^3/\text{min}$
>
> > **참고**
> >
> > 서로 다른 치수의 송풍기(또는 펌프)를 비교(상사)했을 때
> >
> > 풍량(유량) $[m^3/s]$ $\quad Q_2 = \left(\dfrac{N_2}{N_1}\right)^1 \times \left(\dfrac{D_2}{D_1}\right)^3 \times Q_1$
> >
> > 전압 [Pa] (양정 [m]) $\quad P_2 = \left(\dfrac{N_2}{N_1}\right)^2 \times \left(\dfrac{D_2}{D_1}\right)^2 \times P_1$
> >
> > 동력 [kW] $\quad L_2 = \left(\dfrac{N_2}{N_1}\right)^3 \times \left(\dfrac{D_2}{D_1}\right)^5 \times L_1$

08 증기 보일러에 부착된 인젝터의 원리를 설명하시오. (6점)

> **풀이**
>
> 1. 인젝터는 보일러의 증기압을 이용하여 급수하는 급수 보조장치이다.
> 2. 증기노즐 끝에 있는 밸브를 열어 증기를 분출시키면 노즐 부근이 진공상태가 되어 급수관에서 물이 빨려 올라온다.
> 3. 빨려 올라온 물과 분출된 증기가 혼합 노즐에서 혼합되면서 증기는 냉각 응축되고 급수의 온도는 올라가며, 속도에너지가 증가하여 고속의 수류를 만든다.
> 4. 고속의 수류는 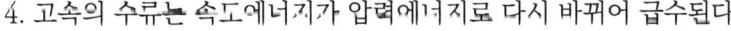 속도에너지가 압력에너지로 다시 바뀌어 급수된다.

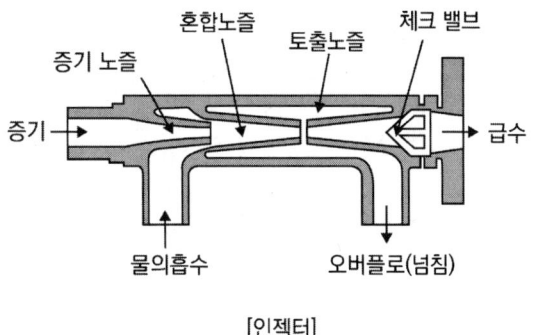

[인젝터]

09 공조장치에서 증발기 부하가 100 kW이고, 냉각수 순환수량이 0.2 m³/min, 성적계수가 2.5이고, 응축기 전열면적 3.0 m², 열관류율 6.0 kW/m²·K에서 냉각수 입구온도 20 ℃일 때 다음 각 물음에 답하시오. (단, 냉각수의 비열은 4.2 kJ/kg·K이며, 산술평균온도차를 이용한다) (6점)

(1) 응축 필요 부하(kW)를 구하시오.
(2) 응축기 냉각수 출구온도(℃)를 구하시오.
(3) 냉매의 응축온도(℃)를 구하시오.

풀이

(1) 응축 필요 부하(Q_C)

응축 필요 부하 $Q_C = Q_e + W$

- 압축기 부하(W)

$COP = \dfrac{Q_e}{W}$ 에서 $W = \dfrac{Q_e}{COP} = \dfrac{100}{2.5} = 40 \text{ kW}$

∴ 응축 필요 부하 $Q_C = Q_e + W = 100 + 40 = 140 \text{ kW}$

(2) 응축기 냉각수 출구 온도(t_{w2})

$Q_C = G \cdot C(t_{w2} - t_{w1})$

$140 \times 60 = (0.2 \times 1000) \times 4.2 \times (t_{w2} - 20)$

∴ $t_{w2} = 30 \text{ ℃}$

(3) 냉매의 응축온도(t_C)

[풀이 1]

- $Q_C = K \cdot A \cdot \triangle t_m$ 에서

- $\triangle t_m = \dfrac{Q_C}{K \cdot A} = \dfrac{140}{6.0 \times 3.0} = 7.7777 ≒ 7.778 \text{ ℃}$

- 산술평균 온도차 $\triangle t_m = \triangle t_c - \dfrac{t_{w1} + t_{w2}}{2}$ 에서

- 냉매의 응축온도 $t_C = \triangle t_m + \dfrac{t_{w1} + t_{w2}}{2}$

∴ $t_C = 7.778 + \dfrac{20 + 30}{2} = 32.778 ≒ 32.78 \text{ ℃}$

[풀이 2]

- $Q_C = K \cdot A \cdot \triangle t_m$ 에서 $\triangle t_m = \dfrac{Q_C}{K \cdot A}$

- 산술평균온도차 $\triangle t_m = t_C - \dfrac{t_{w1} + t_{w2}}{2}$ 에서

- 응축온도 $t_C = \triangle t_m + \dfrac{t_{w1} + t_{w2}}{2} = \dfrac{Q_C}{K \cdot A} + \dfrac{t_{w1} + t_{w2}}{2}$
  $= \dfrac{140}{6.0 \times 3.0} + \dfrac{20 + 30}{2} = 32.777 ≒ 32.78\ ℃$

10 펌프 운전 중에 일어나는 공동현상(Cavitation)에 대하여 각 물음에 답하시오. (6점)

(1) 정의

(2) 발생원인(2가지)

풀이

(1) 정의

흡입양정이 높거나 유속이 급변 또는 와류의 발생 등으로 인하여 유체의 압력이 국부적으로 포화증기압 이하로 내려가면 기포가 발생하는 현상이다.

(2) 발생원인(2가지)

① 펌프의 흡입양정이 높은 경우

② 회전하는 임펠러의 속도가 고속인 경우

③ 배관의 곡관부 또는 좁아지는 부분에서의 유속이 빨라져 정압이 떨어지는 경우(정압이 그 액체의 포화증기압 이하가 되는 경우)

④ 펌프의 흡입관 마찰손실이 큰 경우(흡입관이 휘거나, 관경이 작은 경우)

⑤ 유동 액체가 고온인 경우(액체의 온도가 높으면 포화증기압이 높아지므로)

위 5가지 중 2가지 기술하면 정답

11 실린더 안지름 80 mm, 피스톤 행정거리 80 mm, 회전수 1500 rpm, 4기통 왕복동식 압축기의 이론 피스톤 토출량(m³/h)을 구하시오. (4점)

풀이

$$V = \frac{\pi}{4}D^2 \cdot L \cdot n \cdot Z = \frac{\pi}{4} \times 0.08^2 \times 0.08 \times 1500 \times 4 \times 60 = 144.796 \fallingdotseq 144.76 \; m^3/h$$

12 다음 그림의 증기난방에 대한 증기공급 배관지름(① ~ ③)을 구하시오. (단, 증기압은 30 kPa, 압력강하 r = 1.0 kPa/100m로 한다) (6점)

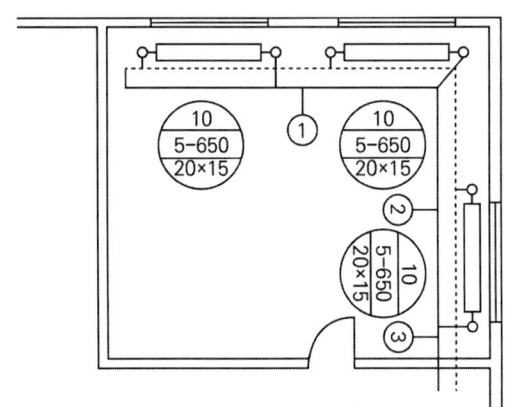

[저압 증기관의 관지름]

관지름 (mm)	저압증기관의 용량(EDR m²)									
	순구배 횡주관 및 하향급기 입관(복관식 및 단관식)						역구배 횡주관 및 상향급기 입관			
	r=압력강하(kPa/100m)						복관식		단관식	
	0.5	1.0	2.0	5.0	10	20	입관	횡주관	입관	횡주관
20	2.1	3.1	4.5	7.4	10.6	15.3	4.5	-	3.1	-
25	3.9	5.7	8.4	14	20	29	8.4	3.7	5.7	3.0
32	7.7	11.5	17	28	41	59	17.0	8.2	11.5	6.8
40	12	17.5	26	42	61	88	26	12	17.5	10.4
50	22	33	48	80	115	166	48	21	33	18
65	44	64	94	155	225	325	90	51	63	34

80	70	102	150	247	350	510	130	85	96	55
90	104	150	218	360	520	740	180	134	135	85
100	145	210	300	500	720	1040	235	192	175	130
125	260	370	540	860	1250	1800	440	360		
150	410	600	860	1400	2000	2900	770	610		
200	850	1240	1800	2900	4100	5900	1700	1340		
250	1530	2200	3200	5100	7300	10400	3000	2500		
300	3450	3500	5000	8100	11500	17000	4800	4000		

[주철방열기의 치수와 방열면적]

형식	치수(mm)			1매당 상당 방열면적 F(m²)	내용적(L)	중량(공) (kg)
	높이 H	폭 b	길이 L			
2주	950	187	65	0.35	3.60	12.3
	800	187	65	0.29	2.85	11.3
	700	187	65	0.25	2.50	8.7
	650	187	65	0.23	2.30	8.2
	600	187	65	0.12	2.10	7.7
3주	980	228	65	0.42	2.40	15.8
	800	228	65	0.35	2.20	12.6
	700	228	65	0.30	2.00	11.0
	650	228	65	0.27	1.80	10.3
	600	228	65	0.25	1.65	9.2
3세주	800	117	50	0.19	0.80	6.0
	700	117	50	0.16	0.73	5.5
	650	117	50	0.15	0.70	5.0
	600	117	50	0.13	0.60	4.5
	500	117	50	0.11	0.54	3.7
5세주	950	203	50	0.40	1.30	11.9
	800	203	50	0.33	1.20	10.0
	700	203	50	0.28	1.10	9.1
	650	203	50	0.25	1.00	8.3
	600	203	50	0.23	0.90	7.2
	500	203	50	0.19	0.85	6.9

풀이

1) 방열기 1대의 방열면적 : 10매×0.25 = 2.5 m² (5세주, 높이 650방열기)
2) 각 구간 방열면적
   ① 구간 방열면적 : 2.5×1대 = 2.5 m²
   ② 구간 방열면적 : 2.5×2대 = 5.0 m²
   ③ 구간 방열면적 : 2.5×3대 = 7.5 m²
3) 저압증기관, 순구배 횡주관(복관식), 압력강하 $r = 1.0$ kPa/100m
   ① 구간 배관 지름 : 20 mm
   ② 구간 배관 지름 : 25 mm
   ③ 구간 배관 지름 : 32 mm

13 다음 그림과 같은 공조장치를 냉방운전하고자 한다. 각 물음에 답하시오. (8점)

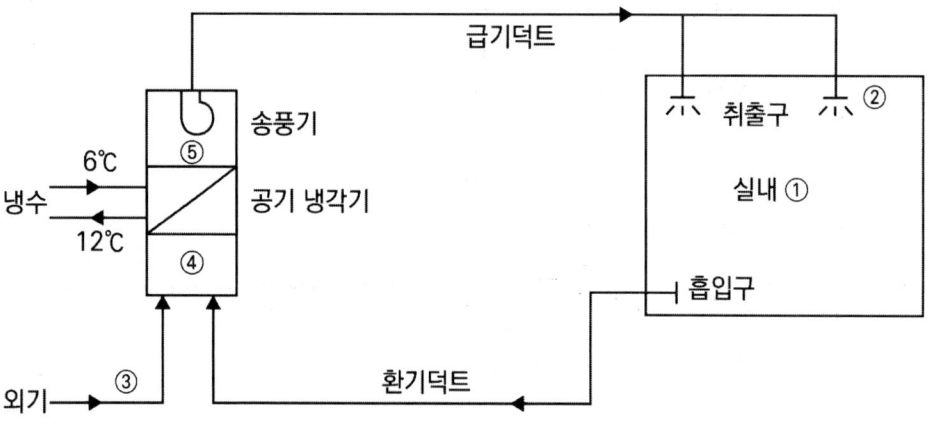

[조건]
1. 외기 : 33 ℃, 습구온도 27 ℃
2. 실내 : 26 ℃, 상대습도 50 %, 현열부하 : 13.5 kW, 잠열부하 : 2.4 kW
3. 취출구 온도 : 16 ℃
4. 송풍기 부하 : 1 kW, 급기덕트 취득열 : 0.35 kW
5. 취입 외기량 : 급기송풍량의 30 %
6. 공기 밀도 : 1.2 kg/m³ 정압비열 : 1.01 kJ/kg·K
7. 냉수 비열 : 4.2 kJ/kg·K

(1) ①~⑤점을 뒷장의 공기선도에 표시하시오.

(2) 현열비의 구하시오.

(3) 실내풍량을 구하시오(m³/h).

(4) 냉각기 출구 공기온도를 구하시오.

(5) 냉수량을 구하시오(L/min).

풀이

(1) ①~⑤점 공기선도에 표시 → 현열비(SHF), t_4, t_5를 먼저 구한다.

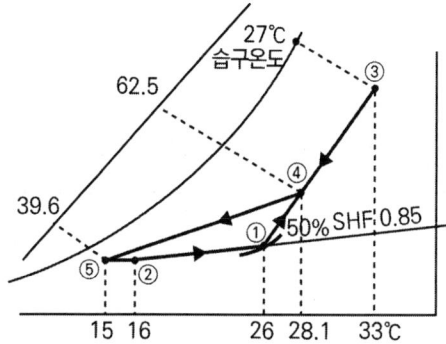

(2) 현열비(SHF)

$$현열비 = \frac{현열}{전열} = \frac{13.5}{13.5+2.4} = 0.849 ≒ 0.85$$

(3) 실내풍량(Q)

$q_S = G \cdot C_p \cdot \triangle t = \rho Q \cdot C_p \cdot \triangle t$에서

$$Q = \frac{q_S}{\rho \cdot C_p \cdot \triangle t} = \frac{13.5 \times 3600}{1.2 \times 1.01 \times (26-16)} = 4009.90 \text{ m}^3/\text{h}$$

(4) 냉각기 출구 공기온도(t_5)

① 온도상승($\triangle t$)

$q = \rho Q C_p \triangle t$

$$\triangle t = \frac{(1+0.35) \times 3600}{1.2 \times 4009.9 \times 1.01} = 1.0 \text{ ℃}$$

② 냉각기 출구 공기온도 t_5

$t_5 = $ 취출구온도 $t_2 - \triangle t = 16 - 1.0 = 15$ ℃

(5) 냉수량(G_w)

공기냉각기에서 공기 냉각열량=냉수 가열량

$$q_C = G_a \cdot \Delta h = G_w \cdot C_w \cdot \Delta t_w$$

$$G_w = \frac{G_a \cdot \Delta h}{C_w \cdot \Delta t_w} = \frac{\rho \cdot Q_a \cdot (h_4 - h_5)}{C_w \cdot \Delta t_w}$$

$(h_4 - h_5)$를 구하기 위해 공기선도를 작성하여 엔탈피를 읽는다.

① 외기와 실내환기의 혼합공기온도(t_4)

$$t_4 = \frac{G_1 t_1 + G_3 t_3}{G_4} = \frac{0.7 \times 26 + 0.3 \times 33}{1.0} = 28.1\ ℃$$

② 습공기선도를 작도하여 h_4, h_5를 읽는다.

$h_4 = 62.5\ kJ/kg,\ h_5 = 39.6\ kJ/kg$

∴ 냉수량 $G_w = \dfrac{\rho \cdot Q_a \cdot (h_4 - h_5)}{C_w \cdot \Delta t_w}$

$$= \frac{1.2 \times \dfrac{4009.9}{60} \times (62.5 - 39.6)}{4.2 \times (12 - 6)} = 72.878 ≒ 72.88\ L/min$$

14 어떤 일반 사무실의 취득열량 및 외기 부하를 산출하였더니 다음과 같이 되었다. 이 자료에 의해 (1) ~ (5)의 값을 구하시오. (단, 취출 온도차는 10 ℃, 공기밀도 1.2 kg/m³, 비열 1.01 kJ/kg·K 이다) (8점)

항목	감열(KJ/h)	잠열(KJ/h)
벽체를 통한 열량	25000	0
유리창을 통한 열량	33000	0
바이패스 외기의 열량	600	2500
재실자의 발열량	4000	5000
형광등의 발열량	10000	0
외기 부하	6000	20000

(1) 현열비

(2) 취출풍량(CMM)

(3) 냉각코일 용량(kW)

(4) 냉동기 용량(RT) (단, 여유율은 냉각코일 용량의 10 %, 1 RT = 3.86 kW)

(5) 냉각탑 용량(CRT) (단, 여유율은 냉동기 용량의 20 %, 1 CRT = 4.54 kW)

> **풀이**

(1) 현열비(SHF)

$q_S = 25000 + 33000 + 600 + 4000 + 10000 = 72600 \text{ kJ/h}$

$q_L = 2500 + 5000 = 7500 [\text{kJ/h}]$

$\therefore$ 현열비$(SHF) = \dfrac{\text{현열}}{\text{전열}} = \dfrac{72600}{72600 + 7500} \fallingdotseq 0.91$

(2) 취출풍량(CMM)

$Q = \dfrac{q_S}{\rho C_P \Delta t} = \dfrac{72600}{1.2 \times 1.01 \times 10 \times 60} = 99.834 \fallingdotseq 99.83 \text{ CMM}$

(3) 냉각코일 용량(kW)

$q_{CC} = q_S + q_L + q_O = \dfrac{72600 + 7500 + (6000 + 20000)}{3600} = 29.472 \fallingdotseq 29.47 \text{ kW}$

(4) 냉동기 용량(RT)

냉동기 용량 $= \dfrac{29.47 \times 1.1}{3.86} = 8.398 \fallingdotseq 8.40 \text{ RT}$

(5) 냉각탑 용량(CRT)

냉각탑 용량 $= \dfrac{(29.47 \times 1.1) \times 1.2}{4.54} = 8.568 \fallingdotseq 8.57 \text{ CRT}$

2022 3회

01 풍량 18000m³/h, 풍속 8m/s인 원형덕트가 있다. 이 원형덕트를 동일한 마찰손실을 갖는 종횡비가 3 : 1인 장방형 덕트로 바꾸려 할 때 장변(cm)과 단변(cm)은 몇인가? (7점)

풀이

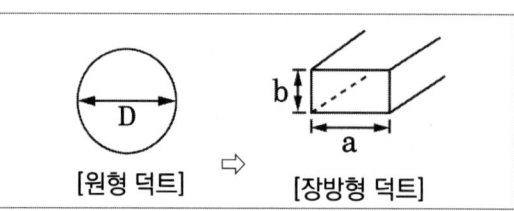

[원형 덕트] ⇒ [장방형 덕트]

$Q = AV = \dfrac{\pi}{4}D^2 \cdot V$ 에서

원형 덕트 지름 $D = \sqrt{\dfrac{4Q}{\pi V}} = \sqrt{\dfrac{4 \times \dfrac{18000}{3600}}{\pi \times 8}} = 0.89206 \text{ m} = 89.21 \text{ cm}$

장방형 덕트의 원형덕트 환산식 $D = 1.3\left[\dfrac{(a \times b)^5}{(a+b)^2}\right]^{\frac{1}{8}}$

a : 장변길이, b : 단변길이

문제에서 주어진 종횡비가 3 : 1이므로 $a = 3b$

$89.21 = 1.3\left[\dfrac{(3b \times b)^5}{(3b+b)^2}\right]^{\frac{1}{8}} = 1.3\left[\dfrac{(3b^2)^5}{(4b)^2}\right]^{\frac{1}{8}}$

$= 1.3\left(\dfrac{3^5 \times b^{10}}{4^2 \times b^2}\right)^{\frac{1}{8}} = 1.3\left(\dfrac{3^5}{4^2} \times b^8\right)^{\frac{1}{8}} = 1.3\left(\dfrac{3^5}{4^2}\right)^{\frac{1}{8}} \cdot b$

$b = \dfrac{89.21}{1.3} \times \left(\dfrac{4^2}{3^5}\right)^{\frac{1}{8}} = 48.84 \text{ cm}$

$a = 3b = 3 \times 48.84 = 146.52 \text{ cm}$

따라서,
장변 : 146.52 cm, 단변 : 48.84 cm

02 다음의 공기조화 장치도는 외기의 건구온도 및 절대습도가 각각 32 ℃와 0.020 kg/kg′ 실내의 건구온도 및 상대습도가 각각 26 ℃와 50 %일 때 여름의 냉방운전을 나타낸 것이다. 실내 현열 및 잠열부하가 33.5 kW와 11.1 kW이고, 실내 취출 공기온도 20 ℃, 재열기 출구 공기온도 19 ℃, 공기냉각기 출구온도가 15 ℃일 때 다음 물음에 답하시오. (단, 외기량은 환기량의 $\frac{1}{3}$ 이고, 공기의 정압비열은 1.01 kJ/kg·K이며, 공기밀도는 1.2 kg/m³ 환기의 온도 및 습도는 실내공기와 동일하다) (10점)

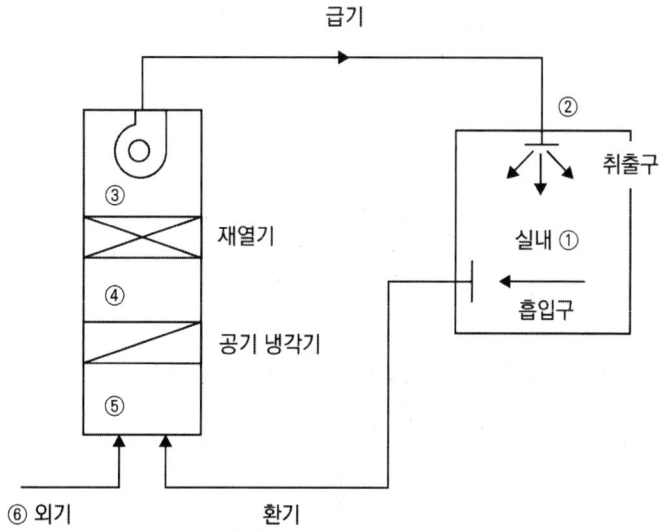

(1) 장치도의 각 점을 습공기선도에 나타내시오.
(2) 실내 송풍량(급기량)을 구하시오(m³/h).
(3) 취입 외기량을 구하시오(m³/h).
(4) 공기냉각기의 냉각 감습 열량을 구하시오(kW).
(5) 재열기의 가열량을 구하시오(kW).

> 풀이

(1) 습공기선도 작성

① $SHF = \dfrac{현열}{전열} = \dfrac{33.5}{33.5 + 11.1} = 0.751 ≒ 0.75$

② 혼합공기 온도(t_5)

$G_6 = \dfrac{1}{3} G_1,\ \ G_5 = G_1 + G_6$

$t_5 = \dfrac{G_1 t_1 + G_6 t_6}{G_5} = \dfrac{G_1 t_1 + \frac{1}{3} G_1 t_6}{G_1 + \frac{1}{3} G_1} = \dfrac{t_1 + \frac{1}{3} t_6}{1 + \frac{1}{3}} = \dfrac{26 + \frac{1}{3} \times 32}{1 + \frac{1}{3}} = 27.5\ ℃$

③ 습공기선도

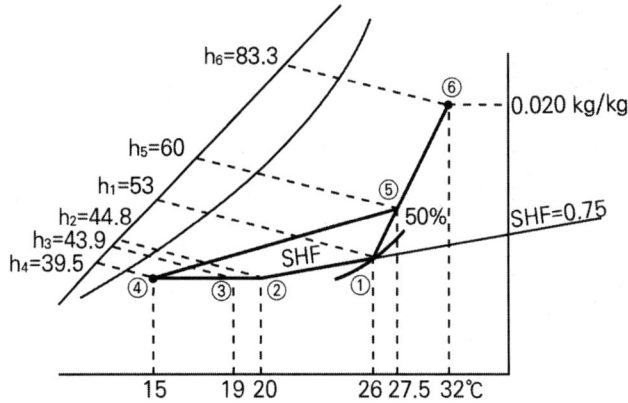

(2) 실내 송풍량(급기량)(Q)

$q_S = G \cdot C_p \cdot \triangle t = \rho Q C_p (t_1 - t_2)$

$Q = \dfrac{q_S}{\rho \cdot C_p \cdot \triangle t} = \dfrac{33.5 \times 3600}{1.2 \times 1.01 \times (26 - 20)} = 16584.158 ≒ 16584.16\ \text{m}^3/\text{h}$

(3) 취입 외기량(Q_6)

$Q_1 + Q_6 = Q$ 및 $Q_6 = Q_1/3$에서 $Q_1 = 3Q_6$이므로 $3Q_6 + Q_6 = Q$

따라서, $Q_6 = Q/4$

$Q_6 = Q/4 = 16584.16/4 = 4146.04\ \text{m}^3/\text{h}$

(4) 공기냉각기의 냉각 감습 열량(q_{CC})

$q_{CC} = G \cdot \triangle h = \rho Q (h_5 - h_4) = \dfrac{1.2 \times 16584.16}{3600} \times (60 - 39.5) = 113.325 ≒ 113.33\ \text{kW}$

(5) 재열기의 가열량(q_{RH})

$q_{RH} = G \cdot C_p \cdot \Delta t = \rho Q \cdot C_p \times (t_3 - t_4)$

$= \dfrac{1.2 \times 16584.16}{3600} \times 1.01 \times (19-15) = 22.333 ≒ 22.33\,\text{kW}$

03 다음은 R-22용 콤파운드 압축기를 이용한 2단압축 1단팽창 냉동장치의 이론 냉동사이클을 나타낸 것이다. 이 냉동장치의 냉동능력이 15RT일 때 각 물음에 답하시오. (단, 배관에서의 열손실은 무시한다) (8점)

[조건]
1. 압축기의 체적효율(저단 및 고단) : 0.75
2. 압축기의 압축효율(저단 및 고단) : 0.73
3. 압축기의 기계효율(저단 및 고단) : 0.90
4. 1 RT = 3.86kW

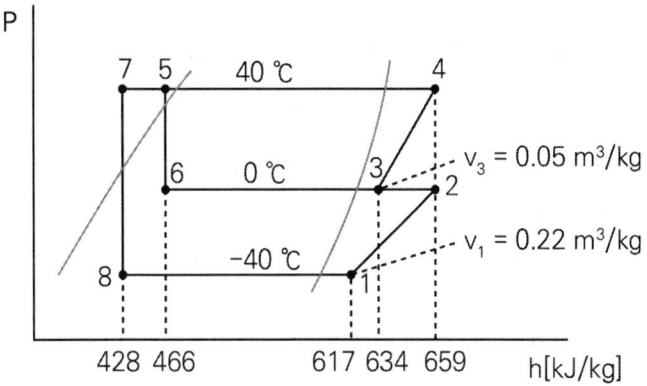

(1) 저단 압축기와 고단 압축기의 실제 피스톤 배출량 비는 얼마인가?

(2) 압축기의 실제 소요동력(kW)은 얼마인가?

풀이

(1) 실제 피스톤 배출량 비

① 저단 압축기 실제 피스톤 배출량(V_ℓ)

$Q_e = G_\ell(h_1 - h_8)$에서

$$G_\ell = \frac{Q_e}{h_1 - h_8} = \frac{15 \times 3.86 \times 3600}{617 - 428} = 1102.857 \text{ kg/h}$$

$\therefore V_\ell = G_\ell \cdot v_1 = 1102.857 \times 0.22 = 242.628 ≒ 242.63 \text{ m}^3/\text{h}$

② 고단 압축기 실제 피스톤 배출량(V_h)

$\dfrac{G_h}{G_\ell} = \dfrac{h_2' - h_7}{h_3 - h_6}$에서 $G_h = G_\ell \dfrac{h_2' - h_7}{h_3 - h_6}$

㉮ h_2'

$\eta_c = \dfrac{h_2 - h_1}{h_2' - h_1}$에서 $h_2' = h_1 + \dfrac{h_2 - h_1}{\eta_c}$

$h_2' = 617 + \dfrac{659 - 617}{0.73} = 674.534 \text{ kJ/kg}$

㉯ G_h

$G_h = 1102.857 \times \dfrac{674.534 - 428}{634 - 466} = 1618.403 \text{ kg/h}$

㉰ V_h

$\therefore V_h = G_h \cdot v_3 = 1618.403 \times 0.05 = 80.92 \text{ m}^3/\text{h}$

③ 실제 피스톤 배출량 비

저단 실제 피스톤 배출량 : 고단 실제 피스톤 배출량 = 242.63 : 80.92
= 3 : 1

(2) 압축기의 실제 소요동력(L_b)

$$L_b = \frac{L}{\eta_c \cdot \eta_m} = \frac{G_\ell(h_2 - h_1) + G_h(h_4 - h_3)}{\eta_c \cdot \eta_m}$$

$$= \frac{1102.857 \times (659 - 617) + 1618.403 \times (659 - 634)}{0.73 \times 0.9 \times 3600} = 36.69 \text{ kW}$$

04 2대의 증발기가 압축기 위쪽에 위치하고 각각 다른 층에 설치되어 있는 경우 프레온 증발기 출구와 흡입구 배관을 연결하는 배관 계통을 도시하시오. (단, 점선 ········ 은 증발기 상부, 하부를 나타낸 것이다) (8점)

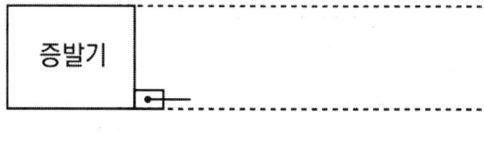

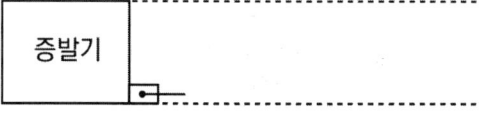

풀이

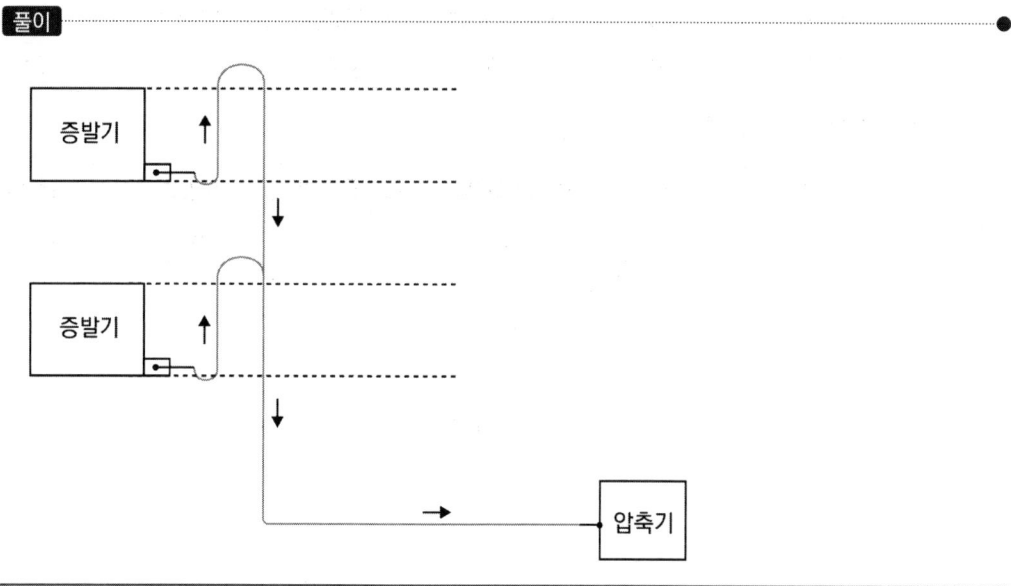

05 다음과 같은 냉각수 배관 시스템에 대해 각 물음에 답하시오. (10점)

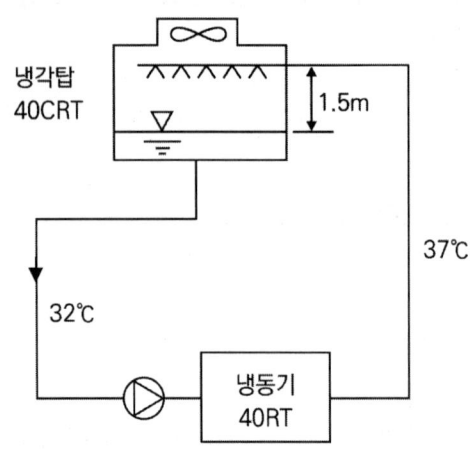

[조건]
1. 배관 총 길이 : 60 m
2. 응축기 압력손실 : 6 mAq
3. 노즐 살수 압력 : 3 mAq
4. 자연수위 높이차 : 1.5 m
5. 1냉각톤(CRT) : 4.53 kW
6. 물의 비열 : 4.2 kJ/kg·K
7. 배관 부속기구 수량

부속명	엘보	스윙체크밸브	게이트밸브	볼밸브	스트레이너
수량	10개	1개	3개	1개	1개

8. 부속기구 국부저항 상당길이(m)

부속명	엘보	스윙체크밸브	게이트밸브	볼밸브	스트레이너
상당길이	3.1	12.7	1.4	36.6	8.7

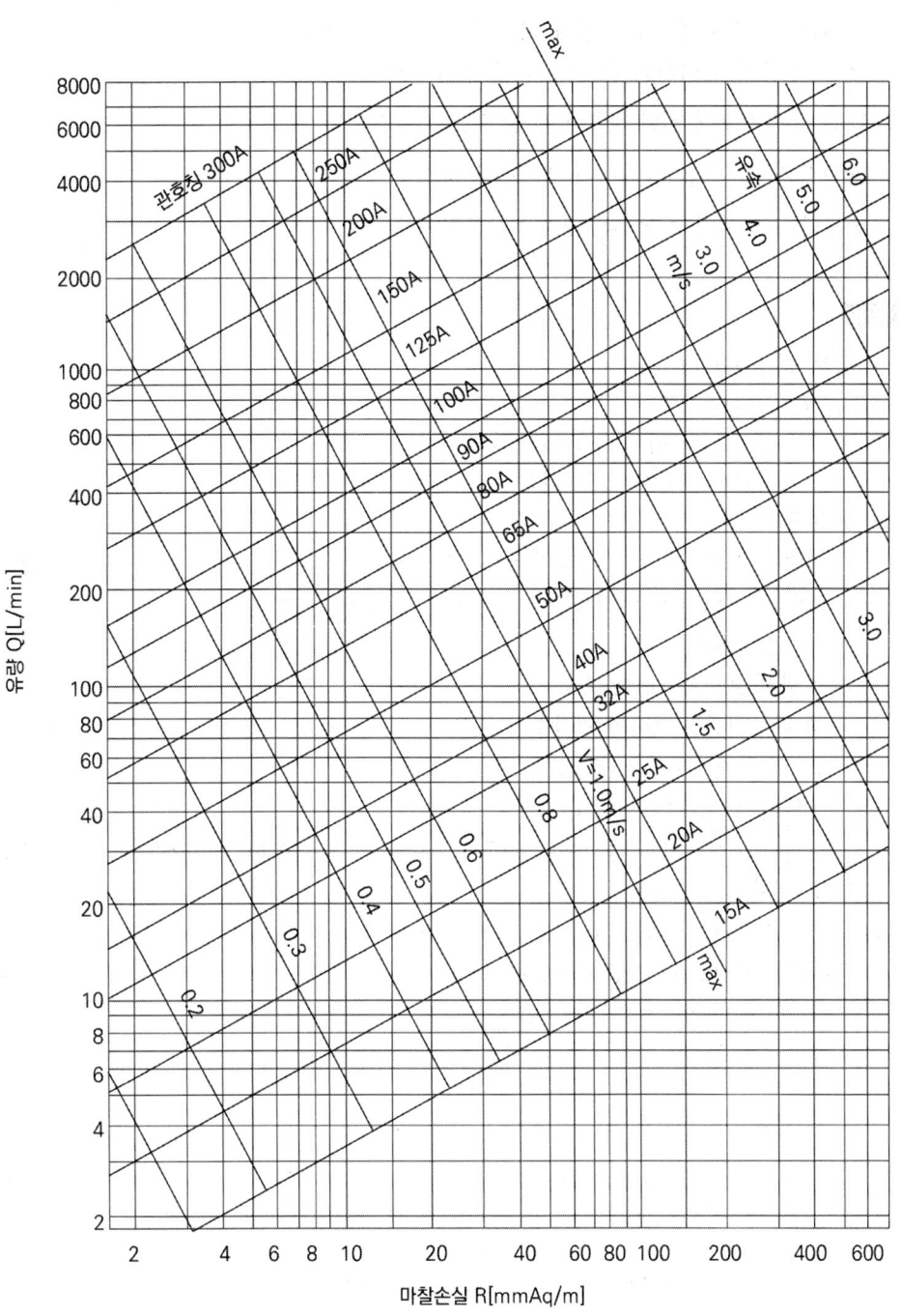

(1) 필요 냉각수량(L/min)을 구하시오.

(2) ① 배관경을 구하시오. (마찰손실은 100 mmAq/m로 한다)

② 위에서 구한 배관경의 실제 마찰저항(mmAq/m)을 구하시오.
③ ①과 ②를 고려하여 유속(m/s)을 구하시오.

(3) 배관 부속기구에 의한 국부저항 상당길이(m)를 구하시오.

(4) 배관상의 총 마찰손실수두(mAq)를 구하시오.

(5) 속도에 의한 마찰손실수두(mAq)를 구하시오.

풀이

(1) 필요 냉각수량(L/min)

$q = G \cdot C \cdot \triangle t$ 에서

$G = \dfrac{q}{C \cdot \triangle t} = \dfrac{40 \times 4.53 \times 60}{4.2 \times (37-32)} = 517.714 ≒ 517.71$ L/min

(2) ① 배관 직경

마찰손실 선도에서 냉각수량 517.71 L/min와 마찰손실 100 mmAq/m가 만나는 점 (65A ~ 80A) 사이에서 한 사이즈 더 큰 배관경을 채택함

배관경 = 80A

② 실제 마찰저항(mmAq/m)

채택한 배관경 80A와 냉각수량 517.71 L/min의 교점에서 마찰손실을 읽음

∴ 실제 마찰저항 = 65 mmAq/m

③ ①과 ②를 고려한 유속(m/s)

마찰손실 선도에서 냉각수량 517.71 L/mm와 배관경 80A의 교점에서 유속 읽음

∴ 유속 = 1.7 m/s

(3) 배관 부속기구에 의한 국부저항 상당길이(m)

국부저항 상당길이 = 10 × 3.1 + 1 × 12.7 + 3 × 1.4 + 1 × 36.6 + 1 × 8.7 = 93.2 m

(4) 배관상의 총 마찰손실수두(mAq)

배관의 총 마찰손실수두 = (L + L')R = (60 + 93.2) × 65 × 10⁻³
                    = 9.958 ≒ 9.96 mAq

※ 응축기 압력손실, 노즐 살수압력은 모두 배관상의 손실이 아니다.
따라서, 배관상의 총 마찰손실계산에 포함시키지 않는다.

(5) 속도에 의한 마찰손실수두(mAq)

속도 수두 $= \dfrac{v^2}{2g}[\text{mAq}] = \dfrac{1.7^2}{2 \times 9.8} = 0.147 ≒ 0.15$ mAq

06 과열증기 압축사이클로 작동하는 냉동시스템에서 압축기 흡입 냉매 엔탈피는 390.21 kJ/kg이다. 가역 단열과정으로 압축했을 때 압축기 출구 엔탈피는 425.47 kJ/kg이다. 실제 압축기의 압축효율이 85 %일 때 다음을 구하시오. (6점)

(1) 압축기 출구 실제 엔탈피(kJ/kg)를 구하시오.

(2) 압축기 냉매 질량유량이 1.5 kg/s이고, 체적효율이 82 %이며, 기계효율이 91 %일 때 실제 압축기를 구동시키는 전동기 동력(kW)을 구하시오.

[풀이]

(1) 압축기 출구 실제 엔탈피($h_2{'}$)

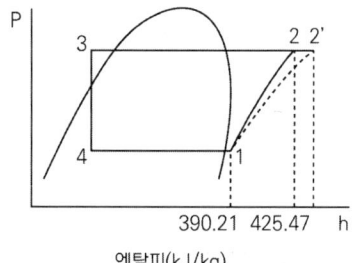

압축효율 $\eta_C = \dfrac{h_2 - h_1}{h_2{'} - h_1}$ 이므로

압축기 출구 실제 엔탈피 $h_2{'} = h_1 + \dfrac{h_2 - h_1}{\eta_C} = 390.21 + \dfrac{425.47 - 390.21}{0.85}$

$= 431.692 ≒ 431.69\,\text{kJ/kg}$

(2) 실제 압축기를 구동시키는 전동기 동력(L)

[풀이 1]

$L = \dfrac{G \cdot (h_2{'} - h_1)}{\eta_m} = \dfrac{1.5 \times (431.69 - 390.21)}{0.91} = 68.373 ≒ 68.37\,\text{kW}$

[풀이 2]

$L = \dfrac{G \cdot (h_2 - h_1)}{\eta_C \cdot \eta_m} = \dfrac{1.5 \times (425.47 - 390.21)}{0.85 \times 0.91} = 68.377 ≒ 68.38\,kW$

07 시스템이 가동되도록 다음의 온수난방 설비를 배치하고 역환수 배관 계통도를 작성하시오.

(10점)

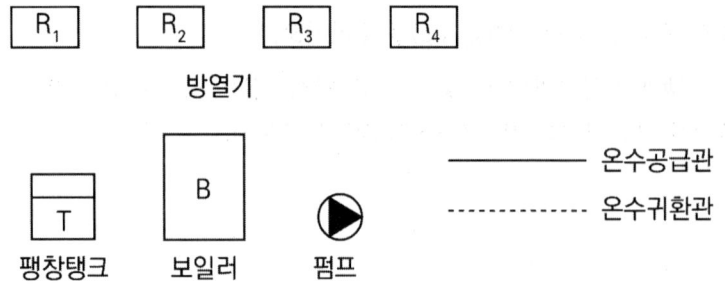

> **풀이**

온수난방설비 배치 및 역환수 배관 계통도 작성

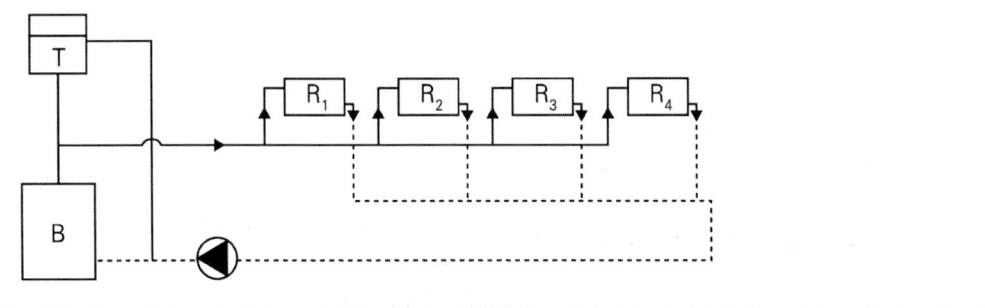

08 취출(吹出)에 관한 다음 용어를 설명하시오. (5점)

(1) 셔터(Shutter) (2) 전면적(Face Area)

풀이

(1) 셔터(Shutter)
   취출구의 후부에 설치하여 풍량을 조정하는 댐퍼 역할의 기구
(2) 전면적(Face Area)
   취출구의 개구부에 접하는 바깥둘레를 기준으로 한 전체 면적($x \times y$)

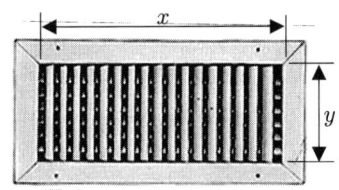

09 두께 100 mm의 콘크리트벽 내면에 200 mm의 발포스티로폼 방열을 시공하고, 그 내면에 10 mm의 판을 댄 냉장고가 있다. 이 냉장고의 고내 온도는 -20 ℃, 외기온도 30 ℃, 벽면적이 100 m²일 때 각 물음에 답하시오. (6점)

재료명	열전도율(W/m·K)
콘크리트	1.10
발포스티로폼	0.047
판	0.17

벽면	열전도율(W/m²·K)
외벽면	23.3
내벽면	5.8

(1) 이 벽의 열관류율(W/m²·K) 얼마인가?
(2) 이 냉장고 벽면의 전열량(kW)은 얼마인가?

풀이

(1) 열관류율(K)

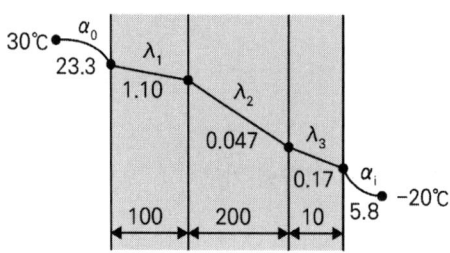

$$\frac{1}{K} = \frac{1}{\alpha_0} + \frac{\ell_1}{\lambda_1} + \frac{\ell_2}{\lambda_2} + \frac{\ell_3}{\lambda_3} + \frac{1}{\alpha_i} = \frac{1}{23.3} + \frac{0.1}{1.10} + \frac{0.2}{0.047} + \frac{0.01}{0.17} + \frac{1}{5.8} = 4.6204$$

$$\therefore K = \frac{1}{4.6204} = 0.216 \fallingdotseq 0.22 \text{ W/m}^2 \cdot \text{K}$$

(2) 전열량(q)

$$q = K \cdot A \cdot \Delta t = 0.22 \times 10^{-3} \times 100 \times (30 - (-20)) = 1.1 \text{ kW}$$

10 암모니아용 압축기에 대하여 피스톤 압출량 1 m³/h당의 냉동능력 R_1, 증발 온도 t_1 및 응축온도 t_2와의 관계는 아래 그림과 같다. 피스톤 압출량 100 m³/h인 압축기가 운전되고 있을 때 저압 측 압력계에 0.26 MPa, 고압 측 압력계에 1.1 MPa으로 각각 나타내고 있다. 이 압축기에 대한 냉동부하(RT)는 얼마인가? (단, 대기압은 0.1 MPa이며, 1RT는 3.86 kW로 한다)

(7점)

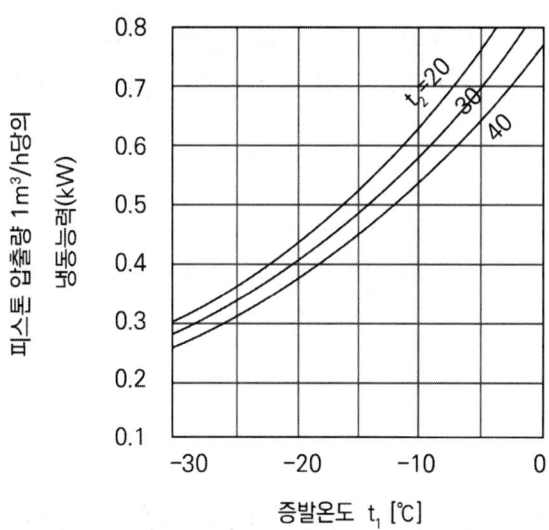

온도(℃)	포화압력(MPa·abs)	온도(℃)	포화압력(MPa·abs)
40	1.6	-5	0.36
35	1.4	-10	0.30
30	1.2	-15	0.24
25	1.0	-20	0.19

> **풀이**

① 저압 측 절대압(증발압력) = 게이지압 + 대기압 = 0.26 + 0.1 = 0.36 MPa·abs

② 고압 측 절대압(응축압력) = 게이지압 + 대기압 = 1.1 + 0.1 = 1.2 MPa·abs

③ 표에서 증발압력과 응축압력에 해당하는 온도

증발온도 $t_1 = -5\ ℃$, 응축온도 $t_2 = 30\ ℃$

그래프에서 피스톤 압출량 $1\text{m}^3/\text{h}$당의 냉동능력 0.7 kW를 찾을 수 있다.

∴ 냉동부하 $= \dfrac{0.7 \times 100}{3.86} = 18.134 ≒ 18.13\ \text{RT}$

2022년 3회

11 어느 공장이 겨울철에 휴업하였다가 봄이 되어 토출밸브를 열고 암모니아 냉동기를 가동하였더니 소음과 함께 피스톤이 파괴되었다. 이 현상이 일어난 이유를 쓰시오. (7점)

풀이

겨울철에 냉동기를 장시간 휴지시키면 압축기 크랭크케이스 하부의 온도가 낮아져 크랭크케이스에 냉매액이 고이게 된다. 압축기를 재가동했을 때 크랭크케이스에 고여 있던 액 냉매가 오일과 함께 압축기로 흡입되어 액압축을 일으켜 소음과 함께 피스톤이 파괴되었다.

12 원심식 송풍기의 회전수만 N_1에서 N_2로 변경될 때 다음은 어떻게 변하는지 쓰시오. (4점)

(1) 풍량(Q) (2) 전압(P) (3) 동력(L)

풀이

(1) 풍량 $Q_2 = \left(\dfrac{N_2}{N_1}\right) \times Q_1$: 풍량은 회전수 비에 비례

(2) 전압 $P_2 = \left(\dfrac{N_2}{N_1}\right)^2 \times P_1$: 전압은 회전수 비의 2승에 비례

(3) 동력 $L_2 = \left(\dfrac{N_2}{N_1}\right)^3 \times L_1$: 동력은 회전수 비의 3승에 비례

> **참고**
> 서로 다른 치수의 송풍기(또는 펌프)를 비교(상사)했을 때
>
> 풍량(유량) $[m^3/s]$ $Q_2 = \left(\dfrac{N_2}{N_1}\right)^1 \times \left(\dfrac{D_2}{D_1}\right)^3 \times Q_1$
>
> 전압 [Pa] (양정 [m]) $P_2 = \left(\dfrac{N_2}{N_1}\right)^2 \times \left(\dfrac{D_2}{D_1}\right)^2 \times P_1$
>
> 동력 [kW] $L_2 = \left(\dfrac{N_2}{N_1}\right)^3 \times \left(\dfrac{D_2}{D_1}\right)^5 \times L_1$

13 냉동장치 각 기기의 온도변화 시에 이론적인 값이 상승하면 O, 감소하면 X, 무관하면 △을 하시오. (단, 다른 조건은 변화 없다고 가정한다) (5점)

온도변화 상태변화	응축온도 상승	증발온도 상승	과열도 증가	과냉각도 증가
성적계수				
압축기 토출가스 온도				
압축일량		-	-	
냉동효과		-		
압축기 흡입가스 비체적				

풀이

온도변화 상태변화	응축온도 상승	증발온도 상승	과열도 증가	과냉각도 증가
성적계수	X	O	O	O
압축기 토출가스 온도	O	X	O	△
압축일량	O	-	-	△
냉동효과	X	-	O	O
압축기 흡입가스 비체적	△	X	O	△

참고

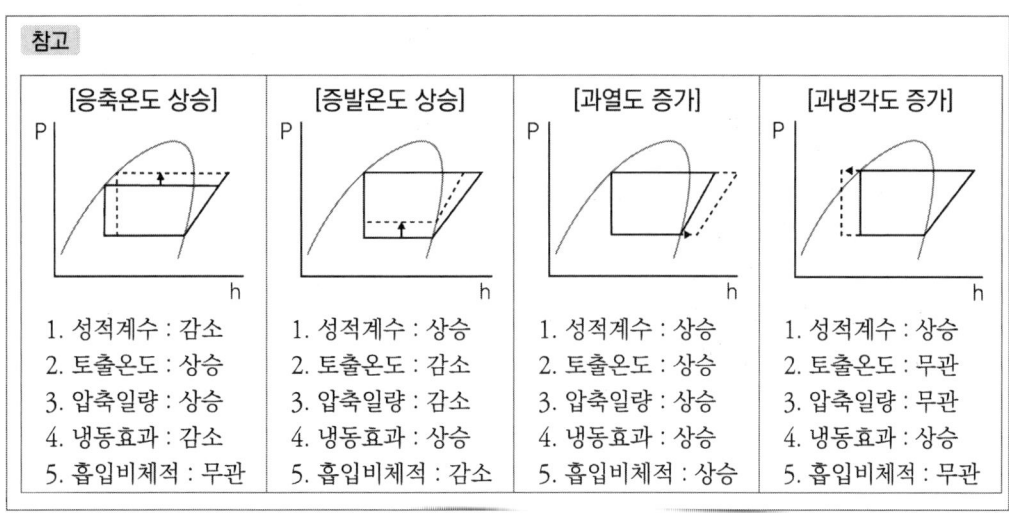

[응축온도 상승]
1. 성적계수 : 감소
2. 토출온도 : 상승
3. 압축일량 : 상승
4. 냉동효과 : 감소
5. 흡입비체적 : 무관

[증발온도 상승]
1. 성적계수 : 상승
2. 토출온도 : 감소
3. 압축일량 : 감소
4. 냉동효과 : 상승
5. 흡입비체적 : 감소

[과열도 증가]
1. 성적계수 : 상승
2. 토출온도 : 상승
3. 압축일량 : 상승
4. 냉동효과 : 상승
5. 흡입비체적 : 상승

[과냉각도 증가]
1. 성적계수 : 상승
2. 토출온도 : 무관
3. 압축일량 : 무관
4. 냉동효과 : 상승
5. 흡입비체적 : 무관

14 최상층 사무실 겨울철 난방부하를 구하시오. (10점)

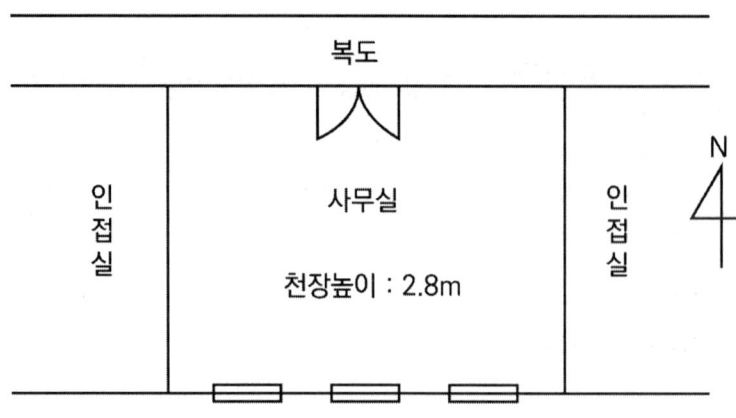

[조건]

1.		실내	옥외	복도	인접실, 아래층
	온도 ℃	18	-10	5	동일 공조 상태

2.	구분	면적(m²)	열통과율(W/m²·K)
	외벽(콘크리트)	34.8	2.8
	유리창	3.6	5.4
	내벽(콘크리트)	29.6	2.3
	문	4	3.5
	바닥	70	2.8
	지붕	70	2.7

3. 방위계수 : 지붕 : 1.2   동, 서, 남, 북 : 1.0
4. 극간풍 : 환기횟수 0.5 회/h
5. 공기의 정압비열 : 1.0 kJ/kg·K, 공기밀도 : 1.2 kg/m³
6. 증기방열기 표준방열량 : 755.8 W/m²
7. 방열기 쪽당 방열면적 : 0.26 m²

(1) 각 난방부하를 구하시오.
   ① 외벽(콘크리트)(W) ② 유리창(W)
   ③ 내벽(콘크리트)(W) ④ 문(W)
   ⑤ 지붕(W) ⑥ 극간풍 부하(W)

(2) 총 난방부하(W)를 구하시오. (단, 안전율 15 %)

(3) 방열기 1대당 상당방열면적을 구하시오. (단, 방열기는 3대 설치)

(4) 방열기 1대당 쪽수를 구하시오.

풀이

(1) 각 난방부하
   ① 외벽(콘크리트)부하 $= K \cdot A \cdot \triangle t \cdot k$
   $= 2.8 \times 34.8 \times (18-(-10)) \times 1.0 = 2728.32$ W
   ② 유리창부하 $= K \cdot A \cdot \triangle t \cdot k = 5.4 \times 3.6 \times (18-(-10)) \times 1.0 = 544.32$ W
   ③ 내벽(콘크리트)부하 $= K \cdot A \cdot \triangle t = 2.3 \times 29.6 \times (18-5) = 885.04$ W
   ④ 문부하 $= K \cdot A \cdot \triangle t = 3.5 \times 4 \times (18-5) = 182$ W
   ⑤ 지붕부하 $= K \cdot A \cdot \triangle t \cdot k = 2.7 \times 70 \times (18-(-10)) \times 1.2 = 6350.4$ W
   ⑥ 극간풍부하($q_I = q_{IS} + q_{IL}$)
   $q_I = G_I G_P \cdot \triangle t + 2501 G_1 \cdot \triangle x = \rho Q_I C_P \cdot \triangle t + 2501 \rho Q_I \cdot \triangle x$
   $= \dfrac{1.2 \times (70 \times 2.8 \times 0.5) \times 1.0 \times (18-(-10)) \times 10^3}{3600} + 0$
   $= 914.666 ≒ 914.67$ W

(2) 총 난방부하
   총 난방부하 $= (2728.32 + 544.32 + 885.04 + 182 + 6350.4 + 914.67) \times 1.15$
   $= 13345.462 ≒ 13345.46$ W

(3) 방열기 1대당 상당방열면적(EDR)
   $\text{EDR} = \dfrac{\text{방열기 방열량}}{\text{방열기 표준방열량}} = \dfrac{13345.46}{755.8 \times 3} = 5.885 ≒ 5.89 \text{ m}^2$

(4) 방열기 1대당 쪽수
   방열기 1대당 쪽수 $= \dfrac{\text{방열기 1대당 상당 방열면적(EDR)}}{\text{방열기 1쪽당 방열면적}} = \dfrac{5.89}{0.26} = 22.65 ≒ 23$쪽

2021 1회

01 다음 공기조화 장치도를 보고 공기선도상에 나타내고 번호를 쓰시오. (단, 냉각은 고장, 실내에 가습을 하고 가습은 온수가습이다) (6점)

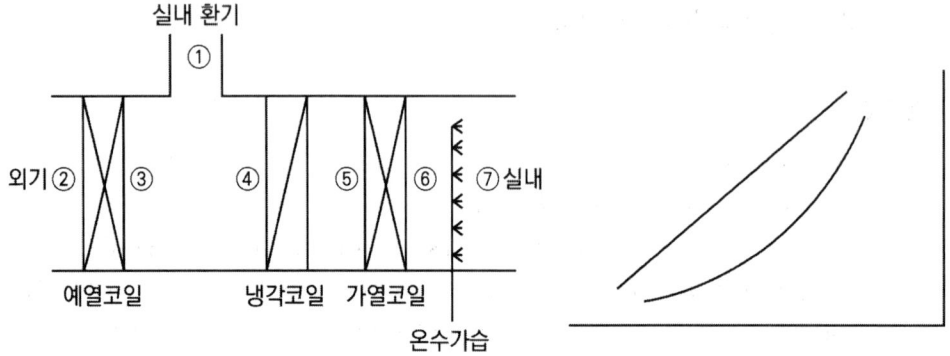

풀이

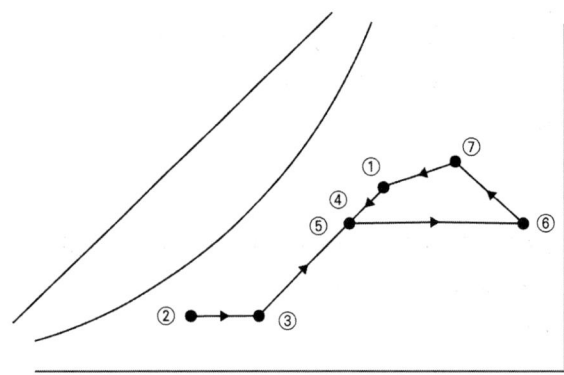

> **참고**
> 냉각코일이 고장이므로 습공기선도 상에서 ④와 ⑤ 지점이 서로 같다.

02 냉동창고 안에 사과가 있다.(동쪽 및 서쪽은 90 m², 북쪽 및 남쪽은 66 m²이고, 창고 높이는 6 m이다) 외기는 30 ℃, 실내 0 ℃, 바닥 15 ℃, 단열재 열전도율 0.022 W/m·K이다.

(6점)

(1) 단열재 1 m²당 41.8 kJ/h가 침입한다고 할 때 서쪽 및 바닥 최소 단열두께(mm)는? (단, 여유율은 10 %를 둔다)

(2) 서쪽 및 남쪽 벽 침입열량(kW)은 얼마인가? (단, 보정온도 : 서·동 4.5 ℃, 남 북 2 ℃)

풀이

단열재 두께를 구하기 위해서는 실내·외 열전달률 (α_i, α_0) 또는 단열재의 내·외부 표면온도가 주어져야 하는데 조건 상 주어지지 않았다.

따라서 문제에서 주어진 온도 30 ℃, 0 ℃, 15 ℃가 단열재의 표면온도라고 간주하고 답을 도출한다.

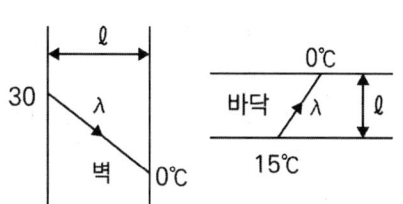

(1) 단열재 두께(mm)

$q = \dfrac{\lambda}{\ell} \cdot A \cdot \triangle t$에서 $\ell = \dfrac{\lambda \cdot A \cdot \triangle t}{q}$이므로

① 서쪽 : $\ell = \dfrac{0.022 \times 1 \times (30-0) \times 3600}{41.8 \times 1000} \times 1000 \times 1.1 = 62.526 ≒ 62.53$ mm

② 바닥 : $\ell = \dfrac{0.022 \times 1 \times (15-0) \times 3600}{41.8 \times 1000} \times 1000 \times 1.1 = 31.263 ≒ 31.26$ mm

(2) 침입열량(kW)

벽 두께에 대한 별다른 조건이 없다면 동, 서, 남, 북의 벽 두께는 동일하게 적용한다.

$q = \dfrac{\lambda}{\ell} \cdot A \cdot \triangle t$이므로

① 서쪽벽 : $q = \dfrac{0.022 \times 10^{-3}}{62.53 \times 10^{-3}} \times 90 \times ((30-0)+4.5) = 1.092 ≒ 1.09$ kW

② 남쪽벽 : $q = \dfrac{0.022 \times 10^{-3}}{62.53 \times 10^{-3}} \times 66 \times ((30-0)+2) = 0.743 ≒ 0.74$ kW

03 중앙공급식 난방장치에 온수 순환펌프를 선정하려고 한다. 다음 조건을 참조하여 온수 순환 펌프의 유량(L/S), 양정(mAq) 및 동력(W)을 구하시오. (9점)

[조건]
1. 직관 배관길이 : 500 m
2. 단위길이당 열손실 : 0.35 W/m·K
3. 배관의 마찰손실 : 20 mmAq/m
4. 온수온도 : 60 ℃
5. 주위온도 : 5 ℃
6. 기기류, 밸브, 배관 부속류의 등가저항 : 직관의 50 %
7. 기기류, 밸브 등의 열손실량 : 배관 열손실의 20 %
8. 순환온수 온도차(Δt) : 10 ℃, 비열 : 4.2 kJ/kg·K, 밀도 : 1 kg/L
9. 펌프의 효율 : 40 %, 순환온수 비중량 : 9800 N/m³

(1) 온수 순환펌프의 유량(L/S)은 얼마인가?
(2) 양정(mAq)은 얼마인가?
(3) 펌프동력(W)은 얼마인가?

풀이

(1) 온수 순환펌프의 유량(L/s)

순환온수의 열손실=배관 및 기기류의 열손실

$$G \cdot C \cdot \Delta t_w = K \cdot L \cdot \Delta t_{wa} \times 1.2$$

K : 배관 단위길이당 열손실, L : 배관길이

$$G_1 = \frac{K \cdot L \cdot \Delta t_{wa} \times 1.2}{C \cdot \Delta t_w}$$

$$= \frac{0.35 \times 500 \times (60-5) \times 1.2}{4.2 \times 10^3 \times 10} = 0.275 ≒ 0.28 \text{ kg/s} = 0.28 \text{ L/s}$$

(2) 온수 순환펌프의 양정(mAq)

온수 순환펌프 양정=배관 및 기기류의 마찰손실 수두

$$H = (L+L')R = (500 \times 1.5) \times 20 \times 10^{-3} = 15 \text{ } mAq$$

(3) 온수 순환펌프의 동력(W)

$$L_b = \frac{\gamma Q H}{\eta} = \frac{9800 \times 0.28 \times 10^{-3} \times 15}{0.4} = 102.9 \text{ W}$$

04 냉동장치에 사용되고 있는 NH₃와 R-22 냉매의 특성을 비교하여 빈칸에 기입하시오. (7점)

구분	분류	기입
1	고(高), 대(大), 난(難), 유(有), 분리	1
2	저(低), 소(小), 이(易), 무(無), 용해	2

비교 사항	R-22	NH₃
윤활유와 분리성		
폭발성 및 가연성 유무		
수분 유입 시 위험의 크기		
오존 파괴의 대소		
독성의 여부		
1 냉동톤당 냉매 순환량의 대소		
대기압 상태에서 응고점 고저		

풀이

비교 사항	R-22	NH₃
윤활유와 분리성	2(용해)	1(분리)
폭발성 및 가연성 유무	2(무)	1(유)
수분 유입 시 위험의 크기	1(대)	2(소)
오존 파괴의 대소	1(대)	2(소, 무)
독성의 여부	2(무)	1(유)
1 냉동톤당 냉매 순환량의 대소	1(대)	2(소)
대기압 상태에서 응고점 고저	2(저)	1(고)

05 재실자 20명이 있는 실내에서 1인당 CO_2 발생량이 0.015 m³/h일 때 실내 CO_2 농도를 1000 ppm으로 유지하기 위하여 필요한 환기량을 구하시오. (단 외기의 CO_2 농도는 300 ppm이다) (5점)

> **풀이**
>
> 환기량 $Q = \dfrac{CO_2 \text{ 발생량(M)}}{\text{실내유지 } CO_2 \text{ 농도}(C_i) - \text{도입외기 } CO_2 \text{ 농도}(C_o)} = \dfrac{M}{C_i - C_o}$
>
> $= \dfrac{20 \times 0.015}{(1000-300) \times 10^{-6}} = 428.571 ≒ 428.57 \text{ m}^3/\text{h}$
>
> ※ 1 ppm = 10^{-6}

06 다음 냉동장치의 설치 위치 및 기능을 서술하시오. (6점)

구분	설치 위치	기능
유분리기		
수액기		

> **풀이**
>
> | 구분 | 설치 위치 | 기능 |
> | --- | --- | --- |
> | 유분리기 | 압축기와 응축기 사이 | 압축기에서 토출되는 냉매가스 중에 섞여 있는 냉동기유를 분리시키는 역할(기능) |
> | 수액기 | 응축기 하부 | 응축기에서 액화된 냉매액을 팽창밸브로 보내기 전에 일시 저장하는 역할(기능) |

07 다음은 냉수 시스템의 배관 지름을 결정하기 위한 계통도이다. 그림을 참조하여 각 표를 완성하시오. (단, 단위 마찰손실 0.5 kPa/m, 방열기 입출구 온도차 5 ℃이며, 물의 비열은 4.2 kJ/kg·K이다) (8점)

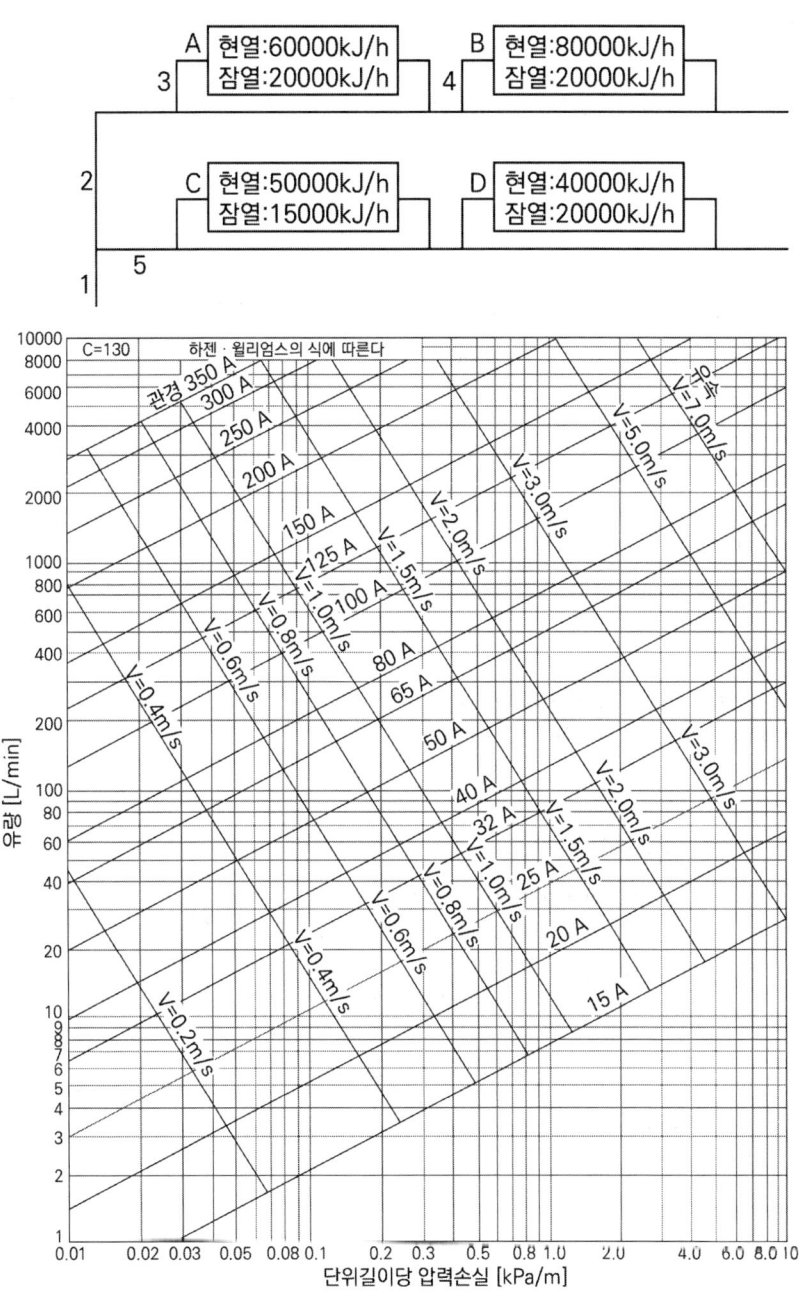

위치	유량(L/min)	관지름(선도표)	속도(선도표)
1			
2			
3			
4			
5	99.2	50	0.85

풀이

위치	유량(L/min)	관지름(선도표)	속도(선도표)
1	242.06	65	1.2
2	142.86	50	1.2
3	63.49	40	0.9
4	79.37	40	1.15
5	99.2	50	0.85

1) 물의 비열

$q_5 = \rho Q \cdot C \cdot \triangle t$ 에서

$$C = \frac{q_5}{\rho Q \cdot \triangle t} = \frac{(65000 + 60000)}{1.0 \times 99.2 \times 60 \times 5} = 4.20 \text{ kJ/kg} \cdot \text{K}$$

2) 유량

$Q = \frac{q}{\rho \cdot C \cdot \triangle t}$ 이므로

$$Q_1 = \frac{(8000 + 100000 + 65000 + 60000)}{1.0 \times 4.2 \times 5 \times 60} = 242.063 \fallingdotseq 242.06 \text{ L/min}$$

$$Q_2 = \frac{(80000 + 100000)}{1.0 \times 4.2 \times 5 \times 60} = 142.857 \fallingdotseq 142.86 \text{ L/min}$$

$$Q_3 = \frac{80000}{1.0 \times 4.2 \times 5 \times 60} = 63.492 \fallingdotseq 63.49 \text{ L/min}$$

$$Q_4 = \frac{100000}{1.0 \times 4.2 \times 5 \times 60} = 79.365 \fallingdotseq 79.37 \text{ L/min}$$

08 히트펌프의 난방일 때 배관도를 완성하시오. (10점)

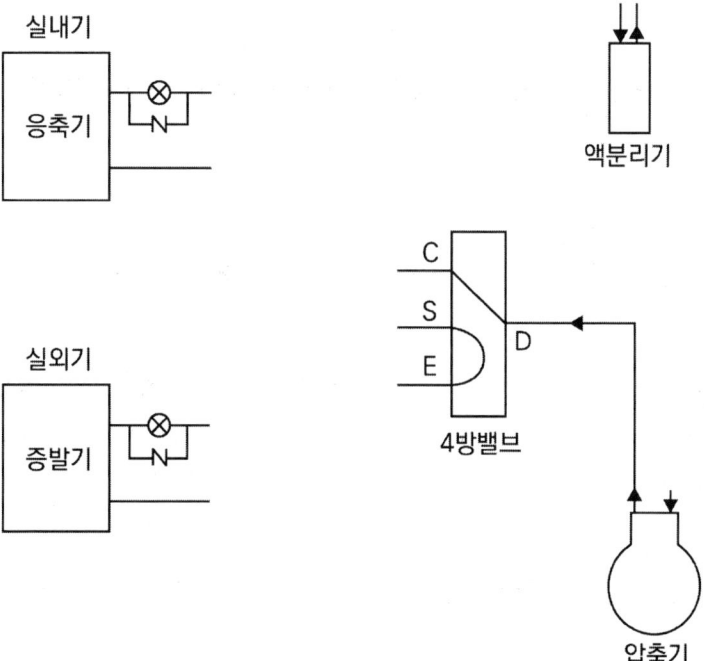

풀이

히트펌프의 난방일 때

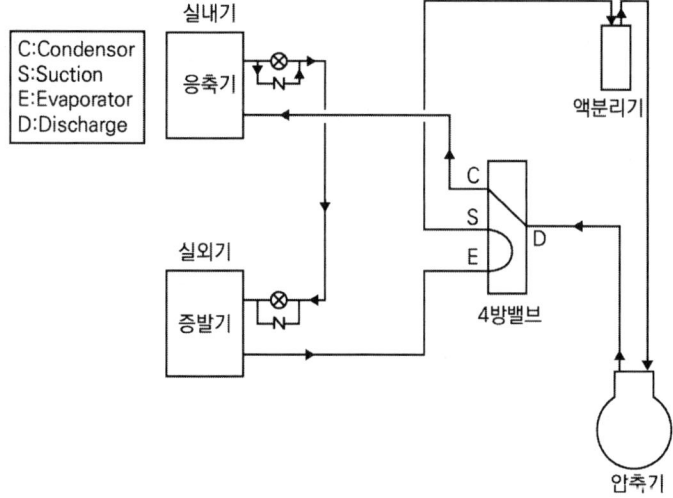

09 다음 배관 도면을 보고 배관 공사에 대한 내역서를 작성하시오. (8점)

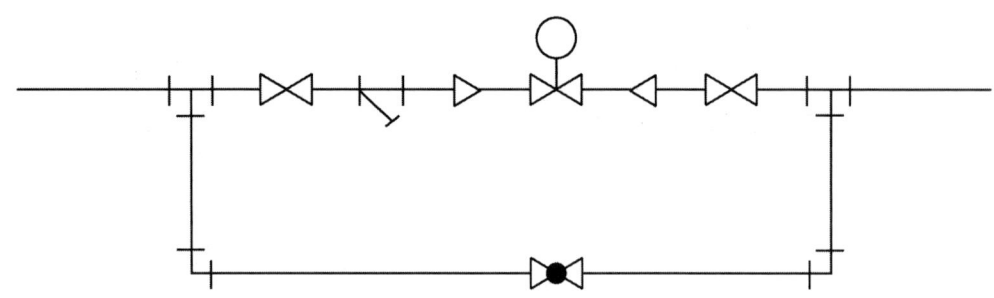

품명	규격	단위	단가(원)	수량	금액
백강관	50 mm	m	10,000	4.2	42,000
게이트밸브	50 mm	개	18,230		
글로브밸브	50 mm	개	17,400		
스트레이너	50 mm	개	1,600		
티	50 mm	개	1,190		
엘보우	50 mm	개	1,220		
레듀서	50 mm, 25 mm	개	1,080		
잡자재	-	-	강관의 3 %	-	
지지철물류	-	-	-	-	10,900
인건비	-	인	-		157,810
공구손류	-	식	-		42,259
계	-	-	-	-	

풀이

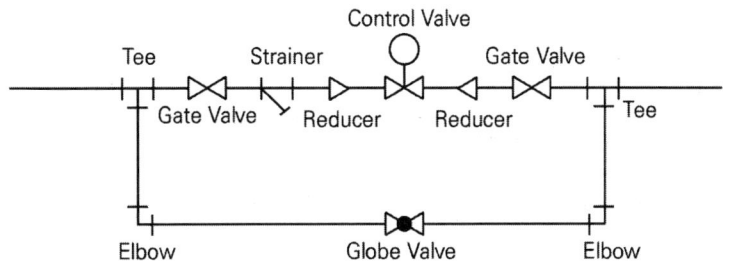

품명	규격	단위	단가(원)	수량	금액(원)
백강관	50 mm	m	10,000	4.2	42,000
게이트밸브	50 mm	개	18,230	2	36,460
글로브밸브	50 mm	개	17,400	1	17,400
스트레이너	50 mm	개	1,600	1	1,600
티	50 mm	개	1,190	2	2,380
엘보우	50 mm	개	1,220	2	2,440
레듀서	50 mm, 25 mm	개	1,080	2	2,160
잡자재	-	-	강관의 3 %	-	1,260
지지철물류	-	-	-	-	10,900
인건비	-	인	-	-	157,810
공구손류	-	식	-	-	42,259
계	-	-	-	-	316,669

10 다음 사무실의 부하를 계산하시오. (7점)

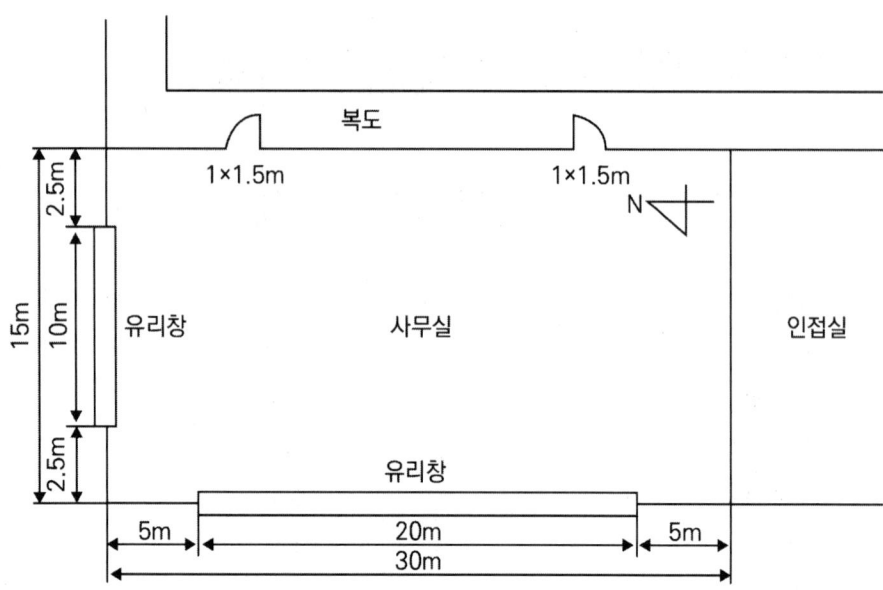

[조건]

구분	건구온도(℃)	상대습도(%)	절대습도(kg/kg')
실내	26	52	0.01050
실외	32	68	0.02052

1. 최상층이며, 하층은 사무실과 동일한 공조 상태이다. (냉방부하 계산 : 16시)
   열관류율은 아래와 같다.
   외벽 : 2.91 W/m²K
   내벽 : 3.5 W/m²K
   내부 문 : 3.5 W/m²K, 내부 문유리 : 3.5 W/m²K
   천장 : 1.97 W/m²K
   유리 : 서쪽 3.1 W/m²K, 북쪽 1.5 W/m²K
2. 유리는 6 mm 반사유리이고, 차폐계수는 0.65이다.
3. 외기 도입 환기량 : 10 m³/m²h, BF = 0.15
4. 층고와 천장고의 높이는 3 m 같다. 유리창 높이 2 m
5. 보정된 상당외기 온도차
   남쪽 : 8.4 ℃, 서쪽 : 5 ℃, 북쪽 : 2 ℃, 유리 : 3 ℃, 천장 : 28 ℃
6. 공기의 밀도는 1.2 kg/m³, 정압비열은 1.0 kJ/kg·K

7. 문의 유리창 면적은 40 %
8. 침입외기에 의한 실내 환기횟수 : 0.5 회/h

[표 1] 유리창에서의 일사열량(W/m²)

시간 \ 방위	수평	N	NE	E	SE	S	SW	W	NW
10	629	39	101	312	312	101	39	39	39
12	726	43	43	43	103	156	103	43	43
14	629	39	39	39	39	101	312	312	101
16	379	28	28	28	28	28	343	493	349

[표 2] 재실인원 1인당의 면적 A_f[m²/인]

	사무소		백화점, 상점			레스토랑	극장, 영화관의 관객석	학교의 보통교실
	사무실	회의실	평균	혼잡	한산			
일반 설계치	5	2	3.0	1.0	5.0	1.5	0.5	1.4

[표 3] 인체로부터의 발열량 [W/인]

직업상태	실온 예	전발열량	27℃ H_S	27℃ H_L	26℃ H_S	26℃ H_L	21℃ H_S	21℃ H_L
정좌	극장	103	57	46	62	41	76	27
사무소 업무	사무소	132	58	74	63	69	84	48
착석업무	공장의 경작업	220	65	155	72	148	107	113
보행 4.8 km/h	공장의 중작업	293	88	205	96	197	135	158
볼링	볼링장	425	136	289	141	284	178	247

(1) 서쪽 외벽부하(W)는 얼마인가?
(2) 서쪽 유리창 부하(W)는 얼마인가?
(3) 천장 부하(W)는 얼마인가?
(4) 문 부하(W)는 얼마인가?
(5) 외기 현열 부하(W)는 얼마인가?
(6) 인체 부하(W)는 얼마인가?
(7) 틈새 현열부하(W)는 얼마인가?

풀이

(1) 서쪽 외벽부하(W)

$q = K \cdot A \cdot \triangle t_e = 2.91 \times (30 \times 3 - 20 \times 2) \times 5 = 727.5 \text{ W}$

(2) 서쪽 유리창 부하(W)

- 일사부하

$q_{GR} = I_{GR} \cdot A_G \cdot k_s = 493 \times (20 \times 2) \times 0.65 = 12818 \text{ W}$

- 관류부하

$q_{GT} = K \cdot A_G \cdot \triangle t_e$ (유리에 대한 보정된 상당외기 온도차가 주어졌으므로 $\triangle t_e$ 적용)
$= 3.1 \times (20 \times 2) \times 3 = 372 \text{W}$

∴ 서쪽 유리창 부하 $= 12818 + 372 = 13190 \text{ } W$

(3) 천장 부하(W)

$q = K \cdot A \cdot \triangle t_e = 1.97 \times (30 \times 15) \times 28 = 24822 \text{ W}$

(4) 문 부하(W)

$q = K \cdot A \cdot \triangle t = 3.5 \times (1 \times 1.5 \times 2) \times (\frac{32+26}{2} - 26) = 31.5 \text{ W}$

(문과 문유리의 열관류율이 같으므로 문과 문유리를 합하여 계산함)

(5) 외기 현열부하(W)

$q = G \cdot C_P \cdot \triangle t = \rho Q \cdot C_P \cdot \triangle t$

$= 1.2 \times \{(30 \times 15 \times 10) \times (1 - 0.15)\} \times 1.0 \times (32 - 26) \times \frac{1000}{3600} = 7650 \text{ W}$

외기 도입 환기량은 10 m³/m²·h 중 15 %가 Bypass되고 나머지 85 %만 실제 외기부하가 됨

(6) 인체 부하(W)

$q = n(H_S + H_L) = (\frac{30 \times 15}{5}) \times (63 + 69) = 11880 \text{ W}$

(7) 틈새 현열부하(W)

$q = G \cdot C_P \cdot \triangle t = \rho Q \cdot C_P \cdot \triangle t$

$= 1.2 \times (30 \times 15 \times 3 \times 0.5) \times 1.0 (32 - 26) \times \frac{1000}{3600} = 1350 \text{W}$

11 암모니아 냉동장치, 부하변동이 심한 냉동장치 등에서 증발기와 압축기 사이의 흡입가스 배관에 액분리기를 설치하여 흡입가스에 냉매액이 혼합되어 있을 때 냉매액을 분리하여 증기만을 압축기에 흡입시켜 액압축으로 인한 압축기의 파손을 방지하게 된다. (6점)

(1) 압축기가 액체상태의 냉매를 흡입하는 상태 혹은 현상을 무엇이라 하는가?

(2) 위의 현상을 대비하기 위하여 압축기 전단 흡입 측에 액분리기(Accumulator)를 설치한다. 액분리기 내 하부에 모인 냉매액의 용도를 두 가지 쓰시오.

> **풀이**
> (1) 액백현상
> (2) ① 액회수장치를 이용하여 수액기로 보냄
>   ② 자중에 의해 증발기로 재순환시킴

12 다음과 같은 냉수코일의 조건과 도표를 이용하여 각 물음에 답하시오. (8점)

[냉수코일 조건]

1. 코일부하 : $q_c = 116.3 \text{ kW}$
2. 통과풍량 : $Q_c = 15000 \text{ m}^3/\text{h}$
3. 단수 S : 26단
4. 풍속 V_f : 3 m/s
5. 유효높이 a = 992 mm, 길이 b = 1400 mm, 관 안지름 d_i = 12 mm
6. 공기 입구온도 : 건구온도 t_1=28 ℃, 노점온도 t_1'' = 19.3 ℃
7. 공기 출구온도 : 건구온도 t_2 = 14 ℃
8. 코일의 입·출구 수온차 : 5 ℃ (입구수온 7 ℃)
9. 코일의 열통과율 : 1012 W/m²·K·열
10. 물의 비열 : 4.2 kJ/kg·K
11. 습면 보정계수 C_{ws} : 1.4

계산된 열수(N)	2.26 ~ 3.70	3.71 ~ 5.00	5.01 ~ 6.00	6.01 ~ 7.00	7.01 ~ 8.00
실제 사용열수(N)	4	5	6	7	8

(1) 전면 면적 $A_f(\text{m}^2)$를 구하시오.

(2) 냉수량 $L(\text{L/min})$를 구하시오.

(3) 코일 내의 수속 $V_w(\text{m/s})$를 구하시오.

(4) 대수 평균온도차 (평행류) $\triangle t_m(℃)$를 구하시오.

(5) 코일 열수 N를 구하시오.

풀이

(1) 전면 면적(m^2)

$$Q_c = A_f V_f$$

$$A_f = \frac{Q_c}{V_f} = \frac{15000}{3 \times 3600} = 1.388 ≒ 1.39 \text{ m}^2$$

※ 문제 조건에서 풍량과 풍속이 주어지지 않았을 경우, 전면면적 A는 유효길이와 높이로 구한다.

(2) 냉수량(L/min)

$$q_c = G \cdot C \cdot \triangle t_w = \rho L \cdot C \cdot \triangle t_w$$

물의 밀도 $\rho = 1000 kg/m^3 = 1\text{kg/L}$

$$L = \frac{q_c}{\rho \cdot C \cdot \triangle t_w} = \frac{116.3 \times 60}{1 \times 4.2 \times 5} = 332.285 ≒ 332.29 \text{ L/min}$$

(3) 코일내의 수속(m/s)

$$L = A \cdot V_w$$

$$V_w = \frac{L}{A} = \frac{332.29}{\frac{\pi}{4} \times 0.012^2 \times 26 \times 60 \times 1000} = 1.883 ≒ 1.88 \text{ m/s}$$

(4) 대수 평균 온도차($\triangle t_m$)

$$\triangle t_m = \frac{21-2}{\ln\frac{21}{2}} = 8.08 \text{ ℃}$$

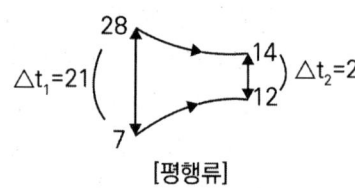

[평행류]

(5) 코일 열수(N)

$q_C = K \cdot A_f \cdot N \cdot \triangle t_m \cdot C_{ws}$ 에서

$N = \dfrac{q_C}{K \cdot A_f \cdot \triangle t_m \cdot C_{ws}}$

$= \dfrac{116.3 \times 1000}{1012 \times 1.39 \times 8.08 \times 1.4} = 7.30 ≒ 8$열

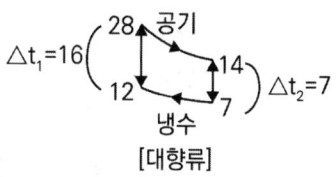

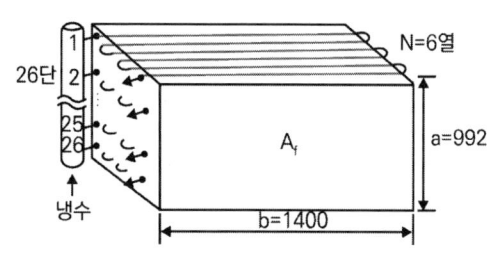

참고
문제의 조건에서 만약 평행류라는 말이 없으면 대향류로 계산한다.

13 다음 냉동장치에서 A Cycle(1 - 2 - 3 - 4)로 운전하다 증발온도가 내려가서 B Cycle(1' - 2' - 3 - 4')로 운전될 때 B Cycle의 냉동능력과 소요동력을 A Cycle과 비교하여라. (8점)

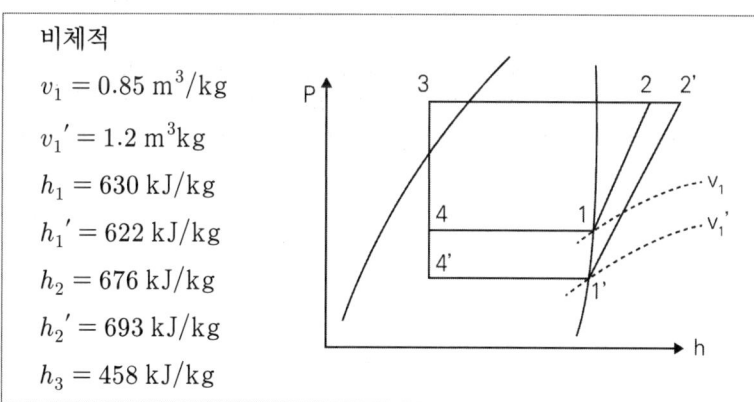

비체적
$v_1 = 0.85 \text{ m}^3/\text{kg}$
$v_1' = 1.2 \text{ m}^3\text{kg}$
$h_1 = 630 \text{ kJ/kg}$
$h_1' = 622 \text{ kJ/kg}$
$h_2 = 676 \text{ kJ/kg}$
$h_2' = 693 \text{ kJ/kg}$
$h_3 = 458 \text{ kJ/kg}$

	체적효율(η_v)	기계효율(η_m)	압축효율(η_c)
A사이클	0.78	0.9	0.85
B사이클	0.72	0.88	0.79

(1) 냉동효과 비 $\left(\dfrac{q_B}{q_A}\right)$는 얼마인가?

(2) 소요동력 비 $\left(\dfrac{L_B}{L_A}\right)$는 얼마인가?

풀이

(1) 냉동효과 비

$q_A = (h_1 - h_4)$

$q_B = (h_1' - h_4')$

∴ 냉동효과 비 $\dfrac{q_B}{q_A} = \dfrac{(h_1' - h_4')}{(h_1 - h_4)} = \dfrac{622 - 458}{630 - 458} = 0.953 ≒ 0.95$

(2) 소요동력 비

소요동력 비 $\dfrac{L_B}{L_A} = \dfrac{G_B(h_2' - h_1')/(\eta_{cB}\,\eta_{mB})}{G_A(h_2 - h_1)/(\eta_{cA}\,\eta_{mA})}$

$= \dfrac{\dfrac{V}{v_1'}\eta_{vB}(h_2' - h_1')/(\eta_{cB}\,\eta_{mB})}{\dfrac{V}{v_1}\eta_{vA}(h_2 - h_1)/(\eta_{cA}\,\eta_{mA})} = \dfrac{v_1\eta_{vB}(h_2' - h_1')\eta_{cA}\eta_{mA}}{v_1'\eta_{vA}(h_2 - h_1)\eta_{cB}\eta_{mB}}$

$= \dfrac{0.85 \times 0.72 \times (693 - 622) \times 0.85 \times 0.9}{1.2 \times 0.78 \times (676 - 630) \times 0.79 \times 0.88} = 1.11$

14 증발기에서 냉매온도는 -18 ℃, 공기입구온도 23 ℃, 출구온도 19 ℃, 대수평균온도차를 이용하고, 내외표면적비 m = 1.16, 증발기 전열면적 15.37 m², 내경 30 mm, 두께 2.4 mm, 증발기 외표면 기준 열통과율 K = 0.36 W/m² · K이다. 다음 물음에 답하시오. (6점)

(1) 증발기 냉동능력(W)은 얼마인가?

(2) 코일 길이(m)는 얼마인가?

풀이

(1) 증발기 냉동능력(W)

$q = K \cdot A_o \cdot \Delta t_m$

$\Delta t_m = \dfrac{41-37}{\ln\dfrac{41}{37}} = 38.965 ≒ 38.97 \ ℃$

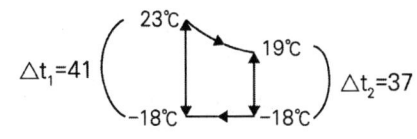

∴ $q = 0.36 \times 15.37 \times 38.97 = 215.628 ≒ 215.63$ W

(2) 코일 길이(m)

조건에서 내외표면적비 $\dfrac{A_o}{A_i} = 1.16$

외표면적(증발기 전열면적) $= 15.37 \ m^2$

외표면적 $A_o = 1.16 A_i = 1.16 \times (\pi D_i L)$

∴ 코일길이 $L = \dfrac{A_o}{1.16 \times (\pi D_i)} = \dfrac{15.37}{1.16 \times (\pi \times 30 \times 10^{-3})} = 140.586 ≒ 140.59$ m

2021 2회

01 펌프에서 손실수두를 고려하는 이유와 손실수두 종류 3가지를 서술하시오. (5점)

> **풀이**
> (1) 손실수두를 고려하는 이유
>   펌프의 전양정은 실양정과 손실수두이기 때문
> (2) 손실수두의 종류
>   ① 배관 마찰 손실수두
>   ② 기기 손실수두
>   ③ 속도 손실수두

02 어느 사무실의 실내온도가 20 ℃, 습구온도 13.8 ℃, 습도 50 %이고 냉방부하는 현열부하 350 kW, 잠열부하 150 kW이다. 외기 30 ℃, 습도 70 %, 취출구 온도차 15 ℃일 때 사무실의 송풍량(m³/s)은 얼마인가? (단, 공기의 밀도 1.2 kg/m³, 비열 1.01 kJ/kg·K이다) (3점)

> **풀이**
> $q_S = G \cdot C_P \cdot \triangle t = \rho Q \cdot C_P \cdot \triangle t$
> $Q = \dfrac{q_S}{\rho \cdot C_P \cdot \triangle t} = \dfrac{350}{1.2 \times 1.01 \times 15} = 19.251 \fallingdotseq 19.25 \text{ m}^3/\text{s}$

03 다음 그림은 2단압축 1단팽창과 2단압축 2단팽창 냉동 Cycle을 나타낸 것이다. 이 두 냉동 Cycle 중 COP를 2단팽창에 대하여 1단팽창과 비교하여 얼마나 증대하였는지 비교하시오.

(8점)

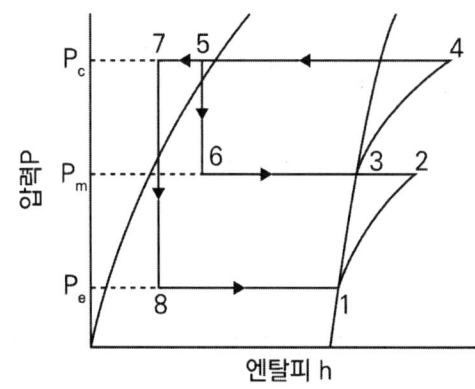 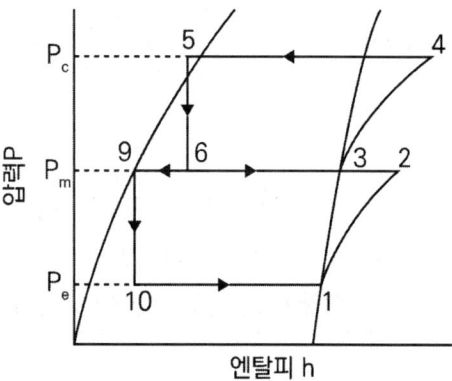

각 점	엔탈피(kJ/kg)
1	625
2	665
3	653
4	690
5, 6	451
7, 8	410
9, 10	387

풀이

$$COP_1 = \frac{Q_e}{W_L + W_H} \quad \text{냉매비율} \ \frac{G_H}{G_L} = \frac{h_2 - h_7}{h_3 - h_6} \text{이므로}$$

$$COP_1 = \frac{G_L(h_1 - h_8)}{G_L(h_2 - h_1) + G_H(h_4 - h_3)} = \frac{(h_1 - h_8)}{(h_2 - h_1) + \frac{(h_2 - h_7)}{(h_3 - h_6)}(h_4 - h_3)}$$

$$= \frac{(625 - 410)}{(665 - 625) + \frac{(665 - 410)}{(653 - 451)}(690 - 653)} = 2.479 ≒ 2.48$$

$$COP_2 = \frac{Q_e}{W_L + W_H}$$

냉매비 $\dfrac{G_H}{G_L} = \dfrac{h_2 - h_9}{h_3 - h_6}$ 이므로

$$COP_2 = \frac{G_L(h_1 - h_{10})}{G_L(h_2 - h_1) + G_H(h_4 - h_3)} = \frac{(h_1 - h_{10})}{(h_2 - h_1) + \dfrac{(h_2 - h_9)}{(h_3 - h_6)}(h_4 - h_3)}$$

$$= \frac{(625 - 387)}{(665 - 625) + \dfrac{(665 - 387)}{(653 - 451)}(690 - 653)} = 2.617 ≒ 2.62$$

$COP_2 - COP_1 = 2.62 - 2.48 = 0.14$

∴ 2단팽창이 1단팽창보다 COP가 0.14 증대하였다.

04 다음 표는 어느 사무실의 냉방부하를 시간대로 나타낸 것이다. 변풍량 방식으로 설계할 때 냉방부하(RT)를 구하시오. (단, 냉방부하 여유율은 10 %이고, 1 RT = 3.86 kW이다) (5점)

(단위 : kW)

	10시	12시	14시	16시
A	14	15	18	20
B	16	16	20	18
C	11	15	19	23
D	14	14	15	21
총 합계	55	60	72	82

> **풀이**

변풍량 방식의 경우 시간대별 총 합계 부하 중 최대부하가 냉방부하이다.

냉방부하 $= \dfrac{82}{3.86} \times 1.1 = 23.367 ≒ 23.37 \text{ RT}$

05 아래와 같은 덕트계에서 각부의 덕트 치수를 구하고, 송풍기의 전압을 구하시오. (8점)

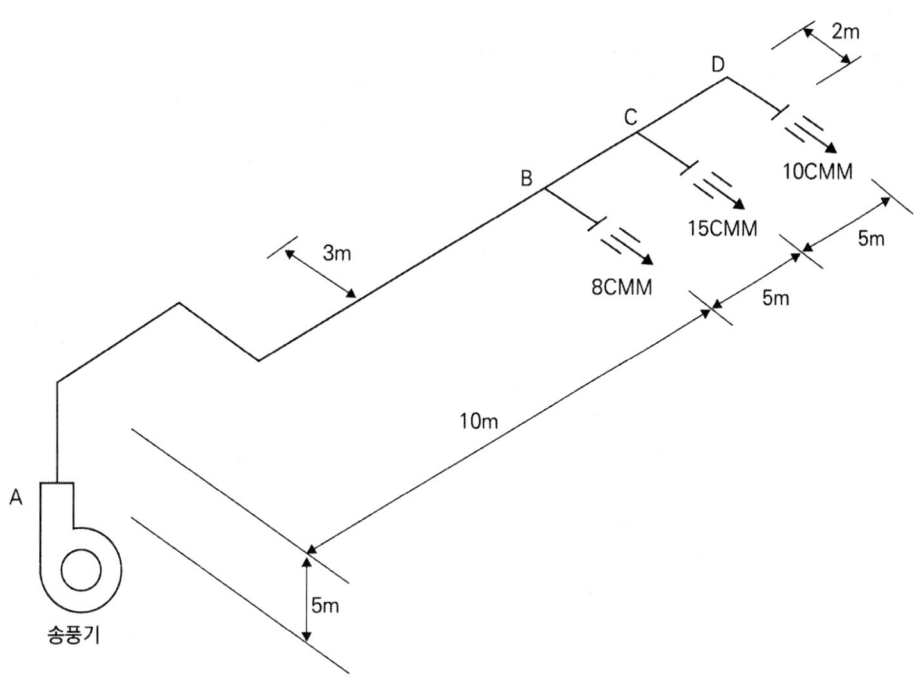

[조건]
1. 송풍기 출구 풍속은 8 m/s
2. 직관의 마찰손실은 0.1 mmAq/m
3. 곡관부 1개소의 상당길이는 원형덕트직경의 20배
4. 취출구 저항 2 mmAq
5. 원형덕트에 상당하는 사각형 덕트의 단변 길이는 20 cm로 한다.

(1) 각 덕트부의 치수를 구하시오.

구간	풍량(CMM)	원형덕트지름(mm)	사각형 장변치수(mm)
A - B			
B - C			
C - D			

2021년 2회

(2) 송풍기의 전압(Pa)을 구하시오.

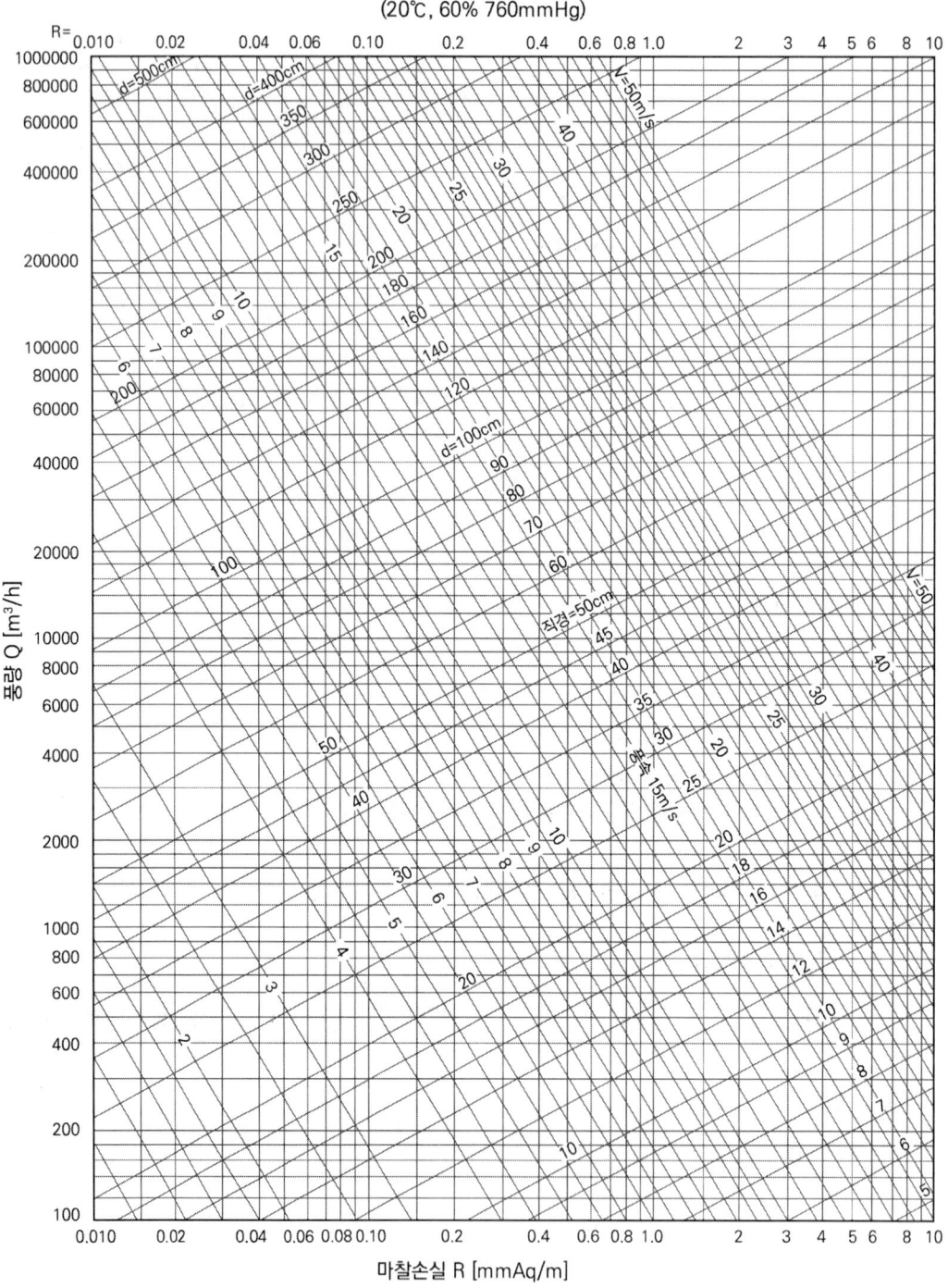

[장방형 덕트와 원형 덕트의 환산표 (단위 : cm)]

단변\장변	10	15	20	25	30	35	40	45	50	55	60	65	70	75	80	85	90	95	100
10	10.9																		
15	13.3	16.4																	
20	15.2	18.9	21.9																
25	16.9	21.0	24.4	27.3															
30	18.3	22.9	26.6	29.9	32.8														
35	19.5	24.5	28.6	32.2	35.4	38.3													
40	20.7	26.0	30.5	34.3	37.8	40.9	43.7												
45	21.7	27.4	32.1	36.3	40.0	43.3	46.4	49.2											
50	22.7	28.7	33.7	38.1	42.0	45.6	48.8	51.8	54.7										
55	23.6	29.9	35.1	39.8	43.9	47.7	51.1	54.3	57.3	60.1									
60	24.5	31.0	36.5	41.4	45.7	49.6	53.3	56.7	59.8	62.8	65.6								
65	25.3	32.1	37.8	42.9	47.4	51.5	55.3	58.9	62.2	65.3	68.3	71.1							
70	26.1	33.1	39.1	44.3	49.0	53.3	57.3	61.0	64.4	67.7	70.8	73.7	76.5						
75	26.8	34.1	40.2	45.7	50.6	55.0	59.2	63.0	66.6	69.7	73.2	76.3	79.2	82.0					
80	27.5	35.0	41.4	47.0	52.0	56.7	60.9	64.9	68.7	72.2	75.5	78.7	81.8	84.7	87.5				
85	28.2	35.9	42.4	48.2	53.4	58.2	62.6	66.8	70.6	74.3	77.8	81.1	84.2	87.2	90.1	92.9			
90	28.9	36.7	43.5	49.4	54.8	59.7	64.2	68.6	72.6	76.3	79.9	83.3	86.6	89.7	92.7	95.6	198.4		

[풀이]

(1) 각 덕트부의 치수

구간	풍량(CMM)	원형덕트지름(mm)	사각형 장변치수(mm)
A – B	33	360	600
B – C	25	330	500
C – D	10	230	250

(2) 송풍기 전압(P_t)

P_t = 직관의 마찰손실 + 곡관부 마찰손실 + 취출구저항

$$= \frac{(5+10+3+5+5+2)\times 0.1 + (0.36\times 3\times 20 + 0.23\times 1\times 20)\times 0.1 + 2}{1000}\times 9800$$

$= 74.676 ≒ 74.68 \, Pa$

06 다음 냉장실을 보고 각 물음에 답하시오. (지중온도 14 ℃, 실내 열전달률 20 W/m²K)

(6점)

바닥재질	두께(mm)	열전도율 (W/mK)
A	150	0.4
B	200	0.6
C	230	1.5
D	440	0.95
E	430	0.65

외부 35℃ 20m
인접실 1℃ | 냉장실 1℃ | 인접실 1℃
10m
복도
[평면도]

(1) 바닥에서 열통과율(W/m²·K)을 구하시오.
(2) 바닥을 통한 침입열량(W)을 구하시오.

풀이

(1) 바닥에서의 열통과율(K)

$$\frac{1}{K} = \frac{1}{\alpha_i} + \frac{\ell_A}{\lambda_A} + \frac{\ell_B}{\lambda_B} + \frac{\ell_C}{\lambda_C} + \frac{\ell_D}{\lambda_D} + \frac{\ell_E}{\lambda_E}$$

$$= \frac{1}{20} + \frac{0.15}{0.4} + \frac{0.2}{0.6} + \frac{0.23}{1.5} + \frac{0.44}{0.95} + \frac{0.43}{0.65}$$

$$= 2.0363$$

$$\therefore K = \frac{1}{2.0363} = 0.491 ≒ 0.49 \text{ W/m}^2 \cdot \text{K}$$

(2) 바닥을 통한 침입열량(q)

$q = K \cdot A \cdot \triangle t$
$= 0.49 \times (20 \times 10) \times (14 - 1)$
$= 1274 \text{ W}$

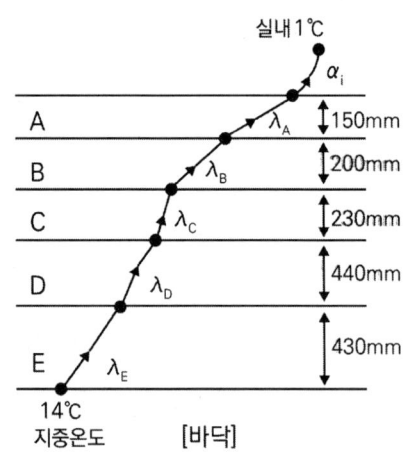

07 다음 사무실에 대해서 부하를 구하시오. (10점)

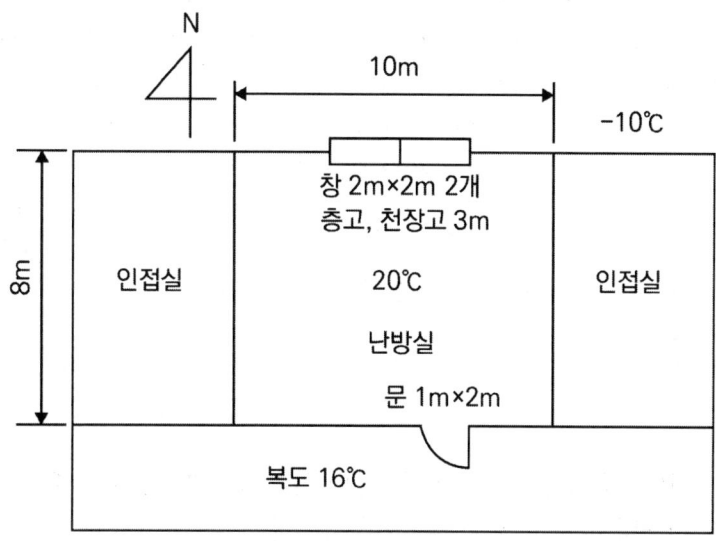

[조건]
1. 구조체의 열관류율(W/m²·K)
   외벽 : 0.58 유리 : 3.72 내벽 : 2.9 문 : 2.32
2. 환기횟수 0.5 회/h, 공기밀도 1.2 kg/m³, 공기비열 1.01 kJ/kg·K
3. 방위계수 및 차폐계수는 무시한다.
4. 상·하층 및 인접실은 동일 난방을 한다.

(1) 외벽부하(W)를 구하시오.

(2) 유리창 부하(W)를 구하시오.

(3) 내벽부하(W)를 구하시오.

(4) 문 부하(W)를 구하시오.

(5) 환기 부하(W)를 구하시오.

> **풀이**
>
> (1) 외벽부하 : $q = K \cdot A \cdot \triangle t = 0.58 \times (10 \times 3 - 2 \times 2 \times 2) \times (20 - (-10)) = 382.8$ W
>
> (2) 유리창 부하 : $q = K \cdot A \cdot \triangle t = 3.72 \times (2 \times 2 \times 2) \times (20 - (-10)) = 892.8$ W
>
> (3) 내벽부하 : $q = K \cdot A \cdot \triangle t = 2.9 \times (10 \times 3 - 1 \times 2) \times (20 - 16) = 324.8$ W
>
> (4) 문 부하 : $q = K \cdot A \cdot \triangle t = 2.32 \times (1 \times 2) \times (20 - 16) = 18.56$ W
>
> (5) 환기 부하 : $q_S = G \cdot C_p \cdot \triangle t = \rho Q \cdot C_p \cdot \triangle t$
>
> $\qquad = 1.2 \times (10 \times 8 \times 3 \times 0.5) \times 1.01 \times (20 - (-10)) \times \dfrac{1000}{3600} = 1212$ W
>
> ※ 외기 및 실내공기의 절대습도가 문제 상 주어지지 않았기 때문에 환기(외기) 잠열부하는 구할 수 없다.

08 열교환기를 쓰고 그림(a)와 같이 구성되는 냉동장치에서 냉동능력이 1RT이고, 각점의 상태 값 및 조건은 아래와 같다. 다음 각 물음에 답하시오. (10점)

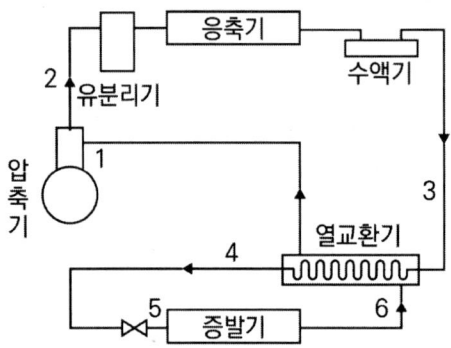

각 점	엔탈피(kJ/kg)
1	400
2	424
3	286
4	258

효율	값
기계효율	0.81
체적효율	0.71
압축효율	0.75

(1) 이 장치의 냉매 순환량(kg/s)은 얼마인가?

(2) 열교환기에서 열교환되는 열량(kW)은 얼마인가?

(3) 실제 COP는 얼마인가?

> **풀이**

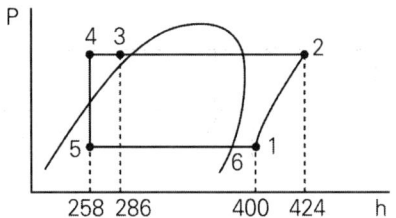

(1) 냉매 순환량(G)

$$Q_c = G(h_6 - h_5) \text{에서 } G = \frac{Q_e}{(h_6 - h_5)}$$

$(h_1 - h_6) = (h_3 - h_4)$ 이므로

$h_6 = h_1 - (h_3 - h_4) = 400 - (286 - 258) = 372 \text{ kJ/kg}$

$\therefore G = \frac{1 \times 3.86}{372 - 258} = 0.0338 ≒ 0.034 \text{ kg/s}$

(2) 열교환되는 열량(q)

$q = G(h_3 - h_4) = G(h_1 - h_6)$
$= 0.034 \times (286 - 258) = 0.952 ≒ 0.95 \text{ kW}$

(3) 실제 성적계수

$$COP = \frac{q_e}{w_{act}} = \frac{(h_6 - h_5)}{\dfrac{(h_2 - h_1)}{(\eta_c \cdot \eta_m)}} = \frac{(372 - 258)}{\dfrac{(424 - 400)}{(0.75 \times 0.81)}} = 2.885 ≒ 2.89$$

09 다음 그림과 같은 공조장치를 냉방운전하고자 한다. 각 물음에 답하시오. (8점)

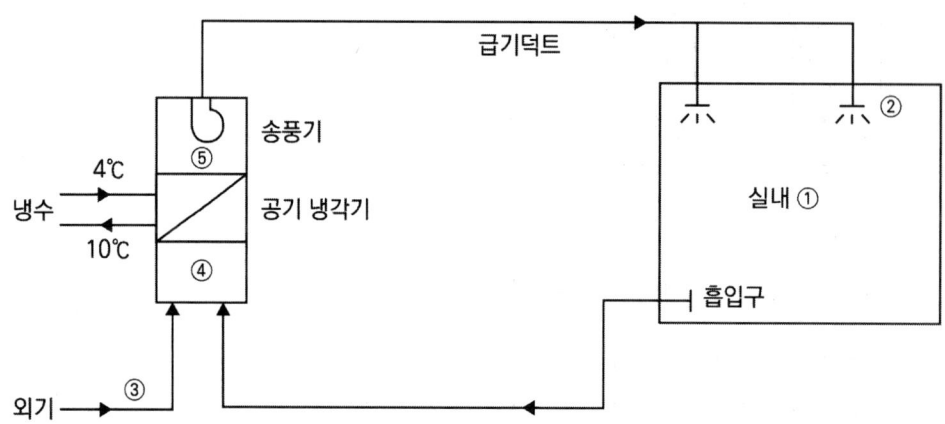

[조건]
1. 외기 : 33 ℃, 습구온도 27 ℃
2. 실내 : 26 ℃, 상대습도 50 %, 현열부하 : 13.5 kW, 잠열부하 : 2.3 kW
3. 취출구 온도 : 16 ℃
4. 송풍기 부하 : 1 kW, 급기덕트 취득열 : 0.35 kW
5. 취입 외기량 : 급기송풍량의 30 %
6. 공기 비체적 : 0.83 m³/kg, 정압비열 : 1.01 kJ/kg·K
7. 냉각수 비열 : 4.2 kJ/kg·K

(1) 급기송풍량(m³/s)은 얼마인가?

(2) 공기냉각기의 유량(kg/h)은 얼마인가? (공기선도를 이용하고, 계산에 필요한 수치는 공기선도에 표시하시오)

풀이

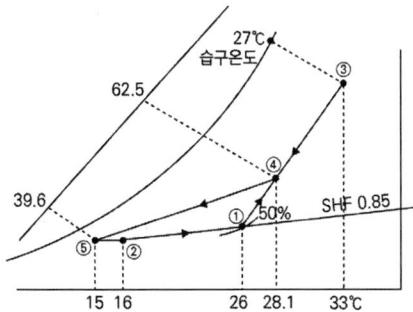

(1) 급기송풍량(Q)

$q_S = G \cdot C_p \cdot \triangle t = \rho Q \cdot C_p \cdot \triangle t$에서

$$Q = \frac{q_S}{\rho \cdot C_p \cdot \triangle t} = \frac{13.5}{\frac{1}{0.83} \times 1.01 \times (26-16)} = 1.109 ≒ 1.11 \text{ m}^3/\text{s}$$

(2) 냉수량(G_w)

공기 냉각열량 = 냉수 가열량

$q_C = G_a \cdot \triangle h = G_w \cdot C_w \cdot \triangle t_w$

$$G_w = \frac{G_a \cdot \triangle h}{C_w \cdot \triangle t_w} = \frac{\frac{1}{v} Q_a \cdot (h_4 - h_5)}{C_w \cdot \triangle t_w}$$

($h_4 - h_5$)를 구하기 위해 공기선도를 작성하여 엔탈피를 읽는다.

① 외기와 실내환기의 혼합공기온도(t_4)

$$t_4 = \frac{G_1 t_1 + G_3 t_3}{G_4} = \frac{0.7 \times 26 + 0.3 \times 33}{1.0} = 28.1 \text{ ℃}$$

② 열취득에 의한 상승온도($\triangle t$)

㉠ 송풍기

$q = G \cdot C_p \cdot \triangle t$

$$\triangle t = \frac{q}{G \cdot C_p} = \frac{q}{\frac{1}{v} Q \cdot C_p} = \frac{1}{\frac{1}{0.83} \times 1.11 \times 1.01} = 0.740 \text{ ℃}$$

㉡ 급기덕트

$q = G \cdot C_p \cdot \triangle t$

$$\triangle t = \frac{q}{G \cdot C_p} = \frac{q}{\frac{1}{v} Q \cdot C_p} = \frac{0.35}{\frac{1}{0.83} \times 1.11 \times 1.01} = 0.259 \text{ ℃}$$

∴ 송풍기와 덕트의 열취득에 의한 상승온도 $\triangle t = 0.740 + 0.259 = 0.999 ≒ 1.0\ ℃$

③ 현열비$(SHF) = \dfrac{13.5}{13.5 + 2.3} = 0.854 ≒ 0.85$

습공기선도를 작도하여 h_4, h_5를 읽는다.

$h_4 = 62.5\ kJ/kg,\ h_5 = 39.6\ kJ/kg$이다.

∴ 냉수량 $G_w = \dfrac{(\dfrac{1}{0.83} \times 1.11) \times (62.5 - 39.6) \times 3600}{4.2 \times (10 - 4)} = 4375.043 ≒ 4375.04\ kg/h$

---

10 프레온 압축기 흡입관(Suction Riser)에 있어서 이중 입상관(Double Suction Riser)을 사용하는 경우가 있다. 이중 입상관의 배관도를 그리고, 그 역할을 설명하시오. (8점)

(1) 　　　　　　　　　　　　　　　　　　압축기

증발기

(2) 역할을 서술하시오.

풀이

(1) 이중 입상관 배관도

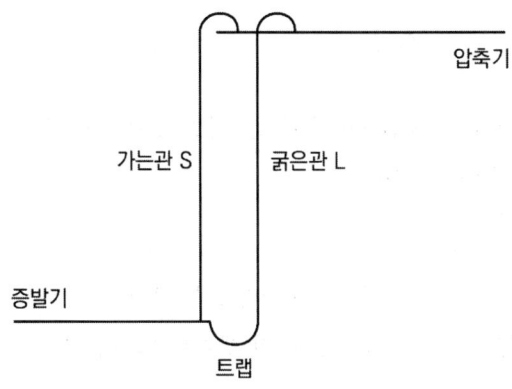

(2) 역할

냉동기유(오일)의 회수를 용이하게 하기 위한 배관
① 전 부하로 운전 시 냉매 가스는 가는 관과 굵은 관 양쪽으로 통과함
② 부하가 감소 시 냉매가스의 유속이 느려져 냉동기유가 상부로 운반되지 못하고 트랩에 고인다. 냉동기유가 트랩에 고여 냉매가스가 통과하지 못하므로 가스는 가는 관 S로만 통과하면서 속도가 빨라져 냉동기유를 상부로 운반할 수 있게 됨

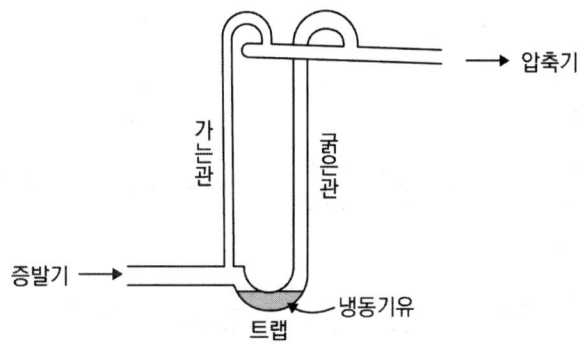

11 에어와셔의 조건이 아래와 같을 때 각 물음에 답하시오. (단, 물의 비열 4.2 kJ/kg·K, 공기 밀도 1.2 kg/m³이고, 에어와셔 유량은 공기 풍량의 두 배로 한다) (8점)

[조건]
1. 공기풍량 55000 kg/h, 풍속 3 m/s
2. 공기 입구온도 30 ℃, 습도 55 %, h = 67.8 kJ/kg, 공기 출구습도 90 %, h = 50.6 kJ/kg
3. 에어와셔 입구수온(t_{w1}) 10 ℃, h = 29.2 kJ/kg
4. 에어와셔 노즐 1개당 유량 700 kg/h

(1) 전열효율(%)은 얼마인가? (2) 정면면적(m²)은 얼마인가?
(3) 와셔 출구수 온도(℃)는 얼마인가? (4) 와셔 노즐의 갯수는 몇개인가?

풀이

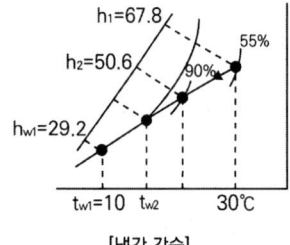

[냉각 감습]

(1) 전열효율(X)

$$X = \frac{h_1 - h_2}{h_1 - h_{w1}} \times 100 = \frac{67.8 - 50.6}{67.8 - 29.2} \times 100 = 44.559 ≒ 44.56 \%$$

(2) 정면면적(A)

$Q = AV$에서 $A = \dfrac{Q}{V} = \dfrac{G}{\rho V} = \dfrac{55000}{1.2 \times 3 \times 3600} = 4.263 ≒ 4.24 \, m^2$

(3) 출구수온(t_{w2})

$$t_{w2} = t_{w1} + \frac{G_a(h_1 - h_2)}{G_w \cdot C_w} = 10 + \frac{55000 \times (67.8 - 50.6)}{(55000 \times 2) \times 4.2} = 12.047 ≒ 12.05 \, ℃$$

(4) 에어와셔 노즐 개수(N)

유량 $G_w = G_N \times N$에서 $N = \dfrac{G_w}{G_N} = \dfrac{55000 \times 2}{700} = 157.142 ≒ 158$개

12 냉동장치에서 다음의 냉동 System(중간냉각이 완전한 2단압축 1단팽창 사이클)이 작동할 수 있게 배관을 연결하시오. (8점)

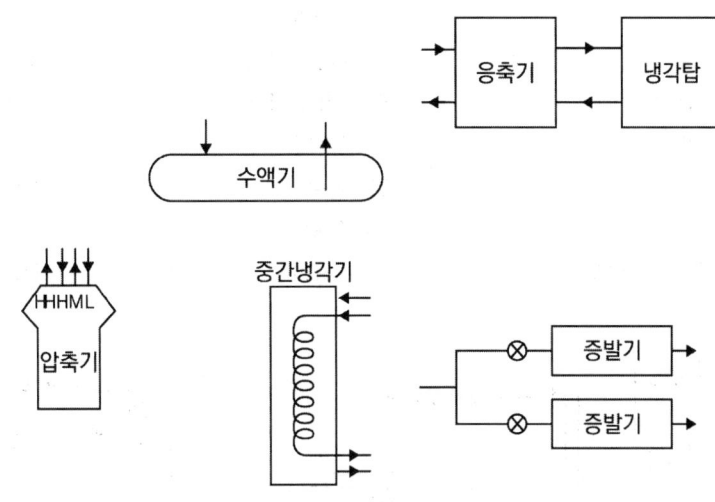

풀이

중간냉각이 완전한 2단압축 1단팽창사이클

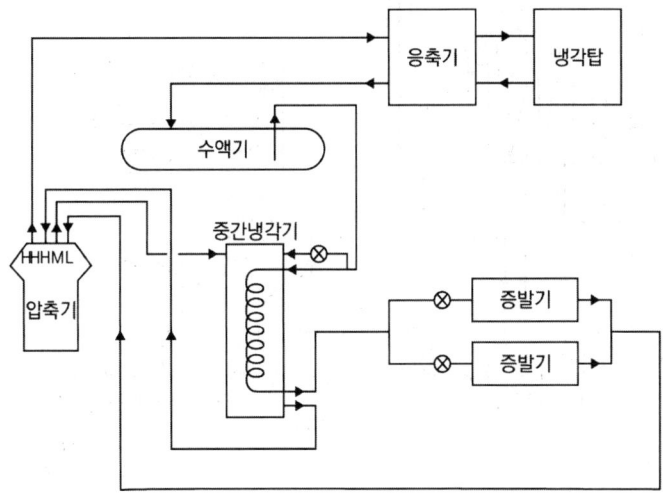

13 다음과 같은 중앙식 공기조화설비의 계통도에서 각 기기의 명칭을 보기에서 골라 쓰시오.

(5점)

[보기]
1. 냉동기　　　　2. 증기보일러　　　3. 송풍기
4. 공기조화기　　5. 냉각수펌프　　　6. 냉매펌프
7. 냉수펌프　　　8. 냉각탑　　　　　9. 공기가열기
10. 에어필터　　　11. 응축기　　　　12. 증발기
13. 공기냉각기　　14. 트랩　　　　　15. 냉매건조기
16. 보일러 급수펌프　17. 가습기　　　18. 취출구

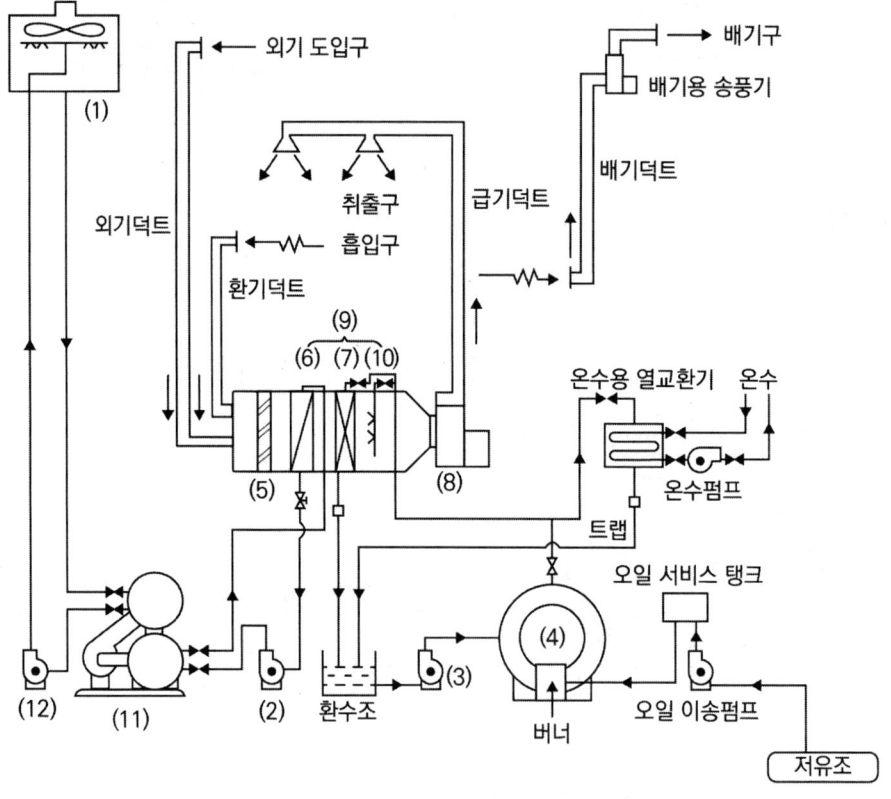

> **풀이**

(1) 냉각탑　　　(2) 냉수펌프　　　(3) 보일러 급수펌프
(4) 증기보일러　(5) 에어필터　　　(6) 공기냉각기
(7) 공기가열기　(8) 송풍기　　　　(9) 공기조화기
(10) 가습기　　　(11) 냉동기　　　　(12) 냉각수펌프

14 겨울철이나 중간기에 응축기의 운전 중 압력이 갑자기 낮아지는 경우가 있다. 다음 물음에 답하시오. (8점)

(1) 응축기의 압력이 갑자기 낮아지는 이유를 쓰시오.

(2) 응축기를 증발기로 사용할 경우 응축식 증발기에서 압력이 갑자기 낮아지는 경우 조치 방법을 3가지 쓰시오.

> **풀이**

(1) 응축기의 압력이 갑자기 낮아지는 이유
   겨울철 낮은 외기온도에 의해 응축기를 통과하는 공기의 온도가 낮아짐에 따라 응축기 압력이 갑자기 낮아지게 된다.

(2) 응축식 증발기 압력이 갑자기 낮아지는 경우 조치방법 3가지
   ① 외기온도가 낮아지면 증발이 잘 안되므로 증발기 압력이 낮아진다. 따라서 증발이 잘 되도록 팬(Fan)의 회전수를 높여 증발기 통과 풍량을 증가시킨다.
   ② 팽창밸브의 개도를 크게 하여 많은 냉매가 증발기에 유입되도록 하여 증발압력을 높인다.
   ③ 히터를 이용하여 증발기에서 냉매의 증발을 촉진시킨다.
   ④ 증발기에 서리가 끼어 있으면 제상하여 증발이 원활하게 이루어지도록 한다.
   ⑤ 응축압력조정밸브(CPR : Condenser Pressure Regulator) 설치
   위 내용 중 3가지 기술하면 정답

2021 3회

01 다음과 같은 덕트설비에 대해서 물음에 답하시오. (8점)

[조건]
1. 각 취출구에서의 풍량은 각각 2000 m³/h
2. 직관저항 : 1.0 Pa/m
3. 곡관부저항 : a부, b부, c부, d기부의 각각 손실계수 (ζ) = 0.3
   (단, a부와 b부의 속도는 8 m/s이며, c부와 d부의 속도는 10 m/s로 간주한다)
4. 공기흡입구저항 : 50 Pa, 공기취출구저항 : 40 Pa

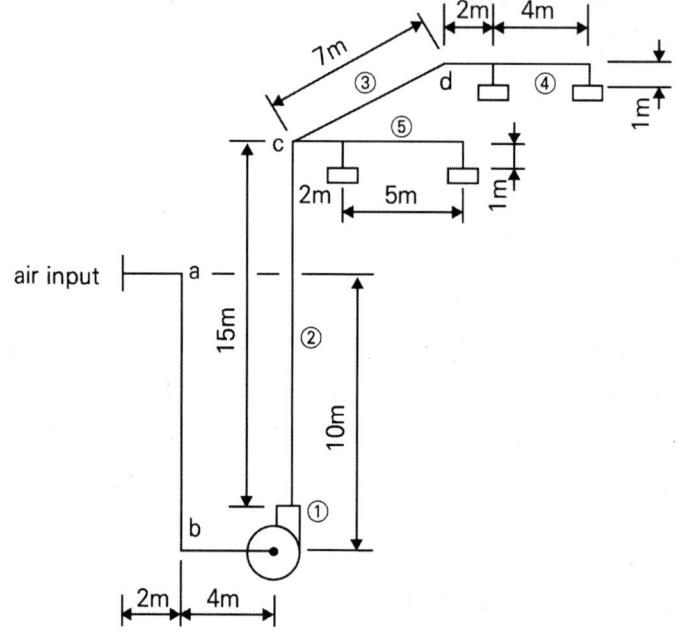

(1) 정압법(1.0 Pa/m)에 의한 풍량, 풍속, 원형덕트의 크기를 구하시오.

구간	풍량(m³/h)	저항(1.0Pa/m)	풍속(m/s)	원형덕트(cm)
②		-		
③		-		
④		-		
⑤		-		

(2) 덕트에서의 전손실(Pa)을 구하시오.

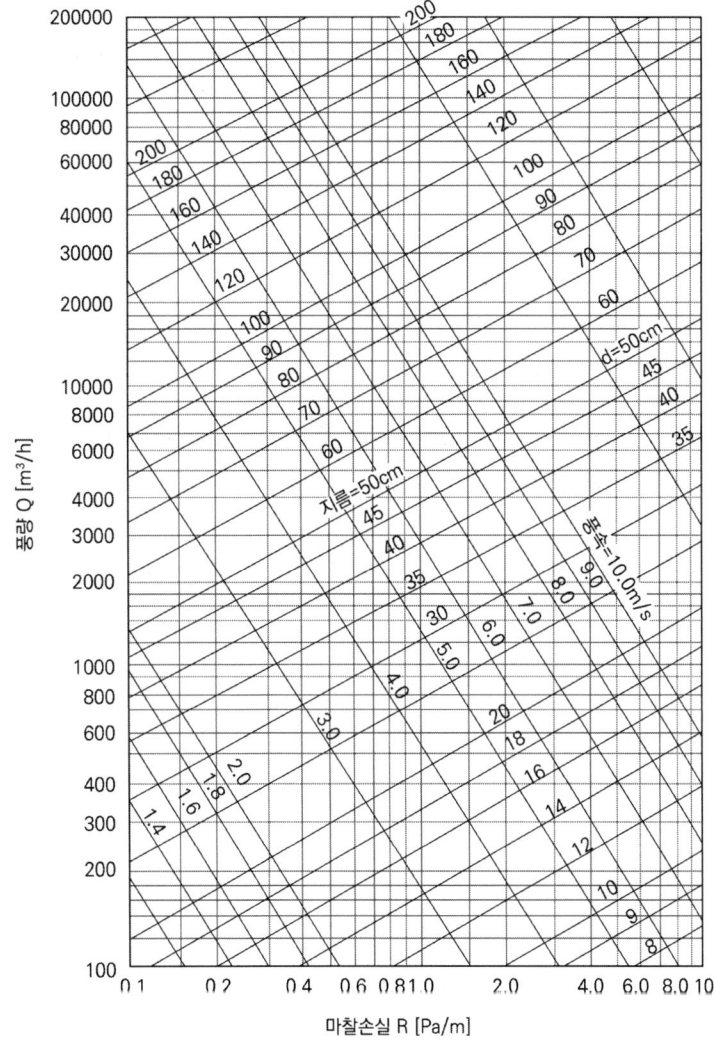

풀이

(1) 풍량, 풍속, 원형덕트의 크기

각 구간의 풍량을 구하고 덕트의 마찰손실선도에서 풍속과 덕트크기를 구한다.
풍속은 마찰손실선도에서 읽어도 되고, 원형덕트 단면적으로 계산해도 된다.

구간	풍량(m^3/h)	저항(1.0Pa/m)	풍속(m/s)	원형덕트(cm)
②	8000	-	7.7	60.5
③	4000	-	6.5	46
④	2000	-	5.5	36
⑤	2000	-	5.5	36

(2) 덕트에서의 전손실(직관저항 + 곡관부저항 + 공기흡입구저항 + 취출구저항)

① 직관저항 $\triangle P_{\ell 1} = \ell \times R$

$\triangle P_{\ell}1 = (2+10+4+15+7+2+4+1) \times 1.0 = 45 \, Pa$

② 곡관부 저항 $\triangle P_{\ell 2} = \zeta \dfrac{V^2}{2} \rho$

a부+b부 $\triangle P_{\ell 2} = 0.3 \times \dfrac{8^2}{2} \times 1.2 \times 2 = 23.04 \, Pa$

c부+d부 $\triangle P_{\ell 2} = 0.3 \times \dfrac{10^2}{2} \times 1.2 \times 2 = 36 \, Pa$

∴ 덕트의 전손실 $\triangle P_{\ell} = 45 + 23.04 + 36 + 50 + 40 = 194.04 \, Pa$

02 다음 설계조건을 이용하여 실내의 난방부하를 구하시오. (8점)

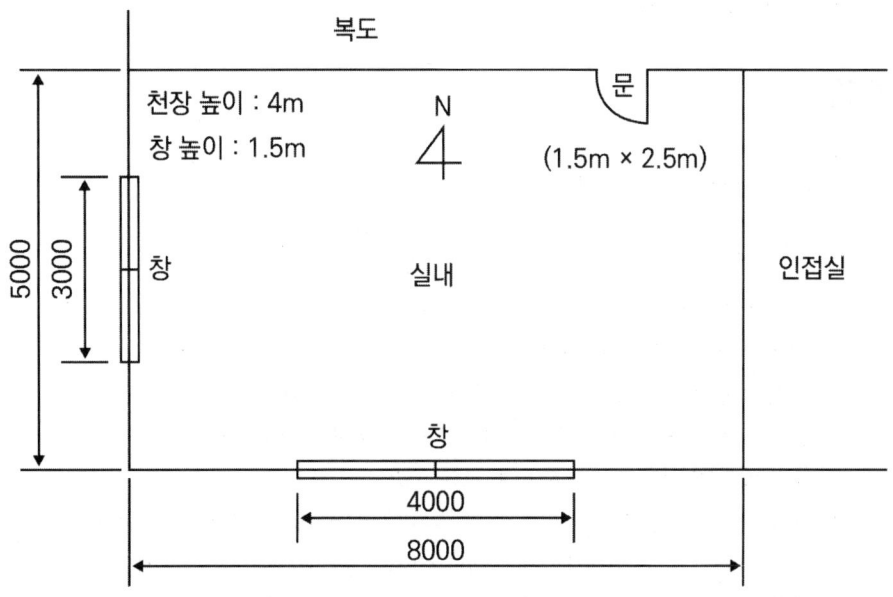

[조건]

1. 열관류율
   외벽과 천장 : 3.5 W/m²·K, 내벽 : 2.5W/m²·K, 창문 : 5.2W/m²·K,
   문 : 3.1 W/m²·K, 바닥 : 2.8 W/m²·K
2. 실내온도 : 22 ℃, 외기온도 : -10 ℃
3. 공기의 밀도 : 1.2 kg/m³, 공기정압비열 : 1.0 kJ/kg·K
4. 방위계수
   북 : 1.2   남 : 1.0   동 : 1.1   서 : 1.1
5. 환기 횟수 : 1 회/h
6. 방(실내)의 바로 위는 옥상이다
7. 방(실내)의 하부와 다른 방은 같은 온도로 난방한다.
8. 복도의 온도는 외기와 내부의 중간온도로 설정한다.
9. 천장높이와 층고는 동일하다.

(1) 문과 창의 난방부하(W)를 구하시오.

(2) 외벽체의 총 난방부하(W)를 구하시오.

(3) 내벽체의 난방부하(W)를 구하시오.

(4) 천장부하(W)를 구하시오.

(5) 환기부하(W)를 구하시오.

풀이

(1) 문과 창의 난방부하
　① 문의 난방부하 : $q = K \cdot A \cdot \triangle t$
　　$q = 3.1 \times (1.5 \times 2.5) \times (22 - \dfrac{(22 + (-10))}{2}) = 186$ W
　② 창의 난방부하 : $q = K \cdot A \cdot \triangle t \cdot k$
　　서쪽창 $q = 5.2 \times (3 \times 1.5) \times (22 - (-10)) \times 1.1 = 823.68$ W
　　남쪽창 $q = 5.2 \times (4 \times 1.5) \times (22 - (-10)) \times 1.0 = 998.4$ W
　∴ 문과 창의 난방부하 $= 186 + 823.68 + 998.4 = 2008.08$ W

(2) 외벽의 총 난방부하 : $q = K \cdot A \cdot \triangle t \cdot k$
　서쪽외벽 $q = 3.5 \times (5 \times 4 - 3 \times 1.5) \times (22 - (-10)) \times 1.1 = 1909.6$ W
　남쪽외벽 $q = 3.5 \times (8 \times 4 - 4 \times 1.5) \times (22 - (-10)) \times 1.0 = 2912$ W
　∴ 외벽체의 총 난방부하 $= 1909.6 + 2912 = 4821.6$ W

(3) 내벽체의 난방부하 : $q = K \cdot A \cdot \triangle t$
　$q = 2.5 \times (8 \times 4 - 1.5 \times 2.5) \times (22 - \dfrac{(22 + (-10))}{2}) = 1130$ W

(4) 천장부하 : $q = K \cdot A \cdot \triangle t \cdot k$
　$q = 3.5 \times (5 \times 8) \times (22 - (-10)) = 4480$ W
　※ 천장에 대한 방위계수(k)가 주어지지 않음

(5) 환기부하 : $q = G \cdot C_p \cdot \triangle t = \rho Q \cdot C_p \cdot \triangle t$
　$q = \dfrac{1.2 \times (5 \times 8 \times 4 \times 1) \times 1.0 \times (22 - (-10)) \times 10^3}{3600} = 1706.666 ≒ 1706.67$ W

03 아래 조건과 그림 및 주어진 몰리엘 선도를 참고하여 1대의 콘덴싱 유닛에 증발온도가 다른 2대의 증발기가 있는 R-134a 냉동장치에 대해 다음 물음에 답하시오. (단, 압축기 체적효율 = 0.75, 압축효율 = 0.75, 기계효율 = 0.9이며, 배관에 있어서 압력손실 및 열손실은 무시한다. 1 RT = 3.86 kW) (10점)

[조건]
1. 증발기 A : 증발온도 -10 ℃
   과열도 10 ℃
   냉동부하 2 RT(한국냉동톤)
2. 증발기 B : 증발온도 -30 ℃
   과열도 10 ℃
   냉동부하 4 RT(한국냉동톤)
3. 팽창밸브 직전의 냉매액 온도 : 30 ℃
4. 응축온도 : 35 ℃

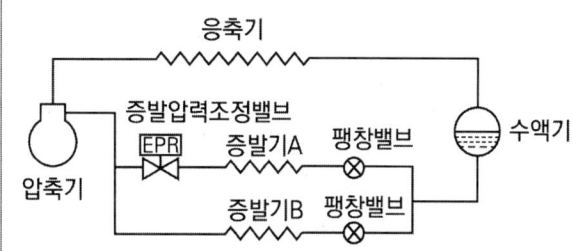

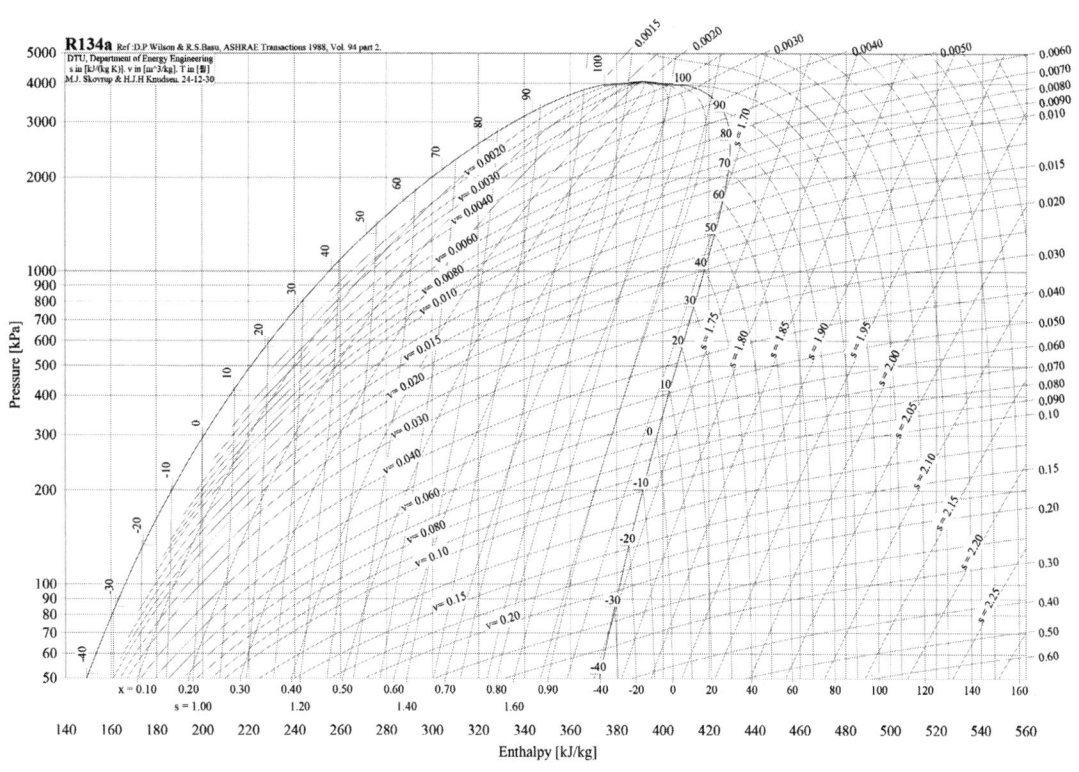

(1) 압축기의 피스톤 압출량(m³/h)을 구하시오.

(2) 축동력(kW)을 구하시오.

풀이

[냉동장치도의 $P-h$ 선도 작도]

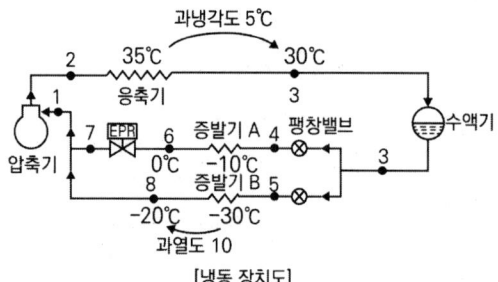

[냉동 장치도]

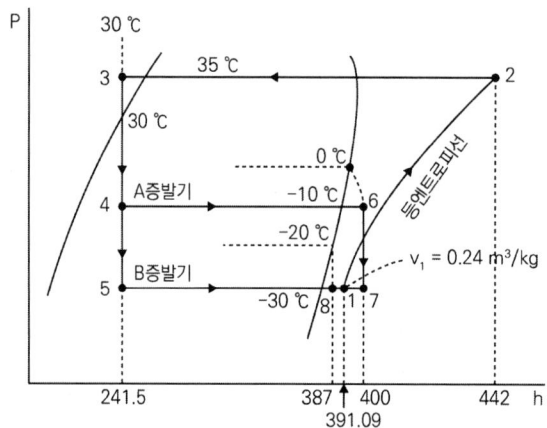

[P - h 선도]

(1) 압축기의 피스톤 압출량(V)

$$V = \frac{(G_A + G_B) \cdot v_1}{\eta_V}$$

G_A : A증발기 냉매순환량(kg/h), G_B : B증발기 냉매순환량(kg/h),
v_1 : 압축기 입구 냉매가스 비체적(m³/h), η_V : 체적효율

1) A증발기 냉매순환량(G_A)

$Q_A = G_A \cdot (h_6 - h_4)$ 에서

$$G_A = \frac{Q_A}{(h_6 - h_4)} = \frac{2 \times 3.86 \times 3600}{(400 - 241.5)} = 175.343 ≒ 175.34 \, \text{kg/h}$$

2) B증발기 냉매순환량(G_B)

$Q_B = G_B \cdot (h_8 - h_5)$에서

$$G_B = \frac{Q_B}{(h_8 - h_5)} = \frac{4 \times 3.86 \times 3600}{(387 - 241.5)} = 382.02 \text{ kg/h}$$

3) 압축기 입구의 냉매가스 비체적(v_1)

- v_1을 $P-h$선도에서 찾아야 하므로 1점의 엔탈피 h_1을 구한다.

열평형식 $G_A h_7 + G_B h_8 = (G_A + G_B)h_1$에서

$$h_1 = \frac{G_A h_7 + G_B h_8}{(G_A + G_B)}$$

$$= \frac{(175.34 \times 400) + (382.02 \times 387)}{(175.34 + 382.02)} = 391.089 ≒ 391.09 \text{ kJ/kg}$$

- $P-h$선도상에서 $h_1 = 391.09$점을 찾고 수직선을 그어 증발기의 B의 증발선과 만나는 점을 찾으면 1점(압축기 입구점)이 되며, 1점의 비체적 $v_1 = 0.24 \text{ m}^3/\text{kg}$이 된다.

4) 피스톤 압출량(V)

$$V = \frac{(G_A + G_B) \cdot v_1}{\eta_V} = \frac{(175.34 + 382.02) \times 0.24}{0.75} = 178.355 ≒ 178.36 \text{ m}^3/\text{h}$$

(2) 축동력(L_b)

$$L_b = \frac{\text{단열압축 소요동력}}{\text{압축효율} \times \text{기계효율}} = \frac{(G_A + G_B) \times (h_2 - h_1)}{\eta_c \times \eta_m}$$

여기서, h_2 : 공기선도의 1점에서 등엔트로피선을 따라 올라가 35℃의 수평선과 만나는 점이 2점이며, 엔탈피 $h_2 = 442 \text{ kJ/kg}$이다.

$$\therefore L_b = \frac{(175.34 + 382.02) \times (442 - 391.09)}{3600 \times 0.75 \times 0.9} = 11.677 ≒ 11.68 \text{ kW}$$

04 1대의 압축기에 증발온도가 다른 2대의 증발기를 이용하는 냉동장치의 배관을 완성하시오. (단, 증발압력 조정밸브(EPR) 및 체크밸브(CV)를 배관에 그리고 냉매 흐름 방향을 표시할 것 ⊠EPR ↗CV) (10점)

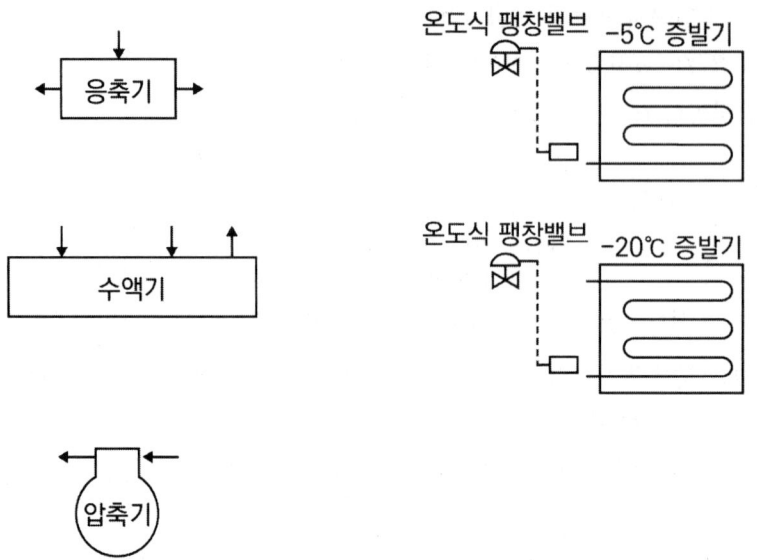

> 풀이

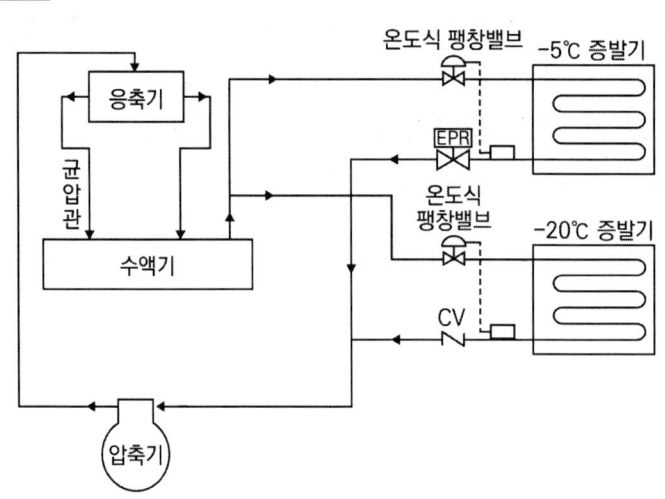

※ EPR은 고온 증발기 출구 배관에 설치하고, CV는 저온 증발기 출구 배관에 설치한다.

05
수냉 응축기의 응축온도 43 ℃, 냉각수 입구온도 32 ℃, 출구온도 37 ℃에서 냉각수 순환 수량이 320 L/min이다. (8점)

(1) 응축열량 (kW)을 구하여라.

(2) 전열면적이 20 m²이라면 열통과율은 몇 W/m²·K인가? (단, 응축온도와 냉각수 평균온도는 산술평균온도차로 하며, 냉각수의 비열은 4.2 kJ/kg·K이다)

(3) 응축조건이 같은 상태에서 냉각수량을 400 L/min으로 하면 응축온도는 몇 ℃인가?

풀이

(1) 응축열량(Q_C)

$$Q_C = G \cdot C \cdot \triangle t_w = \frac{320}{60} \times 4.2 \times (37-32) = 112 \text{ kW}$$

(2) 열통과율(K)

① $Q_C = K \cdot A \cdot \triangle t_m$에서 $K = \dfrac{Q_C}{A \cdot \triangle t_m}$

② $\triangle t_m = t_c - \dfrac{t_1 + t_2}{2} = 43 - \dfrac{32+37}{2} = 8.5$ ℃

$\therefore K = \dfrac{112 \times 10^3}{20 \times 8.5} = 658.823 ≒ 658.82 \text{ W/m}^2 \cdot \text{K}$

(3) 응축온도(t_c)

$\triangle t_m = t_c - \dfrac{t_1 + t_2}{2}$에서

$t_c = \triangle t_m + \dfrac{t_1 + t_2}{2}$

여기서 t_2를 먼저 구한다.

$Q_C = G \cdot C \cdot (t_2 - t_1)$에서

$t_2 = t_1 + \dfrac{Q_C}{G \cdot C} = 32 + \dfrac{112 \times 60}{400 \times 4.2} = 36$ ℃

$\therefore t_c = 8.5 + \dfrac{32+36}{2} = 42.5$ ℃

06 단일덕트 방식의 공기조화 시스템을 설계하고자 할 때 어떤 사무소의 냉방 부하를 계산한 결과 현열부하 q_S = 6.7 kW, 잠열부하 q_L = 1.7 kW였다. 주어진 조건을 이용하여 물음에 답하시오.

(8점)

[조건]
1. 설계 조건
    ① 실내 : 26 ℃ DB, 50 % RH
    ② 실외 : 32 ℃ DB, 70 % RH
2. 외기 취입량 : 500 m³/h
3. 공기의 비열 : C_p = 1.01 kJ/kg·K
4. 취출 공기온도 : 16 ℃
5. 공기의 밀도 : ρ=1.2 kg/m³

(1) 냉방 풍량(m³/h)을 구하시오.
(2) 현열비 및 실내공기 (①)과 실외공기 (②)의 혼합온도를 구하고, 공기조화 Cycle을 습공기선도상에 도시하시오.

[풀이]

(1) 냉방풍량(Q)

$q_S = G \cdot C_p \cdot \triangle t = \rho Q \cdot C_p \cdot \triangle t$에서

$Q = \dfrac{q_S}{\rho C_p \triangle t} = \dfrac{6.7 \times 3600}{1.2 \times 1.01 \times (26-16)} = 1990.099 ≒ 1990.1 \text{ m}^3/\text{h}$

(2) ① 현열비(SHF)

$SHF = \dfrac{q_S}{q_S + q_L} = \dfrac{6.7}{6.7 + 1.7} = 0.797 ≒ 0.8$

② 혼합공기온도(t_3)

열평형식 $\rho Q_e C_p t_3 = \rho Q_1 C_p t_1 + \rho Q_2 C_p t_2$

$t_3 = \dfrac{Q_1 t_1 + Q_2 t_2}{Q_3} = \dfrac{(1990.1-500) \times 26 + 500 \times 32}{1990.1} = 27.507 ≒ 27.51 \text{ ℃}$

③ 공기조화 Cycle

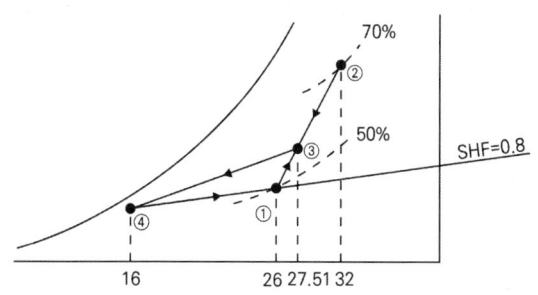

07 댐퍼가 있는 취출구에서의 풍량이 10 m³/min이고, 속도가 2 m/s라고 한다. 자유면적비가 0.5일 때 전면적(m²)을 구하여라. (2점)

풀이

풍량 $Q = A \times V \times R$ (여기서 A : 전면적(m²), R : 자유면적비, V : 풍속(m/s))

전면적 $A = \dfrac{Q}{V \times R} = \dfrac{\frac{10}{60}}{2 \times 0.5} = 0.166 ≒ 0.17 \text{ m}^2$

참고

- 전면적(Face Area) : 취출구의 개구부에 접하는 바깥둘레를 기준으로 한 전체 면적($x \times y$)
- 자유면적(Free Area) : 바람이 실제 통과할 수 있는 면적

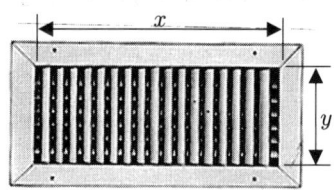

08 공기조화 부하에서 극간풍(틈새바람)을 구하는 방법 3가지와 틈새바람을 방지하는 방법 3가지를 서술하시오. (6점)

> **풀이**
>
> (1) 극간풍(틈새바람) 구하는 방법
>   ① 환기횟수에 의한 방법
>   ② 틈새길이에 의한 방법(극간길이법, crack법)
>   ③ 창면적에 의한 방법
>   ④ 사용빈도수에 의한 방법
>   위 내용 중 3가지 기술하면 정답
> (2) 극간풍(틈새바람)을 방지하는 방법
>   ① 회전문을 설치
>   ② 에어 커튼(Air Curtain)의 사용
>   ③ 충분한 간격을 두고 이중문을 설치
>   ④ 실내를 가압하여 외부압력보다 높게 유지
>   ⑤ 이중문의 중간에 강제대류 컨벡터(Convector) 또는 FCU을 설치
>   ⑥ 건축의 건물 기밀성 유지와 현관의 방풍실 설치, 층간의 구획 등
>   위 내용 중 3가지 기술하면 정답

09 다음과 같은 조건 하에서 운전되는 공기조화기에서 각 물음에 답하시오. (단, 공기의 밀도 ρ = 1.2 kg/m³, 비열 C_p = 1.01 kJ/kg·K이다) (8점)

[조건]
1. 외기 : 32 ℃ DB, 28 ℃ WB
2. 실내 : 26 ℃ DB, 50 % RH
3. 실내 현열부하 : 40 kW, 실내 잠열부하 : 7 kW
4. 외기 도입량 : 2000 m³/h

(1) 실내 현열비를 구하시오.
(2) 토출온도와 실내온도의 차를 10.5 ℃로 할 경우 송풍량(m³/h)을 구하시오.
(3) 혼합점의 온도(℃)를 구하시오.

풀이

(1) 실내 현열비(SHF)

$$SHF = \frac{현열}{전열} = \frac{현열}{현열 + 잠열} = \frac{40}{40+7} = 0.851 ≒ 0.85$$

(2) 송풍량(Q)

$$q_S = \rho Q \cdot C_p \Delta t$$

$$Q = \frac{q_S}{\rho C_P \Delta t} = \frac{40 \times 3600}{1.2 \times 1.01 \times 10.5} = 11315.417 ≒ 11315.42 \text{ m}^3/\text{h}$$

(3) 혼합점의 온도(t_3)

$$\therefore t_3 = \frac{Q_1 t_1 + Q_2 t_2}{Q_3} = \frac{2000 \times 32 + (11315.42 - 2000) \times 26}{11315.42} = 27.06\ ℃$$

10 냉각능력이 30RT인 셸 앤 튜브식 브라인 냉각기가 있다. 주어진 조건을 이용하여 물음에 답하시오. (10점)

[조건]

1. 브라인 유량 : 300 L/min
2. 브라인 비열 : 3.0 kJ/kg·K
3. 브라인 밀도 : 1190 kg/m³
4. 브라인 출구 온도 : -10 ℃
5. 냉매의 증발온도 : -15 ℃
6. 냉각관의 브라인 측 열전달률 : 2.79 kW/m²·K
7. 냉각관의 냉매 측 열전달률 : 0.7 kW/m²·K
8. 냉각관의 바깥지름 : 32 mm, 두께 : 2.4 mm
9. 브라인 측의 오염계수 : 0.172 m²·K/kW
10. 1 RT = 3.86 kW
11. 평균온도차 : 산술 평균온도차

(1) 브라인 평균온도(℃)를 구하시오.

(2) 열관류율(kW/m² · K)을 구하시오.

(3) 냉각관의 외표면적(m²)을 구하시오.

풀이

(1) 브라인 평균온도(t_{bm})

$Q_e = G_b \cdot C_b(t_{b1} - t_{b2})$에서

$$t_{b1} = t_{b2} + \frac{Q_e}{G_b \cdot C_b} = -10 + \frac{30 \times 3.86}{\left(\frac{300}{1000 \times 60} \times 1190\right) \times 3.0} = -3.512 \,℃$$

∴ 평균온도 $t_{bm} = \frac{t_{b1} + t_{b2}}{2} = \frac{-3.512 + (-10)}{2} = -6.756 ≒ -6.76 \,℃$

(2) 열관류율(K)

외표면적기준 $\frac{1}{K_o} = \frac{1}{\alpha_o} + m\left(\frac{\ell}{\lambda} + \frac{1}{\alpha_i} + f_i\right)$

여기서 f : 오염계수 $m : \frac{A_o}{A_i} = \frac{\pi D_o L}{\pi D_i L} = \frac{D_o}{D_i}$ $\frac{\ell}{\lambda} = 0$

$\frac{1}{K_o} = \frac{1}{0.7} + \frac{32}{27.2} \times \left(0 + \frac{1}{2.79} + 0.172\right) = 2.05259$

∴ $K_o = \frac{1}{2.05259} = 0.487 ≒ 0.49 \,\text{kW/m}^2 \cdot K$

(3) 냉각관의 외표면적(A_o)

$q = K_o \cdot A_o \cdot \Delta t_m = K_o \cdot A_o(t_{bm} - t_3)$

∴ $A_o = \frac{q}{K_o \cdot (t_{bm} - t_e)} = \frac{30 \times 3.86}{0.49 \times (-6.76 - (-15))} = 28.68 \,\text{m}^2$

여기서 t_e : 냉매 증발온도

11. 냉동 장치에 사용되는 증발압력 조정밸브(EPR), 흡입압력 조정밸브(SPR), 응축압력 조정밸브(CPR, 공냉식 응축기와 수액기가 적용된 냉동장치)에 대해서 설치위치와 설치목적을 서술하시오. (6점)

풀이

(1) 증발압력 조정밸브(Evaporator Pressure Regulator)
- 설치위치 : 증발기에서 압축기로 가는 흡입배관에 설치한다(증발기 출구에 설치).
- 설치목적 : 증발압력(온도)이 일정 압력(온도) 이하가 되는 것을 방지한다(냉각기 동파 방지).

(2) 흡입압력 조정밸브(Suction Pressure Regulator)
- 설치위치 : 증발기에서 압축기로 가는 흡입배관에 설치한다(압축기 입구에 설치).
- 설치목적 : 증발압력(온도)이 일정 압력(온도) 이상이 되는 것을 방지한다.

(3) 응축압력 조정밸브(Condenser Pressure Regulator)
- 설치위치 : 응축기 출구와 수액기 사이에 설치한다.
- 설치목적 : 응축압력(온도)가 일정 압력(온도) 이하가 되는 것을 방지한다. 외기 온도가 너무 낮아 응축압력이 낮아져 냉동능력이 감소하는 것을 방지한다.

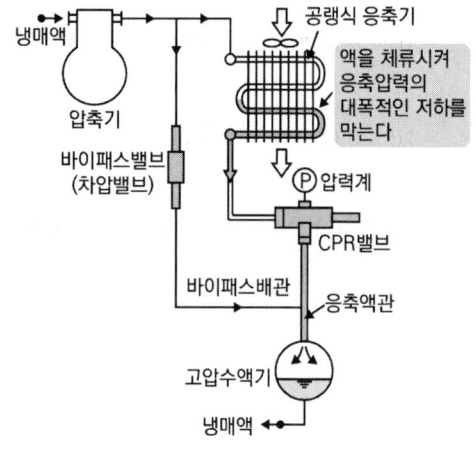

[응축압력 조정밸브]

12 60 m³ 사무실 실내 공간에 재실인원 10명이 있다. 실내 온·습도 26 ℃, 0.0126 kg/kg' 외기 온·습도 35 ℃, 0.0262 kg/kg'일 때 환기와 인체 발열에 의한 총 냉각부하(kW)를 구하시오. (단, 공기의 밀도 1.2 kg/m³, 공기의 비열 1.01 kJ/kg℃, 물 증발잠열 2501 kJ/kg, 인체 1인당 현열 0.057 kW, 잠열 0.061 kW, 환기횟수 0.5회/h) (4점)

풀이

1. 환기에 의한 냉각부하
   ① 현열부하
   $$q_{IS} = G \cdot C_P \cdot \triangle t = \rho Q \cdot C_p \cdot \triangle t$$
   $$= \frac{1.2 \times (60 \times 0.5) \times 1.01 \times (35-26)}{3600} = 0.0909 \text{ kW}$$
   ② 잠열부하
   $$q_{IL} = 2501 G \cdot \triangle x = 2501 \rho Q \cdot \triangle x$$
   $$= \frac{2501 \times 1.2 \times (60 \times 0.5) \times (0.0262 - 0.0126)}{3600} = 0.3401 \text{ kW}$$

2. 인체 발열에 의한 냉각부하
   ① 현열부하
   $$q_{HS} = n \cdot H_S = 10 \times 0.057 = 0.57 \text{ kW}$$
   ② 잠열부하
   $$q_{HL} = n \cdot H_L = 10 \times 0.061 = 0.61 \text{ kW}$$

3. 총 냉각부하
   $$q = 0.0909 + 0.3401 + 0.57 + 0.61 = 1.611 ≒ 1.61 \text{ kW}$$

13 다음과 같은 2단압축 1단팽창 냉동장치를 보고 P-h 선도상에 냉동사이클을 그리고 1 ~ 8 점을 표시하시오. (6점)

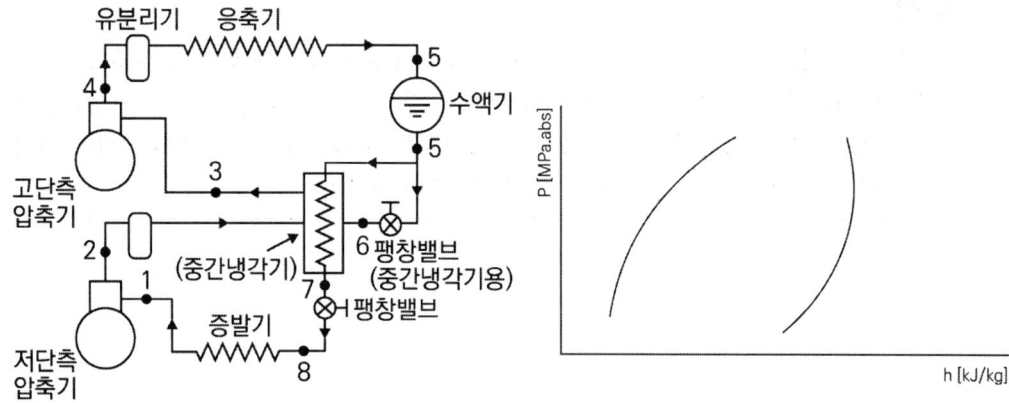

풀이

[냉동사이클 표시]

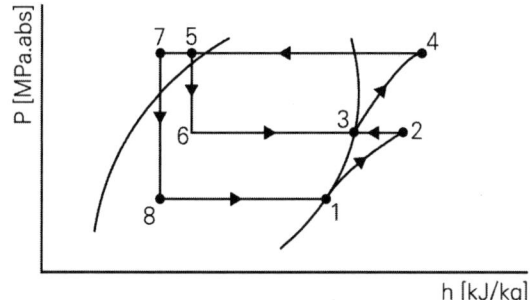

14 냉동장치의 동 도금(동 부착 : Copper Plating) 현상에 대하여 서술하시오. (6점)

> **풀이**
>
> 프레온 냉매를 사용하는 냉동장치에서 동관을 사용하는 경우 장치 안에 수분이 혼입되면 프레온 냉매가 물과 만나 가수분해(加水分解)에 의해 산성물질을 만든다. 이 산성물질이 동(구리)을 침식시켜 분말화하고, 이 분말이 냉동장치를 순환하다가 고온부분(실린더 내벽, 피스톤, 밸브, 크랭크축 등)에 부착되는 현상을 동 도금 현상이라 한다.

2020 1회

01 다음에 열거하는 난방용 기기가 기능을 발휘할 수 있도록 기호를 서로 연결하여 배관 계통도를 완성하시오. (6점)

- 증기 보일러 :
- 방열기 :
- 보급수 펌프 : ▲
- 증기 트랩 : ◐
- 응축수 탱크 :
- 증기분배 헤더 : ▭
- 경수 연화장치 :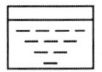

풀이

[배관 계통도 완성]

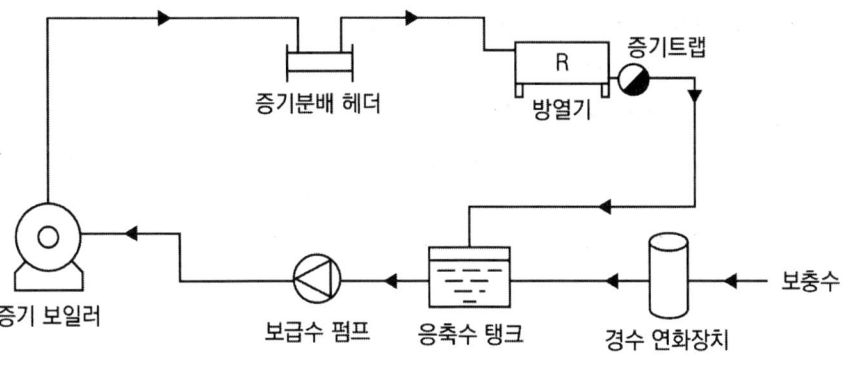

02 그림과 같은 온풍로 난방에서 다음 각 물음에 답하시오. (단, 공기의 정압비열은 1.0 kJ/kg·K)
(5점)

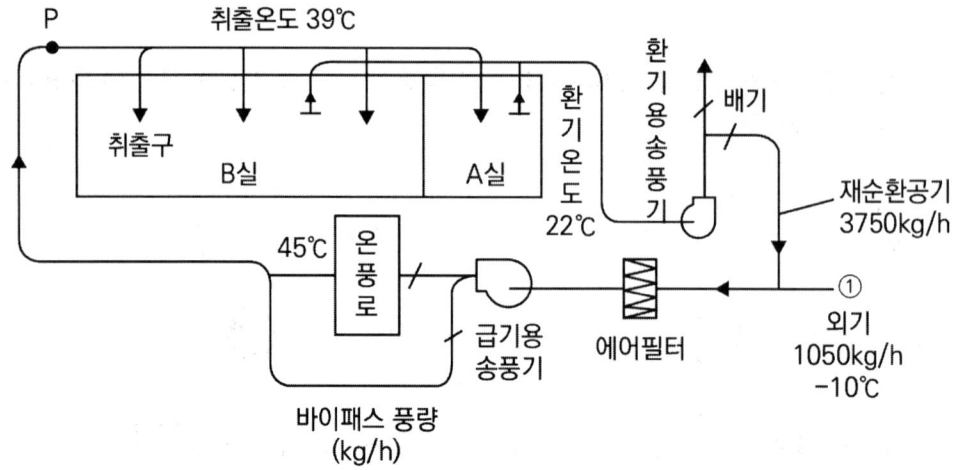

(1) A실의 실내 부하(kW)

(2) 외기 부하(kW)

(3) 바이패스 풍량(kg/h)

(4) 온풍로 출력(kW)

[조건]
1. 덕트 도중에서의 열손실 및 잠열부하는 무시한다.
2. 각 취출구에서의 풍량은 같다.
3. 덕트의 P점에서 송풍기 소음 파워레벨은 중심 주파수 210 c/s(Hz)의 옥타브 밴드에 대해 81 dB이다. 또한 P점과 각 취출구 간의 덕트에 의한 자연감음 및 덕트 취출구에서의 발생 소음은 무시한다.
4. 취출구는 모두 750 mm × 250 mm의 베인 격자 취출구로 한다.

[풀이]

(1) A실의 실내 부하(q_a)

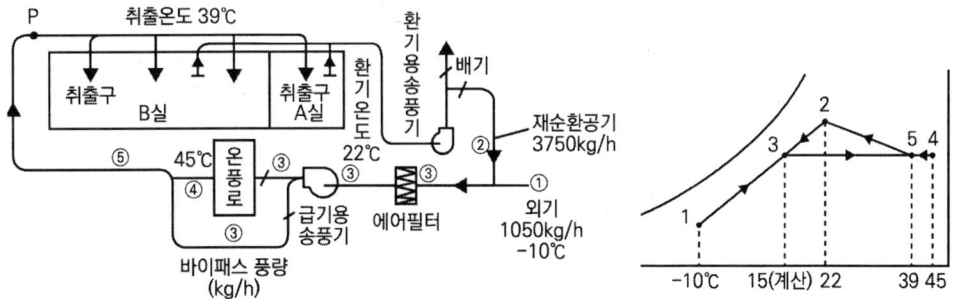

4개의 취출구 중 A실에 1개가 있으므로

A실 풍량 $G_a = \dfrac{3750+1050}{4} = 1200 \text{ kg/h}$

$q_a = G_a \cdot C_p \cdot (t_5 - t_2) = \dfrac{1200}{3600} \times 1.0 \times (39-22) = 5.666 ≒ 5.67 \text{ kW}$

(2) 외기 부하(q_o)

$q_o = G \cdot C_p \cdot (t_2 - t_3) = \dfrac{4800}{3600} \times 1.0 \times (22-15) = 9.333 ≒ 9.33 \text{ kW}$

또는

$q_o = G_o \cdot C_p \cdot (t_2 - t_1) = \dfrac{1,050}{3600} \times 1.0 \times (22-(-10)) = 9.333 ≒ 9.33 \text{ kW}$

(3) 바이패스 풍량(G_B)

$t_3 = \dfrac{G_1 \cdot t_1 + G_2 \cdot t_2}{G_3} = \dfrac{1050 \times (-10) + 3750 \times 22}{1050 + 3750} = 15\ ℃$

온풍로를 통과한 공기(④)와 바이패스한 공기(③)가 합쳐져서 취출공기 온도 t_5(39℃)가 되므로

$(G - G_B)C_p t_4 + G_B C_p t_3 = G C_p t_5$

$G_B(t_3 - t_4) = G(t_5 - t_4)$

$\therefore G_B = \dfrac{G(t_5 - t_4)}{(t_3 - t_4)} = \dfrac{4800 \times (39-45)}{(15-45)} = 960 \text{ kg/h}$

(4) 온풍로 출력

$q = G \cdot C_p \cdot (t_5 - t_3) = \dfrac{4800}{3600} \times 1.0 \times (39-15) = 32 \text{ kW}$

03 다음과 같은 정오(12시)의 최상층 사무실에 대한 냉방부하(W)를 구하시오. (8점)

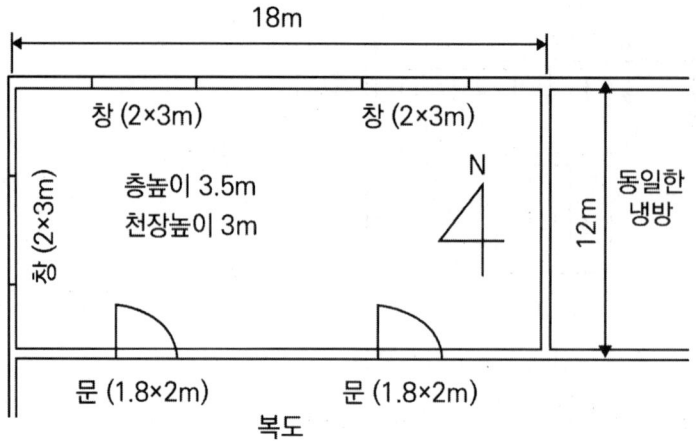

[조건]

1. 구조체의 열관류율 K(W/m²·K)
   외벽 : 4, 내벽 : 5, 지붕 : 1.6, 창 : 5.5, 문 : 5.5
2. 12시의 상당 외기 온도차 (℃)
   N : 5.4, W : 4.9, E : 15.4, S : 7.4, 지붕 : 20
3. 유리창의 표준 일사 열취득 (W/m²)
   N : 71, W : 71, S : 219
4. 시간당 환기횟수 : 0.8회/h, 재실 인원 : 0.25 인/m²
5. 인체발생열량 : 잠열, 현열 각 58 W/인, 조명기구 : 백열등 30 W/m²
6. 취출온도차 : 11 ℃, 외기와 환기의 혼합비율 : 1 : 3
7. 실내외 조건 :
   - 실내 27 ℃ DB, 50 % RH, x = 0.0111 kg/kg'
   - 실외 33℃ DB, 70% RH, x = 0.0224 kg/kg'
8. 복도의 온도는 실내온도와 외기온도의 평균으로 한다.
9. 공기의 비열은 1.01 kJ/kg·K, 밀도는 1.2 kg/m³, 물의 증발잠열은 2294 kJ/kg이다.
10. 유리창 차폐계수는 N : 1, W : 0.8

(1) 유리창(서쪽)을 통한 부하를 구하시오. (2) 외벽(서쪽)을 통한 부하를 구하시오.
(3) 지붕을 통한 부하를 구하시오.   (4) 내벽을 통한 부하를 구하시오.
(5) 문을 통한 부하를 구하시오.

> **풀이**

(1) 유리창(서쪽)을 통한 부하(일사부하 + 관류부하)
  ① 일사에 의한 부하 $q_{GR} = I_{GR} \cdot A_G \cdot k_s$
    $q_{GR} = 71 \times (2 \times 3) \times 0.8 = 340.8$ W
  ② 관류에 의한 부하 $q_{GR} = K \cdot A_G \cdot \triangle t$
    $q_{GR} = 5.5 \times (2 \times 3) \times (33 - 27) = 198$ W
  ∴ 유리창을 통한 부하 $q_G = 340.8 + 198 = 538.8$ W

(2) 외벽(서쪽)을 통한 부하 $q_W = K \cdot A \cdot \triangle t_e$
  $q_W = 4 \times (12 \times 3.5 - 2 \times 3) \times 4.9 = 705.6$ W

(3) 지붕을 통한 부하 $q_R = K \cdot A \cdot \triangle t_e$
  $q_R = 1.6 \times (18 \times 12) \times 20 = 6912$ W

(4) 내벽을 통한 부하 $q_{IW} = K \cdot A \cdot \triangle t$
  $q_{IW} = 5 \times (18 \times 3.0 - 1.8 \times 2 \times 2) \times \left(\dfrac{33+27}{2} - 27\right) = 702$ W

(5) 문을 통한 부하 $q_D = K \cdot A \cdot \triangle t$
  $q_D = 5.5 \times (1.8 \times 2 \times 2) \times \left(\dfrac{33+27}{2} - 27\right) = 118.8$ W

04 송수량이 5000 L/min, 전양정 25 m, 펌프의 효율이 65 %일 때 양수펌프의 축동력(kW)을 구하시오. (5점)

> **풀이**

$$L_b[kW] = \frac{\gamma[kN/m^3] \times Q[m^3/s] \times H[m]}{\eta_p} = \frac{9.8 \times \dfrac{5000 \times 10^{-3}}{60} \times 25}{0.65} = 31.41 \text{ kW}$$

05 어떤 일반 사무실의 취득열량 및 외기 부하를 산출하였더니 다음과 같이 되었다. 이 자료에 의해 (1) ~ (4)의 값을 구하시오. (단, 취출 온도차는 11 ℃, 공기밀도 1.2 kg/m³, 비열 1.01 kJ/kg·K로 한다) (6점)

항목	감열(kJ/h)	잠열(kJ/h)
벽체를 통한 열량	25000	0
유리창을 통한 열량	33000	0
바이패스 외기의 열량	600	2500
재실자의 발열량	4000	5000
형광등의 발열량	10000	0
외기 부하	6000	20000

(1) 실내취득 감열량(kJ/h) (단, 여유율은 10 %로 한다)

(2) 실내취득 잠열량(kJ/h) (단, 여유율은 10 %로 한다)

(3) 송풍기 풍량(m³/min)

(4) 냉각코일 부하(kW)

풀이

(1) 실내취득 감열량(현열량)(q_L)

$q_S = (25000 + 33000 + 600 + 4000 + 10000) \times 1.1 = 79860 \text{ kJ/h}$

(2) 실내취득 잠열량(q_L)

$q_L = (2500 + 5000) \times 1.1 = 8250 \text{ kJ/h}$

(3) 송풍기 풍량(Q)

$Q = \dfrac{q_S}{\rho C_P \Delta t} = \dfrac{79860}{1.2 \times 1.01 \times 11 \times 60} = 99.834 \fallingdotseq 99.83 \text{ m}^3/\text{min}$

(4) 냉각코일 부하(q_{CC})

$q_{CC} = q_S + q_L + q_O = \dfrac{79860 + 8250 + (6000 + 20000)}{3600} = 31.697 \fallingdotseq 31.70 \text{ kW}$

06 암모니아를 냉매로 사용한 2단 압축 1단 팽창의 냉동장치에서 운전조건이 다음과 같을 때 저단 및 고단의 피스톤 배제량(m³/h)을 계산하시오. (8점)

[조건]

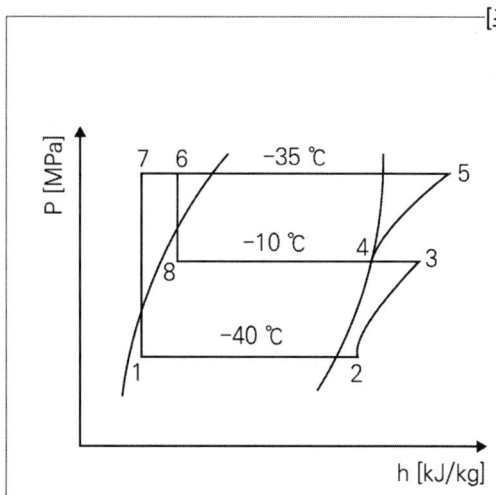

- 냉동능력 : 20한국냉동톤
- 저단 압축기의 체적효율 : 75 %
- 고단 압축기의 체적효율 : 80 %
- $h_1 = 199 \text{ kJ/kg}$
- $h_2 = 1451 \text{ kJ/kg}$
- $h_3 = 1635 \text{ kJ/kg}$
- $h_4 = 1472 \text{ kJ/kg}$
- $h_5 = 1724 \text{ kJ/kg}$
- $h_6 = 371 \text{ kJ/kg}$
- $v_2 = 1.51 \text{ m}^3/\text{kg}$
- $v_4 = 0.4 \text{ m}^3/\text{kg}$
- 단, 1 RT = 3.86 kW

풀이

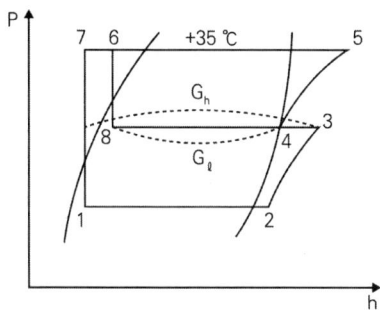

(1) 저단 피스톤 배제량(V_ℓ)

① 저단 측 냉매순환량

$$G_\ell = \frac{Q_e}{h_2 - h_1} = \frac{20 \times 3.86 \times 3600}{1451 - 199} = 221.98 \text{ kg/h}$$

② 저단 피스톤 배제량(V_ℓ)

$$V_\ell = \frac{G_\ell \cdot v_2}{\eta_{v\ell}} = \frac{221.98 \times 1.51}{0.75} = 446.919 \fallingdotseq 446.92 \text{ m}^3/\text{h}$$

(2) 고단 피스톤 배제량(V_h)

① 고단 측 냉매순환량(G_h)

냉매순환량 공식 $\dfrac{G_h}{G_\ell} = \dfrac{h_3 - h_7}{h_4 - h_8} = \dfrac{h_3 - h_1}{h_4 - h_6}$ 에서

$$G_h = G_\ell \times \dfrac{h_3 - h_1}{h_4 - h_6} = 221.98 \times \dfrac{1635 - 199}{1472 - 371} = 289.521 ≒ 289.52 \text{ kg/h}$$

② 고단 피스톤 배제량(V_h)

$$V_h = \dfrac{G_h \cdot v_4}{\eta_{vh}} = \dfrac{289.52 \times 0.4}{0.8} = 144.76 \text{ m}^3/\text{h}$$

> **참고**
> 흡입되는 냉매가스의 비체적이 저단 압축기 쪽이 월등히 크기 때문에 피스톤 배제량 V는 저단 압축기가 많다.

07 다음과 같은 냉수코일의 조건과 도표를 이용하여 각 물음에 답하시오. (6점)

[냉수코일 조건]

1. 코일부하 : q_c = 116 kW
2. 통과풍량 : Q_c = 15000 m³/h
3. 단수 S : 26단
4. 풍속 V_f : 3 m/s
5. 유효높이 a = 992 mm, 길이 b = 1400 mm, 관 안지름 d_i = 12 mm
6. 공기 입구온도 : 건구온도 t_1=28 ℃, 노점온도 t_1'' = 19.3 ℃
7. 공기 출구온도 : 건구온도 t_2=14 ℃
8. 코일의 입·출구 수온차 : 5 ℃(입구수온 7 ℃)
9. 코일의 열통과율 : 1012 W/m²·K·열
10. 물의 비열 : 4.2 kJ/kg·K
11. 습면 보정계수 C_{ws} : 1.4

(1) 전면 면적 A_f(m²)를 구하시오.

(2) 코일 열수 N를 구하시오.

계산된 열수(N)	2.26 ~ 3.70	3.71 ~ 5.00	5.01 ~ 6.00	6.01 ~ 7.00	7.01 ~ 8.00
실제 사용열수(N)	4	5	6	7	8

풀이

(1) 전면 면적(A_f)

$Q_c = A_f V_f$

$A_f = \dfrac{Q_c}{V_f} = \dfrac{\dfrac{15000}{3600}}{3} = 1.388 ≒ 1.39\ m^2$

(2) 코일의 열수(N)

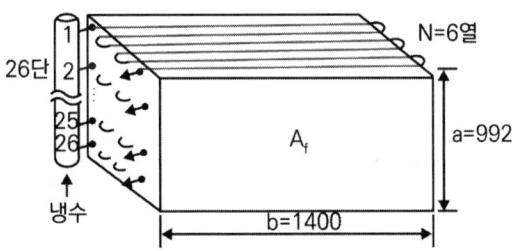

[대향류]

$\Delta t_m = \dfrac{\Delta t_1 - \Delta t_2}{\ln \dfrac{\Delta t_1}{\Delta t_2}} = \dfrac{16-7}{\ln \dfrac{16}{7}} ≒ 10.886 = 10.89\ ℃$

$q_c = K \cdot A_f \cdot N \cdot \Delta t_m \cdot C_{ws}$에서

$N = \dfrac{q_c}{K \cdot A_f \cdot \Delta t_m \cdot C_{ws}} = \dfrac{116 \times 1000}{1012 \times 1.39 \times 10.89 \times 1.4} = 5.40 ≒ 6열$

※ 문제에서 평행류, 대향류에 대한 조건이 없을 시 대향류로 계산한다.

08 다음 그림의 배관 평면도를 입체도로 그리고 필요한 엘보 수를 구하시오. (단, 굽힘부분에서는 반드시 엘보를 사용한다) (4점)

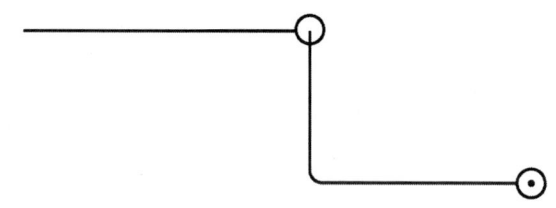

풀이

(1) 입체도 작성

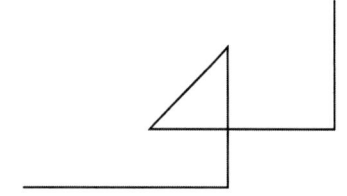

(2) 엘보수 4개

09 암모니아(NH_3)냉매 특징 5가지를 쓰시오. (5점)

풀이

[암모니아(NH_3)냉매 특징]
(1) 가연성, 폭발성, 독성이며 악취가 있음(폭발범위 : 13 ~ 27 %, 허용농도 25 ppm)
(2) 수분
   ① 물에 잘 용해되는 특성이 있음
   ② 수분이 침투되면 금속의 부식을 촉진시킴
   ③ 암모니아와 수분이 1 % 혼합 시 증발온도가 0.5 ℃ 상승하여 냉동장치의 기능을 저하시킴
   ④ 암모니아에 수분이 다량 혼합 시 윤활유에 에멀젼(Emulsion) 현상을 일으킴

(3) 윤활유
  ① 윤활유에 잘 용해되지 않음
  ② 냉동장치 내 윤활유가 증발기나 응축기에 정체될 시 냉동능력이 저하됨. 따라서 반드시 유분리기를 설치하여 윤활유가 증발기 등에 고이지 않도록 해야 함
(4) 전열효과가 커서 다른 냉매보다 냉매 순환량이 작아도 되기 때문에 배관경이 작아도 됨 (전열효과 : 암모니아 > 물 > 프레온 > 공기)
(5) 비열비가 냉매 중 가장 큼($k = 1.31$). 따라서 토출가스의 온도가 높아 실린더 상부에 워터재킷(Water Jacket)을 설치하여 냉각해야 함
(6) 배관재료는 강관을 사용해야 함. 암모니아는 수분과 혼입 시, 아연, 주석, 동 및 동합금을 부식시키기 때문에 동관을 사용하지 않음
(7) 패킹재료는 천연고무나 아스베스토스(석면)를 사용함(인조고무를 침식시킴 - 에보나이트, 베이클라이트를 침식시킴)
(8) 절연물질을 약화시키기 때문에 밀폐식 냉동기에 부적합
(9) 수은과 폭발적으로 화합함
위 9가지 중 5가지 기술하면 정답

10 다음 그림과 같은 배기덕트 계통에서 측정한 결과 풍량은 3000 m³/h이고, ①, ②, ③, ④의 각 점에서의 전압과 정압은 다음 표와 같다. 이때 다음 각 항을 구하시오. (단, ②-송풍기-③ 사이의 압력손실은 무시하고, 1 kW = 367200 kgf·m/h로 한다) (8점)

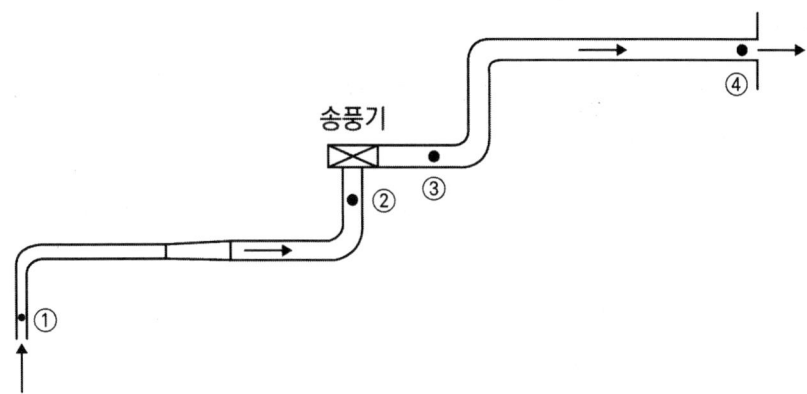

위치	전압(mmAq)	정압(mmAq)
①	-7.5	-16.3
②	-16.1	-20.8
③	10.6	5.9
④	4.7	0

(1) 송풍기 전압(mmAq)
(2) 송풍기 정압(mmAq)
(3) 덕트계의 압력손실(mmAq)
(4) 송풍기의 공기동력(kW)

풀이

(1) 송풍기 전압(P_T)

전압 $P_T = P_{T3} - P_{T2} = 10.6 - (-16.1) = 26.7 \, \text{mmAq}$

(2) 송풍기 정압(P_S)

정압 $P_S = P_T - P_{V3}$

동압 $P_{V3} = P_{T3} - P_{S3}$

∴ 정압 $P_S = P_T - (P_{T3} - P_{S3}) = 26.7 - (10.6 - 5.9) = 22 \, \text{mmAq}$

(3) 덕트계의 압력손실(P_ℓ)

덕트계의 압력손실은 = 송풍기의 전압

∴ $P_\ell = 26.7 \, \text{mmAq}$

(4) 송풍기의 공기동력(L_a)

$L_a = P_T \times Q = \dfrac{26.7 \times 3000}{367200} = 0.218 ≒ 0.22 \, \text{kW}$

참 $1 \, \text{mmAq} = 1 \, \text{kg}_f/\text{m}^2$

11 R-22를 냉매로 하는 2단 압축 1단 팽창 이론 냉동사이클을 나타내었다. 이 냉동장치의 냉동능력을 45 kW라 할 때 각 물음에 답하시오. (8점)

[조건]
1. 저단 압축기 : 압축효율 $\eta_{cL} = 0.72$, 기계효율 $\eta_{mL} = 0.80$
2. 고단 압축기 : 압축효율 $\eta_{cH} = 0.75$, 기계효율 $\eta_{mH} = 0.80$

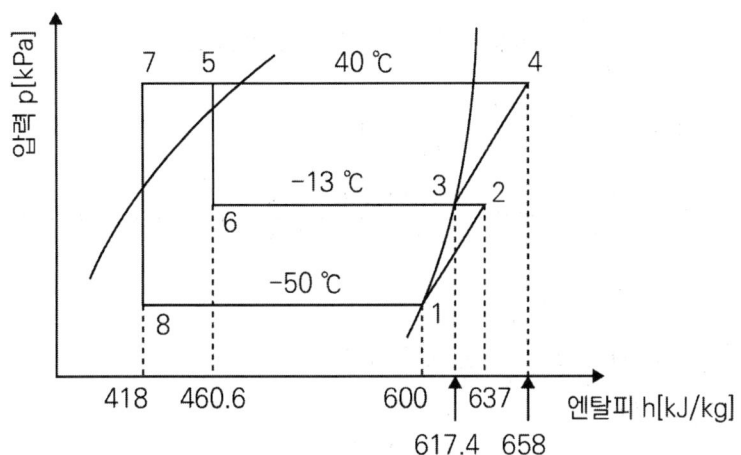

(1) 저단 냉매순환량 G_L(kg/h)를 구하시오.
(2) 고단 냉매순환량 G_H(kg/h)를 구하시오.
(3) 성적계수를 구하시오.

풀이

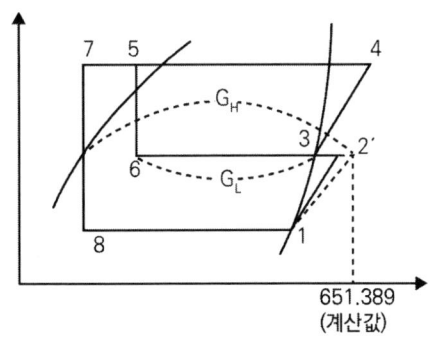

(1) 저단 냉매순환량(G_L)

$$G_L = \frac{Q_e}{h_1 - h_8} = \frac{45 \times 3600}{600 - 418} = 890.109 = 890.11 \text{ kg/h}$$

(2) 고단 냉매순환량(G_H)

먼저 h_2'를 구하면

$$\eta_{cL} = \frac{h_2 - h_1}{h_2' - h_1} \text{ 에서}$$

$$h_2' = h_1 + \frac{h_2 - h_1}{\eta_{cL}} = 600 + \frac{637 - 600}{0.72} = 651.389 \text{ kJ/kg}$$

냉매순환량 공식 $\frac{G_H}{G_L} = \frac{h_2' - h_7}{h_3 - h_6}$ 에서

$$G_H = G_L \frac{h_2' - h_7}{h_3 - h_6} = 890.11 \times \frac{651.389 - 418}{617.4 - 460.6} = 1324.884 = 1324.88 \text{ kg/h}$$

(3) 성적계수(COP)

$$COP = \frac{Q_e}{\dfrac{G_L(h_2 - h_1)}{\eta_{cL} \times \eta_{mL}} + \dfrac{G_H(h_4 - h_3)}{\eta_{cH} \times \eta_{mH}}}$$

$$= \frac{45 \times 3600}{\dfrac{890.11 \times (637 - 600)}{0.72 \times 0.8} + \dfrac{1324.88 \times (658 - 617.4)}{0.75 \times 0.8}} = 1.103 = 1.10$$

12 전공기 방식에서 덕트 소음 방지 방법 3가지를 쓰시오. (6점)

풀이

1. 송풍기 입구 및 출구쪽에 소음기를 설치한다.
2. 덕트의 도중에 흡음재를 부착한다.
3. 댐퍼나 취출구에 흡음재를 부착한다.
4. 소음 챔버를 설치한다.
5. 최대한 풍속을 낮춘다.
6. 덕트의 단면을 급격하게 변화시키지 않는다.

위 6가지 중 3가지 기술하면 정답

13 다음과 같은 공조장치가 아래 [조건]으로 운전되고 있다. 각 물음에 답하시오. (단, 송풍기 입구와 취출구 온도, 흡입구와 공조기 입구온도는 각각 동일하며, 물(水) 가습에 의한 공기의 상태 변화는 습구온도 선상에 일정한 상태로 변화한다) (10점)

[조건]

1. 실내온도 : 22 ℃
2. 실내 상대습도 : 45 %
3. 실내 급기량(V_s) : 10000 m³/h
4. 취입 외기량(V_o) : 2000 m³/h
5. 외기온도 : 5 ℃, 상대습도 45 %
6. 실내 난방부하 : 현열부하(q_s) = 17400 W, 잠열부하(q_ℓ) = 3600 W
7. 온수 입구온도 : 45 ℃, 출구온도 40 ℃
8. 공기의 정압비열(C_P) : 1.0 kJ/kg·K
9. 공기의 밀도(ρ_a) : 1.2 kg/m³
10. 물의 증발잠열(γ) : 2500 kJ/kg
11. 물의 비열(C) : 4.19 kJ/kg·K

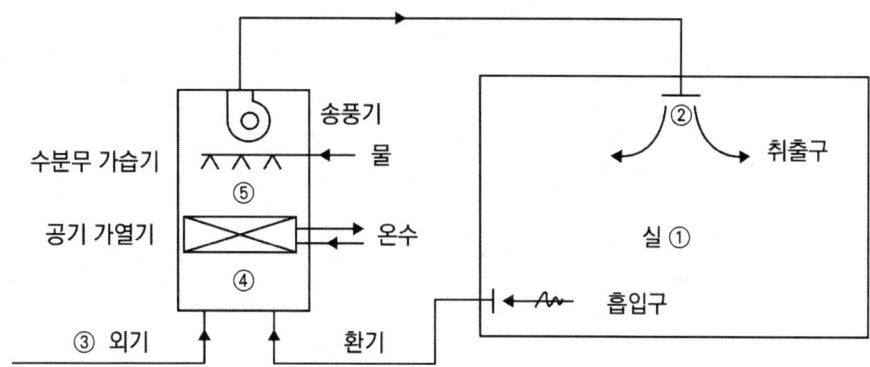

(1) 장치도에 나타낸 운전상태 ① ~ ⑤를 공기선도상에 나타내시오.

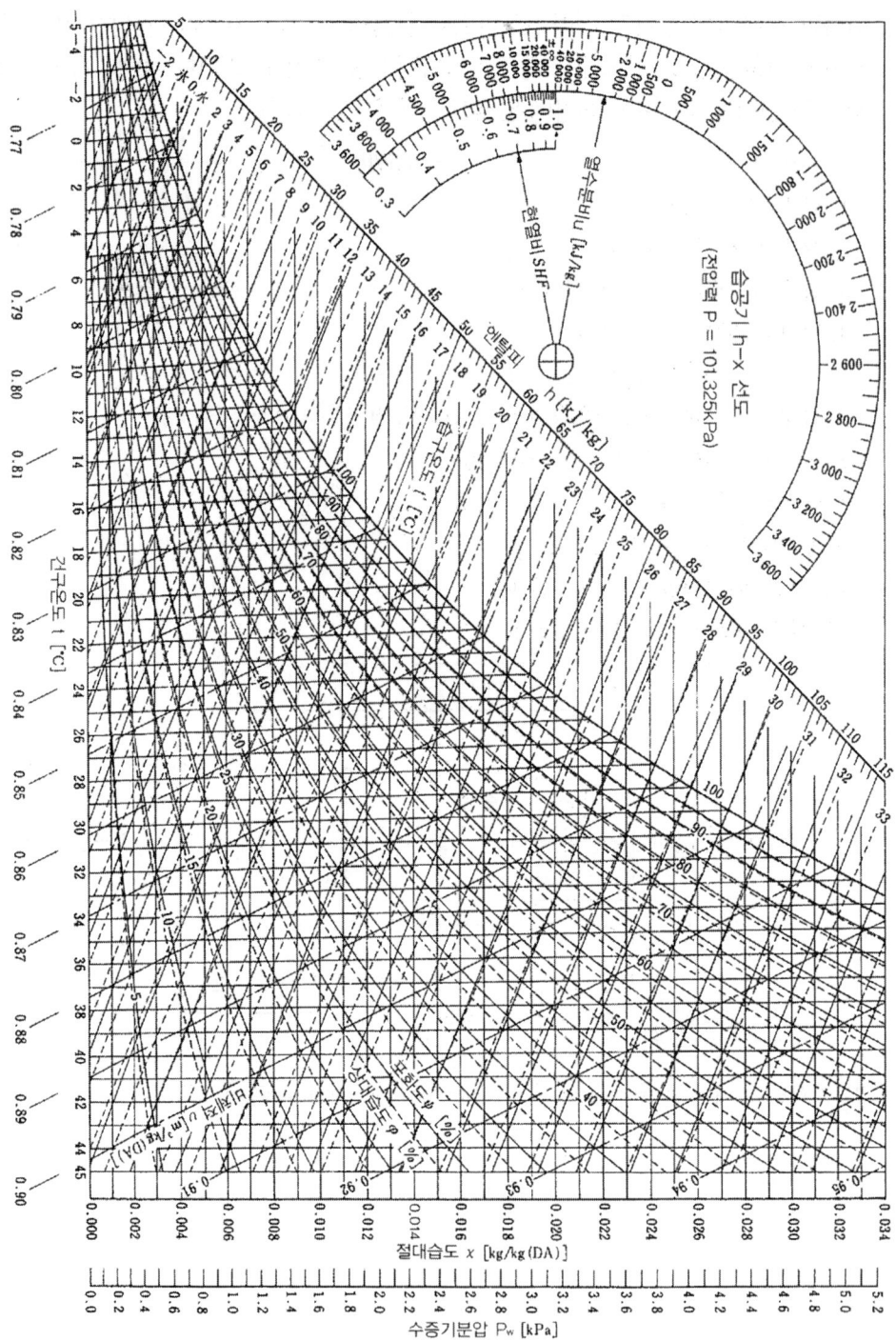

(2) 공기 가열기의 가열량(kW)을 구하시오.

(3) 온수량(kg/h)을 구하시오.

(4) 가습기의 가습량(kg/h)을 구하시오.

풀이

(1) 공기선도상에 운전상태 표기

① 혼합공기온도(t_4)

열평형식 $\rho Q_4 C_P t_4 = \rho Q_1 C_P t_1 + \rho Q_3 C_P t_3$에서

$$t_4 = \frac{Q_1 t_1 + Q_3 t_3}{Q_4} = \frac{(8000 \times 22) + (2000 \times 5)}{10000} = 18.6\ ℃$$

② 현열비(SHF)

$$SHF = \frac{q_S}{q_S + q_L} = \frac{17400}{17400 + 3600} = 0.828 ≒ 0.83$$

③ 취출온도(t_2)

현열부하 $q_S = \rho Q C_p (t_2 - t_1)$에서

$$t_2 = t_1 + \frac{q_S}{\rho Q C_p} = 22 + \frac{17400 \times 10^{-3} \times 3600}{1.2 \times 10000 \times 1.0} = 27.22\ ℃$$

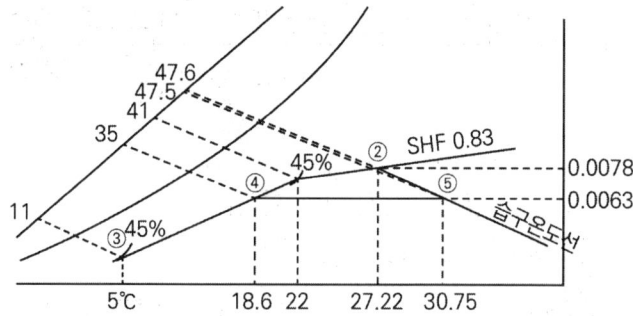

(2) 공기 가열기의 가열량(q_H)

[풀이 1] $q_H = G C_P (t_5 - t_4) = \rho Q C_P (t_5 - t_4)$

$$= \frac{1.2 \times 10000 \times 1.0 \times (30.75 - 18.6)}{3600} = 40.5\ kW$$

[풀이 2] $q_H = G(h_5 - h_4) = \rho Q(h_5 - h_4)$

$$= \frac{1.2 \times 10000 \times (47.5 - 35)}{3600} = 41\,666 ≒ 41.67\ kW$$

※ 선도에서 읽은 온도 차와 엔탈피의 차에서 오차가 발생할 수 있기에 최종 값에 차이가 있으나 그 오차는 인정되며 계산과정이 맞다면 정답이다.

(3) 온수량(G_w)

$q_H = G_w \cdot C \cdot \triangle t_w$ 에서

$G_w = \dfrac{q_H}{C \cdot \triangle t_w} = \dfrac{40.5 \times 3600}{4.19 \times (45-40)} = 6959.427 ≒ 6959.43 \text{ kg/h}$

(4) 가습기의 가습량(kg/h)

$L = G(x_2 - x_5) = \rho Q(x_2 - x_5)$

$\quad = 1.2 \times 10000 \times (0.0078 - 0.0063) = 18 kg/h$

14 다음 배관도는 냉수(Brine)를 냉각시켜 공급하는 공기조화 장치도이다. 팽창밸브에 공급하는 액관과 압축기 흡입관을 연결하시오. (10점)

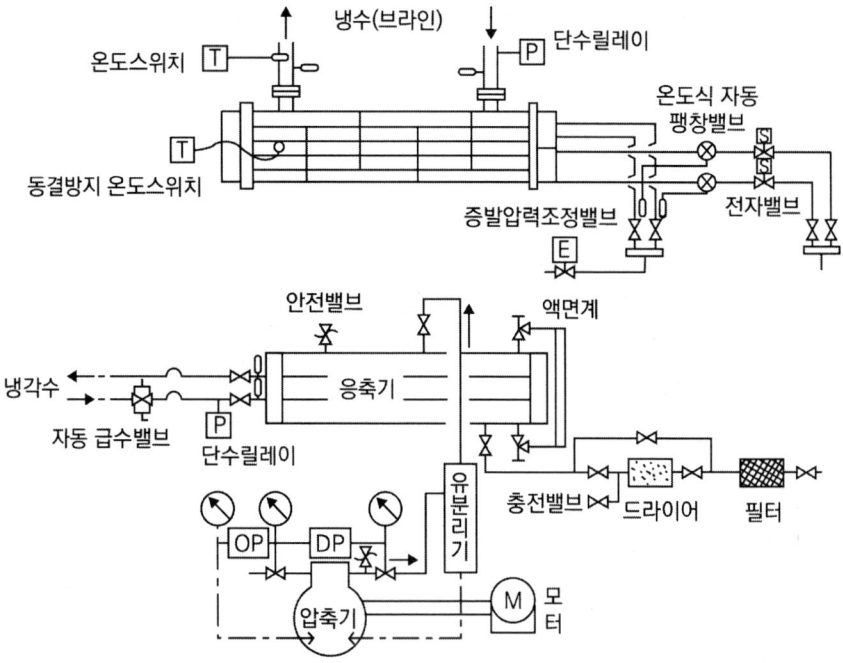

[풀이]

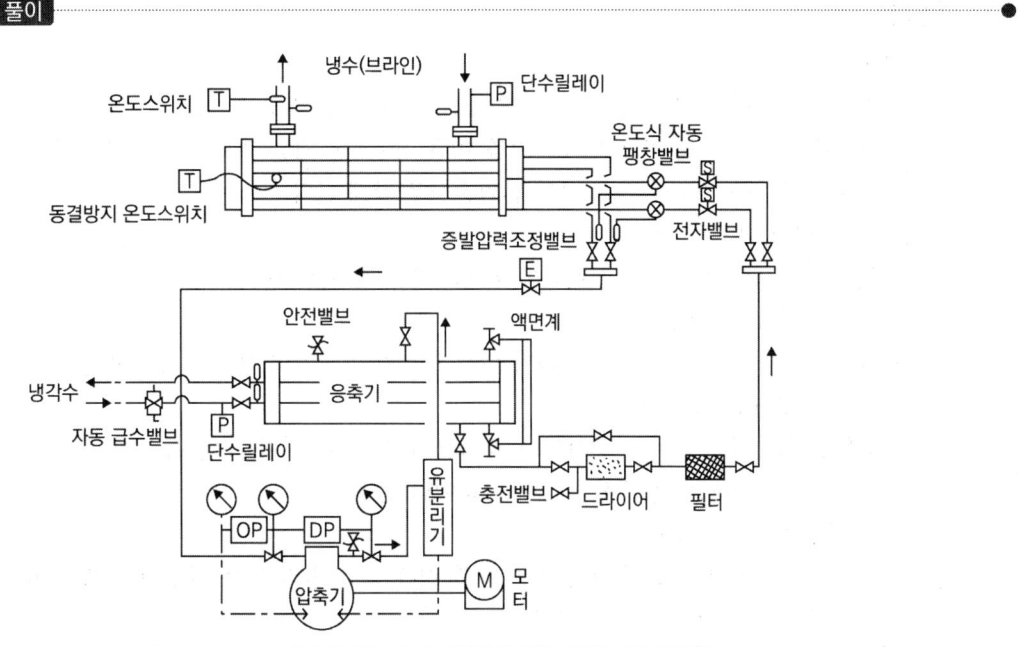

15 냉동장치 운전 중에 발생되는 현상과 운전관리에 대한 다음 물음에 답하시오. (5점)

(1) 플래시가스(Flash Gas)에 대하여 설명하시오.

(2) 액압축(Liquid Hammer)에 대하여 설명하시오.

(3) 안전두(Safety Head)에 대하여 설명하시오.

(4) 펌프다운(Pump Down)에 대하여 설명하시오.

(5) 펌프아웃(Pump Out)에 대하여 설명하시오.

> 풀이

가. 플래시가스(Flash Gas)
- 증발기가 아닌 곳에서 증발한 냉매가스를 플래시가스라고 한다.
- 방지대책으로는 액-가스 열교환기를 이용하여 냉매액을 과냉각시키거나, 액관이나 밸브류의 규격을 충분히 크게 하여 압력손실을 작게 한다.

나. 액압축(Liquid Hammer)
윤활유나 액냉매가 압축기 실린더에 유입되어 압축되는 현상

다. 안전두(Safety Head)
- 액압축 시 압축기 파손을 방지하기 위해 압축기의 실린더 상부에 설치한 안전장치이다.

라. 펌프다운(Pump Down)
- 냉동장치의 저압 측을 수리하거나 장기간 휴지(정지) 시에 저압 측의 냉매를 고압 측의 수액기로 회수하는 것(운전)을 펌프다운이라 한다.

마. 펌프아웃(Pump Out)
- 냉동장치의 고압 측을 수리할 때 냉매를 저압 측 증발기 또는 외부 용기에 모아 보관하는 것(운전)을 펌프아웃이라 한다.

2020 2회

01 서징(Surging) 현상에 대하여 간단히 설명하시오. (4점)

풀이

(1) 서징(surging) 현상
- 펌프 운전 중 송출 유량이 주기적으로 변하면서 펌프 입구의 진공계와 출구의 압력계 지침이 흔들리고 진동과 소음을 수반하는 현상

(2) 송풍기의 서징 발생원인 및 방지법

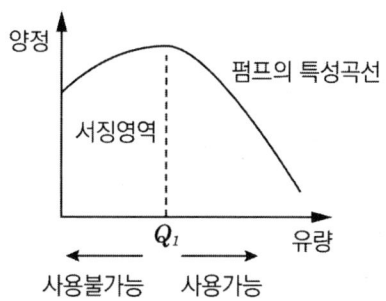
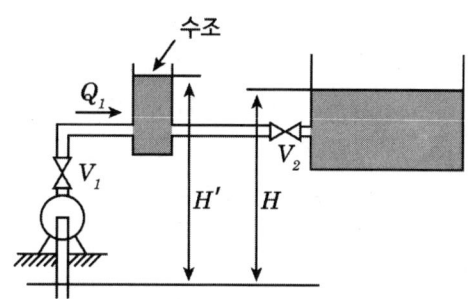

발생원인	방지대책
펌프의 H - Q 곡선이 우상향 특성	펌프의 H - Q 곡선이 우하향 특성
배관 중에 수조나 공기조가 있을 때	배관 중에 수조나 공기조 제거
토출량이 Q_1 범위 이내에서 운전할 때	바이패스배관으로 서징 범위 이외 운전
유량조절밸브가 탱크 뒤쪽에 설치	유량조절밸브 펌프 토출 측 직후에 설치

02 수격 현상(Water hammering)에 대한 다음 물음에 답하시오. (4점)

(1) 수격 현상이란?

(2) 방지책 2가지를 쓰시오.

풀이

(1) 수격 현상(Water Hammering)

관로 내의 유체의 유속이 급변하는 경우 발생하는 이상 압력으로 배관 내의 유체의 운동에너지가 압력에너지로 변하여 고압이 발생한다. 이때 급격한 압력 변화가 관 속에 바로 전달되어 진동과 충격음을 일으킨다.

(2) 방지대책

① 관경을 크게 하여 유속을 낮춘다.

② 급격한 밸브 폐쇄를 하지 않는다.

③ 플라이휠(Fly Wheel)을 부착하여 관성 모멘트(Moment)를 증가시켜 회전수와 관로 내 유속을 천천히 변화시킨다.

④ 토출 측에 서지 탱크(Surge Tank) 또는 수격방지기를 설치한다.

⑤ 밸브를 가능한 펌프 송출구 가까이 달고 밸브 조작을 적절히 한다.

위 내용 중 2가지 기술하면 정답

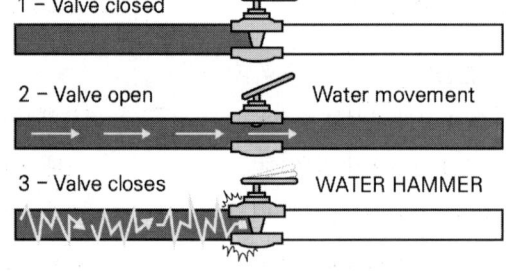

03
액압축(Liquid Back or Liquid Hammering)의 발생원인 2가지와 액압축 방지(예방)법 4가지 및 압축기에 미치는 영향 2가지를 쓰시오. (8점)

> **풀이**

1. 액압축 발생원인 2가지
   ① 증발기에서 부하가 급격히 감소하는 경우
   ② 증발기 냉각관에 유막 성에가 두껍게 끼었을 경우
   ③ 팽창밸브의 고장으로 밸브 개도가 과도하게 클 때
   ④ 냉매액을 과잉 충전했을 경우
   ⑤ 압축기 가동 시 흡입 측 밸브를 급격히 열었을 경우
   ⑥ 압축기 가까이에 있는 흡입관에 트랩 등과 같은 액이 고이는 장소가 있을 때
   ⑦ 액분리기의 기능 불량
   위 내용 중 2가지 기술하면 정답

2. 액압축 방지법 4가지
   ① 증발기의 부하를 급격히 변화시키지 않는다.
   ② 실린더에 성에가 낄 경우에는 흡입스톱밸브를 닫고 팽창밸브를 닫은 후, 정상상태가 될 때까지 운전을 한 다음 흡입스톱밸브를 서서히 열고, 팽창밸브를 재조정한다.
   ③ 냉매를 과잉 충전하지 않는다.
   ④ 압축기 가동 시 흡입 측 밸브를 서서히 개방한다.
   ⑤ 액가스 열교환기를 설치하여 흡입냉매가스를 과열시킨다.
   ⑥ 액분리기를 설치한다.
   위 내용 중 4가지 기술하면 정답

3. 압축기에 미치는 영향 2가지
   ① 압축기가 파손될 수 있다.
   ② 압축기에 소음과 진동이 발생한다.
   ③ 압축기 실린더에 이슬이 맺히거나 성에가 낀다.
   ④ 흡입관에 성에가 심하게 덮인다.
   ⑤ 소요동력이 증대된다.
   위 내용 중 2가지 기술하면 정답

04 펌프에서 수직높이 25 m의 고가수조와 5 m 아래의 지하수까지를 관경 50 mm의 파이프로 연결하여 2 m/s의 속도로 양수할 때 다음 물음에 답하시오. (단, 배관의 마찰손실은 0.3 mAq/100m이다) (6점)

(1) 펌프의 전양정(m)을 구하시오.

(2) 펌프의 유량(m³/s)을 구하시오.

(3) 펌프의 축동력(kW)을 구하시오. (펌프효율 : 70 %)

풀이

(1) 펌프의 전양정(H)

전양정 = 실양정 + 배관마찰 손실수두 + 토출 측 속도수두

① 실양정 $H_a = 25 + 5 = 30$ m

② 마찰손실수두 $H_\ell = \ell \times R = (25+5) \times \dfrac{0.3}{100} = 0.09$ m

③ 속도수두 $H_V = \dfrac{V_2^2}{2g} = \dfrac{2^2}{2 \times 9.8} = 0.204$ m

∴ $H = 30 + 0.09 + 0.204 = 30.294 ≒ 30.29$ m

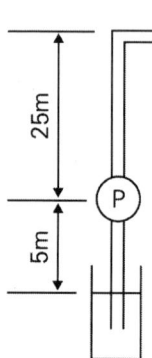

(2) 펌프의 유량(Q)

$$Q = A \cdot V = \dfrac{\pi d^2}{4} \cdot V = \dfrac{\pi \times 0.05^2}{4} \times 2 = 0.003925 ≒ 3.93 \times 10^{-3} \text{ m}^3/\text{s}$$

(3) 펌프의 축동력(L_b)

$$L_b[kW] = \dfrac{\gamma[kN/m^3] \times Q[m^3/s] \times H[m]}{\eta_p}$$

$$= \dfrac{9.8 \times 3.93 \times 10^{-3} \times 30.29}{0.7} = 1.667 ≒ 1.67 \text{ kW}$$

05 다음 그림과 같은 냉동장치에서 압축기 축동력은 몇 kW인가? (단, 1RT = 3.86 kW) (4점)

[조건]

1. 장치도

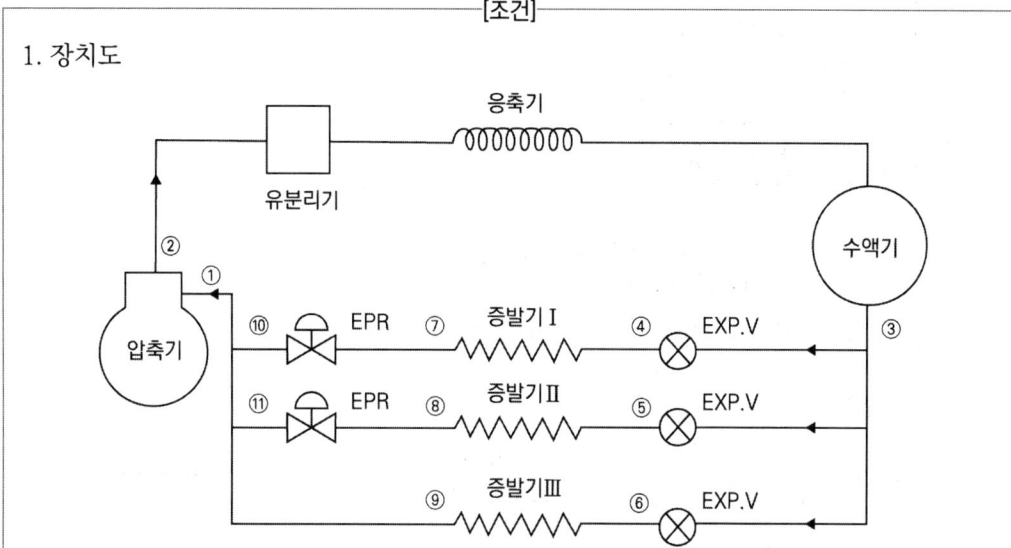

2. 증발기의 냉동능력(RT)

증발기	I	II	III
냉동톤	1	2	2

3. 냉매의 엔탈피(kJ/kg)

구분	h_2	h_3	h_7	h_8	h_9
h	682	458	626	622	617

4. 압축효율 0.65, 기계효율 0.85

[풀이]

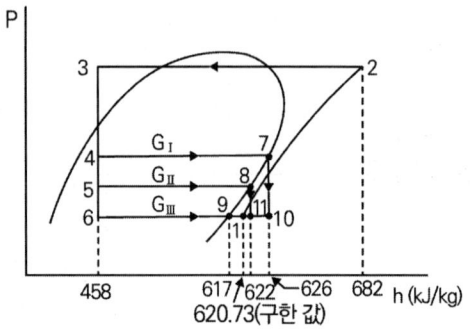

축동력 $L_b = \dfrac{(G_\mathrm{I} + G_\mathrm{II} + G_\mathrm{III}) \times (h_2 - h_1)}{\eta_c \times \eta_m}$

1) 냉매순환량

① $G_\mathrm{I} = \dfrac{Q_{e1}}{h_7 - h_4} = \dfrac{Q_{e1}}{h_7 - h_3} = \dfrac{1 \times 3.86}{626 - 458} = 0.0229761 ≒ 0.022976 \text{ kg/s}$

② $G_\mathrm{II} = \dfrac{Q_{e2}}{h_8 - h_5} = \dfrac{Q_{e2}}{h_8 - h_3} = \dfrac{2 \times 3.86}{622 - 458} = 0.0470731 ≒ 0.047073 \text{ kg/s}$

③ $G_\mathrm{III} = \dfrac{Q_{e3}}{h_9 - h_6} = \dfrac{Q_{e3}}{h_9 - h_3} = \dfrac{2 \times 3.86}{617 - 458} = 0.0485534 ≒ 0.048553 \text{ kg/s}$

2) 혼합가스의 엔탈피(h_1)

$h_1 = \dfrac{G_\mathrm{I} h_{10} + G_\mathrm{II} h_{11} + G_\mathrm{III} h_9}{G_\mathrm{I} + G_\mathrm{II} + G_\mathrm{III}}$

$h_{10} = h_7$, $h_{11} = h_8$ 이므로

$h_1 = \dfrac{(0.022976 \times 626) + (0.047073 \times 622) + (0.048553 \times 617)}{0.022976 + 0.047073 + 0.048553} = 620.728 \text{ kJ/kg}$

∴ 축동력 $L_b = \dfrac{(0.022976 + 0.047073 + 0.048553) \times (682 - 620.728)}{0.65 \times 0.85}$

$= 13.152 ≒ 13.15 \text{ kW}$

06

왕복동 압축기의 실린더 지름 120 mm, 피스톤 행정 65 mm, 회전수 1,200 rpm, 체적 효율 70 % 6기통일 때 다음 물음에 답하시오. (4점)

(1) 이론적 압축기 토출량 m³/h를 구하시오.

(2) 실제적 압축기 토출량 m³/h를 구하시오.

풀이

(1) 이론적 압축기 토출량(V)

$$V = \frac{\pi}{4}D^2 \cdot L \cdot n \cdot z \cdot 60 \text{ m}^3/\text{h}$$

$$= \frac{\pi}{4} \times 0.12^2 \times 0.065 \times 1,200 \times 6 \times 60 = 317.577 ≒ 317.58 \text{ m}^3/\text{h}$$

(2) 실제적 압축기 토출량(V_{act})

체적효율 $\eta_v = \dfrac{V_{act}}{V}$

$$V_{act} = V \cdot \eta_v = (\frac{\pi}{4}D^2 \cdot L \cdot n \cdot z \cdot 60) \cdot \eta_v$$

$$= 317.58 \times 0.7 = 222.306 ≒ 222.31 \text{ m}^3/\text{h}$$

07 그림의 장치도는 냉동기의 액관에서 플래쉬 가스(Flash Gas)의 발생을 방지하기 위해 증발기 출구의 냉매증기와 수액기 출구의 냉매액을 액 – 가스 열교환기로 열교환시킨 것이다. 또 압축기 출구 냉매가스 과열을 방지하기 위해 열교환기 출구의 냉매 증기에 수액기 출구로부터 액의 일부를 열교환기 직후의 냉매가스에 분사해서 습포화상태의 증기가 압축기에 흡입된다. 이 냉동장치에서의 각 냉매의 엔탈피 값과 운전조건이 아래와 같을 때 다음 각 항목에 답하시오. (단, 그림의 6번 증기는 과열증기 상태이고, 배관의 열손실은 무시하며, 냉각수의 비열은 4.18 kJ/kg·K로 한다) (10점)

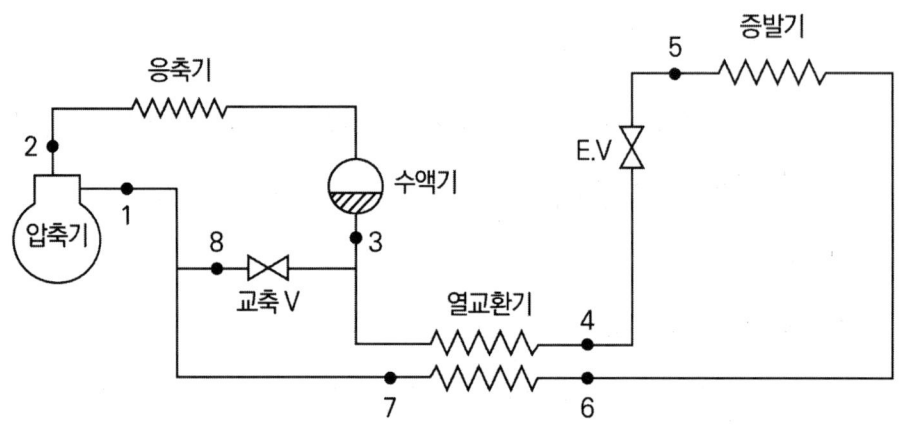

냉매	엔탈피(kJ/kg)
• 압축기 흡입 측 냉매엔탈피 h_1	375.7
• 단열압축 후 압축기출구 냉매엔탈피 h_2	438.5
• 수액기 출구 냉매엔탈피 h_3	243.9
• 증발기 출구의 냉매 증기와 열교환 후의 고압 측 냉매엔탈피 h_4	232.5
• 증발기 출구 과열증기 냉매엔탈피 h_6	394.6

[조건]

1. 응축기의 냉각수량 : 300 L/min
2. 냉각수의 입·출구 온도차 : 5℃
3. 압축기의 압축효율 : η_c = 0.75

(1) 냉동장치에서의 각 점(1~8)을 아래의 p - h선도상에 표시하시오.

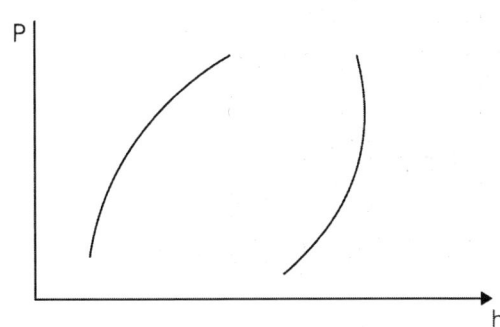

(2) 액 - 가스 열교환기에서의 열교환량(kW)을 구하시오.

(3) 실제 성적계수를 구하시오.

풀이

(1) 냉동장치에서 각 점(1 ~ 8)을 p - h선도상에 표시

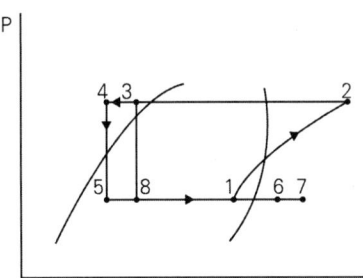

(2) 액가스 열교환기에서의 열교환량 q_H[kW]

$$q_H = (G - G_x)(h_3 - h_4) = (G - G_x)(h_7 - h_6)$$

① 순환냉매량 G

㉠ 응축열량 $Q_c = G_w C_w \Delta t = G(h_2' - h_3)$에서

순환냉매량 $G = \dfrac{G_w C_w \Delta t}{h_2' - h_1}$

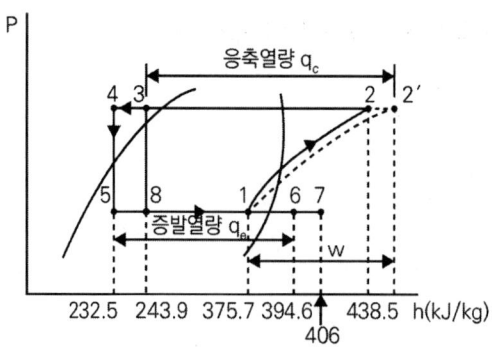

ⓛ 압축효율 $\eta_c = \dfrac{h_2 - h_1}{h_2' - h_1}$ 에서

$$h_2' = h_1 + \dfrac{h_2 - h_1}{\eta_c} = 375.7 + \dfrac{438.5 - 375.7}{0.75} = 459.433 ≒ 459.43 \, \text{kJ/kg}$$

ⓒ 순환냉매량 $G = \dfrac{(300 \times 60) \times 4.18 \times 5}{459.43 - 243.9} = 1745.464 ≒ 1745.46 \, \text{kg/h}$

② 수액기에서 압축기로 들어가는 냉매량 G_x

$Gh_1 = (G - G_x)h_7 + G_x h_8 = Gh_7 - G_x(h_7 - h_8)$

$G_x(h_7 - h_8) = G(h_7 - h_1)$

$G_x = \dfrac{G(h_7 - h_1)}{(h_7 - h_8)}$

㉠ h_7

$(h_7 - h_6) = (h_3 - h_4)$

$h_7 = h_6 + (h_3 - h_4) = 394.6 + (243.9 - 232.5) = 406 \, \text{kJ/kg}$

ⓛ 냉매량 G_x

$$G_x = \dfrac{G(h_7 - h_1)}{(h_7 - h_8)} = \dfrac{1745.46 \times (406 - 375.7)}{406 - 243.9} = 326.264 ≒ 326.26 \, \text{kg/h}$$

③ 열교환기에서 열교환량(q_H)

$q_H = (G - G_x)(h_3 - h_4)$

$= (1745.46 - 326.26) \times (243.9 - 232.5) \div 3600 = 4.494 ≒ 4.49 \, \text{kW}$

(3) 실제 성적계수(COP)

$$COP = \dfrac{Q_e}{W} = \dfrac{(G - G_x)(h_6 - h_5)}{G(h_2' - h_1)} = \dfrac{(1745.46 - 326.26) \times (394.6 - 232.5)}{1745.46 \times (459.43 - 375.7)}$$

$= 1.574 ≒ 1.57$

08 다음과 같은 조건의 냉동장치 압축기의 분당 회전수를 구하시오. (2점)

[조건]
1. 압축기 흡입증기의 비체적 : 0.15 m³/kg, 압축기 흡입증기의 엔탈피 : 611 kJ/kg
2. 압축기 토출증기의 엔탈피 : 687 kJ/kg, 팽창밸브 직후의 엔탈피 : 460 kJ/kg
3. 냉동능력 : 10 RT, 압축기 체적효율 : 65 %
4. 압축기 기통경 : 120 mm, 행정 : 100 mm, 기통수 6기통 (단, 1 RT = 3.86 kW)

풀이

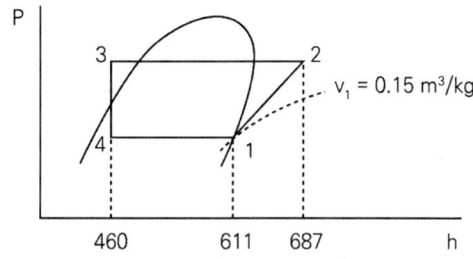

V : 피스톤 배출량(m³/h)
D : 기통경(m)
L : 행정길이(m)
N : 분당회전수(rpm)
Z : 기통수

피스톤 배출량 $V = \dfrac{\pi}{4}D^2 \cdot L \cdot N \cdot Z \cdot 60$

$N = \dfrac{4 \cdot V}{\pi D^2 \cdot L \cdot Z \cdot 60}[\text{rpm}]$

냉동능력 $Q_c = G(h_1 - h_4) = \dfrac{V}{v_1}\eta_v(h_1 - h_4)$

$V = \dfrac{Q_e \cdot v_1}{\eta_v(h_1 - h_4)}[\text{m}^3/\text{h}]$

∴ 압축기 분당회전수 : 위 식에서 구하면

$N = \dfrac{4}{\pi D^2 \cdot L \cdot Z \cdot 60} \times \dfrac{Q_e \cdot v_1}{\eta_v(h_1 - h_4)}$

$= \dfrac{4}{\pi \times 0.12^2 \times 0.1 \times 6 \times 60} \times \dfrac{10 \times 3.86 \times 3600 \times 0.15}{0.65 \times (611 - 460)} = 521.597 ≒ 521.60 \text{ rpm}$

09 30m(가로) × 50m(세로) × 5m(높이)의 냉동 창고에 사과 600상자(1상자 18kg)가 들어 있을 때 3시간 동안에 0℃까지 냉각시키기 위해서 다음의 조건에 의해 물음에 답하시오.

(10점)

[조건]
- 외기의 평균온도 : 25 ℃
- 사과 저장 시 온도 : 15 ℃
- 사과의 비열 : 3.64 kJ/kg·K
- 조명부하(백열등) : 20 W/m²
- 작업자의 발열 : 1일 중 3시간 동안 작업할 때 작업열량 1200 W
- 환기횟수 : 0.5 회/h
- 공기의 비열 : 1.01 kJ/kg·K
- 공기의 밀도 : 1.2 kg/m³
- 실내 작업인원 : 20명(발열량 370 W/인)
- 벽체의 열관류율(W/m²·K)
  벽 : 1.25, 천장 : 1.54

(1) 구조체를 통하여 침입하는 열량을 구하시오(W).

(2) 냉장품(사과)을 냉각하기 위해 제거해야 할 열량을 구하시오(W).

(3) 조명부하를 구하시오(W).

(4) 작업자에 의한 발열량을 구하시오(W).

(5) 환기부하를 구하시오(W).

풀이

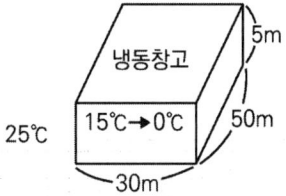

(1) 구조체 침입열량(W)

$q = K \cdot A \cdot \Delta t$

벽 $q_1 = 1.25 \times (30 \times 5 \times 2 + 50 \times 5 \times 2) \times (25 - 0) = 25000$ W

천장 $q_2 = 1.54 \times (30 \times 50) \times (25 - 0) = 57750$ W

∴ 구조체 침입열량 = 82750 W

(2) 냉장품(사과) 냉각열량(W)

$q = G \cdot C \cdot \Delta t = \dfrac{(18 \times 600)}{3 \times 3600} \times 3.64 \times 10^3 \times (15 - 0) = 54600$ W

(3) 조명부하(백열등, W)

$q = W \times f = 20 \times (30 \times 50) \times 1 = 30000$ W

f : 점등률

(4) 작업자에 의한 발열량(W)

q = 작업자의 움직임에 의한 공기가 가열된 열량 + 인체 발열량

$= 1200 + (370 \times 20) = 8600$ W

(5) 환기부하(W)

$q = G \cdot C_P \cdot \Delta t = \rho Q \cdot C_P \cdot \Delta t$

$= 1.2 \times \dfrac{(30 \times 50 \times 5 \times 0.5)}{3600} \times 1.01 \times 10^3 \times (25 - 0) = 31562.5$ W

10 다음은 공기조화 설비 계통이다. 냉각 코일과 가열 코일에 공급되는 배관과 냉각탑 냉각수 배관도를 완성하시오. (6점)

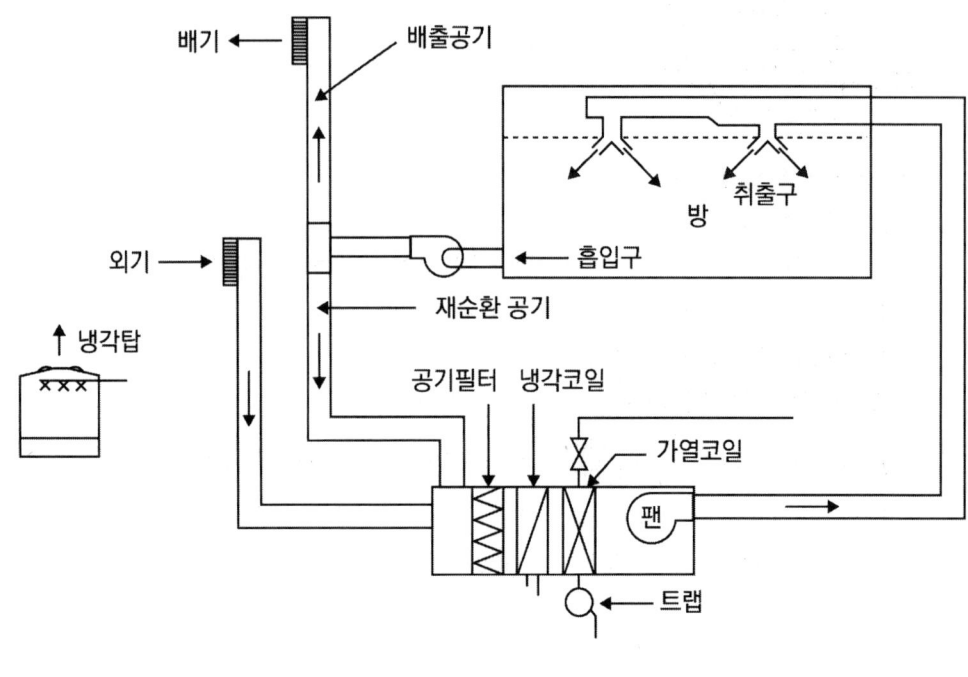

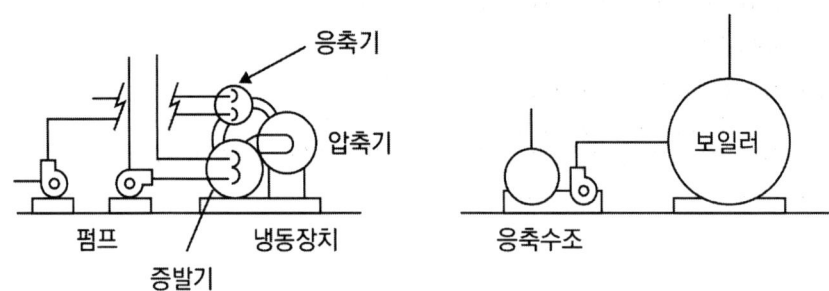

풀이

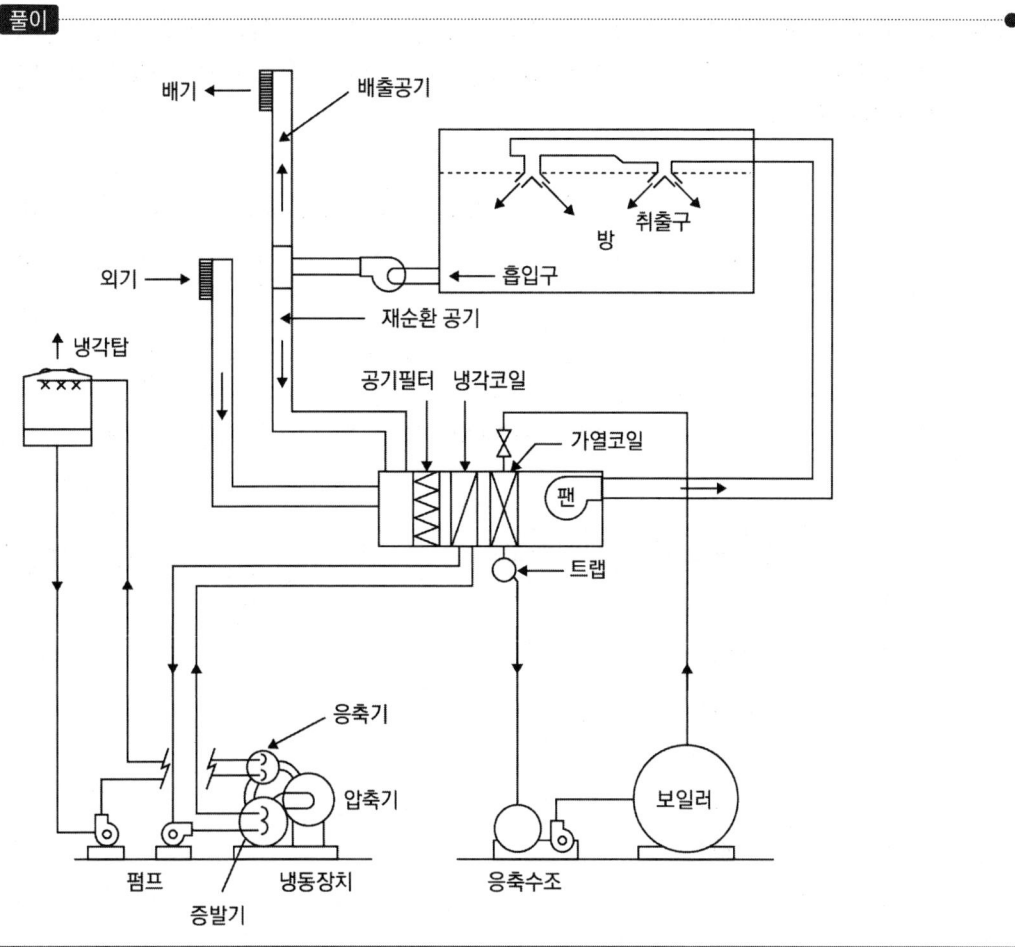

11 다음과 같은 공장용 원형 덕트를 주어진 도표를 이용하여 정압 재취득법으로 설계하시오. (단, 토출구 1개의 풍량은 5000 m³/h, 토출구의 간격은 5000 mm, 송풍기 출구의 풍속은 10 m/s로 한다) (6점)

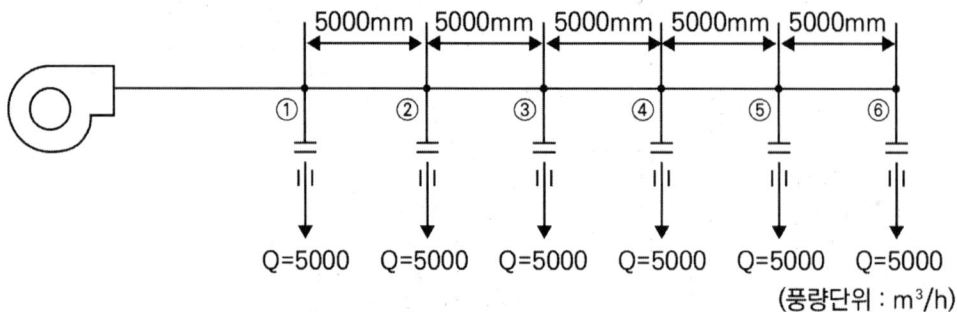

구간	풍량(m³/h)	K값	풍속(m/s)	덕트 단면적(m²)
①	30000			
②	25000			
③	20000			
④	15000			
⑤	10000			
⑥	5000			

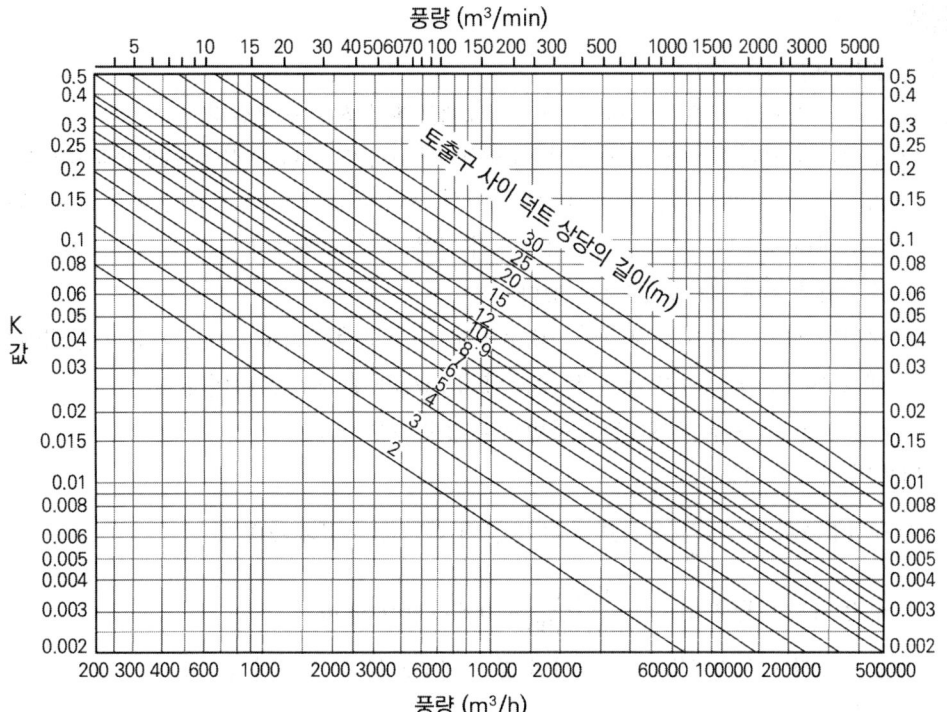

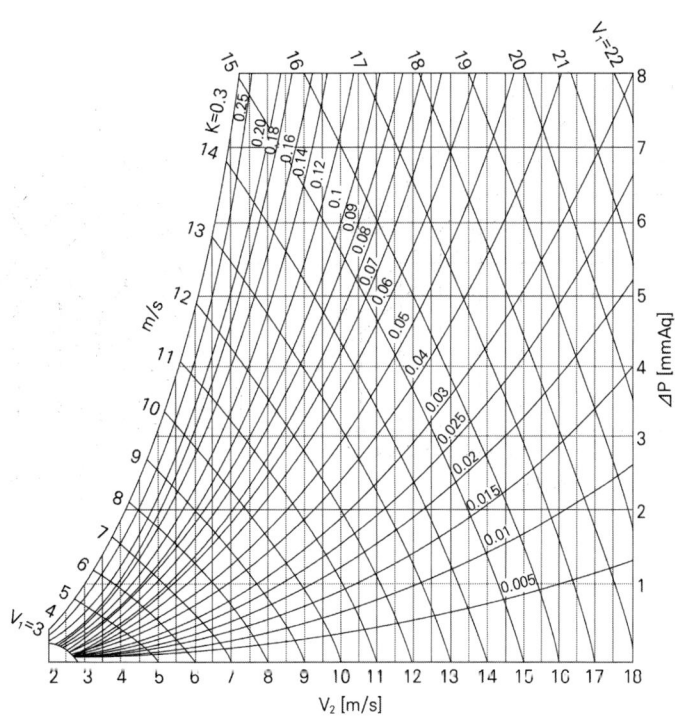

> **풀이**

정압 재취득법으로 설계
1. 각 구간의 풍량을 구한 뒤, (풍량 - K값) 그래프에서 K값을 구한다.
   각 구간의 풍량과 토출구 사이 덕트 상당길이 5 m선이 만나는 점에서 K값을 구한다.
2. (풍속 - 양정) 그래프에서 풍속 V_1과 위에서 구한 K값이 만나는 교점을 찾고, 아래로 수직선을 내려 긋는다. 이때 만나는 점 V_2가 다음 구간의 풍속이 된다.
   ① 구간의 풍속은 10 m/s로 주어졌다.
   ② 구간의 풍속 : ① 구간의 풍속 10 m/s를 V_1으로 하고, K = 0.01과 만나는 점에서 아래로 수직선을 그어 만나는 점 V_2 = 9.4 m/s가 ② 구간 풍속이 된다.
   ③ ~ ⑥ 구간의 풍속 : 위와 같은 방법으로 값을 구한다.
4. 덕트의 단면적(A)

   $Q = AV$에서 $A = \dfrac{Q}{V}$ 공식으로 각 구간의 덕트 단면적을 구한다.

   ① 구간 덕트 단면적 $A = \dfrac{30000}{10 \times 3600} = 0.833 ≒ 0.83 \ m^2$

   ② ~ ⑥ 구간 덕트 단면적 : ① 구간과 같은 방법으로 값을 구한다.

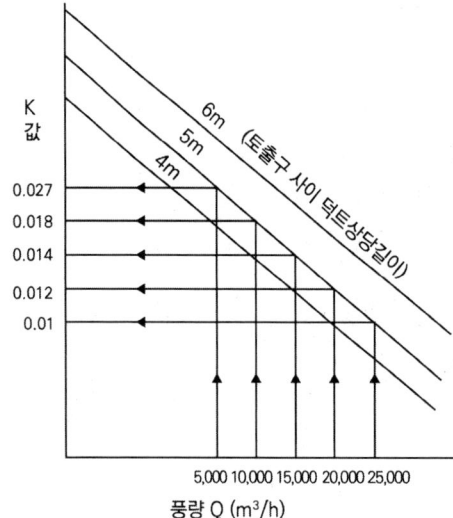 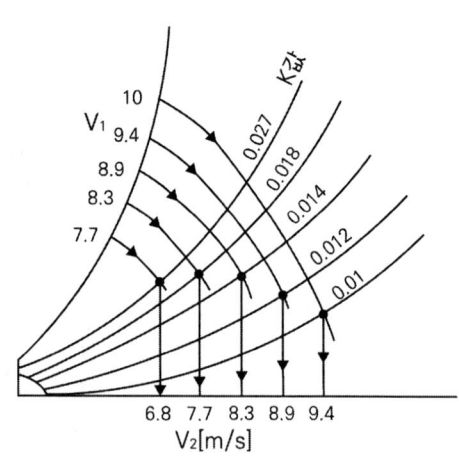

구간	풍량(m³/h)	K값	풍속(m/s)	덕트 단면적(m²)
①	30000	-	10	0.88
②	25000	0.01	9.4	0.74
③	20000	0.012	8.9	0.62
④	15000	0.014	8.3	0.50
⑤	10000	0.018	7.7	0.36
⑥	5000	0.027	6.8	0.20

12 다음 그림과 같은 이중덕트방식에 대한 설계에 있어서 주어진 조건을 참조하여 물음에 답하시오. (10점)

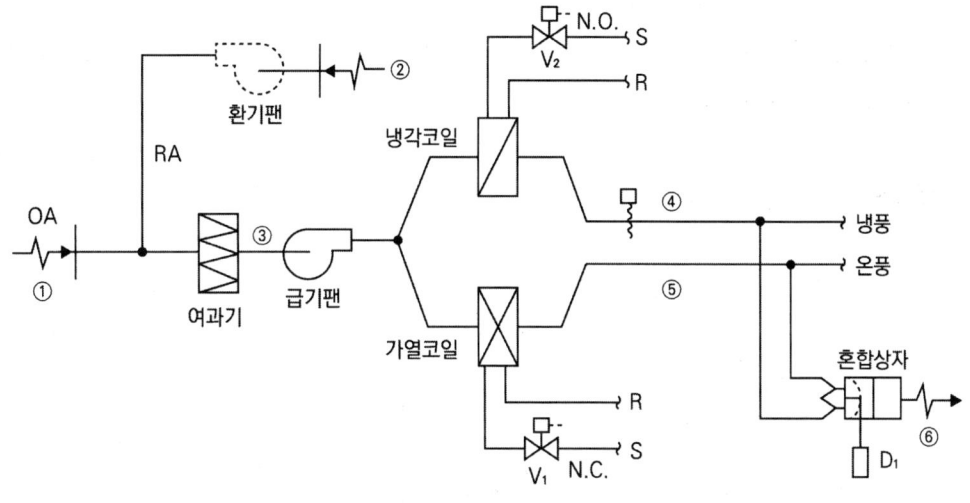

[조건]
- 실내온도 26℃, 엔탈피 53 kJ/kg
- 외기온도 31℃, 엔탈피 83 kJ/kg
- 전풍량(총 공기 순환량) : 7200 kg/h
- 외기량 : 1800 kg/h
- 실 현열부하 : 16.5 kW
- 냉각코일 출구온도 : 13℃
- 가열코일 출구온도 : 31℃
- 공기의 비열 : 1.0 kJ/kg·K
- 공기의 밀도 : 1.2 kg/m³

(1) 외기와 환기의 혼합 공기온도(℃) 및 엔탈피(kJ/kg)를 구하시오.

(2) 냉각코일 통과 공기량(m³/h)를 구하시오.

(3) 냉각부하(kW)를 구하시오.

(4) 가열부하(kW)를 구하시오.

(5) 외기부하(kW)를 구하시오.

풀이

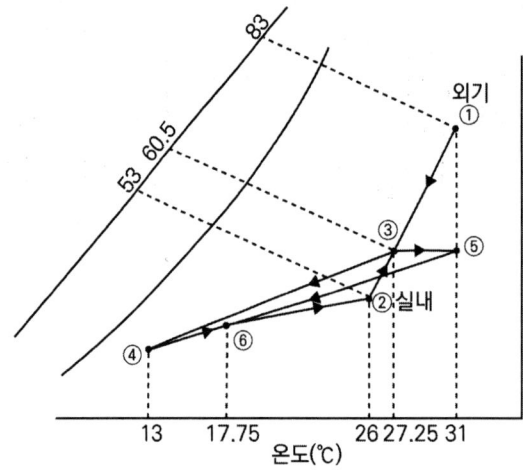

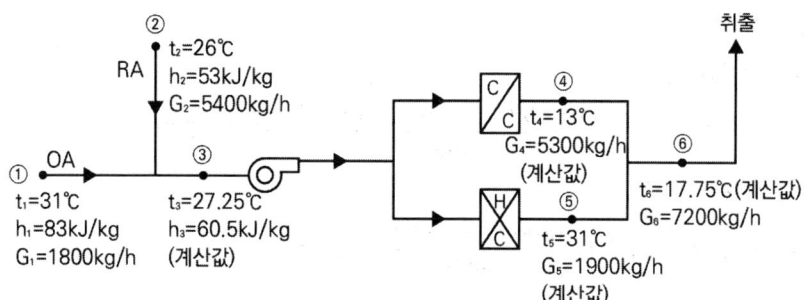

(1) 혼합공기 온도(℃) 및 엔탈피(kJ/kg)

③점에서 열평형식을 세우면

$G_1 C_p t_1 + G_2 C_p t_2 = G_3 C_p t_3$ ······································ ①식

$G_1 h_1 + G_2 h_2 = G_3 h_3$ ······································ ②식

• 혼합공기 온도[℃] : ①식에서

$$t_3 = \frac{G_1 t_1 + G_2 t_2}{G_3} = \frac{1800 \times 31 + 5400 \times 26}{7200} = 27.25 \ ℃$$

• 혼합공기 엔탈피[kJ/kg] : ②식에서

$$h_3 = \frac{G_1 h_1 + G_2 h_2}{G_3} = \frac{1800 \times 83 + 5400 \times 53}{7200} = 60.5 \ kJ/kg$$

(2) 냉각코일 통과 공기량(m³/h)

실내 취출공기 온도 t_6를 구하면

$q_S = G_6 C_P (t_2 - t_6)$에서

$$t_6 = t_2 - \frac{q_S}{G_6 C_P} = 26 - \frac{16.5 \times 3600}{7200 \times 1.0} = 17.75 \ ℃$$

⑥점을 기준으로 열평형식을 세우면, $G_4 C_p t_4 + G_5 C_p t_5 = G_6 C_p t_6$

따라서, $G_4 C_p t_4 + (G_6 - G_4) C_p t_5 = G_6 C_p t_6$

$$G_4 = \frac{G_6(t_6 - t_5)}{t_4 - t_5} = \frac{7200 \times (17.75 - 31)}{13 - 31} = 5300 \ kg/h$$

∴ 냉각코일 통과 풍량 $Q_4 = \frac{G_4}{\rho} = \frac{5300}{1.2} = 4416.666 ≒ 4416.67 \ m^3/h$

(3) 냉각(코일)부하(현열부하, kW)

④점의 엔탈피 값을 알 수 있다면 전열부하를 구해야 한다. 그러나 ④점의 엔탈피를 알 수 없으므로 현열부하를 구할 수 밖에 없다.

$$q_C = G_4 C_P (t_3 - t_4) = \frac{5300 \times 1.0 \times (27.25 - 13)}{3600} = 20.979 ≒ 20.98 \ kW$$

(4) 가열(코일)부하(kW)

　　가현열부하 = 전열부하

$$q_H = G_5 C_P (t_5 - t_3) = \frac{(7200-5300) \times 1.0 \times (31-27.25)}{3600} = 1.979 \fallingdotseq 1.98\ kW$$

(5) 외기부하(전열부하, kW)

　　[풀이 1] $q_O = G_1(h_1 - h_2) = \dfrac{1800 \times (83-53)}{3600} = 15\ \text{kW}$

　　[풀이 2] $q_O = G_6(h_3 - h_2) = \dfrac{7200 \times (60.5-53)}{3600} = 15\ \text{kW}$

13 아래의 주어진 p – h선도를 보고 미완성된 장치도를 완성하시오.　　　　　　　　　　(10점)

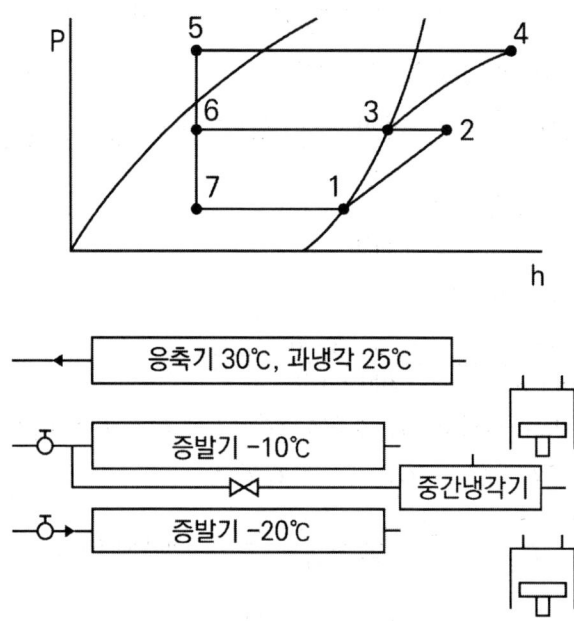

[풀이]
[장치도 완성]

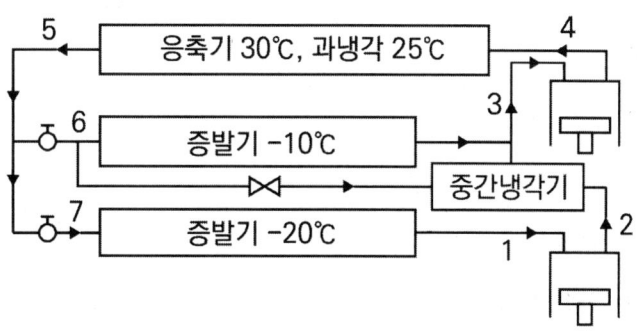

14 2단압축 1단팽창 $p-h$선도와 같은 냉동사이클로 운전되는 장치에서 다음 물음에 답하시오 (단, 냉동능력은 252 MJ/h이고, 압축기의 효율은 다음 표와 같다). (6점)

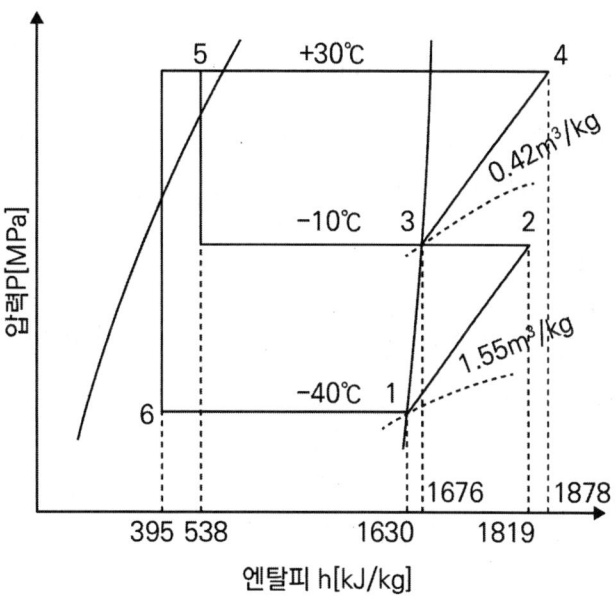

	체적효율	압축효율	기계효율
고단	0.8	0.85	0.93
저단	0.7	0.82	0.95

(1) 저단 냉매 순환량(G_L, kg/h)

(2) 저단 피스톤 토출량(V_L, m³/h)

(3) 저단 소요 동력(N_L, kW)

(4) 고단 냉매 순환량(G_H, kg/h)

(5) 고단 피스톤 압출량(V_H, m³/h)

(6) 고단 소요 동력(N_H, kW)

풀이

(1) 저단 냉매 순환량(G_L)

 $Q_e = G_L(h_1 - h_6)$에서

 $$G_L = \frac{Q_e}{h_1 - h_6} = \frac{252 \times 10^3}{1630 - 395} = 204.048 ≒ 204.05 \text{ kg/h}$$

(2) 저단 피스톤 토출량(V_L)

 $$V_L = \frac{G_L \cdot v_1}{\eta_{VL}} = \frac{204.05 \times 1.55}{0.7} = 451.825 ≒ 451.83 \text{ m}^3/\text{h}$$

(3) 저단 소요 동력(N_L)

 $$N_L = \frac{G_L \times (h_2 - h_1)}{\eta_{cL} \times \eta_{mL}} = \frac{204.05 \times (1819 - 1630)}{3600 \times 0.82 \times 0.95} = 13.751 ≒ 13.75 \text{ kW}$$

(4) 고단 냉매 순환량(G_H)

 $$\frac{G_H}{G_L} = \frac{h_2' - h_6}{h_3 - h_5} \rightarrow G_H = G_L \times \frac{h_2' - h_6}{h_3 - h_5}$$

 ① 저단 압축기 토출가스 실제 엔탈피 h_2'를 구한다.

 압축효율 $\eta_{CL} = \frac{h_2 - h_1}{h_2' - h_1} \rightarrow h_2' = h_1 + \frac{h_2 - h_1}{\eta_{cL}}$

 $$h_2' = 1630 + \frac{1819 - 1630}{0.82} = 1860.487 ≒ 1860.49 \text{ kJ/kg}$$

② 고단 냉매 순환량

$$G_H = G_L \times \frac{h_2' - h_6}{h_3 - h_5} = 204.05 \times \frac{1860.49 - 395}{1676 - 538} = 262.77 \text{ kg/h}$$

(5) 고단 피스톤 압출량

$$V_H = \frac{G_H \cdot v_3}{\eta_{VH}} = \frac{262.77 \times 0.42}{0.8} = 137.954 ≒ 137.95 \text{ m}^3/\text{h}$$

(6) 고단 소요 동력

$$N_H = \frac{G_H \times (h_4 - h_3)}{\eta_{cH} \times \eta_{mH}} = \frac{262.77 \times (1878 - 1676)}{3600 \times 0.85 \times 0.93} = 18.651 ≒ 18.65 \text{ kW}$$

15 다음 조건과 같은 사무실 A, B에 대해 물음에 답하시오. (10점)

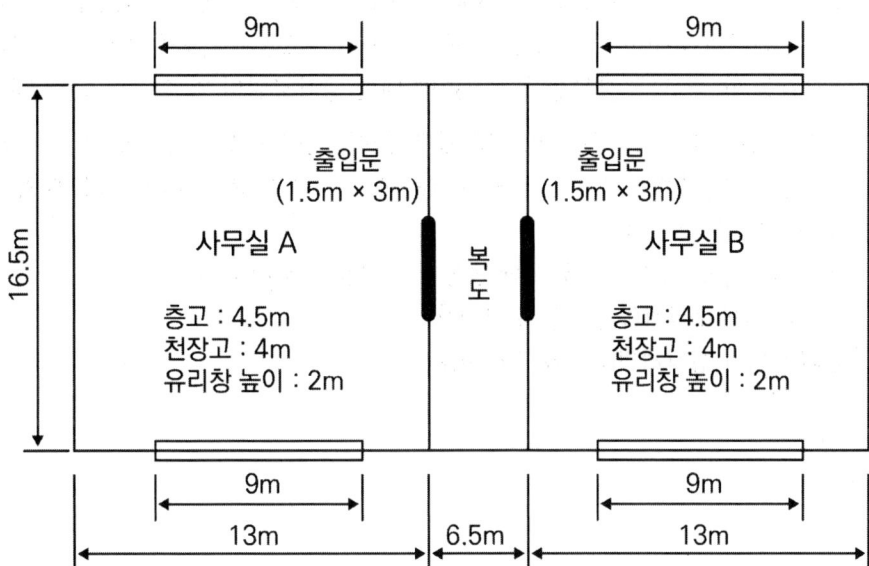

[조건]

1.

종류 사무실	실내부하(kJ/h)			기기부하 (kJ/h)	외기부하 (kJ/h)
	현열	잠열	전열		
A	60400	7200	67600	12800	28200
B	45200	4300	49500	8900	21600
계	105600	11500	117100	21700	49800

2. 상·하층은 동일한 공조 조건이다.
3. 덕트에서의 열취득은 없는 것으로 한다.
4. 중앙공조 system이며 냉동기 + AHU에 의한 전공기 방식이다.
5. 공기의 밀도는 1.2 kg/m³, 정압비열은 1.01 kJ/kg·K이다.

(1) A, B 사무실의 실내 취출온도차가 11 ℃일 때 각 사무실의 풍량(m³/h)을 구하시오.

(2) AHU 냉각코일의 열전달률 K = 3300 kJ/h·m²·K·열, 냉수의 입구온도 5 ℃, 출구온도 10 ℃, 공기의 입구온도 26.3 ℃, 출구온도 16 ℃. 코일 통과면풍속은 2.5 m/s이고 대향류 열교환을 할 때 A, B 사무실 총계부하에 대한 냉각코일의 열 수(Row)를 구하시오.

(3) 다음 물음에 답하시오. (단, 펌프 및 배관 부하는 냉각코일 부하의 5 %이고, 냉동기의 응축 온도는 40 ℃, 증발온도 0 ℃, 과열 및 과냉각도 5 ℃, 압축기의 체적효율 0.8, 회전수 1800 rpm, 기통수 6이다)

① A, B 사무실 총계부하에 대한 냉동기 부하를 구하시오.
② 이론 냉매순환량(kg/h)을 구하시오.
③ 피스톤의 행적체적(m³)을 구하시오.

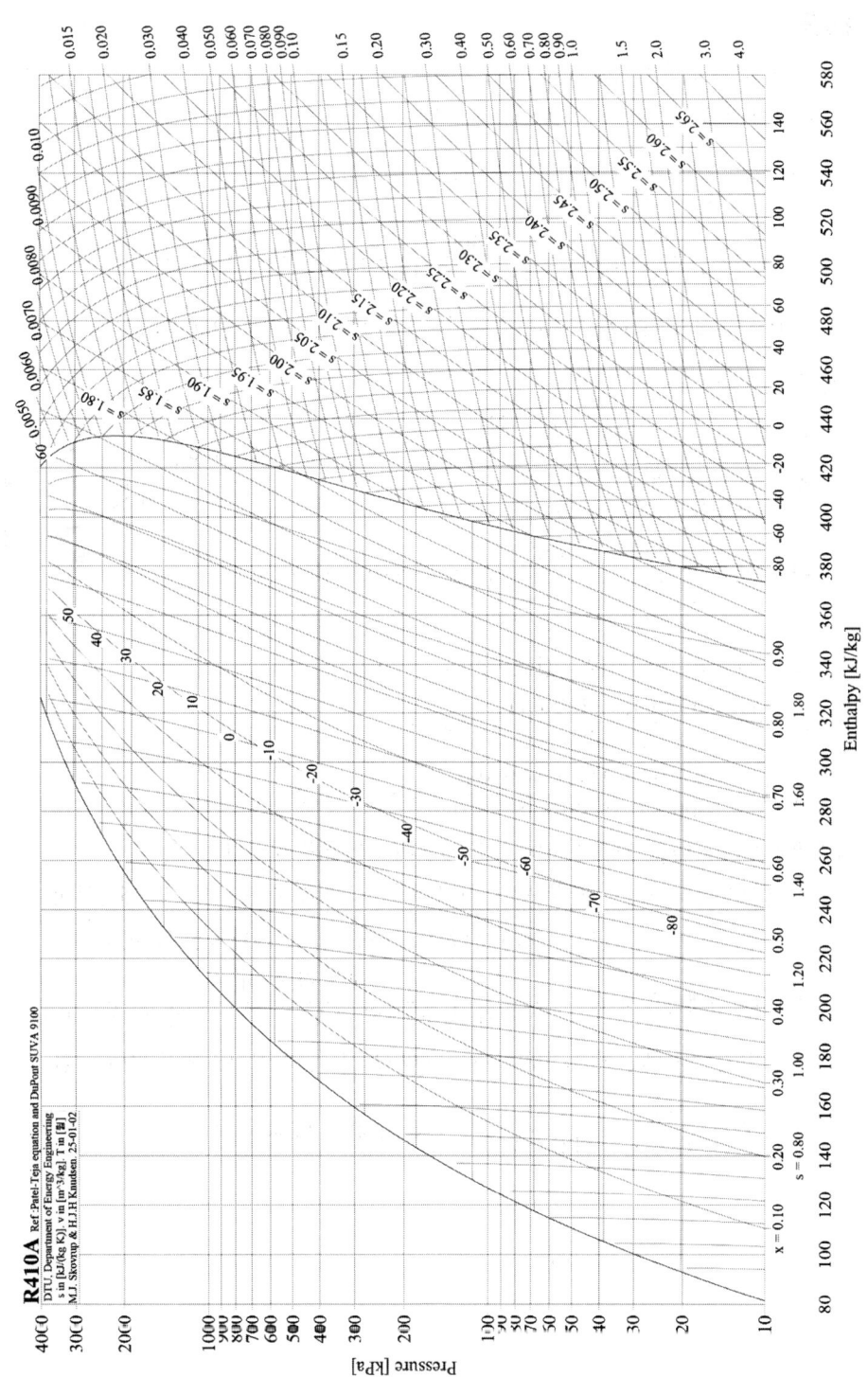

풀이

(1) A, B 각 사무실의 풍량(Q)

$$q_s = G \cdot C_p \cdot \triangle t = \rho Q \cdot C_p \cdot \triangle t \text{에서}$$

$$Q = \frac{q_s}{\rho \cdot C_p \cdot \triangle t}$$

∴ A 사무실 풍량 $Q_A = \dfrac{60400}{1.2 \times 1.01 \times 11} = 4530.453 ≒ 4530.45 \text{ m}^3/\text{h}$

∴ B 사무실 풍량 $Q_B = \dfrac{45200}{1.2 \times 1.01 \times 11} = 3390.339 ≒ 3390.34 \text{ m}^3/\text{h}$

(2) 냉각코일의 열수(N)

$q = K \cdot F \cdot N \cdot \triangle t_m \cdot C_W \text{에서}$

$$N = \frac{q}{K \cdot F \cdot \triangle t_m \cdot C_W}$$

$$\triangle t_m = \frac{\triangle t_1 - \triangle t_2}{\ln \dfrac{\triangle t_1}{\triangle t_2}} = \frac{16.3 - 11}{\ln \dfrac{16.3}{11}} = 13.476 ≒ 13.48$$

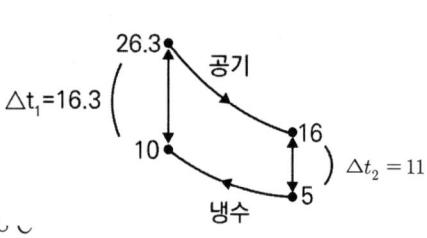

풍량 $Q = F \cdot v$에서 (F: 전면면적, v: 풍속)

$$F = \frac{Q}{v} = \frac{4530.45 + 3390.34}{2.5 \times 3600} = 0.88 \text{ m}^2$$

∴ $N = \dfrac{117100 + 21700 + 49800}{3300 \times 0.88 \times 13.48 \times 1.0} = 4.817 ≒ 5\text{열}$

(3) 냉동기 부하(q_R), 이론 냉매순환량(G), 피스톤 행적체적(V)

① 냉동기부하 q_R = (실내부하 + 기기부하 + 외기부하) + (펌프 및 배관부하)
   $= (117100 + 21700 + 49800) \times 1.05 = 198030 \text{ kJ/h}$

② 이론 냉매순환량 $G = \dfrac{냉동기\ 부하\ q_R}{증발기\ 출구\ 엔탈피\ h_1 - 증발기\ 입구\ 엔탈피\ h_4}$

증발기입구 엔탈피 (h_4)와 출구엔탈피 (h_1)는 몰리엘선도에서 찾아야 함

∴ $G = \dfrac{q_R}{h_1 - h_4} = \dfrac{198030}{427 - 257} = 1164.882 ≒ 1164.88 \text{ kg/h}$

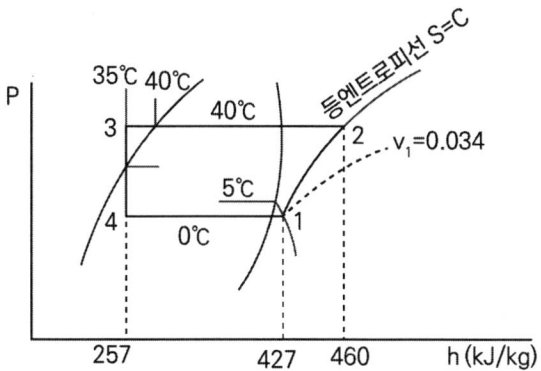

③ 피스톤 행적체적(V_S)

몰리엘 선도상의 이론냉매량 G = 압축기의 피스톤 실제 배출냉매량

$G = \dfrac{V_{act}}{v_1} = \dfrac{V \cdot \eta_V}{v_1}$ 에서

$V = \dfrac{G \cdot v_1}{\eta_V} = \dfrac{1164.88 \times 0.034}{0.8} = 49.507 ≒ 49.51 \text{ m}^3/\text{h}$

$V = V_s \cdot n \cdot Z$ 에서(여기서 V : 피스톤 총 배출량, n : 회전수, Z : 기통수)

∴ 피스톤 행정체적 $V_s = \dfrac{V}{n \cdot Z} = \dfrac{49.51}{1800 \times 60 \times 6} = 0.0000764 = 7.64 \times 10^{-5} \text{ m}^3$

2020 3회

01 다음 용어를 설명하시오. (6점)

(1) 스머징(Smudging)

(2) 도달거리(Throw)

(3) 강하거리

(4) 등마찰손실법(등압법)

풀이

(1) 스머징
취출구 바깥쪽 천장 면에 먼지가 달라붙어 더러워지는 현상이다.
(2) 도달거리
취출구에서 기류의 중심 풍속이 0.25 m/s 되는 곳까지의 거리이다.
(3) 강하거리
취출공기 온도가 실내공기 온도보다 낮을 때 도달거리에 도달할 때까지 생긴 기류의 강하 정도를 강하거리라고 한다.
(4) 등마찰손실법(등압법)
덕트 1 m당 마찰손실 값을 전 구간에 동일하게 적용하여 덕트치수를 정하는 방법을 등마찰손실법(등압법)이라 한다.

02
다음과 같은 조건하에서 냉방용 흡수식 냉동장치에서 증발기가 1RT의 능력을 갖도록 하기 위한 각 물음에 답하시오. (단, 1RT = 3.86 kW)   (10점)

[조건]

1. 냉매와 흡수제 : 물 + 리튬브로마이드
2. 발생기 공급열원 : 80℃의 폐기가스
3. 용액의 출구온도 : 74℃
4. 냉각수 온도 : 25℃
5. 응축온도 : 30℃(압력 31.8 mmHg)
6. 증발온도 : 5℃(압력 6.54 mmHg)
7. 흡수기 출구 용액온도 : 28℃
8. 흡수기 압력 : 6 mmHg
9. 발생기 내의 증기 엔탈피 h_3'=3041.3 kJ/kg
10. 증발기를 나오는 증기 엔탈피 h_1'=2927.4 kJ/kg
11. 응축기를 나오는 응축수 엔탈피 h_3=545.1 kJ/kg
12. 증발기로 들어가는 포화수 엔탈피 h_1=438.4 kJ/kg

상태점	온도(℃)	압력(mmHg)	농도 w_t[%]	엔탈피(kJ/kg)
4	74	31.8	60.4	316.5
8	46	6.54	60.4	273.0
6	44.2	6.0	60.4	270.5
2	28.0	6.0	51.2	238.6
5	56.5	31.8	51.2	291.4

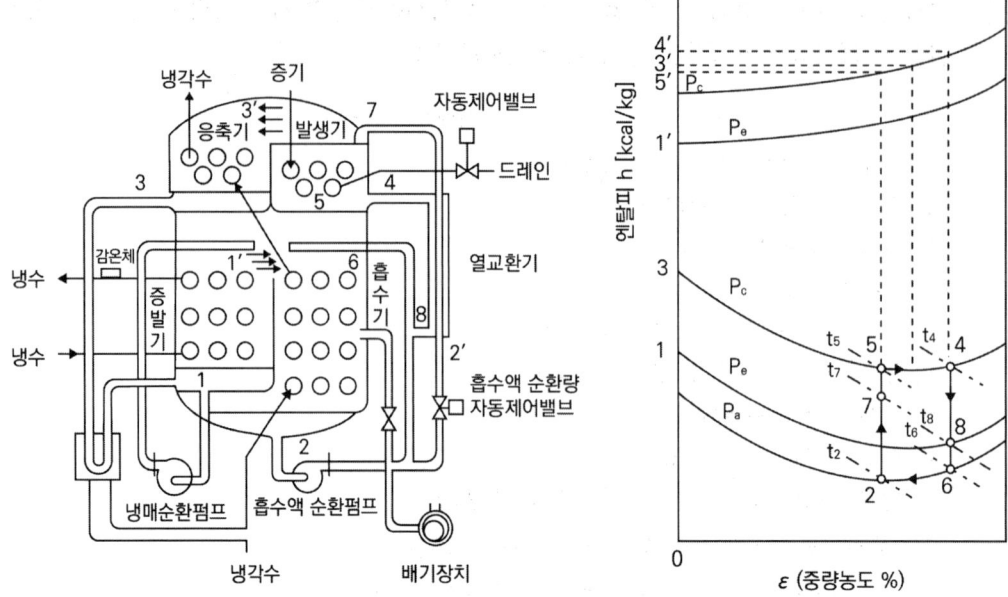

(1) 다음과 같이 나타내는 과정은 어떠한 과정인지 설명하시오.
   ① 4 - 8과정　　　　　② 6 - 2과정　　　　　③ 2 - 7과정
(2) 응축기, 흡수기 열량을 구하시오.
(3) 1냉동톤당의 냉매 순환량을 구하시오.

풀이

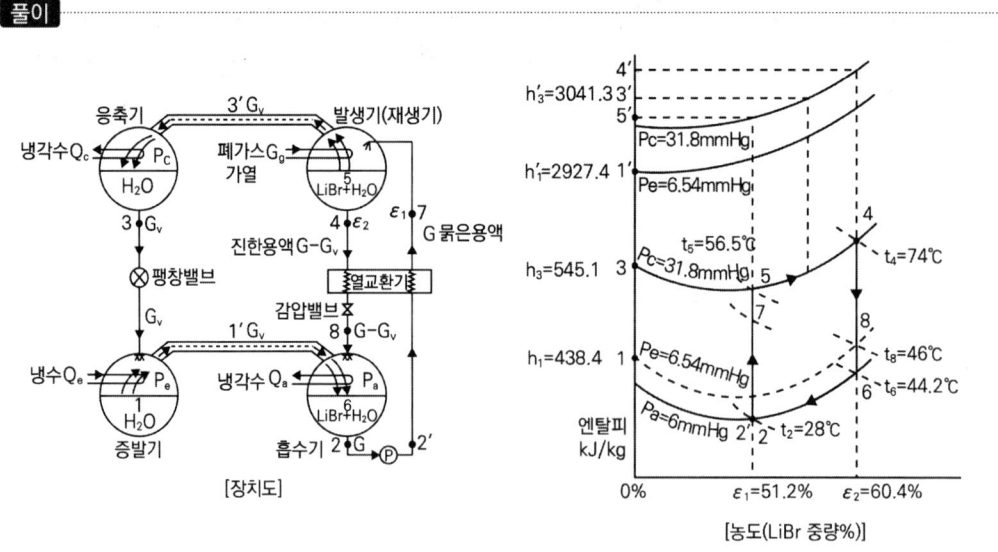

(1) 과정설명

① 4-8과정 : 발생기(재생기)에서 냉매와 분리되어 농축된 진한 흡수액(LiBr)이 흡수기로 가는 과정 중에 묽은 용액(희용액)과 열교환하여 온도가 74℃에서 46℃로 냉각된다.

② 6-2과정 : 흡수기에서 진한 흡수액(LiBr)이 냉매인 수증기를 흡수하여 묽은 용액(희용액)이 되어 흡수기를 나오는 과정이다. 6은 진한 용액(농용액), 2는 묽은 용액(희용액) 상태이다.

③ 2-7과정 : 흡수기의 묽은 용액이 발생기(재생기)로 가는 과정 중에 진한 흡수액(LiBr)과 열교환하여 가열된다.

> 참고
> - 7-4과정 : 묽은 용액(희용액)이 발생기(재생기)에서 냉매(H_2O)를 G_v만큼 증발시키고 진한 용액(농용액)이 되는 과정
> - 3-1과정 : 응축기에서 응축된 냉매(H_2O)가 팽창밸브를 거쳐 증발기로 가는 과정

(2) 응축기, 흡수기 열량

① 응축기 응축열량(Q_c)

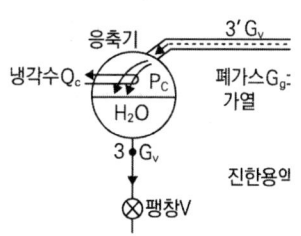

응축기 열평형식을 적용하면,
'빠져나간 열량 = 들어온 열량'
$Q_c + G_v h_3 = G_v h_3'$ 에서
$Q_c = G_v(h_3' - h_3)$ ············ ①

여기서, G_v : 냉매(H_2O)

G_v를 구하기 위해 증발기에서 열평형식을 세우면
$Q_e + G_v h_3 = G_v h_1'$ 에서
$Q_e = G_v(h_1' - h_3)$ ············ ②

$G_v = \dfrac{Q_e}{h_1' - h_3} = \dfrac{1 \times 3.86 \times 3600}{2927.4 - 545.1} ≒ 5.83 \text{kg/h}$

∴ $Q_c = 5.83 \times (3041.3 - 545.1) = 14552.846 ≒ 14552.85 \text{kJ/h}$

② 흡수기 열량(Q_a)

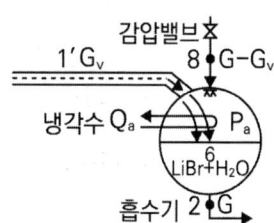

흡수기에서 열평형식을 적용하면,
$Q_a + G h_2 = (G - G_v) h_8 + G_v h_1'$
$Q_a = (G - G_v) h_8 + G_v h_1' - G h_2$
$ = G_v \left\{ \left(\dfrac{G}{G_v} - 1 \right) h_8 + h_1' - \dfrac{G}{G_v} h_2 \right\}$
$ = G_v \{ (f-1) h_8 + h_1' - f h_2 \}$ ············ ③

여기서, 용액순환비 $f = \dfrac{G}{G_v} = \dfrac{\varepsilon_2}{\varepsilon_2 - \varepsilon_1}$

용액순환비 $f = \dfrac{G}{G_v} = \dfrac{\varepsilon_2}{\varepsilon_2 - \varepsilon_1} = \dfrac{60.4}{60.4 - 51.2} ≒ 6.565$

∴ $Q_a = G_v\{(f-1)h_8 + h_1' - fh_2\}$
$= 5.83 \times \{(6.565 - 1) \times 273 + 2927.4 - 6.565 \times 238.6\}$
$≒ 16791.78 \text{ kJ/h}$

(3) 1냉동톤당 냉매순환량(G_v)

앞의 ②식에서 $Q_e = G_v(h_1' - h_3)$이므로

$G_v = \dfrac{Q_e}{h_1' - h_3} = \dfrac{1 \times 3.86 \times 3600}{2927.4 - 545.1} = 5.833 ≒ 5.83 \text{ kg/h}$

> **참고** 용액 순환비 f
> $$f = \dfrac{\text{용액순환량}(\text{LiBr} + \text{H}_2\text{O})}{\text{냉매순환량}(\text{H}_2\text{O})} = \dfrac{G}{G_v} = \dfrac{\varepsilon_2}{\varepsilon_2 - \varepsilon_1}$$

---

03 다음은 2단압축 냉동장치의 개략도이다. 1단팽창 장치 및 2단팽창 장치도를 중간 냉각기, 증발기, 팽창밸브를 그려 넣어 완성하시오. (10점)

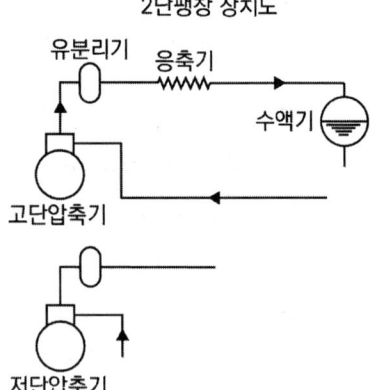

풀이

2단압축 1단팽창 장치도

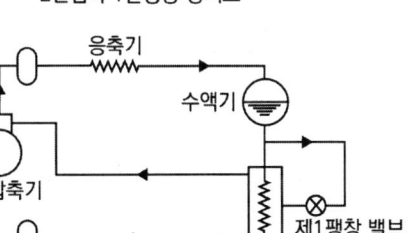

2단압축 2단팽창 장치도

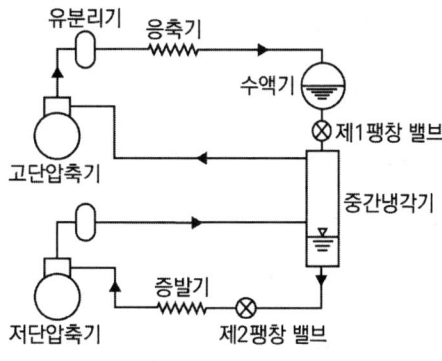

04 20000 kg/h의 공기를 압력 35 kPa·g의 증기로 0 ℃에서 50 ℃까지 가열할 수 있는 에로 핀 열교환기가 있다. 주어진 설계조건을 이용하여 각 물음에 답하시오. (8점)

[조건]
- 전면풍속 $V_f = 3\ \mathrm{m/s}$
- 증기온도 $t_s = 108.2\ ℃$
- 출구공기온도 보정계수 $k_t = 1.19$
- 코일 열통과율 $K_c = 784\ \mathrm{W/m^2 \cdot K \cdot 열}$
- 증발잠열 $q_e = 2235\ \mathrm{kJ/kg}\,(35\ \mathrm{kPa \cdot g})$
- 밀도 $\rho = 1.2\ \mathrm{kg/m^3}$
- 공기정압비열 $C_p = 1.01\ \mathrm{kJ/kg \cdot K}$
- 대수평균온도차 $\triangle t_m$(향류)을 사용

(1) 전면 면적 $A_f(\mathrm{m^2})$을 구하시오.

(2) 가열량 $q_H(\mathrm{kW})$을 구하시오.

(3) 열수 N(열)을 구하시오.

(4) 증기소비량 $L_s(\mathrm{kg/h})$을 구하시오.

2020년 3회

풀이

(1) 전면 면적(A_f)

풍량 $Q = A_f \cdot V_f$ 에서 $A_f = \dfrac{Q}{V_f} = \dfrac{G}{\rho \cdot V_f} = \dfrac{20,000}{1.2 \times 3 \times 3600} = 1.543 ≒ 1.54 \text{ m}^2$

(2) 가열량(q_H)

$q_H = G \cdot C_p \cdot (t_2 - t_1)k_t = \dfrac{20,000}{3600} \times 1.01 \times (50 - 0) \times 1.19 = 333.861 ≒ 333.86 \text{ kW}$

(3) 열수(N)

```
              증기
      108.2 ─────── 108.2
         │            ↕  ) Δt₂=48.7
Δt₁=108.2(            59.5
         │    공기  ╱
         0 ────────
```

$q_H = K_c \cdot A_f \cdot N \cdot \Delta t_m$ 에서 $N = \dfrac{q_H}{K_c \cdot A_f \cdot \Delta t_m}$

$\Delta t_m = \dfrac{\Delta t_1 - \Delta t_2}{\ln \dfrac{\Delta t_1}{\Delta t_2}} = \dfrac{108.2 - 48.7}{\ln \dfrac{108.2}{48.7}} = 74.533 ≒ 74.53 \text{℃}$

$\therefore N = \dfrac{333.86 \times 1000}{784 \times 1.54 \times 74.53} = 3.71 ≒ 4 \text{열}$

(4) 증기소비량(L_s)

$q_H = q_e \times L_s$ 에서

$L_s = \dfrac{q_H}{q_e} = \dfrac{333.86 \times 3600}{2235} = 537.761 ≒ 537.76 \text{ kg/h}$

> **참고**
> (1) 보정된 온도상승 $\Delta t'$
> $\Delta t' = (t_2 - t_1)k_t$
> $\Delta t' = (50 - 0) \times 1.19 = 59.5 \text{℃}$
> (2) 보정된 출구공기온도 $t_2{'}$
> $t_2{'} = t_1 + \Delta t'$
> $t_2{'} = 0 + 59.5 = 59.5 \text{℃}$

05
2단압축 냉동장치의 운전 조건이 다음의 몰리에르 선도(p – h)와 같을 때 각 물음에 답하시오.

(6점)

[조건]
1. $h_1 = 1625 \text{ kJ/kg}$
2. $h_2 = 1813 \text{ kJ/kg}$
3. $h_3 = 1671 \text{ kJ/kg}$
4. $h_4 = 1872 \text{ kJ/kg}$
5. $h_5 = h_7 = 536 \text{ kJ/kg}$
6. $h_6 = h_8 = 419 \text{ kJ/kg}$
7. 냉동능력(RT) = 5(1 RT = 3.9 kW))
8. $v_1 = 1.55 \text{ m}^3/\text{kg}$, $v_3 = 0.63 \text{ m}^3/\text{kg}$
9. 저단 측 압축기의 체적효율 : 0.7
10. 고단 측 압축기의 체적효율 : 0.8

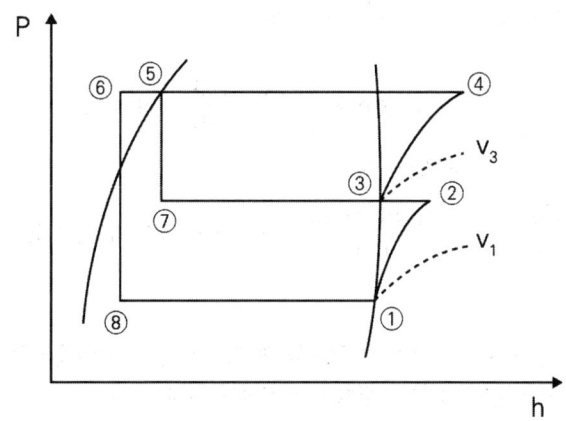

(1) 저단 측 압축기의 이론적인 피스톤 압출량(V_{aL})

(2) 고단 측 압축기의 이론적인 피스톤 압출량(V_{aH})

풀이

(1) 저단 측 이론 피스톤 압출량(V_{aL})

① 저단 측 냉매 순환량

$$G_L = \frac{Q_e}{h_1 - h_8} = \frac{5 \times 3.9 \times 3600}{1625 - 419} = 58.208 \text{ kg/h}$$

② 저단 측 이론 피스톤 압출량

$$V_{aL} = \frac{G_L \cdot v_1}{\eta_{vL}} = \frac{58.208 \times 1.55}{0.7} = 128.889 ≒ 128.89 \text{ m}^3/\text{h}$$

(2) 고단 측 이론 피스톤 압출량(V_{aH})

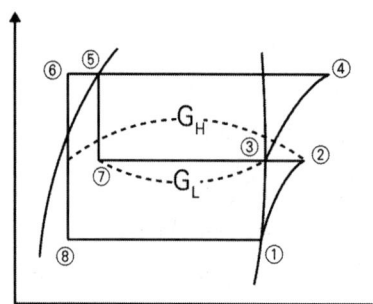

① 고단 측 냉매 순환량을 먼저 구하면

냉매 순환량 공식 $\dfrac{G_H}{G_L} = \dfrac{h_2 - h_6}{h_3 - h_7}$ 에서

$$G_H = G_L \dfrac{h_2 - h_6}{h_3 - h_7} = 58.208 \times \dfrac{1813 - 419}{1671 - 536} = 71.49 \text{ kg/h}$$

② 고단 측 이론 피스톤 압출량

$$V_{aH} = \dfrac{G_H \cdot v_3}{\eta_{vH}} = \dfrac{71.49 \times 0.63}{0.8} = 56.298 \fallingdotseq 56.30 \text{ m}^3/\text{h}$$

> **참고**
> 냉매량 G는 고단 압축기가 많은데 피스톤 배제량 V는 저단 압축기가 많다. 이는 흡입되는 냉매가스의 비체적이 저단 압축기 쪽이 월등히 크기 때문이다.
> 즉, $v_1 > v_3$

---

06 냉장실의 냉동부하 7 kW, 냉장실 내 온도를 -20℃로 유지하는 나관 코일식 증발기 천장 코일의 냉각관 길이(m)를 구하시오. (단, 천장 코일의 증발관 내 냉매의 증발온도는 -28℃, 외표면적 0.19 m²/m, 열통과율은 8 W/m²·K이다) (4점)

[풀이]

$q = K \cdot A \cdot \Delta t = K \times (1 \text{ m당 외표면적} \times \text{냉각관길이 L}) \times \Delta t$

$\therefore L = \dfrac{q}{K \times 1\text{m당 외표면적} \times \Delta t} = \dfrac{7 \times 1000}{8 \times 0.19 \times (-20 - (28))} = 575.657 \fallingdotseq 575.66 \text{ m}$

07 다음과 같은 조건의 건물 중간층 난방부하를 구하시오. (16점)

[조건]

1. 열관류율(W/m²·K) : 천장(0.98), 바닥(1.91), 문(3.95), 유리창(6.63)
2. 난방실의 실내온도 : 25℃, 비난방실의 온도 : 5℃
   외기온도 : -10℃, 상·하층 난방실의 실내온도 : 25℃
3. 벽체 표면의 열전달률

구분	표면위치	대류의 방향	열전달률(W/m²·K)
실내 측	수직	수평(벽면)	9
실외 측	수직	수직·수평	23

4. 방위계수

방위	방위계수
북쪽 외벽, 창, 문	1.1
남쪽 외벽, 창, 문, 내벽	1.0
동쪽, 서쪽 외벽, 창, 문	1.05

5. 환기횟수 : 난방실 -1 회/h, 비난방실 - 3 회/h
6. 공기의 비열 : 1.01 kJ/kg·K, 공기 밀도 : 1.2 kg/m³

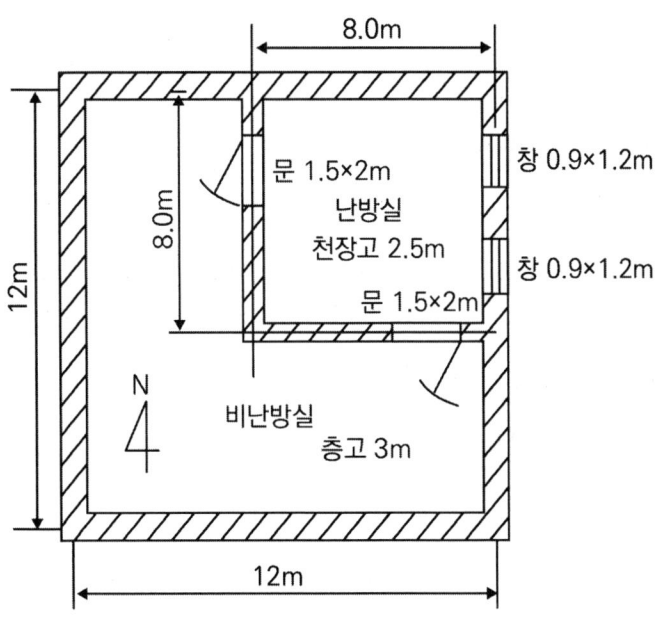

벽체의 종류	구조	재료	두께(mm)	열전도율(W/m·K)
외벽		타일	10	1.3
		모르타르	15	1.5
		콘크리트	120	1.6
		모르타르	15	1.5
		플라스터	3	0.6
내벽		콘크리트	100	1.5

(1) 외벽과 내벽의 열관류율을 구하시오.

(2) 다음 부하계산을 하시오.
　① 벽체를 통한 부하
　② 유리창을 통한 부하
　③ 문을 통한 부하
　④ 극간풍 부하(환기횟수에 의함)

> **풀이**

(1) 외벽, 내벽 열관류율(K)

　① 외벽 열관류율(K_1)

$$\frac{1}{K_1} = \frac{1}{\alpha_i} + \frac{\ell_1}{\lambda_1} + \frac{\ell_2}{\lambda_2} + \frac{\ell_3}{\lambda_3} + \frac{\ell_4}{\lambda_5} + \frac{\ell_5}{\lambda_5} + \frac{1}{\alpha_o}$$

$$\frac{1}{K_1} = \frac{1}{9} + \frac{0.01}{1.3} + \frac{0.015}{1.5} + \frac{0.120}{1.6} + \frac{0.015}{1.5} + \frac{0.003}{0.6} + \frac{1}{23} = 0.2623$$

$$\therefore K_1 = \frac{1}{0.2623} ≒ 3.81 \; \text{W/m}^2 \cdot \text{K}$$

　② 내벽 열관류율(K_2)

$$\frac{1}{K_2} = \frac{1}{\alpha_i} + \frac{\ell_1}{\lambda_1} + \frac{1}{\alpha_i}$$

$$\frac{1}{K_2} = \frac{1}{9} + \frac{0.100}{1.5} + \frac{1}{9} = 0.2889$$

$$\therefore K_2 = \frac{1}{0.2889} ≒ 3.46 \text{ W/m}^2 \cdot \text{K}$$

(2) 부하계산

① 벽체를 통한 부하 $q_W = K \cdot A \cdot \triangle t \cdot k$

- 동쪽(E)외벽

  $q_{WE} = 3.81 \times (8 \times 3 - 0.9 \times 1.2 \times 2) \times (25 - (-10)) \times 1.05 = 3057.982 \text{ W}$

- 북쪽(N)외벽

  $q_{WN} = 3.81 \times (8 \times 3) \times (25 - (-10)) \times 1.1 = 3520.44 \text{ W}$

- 서쪽내벽(I)

  $q_{WI} = 3.46 \times (8 \times 2.5 - 1.5 \times 2) \times (25 - 5) \times 1.0 = 1176.4 \text{ W}$

- 남쪽내벽(I)

  $q_{WI} = 3.46 \times (8 \times 2.5 - 1.5 \times 2) \times (25 - 5) \times 1.0 = 1176.4 \text{ W}$

∴ 벽체를 통한 부하 q_W

∴ q_W = 동쪽 외벽부하 + 북쪽 외벽부하 + 서쪽 내벽부하 + 남쪽 외벽부하

= 3057.982 + 3520.44 + 1176.4 + 1176.4 = 8931.222 ≒ 8931.22 W

> **참고**
> 일반적으로 내벽 및 내벽에 설치된 문, 창문 등은 방위계수를 적용하지 않는다. 그러나 문제의 조건 4에서 내벽의 방위계수가 1.0으로 주어졌기 때문에 내벽 방위계수를 적용한다.

② 유리창을 통한 부하 $q_G = K \cdot A \cdot \triangle t \cdot k$

$q_G = 6.63 \times (0.9 \times 1.2 \times 2) \times (25 - (-10)) \times 1.05 = 526.289 ≒ 526.29 \text{ W}$

③ 문을 통한 부하 $q_D = K \cdot A \cdot \triangle t \cdot k$

$q_D = 3.95 \times (1.5 \times 2 \times 2) \times (25 - 5) \times 1.0 = 474 \text{W}$

④ 극간풍 부하($q_I = q_{IS} + q_{IL}$)

$$q_I = q_{IS} + q_{IL} = \rho Q_I \cdot C_p \cdot \triangle t + 2501 \rho Q_I \cdot \triangle x$$
$$= \frac{[\{1.2 \times (8 \times 8 \times 2.5 \times 1) \times 1.01 \times (25 - (-10))\} + 0] \times 1000}{3600}$$

≒ 1885.33 W

단, 문제에서 절대습도에 대한 조건이 주어지지 않았으므로 잠열에 의한 극간풍 부하(q_{IL})는 무시한다.

08 다음과 같은 운전조건을 갖는 브라인 쿨러가 있다. 전열면적이 25 m²일 때 각 물음에 답하시오. (단, 평균온도차는 산출평균 온도차를 이용한다) (5점)

[조건]
1. 브라인 비중 : 1.24
2. 브라인 비열 : 2.81 kJ/kg·K
3. 브라인의 유량 : 200 L/min
4. 쿨러로 들어가는 브라인 온도 : -18 ℃
5. 쿨러에서 나오는 브라인 온도 : -23 ℃
6. 쿨러 냉매 증발온도 : -26 ℃

(1) 브라인 쿨러의 냉동부하(kW)를 구하시오.
(2) 브라인 쿨러의 열통과율(W/m²·K)를 구하시오.

[풀이]

(1) 브라인 쿨러의 냉동부하(q)

$$q = GC\Delta t = \rho QC\Delta t$$
$$= \frac{(1.24 \times 200) \times 2.81 \times (-18-(-23))}{60} = 58.073 ≒ 58.07 \text{ kW}$$

(2) 브라인 쿨러의 열통과율(K)

$q = KA\Delta t_m$ 에서

$$K = \frac{q}{A\Delta t_m}$$

$$\Delta t_m = \frac{-18+(-23)}{2} - (-26) = 5.5 \text{ ℃}$$

$$\therefore K = \frac{58.07 \times 1000}{25 \times 5.5} = 422.327 ≒ 422.33 \text{ W/m}^2 \cdot \text{K}$$

※ 비중 S가 1.24 일 때, 밀도는 1.24 kg/L 이다.

09 다음 응축기의 사양 및 사용 조건에서 유막이 없을 때 열통과율(K_1)에 비하여 유막이 있을 때 열통과율(K_2)이 몇 % 정도 감소하는지 계산식을 표시하여 답하시오. (5점)

[응축기의 사양 및 사용조건]
1. 형식 : 셸 앤 튜브식
2. 표면 열전달률(냉각수 측) $\alpha_w = 2326 \ \text{W/m}^2 \cdot \text{K}$
3. 표면 열전달률(냉매 측) $\alpha_r = 1744 \ \text{W/m}^2 \cdot \text{K}$
4. 물때의 두께 $\delta_s = 0.2 \ \text{mm}$, 열전도율 $\lambda_s = 0.93 \ \text{W/m} \cdot \text{K}$
5. 냉각관 두께 $\delta_t = 3.0 \ \text{mm}$, 열전도율 $\lambda_t = 349 \ \text{W/m} \cdot \text{K}$
6. 유막의 두께 $\delta_o = 0.01 \ \text{mm}$, 열전도율 $\lambda_o = 0.14 \ \text{W/m} \cdot \text{K}$

풀이

(1) 유막이 없을 때의 열통과율(K_1)

$$\frac{1}{K_1} = \frac{1}{\alpha_r} + \frac{\delta_t}{\lambda_t} + \frac{\delta_s}{\lambda_s} + \frac{1}{\alpha_w}$$

$$= \frac{1}{1744} + \frac{3.0 \times 10^{-3}}{349} + \frac{0.2 \times 10^{-3}}{0.93} + \frac{1}{2326}$$

$$= 0.001226967$$

$$\therefore K_1 = \frac{1}{0.001226967} = 815.017 ≒ 815.02 \ \text{W/m}^2 \cdot \text{K}$$

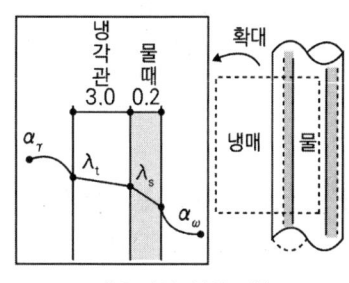

[유막이 없을 때]

(2) 유막이 있을 때의 열통과율(K_2)

$$\frac{1}{K_2} = \frac{1}{\alpha_r} + \frac{\delta_o}{\lambda_o} + \frac{\delta_t}{\lambda_t} + \frac{\delta_s}{\lambda_s} + \frac{1}{\alpha_w}$$

$$= \frac{1}{1744} + \frac{0.01 \times 10^{-3}}{0.14} + \frac{3.0 \times 10^{-3}}{349} + \frac{0.2 \times 10^{-3}}{0.93} + \frac{1}{2326}$$

$$= 0.001298395$$

$$\therefore K_2 = \frac{1}{0.001298395} = 770.181 ≒ 770.18 \ \text{W/m}^2 \cdot \text{K}$$

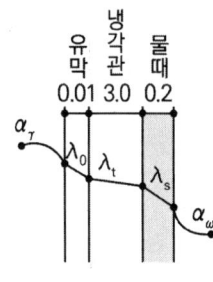

[유막이 있을 때]

(3) 감소율(%)

감소율 $= \dfrac{K_1 - K_2}{K_1} = \dfrac{815.02 - 770.18}{815.02} \times 100 = 5.501 ≒ 5.50 \ \%$

유막이 있을 때의 열통과율은 유막이 없을 때보다 5.50 % 감수함

10 오존층이 파괴되는 프레온계 냉매 대신 CO_2냉매(R-744)를 사용하려 한다. CO_2냉매의 특징 5가지를 쓰시오. (5점)

> **풀이**
>
> [CO_2 냉매의 특징]
> 1. 천연냉매(자연냉매)이다.
> 2. 포화압력이 매우 높다.
> 3. 가스의 비체적이 매우 작아 냉동장치를 소형으로 할 수 있다.
> 4. 임계온도가 31.35℃로 매우 낮아 응축기에서 냉각수 온도가 충분히 낮지 않으면 냉매 가스가 응축액화되지 않는다.
> 5. 연소 및 폭발성이 없다.
> 6. 오존층 파괴지수가 0이다.
> 7. 무색, 무취이며, 부식성이 없다.
> 위 내용 중 5가지 기술하면 정답

11 다음 그림에 표시한 200 RT 냉동기를 위한 냉각수 순환계통의 냉각수 순환 펌프의 축동력(kW)을 구하시오. (6점)

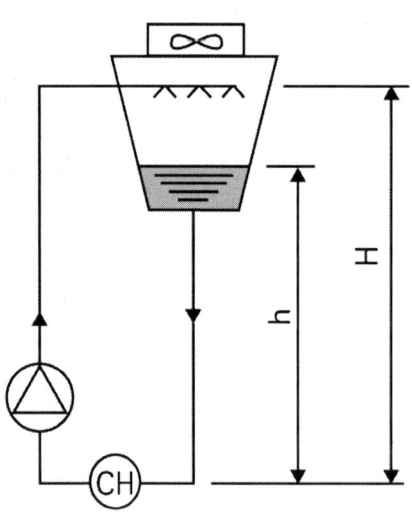

[조건]
1. H = 50 m
2. h = 48 m
3. 배관 총길이 l = 200 m
4. 부속류 상당길이 l' = 100 m
5. 펌프효율 η = 65 %
6. 1RT당 응축열량 : 4.54 kW
7. 노즐압력 P = 30 kPa
8. 배관의 단위 길이당 저항 r = 0.3 kPa/m
9. 냉동기(응축기)수 저항 R_c = 60 kPa
10. 여유율(안전율) : 10 %
11. 냉각수 온도차 : 5℃
12. 물의 비열 : 4.2 kJ/kg·K

풀이

1) 전양정

H_T = 실양정 + 배관손실수두 + 기기손실수두 + 노즐압력

$$= (50-48) + (200+100) \times \frac{0.3}{9.8} + \frac{60}{9.8} + \frac{30}{9.8} = 20.367 ≒ 20.37 \text{ m}$$

2) 유량

$q_C = G \cdot C \cdot \triangle t = \rho Q \cdot C \cdot \triangle t$ 에서

$$Q = \frac{q_C}{\rho \cdot C \cdot \triangle t} = \frac{200 \times 4.54 \times 3600}{1000 \times 4.2 \times 5} = 155.657 ≒ 155.66 \text{ m}^3/\text{h}$$

3) 축동력

$$L_b[kW] = \frac{\gamma[kN/m^3] \times Q[m^3/s] \times H[m]}{\eta_p} = \frac{9.8 \times \frac{155.66}{3600} \times 20.37}{0.65} \times 1.1 ≒ 14.61 \text{ kW}$$

12 다음과 같이 증발온도가 다른 2대의 증발기를 갖는 냉동 시스템에 대해 주어진 각종 부속 장치의 설치위치를 넣어 장치도를 완성하시오. (10점)

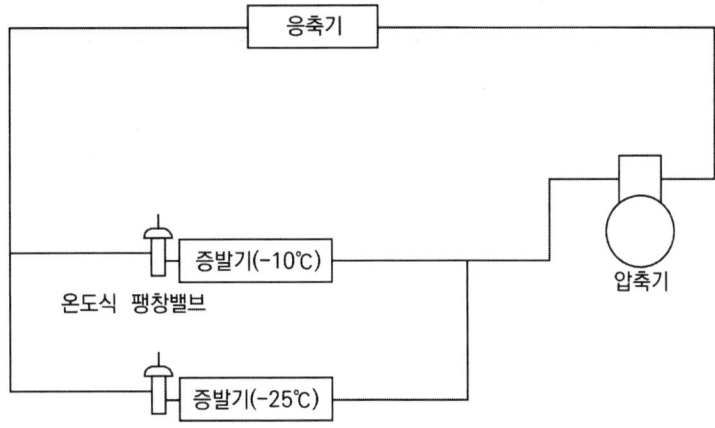

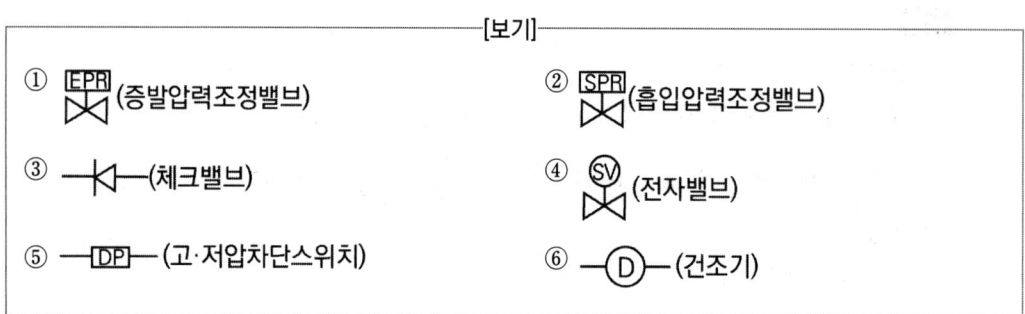

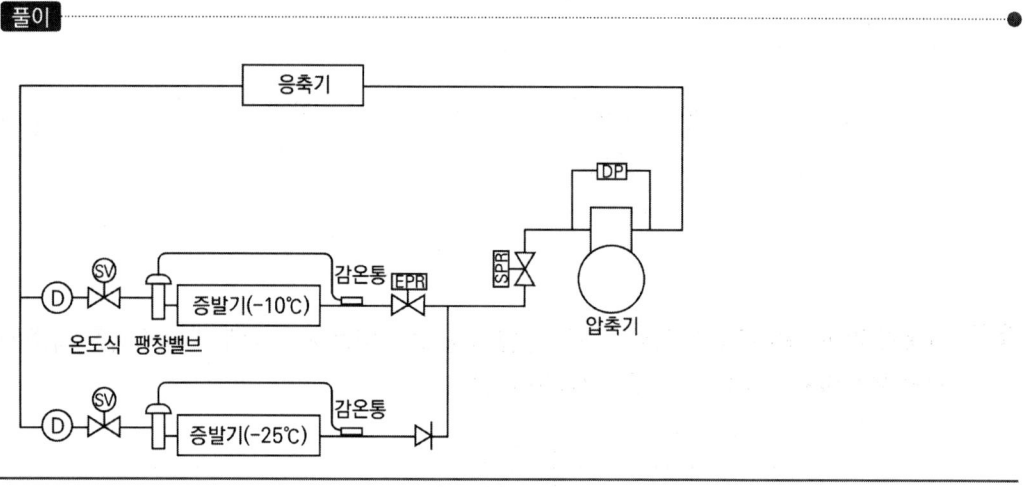

13 다음 그림과 같은 공조장치를 아래의 [조건]으로 냉방 운전할 때 공기 선도를 이용하여 그림의 번호를 공기조화 Process에 나타내고, 공기 냉각기에서 냉각열량(kJ/h)과 제습(감습)량 (kg/h)을 계산하시오. (단, 환기덕트에 의한 공기의 온도 상승은 무시한다) (7점)

[조건]
1. 실내 온습도 : 건구온도 26 ℃, 상대습도 50 %
2. 외기상태 : 건구온도 33 ℃, 습구온도 27 ℃
3. 실내 급기량 1000 m³/h
4. 취입 외기량 : 급기풍량의 25 %
5. 실내와 취출공기의 온도차 : 10 ℃
6. 송풍기 및 급기덕트에 의한 공기의 온도 상승 : 1 ℃
7. 공기의 밀도 : 1.2 kg/m³
8. 공기의 정압비열 : 1 kJ/kg·K, 냉각수 비열 4.2 kJ/kg·K
9. SHF = 0.9
10. 1 kcal = 4.2 kJ

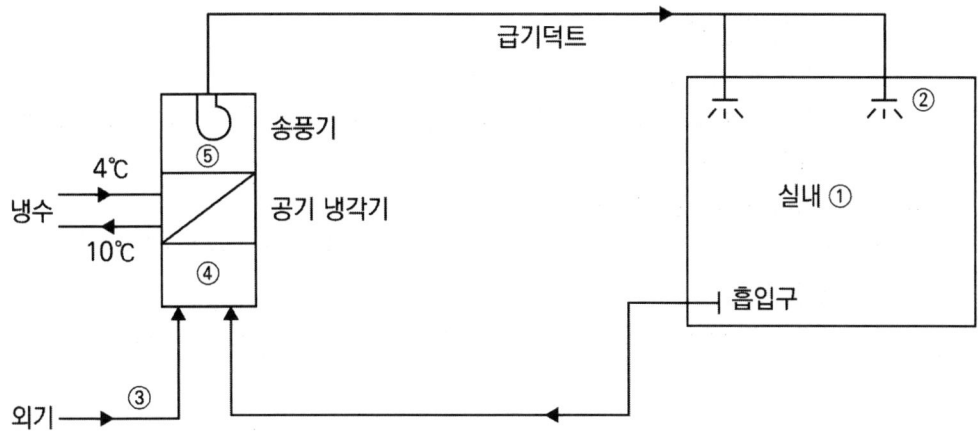

> **풀이**

(1) 공기조화 선도 작도

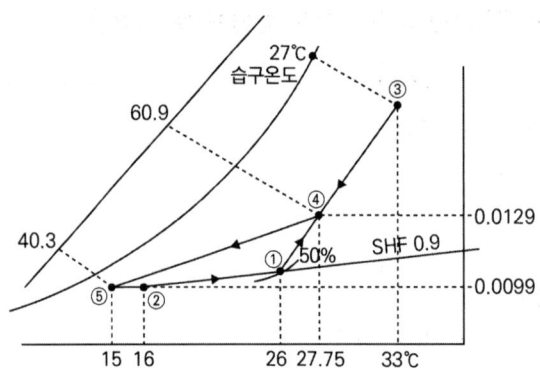

④점 : 외기 25 %와 리턴공기 75%가 혼합된 점(온도)

$$t_4 = \frac{33 \times 0.25 + 26 \times 0.75}{1.0} = 27.75\ ℃$$

①점 : 건구온도 26 ℃ 상대습도 50%가 만나는 점

②점 : ①에서 SHF 0.9와 평행선을 긋고, 취출공기는 26 ℃와 온도차가 10 ℃ 되는 16 ℃ 와 만나는 점

③점 : 건구온도 33 ℃ 습구온도 27℃가 만나는 점

⑤점 : 송풍기 및 급기덕트에 의한 온도 상승이 1 ℃이므로 왼쪽으로 수평선을 긋고 15 ℃ 와 만나는 점

(2) 냉각기에서 냉각열량(kJ/h)

$$q_c = G\triangle h = \rho Q(h_4 - h_5) = 1.2 \times 1000 \times (60.9 - 40.3) = 24720\ \text{kJ/h}$$

(3) 제습(감습)량(kg/h)

$$L = G\triangle x = \rho Q(x_4 - x_5) = 1.2 \times 1000 \times (0.0129 - 0.0099) = 3.6\ \text{kg/h}$$

14 1단 압축, 1단 팽창의 이론사이클로 운전되고 있는 R-22 냉동장치가 있다. 이 냉동장치는 증발온도 -10 ℃, 응축온도 40 ℃, 압축기 흡입증기의 과열증기 엔탈피 및 비체적은 각각 405 kJ/kg과 0.067 m³/kg, 압축기 출구증기의 엔탈피 443 kJ/kg, 팽창변을 통과한 냉매의 엔탈피 240 kJ/kg, 팽창변 직전의 냉매는 과냉각 상태이고, 10냉동톤의 냉동능력을 유지하고 있다. 압축기의 체적효율(η_v)은 0.85이고, 압축효율(η_c) 및 기계효율 (η_m)의 곱($\eta_c \times \eta_m$)이 0.73이라고 할 때 다음 물음에 답하시오. (단, 1냉동톤은 3.86 kW이다)   (8점)

(1) 이 냉동장치의 P-h 선도를 그리고 각 상태 값을 나타내시오.

(2) 압축기의 피스톤 토출량(m³/h)을 구하시오.

(3) 압축기의 소요 축동력(kW)을 구하시오.

(4) 이 냉동장치의 응축부하 (kW)를 구하시오.

(5) 이 냉동장치의 성적계수를 구하시오.

> **풀이**

(1) $P-h$ 선도 작도 및 상태값 표시

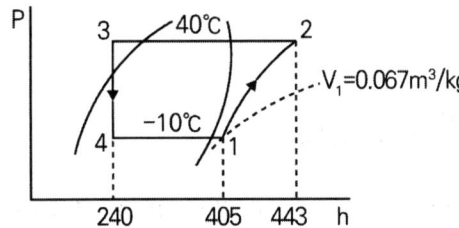

(2) 피스톤 토출량(V)

총 냉동능력 $Q_e = G_{act}(h_1 - h_4)$, $G_{act} = \dfrac{V_{act}}{v_1}$, $\eta_v = \dfrac{V_{act}}{V}$ 이므로

$Q_e = \dfrac{V \cdot \eta_v}{v_1}(h_1 - h_4)$에서

∴ $V = \dfrac{Q_e \cdot v_1}{\eta_v \cdot (h_1 - h_4)} = \dfrac{10 \times 3.86 \times 3600 \times 0.067}{0.85 \times (405 - 240)} = 66.383 ≒ 66.38 \text{ m}^3/\text{h}$

(3) 압축기의 소요 축동력(L_b)

$$L_b = \frac{G_{act}(h_2 - h_1)}{\eta_c \times \eta_m}$$

$$G_{act} = \frac{Q_e}{h_1 - h_4} = \frac{10 \times 3.86}{405 - 240} = 0.2339 \text{ kg/s}$$

$$\therefore L_b = \frac{0.2339 \times (443 - 405)}{0.73} = 12.175 \fallingdotseq 12.18 \text{ kW}$$

(4) 응축부하(Q_c)

※ 압축기의 압축효율(η_c)을 적용하여 실제 응축 부하를 구한다.

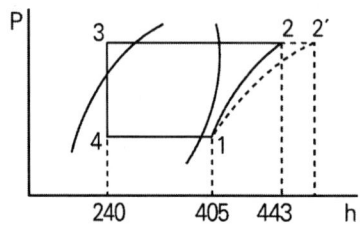

$Q_c = G_{act} \times (h_2' - h_3)$

① h_2'

$$\eta_c = \frac{h_2 - h_1}{h_2' - h_1}, \quad \eta_c \times \eta_m = 0.73$$

$$h_2' = h_1 + \frac{h_2 - h_1}{\eta_c} = 405 + \frac{443 - 405}{\sqrt{0.73}} = 449.475 \text{kJ/kg}$$

($\eta_c \times \eta_m = 0.73$에서 $\eta_c = \eta_m$으로 보아야 하므로 $\eta_c^2 = 0.73$ 즉, $\eta_c = \sqrt{0.73}$이 된다)

② Q_c

$$\therefore Q_c = 0.2339 \times (449.475 - 240) = 48.996 \fallingdotseq 49.0 \text{ kW}$$

(5) 성적계수(COP)

$$COP = \frac{냉동능력}{축동력} = \frac{10 \times 3.86}{12.18} = 3.169 \fallingdotseq 3.17$$

2020 4회

01 흡수식 냉동장치에서 응축기 방열량이 50000 kJ/h이고, 흡수기에 공급되는 냉각수량이 1200 kg/h이며 냉각수 온도차가 8 ℃일 때, 냉동능력 2 RT를 얻기 위하여 발생기에서 가열하는 열량(kJ/h)을 구하시오. (단, 냉각수의 비열은 4.2 kJ/kg·K, 1RT = 3.86 kW) (5점)

풀이

냉동장치로 들어간 열량 = 냉동장치에서 나간 열량

발생기(Q_g) 가열량 + 증발기 가열량(Q_e) = 흡수기 냉각열량(Q_a) + 응축기 냉각열량(Q_c)

$Q_g + Q_e = Q_a + Q_c$

$Q_g = Q_a + Q_c - Q_e = (1200 \times 4.2 \times 8) + 50000 - (2 \times 3.86 \times 3600) = 62528 \text{ kJ/h}$

02 다음과 같은 벽체의 열관류율을 구하시오. (단, 외표면 열전달률 = 23 W/m²·K, 내표면 열전달률 α_i = 9 W/m²·K로 한다) (6점)

재료명	두께(mm)	열전도율(W/m·K)
1. 모르타르	30	1.4
2. 콘크리트	130	1.6
3. 모르타르	20	1.4
4. 스티로폼	50	0.037
5. 석고보드	10	0.21

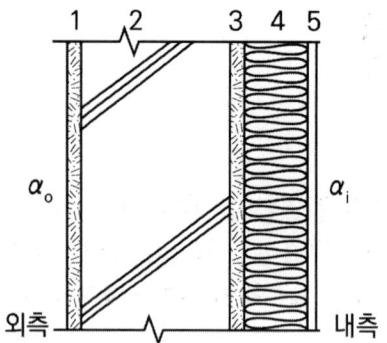

> [풀이]

$$\frac{1}{K} = \frac{1}{\alpha_o} + \frac{\ell_1}{\lambda_1} + \frac{\ell_2}{\lambda_2} + \frac{\ell_3}{\lambda_3} + \frac{\ell_4}{\lambda_4} + \frac{\ell_5}{\lambda_5} + \frac{1}{\alpha_i}$$

$$\frac{1}{K} = \frac{1}{23} + \frac{0.03}{1.4} + \frac{0.13}{1.6} + \frac{0.02}{1.4} + \frac{0.05}{0.037} + \frac{0.01}{0.21} + \frac{1}{9} = 1.6705$$

여기서, 벽체의 열관류율 : K, 두께 : $\ell(\mathrm{m})$

$$\therefore K = \frac{1}{1.6705} = 0.598 ≒ 0.60 \ \mathrm{W/m^2 \cdot K}$$

03 아래와 같은 덕트계에서 각 부의 덕트 치수를 구하고, 송풍기 전압 및 정압을 구하시오. (6점)

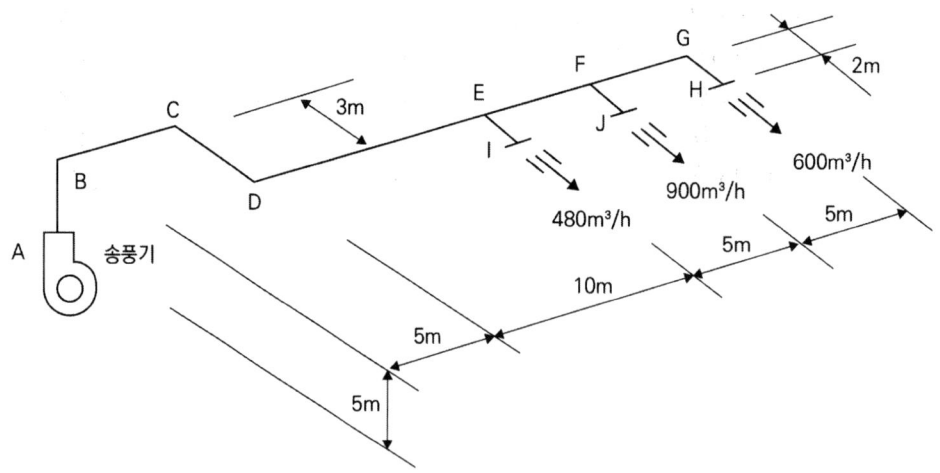

[조건]
1. 취출구 손실은 각 20 Pa이고, 송풍기 출구풍속은 8 m/s이다.
2. 직관의 마찰손실은 1 Pa/m로 한다.
3. 곡관부 1개소의 상당길이는 원형 덕트(직경)의 20배로 한다.
4. 각 기기의 마찰저항은 다음과 같다.
   에어필터 : 100 Pa, 공기냉각기 : 200 Pa, 공기가열기 : 70 Pa
5. 원형 덕트에 상당하는 사각형 덕트의 1변 길이는 20 cm로 한다.
6. 풍량에 따라 제작 가능한 덕트의 치수표

풍량(m^3/h)	원형 덕트 직경(mm)	사각형 덕트 치수(mm)
2500	380	650 × 200
2200	370	600 × 200
1900	360	550 × 200
1600	330	500 × 200
1100	280	400 × 200
1000	270	350 × 200
750	240	250 × 200
560	220	200 × 200

(1) 각 부의 덕트 치수를 구하시오.

구간	풍량(m^3/h)	원형 덕트 직경(mm)	사각형 덕트 치수(mm)
A-E			
E-F			
F-H			
F-J			

(2) 송풍기 전압(Pa)을 구하시오.

(3) 송풍기 정압(Pa)을 구하시오.

[풀이]

(1) 각 부의 덕트 치수

구간	풍량(m³/h)	원형 덕트 직경(mm)	사각형 덕트 치수(mm)
A-E	1980	370	600 × 200
E-F	1500	330	500 × 200
F-H	600	240	250 × 200
F-J	900	270	350 × 200

(2) 송풍기 전압(P_T)

P_T = (직관 + 곡관 + 에어필터 + 공기냉각기 + 공기가열기)의 마찰저항 + 취출구손실

- 직관 마찰저항 = (5 + 5 + 3 + 10 + 5 + 5 + 2) × 1 = 35 Pa
- 곡관 B, C, D 마찰저항 = (0.37 × 20) × 3 × 1 = 22.2 Pa
- 곡관 G 마찰저항 = (0.24 × 20) × 1 = 4.8 Pa

∴ P_T = 35 + (22.2 + 4.8) + 100 + 200 + 70 + 20 = 452 Pa

(3) 송풍기 정압(P_S)

정압 = 전압 - 토출 측 동압

$$P_S = P_T - \frac{1}{2}\rho v_d^2 = 452 - \frac{1}{2} \times 1.2 \times 8^2 = 413.6 \text{Pa}$$

ρ : 공기밀도 1.2 kg/m³

04 다음과 같은 공조 시스템에 대해 계산하시오. (10점)

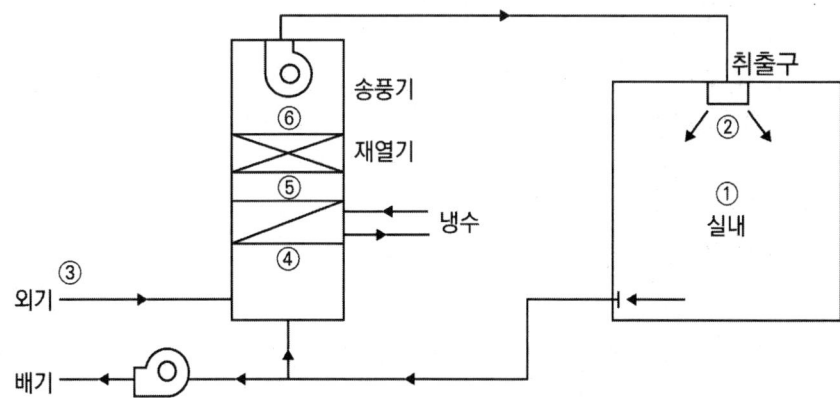

1. 실내온도 : 25 ℃, 실내 상대습도 : 50 %
2. 외기온도 : 31 ℃, 외기 상대습도 : 60 %
3. 실내급기풍량 : 6000 m³/h, 취입외기풍량 : 1000 m³/h, 공기밀도 : 1.2 kg/m³
4. 취출공기온도 : 17 ℃, 공조기 송풍기 입구온도 : 16.5 ℃
5. 공기냉각기 냉수량 : 1.4 L/s, 냉수입구온도(공기냉각기) : 6 ℃,
   냉수출구온도(공기냉각기) : 12 ℃
6. 재열기(전열기) 소비전력 : 5 kW
7. 공조기 입구의 환기온도는 실내온도와 같다.
8. 공기의 정압비열 : 1.01 kJ/kg·K, 냉수의 비열 : 4.2 kJ/kg·K,
9. 0 ℃ 물의 증발잠열 : 2501 kJ/kg

(1) 실내 냉방 현열부하(kW)를 구하시오.
(2) 실내 냉방 잠열부하(kW)를 구하시오.

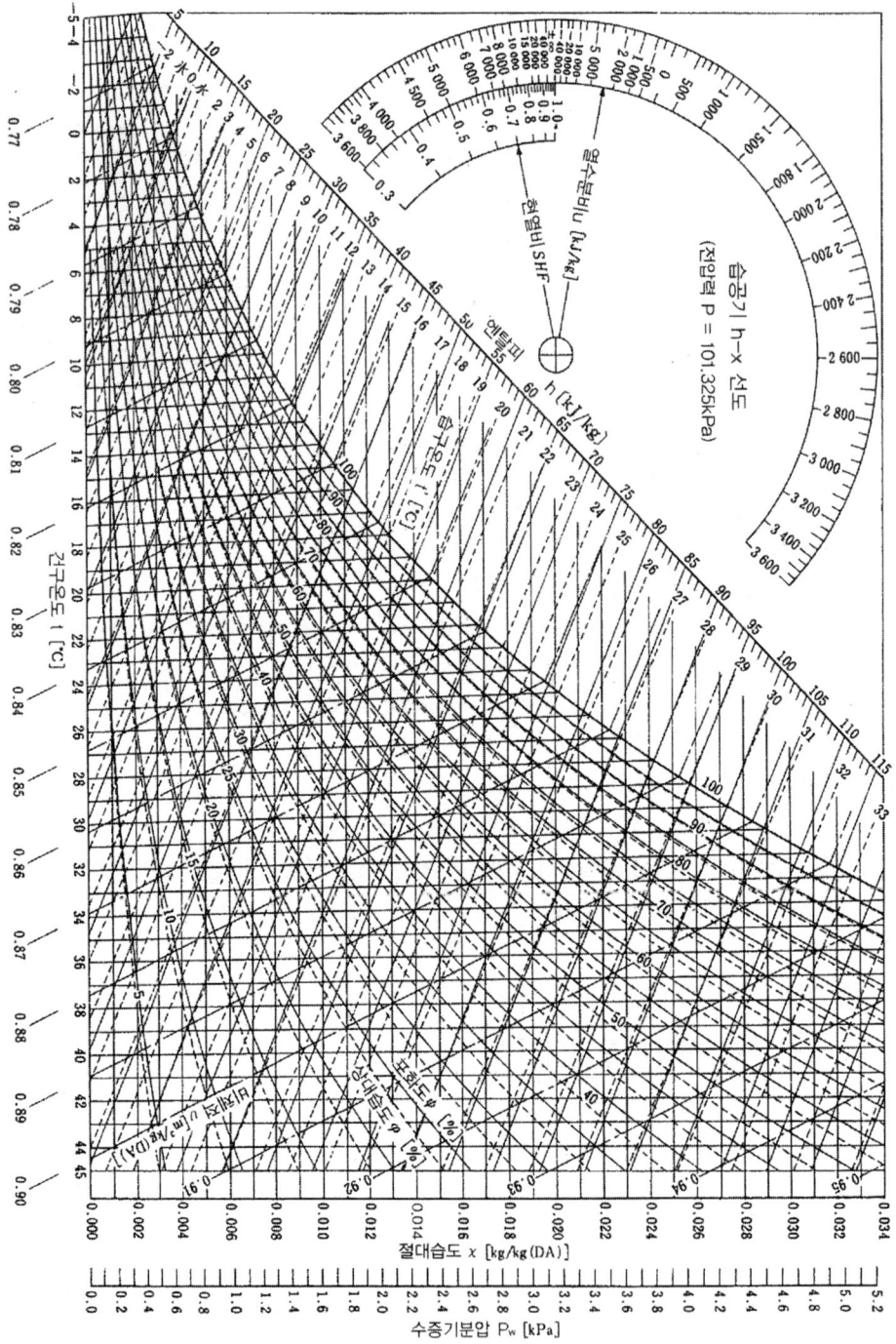

(3) 습공기 선도를 작도하시오.

> 풀이

(1) 실내 냉방 현열부하(q_S)

$$q_S = G \cdot C_p \cdot \triangle t = \rho Q \cdot C_p (t_1 - t_2) = 1.2 \times \frac{6000}{3600} \times 1.01 \times (25 - 17) = 16.16 \text{ kW}$$

(2) 실내 냉방 잠열부하(q_L)

$$q_L = 2501 \times G(x_1 - x_2) = 2501 \times \rho Q(x_1 - x_2)$$

x_1, x_2를 습공기 선도에서 구하기 위해 습공기 선도를 작성한다.

1) 혼합공기의 온도와 엔탈피(t_4, h_4)

$$t_4 = \frac{Q_1 t_1 + Q_3 t_3}{Q_4} = \frac{(6000-1000) \times 25 + 1000 \times 31}{6000} = 26 \ ℃$$

$h_4 = 54.5 \text{kJ/kg}$ (공기선도에서 혼합점 온도 26℃를 찾고 엔탈피 54.5를 읽는다)

2) 냉각코일 출구엔탈피(h_5)

냉각코일부하 $q_{CC} = G_w \cdot C \cdot \triangle t_w = G_a(h_4 - h_5)$

$$h_5 = h_4 - \frac{G_w \cdot C \cdot \triangle t_w}{G_a} = 54.5 - \frac{(1.4 \times 3600) \times 4.2 \times (12-6)}{1.2 \times 6000} = 36.86 \text{ kJ/kg}$$

3) 냉각코일 출구온도(t_5)

재열기 출구 = 송풍기 입구

재열기 부하 $q_{RH} = G_a \cdot C_p(t_6 - t_5)$

$$t_5 = t_6 - \frac{q_{RH}}{G_a C_p} = t_6 - \frac{q_{RH}}{\rho Q_a C_p} \quad (t_6 = 16.5 \ ℃)$$

$$\therefore t_5 = 16.5 - \frac{5 \times 3600}{(1.2 \times 6000) \times 1.01} = 14.024 ≒ 14.02 \ ℃$$

4) 공기선도상에서 t_5와 h_5가 만나는 점 ⑤를 찾는다.

5) ⑤점에서 수평선을 그어 16.5℃와 만나는 점이 재열기 출구점 ⑥이며

6) ⑤점에서 수평선을 그어 17℃와 만나는 점이 ②점이 된다.

7) ①점의 절대습도 $x_1 = 0.0099 \text{ kg/kg}'$

②점의 절대습도 $x_2 = 0.009 \text{ kg/kg}'$

실내냉방 잠열부하 q_L

[풀이 1] $q_L = \dfrac{2501 \times 1.2 \times 6000 \times (0.0099 - 0.009)}{3600} = 4.501 ≒ 4.50 \text{ kW}$

[풀이 2] $q_L = q_T - q_S = G(h_1 - h_2) - q_S$

$$= \frac{1.2 \times 6000 \times (50.3 - 40)}{3600} - 16.16 = 4.44 \, \text{kW}$$

※ 위 오차는 모두 정답으로 인정된다.

(3) 습공기 선도 작도

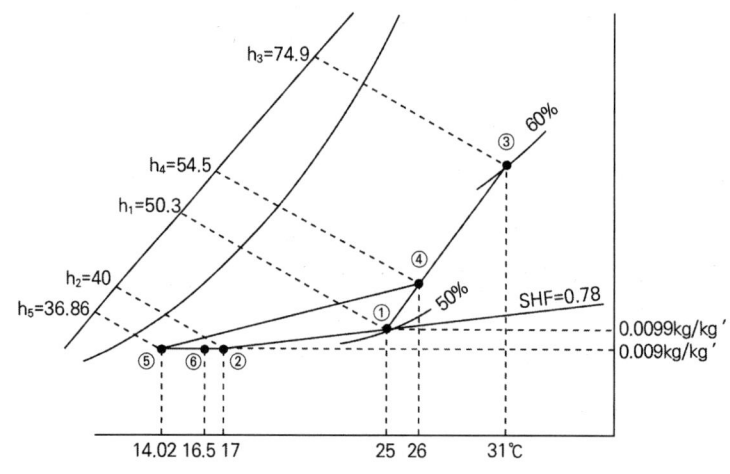

05 겨울철에 냉동장치 운전 중에 고압 측 압력이 갑자기 낮아질 경우 장치 내에서 일어나는 현상을 3가지 쓰고 그 이유를 각각 설명하시오. (6점)

풀이

① 팽창밸브 통과하는 냉매량이 감소함
  고압이 과도하게 낮아지면서 고압과 저압의 압력 차가 줄어들어 유속이 감소하고 시간에 따른 냉매 유량이 감소함
② 단위시간당 냉동능력 저하
  팽창밸브를 통과하는 냉매량이 감소하므로 단위시간당 냉동능력이 저하됨
  (※ 일반적으로 고압이 낮아지면 냉동효과가 증대되나, 과도하게 낮아지면 냉매량 감소로 냉동효과가 저하됨)
③ 압축기 소요동력 증가
  단위시간당 냉동능력이 저하되므로 동일한 냉동능력을 내기 위해 압축기 가동시간이 증가하고 이에 따라 압축기 소요 동력이 증가함

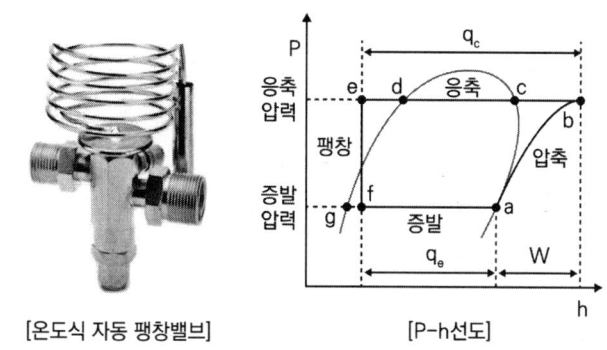

[온도식 자동 팽창밸브]　　[P-h선도]

---

06 아래 난방배관 계통도를 역환수 배관(Reverse Return)방식으로 완성하시오.　　(10점)

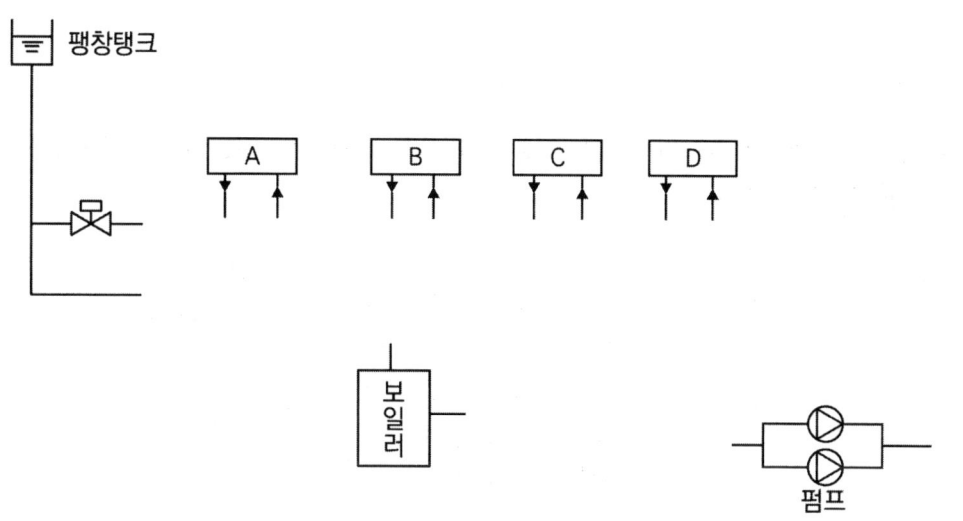

> 풀이

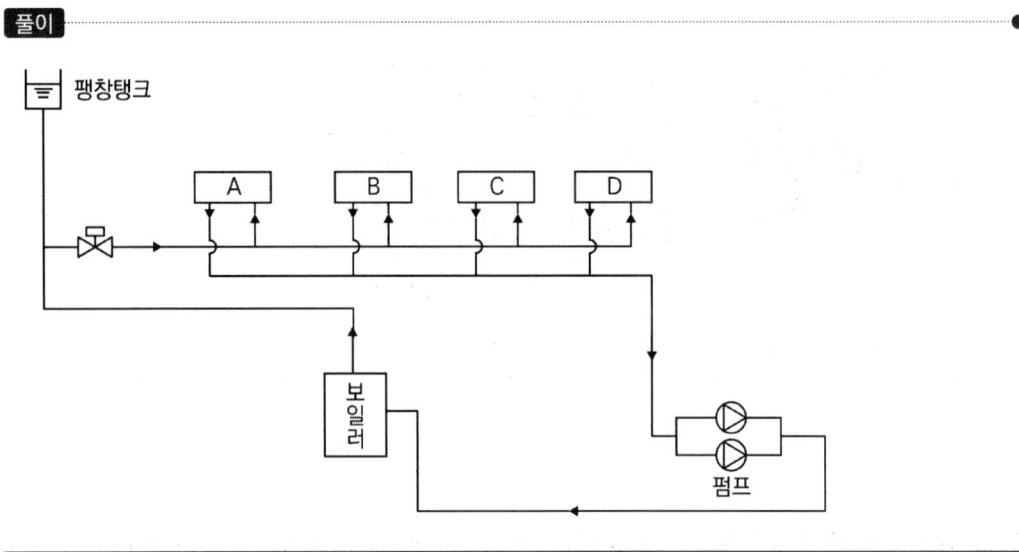

07 온도식 자동팽창밸브의 감온통의 설치 및 외부 균압관의 인출 위치를 바르게 도시하고, 그 이유를 설명하시오. (8점)

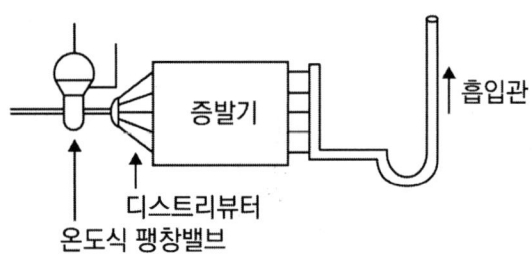

> 풀이

(1) 설치 위치

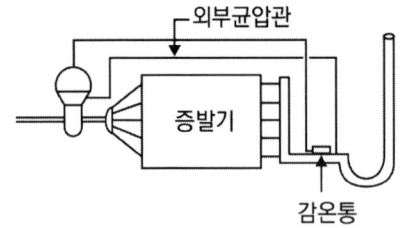

(2) 이유
  ① 흡입가스의 과열도를 정확히 감지하기 위해 감온통은증발기 출구관 외부에 수평으로 설치한다.
  ② 외부 균압관의 인출 위치는 감온통의 설치 위치를 지나 흡입관 상부이며, 냉매가 팽창밸브를 통과한 후 증발기를 거쳐 감온통 부착 지점까지의 총 압력강하를 감지할 수 있는 위치로 한다.

08 주어진 조건을 이용하여 R – 12 냉동기의 (1) 이론 피스톤 토출량(m^3/h), (2) 냉동능력(kW), (3) 압축기 축동력(kW), (4) 성적계수를 구하시오. (8점)

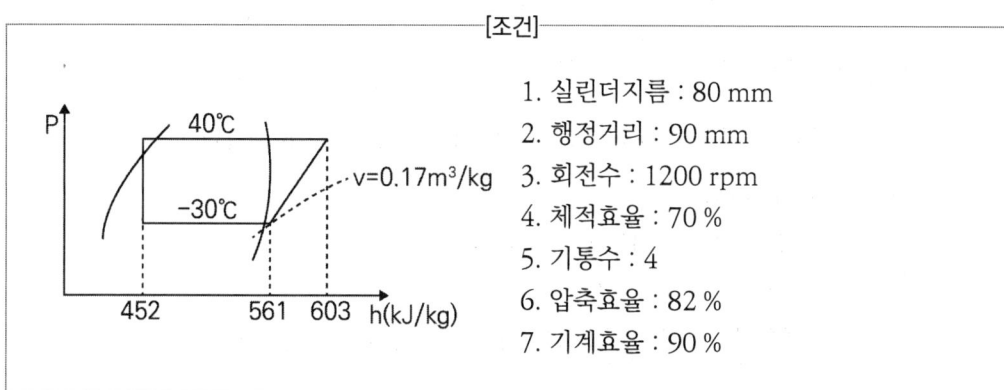

[조건]
1. 실린더지름 : 80 mm
2. 행정거리 : 90 mm
3. 회전수 : 1200 rpm
4. 체적효율 : 70 %
5. 기통수 : 4
6. 압축효율 : 82 %
7. 기계효율 : 90 %

풀이

(1) 이론 피스톤 토출량(m³/h)

$$V = \frac{\pi}{4}D^2 \cdot L \cdot N \cdot Z$$
$$= \frac{\pi}{4} \times 0.08^2 \times 0.09 \times 1200 \times 4 \times 60 = 130.288 ≒ 130.29 \, \text{m}^3/\text{h}$$

(2) 냉동능력(kW)

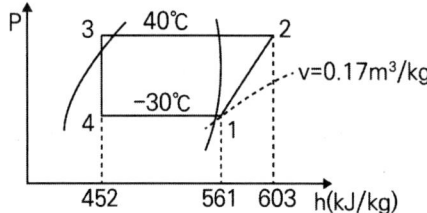

$$Q_e = G \cdot (h_1 - h_4) = \frac{V \cdot \eta_v}{v}(h_1 - h_4)$$
$$= \frac{130.29 \times 0.7}{0.17} \times (561 - 452) \div 3600 = 16.243 ≒ 16.24 \, \text{kW}$$

(3) 압축기 축동력(kW)

$$L_b = \frac{G \cdot (h_2' - h_1)}{\eta_m} = \frac{V \cdot \eta_v \cdot (h_2 - h_1)}{v \cdot \eta_e \cdot \eta_m}$$
$$= \frac{130.29 \times 0.7 \times (603 - 561)}{0.17 \times 0.82 \times 0.9} \div 3600 = 8.481 ≒ 8.48 \, \text{kW}$$

(4) 성적계수

$$COP = \frac{Q_e}{W} = \frac{16.24}{8.48} = 1.915 ≒ 1.92$$

09 R-22를 사용하는 2단압축 1단팽창 냉동장치가 있다. 압축기는 저단, 고단 모두 건조포화 증기를 흡입하여 압축하는 것으로 하고, 운전상태에 있어서의 장치 주요 냉매값은 다음과 같을 때 다음 물음에 답하시오. (8점)

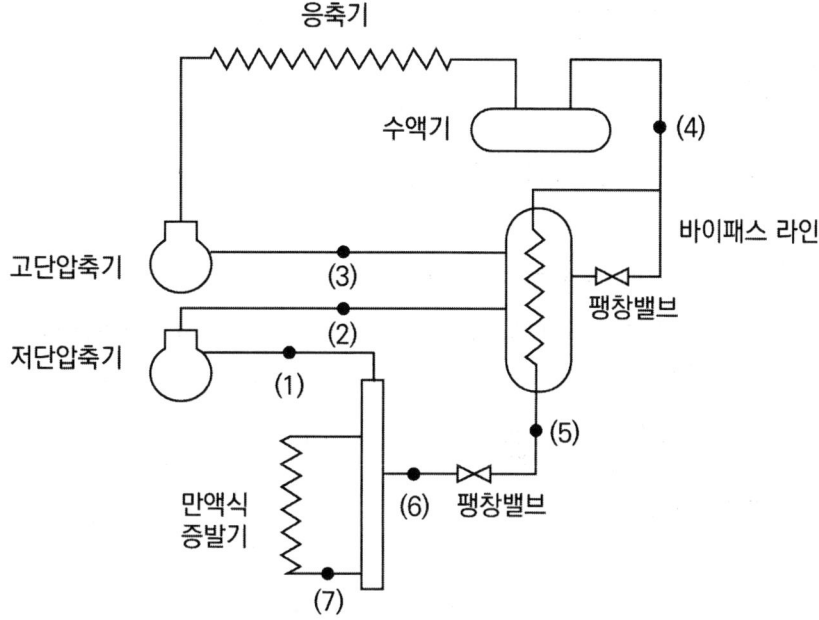

1. 냉동능력 : 200 kW
2. 증발압력에서의 포화액의 엔탈피 : 380 kJ/kg
3. 증발압력에서의 건조포화증기의 엔탈피 : 611 kJ/kg
4. 중간냉각기 입구의 냉매액의 엔탈피 : 452 kJ/kg
5. 중간냉각기 출구의 냉매액의 엔탈피 : 425 kJ/kg
6. 중간압력에서의 건조포화증기의 엔탈피 : 627 kJ/kg
7. 저단 압축기 토출가스 엔탈피 : 643 kJ/kg

(1) 냉동효과(kJ/kg)를 구하시오.

(2) 저단 냉매 순환량(kg/s)을 구하시오.

(3) 바이패스 냉매량(kg/s)을 구하시오.

> 풀이

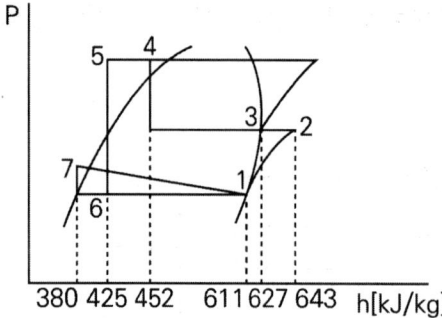

(1) 냉동효과(q_e)

$$q_e = h_1 - h_6 = 611 - 425 = 186 \text{ kJ/kg}$$

∴ 냉동효과 : 냉매 1kg이 팽창밸브를 통과하여 증발기에서 증발한 열량

(2) 저단 냉매 순환량(G_ℓ)

$$G_\ell = \frac{냉동능력(Q_e)}{냉동효과(q_e)} = \frac{200}{186} = 1.075 \fallingdotseq 1.08 \text{ kg/s}$$

(3) 바이패스 냉매량(G_m)

$$G_m = G_h - G_\ell$$

$$\frac{G_h}{G_\ell} = \frac{h_2 - h_5}{h_3 - h_4} \text{에서 } G_h = G_\ell \times \frac{h_2 - h_5}{h_3 - h_4}$$

$$\therefore G_m = G_\ell \left(\frac{h_2 - h_5}{h_3 - h_4} - 1 \right) = 1.08 \times \left(\frac{643 - 425}{627 - 452} - 1 \right) = 0.265 \fallingdotseq 0.27 \text{ kg/s}$$

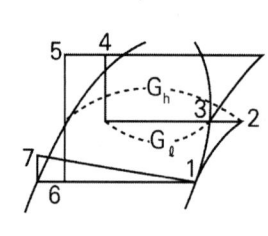

10 900 rpm으로 운전되는 송풍기가 풍량 8000 m³/h, 정압 40 mmAq, 동력 15 kW의 성능을 나타내고 있는 것으로 한다. 이 송풍기의 회전수를 1080 rpm으로 증가시키면 어떻게 되는가를 계산하시오. (6점)

> **풀이**
>
> - 풍량 $Q_2 = \left(\dfrac{N_2}{N_1}\right)^1 \times Q_1 = \left(\dfrac{1080}{900}\right) \times 8000 = 9600 \text{ m}^3/\text{h}$
>
> - 정압 $P_2 = \left(\dfrac{N_2}{N_1}\right)^2 \times P_1 = \left(\dfrac{1080}{900}\right)^2 \times 40 = 57.6 \text{ mmAq}$
>
> - 동력 $L_2 = \left(\dfrac{N_2}{N_1}\right)^3 \times L_1 = \left(\dfrac{1080}{900}\right)^3 \times 15 = 25.92 \text{ kW}$
>
> ---
> **참고**
>
> 서로 다른 치수의 송풍기(또는 펌프)를 비교(상사)했을 때
>
> 풍량(유량) $[m^3/s]$ $Q_2 = \left(\dfrac{N_2}{N_1}\right)^1 \times \left(\dfrac{D_2}{D_1}\right)^3 \times Q_1$
>
> 전압 [Pa] (양정 [m]) $P_2 = \left(\dfrac{N_2}{N_1}\right)^2 \times \left(\dfrac{D_2}{D_1}\right)^2 \times P_1$
>
> 동력 [kW] $L_2 = \left(\dfrac{N_2}{N_1}\right)^3 \times \left(\dfrac{D_2}{D_1}\right)^5 \times L_1$

11 다음과 같은 조건하에서 횡형 응축기를 설계하고자 한다. 냉동능력 10 kW당 응축기 전열면적(m²)은 얼마인가? (단, 방열계수 1.2, 응축온도 35 ℃, 냉각수 입구온도 28 ℃, 냉각수 출구온도 32 ℃, 응축온도와 냉각수 평균온도의 차 5 ℃, K = 1.05 kW/m² · K이다) (5점)

풀이

응축기 전열면적(A)
응축열량(Q_c) = 냉동능력(Q_e) × 방열계수(C)
$Q_c = K \cdot A \cdot \triangle t_m$ 에서

$$A = \frac{Q_c}{K \cdot \triangle t_m} = \frac{Q_e \times 1.2}{K \cdot \triangle t_m} = \frac{10 \times 1.2}{1.05 \times 5} = 2.285 \fallingdotseq 2.29 \text{ m}^2$$

12 ①의 공기상태 t_1 = 25 ℃, x_1 = 0.022 kg/kg′, h_1 = 91.7 kJ/kg, ②의 공기상태 t_2 = 22 ℃, x_2 = 0.006 kg/kg′, h_2 = 37.7 kJ/kg일 때 공기 ①을 25 %, 공기 ②를 75 %로 혼합한 후의 공기 ③의 상태(t_3, x_3, h_3)를 구하고, 공기 ①과 공기 ③ 사이의 열수분비를 구하시오. (8점)

풀이

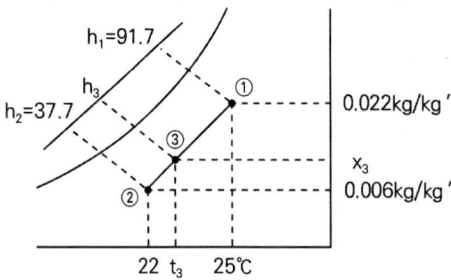

(1) 혼합 후의 공기 ③의 상태(t_3, x_3, h_3)

① $t_3 = \dfrac{G_1 t_1 + G_2 t_2}{G_3} = \dfrac{0.25 \times 25 + 0.75 \times 22}{1} = 22.75$ ℃

② $x_3 = \dfrac{G_1 x_1 + G_2 x_2}{G_3} = \dfrac{0.25 \times 0.022 + 0.75 \times 0.006}{1} = 0.01$ kg/kg′

③ $h_3 = \dfrac{G_1 h_1 + G_2 h_2}{G_3} = \dfrac{0.25 \times 91.7 + 0.75 \times 37.7}{1} = 51.2 \text{ kJ/kg}$

(2) 공기 ①과 공기 ③ 사이의 열수분비(u)

$u = \dfrac{h_1 - h_3}{x_1 - x_3} = \dfrac{91.7 - 51.2}{0.022 - 0.01} = 3375 \text{ kJ/kg}$

> **참고**
> 열수분비 $u = \dfrac{\triangle h}{\triangle x} = \dfrac{열의 변화량}{수분의 변화량} = \dfrac{엔탈피의 변화량}{절대습도의 변화량}$

13 다음과 같은 건물의 A실에 대하여 아래 조건을 이용하여 난방부하(W)를 구하시오. (단, 실 A는 최상층으로 사무실 용도이며, 아래층의 난방 조건은 동일하다) (10점)

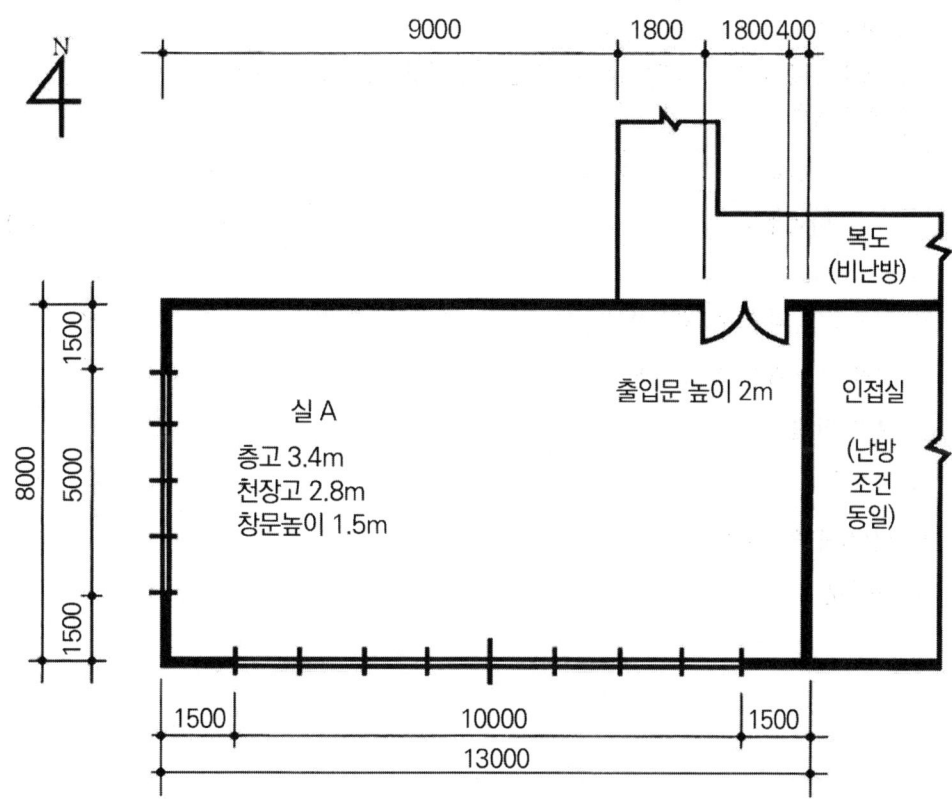

[조건]

1. 난방 설계용 온·습도

	난방	비고
실내	20 ℃ DB, 50 % RH, $x = 0.00725$ kg/kg′	비공조실은 실내·외의 중간 온도로 약산함
외기	-5 ℃ DB, 70 % RH, $x = 0.00175$ kg/kg′	

2. 유리 : 복층유리(공기층 6mm), 블라인드 없음, 열관류율 $K = 3.5$ W/m²·K
   출입문 : 목제 플래시문, 열관류율 $K = 2.2$ W/m²·K
3. 공기의 밀도 $\rho = 1.2$ kg/m³
   공기의 정압비열 $C_{pa} = 1.01$ kJ/kg·K
   수분의 증발잠열(상온) $E_a = 2500$ kJ/kg
   100℃ 물의 증발잠열 $E_b = 2256$ kJ/kg
4. 외기 도입량은 25 m³/h·인이다.
5. 외벽 열관류율 : 0.56 W/m²·K
6. 내벽 열관류율 : 3.0 W/m²·K, 지붕 열관류율 : 0.5 W/m²·K
7. 방위계수

방위	N, 수평	E	W	S
방위계수	1.2	1.1	1.1	1.0

(1) 서측 : ① 외벽 ② 유리창

(2) 남측 : ① 외벽 ② 유리창

(3) 북측 외벽

(4) 지붕

(5) 내벽(북측 칸막이)

(6) 출입문

풀이

난방부하(q)

(1) 서측 $q_W = K \cdot A \cdot \triangle t \cdot k$

　① 외벽 $q_{W1} = 0.56 \times (8 \times 3.4 - 5 \times 1.5) \times (20 - (-5)) \times 1.1 = 303.38$ W

　② 유리창 $q_{W2} = 3.5 \times (5 \times 1.5) \times (20 - (-5)) \times 1.1 = 721.875 ≒ 721.88$ W

(2) 남측

　① 외벽 $q_{S1} = 0.56 \times (13 \times 3.4 - 10 \times 1.5) \times (20 - (-5)) \times 1.0 = 408.8$ W

　② 유리창 $q_{S2} = 3.5 \times (10 \times 1.5) \times (20 - (-5)) \times 1.0 = 1312.5$ W

(3) 북측 외벽

　$q_N = 0.56 \times (9 \times 3.4) \times (20 - (-5)) \times 1.2 = 514.08$ W

(4) 지붕

　$q_R = 0.5 \times (8 \times 13) \times (20 - (-5)) \times 1.2 = 1560$ W

(5) 내벽(북측 칸막이)

　$q_I = 3.0 \times (4 \times 2.8 - 1.8 \times 2) \times \left(20 - \dfrac{20 + (-5)}{2}\right) = 285$ W

(6) 출입문

　$q_D = 2.2 \times (1.8 \times 2) \times \left(20 - \dfrac{20 + (-5)}{2}\right) = 99$ W

---

14 매 시간마다 40 ton의 석탄을 연소시켜서 8 MPa, 온도 400 ℃의 증기를 매 시간 250 ton 발생시키는 보일러의 효율은 얼마인가? (단, 급수 엔탈피 504 kJ/kg, 발생증기 엔탈피 3360 kJ/kg, 석탄의 저발열량 23100 kJ/kg이다) (4점)

풀이

$$\eta_B = \dfrac{\text{유효열량}}{\text{공급열량}} = \dfrac{G_w \times (h_G - h_w)}{G \times H_\ell}$$

$$= \dfrac{250000 \times (3360 - 504)}{40000 \times 23100} \times 100 = 77.272 ≒ 77.27 \%$$

TIP 1 ton = 1000 kg

2019 1회

01 다음과 같은 공기조화기를 통과할 때 공기상태 변화를 공기선도상에 나타내고 번호를 쓰시오. (5점)

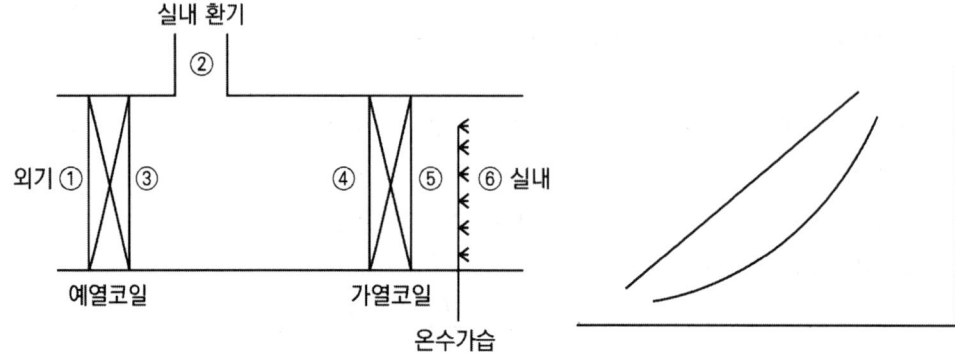

[풀이]

02
2단 압축 냉동장치의 p-h 선도를 보고 선도상의 각 상태점을 장치도에 기입하고, 고단 측 압축기와 저단 측 압축기에 흐르는 냉매 순환량비를 계산식을 표기하여 구하시오. (6점)

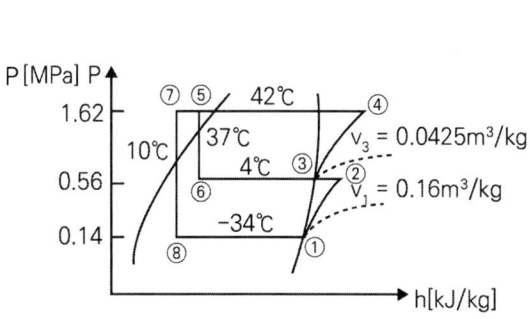
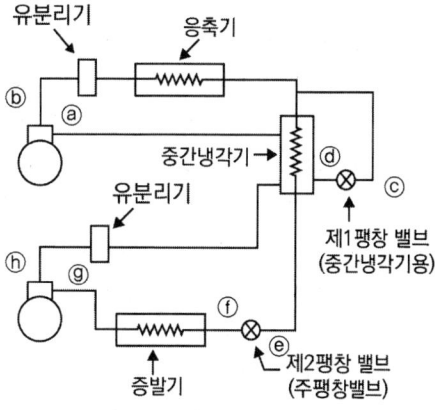

- h_1 = 609 kJ/kg
- h_2 = 645 kJ/kg
- h_3 = 624 kJ/kg
- h_4 = 649 kJ/kg
- $h_5 = h_6$ = 464 kJ/kg
- $h_7 = h_8$ = 430 kJ/kg

(1) 선도 상의 각 상태점을 장치도에 기입하시오.

(2) 냉매 순환량의 비를 계산하시오.

풀이

(1) 선도상의 각 상태점을 장치도에 기입

ⓐ-③ ⓑ-④ ⓒ-⑤ ⓓ-⑥ ⓔ-⑦ ⓕ-⑧ ⓖ-① ⓗ-②

(2) 냉매 순환량의 비

$$\frac{G_H}{G_L} = \frac{h_2 - h_7}{h_3 - h_6} = \frac{645 - 430}{624 - 464} = 1.343 ≒ 1.34$$

고단 측의 냉매 순환량이 저단 측 냉매 순환량보다 1.34배 많다.

03 증발온도 -20 ℃인 R-12 냉동기 50 RT에 사용하는 수랭식 셸 앤 튜브형(Shell & Tube Type) 응축기를 다음 순서에 따라 계산하시오. (6점)

[실제조건]
1. 동관의 관벽두께 : 2.0 mm
2. 물때의 두께 : 0.2 mm
3. 냉매 측 표면 열전달률 : 1500 W/m² · K
4. 물 측 표면 열전달률 : 2000 W/m² · K
5. 1 RT당 응축열량 : 4.54 kW
6. 동관의 열전도율 : 300 W/m · K
7. 물때의 열전도율 : 1.0 W/m · K
8. 냉각수 입구수온 : 25 ℃
9. 냉매 응축온도 : 39.2 ℃
10. 1 RT당 냉각수 유량 : 12.2 L/min, 냉각수 비열 : 4.2 kJ/kg · K

(1) 열관류율 $K(W/m^2 \cdot K)$를 구하시오.

(2) 냉각수 출구온도 t_2(℃)를 구하시오.

(3) 총 냉각수 순환수량(L/min)을 구하시오.

풀이

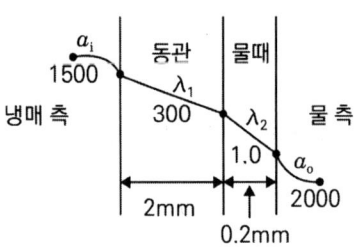

(1) 열관류율(K)

$$\frac{1}{K} = \frac{1}{\alpha_i} + \frac{\ell_1}{\lambda_1} + \frac{\ell_2}{\lambda_2} + \frac{1}{\alpha_o}$$

$$= \frac{1}{1500} + \frac{2.0 \times 10^{-3}}{300} + \frac{0.2 \times 10^{-3}}{1.0} + \frac{1}{2000} = 0.00137333$$

$$\therefore K = \frac{1}{0.00137333} = 728.157 ≒ 728.16 \, W/m^2 \cdot K$$

(2) 냉각수 출구온도(t_2)

$q = G \cdot C \cdot \Delta t = G \cdot C \cdot (t_2 - t_1)$에서

$t_2 = t_1 + \dfrac{q}{G \cdot C} = 25 + \dfrac{4.54 \times 60}{12.2 \times 4.2} = 30.316 ≒ 30.32℃$

(3) 총 냉각수 순환량

총 냉각수 순환량 = 냉동기 용량(RT) × 1 RT당 냉각수 유량 = 50 × 12.2 = 610 L/mim

04 냉각탑(Cooling Tower)의 성능 평가에 대한 다음 물음에 답하시오. (9점)

(1) 쿨링 레인지(Cooling Range)에 대하여 서술하시오.

(2) 쿨링 어프로치(Cooling Approach)에 대하여 서술하시오.

(3) 쿨링 어프로치(Cooling Approach)의 차이가 크고 작음에 따른 차이점을 쓰시오.

(4) 냉각탑 설치 시 주의사항 2가지만 쓰시오.

풀이

(1) 쿨링 레인지(Cooling Range)

냉각탑 입구수온과 출구수온의 차이다.

냉각탑에서 냉각되는 온도차로 일반적으로 5℃ 정도이다.

(2) 쿨링 어프로치(Cooling Approach)

냉각탑 출구 수온과 냉각탑 입구공기 습구온도의 차이를 말한다.

어프로치는 같은 냉각탑에서 부하와 더불어 커지며, 동일한 부하에서는 냉각탑이 크면 클수록 작아진다.

(3) 쿨링 어프로치(Cooling Approach)의 차이가 크고 작음에 따른 차이점

쿨링 어프로치(Cooling Approach)가 크면 냉각탑의 냉각능력이 작고, 쿨링어프로치가 작으면 냉각탑의 냉각능력이 크다.

(4) 냉각탑 설치 시 주의사항
① 냉각탑 설치위치는 통풍이 잘 되는 곳에 설치해야 한다. 또한 토출공기가 다시 유입되지 않는 곳이어야 한다.
② 겨울철 사용 시 동파방지용 히터(전기식)를 설치해야 한다.
③ 냉각탑에서 비산되는 물방울에 의해 피해가 없는 장소에 설치해야 한다.
④ 냉각탑의 진동, 소음으로 인한 피해가 없는 곳에 설치해야 한다.
⑤ 옥상 등에 설치할 때에는 운전 중량이 건축구조계산에 반영되어 있어야 한다.
위 내용 중 2가지를 기술할 것

05 다음과 같이 2대의 증발기를 이용하는 냉동장치에서 고압가스 제상을 위한 배관을 완성하시오.
(4점)

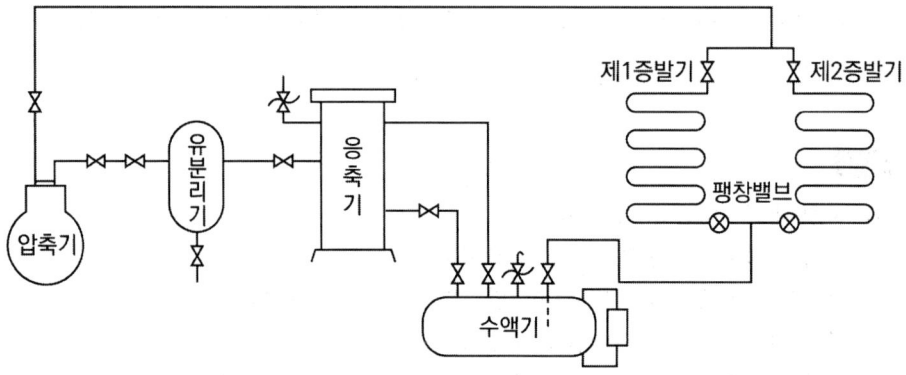

풀이

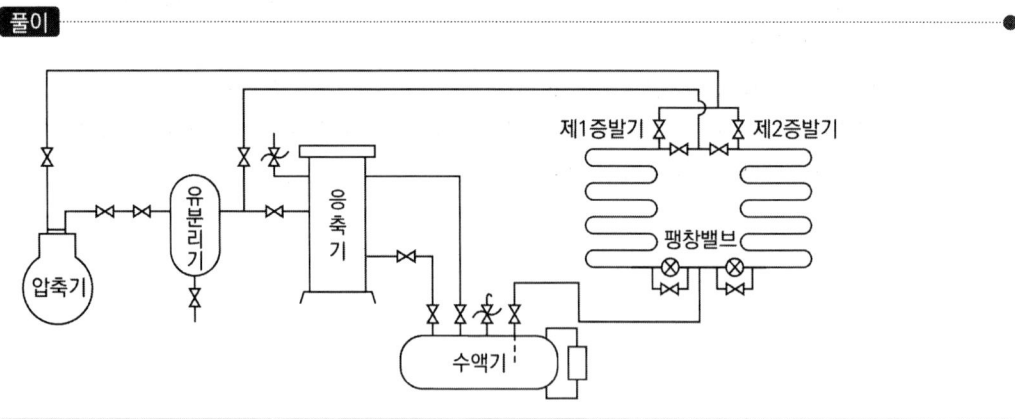

06 온수난방 장치가 다음 조건과 같이 운전되고 있을 때 물음에 답하시오. (4점)

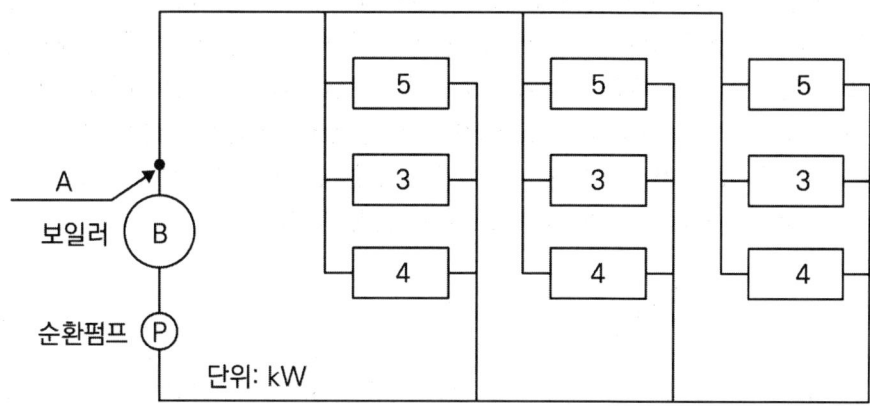

[조건]
- 방열기 출입구의 온수온도차는 10 ℃로 한다.
- 방열기 이외의 배관에서 발생되는 열손실은 방열기 전체 용량의 20 %로 한다.
- 보일러 용량은 예열부하의 여유율 30 %를 포함한 값이다.
- 그 외의 손실은 무시한다.
- 물의 비열은 4.2 kJ/kg·K이다.

(1) A점의 온수 순환량(L/min)을 구하시오.

(2) 보일러 용량(kW)을 구하시오.

풀이

(1) A점의 온수 순환량(G)

$q = G \cdot C \cdot \Delta t$에서

$G = \dfrac{q}{C \cdot \Delta t} = \dfrac{(5 \times 3 + 3 \times 3 + 4 \times 3) \times 60}{4.2 \times 10} = 51.428 ≒ 51.43 \text{ L/min}$

(2) 보일러 용량(q_B)

q_B = 방열기용량 + 배관열손실 + 예열부하
    = $(5 \times 3 + 3 \times 3 + 4 \times 3) \times 1.2 \times 1.3 = 56.16 \text{ kW}$

TIP 1 kW = 1 kJ/s

07 다음 그림(a)와 같은 배관 계통도로서 표시되는 R-22 냉동장치가 있다. 즉, 액분리기로 분리된 저압 냉매액은 열교환기에서 고압 냉매액에 의해 가열되어 그림의 H와 같은 상태의 증기가 되어, 이것이 액분리기에서 나온 건조 포화증기와 혼합되어 A의 상태로서 압축기에 흡입되는 것으로 한다. 여기서 증발기에서 나오는 냉매증기가 항상 건조도 0.914인 습증기라는 상태에서 운전이 계속되고, 운전상태에서의 냉동사이클은 그림 (b)와 같은 것으로 한다. 또 B, C, D, K, M에서의 상태값은 다음 표와 같다. 이와 같은 냉동사이클에 있어서 압축기 일량 w [kJ/kg]에 관한 계산식을 표시하여 산정하시오. (4점)

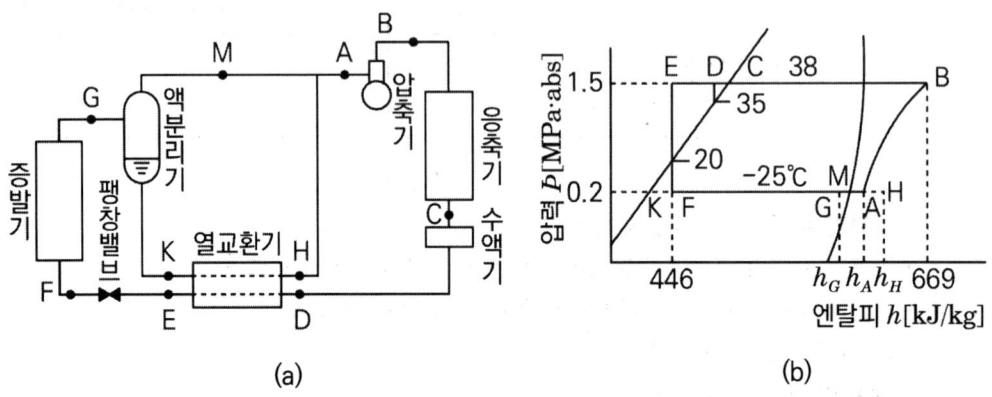

(a)   (b)

기호	온도(℃)	엔탈피(kJ/kg)
B	80	669
C	38	471
D	35	467
E	20	446
K(포화액)	-25	392
M(건조 포화증기)	-25	617

> 풀이

1) 냉매증기량 G_G 와 냉매액 G_L

   조건에서 증발기에서 나오는 냉매증기 건조도는 0.914이므로
   - 냉매증기 G_G = 0.914 kg
   - 냉매액 $G_L = 1 - 0.914 = 0.086$ kg

2) h_H

   $G_L(h_H - h_K) = G(h_D - h_E)$

   $h_H = h_K + \dfrac{G(h_D - h_E)}{G_L} = 392 + \dfrac{1 \times (467 - 446)}{0.086} = 636.186 ≒ 636.19$ kJ/kg

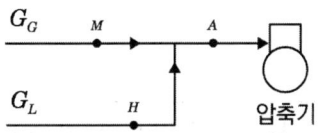

3) 압축기 입구 냉매 엔탈피(h_A)

   $h_A = G_G \cdot h_M + G_L \cdot h_H = 0.914 \times 617 + 0.086 \times 636.19 = 618.65$ kJ/kg

4) 압축기 일량(w)

   $w = h_B - h_A = 669 - 618.65 = 50.35$ kJ/kg

08 그림과 같은 조건의 온수난방 설비에 대하여 물음에 답하시오. (8점)

[조건]

1. 방열기 출입구온도차 : 10 ℃
2. 배관손실 : 방열기 방열용량의 20 %
3. 순환펌프 양정 : 2 m
4. 보일러, 방열기 및 방열기 주변의 지관을 포함한 배관국부저항의 상당길이는 직관길이의 100 %로 한다.
5. 배관의 관지름 선정은 표에 의한다(표 내의 값의 단위는 L/min).
6. 예열부하 할증률은 25 %로 한다.
7. 온도차에 의한 자연순환 수두는 무시한다.
8. 배관길이가 표시되어 있지 않은 곳은 무시한다.
9. 온수의 비열은 4.2 kJ/kg·K이다.

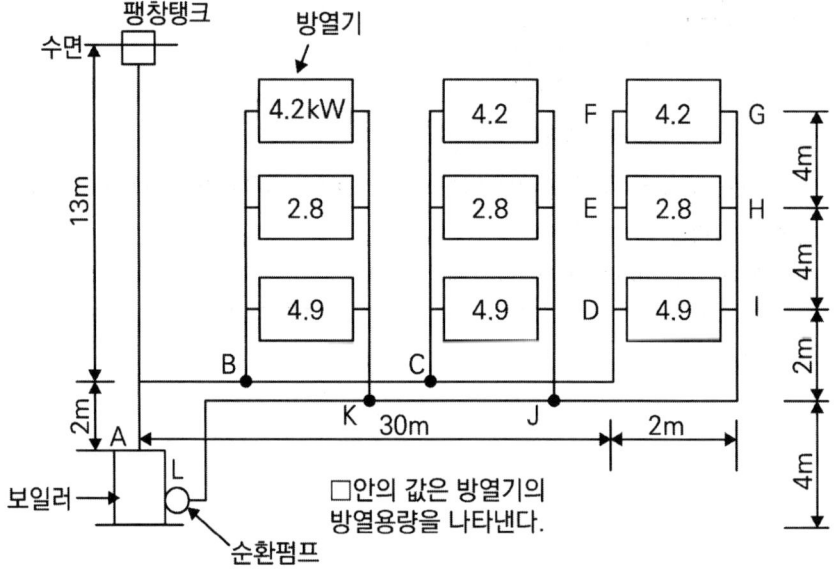

압력강하 (Pa/m)	관경(A)					
	10	15	25	32	40	50
50	2.3	4.5	8.3	17.0	26.0	50.0
100	3.3	6.8	12.5	25.0	39.0	75.0
200	4.5	9.5	18.0	37.0	55.0	110.0
300	5.8	12.6	23.0	46.0	70.0	140.0
500	8.0	17.0	30.0	62.0	92.0	180.0

(1) 전 순환량(L/min)을 구하시오.

(2) B - C 간의 관지름(mm)을 구하시오.

(3) 보일러 용량(kW)을 구하시오.

(4) C - D 간의 순환수량(L/min)을 구하시오.

풀이

(1) 전 순환량

$q = G \cdot C \cdot \triangle t$에서

$G_1 = \dfrac{q}{C \cdot \triangle t} = \dfrac{(4.2 \times 3 + 2.8 \times 3 + 4.9 \times 3) \times 60}{4.2 \times 10} = 51\,\text{kg/min} = 51\,\text{L/min}$

(2) B - C 간의 관지름

① B - C 간의 순환수량 $G = \dfrac{(4.2 + 2.8 + 4.9) \times 2 \times 60}{4.2 \times 10} = 34\,\text{kg/min} = 34\,\text{L/min}$

② 순환펌프의 배관 1 m당 압력강하(R)

- $R(Pa/m) = \dfrac{\text{총 압력강하}(\gamma \cdot H_\ell)}{\text{직관길이}(\ell) + \text{국부저항상당길이}(\ell')}$

- 가장 먼 방열기까지 직관길이

  $\ell = 2 + 30 + 2 + (4 \times 4) + 2 + 2 + 30 + 4 = 88\,m$

- 국부저항상당 길이

  $\ell' = $ 직관길이의 $100\% = 88\,m$

- 배관의 총 압력강하(마찰손실수두) $H_\ell = 2\,m$(순환펌프의 양정)

  따라서

  $R(Pa/m) = \dfrac{\text{총 압력강하}(\gamma \cdot H_\ell)}{\text{직관길이}(\ell) + \text{국부저항상당길이}(\ell')}$

  $= \dfrac{9800 \times 2}{88 + 88} = 111.363 ≒ 111.36\,\text{Pa/m}$

③ B - C 간의 관지름

압력강하 111.36과 같거나 바로 아래로 작은 압력강하 100에서 유량 34 L/min 이상을 감당할 수 있는 관경을 찾으면 40 A가 된다.

∴ B - C 간 관지름 = 40 A

(3) 보일러 용량

보일러 용량(정격출력) = 방열기열량 + 배관손실 + 예열부하
= (4.2 + 2.8 + 4.9) × 3 × 1.2 × 1.25 = 53.55 kW

(4) C - D 간의 순환수량

$q = G \cdot C \cdot \triangle t$ 에서

$G = \dfrac{q}{C \cdot \triangle t} = \dfrac{(4.2 + 2.8 + 4.9) \times 60}{4.2 \times 10} = 17\,\text{kg/min} = 17\,\text{L/min}$

09 어느 사무실의 취득열량 및 외기부하를 산출하였더니 다음과 같았다. 각 물음에 답하시오. (단, 급기온도와 실온의 차이는 11 ℃로 하고, 공기의 밀도는 1.2 kg/m³, 공기의 정압비열은 1.01 kJ/kg·K, 1냉각톤은 4.54 kW로 한다. 계산상 안전율은 고려하지 않는다) (6점)

항목	현열(kJ/h)	잠열(kJ/h)
벽체로부터의 열취득	25000	0
유리로부터의 열취득	33000	0
바이패스 외기열량	580	2500
재실자 발열량	4000	5000
형광등 발열량	10000	0
외기부하	5900	20000

(1) 현열비를 구하시오.

(2) 냉각코일부하(kJ/h)를 구하시오.

(3) 냉각탑 용량(냉각톤)을 구하시오. (단, 냉동기증발열량은 냉각코일 부하에서 펌프 및 배관 손실 5 %를 적용하며, 응축열량은 증발열량에서 20 % 할증한다)

풀이

(1) 현열비(SHF)
- 실내 취득 현열량 $q_S = 25000 + 33000 + 580 + 4000 + 10000 = 72580 \text{ kJ/h}$
- 실내 취득 잠열량 $q_L = 2500 + 5000 = 7500 \text{ kJ/h}$

$$\therefore 현열비(SHF) = \frac{현열량}{전열량} = \frac{72580}{72580 + 7500} = 0.906 ≒ 0.91$$

(2) 냉각코일 부하(q_C)

q_C = 실내부하 + 외기부하 = $(72580 + 7500) + (5900 + 20000) = 105980 \text{ kJ/h}$

(3) 냉각탑 용량(냉각톤)
- 냉동기 증발열량 = 냉각코일부하 + 펌프 및 배관손실부하(q_c의 5 %)
  $= 105980 × 1.05 = 111279 \text{ kJ/h}$
- 응축열량 = 냉동기 증발열량 × 1.2 = 111279 × 1.2 = 133534.8 kJ/h

$$\therefore 냉각탑 용량 = \frac{133534.8}{3600 × 4.54} = 8.17 냉각톤(CRT)$$

10 손실열량 744 kW인 아파트가 있다. 다음의 설계조건에 의한 열교환기의 (1) 코일 전열면적, (2) 가열코일의 길이, (3) 열교환기 동체의 안지름을 계산하시오. (단, 2pass 열교환기로 온수의 비열은 생략하며, 소수점 이하는 반올림한다) (6점)

[조건]

1. 스팀압력 : 0.2 MPa, 119 ℃ (t_1, t_2를 같은 온도로 본다)
2. 온수 공급온도 : 70 ℃
3. 온수 환수온도 : 60 ℃
4. 온수 평균유속 : 1 m/s
5. 온수의 비열 : 4.2 kJ/kg·K
6. 가열코일 : 동관, 바깥지름(D) : 20 mm, 안지름(d) : 17.2 mm(두께 1.4 mm)
7. 평균 온도차 : $MTD = \dfrac{\Delta t_1 - \Delta t_2}{2.3 \log\left(\dfrac{\Delta t_1}{\Delta t_2}\right)}$
8. 코일피치 $P = 2D$
9. 코일 1가닥의 길이 : 2 m
10. 총괄 전열계수 : K

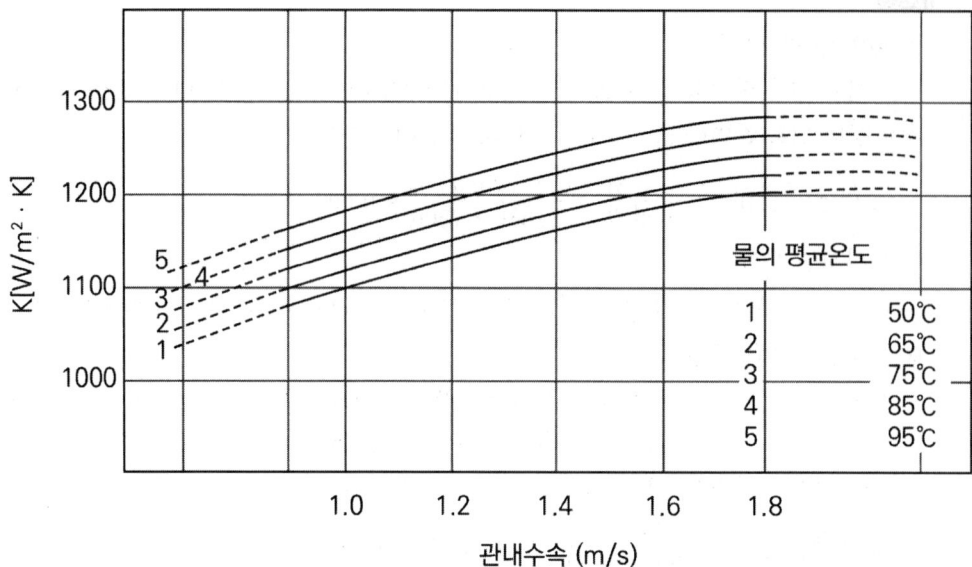

풀이

(1) 코일의 전열면적(A)

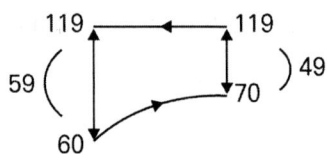

① 대수평균온도차 : $\Delta t_m = \dfrac{\Delta t_1 - \Delta t_2}{2.3\log\left(\dfrac{\Delta t_1}{\Delta t_2}\right)} = \dfrac{59-49}{2.3\log\left(\dfrac{59}{49}\right)} = 53.905 ≒ 53.91\,℃$

② 총괄 전열계수 K를 그래프에서 구하면

물의 평균온도 $65\,℃\left(\dfrac{60+70}{2} = 65\,℃\right)$, 온수 평균유속 1 m/s이므로

$K = 1120\,\text{W/m}^2 \cdot \text{K}$

③ 전열면적 A

$q = K \cdot A \cdot \Delta t_m$

$\therefore A = \dfrac{q}{K \cdot \Delta t_m} = \dfrac{744 \times 1000}{1120 \times 53.91} = 12.322 ≒ 12\,m^2$

(2) 가열 코일의 길이(l)

$A = \pi D l$

$\therefore l = \dfrac{A}{\pi D} = \dfrac{12}{\pi \times 0.02} = 190.98 ≒ 191\,m$

(3) 열교환기 동체의 안지름(D_e)

① 온수수량 $Q = \dfrac{q}{\rho \cdot C \cdot \Delta t} = \dfrac{744 \times 3600}{1000 \times 4.2 \times 10} = 63.771 ≒ 63.77\,\text{m}^3/\text{h}$

② 유속 1.0 m/s를 얻기 위한 코일(동관)의 가닥수(n)

$n = \dfrac{Q}{\dfrac{\pi}{4}d^2 \times v} = \dfrac{63.77}{\dfrac{\pi}{4} \times 0.0172^2 \times 1.0 \times 3600} = 76.2 ≒ 77\,가닥$

문제에서 2Pass라고 하였으므로 코일의 총가닥수 $N = 77 \times 2 = 154\,가닥$

③ 동체의 안지름 $D_e = \dfrac{P}{3}(\sqrt{69 + 12N} - 3) + D$

$\therefore D_e = \dfrac{2 \times 20}{3}\sqrt{69 + 12 \times 154} - 3) + 20 = 563.78 ≒ 564\,mm$

11 다음 설계조건을 이용하여 각 부분의 손실열량을 시각별(10시, 12시)로 각각 구하시오.

(15점)

[조건]

1. 공조시간 : 10시간
2. 외기 : 10시 31℃, 12시 33℃, 16시 32℃
3. 인원 : 6인
4. 실내설계 온·습도 : 26℃, 50 %
5. 조명(형광등) : 20 W/m²
6. 각 구조체의 열통과율 K [W/m²·K] : 외벽 3.5, 칸막이벽 2.3, 유리창 5.8
7. 인체에서의 발열량 : 현열 63 W/인, 잠열 69 W/인
8. 유리 일사량(W/m²)

	10시	12시	16시
일사량	361	52	35

9. 상당 온도차(Δt_e)

	N	E	S	W	유리	내벽온도차
10시	5.5	12.5	3.5	5.0	5.5	2.5
12시	4.7	20.0	6.6	6.4	6.5	3.5
16시	7.5	9.0	13.5	9.0	5.6	3.0

10. 유리창 차폐계수 $k_s = 0.70$

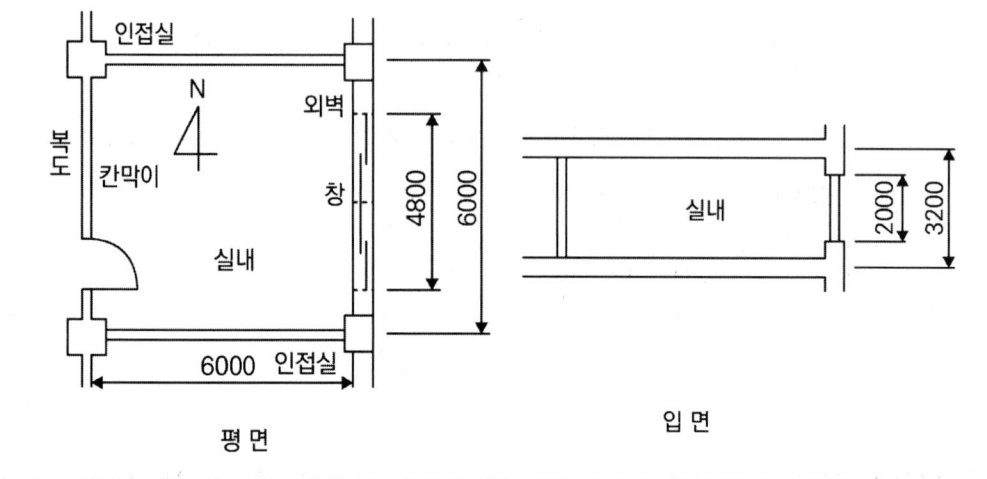

평 면   입 면

(1) 벽체를 통한 취득열량
  ① 동쪽 외벽
  ② 칸막이벽 및 문 (단, 문의 열통과율은 칸막이벽과 동일)
(2) 유리창을 통한 취득열량
(3) 조명 발생열량
(4) 인체 발생열량

풀이

(1) 벽체를 통한 취득열량 $q_W = K \cdot A \cdot \Delta t_e$
  ① 동쪽 외벽
  • 10시 : $q_W = 3.5 \times (6 \times 3.2 - 4.8 \times 2) \times 12.5 = 420\,\text{W}$
  • 12시 : $q_W = 3.5 \times (6 \times 3.2 - 4.8 \times 2) \times 20 = 672\,\text{W}$

② 칸막이벽 및 문
- 10시 : $q_W = 2.3 \times (6 \times 3.2) \times 2.5 = 110.4\,W$
- 12시 : $q_W = 2.3 \times (6 \times 3.2) \times 3.5 = 154.56\,W$

(2) 유리창을 통한 취득열량(관류열량+일사량) $q_G = q_{GT} + q_{GR}$
- 10시 : $q_{GT} = K \cdot A \cdot \triangle t_e = 5.8 \times (4.8 \times 2.0) \times 5.5 = 306.24\,W$

  $q_{GR} = I_{GR} \cdot A \cdot k_s = 361 \times (4.8 \times 2.0) \times 0.7 = 2425.92\,W$

  ∴ $q_G = 306.24 + 2425.92 = 2732.16\,W$

- 12시 : $q_{GT} = K \cdot A \cdot \triangle t_e = 5.8 \times (4.8 \times 2.0) \times 6.5 = 361.92\,W$

  $q_{GR} = I_{GR} \cdot A \cdot k_s = 52 \times (4.8 \times 2.0) \times 0.7 = 349.44\,W$

  ∴ $q_G = 361.92 + 349.44 = 711.36\,W$

(3) 조명 발생열량 $q_E = 1.2 \times W \times f$(형광등)
- 10시, 12시 : $q_E = 1.2 \times (6 \times 6 \times 20) \times 1 = 864\,W$

(4) 인체 발생열량 $q_H = q_{HS} + q_{HL}$
- 10시, 12시 : $q_{HS} = n \cdot H_S = 6 \times 63 = 378\,W$

  $q_{HL} = n \cdot H_L = 6 \times 69 = 414\,W$

  ∴ $q_H = 378 + 414 = 792\,W$

---

12 다음과 같은 조건에 의해 온수 코일을 설계할 때 각 물음에 답하시오. (14점)

[조건]
1. 외기온도 t_o = -10 ℃
2. 실내온도 t_r = 21 ℃
3. 송풍량 Q = 10800 m³/h
4. 난방부하 q = 100 kW
5. 코일입구 수온 t_{w1} = 60 ℃
6. 수량 L = 145 L/min
7. 송풍량에 대한 외기량의 비율 = 20 %
8. 공기와 물은 향류
9. 공기의 정압비열 C_p = 1.01 kJ/kg·K
10. 공기의 밀도 ρ = 1.2 kg/m³
11. 물의 비열은 4.2 kJ/kg·K

(1) 코일입구 공기온도 t_3(℃)를 구하시오.

(2) 코일출구 공기온도 t_4(℃)를 구하시오.

(3) 코일 정면면적 F_a(m²)를 구하시오. (단, 통과풍속 v_a = 2.5 m/s)

(4) 코일 단수(n)를 구하시오. (단, 코일 유효길이 b = 1600 mm, 피치 P = 38 mm)

(5) 코일 1개당 수량 (L/min)을 구하시오.

(6) 코일출구 수온 t_{w2}(℃)을 구하시오.

(7) 전열계수 K(W/m²·K·R)를 구하시오.

(8) 대수평균 온도차 MTD(℃)를 구하시오.

(9) 코일열수 N을 구하시오.

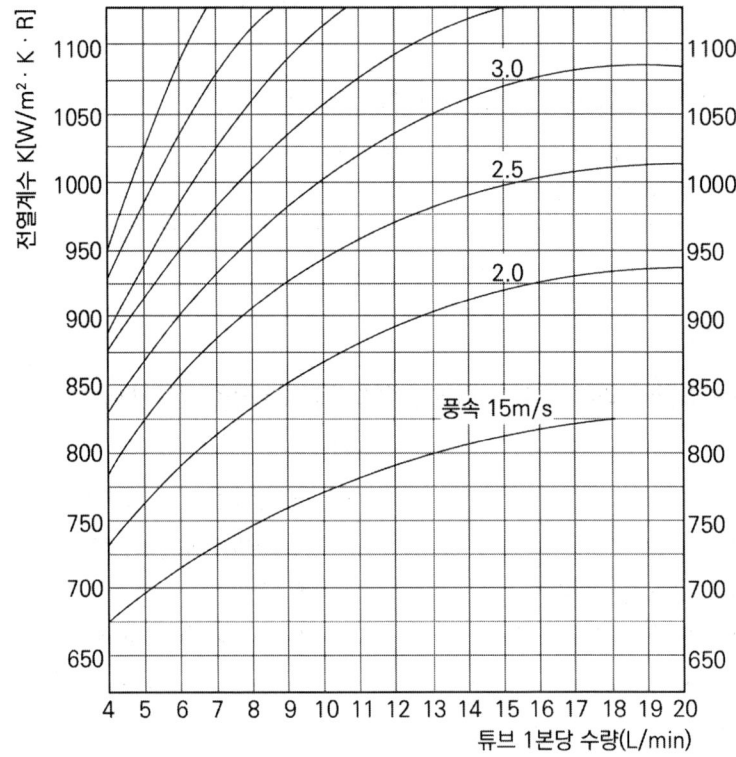

[냉·온수코일 전열계수]

풀이

(1) 코일입구 공기온도(t_3)

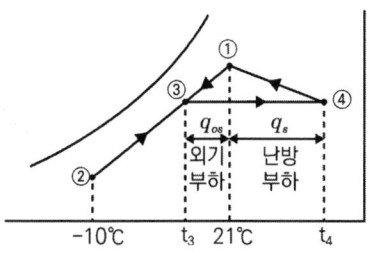

$G_3 C_p t_3 = G_1 C_p t_1 + G_2 C_p t_2$

$\rho Q_3 C_p t_3 = \rho Q_1 C_p t_1 + \rho Q_2 C_p t_2$

$t_3 = \dfrac{Q_1 t_1 + Q_2 t_2}{Q_3} = \dfrac{(10800 \times 0.8) \times 21 + (10800 \times 0.2) \times (-10)}{10800} = 14.8\ ℃$

(2) 코일출구공기 온도(t_4)

$q_S = G \cdot C_p \cdot (t_4 - t_1) = \rho Q \cdot C_p \cdot (t_4 - t_1)$

$t_4 = t_1 + \dfrac{q_S}{\rho Q \cdot C_p} = 21 + \dfrac{100 \times 3600}{1.2 \times 10800 \times 1.01} = 48.502 ≒ 48.50\ ℃$

(3) 코일 정면면적(F_a)

$Q = F_a \cdot v_a$ 에서

$F_a = \dfrac{Q}{v_a} = \dfrac{10800}{2.5 \times 3600} = 1.2\ m^2$

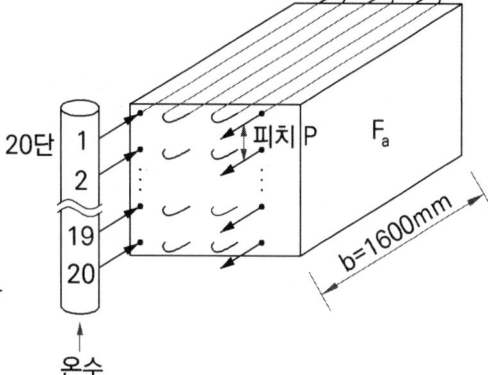

(4) 코일 단수(n)

$F_a = (n \times P) \times b$ 에서

$n = \dfrac{F_a}{P \times b} = \dfrac{1.2}{0.038 \times 1.6} = 19.73 ≒ 20$단

(5) 코일 1개당 수량(ℓ)

전수량 $L = \ell \times n$

$\ell = \dfrac{L}{n} = \dfrac{145}{20} = 7.25\ \text{L/min}$

(6) 코일출구 수온(t_{w2})

$q_C = G \cdot C_p \cdot (t_4 - t_3) = \rho Q \cdot C_p \cdot (t_4 - t_3)$ ············ ①

$q_C = L \cdot C \cdot (t_{w1} - t_{w2})$ ············ ②

$$t_{w2} = t_{w1} - \frac{\rho Q \cdot C_p \cdot (t_4 - t_3)}{L \cdot C}$$
$$= 60 - \frac{1.2 \times 10800 \times 1.01 \times (48.50 - 14.8)}{145 \times 60 \times 4.2} = 47.927 ≒ 47.93\,℃$$

(7) 전열계수 (K)

주어진 표에서 튜브 1본(개)당 수량 7.25 L/min과 풍속 2.5 m/s가 만나는 점에서 전열계수 K값을 읽는다.

$K = 880\ W/m^2 \cdot K \cdot R$

(8) 대수평균 온도차(MTD)

$$MTD = \frac{\Delta t_1 - \Delta t_2}{\ln \frac{\Delta t_1}{\Delta t_2}} = \frac{33.13 - 11.5}{\ln \frac{33.13}{11.5}} = 20.44\,℃$$

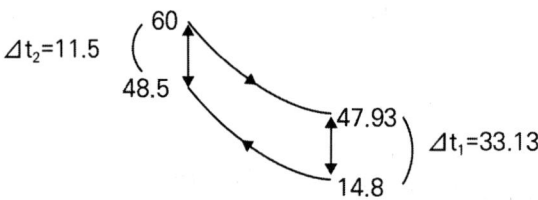

(9) 코일열수(N)

$q_C = K \cdot F_a \cdot N \cdot \Delta t_m$

$$N = \frac{q_C}{K \cdot F_a \cdot \Delta t_m} = \frac{\rho Q C_p (t_4 - t_3)}{K \cdot F_a \cdot \Delta t_m}$$
$$= \frac{1.2 \times 10800 \times 1.01 \times (48.5 - 14.8)}{880 \times 10^{-3} \times 3600 \times 1.2 \times 20.44} = 5.676 ≒ 6열$$

13 송풍기 흡입압력이 200 Pa이고, 송풍기 풍량이 150 m³/min일 때 송풍기 소요동력(kW)을 구하시오. (단, 송풍기 전압효율 0.65, 구동효율 0.9이다) (4점)

풀이

$$L = \frac{P_T \cdot Q}{\eta_T \cdot \eta_t} = \frac{200 \times 10^{-3} \times \frac{150}{60}}{0.65 \times 0.9} = 0.854 ≒ 0.85\,\text{kW}$$

여기서 η_t : 구동효율

14 취출(吹出)에 관한 다음 용어를 설명하시오. (6점)

(1) 셔터(Shutter)

(2) 전면적(Face Area)

풀이

(1) 셔터(Shutter)

    취출구의 후부에 설치하여 풍량을 조정하는 댐퍼 역할의 기구

(2) 전면적(Face Area)

    취출구의 개구부에 접하는 바깥둘레를 기준으로 한 전체 면적($x \times y$)

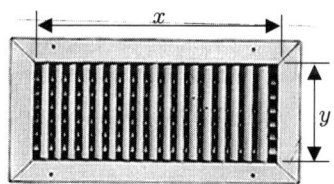

15 다음 도면과 같은 온수난방에 있어서 리버스 리턴 방식에 의한 배관도를 완성하시오. (단, A, B, C, D는 방열기를 표시한 것이며, 온수공급관은 실선으로, 귀환관은 점선으로 표시하시오)

(4점)

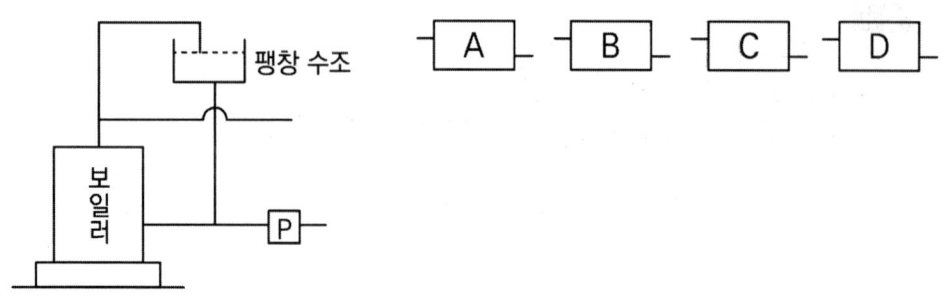

> 풀이

[리버스 리턴(Reverse Return) 배관 방식]

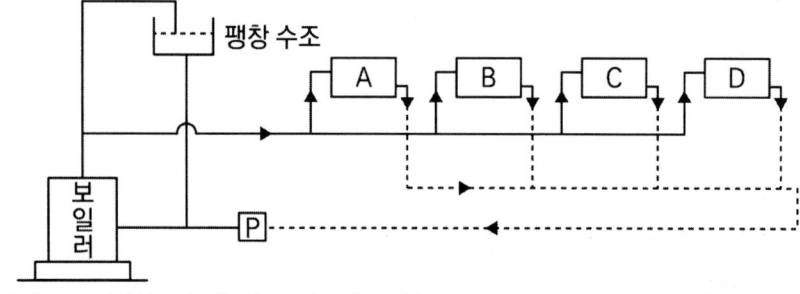

2019 2회

01 어떤 방열벽의 열통과율이 0.35 W/m²·K이며, 벽 면적은 1200 m²인 냉장고가 외기 온도 35 ℃에서 사용되고 있다. 이 냉장고의 증발기는 열통과율이 29 W/m²·K이고, 전열 면적은 30 m²이다. 이때 각 물음에 답하시오. (단, 이 식품 이외의 냉장고 내 발생열 부하는 무시하며, 증발온도는 -15 ℃로 한다) (6점)

(1) 냉장고 내 온도가 0 ℃일 때 외기로부터 방열벽을 통해 침입하는 열량은 몇 kW인가?

(2) 냉장고 내 열전달률 5.8 W/m²·K, 전열면적 600 m², 온도 10 ℃인 식품을 보관했을 때 이 식품의 발생열 부하에 의한 고내 온도는 몇 ℃가 되는가?

풀이

(1) 냉장고 내 온도가 0 ℃일 때 방열벽 침입열량(q)

$$q = K \cdot A \cdot \triangle t = \frac{0.35 \times 1200 \times (35-0)}{1000} = 14.7 \, \text{kW}$$

(2) 식품의 발생열에 의한 고내 온도(t)

열평형식 : 식품에서의 발생열량 + 벽체 침입열량 = 증발기 냉각열량

① 식품에서 발생열량(q_1)

$$q_1 = K \cdot A \cdot \triangle t = 5.8 \times 600 \times (10-t) = 3480 \times (10-t)$$

② 벽체 침입열량(q_2)

$$q_2 = K \cdot A \cdot \triangle t = 0.38 \times 1200 \times (35-t) = 420 \times (350-t)$$

③ 증발기 냉각열량(q_3)

$$q_3 = K \cdot A \cdot \triangle t = 29 \times 30 \times (t-(-15)) = 870 \times (t+15)$$

④ 열평형식 $q_1 + q_2 = q_3$

$$3480 \times (10-t) + 420 \times (35-t) = 870 \times (t+15)$$

$$\therefore t = \frac{(3480 \times 10) + (420 \times 35) - (870 \times 15)}{870 + 3480 + 420} = 7.641 ≒ 7.64 \, ℃$$

02 공기조화 방식에서 전공기 방식 3종류를 쓰고, 각각 장점 3가지씩 쓰시오. (6점)

> **풀이**

1. 단일덕트 방식(Single Duct)
   공조기에서 조화된 공기를 단일 덕트를 통해 각실에 공급하는 방식
   ※ 장점 : ① 청정도가 높은 공조를 할 수 있다.
   ② 공조기에 가습장치를 설치할 수 있어 가습이 용이하다.
   ③ 중간기에 외기냉방이 가능하다.
   ④ 실내에 장비설치가 없으므로 유효면적이 크다.
   ⑤ 이중덕트에 비하여 덕트설치 공간이 작다.
   ⑥ 장치가 집중되어 있어 운전 및 유지보수가 용이하다

2. 이중덕트 방식(Double Duct)
   공조기에 냉각코일과 가열코일을 장착하여 냉풍과 온풍을 만들어 각각 별개의 덕트를 통해 각 실의 혼합상자에 보내져 냉, 난방 부하에 따라 혼합하여 실내에 취출하는 방식
   ※ 장점 : ① 부하특성이 다른 여러 개의 실에 적용할 수 있다.
   ② 부하변동에 대한 적응속도가 빠르다.
   ③ 혼합상자를 사용하므로 개별제어가 가능하다.
   ④ 각실의 용도변경에도 쉽게 대응할 수 있다.
   ⑤ 실내부하 감소 시에도 취출 공기량이 부족하지 않다.
   ⑥ 중간기에 외기냉방이 가능하다.

3. 멀티존 유니트 방식(Multi Zone Unit)
   부하 특성이 다른 여러 개의 존을 공조할 때 한 대의 공조기에 가열코일과 냉각코일을 병렬로 설치하고 출구의 혼합댐퍼로 냉, 온풍을 혼합하여 덕트를 통해 각실로 보내는 공조방식이며 2중 덕트 방식으로 분류하는 경우도 있다. 비교적 작은 규모(바닥면적 $2000 \ m^2$ 이하)의 공조면적을 여러 개의 작은 존으로 나누어 사용할 때 편리하다.
   ※ 장점 : ① 다수의 존(실)이 부하특성이 다를 때 적용한다.
   ② 각 존(실)에서 부하가 변동되면 즉시 냉, 온풍을 적정비율로 혼합하여 보내므로 대응 속도가 빠르다.
   ③ 각 존(실)의 용도변경, 설계변경에 대응이 쉽다.
   ④ 각 존(실)의 냉, 난방부하가 감소하여도 취출공기량의 부족현상을 방지할 수 있다.
   ⑤ 이중 덕트 방식의 덕트공간을 천장 속에 확보할 수 없을 때 적합하다.

장점은 위에서 각 3개만 작성하면 정답

1) 단일덕트 정풍량 방식 (CAV : Constant Air Volume System)
   ① 외기냉방이 가능하여 청정도가 높다.
   ② 소규모에서 설치비가 저렴하다.
   ③ 고성능 공기정화장치가 가능하다.
   ④ 유지관리가 용이하다.
2) 단일덕트 변풍량 방식 (VAV : Variable Air Volume System)
   ① 실온을 유지하므로 에너지 손실이 가장 적다.
   ② 각 실별 또는 존별로 개별적 제어가 가능하다.
   ③ 토출공기의 풍량조절이 용이하다.
   ④ 설치비가 저렴하고, 외기냉방이 가능하다.
   ⑤ 부분부하 시 송풍기 동력 절감이 가능하다.
   ⑥ 설비용량이 적어서 경제적인 운전이 가능하다.
   ⑦ 칸막이 등 부하변동에 대응하기 쉽다.
3) 이중덕트방식
   ① 각 실별로 개별 제어가 양호하다.
   ② 계절마다 냉난방 전환이 필요하지 않다.
   ③ 칸막이 변경에 따라 임의로 계획을 바꿀 수 있다.
   ④ 공조기가 집중되어 운전, 보수가 용이하다.
   ⑤ 전공기 방식이므로 냉온수관이 필요 없다.
4) 멀티존유닛 방식
   ① 배관이나 조절장치 등을 집중시킬 수 있다.
   ② 여름, 겨울의 냉난방 시 에너지 혼합손실이 적다.
   ③ 존(Zone) 제어가 가능하다.

03 다음 조건에서 이 방을 냉방하는 데 필요한 송풍량(m³/h) 및 냉각열량(kW), 냉수순환량(kg/h), 냉각기 감습수량(kg/h)을 구하시오. (단, 냉수 입출구 온도차는 5 ℃이다) (8점)

[조건]
1. 외기조건 : 건구온도 33 ℃, 노점온도 25 ℃
2. 실내조건 : 건구온도 26 ℃, 상대습도 50 %
3. 실내 부하 : 감열 부하 58 kW, 잠열 부하 12 kW
4. 도입 외기량 : 송풍 공기량의 30 %
5. 냉각기 출구의 공기상태는 상대습도 90 %로 한다.
6. 송풍기 및 덕트 등에서의 열 부하는 무시한다.
7. 물의 비열은 4.2 kJ/kg·K이다.
8. 송풍공기의 비열은 1.01 kJ/kg·K, 비용적은 0.83 m³/kg′로 하여 계산한다. 또한 별첨하는 공기선도를 사용하고, 계산 과정도 기입한다.

풀이

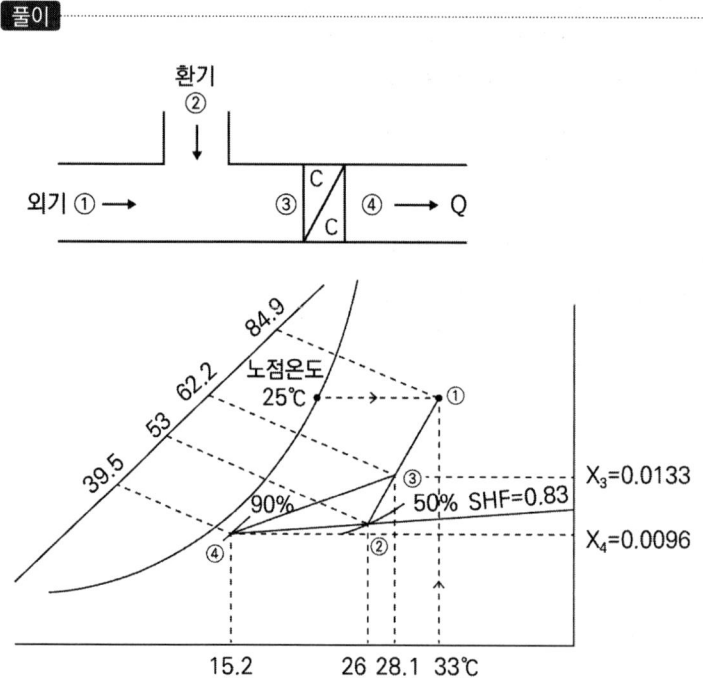

(1) 송풍량(Q)

$$q_S = GC_P \Delta t = \rho Q C_P \Delta t = \frac{1}{v} Q C_p (t_2 - t_4)$$

$Q = \dfrac{v \cdot q_S}{C_P(t_2 - t_4)}$: 공기선도에서 t_4를 찾아야 한다.

- $SHF = \dfrac{58}{58+12} = 0.828 ≒ 0.83$

- 실내공기 조건(26℃, 50%)점에서 SHF 0.83선과 평행선을 그어 상대습도 90%선과 만나는 점의 온도 $t_4 = 15.2℃$ 를 찾는다.

∴ $Q = \dfrac{0.83 \times 58 \times 3600}{1.01 \times (26 - 15.2)} = 15887.788 ≒ 15887.79 \ m^3/h$

(2) 냉각열량(q_C)

$$q_C = G(h_3 - h_4) = \rho Q(h_3 - h_4) = \frac{1}{v}Q(h_3 - h_4)$$: 공기 선도에서 h_3, h_4를 찾는다.

- 혼합점 온도 $t_3 = \dfrac{t_1 Q_1 + t_2 Q_2}{Q_3} = \dfrac{33 \times 0.3 + 26 \times 0.7}{1.0} = 28.1℃$

- 공기선도에서 ①, ②점을 잇고 $t_3 = 28.1℃$와 만나는 곳이 ③점이며 $h_3 = 62.2 \ kJ/kg$이다.

- 공기선도에서 ④점의 엔탈피를 읽으면 $h_4 = 39.5 \ kJ/kg$이다.

∴ $q_C = \dfrac{1}{0.83} \times \dfrac{15887.79}{3600} \times (62.2 - 39.5) = 120.70 \ kW$

(3) 냉수순환량(G_w)

$q_C = G_w \cdot C_w \cdot \Delta t_w$ 에서

$G_w = \dfrac{q_C}{C_w \cdot \Delta t_w} = \dfrac{120.70 \times 3600}{4.2 \times 5} = 20691.428 ≒ 20691.43 \ kg/h$

(4) 냉각기 감습수량(L)

$L = G \cdot \Delta x = \dfrac{Q}{v}(x_3 - x_4) = \dfrac{15887.79}{0.83} \times (0.0133 - 0.0096) = 70.825 ≒ 70.83 \ kg/h$

04 응축온도가 43 ℃인 횡형 수랭 응축기에서 냉각수 입구온도 32 ℃, 출구온도 37 ℃, 냉각수 순환수량 300 L/min이고, 응축기 전열 면적이 20 m²일 때 다음 물음에 답하시오. (단, 응축온도와 냉각수의 평균온도차는 산술 평균온도차로 하며 냉각수비열은 4.2 kJ/kg·K이다)

(6점)

(1) 응축기 냉각열량은 몇 kW인가?

(2) 응축기 열통과율은 몇 W/m²·K인가?

(3) 냉각수 순환량 400 L/min 일 때 응축온도는 몇 ℃인가? (단, 응축열량, 냉각수입구 수온, 전열면적, 열통과율은 같은 것으로 한다)

풀이

(1) 응축기 냉각열량(Q_C)

$$Q_C = G \cdot C \cdot \Delta t_W = \frac{300}{60} \times 4.2 \times (37-32) = 105 \text{ kW}$$

(2) 응축기 열통과율(K)

$$Q_C = K \cdot A \cdot \Delta t_m \text{에서 } K = \frac{Q_C}{A \cdot \Delta t_m}$$

$$\Delta t_m = t_c - \frac{t_{w1} + t_{w2}}{2} = 43 - \frac{32+37}{2} = 8.5 \text{ ℃}$$

$$K = \frac{105 \times 1000}{20 \times 8.5} = 617.647 ≒ 617.65 \text{ W/m}^2 \cdot \text{K}$$

(3) 냉각수 순환량이 400 L/min일 때 응축온도(t_c)

$$\Delta t_m = t_c - \frac{t_{w1} + t_{w2}}{2}$$

$$t_c = \Delta t_m + \frac{t_{w1} + t_{w2}}{2}$$

t_{w2}를 먼저 구하면

$$Q_C = G \cdot C \cdot (t_{w2} - t_{w1}) \text{에서}$$

$$t_{w2} = t_{w1} + \frac{Q_C}{G \cdot C} = 32 + \frac{105 \times 60}{400 \times 4.2} = 35.75 \text{ ℃}$$

$$\therefore t_c = 8.5 + \frac{32 + 35.75}{2} = 42.375 ≒ 42.38 \text{ ℃}$$

05 시간당 최대 급수량(양수량)이 12000 L/h일 때 고가 탱크에 급수하는 펌프의 전양정(m) 및 소요동력(kW)을 구하시오. (단, 물의 비중량은 9800 N/m³, 흡입관, 토출관의 마찰손실은 실양정의 25 %, 펌프 효율은 60 %, 펌프 구동은 직결형으로 전동기 여유율은 10 %로 한다) (7점)

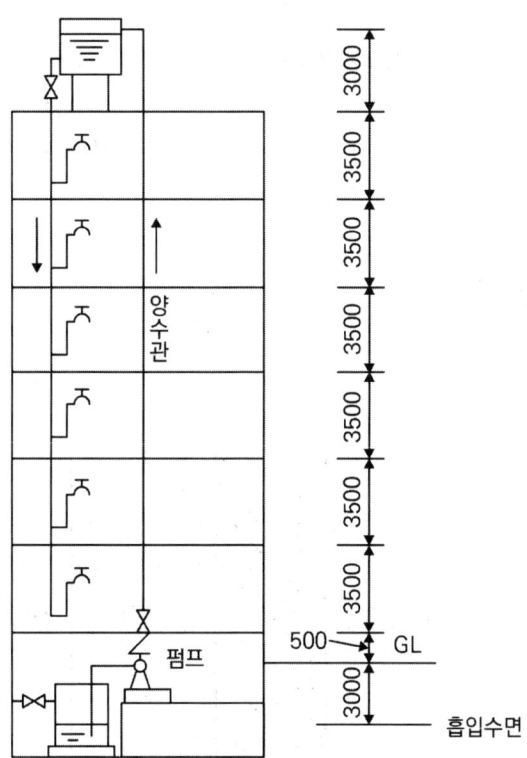

풀이

(1) 급수펌프의 전양정(H) : 실양정 + 배관마찰손실수두 + 토출 측 속도수두

전양정 $H = (3 + 0.5 + 3.5 \times 6 + 3) \times 1.25 = 34.375 ≒ 34.38$ m

(펌프 토출 측 속도는 주어지지 않았으므로 무시)

(2) 급수펌프의 소요동력(L_b)

$L_b = \dfrac{\gamma \cdot Q \cdot H}{\eta} \times 1.1$ (여기서 γ : kN/m³, Q : m³/s, H : m)

$= \dfrac{9.8 \times \dfrac{12}{3600} \times 34.38}{0.6} \times 1.1 = 2.059 ≒ 2.06$ kW

06 다음 그림과 같은 두께 100 mm의 콘크리트 벽 내측을 두께 50 mm의 방열층으로 시공하고, 그 내면에 두께 15 mm의 목재로 마무리한 냉장실 외벽이 있다. 각 층의 열전도율 및 열전달률의 값은 아래 표와 같다. 외기온도 30 ℃, 상대습도 85 %, 냉장실 온도 -30 ℃인 경우 다음 물음에 답하시오. (6점)

재질	열전도율(W/m·K)	벽면	열전달률(W/m²·K)
콘크리트	1.0	외표면	23
방열재	0.06	내표면	7
목재	0.17		

공기온도(℃)	상대습도(%)	노점온도(℃)
30	80	26.2
30	90	28.2

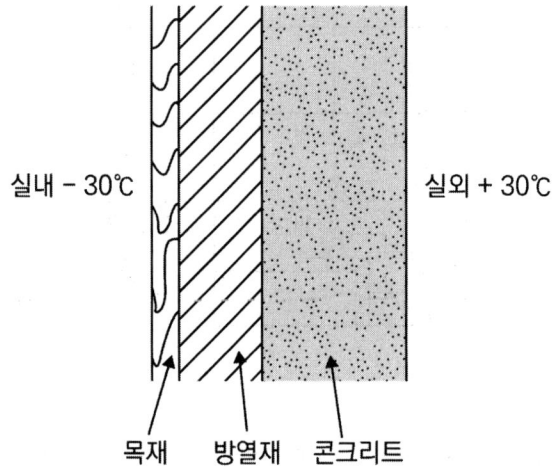

(1) 열통과율(W/m²·K)을 구하시오.

(2) 외벽 표면온도를 구하고 결로 여부를 판별하시오.

풀이

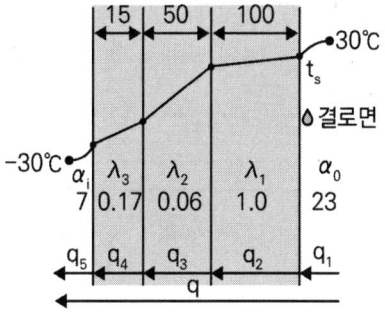

(1) 열통과율(K)

$$\frac{1}{K}=\frac{1}{\alpha_o}+\frac{\ell_1}{\lambda_1}+\frac{\ell_2}{\lambda_2}+\frac{\ell_3}{\lambda_3}+\frac{1}{\alpha_i}=\frac{1}{23}+\frac{0.1}{1.0}+\frac{0.05}{0.06}+\frac{0.015}{0.17}+\frac{1}{7}=1.2079$$

$$\therefore K=\frac{1}{1.2079}=0.827 \fallingdotseq 0.83\,\text{W/m}^2\cdot\text{K}$$

(2) 외벽 표면온도 및 결로 여부 판별

① 외벽 표면온도(t_S)

$q_1=q_2=q_3=q_4=q_5=q$ 이므로 $q_1=q$ 이다.

$$\alpha_o\cdot A\cdot(t_o-t_S)=K\cdot A\cdot(t_o-t_i)$$

$$t_S=t_o-\frac{K}{\alpha_o}(t_o-t_i)$$

$$\therefore t_S=30-\frac{0.83}{23}\times(30-(-30))=27.8\,℃$$

② 결로 여부 판별

• 외기 노점온도 t_D (직선 보간법으로 구함)

공기온도(℃)	상대습도(%)	노점온도(℃)
30	80	26.2
30	85	t_D
30	90	28.2

$$\frac{85-80}{90-80}=\frac{t_D-26.2}{28.2-26.2}\text{에서 } t_D=26.2+\frac{85-80}{90-80}(28.2-26.2)=27.2\,℃$$

• 판별 : 외벽 표면온도 t_S(27.8 ℃)가 외기 노점온도 t_D(27.2 ℃)보다 높으므로 결로가 발생하지 않는다.

07 다음과 같이 3중으로 된 노벽이 있다. 이 노벽의 내부온도를 1370 ℃, 외부온도를 280 ℃로 유지하고, 또 정상상태에서 노벽을 통과하는 열량을 4.07 kW/m²으로 유지하고자 한다. 이때 사용온도 범위 내에서 노벽 전체의 두께가 최소가 되는 벽의 두께를 결정하시오. (6점)

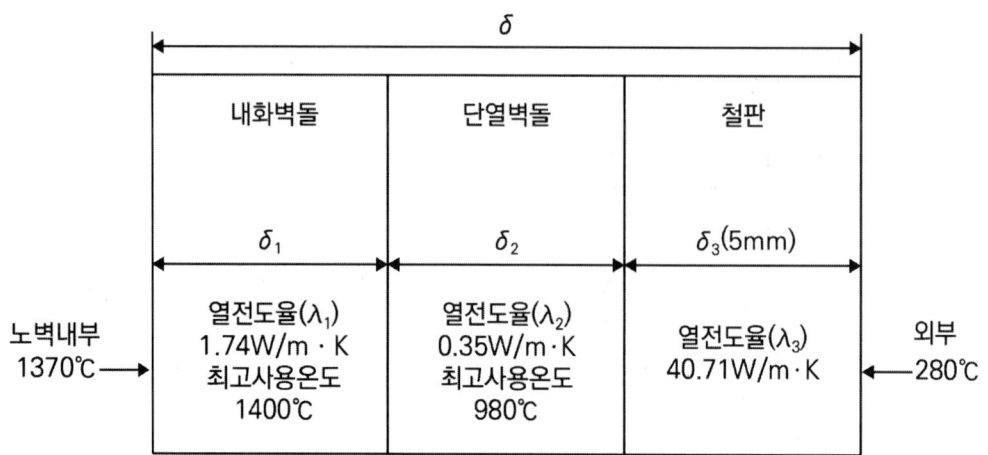

풀이

[최소 벽 두께 결정]

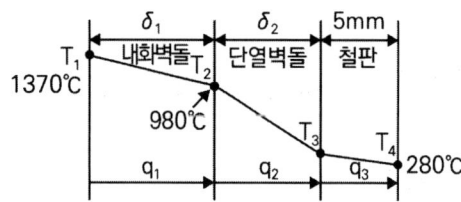

열전도율과 열저항은 서로 반비례하므로 열전도율이 가장 작은 단열벽돌의 두께가 최대가 될 때 노벽 전체의 두께는 최소가 된다.

단열벽돌 두께(δ_2)가 최대가 되려면 단열벽돌 앞뒷면 온도차($T_2 - T_3$)가 최대가 되어야 한다. 따라서 T_2는 최고 사용온도가 되어야 하므로 $T_2 = 980\,℃$ 이다.

$$q_1 = \frac{\lambda_1}{\delta_1} A (T_1 - T_2) \quad \cdots\cdots\cdots\cdots\cdots\cdots ㉠$$

$$q_2 = \frac{\lambda_2}{\delta_2} A (T_2 - T_3) \quad \cdots\cdots\cdots\cdots\cdots\cdots ㉡$$

$$q_3 = \frac{\lambda_3}{\delta_3}A(T_3 - T_4) \quad \cdots\cdots\cdots\cdots\cdots\cdots\cdots\cdots\cdots \text{ⓒ}$$

면적 $A = 1m^2$일 때 열전달량 $q_1 = q_2 = q_3 = 4.07\ \text{kW}$이므로

(1) 내화벽돌 두께(δ_1) : ㉠식으로부터

$$\delta_1 = \frac{\lambda_1}{q_1}A(T_1 - T_2) = \frac{1.74}{4.07 \times 1000} \times 1 \times (1370 - 980) = 0.166732\ m$$

$$\fallingdotseq 166.732\ mm$$

(2) 단열벽돌 두께(δ_2)

우선 ㉢식으로부터 T_3를 먼저 구한다.

$$q_3 = \frac{\lambda_3}{\delta_3}A(T_3 - T_4)\text{에서}$$

$$T_3 = T_4 + \frac{q_3 \delta_3}{\lambda_3 A} = 280 + \frac{4.07 \times 1000 \times 0.005}{40.71 \times 1} = 280.49 \fallingdotseq 280.5\ \text{℃}$$

㉡식으로부터 δ_2를 구한다.

$$\delta_2 = \frac{\lambda_2}{q_2}A(T_2 - T_3) = \frac{0.35}{4.07 \times 1000} \times 1 \times (980 - 280.5) = 0.060153\ m$$

$$\fallingdotseq 60.153\ mm$$

(3) 노벽 전체 최소 두께(δ)

$$\delta = \delta_1 + \delta_2 + \delta_3 = 166.732 + 60.153 + 5 = 231.885 \fallingdotseq 231.89\ mm$$

08 증기 보일러에 부착된 인젝터의 작용을 설명하시오. (6점)

> **풀이**

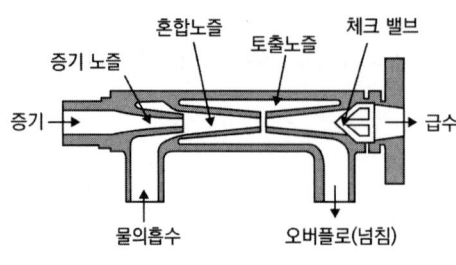

[인젝터]

1. 인젝터는 보일러의 증기압을 이용하여 급수하는 급수 보조장치이다.
2. 증기노즐 끝에 있는 밸브를 열어 증기를 분출시키면 노즐 부근이 진공상태가 되어 급수관에서 물이 빨려 올라온다.
3. 빨려 올라온 물과 분출된 증기가 혼합 노즐에서 혼합되면서 증기는 냉각 응축되고 급수의 온도는 올라가며, 속도에너지가 증가하여 고속의 수류를 만든다.
4. 고속의 수류는 속도에너지가 압력에너지로 다시 바뀌어 급수된다.

09 50 RT, R-22 냉동장치에서 증발식 응축기가 다음과 같은 조건일 때 과냉각도를 결정하시오. (7점)

[조건]
- 관 압력손실 : 10 kPa
- 액주의 압력손실 : 291 kPa
- 밸브 기타의 압력손실 : 30 kPa
- 응축온도 : 30℃

[표] R-22의 온도, 압력 관계

온도	압력[kPa·abs]	온도	압력[kPa·abs]	온도	압력[kPa·abs]
10	680.70	20	909.93	30	1191.88
12	722.65	22	961.89	32	1255.20
14	766.50	24	1016.01	34	1320.97
16	812.29	26	1072.34	36	1389.24
18	860.08	28	1130.95	38	1460.06

풀이

과냉각도는 냉매가 액체 상태로서 응축압력에서의 온도와 팽창밸브 직전 압력에 따른 온도의 차로 구한다.

① 포화온도 30℃일 때 응축압력 P_C = 1191.88 kPa

② 압력손실 $\triangle P$ = 10 + 291 + 30 = 331 kPa

③ 팽창밸브 직전 압력 P = 1191.88 - 331 = 860.88 kPa

팽창밸브 직전의 압력이 860.88 kPa이므로 18℃ 포화압력보다 0.8 kPa 높다.

즉 18℃까지 과냉각하면 팽창밸브 직전의 냉매상태는 액상태가 된다.

∴ 과냉각도 = 30 - 18 = 12℃

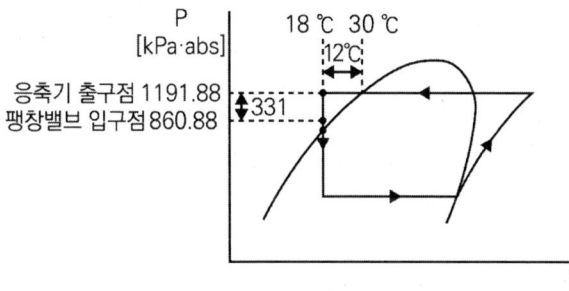

10 다음 그림은 사무소 건물의 기준 층에 위치한 실의 일부를 나타낸 것이다. 각종 설계조건으로부터 대상 실의 냉방부하를 산출하고자 한다. 주어진 조건을 이용하여 냉방부하를 계산하시오.

(10점)

> [설계조건]
> 1. 외기조건 : 32 ℃DB, 70 %RH
> 2. 실내 설정조건 : 26 ℃DB, 50 %RH
> 3. 열관류율
>   ① 외벽 : 0.5 W/m²·K
>   ② 유리창 : 5.5 W/m²·K
>   ③ 내벽 : 2.0 W/m²·K
>   ④ 유리창 차폐계수 : 0.71
> 4. 재실인원 : 0.2 인/m²
> 5. 인체 발생열 : 현열 63 W/인, 잠열 69 W/인
> 6. 조명부하 : 20 W/m²(형광등)
> 7. 틈새바람에 의한 외풍은 없는 것으로 하며, 인접실의 실내조건은 대상 실과 동일하다.

[표 1] 유리창에서의 일사열량(W/m²)

시간\방위	수평	N	NE	E	SE	S	SW	W	NW
10	629	39	101	312	312	101	39	39	39
12	726	43	43	43	103	156	103	43	43
14	629	39	39	39	39	101	312	312	101
16	379	28	28	28	28	28	343	493	349

[표 2] 상당온도차(하기 냉방용(deg))

시간\방위	수평	N	NE	E	SE	S	SW	W	NW
10	12.8	3.9	10.9	14.2	11.0	4.0	3.2	3.3	5.2
12	21.4	5.6	10.6	14.9	13.8	8.1	5.6	5.3	5.2
14	27.2	7.0	9.8	12.4	12.6	11.2	10.2	8.7	7.0
16	26.2	7.6	9.4	10.9	11.0	11.6	15.0	15.0	11.2

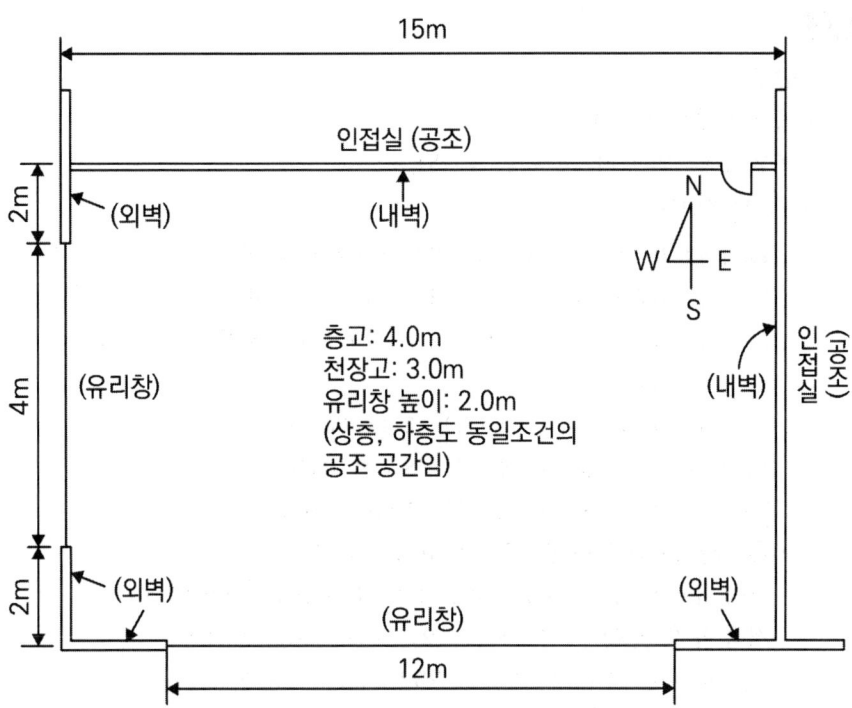

(1) 설계조건에 의해 12시, 14시, 16시의 냉방부하를 구하시오.
   ① 구조체에서의 부하
   ② 유리를 통한 일사에 의한 열부하
   ③ 실내에서의 부하

(2) 실내 냉방부하의 최대 발생시각을 결정하고, 이때의 현열비를 구하시오.

(3) 최대 부하 발생 시의 취출풍량(m^3/h)을 구하시오. (단, 취출온도는 15℃, 공기의 비열 1.0 kJ/kg·K, 공기의 밀도 1.2 kg/m^3로 한다. 또한 실내의 습도 조절은 고려하지 않는다)

풀이

(1) 냉방부하

① 구조체에서의 부하
- 외벽에서의 부하 : $q = K \cdot A \cdot \triangle t_e$
  - 남쪽벽(S)
    12시 $q = 0.5 \times (15 \times 4 - 12 \times 2) \times 8.1 = 145.8\,\text{W}$
    14시 $q = 0.5 \times (15 \times 4 - 12 \times 2) \times 11.2 = 201.6\,\text{W}$
    16시 $q = 0.5 \times (15 \times 4 - 12 \times 2) \times 11.6 = 208.8\,\text{W}$
  - 서쪽벽(W)
    12시 $q = 0.5 \times (8 \times 4 - 4 \times 2) \times 5.3 = 63.6\,\text{W}$
    14시 $q = 0.5 \times (8 \times 4 - 4 \times 2) \times 8.7 = 104.4\,\text{W}$
    16시 $q = 0.5 \times (8 \times 4 - 4 \times 2) \times 15.0 = 180\,\text{W}$
- 유리창에서의 부하(관류부하) : $q : K \cdot A \cdot \triangle t$
  남쪽 유리창(S) $q = 5.5 \times (12 \times 2) \times (32 - 26) = 792\,\text{W}$
  서쪽 유리창(W) $q = 5.5 \times (4 \times 2) \times (32 - 26) = 264\,\text{W}$
∴ 12시 부하 = 145.8 + 63.6 + 792 + 264 = 1265.4 W
  14시 부하 = 201.6 + 104.4 + 792 + 264 = 1362 W
  16시 부하 = 208.8 + 180 + 792 + 264 = 1444.8 W

② 유리를 통한 일사에 의한 열부하 $q = I_{GR} \cdot A \cdot k_s$ (여기서 k_s = 차폐계수)
  - 남쪽유리창(S)
    12시 $q = 156 \times (12 \times 2) \times 0.71 = 2,658.24\,\text{W}$
    14시 $q = 101 \times (12 \times 2) \times 0.71 = 1,721.04\,\text{W}$
    16시 $q = 28 \times (12 \times 2) \times 0.71 = 477.12\,\text{W}$
  - 서쪽유리창(W)
    12시 $q = 43 \times (4 \times 2) \times 0.71 = 244.24\,\text{W}$
    14시 $q = 312 \times (4 \times 2) \times 0.71 = 1772.16\,\text{W}$
    16시 $q = 493 \times (4 \times 2) \times 0.71 = 2,800.24\,\text{W}$
  ∴ 12시 부하 = 2658.24 + 244.24 = 2902.48 W
    14시 부하 = 1721.04 + 1772.16 = 3493.2 W
    16시 부하 = 477.12 + 2800.24 = 3277.36 W

③ 실내에서의 부하
- 인체 현열 $q_S = n \cdot H_S = 0.2 \times (15 \times 8) \times 63 = 1512\,W$
- 잠열 $q_L = n \cdot H_L = 0.2 \times (15 \times 8) \times 69 = 1656\,W$
조명부하 $q_E = 1.2 \times (15 \times 8) \times 20 = 2880\,W$
∴ 12시, 14시, 16시 부하 = 1512 + 1656 + 2880 = 6048 W

(2) 실내 냉방부하 최대 발생시각 및 현열비
① 실내 냉방부하 최대 발생시각 : 14시
12시 : 10215.88 W(1265.4 + 2902.48 + 6048 = 10215.88)
14시 : 10903.2 W(1362 + 3493.2 + 6048 = 10903.2)
16시 : 10770.16 W(1444.8 + 3277.36 + 6048 = 10770.16)
② 현열비 $SHF = \dfrac{\text{현열}}{\text{전열}} = \dfrac{10903.2 - 1656}{10903.2} = 0.848 ≒ 0.85$

(3) 최대부하 발생 시의 취출풍량(Q)
$q_S = GC_p \triangle t = \rho Q C_p \triangle t$ 에서
$Q = \dfrac{q_S}{\rho C_p \triangle t} = \dfrac{(10903.2 - 1656) \times 3600}{1.2 \times 1.0 \times 10^3 \times (26 - 15)} = 2521.963 ≒ 2521.96\,m^3/h$

11 어떤 사무소 공조설비 과정이 다음과 같다. 물음에 답하시오. (10점)

[조건]
- 마찰손실 $R = 1.0\,\text{Pa/m}$
- 1개당 취출구 풍량 $3000\,\text{m}^3/\text{h}$
- 정압효율 50 %
- 가열 코일 저항 150 Pa
- 송풍기 저항 100 Pa
- 국부저항계수 $\zeta = 0.29$
- 송풍기 출구 풍속 $V = 13\,\text{m/s}$
- 에어필터 저항 50 Pa
- 냉각기 저항 150 Pa
- 취출구 저항 50 Pa

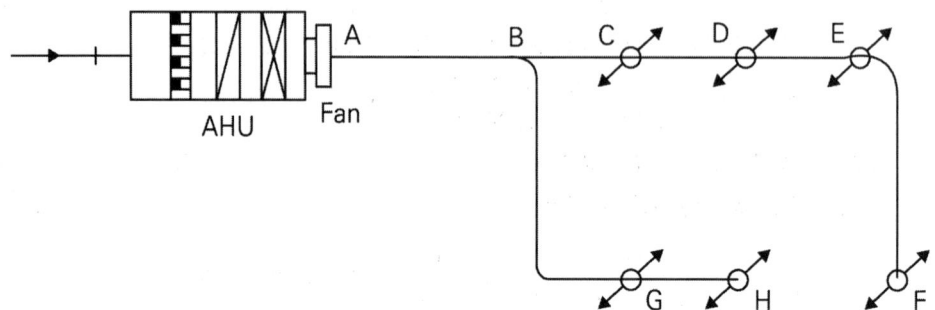

- 덕트 구간 길이
  A~B : 60 m, B~C : 6 m, C~D : 12 m, D~E : 12 m
  E~F : 20 m, B~G : 18 m, G~H : 12 m

(1) 실내에 설치한 덕트 시스템을 위의 그림과 같이 설계하고자 한다. 각 취출구의 풍량이 동일할 때 상방형 덕트의 크기를 결정하고 풍속을 구하시오. (단, 공기 밀도 1.2 kg/m³, 중력 가속도 9.8 m/s²이다)

구간	풍량(m³/h)	원형덕트지름(cm)	장방형 덕트(cm)	풍속(m/s)
A-B			×35	
B-C			×35	
C-D			×35	
D-E			×35	
E-F			×35	

(2) 송풍기 정압(Pa)를 구하시오.

(3) 송풍기 동력(kW)를 구하시오.

[장방형 덕트와 원형 덕트의 환산표 (단위 : cm)]

장변\단변	10	15	20	25	30	35	40	45	50	55	60	65	70	75	80	85	90	95	100
10	10.9																		
15	13.3	16.4																	
20	15.2	18.9	21.9																
25	16.9	21.0	24.4	27.3															
30	18.3	22.9	26.6	29.9	32.8														
35	19.5	24.5	28.6	32.2	35.4	38.3													
40	20.7	26.0	30.5	34.3	37.8	40.9	43.7												
45	21.7	27.4	32.1	36.3	40.0	43.3	46.4	49.2											
50	22.7	28.7	33.7	38.1	42.0	45.6	48.8	51.8	54.7										
55	23.6	29.9	35.1	39.8	43.9	47.7	51.1	54.3	57.3	60.1									
60	24.5	31.0	36.5	41.4	45.7	49.6	53.3	56.7	59.8	62.8	65.6								
65	25.3	32.1	37.8	42.9	47.4	51.5	55.3	58.9	62.2	65.3	68.3	71.1							
70	26.1	33.1	39.1	44.3	49.0	53.3	57.3	61.0	64.4	67.7	70.8	73.7	76.5						
75	26.8	34.1	40.2	45.7	50.6	55.0	59.2	63.0	66.6	69.7	73.2	76.3	79.2	82.0					
80	27.5	35.0	41.4	47.0	52.0	56.7	60.9	64.9	68.7	72.2	75.5	78.7	81.8	84.7	87.5				
85	28.2	35.9	42.4	48.2	53.4	58.2	62.6	66.8	70.6	74.3	77.8	81.1	84.2	87.2	90.1	92.9			
90	28.9	36.7	43.5	49.4	54.8	59.7	64.2	68.6	72.6	76.3	79.9	83.3	86.6	89.7	92.7	95.6	198.4		
95	29.5	37.5	44.5	50.6	56.1	61.1	65.9	70.3	74.4	78.3	82.0	85.5	88.9	92.1	95.2	98.2	101.1	103.9	
100	30.1	38.4	45.4	51.7	57.4	62.6	67.4	71.9	76.2	80.2	84.0	87.6	91.1	94.4	97.6	100.7	103.7	106.5	109.3
105	30.7	39.1	46.4	52.8	58.6	64.0	68.9	73.5	77.8	82.0	85.9	89.7	93.2	96.7	100.0	103.1	106.2	109.1	112.0
110	31.3	39.9	47.3	53.8	59.8	65.2	70.3	75.1	79.6	83.8	87.8	91.6	95.3	98.8	102.2	105.5	108.6	111.7	114.6
115	31.8	40.6	48.1	54.8	60.9	66.5	71.7	76.6	81.2	85.5	89.6	93.6	97.3	100.9	104.4	107.8	111.0	114.1	117.2
120	32.4	41.3	49.0	55.8	62.0	67.7	73.1	78.0	82.7	87.2	91.4	95.4	99.3	103.0	106.6	110.0	113.3	116.5	119.6
125	32.9	42.0	49.9	56.8	63.1	68.9	74.4	79.5	84.3	88.8	93.1	97.3	101.2	105.0	108.6	112.2	115.6	118.8	122.0
130	33.4	42.6	50.6	57.7	64.2	70.1	75.7	80.8	85.7	90.4	94.8	99.0	103.1	106.9	110.7	114.3	117.7	121.1	124.4
135	33.9	43.3	51.4	58.6	65.2	71.3	76.9	82.2	87.2	91.9	96.4	100.7	104.9	108.8	112.6	116.3	119.9	123.3	126.7
140	34.4	43.9	52.2	59.5	66.2	72.4	78.1	83.5	88.6	93.4	98.0	102.4	106.6	110.7	114.6	118.3	122.0	125.5	128.9
145	34.9	44.5	52.9	60.4	67.2	73.5	79.3	84.8	90.0	94.9	99.6	104.1	108.4	112.5	116.5	120.3	124.0	127.6	131.1
150	35.3	45.2	53.6	61.2	68.1	74.5	80.5	86.1	91.3	96.3	101.1	105.7	110.0	114.3	118.3	122.2	126.0	129.7	133.2
155	35.8	45.7	54.4	62.1	69.1	75.6	81.6	87.3	92.6	97.4	102.6	107.2	111.7	116.0	120.1	124.1	127.9	131.7	135.5
160	36.2	46.3	55.1	62.9	70.6	76.6	82.7	88.5	93.9	99.1	104.1	108.8	113.3	117.7	121.9	125.9	129.8	133.6	137.3
165	36.7	46.9	55.7	63.7	70.9	77.6	83.8	89.7	95.2	100.5	105.5	110.3	114.9	119.3	123.6	127.7	131.7	135.6	139.3
170	37.1	47.5	56.4	64.4	71.8	78.5	84.9	90.8	96.4	101.8	106.9	111.8	116.4	120.9	125.3	129.5	133.5	137.5	141.3
175	37.5	48.0	57.1	65.2	72.6	79.5	85.9	91.9	97.6	103.1	108.2	113.2	118.0	122.5	127.0	131.2	135.3	139.3	143.2
180	37.9	48.5	57.7	66.0	73.5	80.4	86.9	93.0	98.8	104.3	109.6	114.6	119.5	124.1	128.6	133.9	137.1	141.2	145.1
185	38.3	49.1	58.4	66.7	74.3	81.4	87.9	94.1	100.0	105.6	110.9	116.0	120.9	125.6	130.2	134.6	138.8	143.0	147.0
190	38.7	49.6	59.0	67.4	75.1	82.2	88.9	95.2	101.2	106.8	112.2	117.4	122.4	127.2	131.8	136.2	140.5	144.7	148.8
195	39.1	50.1	59.6	68.1	75.9	83.1	89.9	96.3	102.3	108.0	113.5	118.7	123.8	128.5	133.3	137.9	142.2	146.5	150.6
200	39.5	50.6	60.2	68.8	76.7	84.0	90.8	97.3	103.4	109.2	114.7	120.0	125.2	130.1	134.8	139.4	143.8	148.1	152.3
210	40.3	51.6	61.4	70.2	78.3	85.7	92.7	99.3	105.6	111.5	117.2	122.6	127.9	132.9	137.8	142.5	147.0	151.5	155.8
220	41.0	52.5	62.5	71.5	79.7	87.4	94.5	101.3	107.6	113.7	119.5	125.1	130.5	135.7	140.6	145.5	150.2	154.7	159.1
230	41.7	53.4	63.6	72.8	81.2	89.0	96.3	103.1	109.7	115.9	121.8	127.5	133.0	138.3	143.4	148.4	153.2	157.8	162.3
240	42.4	54.3	64.7	74.0	82.6	90.5	98.0	105.0	111.6	118.0	124.1	129.9	135.5	140.9	146.1	151.2	156.1	160.8	165.5
250	43.0	55.2	65.8	75.3	84.0	92.0	99.6	106.8	113.6	120.0	126.2	132.2	137.9	143.4	148.8	153.9	158.9	163.8	168.5

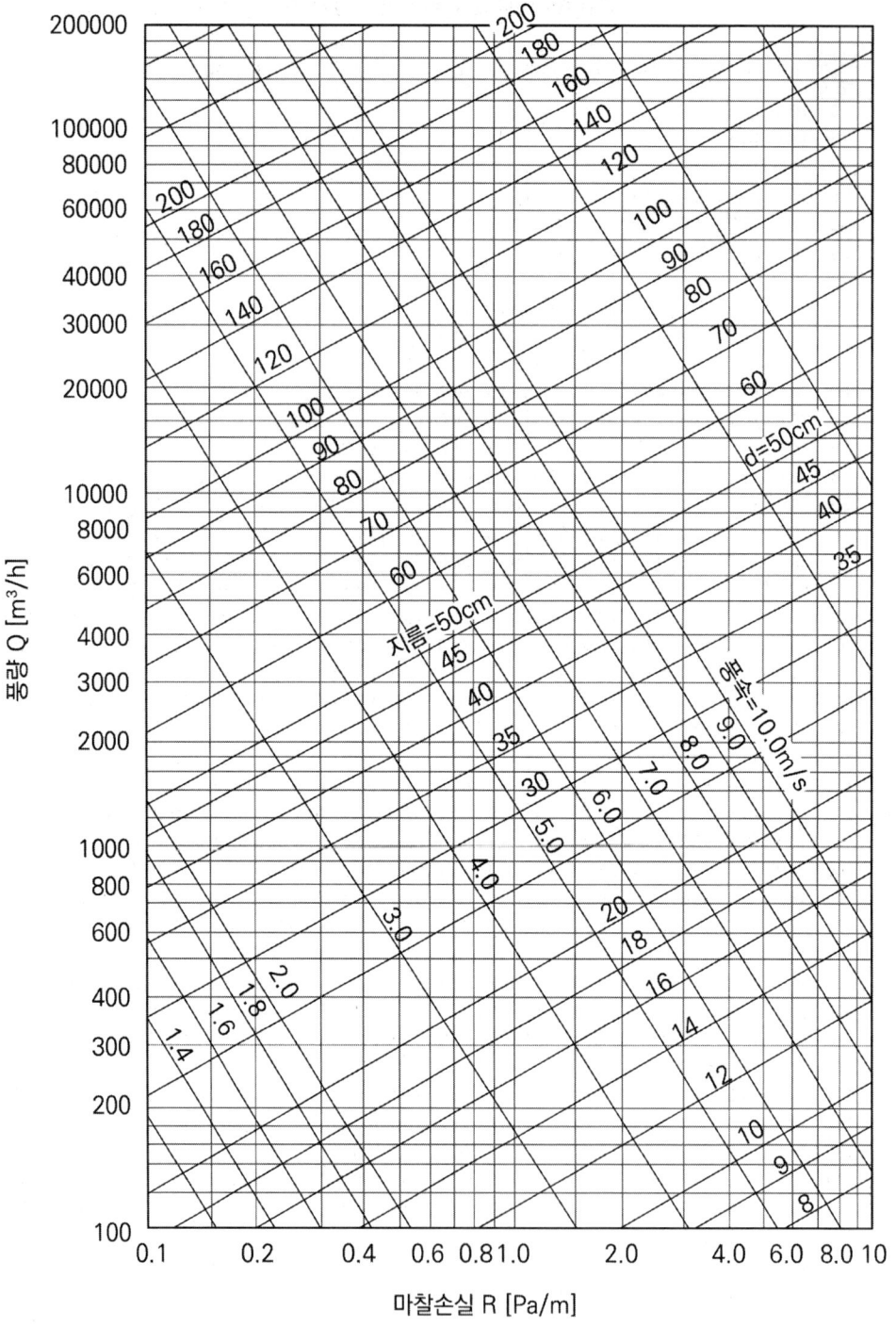

> 풀이

(1) 장방형 덕트 크기 결정 및 풍속
- 덕트 선도에서 원형덕트 지름을 구하고, 덕트표에서 장방형 덕트크기를 구한다.
- 풍속 $V = \dfrac{Q}{A}$ (여기서 A : 장방형 덕트의 면적)

구간	풍량(m³/h)	원형덕트지름(cm)	장방형 덕트(cm)	풍속(m/s)
A-B	18000	82	190×35	7.52
B-C	12000	71	135×35	7.05
C-D	9000	63	105×35	6.80
D-E	6000	54	75×35	6.35
E-F	3000	42	45×35	5.29

(2) 송풍기 정압(P_S)

- 정압 = 전압 - 토출 측 동압($\dfrac{V^2}{2}\rho$)
- 전압 = 덕트 마찰손실+각종 저항

① A-F구간 덕트 마찰손실
- 직관덕트 마찰손실 = (60 + 6 + 12 + 12 + 20) × 1.0 = 110 Pa
- 밴드부 마찰손실 = $\zeta \dfrac{V^2}{2}\rho = 0.29 \times \dfrac{5.29^2}{2} \times 1.2 = 4.869\,\text{Pa}$
- ∴ A-F구간 마찰손실 = 110 + 4.869 = 114.869 ≒ 114.87 Pa

② A-H구간 덕트 마찰손실
- 직관덕트 마찰손실 = $(60 + 18 + 12) \times 1.0 = 90\,\text{Pa}$
- B부 국부마찰손실 = $\zeta \dfrac{V_1^2}{2}\rho = 0.29 \times \dfrac{7.52^2}{2} \times 1.2 = 9.839\,Pa$
- 밴드부 마찰손실 = $\zeta \dfrac{V_2^2}{2}\rho = 0.29 \times \dfrac{6.35^2}{2} \times 1.2 = 7.016\,\text{Pa}$

  (B-G 구간의 풍량 6000 m³/h, 풍속 6.35 m/s)
- ∴ A-H구간 마찰손실 = 90 + 9.839 + 7.016 = 106.855 ≒ 106.86 Pa

③ 송풍기 정압 : 직관 마찰손실 중 큰쪽인 A-F구간 마찰손실 114.87 Pa를 적용한다.

$$P_S = \{114.87 + (150 + 100 + 50 + 150 + 50)\} - \dfrac{13^2}{2} \times 1.2 = 513.47\,\text{Pa}$$

(3) 송풍기 동력(L)

$$L = \frac{P_S \times Q}{\eta_s} = \frac{\frac{513.47}{1000} \times \frac{18000}{3600}}{0.5} = 5.134 ≒ 5.13 \text{ kW}$$

12 다음은 R-22용 콤파운드 압축기를 이용한 2단압축 1단팽창 냉동장치의 이론 냉동사이클을 나타낸 것이다. 이 냉동장치의 냉동능력이 15 RT일 때 각 물음에 답하시오. (단, 배관에서의 열손실은 무시한다) (6점)

- 압축기의 체적효율(저단 및 고단) : 0.75
- 압축기의 압축효율(저단 및 고단) : 0.73
- 압축기의 기계효율(저단 및 고단) : 0.90
- 1 RT = 3.86 kW

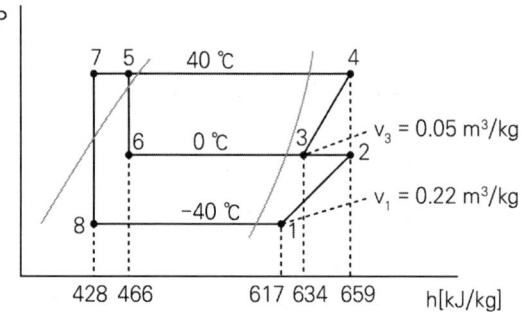

(1) 저단 압축기와 고단 압축기의 기통수비가 얼마인 압축기를 선정해야 하는가?

(2) 압축기의 실제 소요동력(kW)은 얼마인가?

풀이

(1) 기통수비는 얼마인가?

① 저단 압축기 피스톤 배출량(V_ℓ)

$Q_e = G_\ell(h_1 - h_8)$에서

$$G_\ell = \frac{Q_e}{h_1 - h_8} = \frac{15 \times 3.86 \times 3600}{617 - 428} = 1102.857 \text{ kg/h}$$

$$\therefore V_\ell = \frac{G_\ell \cdot v_1}{\eta_V} = \frac{1102.857 \times 0.22}{0.75} = 323.504 ≒ 323.50 \text{ m}^3/\text{h}$$

② 고단 압축기 피스톤 배출량(V_h)

$$\frac{G_h}{G_\ell} = \frac{h_2' - h_7}{h_3 - h_6} \text{에서 } G_h = G_\ell \frac{h_2' - h_7}{h_3 - h_6} \quad \text{여기서 } h_2' \text{를 먼저 구하면}$$

$$\eta_c = \frac{h_2 - h_1}{h_2' - h_1} \text{에서 } h_2' = h_1 + \frac{h_2 - h_1}{\eta_c}$$

$$h_2' = 617 + \frac{659 - 617}{0.73} = 674.534 \text{ kJ/kg}$$

$$G_h = 1102.857 \times \frac{674.534 - 428}{634 - 466} = 1618.403 \text{ kg/h}$$

$$\therefore V_h = \frac{G_h \cdot v_3}{\eta_V} = \frac{1618.403 \times 0.05}{0.75} = 107.893 ≒ 107.89 \text{ m}^3/\text{h}$$

③ 기통수비 = 저단 피스톤 배출량 : 고단 피스톤 배출량
$$= 323.50 : 107.89 ≒ 3 : 1$$

(2) 압축기의 실제 소요동력(L_b)

$$L_b = \frac{L}{\eta_c \cdot \eta_m} = \frac{G_\ell(h_2 - h_1) + G_h(h_4 - h_3)}{\eta_c \cdot \eta_m}$$

$$= \frac{1102.857 \times (659 - 617) + 1618.403 \times (659 - 634)}{0.73 \times 0.9 \times 3600} = 36.69 \text{ kW}$$

13 다음 회로도는 삼상유도전동기 정역 운전회로이다. 회로의 동작 설명 중 맞는 번호를 고르시오. (6점)

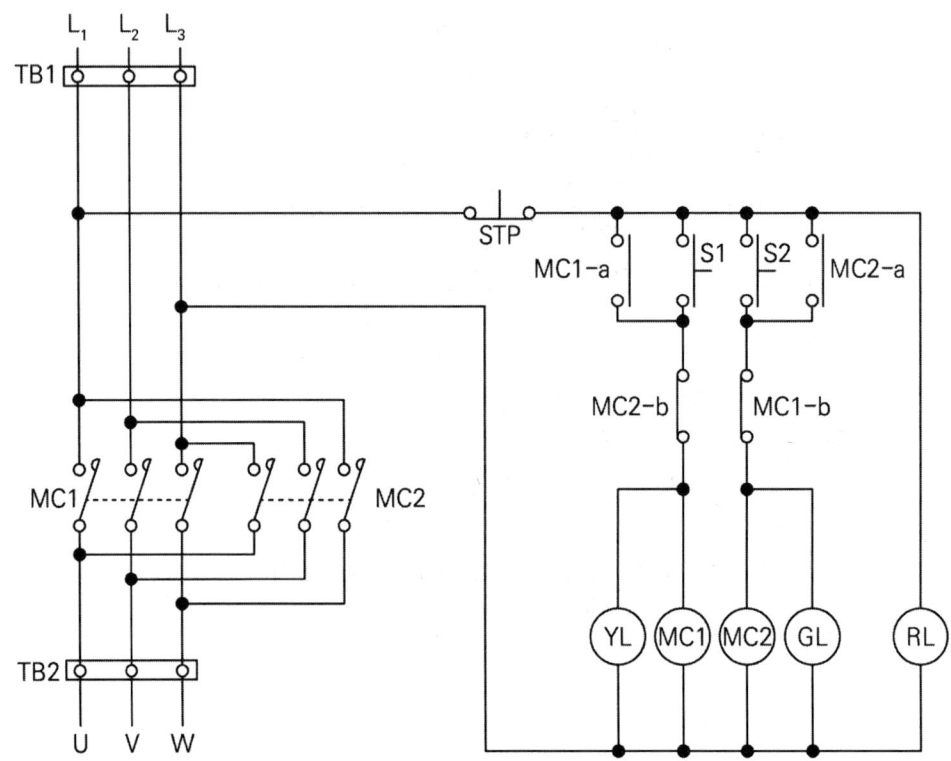

[동작상태]

(가) 전원을 투입하면 YL이 점등된다.
(나) S1을 누르면 MC1이 여자되어 전동기는 정회전하며, YL은 점등되고 GL 소등된다.
(다) S2를 누르면 MC2가 여자되어 전동기는 역회전하며, YL은 점등되고 GL은 소등된다.
(라) 이 회로는 자기유지회로이다.
(마) STP를 누르면 모든 동작이 정지된다.

> **풀이**

회로의 동작설명 중 맞는 번호
(나), (라), (마)

> **참고**
> (가) : 전원을 투입하면 [RL]만 점등된다. [YL]은 점등되지 않는다. [RL]은 전원표시 등이며 전원이 투입되면 상시 점등된다.
> (다) : S2를 누르면 [MC2]가 여자되어 전동기는 역회전하며, [YL]은 소등되고 [GL]은 점등된다.

14 다음 그림은 냉매액 순환방식을 채택하는 냉동장치의 계통도이다. 필요한 배관과 밸브를 완성하시오.
(10점)

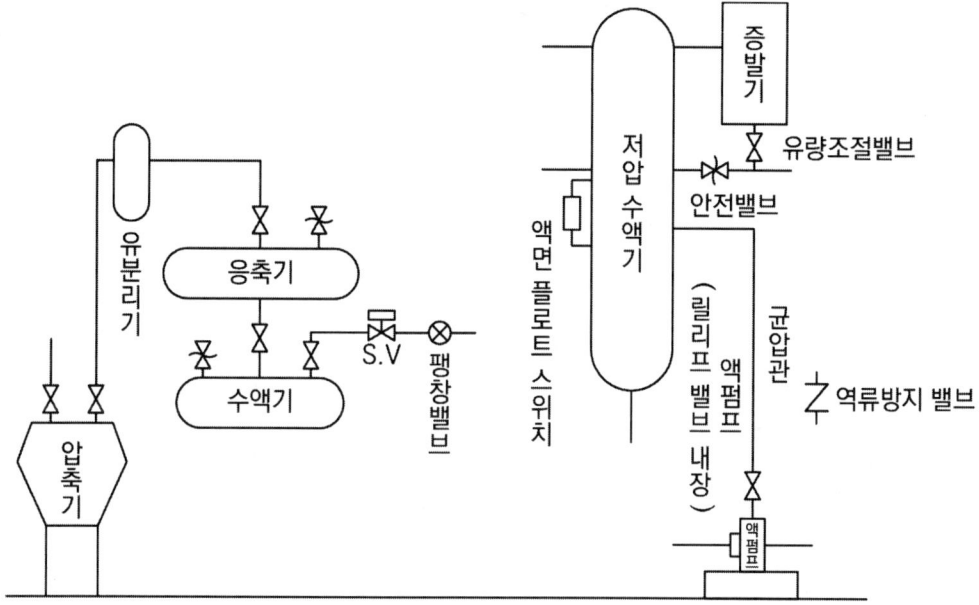

> 풀이

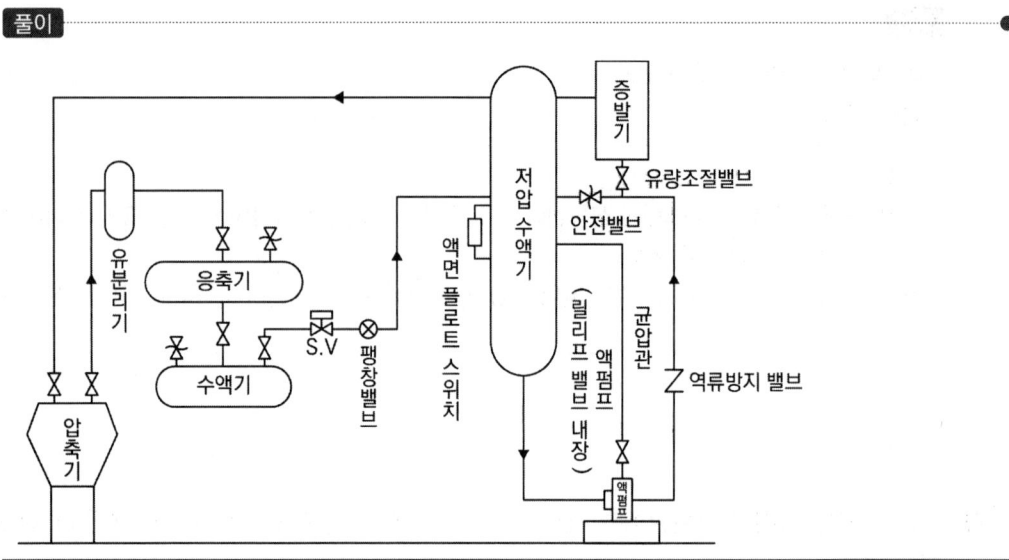

2019 3회

01 실내조건이 온도 27 ℃, 습도 60 %인 정밀기계공장 실내에 피복하지 않은 덕트가 노출되어 있다. 결로방지(結露防止)를 위한 보온이 필요한지 여부를 계산식으로 나타내어 판정하시오. (단, 덕트 내 공기온도를 20 ℃로 하고 실내노점온도는 $t_a'' = 19.5$ ℃, 덕트표면 열전달률 $\alpha_0 = 9.3$ W/m²·K, 덕트재료 열관류율 K = 0.58 W/m²·K로 한다) (5점)

[풀이]

[보온 필요 여부 판정]

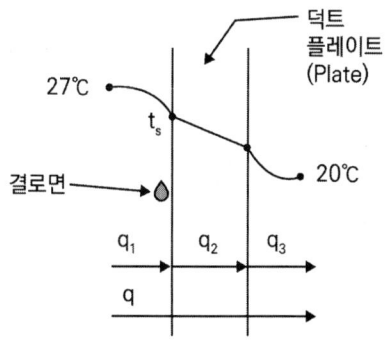

$q_1 = q_2 = q_3 = q$
$q = K \cdot A \cdot \triangle T = K \cdot A(27-20)$
$q = K \cdot A(27-20)$
$q_1 = q$이므로
$\alpha_0 \cdot A(27-t_s) = K \cdot A(27-20)$에서
$t_s = 27 - \dfrac{K \times (27-20)}{\alpha_0} = 27 - \dfrac{0.58 \times (27-20)}{9.3} = 26.563 ≒ 26.56$ ℃

[판정]
실내 노점온도(19.5 ℃)가 덕트 표면 온도 t_s(26.56 ℃) 보다 낮기 때문에 결로가 발생하지 않는다. 따라서 보온은 필요하지 않다.

02 냉동장치 각 기기의 온도변화 시에 이론적인 값이 상승하면 O, 감소하면 X, 무관하면 △을 하시오. (단, 다른 조건은 변화 없다고 가정한다) (5점)

온도변화 상태변화	응축온도 상승	증발온도 상승	과열도 증가	과냉각도 증가
성적계수				
압축기 토출가스 온도				
압축일량				
냉동효과				
압축기 흡입가스 비체적				

풀이

온도변화 상태변화	응축온도 상승	증발온도 상승	과열도 증가	과냉각도 증가
성적계수	X	O	O	O
압축기 토출가스 온도	O	X	O	△
압축일량	O	X	O	△
냉동효과	X	O	O	O
압축기 흡입가스 비체적	△	X	O	△

참고

[응축온도 상승]
1. 성적계수 : 감소
2. 토출온도 : 상승
3. 압축일량 : 상승
4. 냉동효과 : 감소
5. 흡입비체적 : 무관

[증발온도 상승]
1. 성적계수 : 상승
2. 토출온도 : 감소
3. 압축일량 : 감소
4. 냉동효과 : 상승
5. 흡입비체적 : 감소

[과열도 증가]
1. 성적계수 : 상승
2. 토출온도 : 상승
3. 압축일량 : 상승
4. 냉동효과 : 상승
5. 흡입비체적 : 상승

[과냉각도 증가]
1. 성적계수 : 상승
2. 토출온도 : 무관
3. 압축일량 : 무관
4. 냉동효과 : 상승
5. 흡입비체적 : 무관

03 다음 그림과 같이 예열·혼합·순환수분무가습·가열하는 장치에서 실내현열부하가 14.8 kW이고, 잠열부하가 4.2 kW일 때 다음 물음에 답하시오. (단, 외기량은 전체 순환량의 25 %이다)

(8점)

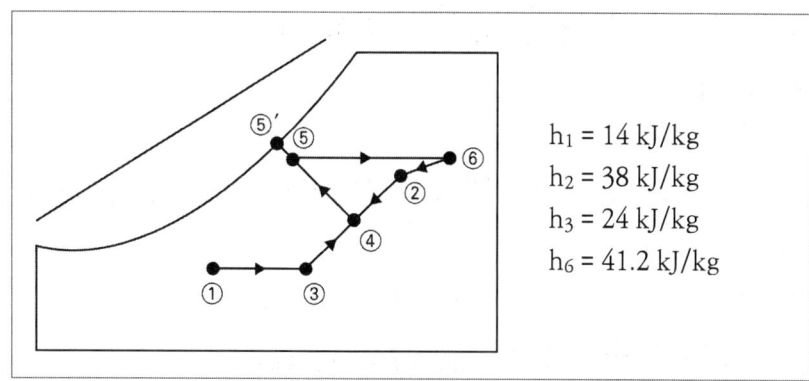

h_1 = 14 kJ/kg
h_2 = 38 kJ/kg
h_3 = 24 kJ/kg
h_6 = 41.2 kJ/kg

(1) 외기와 환기 혼합 엔탈피 h_4를 구하시오.

(2) 전체 순환공기량(kg/h)을 구하시오.

(3) 예열부하(kW)를 구하시오.

(4) 난방코일부하(kW)를 구하시오.

> **풀이**

(1) 외기와 환기 혼합 엔탈피(h_4)

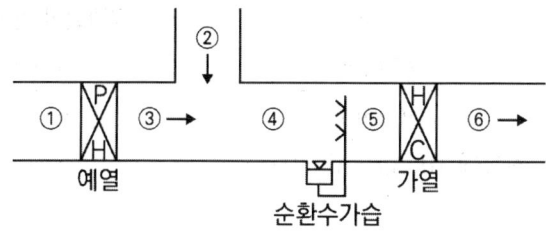

외기가 25 %이므로 환기는 75 %이다.

열평형식 : $G_4 h_4 = G_2 h_2 + G_3 h_3$

$$h_4 = \frac{G_2 h_2 + G_3 h_3}{G_4} = \frac{0.75 \times 38 + 0.25 \times 24}{1} = 34.5 \text{ kJ/kg}$$

(2) 전체 순환공기(kg/h)

실내부하는 $h_6 - h_2$ 이므로

$q_T = G(h_6 - h_2)$ 에서

$$G = \frac{q_T}{h_6 - h_2} = \frac{(14.8 + 4.2) \times 3600}{41.2 - 38} = 21375 \text{ kg/h}$$

(3) 예열부하(kW)

예열부하는 $h_3 - h_1$ 이므로

$$q_p = G_0(h_3 - h_1) = \frac{(21375 \times 0.25) \times (24 - 14)}{3600} = 14.843 ≒ 14.84 \text{ kW}$$

(4) 난방코일 부하(kW)

난방코일 부하 $q_H = G(h_6 - h_5)$ 이고 $h_5 ≒ h_4$ 이므로

$$q_H = \frac{21375 \times (41.2 - 34.5)}{3600} = 39.781 ≒ 39.78 \text{ kW}$$

04 어느 건물의 기준층 배관을 적산한 결과 다음과 같은 산출 근거가 나왔다. 이 배관 공사에 대한 내역서를 작성하시오. (단, 강관부속류의 가격은 직관가격의 50 %, 지지철물의 가격은 직관가격의 10 %, 배관의 할증률은 10 %, 공구손료는 인건비의 3 %이다) (8점)

(1) 산출근거서(정미량)

품명	규격	직관길이 및 수량
백강관	25 mm	40 m
백강관	50 mm	50 m
게이트 밸브	청동제 10 kg/cm², 50 mm	4개

(2) 품셈

① 강관배관(m당)

규격	배관공 (인)	보통인부(인)
25 mm	0.147	0.037
50 mm	0.248	0.063

② 밸브류 설치 : 개소당 배관공 0.07인

(3) 단가

품명	규격	단위	단가 (원)
백강관	25 mm	m	1200
백강관	50 mm	m	1500
게이트 밸브	50 mm	개	9000

• 배관공 : 45,000원/인   • 보통인부 : 25,000원/인

(4) 내역서

품명	규격	단위	수량	단가	금액
백강관	25 mm	m			
백강관	50 mm	m			
게이트 밸브	청동제 10 kg/cm^2, 50 mm	개			
강관부속류		-	-	-	
지지철물류		-	-	-	
인건비	배관공	인			
인건비	보통인부	인			
공구손료		식	-	-	
계					

풀이

품명	규격	단위	수량	단가	금액
백강관	25 mm	m	44	1,200	52,800
백강관	50 mm	m	55	1,500	82,500
게이트 밸브	청동제 10 kg/cm², 50 mm	개	4	9,000	36,000
강관부속류	직관의 50 %	-	-	-	67,650
지지철물류	직관의 10 %	-	-	-	13,530
인건비	배관공	인	18.56	45,000	835,200
인건비	보통인부	인	4.63	25,000	115,750
공구손료	인건비의 3 %	식	-	-	28,528
계					1,231,958

05 피스톤 압출량 50 m³/h의 압축기를 사용하는 R-22 냉동장치에서 다음과 같은 값으로 운전될 때 각 물음에 답하시오. (7점)

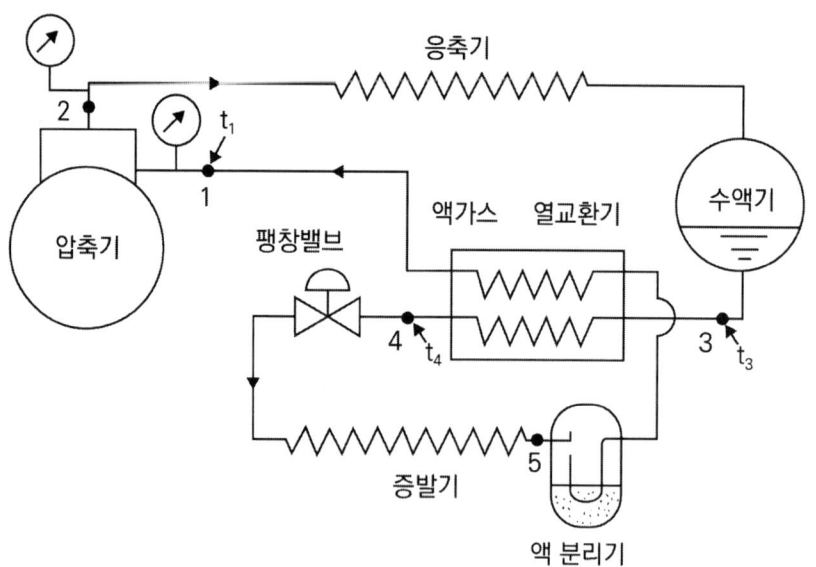

[조건]

1. $v_1 = 0.143 \text{ m}^3/\text{kg}$
2. $t_3 = 25\,℃$
3. $t_4 = 15\,℃$
4. $h_1 = 620 \text{ kJ/kg}$
5. $h_4 = 444 \text{ kJ/kg}$
6. 압축기의 체적효율 $\eta_v = 0.68$
7. 증발압력에 대한 포화액의 엔탈피 : $h' = 386 \text{ kJ/kg}$
8. 증발압력에 대한 포화증기의 엔탈피 : $h'' = 613 \text{ kJ/kg}$
9. 응축액의 온도에 의한 내부에너지 변화량 : $1.3 \text{ kJ/kg} \cdot \text{K}$

(1) 증발기의 냉동능력(kW)을 구하시오.

(2) 증발기 출구의 냉매증기 건조도(x)값을 구하시오.

풀이

(1) 증발기의 냉동능력(Q_e)

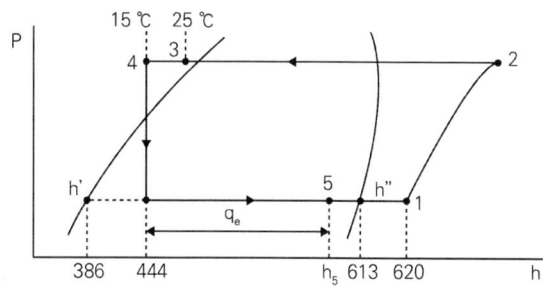

냉동능력 $Q_e = G(h_5 - h_4) = \dfrac{V \times \eta_v}{v_1 \times 3600}(h_5 - h_4)$

여기서 V : 피스톤 압출량

h_5를 구해야 하므로 열교환기에서 열평형식을 세우면

$(h_3 - h_4) = (h_1 - h_5)$

$(h_3 - h_4)$는 잠열변화가 없는 현열 변화, 즉 응축액의 온도에 의한 내부에너지 변화이다.

$1.3 \times (t_3 - t_4) = (h_1 - h_5)$

$h_5 = h_1 - 1.3(t_3 - t_4) = 620 - 1.3 \times (25 - 15) = 607 \text{ kJ/kg}$

$$\therefore \text{냉동능력 } Q_e = \frac{50 \times 0.68}{0.143 \times 3600} \times (607 - 444) = 10.765 ≒ 10.77 \text{ kW}$$

(2) 증발기 출구 냉매증기 건조도(x)

$$x = \frac{h_5 - h'}{h'' - h'} = \frac{607 - 386}{613 - 386} = 0.973 ≒ 0.97$$

06 다음 그림은 향류식 냉각탑에서 공기와 물의 온도변화를 나타낸 것이다. 다음 물음에 답하시오.

(6점)

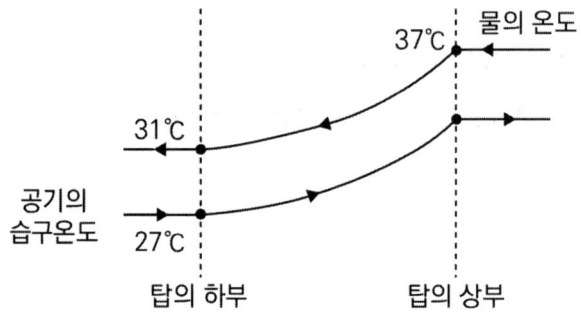

(1) 쿨링 레인지는 몇 ℃인가?

(2) 쿨링 어프로치는 몇 ℃인가?

(3) 냉각탑의 냉각효율은 몇 %인가?

풀이

(1) 쿨링 레인지 : 냉각탑 입구수온 - 냉각탑 출구수온

쿨링 레인지 = 37 - 31 = 6 ℃

(2) 쿨링 어프로치 : 냉각탑 출구수온 - 냉각탑 입구공기의 습구온도

쿨링 어프로치 = 31 - 27 = 4 ℃

(3) 냉각탑의 냉각효율(%)

$$냉각효율 = \frac{냉각탑\ 입구수온 - 냉각탑\ 출구수온}{냉각탑\ 입구수온 - 입구공기의\ 습구온도} = \frac{37 - 31}{37 - 27} \times 100 = 60\%$$

07 외기온도가 −5 ℃이고, 실내 공급 공기온도를 18 ℃로 유지하는 히트펌프가 있다. 실내 총 손실열량이 60 kW일 때 열펌프 성적계수와 외기로부터 침입되는 열량은 약 몇 kW인가?

(7점)

> **풀이**
>
> (1) 히트펌프 성적계수(COP_H)
>
> $$COP_H = \frac{T_H}{T_H - T_L} = \frac{(18+273)}{(18+273)-(-5+273)} = 12.652 ≒ 12.65$$
>
> (2) 외기로부터 침입열량(Q_L)
>
> $$COP_H = \frac{T_H}{T_H - T_L} = \frac{Q_H}{Q_H - Q_L} \text{에서}$$
>
> $$(Q_H - Q_L) \cdot COP_H = Q_H$$
>
> $$Q_L = Q_H - \frac{Q_H}{COP_H} = 60 - \frac{60}{12.65} = 55.256 ≒ 55.26 \text{ kW}$$

08 다음 조건을 이용하여 A실의 7월 23일 14:00 취득열량을 현열부하와 잠열부하로 구분하여 구하고, 외기 부하를 구하시오. (단, 덕트 등 기기로부터의 열 취득 및 여유율은 무시한다. A실은 최상층으로 사무실 용도이며, 아래층의 냉난방 조건은 동일하다) (14점)

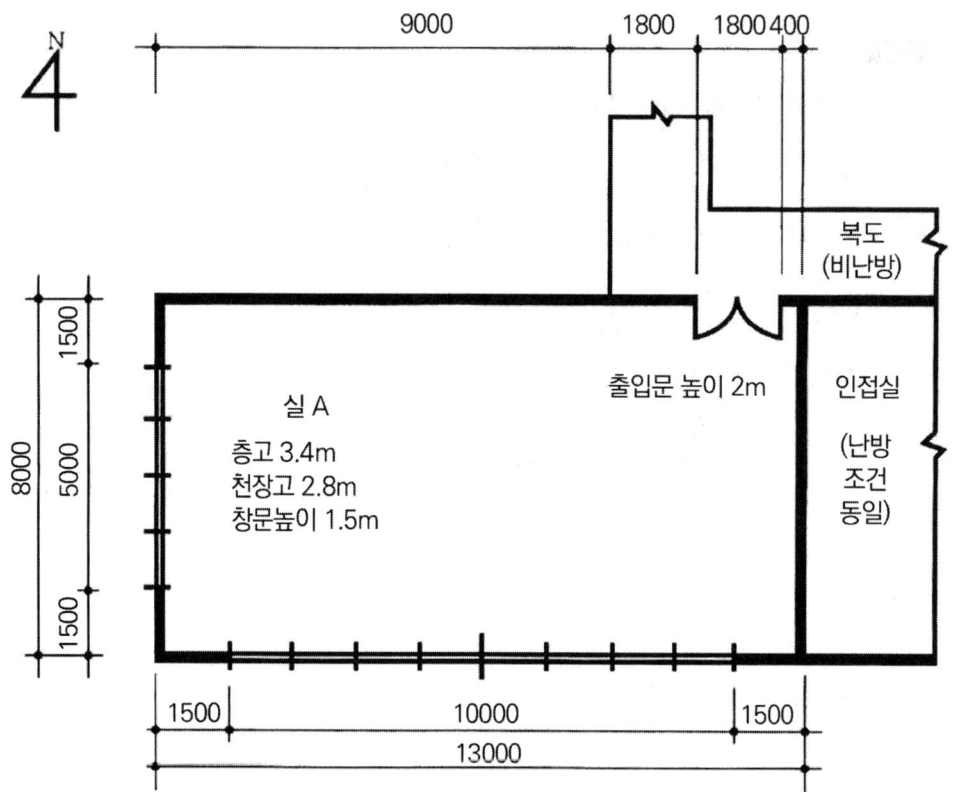

[조건]

1. 냉·난방 설계용 온·습도

	냉방	난방	비고
실내	26 ℃ DB, 50 % RH, $x = 0.0105\,\text{kg/kg}'$	20 ℃ DB, 50 % RH, $x = 0.00725\,\text{kg/kg}'$	비공조실은 실내·외의 중간 온도로 약산함
외기	32 ℃ DB, 70 % RH, $x = 0.021\,\text{kg/kg}'$ (7월 23일, 14:00)	-5 ℃ DB, 70 % RH, $x = 0.00175\,\text{kg/kg}'$	

2. 유리 : 복층유리(공기층 6 mm), 블라인드 없음, 열관류율 $K = 3.5\,\mathrm{W/m^2 \cdot K}$
   출입문 : 목재 플래시문, 열관류율 $K = 2.2\,\mathrm{W/m^2 \cdot K}$
3. 공기의 밀도 $\rho = 1.2\,\mathrm{kg/m^3}$,
   공기의 정압비열 $C_{pa} = 1.01\,\mathrm{kJ/kg \cdot K}$,
   수분의 증발잠열(상온) $E_a = 2501\,\mathrm{kJ/kg}$,
   100 ℃ 물의 증발잠열 $E_b = 2256\,\mathrm{kJ/kg}$
4. 외기 도입량은 25 m³/h · 인이다.
5.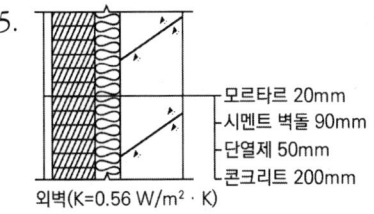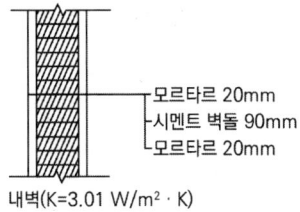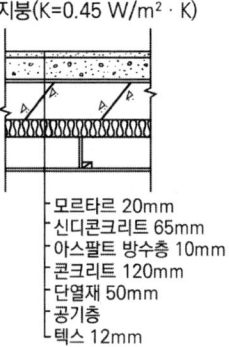

[차폐계수]

유리	블라인드	차폐계수
보통 단층	없음	1.0
	밝은색	0.65
	중등색	0.75
흡열 단층	없음	0.8
	밝은색	0.55
	중등색	0.65
보통 이층 (중간 블라인드)	밝은색	0.4
보통 복층 (공기층 6 mm)	없음	0.9
	밝은색	0.6
	중등색	0.7

유리	블라인드	차폐계수
외측 흡열 내측 보통	없음 밝은색 중등색	0.75 0.55 0.65
외측 보통 내측 거울	없음	0.65

[표 1] 인체로부터의 발열량 [W/인]

직업상태	실온	전발열량	27 ℃		26 ℃		21 ℃	
	예		H_S	H_L	H_S	H_L	H_S	H_L
정좌	극장	103	57	46	62	41	76	27
사무소 업무	사무소	132	58	74	63	69	84	48
착석업무	공장의 경작업	220	65	155	72	148	107	113
보행 4.8 km/h	공장의 중작업	293	88	205	96	197	135	158
볼링	볼링장	425	136	289	141	284	178	247

[방위계수]

방위	N, 수평	E	W	S
방위계수	1.2	1.1	1.1	1.0

[벽의 타입 선정]

벽의 타입	II	III	IV

구조 예	• 목조의 벽, 지붕
	• 두께 합계
	  20~70 mm의 중량벽
		• II+단열층
		• 두께합계
		  70~110 mm의 중량벽
			• III의 중량벽+단열층
			• 두께합계
			  110~160 mm의 중량벽

벽의 타입	V	VI	VII

구조 예	• IV의 중량벽+단열층
	• 두께합계
	  160~230 mm의 중량벽
		• V의 중량벽+단열층
		• 두께합계
		  230~300 mm의 중량벽
			• IV의 중량벽+단열층
			• 두께합계
			  300~380 mm의 중량벽

[창유리의 표준 일사열취득(W/m²)]

계절	방위	시각(태양시)														합
		오전								오후						
		5	6	7	8	9	10	11	12	1	2	3	4	5	6	7	
여름철 (7월23일)	수평	1	58	209	379	518	629	702	726	702	629	518	379	209	58	1	5718
	N·그늘	44	73	46	28	34	39	42	43	42	39	34	28	46	73	0	567
	NE	0	293	384	349	288	101	42	43	42	39	34	28	21	12	0	1626
	E	0	322	476	493	435	312	137	43	42	39	34	28	21	12	0	2394
	SE	0	150	278	343	354	312	219	103	42	39	34	28	21	12	0	1935
	S	0	12	21	28	53	101	141	156	141	101	53	28	21	12	0	868
	SW	0	12	21	28	34	39	42	103	219	312	354	343	278	150	0	1935
	W	0	12	21	28	34	39	42	43	137	312	436	493	476	322	0	2394
	NW	0	12	21	28	34	39	42	43	42	101	238	349	384	293	0	1626

[환기횟수]

실용적 (m³)	500 미만	500~1000	1000~1500	1500~2000	2000~2500	2500~3000	3000 이상
환기횟수 (회/h)	0.7	0.6	0.55	0.5	0.42	0.40	0.35

[인원의 참고치]

방의 종류	상면적 (m²/인)	방의 종류		상면적 (m²/인)
사무실(일반)	5.0		객실	18.0
은행 영업실	5.0	백화점	평균	3.0
레스토랑	1.5		혼잡	1.0
상점	3.0		한산	6.0
호텔로비	6.5	극장		0.5

[조명용 전력의 계산치]

방의 종류	조명용 전력 (W/m²)
사무실(일반)	25
은행 영업실	65
레스토랑	25
상점	30

[$\triangle t_s$(상당온도차)]

(a) 하계냉방용(℃)

구조체의 종류	방위	시각(태양시)											
		오전							오후					
		6	7	8	9	10	11	12	1	2	3	4	5	6
II	수평	1.1	4.6	10.7	17.6	24.1	29.3	32.8	34.4	34.2	32.1	28.4	23.0	16.6
	N·그늘	1.3	3.4	4.3	4.8	5.9	7.1	7.9	8.4	8.7	8.8	8.7	8.8	9.1
	NE	3.2	9.9	14.0	16.0	15.0	12.3	9.8	9.1	9.0	8.9	8.7	8.0	6.9
	E	3.4	11.2	17.6	20.8	21.1	18.8	14.6	10.9	9.6	9.1	8.8	8.0	6.9
	SE	1.9	6.6	11.8	15.8	18.1	18.4	16.7	13.6	10.7	9.5	8.9	8.1	7.0
	S	0.3	1.0	2.3	4.7	8.1	11.4	13.7	14.8	14.8	13.6	11.4	9.0	7.3
	SW	0.3	1.0	2.3	4.0	5.7	7.0	9.2	13.0	16.8	19.7	21.0	20.2	17.1
	W	0.3	1.0	2.3	4.0	5.7	7.0	7.9	10.0	14.7	19.6	23.5	25.1	23.1
	NW	0.3	1.0	2.3	4.0	5.7	7.0	7.9	8.4	9.9	13.4	17.3	20.0	19.7
V	수평	3.7	3.6	4.3	6.1	8.7	11.9	15.2	18.4	21.2	23.3	24.6	24.8	23.9
	N·그늘	2.0	2.1	2.4	2.8	3.2	3.8	4.5	5.1	5.7	6.3	6.7	7.1	7.4
	NE	2.2	3.1	4.7	6.5	8.1	9.0	9.4	9.4	9.4	9.3	9.2	9.1	8.8
	E	2.3	3.3	5.3	7.7	10.1	11.7	12.6	12.6	12.2	11.8	11.3	10.8	10.2
	SE	2.2	2.6	3.8	5.5	7.5	9.4	10.8	11.6	11.6	11.4	11.1	10.6	10.2
	S	2.0	1.8	1.8	2.1	2.9	4.1	5.6	7.1	8.4	9.5	10.0	10.0	9.7
	SW	2.8	2.4	2.3	2.5	2.9	3.5	4.3	5.5	7.2	9.1	11.1	12.8	13.8
	W	3.2	2.7	2.5	2.7	3.0	3.6	4.3	5.1	6.4	8.3	10.7	13.1	15.0
	NW	2.8	2.4	2.3	2.4	2.9	3.5	4.1	4.8	5.6	6.7	8.2	10.1	11.8
VI	수평	6.7	6.1	6.1	6.7	8.0	9.9	12.0	14.3	16.6	18.5	20.0	20.9	21.1
	N·그늘	3.0	2.9	2.9	3.0	3.2	3.6	4.0	4.4	4.9	5.3	5.7	6.1	6.4
	NE	3.3	3.6	4.3	5.4	6.4	7.3	7.8	8.1	8.3	8.4	8.5	8.5	8.5
	E	3.7	3.9	4.9	6.2	7.7	9.1	10.0	10.5	10.7	10.7	10.6	10.4	10.1
	SE	3.5	3.5	4.0	4.9	6.1	7.3	8.5	9.3	9.8	10.0	10.0	9.9	9.7
	S	3.3	4.0	2.8	2.8	3.1	3.7	4.6	5.6	6.6	7.4	8.1	8.4	8.6
	SW	4.5	4.0	3.7	3.5	3.6	3.8	4.2	4.9	5.9	7.2	8.6	9.9	11.0
	W	5.1	4.5	4.1	3.9	3.9	4.1	4.4	4.8	5.6	6.7	8.3	10.0	11.5
	NW	4.3	3.9	3.6	3.4	3.5	3.7	4.1	4.5	5.0	5.6	6.7	7.9	9.2

구조체의 종류	방위	시각(태양시)												
		오전							오후					
		6	7	8	9	10	11	12	1	2	3	4	5	6
VII	수평	10.0	9.4	9.0	9.0	9.4	10.1	11.1	12.2	13.5	14.8	15.9	16.8	17.3
	N·그늘	4.0	3.8	3.7	3.7	3.7	3.8	4.0	4.2	4.4	4.7	4.9	5.2	5.5
	NE	4.7	4.7	4.0	5.3	5.8	6.3	6.6	4.0	7.2	7.3	7.5	7.6	7.7
	E	5.4	5.3	5.6	6.1	6.8	7.6	8.2	8.9	8.9	9.1	9.3	9.3	9.3
	SE	5.2	5.0	5.0	5.3	5.8	6.4	7.1	7.6	8.0	8.3	8.5	8.7	8.7
	S	4.6	4.3	4.1	3.9	3.9	4.1	4.5	4.9	5.6	6.0	6.5	6.8	7.1
	SW	6.1	5.7	5.4	5.1	5.0	4.9	5.0	5.2	5.7	6.3	7.0	7.8	8.5
	W	6.8	6.3	6.0	5.7	5.5	5.4	5.4	5.5	5.8	6.3	7.1	8.0	8.9
	NW	5.7	5.3	5.0	4.8	4.7	4.7	4.7	4.9	5.1	5.4	5.9	6.5	7.3

(1) 실내부하
  ① 현열부하(W)
    ㉮ 태양 복사열(유리창)
    ㉯ 태양 복사열의 영향을 받는 전도열(지붕, 외벽)
    ㉰ 외벽, 지붕 이외의 전도열
    ㉱ 틈새바람에 의한 부하
    ㉲ 인체에 의한 발생열
    ㉳ 조명에 의한 발생열(형광등)
  ② 잠열부하(W)
    ㉮ 틈새바람에 의한 부하
    ㉯ 인체에 의한 발생열
(2) 외기부하(W)
  ① 현열부하
  ② 잠열부하

풀이

(1) 실내부하

① 현열부하

㉮ 태양 복사열(유리창) : $q_{GR} = I_{GR} \cdot A_G \cdot k_s$ (I_{GR} : 일사취득열량, k_s : 차폐계수)

남쪽 $q_{GR} = 101 \times (10 \times 1.5) \times 0.9 = 1363.5 \, W$

서쪽 $q_{GR} = 312 \times (5 \times 1.5) \times 0.9 = 2106 \, W$

∴ 태양복사열(유리창) = 3469.5 W

㉯ 태양 복사열의 영향을 받는 전도열 $q = K \cdot A \cdot \triangle t_e$ ($\triangle t_e$: 상당온도차)

지붕 : 265 mm의 중량벽 → 벽의 타입은 VI이며 오후 2시의 수평 $\triangle t_e = 16.6\,℃$

외벽 : 360 mm의 중량벽 → 벽의 타입은 VII이며 오후 2시의 남쪽(S) $\triangle t_e = 5.6\,℃$,
서쪽(W) $\triangle t_e = 5.8\,℃$ 북쪽(N) $\triangle t_e = 4.4\,℃$

지붕 $q_H = 0.45 \times (13 \times 8) \times 16.6 = 776.88 \, W$

남쪽외벽 $q_S = 0.56 \times (13 \times 3.4 - 10 \times 1.5) \times 5.6 = 91.571 \, W$

서쪽외벽 $q_W = 0.56 \times (8 \times 3.4 - 5 \times 1.5) \times 5.8 = 63.985 \, W$

북쪽외벽 $q_N = 0.56 \times (9 \times 3.4) \times 4.4 = 75.398 \, W$

∴ 태양복사열의 영향을 받는 전도열 = 1007.834 ≒ 1007.83 W

㉰ 외벽, 지붕 이외의 전도열(내벽, 출입문, 유리창) $q = K \cdot A \cdot \triangle t$

내벽 $q_{IW} = 3.01 \times (4 \times 2.8 - 1.8 \times 2) \times \left(\dfrac{32+26}{2} - 26\right) = 68.628 \, W$

출입문 $q_D = 2.2 \times (1.8 \times 2) \times \left(\dfrac{32+26}{2} - 26\right) = 23.76 \, W$

남쪽유리창 $q_{GT} = 3.5 \times (10 \times 1.5) \times (32 - 26) = 315 \, W$

서쪽유리창 $q_{GT} = 3.5 \times (5 \times 1.5) \times (32 - 26) = 157.5 \, W$

∴ 외벽, 지붕이외의 전도열 = 564.888 ≒ 564.89 W

㉱ 틈새바람에 의한 부하(환기 회수에 의한 부하 q_{IS})

틈새바람량 Q_I = 실용적 × 환기회수 = $(13 \times 8 \times 2.8) \times 0.7 = 203.84 \, m^3/h$

틈새바람에 의한 부하 $q_{IS} = \rho \cdot Q_I \cdot C_p \cdot \triangle t$

$= \dfrac{1.2 \times 203.84}{3600} \times 1.01 \times 10^3 \times (32 - 26) = 411.756 ≒ 411.76 \, W$

㉲ 인체에 의한 발생열 $q_{HS} = n \cdot Hs$

$q_{HS} = \left(\dfrac{13 \times 8}{5}\right) \times 63 = 1310.4 \, W$

㊐ 조명에 의한 발생열(형광등) $q_E = 1.2 \times W \times f$ (f : 점등률)

$q_E = 1.2 \times (13 \times 8 \times 25) \times 1 = 3120\,\text{W}$

② 잠열부하

㉮ 틈새바람에 의한 부하(q_{IL})

$q_{IL} = 2501\,G_I \cdot \Delta x = 2501 \rho Q_I \cdot \Delta x$

$= 2501 \times 10^3 \times \dfrac{1.2 \times 203.84}{3600} \times (0.021 - 0.0105) = 1784.313 ≒ 1784.31\,\text{W}$

㉯ 인체에 의한 발생열 $q_{HL} = n \cdot H_L$

$q_{HL} = \left(\dfrac{13 \times 8}{5}\right) \times 69 = 1435.2\,\text{W}$

(2) 외기부하(q_F)

① 현열부하 $q_{FS} = \rho Q_F \cdot C_p \cdot \Delta t$ (Q_F=외기도입량)

$q_{FS} = 1.2 \times \left(\dfrac{25}{3600} \times \dfrac{13 \times 8}{5}\right) \times 1.01 \times 10^3 \times (32 - 26) = 1050.4\,\text{W}$

② 잠열부하 $q_{FL} = 2501 \rho Q_F \cdot \Delta x$ (Q_F=외기도입량)

$q_{FL} = 2501 \times 10^3 \times 1.2 \times \left(\dfrac{25}{3600} \times \dfrac{13 \times 8}{5}\right) \times (0.021 - 0.0105) = 4551.82\,\text{W}$

---

09 500 rpm으로 운전되는 송풍기가 풍량 300 m³/min, 전압 400 Pa, 동력 3.5 kW의 성능을 나타내고 있는 것으로 한다. 이 송풍기의 회전수를 1할 증가시키면 어떻게 되는가를 계산하시오. (6점)

풀이

※ 1할 증가는 10 % 증가를 의미한다.

풍량 $Q_2 = Q_1 \times \left(\dfrac{N_2}{N_1}\right) = 300 \times \left(\dfrac{500 \times 1.1}{500}\right) = 330\,\text{m}^3/\text{min}$

전압 $P_2 = P_1 \times \left(\dfrac{N_2}{N_1}\right)^2 = 400 \times \left(\dfrac{500 \times 1.1}{500}\right)^2 = 484\,\text{Pa}$

동력 $L_2 = L_1 \times \left(\dfrac{N_2}{N_1}\right)^3 = 3.5 \times \left(\dfrac{500 \times 1.1}{500}\right)^3 = 4.658 ≒ 4.66\,\text{kW}$

> **참고**
> 서로 다른 치수의 송풍기(또는 펌프)를 비교(상사)했을 때
> 풍량(유량) $[m^3/s]$ $Q_2 = \left(\dfrac{N_2}{N_1}\right)^1 \times \left(\dfrac{D_2}{D_1}\right)^3 \times Q_1$
> 전압 [Pa] (양정 [m]) $P_2 = \left(\dfrac{N_2}{N_1}\right)^2 \times \left(\dfrac{D_2}{D_1}\right)^2 \times P_1$
> 동력 [kW] $L_2 = \left(\dfrac{N_2}{N_1}\right)^3 \times \left(\dfrac{D_2}{D_1}\right)^5 \times L_1$

10 24시간 동안에 30 ℃의 원료수 5000 kg을 -10 ℃의 얼음으로 만들 때 냉동기용량(냉동톤)을 구하시오. (단, 냉동기 안전율은 10 %로 하고, 물의 응고잠열은 334 kJ/kg, 물과 얼음의 비열이 4.2, 2.1 kJ/kg K이고, 1 RT는 3.86 kW이다) (5점)

> **풀이**
>
> > **참고**
> > 1) 현열 : $Q = G \cdot C \cdot \triangle t$
> > 2) 잠열 : $Q = G \cdot \gamma$
>
> 1) 30℃ 물 →(현열)→ 0℃ 물 $Q_1 = G \cdot C \cdot \triangle t = 5000 \times 4.2 \times (30-0) = 630000\,kJ$
>
> 2) 0℃ 물 →(잠열)→ 0℃ 얼음 $Q_2 = G \cdot \gamma = 5000 \times 334 = 1670000\,kJ$
>
> 3) 0℃ 얼음 →(현열)→ -10℃ 얼음 $Q_3 = G \cdot C \cdot \triangle t = 5000 \times 2.1 \times (0-(-10)) = 105000\,kJ$
>
> 따라서,
>
> 냉동기 용량$[kW] = \dfrac{(Q_1 + Q_2 + Q_3)[kJ]}{(24 \times 3600)[\sec]} \times 1.1$
>
> $= \dfrac{630000 + 1670000 + 105000}{24 \times 3600} \times 1.1 \fallingdotseq 30.62\,kW$
>
> ∴ 냉동기 용량(냉동톤)$[RT] = \dfrac{30.62}{3.86} \fallingdotseq 7.93\,RT$

11 어느 벽체의 구조가 다음과 같은 조건을 갖출 때 각 물음에 답하시오. (6점)

[조건]
1. 실내온도 : 25 ℃, 외기온도 : -5 ℃
2. 외벽의 면적 : 40 m²
3. 벽체의 구조
4. 공기층 열 컨덕턴스 : 21.8 kJ/m²·h·K

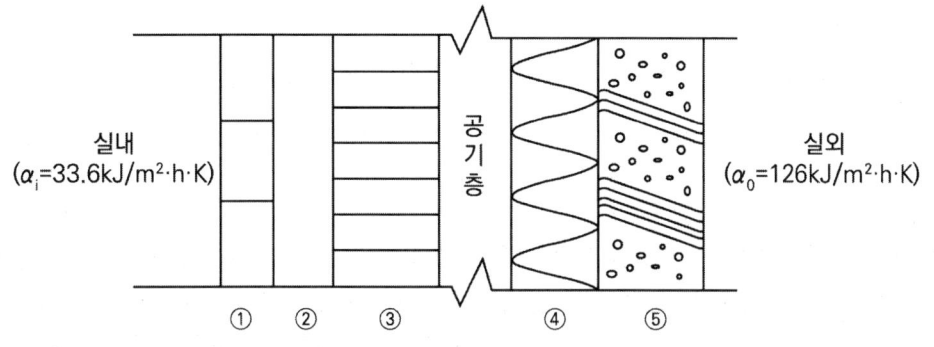

재료	두께(m)	열전도율(kJ/m·h·K)
① 타일	0.01	4.6
② 시멘트 모르타르	0.03	4.6
③ 시멘트 벽돌	0.19	5
④ 스티로폴	0.05	0.13
⑤ 콘크리트	0.10	5.9

(1) 벽체의 열통과율(kJ/m²·h·K)을 구하시오.

(2) 벽체의 손실열량(kJ/h)을 구하시오.

(3) 벽체의 내표면 온도(℃)를 구하시오.

풀이

(1) 벽체 열통과율(K)

$$\frac{1}{K} = \frac{1}{\alpha_i} + \frac{\ell_1}{\lambda_1} + \frac{\ell_2}{\lambda_2} + \frac{\ell_3}{\lambda_3} + \frac{1}{c} + \frac{\ell_4}{\lambda_4} + \frac{\ell_5}{\lambda_5} + \frac{1}{\alpha_o}$$

$$= \frac{1}{33.6} + \frac{0.01}{4.6} + \frac{0.03}{4.6} + \frac{0.19}{5} + \frac{1}{21.8} + \frac{0.05}{0.13} + \frac{0.10}{5.9} + \frac{1}{126} = 0.5318$$

여기서, c : 공기층 열 컨덕턴스

$$\therefore K = \frac{1}{0.5318} = 1.88 \text{ kJ/m}^2\text{hk}$$

(2) 벽체 손실열량(q)

$q = KA\Delta t = 1.88 \times 40 \times (25-(-5)) = 2256 \text{ kJ/h}$

(3) 벽체 내표면 온도(t_s)

$q_1 = q$ 이므로

$\alpha_i A(25-t_s) = KA(25-(-5))$ 에서

$t_s = 25 - \frac{K(25-(-5))}{\alpha_i} = 25 - \frac{1.88 \times 30}{33.6} = 23.321 ≒ 23.32 \text{ ℃}$

---

12 어떤 사무소 공간의 냉방부하를 산정한 결과 현열부하 q_S = 24000 kJ/h, 잠열부하 q_L = 6000 kJ/h이었으며, 표준 덕트 방식의 공기조화 시스템을 설계하고자 한다. 외기 취입량을 500 m³/h, 취출 공기 온도를 16 ℃로 하였을 경우 다음 각 물음에 답하시오. (단, 실내 설계 조건 26 ℃ DB, 50 % RH, 외기 설계조건 32 ℃ DB, 70 % RH, 공기의 비열 C_p = 1.0 kJ/kg·K, 공기의 밀도 ρ = 1.2 kg/m³이다) (16점)

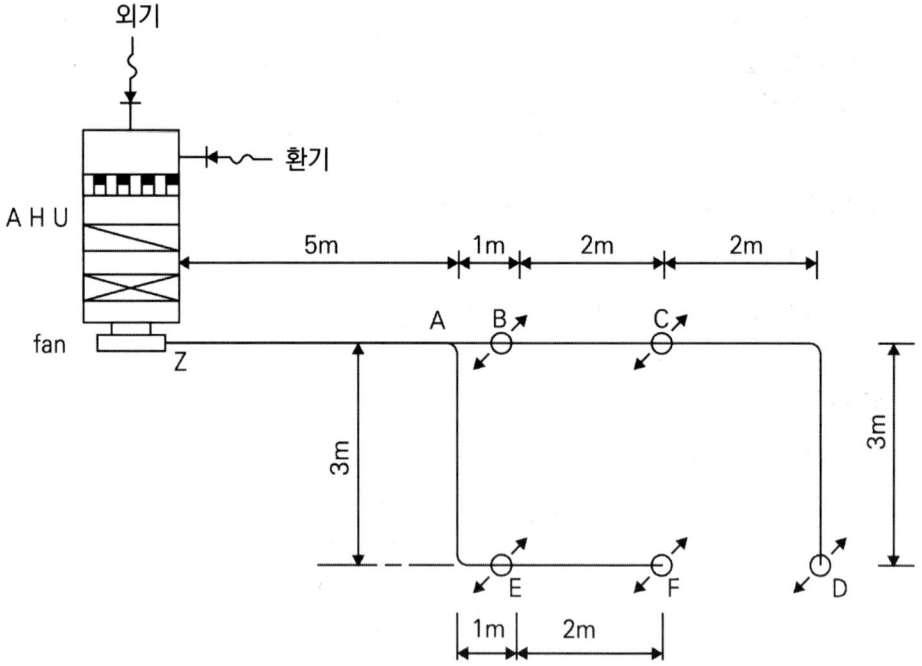

(1) 냉방풍량(m^3/h)을 구하시오.

(2) 이때의 현열비 및 공조기 내에서 실내공기 ①과 외기 ②가 혼합되었을 때 혼합 공기 ③의 온도를 구하고, 공기조화사이클을 습공기 선도상에 도시하시오. (단, 공기선도를 이용한다)

(3) 실내에 설치한 덕트 시스템을 위의 그림과 같이 설계하고자 한다. 각 취출구의 풍량이 동일할 때 장방형 덕트의 크기를 결정하고, Z - F 구간의 마찰손실을 구하시오. (단, 마찰손실 R = 1.0 Pa/m, 중력가속도 g = 9.8 m/s^2, Z - F 구간의 밴드부분에서 $\frac{r}{W}$ = 1.5 로 한다)

구간	풍량(m^3/h)	원형덕트지름(cm)	장방형 덕트(cm)	풍속(m/s)
Z - A			×25	
A - B			×25	
B - C			×25	
C - D			×15	
A - E			×25	
E - F			×15	

명칭	그림	계산식	저항계수				
장방형 엘보 (90°)	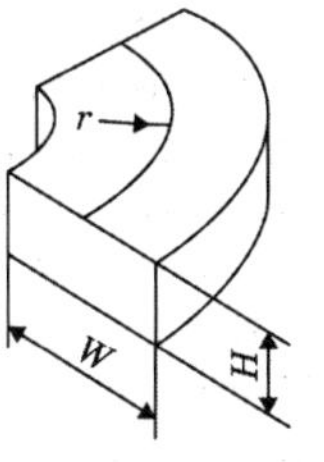	$\triangle p_t = \lambda \frac{l'}{d} \frac{v^2}{2} \rho$	$\frac{H}{W}$	$\frac{r}{W}$= 0.5	0.75	1.0	1.5
			0.25	l'/W = 25	12	7	3.5
			0.5	33	16	9	4
			1.0	45	19	11	4.5
			4.0	90	35	17	6
장방형 덕트의 분기	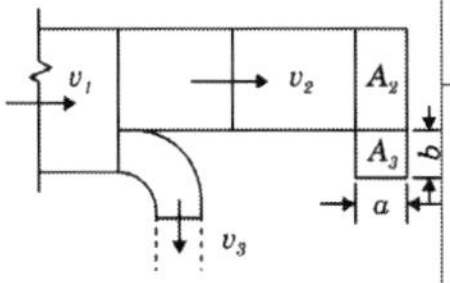	직통부(1→2) $\triangle p_t = \zeta \frac{v_1^2}{2}\rho$	$v_2/v_1 < 1.0$일 대개 무시한다. $v_2/v_1 \geq 1.0$일 때 $\zeta_r = 0.46 - 1.24x + 0.93x^2$				
		분기부(1→3) $\triangle p_t = \zeta_B \frac{v_1^2}{2}\rho$	x	0.25	0.5	0.75	1.0	1.25
			ζ_B	0.3	0.2	0.2	0.4	0.65
			다만 $x = \left(\frac{v_3}{v_1}\right) \times \left(\frac{a}{b}\right)^{\frac{1}{4}}$				

[장방형 덕트와 원형 덕트의 환산표 (단위 : cm)]

장변\단변	10	15	20	25	30	35	40	45	50	55	60	65	70	75	80	85	90	95	100
10	10.9																		
15	13.3	16.4																	
20	15.2	18.9	21.9																
25	16.9	21.0	24.4	27.3															
30	18.3	22.9	26.6	29.9	32.8														
35	19.5	24.5	28.6	32.2	35.4	38.3													
40	20.7	26.0	30.5	34.3	37.8	40.9	43.7												
45	21.7	27.4	32.1	36.3	40.0	43.3	46.4	49.2											
50	22.7	28.7	33.7	38.1	42.0	45.6	48.8	51.8	54.7										
55	23.6	29.9	35.1	39.8	43.9	47.7	51.1	54.3	57.3	60.1									
60	24.5	31.0	36.5	41.4	45.7	49.6	53.3	56.7	59.8	62.8	65.6								
65	25.3	32.1	37.8	42.9	47.4	51.5	55.3	58.9	62.2	65.3	68.3	71.1							
70	26.1	33.1	39.1	44.3	49.0	53.3	57.3	61.0	64.4	67.7	70.8	73.7	76.5						
75	26.8	34.1	40.2	45.7	50.6	55.0	59.2	63.0	66.6	69.7	73.2	76.3	79.2	82.0					
80	27.5	35.0	41.4	47.0	52.0	56.7	60.9	64.9	68.7	72.2	75.5	78.7	81.8	84.7	87.5				
85	28.2	35.9	42.4	48.2	53.4	58.2	62.6	66.8	70.6	74.3	77.8	81.1	84.2	87.2	90.1	92.9			
90	28.9	36.7	43.5	49.4	54.8	59.7	64.2	68.6	72.6	76.3	79.9	83.3	86.6	89.7	92.7	95.6	198.4		
95	29.5	37.5	44.5	50.6	56.1	61.1	65.9	70.3	74.4	78.3	82.0	85.5	88.9	92.1	95.2	98.2	101.1	103.9	
100	30.1	38.4	45.4	51.7	57.4	62.6	67.4	71.9	76.2	80.2	84.0	87.6	91.1	94.4	97.6	100.7	103.7	106.5	109.3
105	30.7	39.1	46.4	52.8	58.6	64.0	68.9	73.5	77.8	82.0	85.9	89.7	93.2	96.7	100.0	103.1	106.2	109.1	112.0
110	31.3	39.9	47.3	53.8	59.8	65.2	70.3	75.1	79.6	83.8	87.8	91.6	95.3	98.8	102.2	105.5	108.6	111.7	114.6
115	31.8	40.6	48.1	54.8	60.9	66.5	71.7	76.6	81.2	85.5	89.6	93.6	97.3	100.9	104.4	107.8	111.0	114.1	117.2
120	32.4	41.3	49.0	55.8	62.0	67.7	73.1	78.0	82.7	87.2	91.4	95.4	99.3	103.0	106.6	110.0	113.3	116.5	119.6
125	32.9	42.0	49.9	56.8	63.1	68.9	74.4	79.5	84.3	88.8	93.1	97.3	101.2	105.0	108.6	112.2	115.6	118.8	122.0
130	33.4	42.6	50.6	57.7	64.2	70.1	75.7	80.8	85.7	90.4	94.8	99.0	103.1	106.9	110.7	114.3	117.7	121.1	124.4
135	33.9	43.3	51.4	58.6	65.2	71.3	76.9	82.2	87.2	91.9	96.4	100.7	104.9	108.8	112.6	116.3	119.9	123.3	126.7
140	34.4	43.9	52.2	59.5	66.2	72.4	78.1	83.5	88.6	93.4	98.0	102.4	106.6	110.7	114.6	118.3	122.0	125.5	128.9
145	34.9	44.5	52.9	60.4	67.2	73.5	79.3	84.8	90.0	94.9	99.6	104.1	108.4	112.5	116.5	120.3	124.0	127.6	131.1
150	35.3	45.2	53.6	61.2	68.1	74.5	80.5	86.1	91.3	96.3	101.1	105.7	110.0	114.3	118.3	122.2	126.0	129.7	133.2
155	35.8	45.7	54.4	62.1	69.1	75.6	81.6	87.3	92.6	97.4	102.6	107.2	111.7	116.0	120.1	124.1	127.9	131.7	135.3
160	36.2	46.3	55.1	62.9	70.6	76.6	82.7	88.5	93.9	99.1	104.1	108.8	113.3	117.7	121.9	125.9	129.8	133.6	137.3
165	36.7	46.9	55.7	63.7	70.9	77.6	83.8	89.7	95.2	100.5	105.5	110.3	114.9	119.3	123.6	127.7	131.7	135.6	139.3
170	37.1	47.5	56.4	64.4	71.8	78.5	84.9	90.8	96.4	101.8	106.9	111.8	116.4	120.9	125.3	129.5	133.5	137.5	141.3

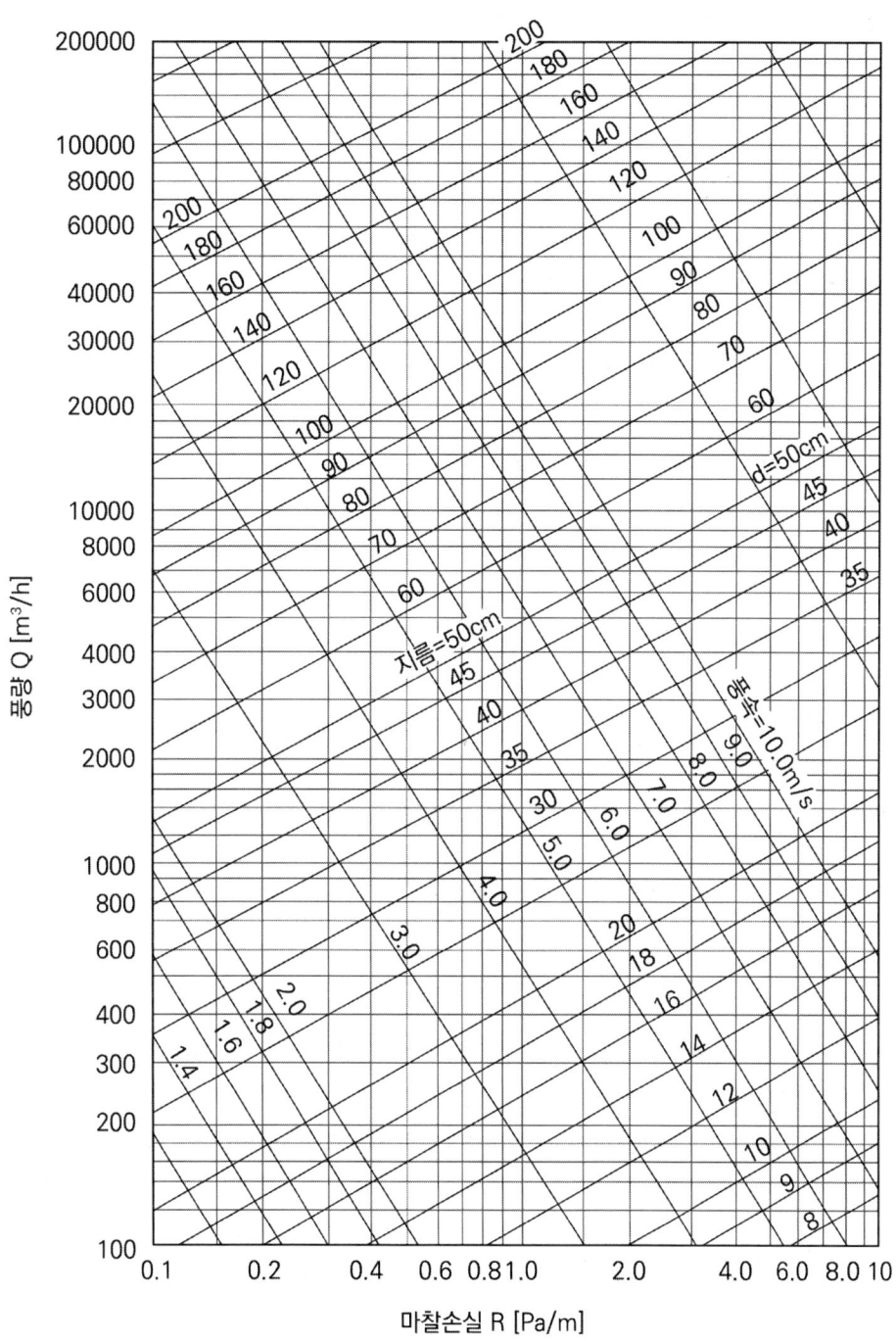

[풀이]

(1) 냉방풍량(Q)

$$q_S = G \cdot C_p \cdot \triangle t = \rho Q \cdot C_p \cdot \triangle t \text{에서}$$

$$Q = \frac{q_S}{\rho \cdot C_p \cdot \triangle t} = \frac{24000}{1.2 \times 1.0 \times (26-16)} = 2000 \text{m}^3/\text{h}$$

(2) 현열비, 혼합공기 온도, 공기조화사이클 작성

① 현열비(SHF)

$$SHF = \frac{q_S}{q_S + q_L} = \frac{24000}{24000 + 6000} = 0.8$$

② 혼합공기 온도(t_3)

$$t_3 = \frac{Q_1 t_1 + Q_2 t_2}{Q_3} = \frac{1500 \times 26 + 500 \times 32}{2000} = 27.5 ℃$$

③ 공기조화사이클 작성

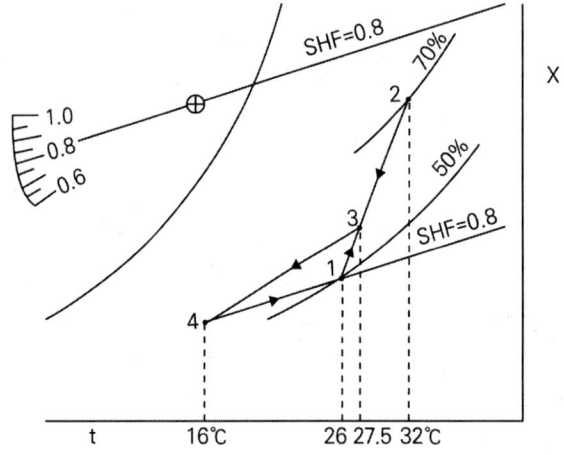

(3) 장방형 덕트 크기 결정 및 Z-F 구간 마찰손실 계산

㉮ 덕트의 크기 결정

구간	풍량(m³/h)	원형덕트지름(cm)	장방형 덕트(cm)	풍속(m/s)
Z-A	2000	36	45×25	4.94
A-B	1200	30	35×25	3.81
B-C	800	25.5	25×25	3.56
C-D	400	19.5	25×15	2.96
A-E	800	25.5	25×25	3.56

구간	풍량(m³/h)	원형덕트지름(cm)	장방형 덕트(cm)	풍속(m/s)
E-F	400	19.5	25×15	2.96

풍속 $V = \dfrac{\text{풍량}}{\text{장방형덕트 단면적}}$

㊃ Z - F 구간 마찰손실 계산($\triangle P_\ell$)

① 직관 마찰손실($\triangle P_{\ell 1}$)

$\triangle P_{\ell 1} = \ell \times R = (5+3+1+2) \times 1.0 = 11 \text{ Pa}$

② A분기부의 마찰손실($\triangle P_{\ell 2}$)

주어진 표의 분기부(1→3)에서 $x = \left(\dfrac{v_3}{v_1}\right) \times \left(\dfrac{a}{b}\right)^{\frac{1}{4}}$

문제에서 특별한 언급이 없으므로 분기덕트크기를 풍량비율로 나눈다.
(풍량비율로 나누었기 때문에 분기부에서의 풍속은 $v_1 = v_2 = v_3$가 된다)

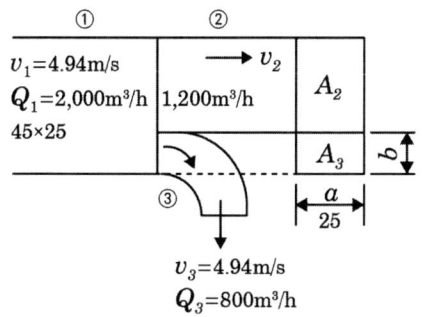

$b = \dfrac{800}{2000} \times 45 = 18 \text{ cm}$

$x = \left(\dfrac{4.94}{4.94}\right) \times \left(\dfrac{25}{18}\right)^{\frac{1}{4}} = 1.085 ≒ 1.09$

표에서 직선보간법으로 ζ_B를 구하면

$\zeta_B = 0.4 + \dfrac{(0.65-0.4)}{(1.25-1.0)} \times (1.09-1.0) = 0.49$

표에서 주어진 식 $\triangle P_t$식을 이용하여

$\triangle P_{\ell 2} = \zeta_B \dfrac{v_1^2}{2} \rho = 0.49 \times \dfrac{4.94^2}{2} \times 1.2 = 7.174 \text{ Pa}$

2019년 3회

③ 엘보에서 마찰손실($\triangle P_{\ell 3}$)

$\dfrac{r}{W} = 1.5$로 주어졌고, $\dfrac{H}{W} = \dfrac{25}{25} = 1.0$이므로 도표에서 $\dfrac{\ell'}{W} = 4.5$가 된다.

$\ell' = 4.5 \times W = 4.5 \times 25 = 112.5\, cm = 1.125\, m$

$\triangle P_{\ell 3} = \ell' \times R = 1.125 \times 1.0 = 1.125\, Pa$

∴ Z - F구간 총 마찰손실 $\triangle P_\ell = \triangle P_{\ell 1} + \triangle P_{\ell 2} + \triangle P_{\ell 3}$
$= 11 + 7.174 + 1.125 = 19.299 ≒ 19.30\, Pa$

13 어느 냉장고 내에 100 W 전등 20개와 2.2 kW 송풍기(전동기 효율 0.85) 2기가 설치되어 있고, 전등은 1일 4시간 사용, 송풍기는 1일 18시간 사용된다고 할 때 이들 기기(機器)의 냉동부하(kW)를 구하시오. (3점)

풀이

[기기의 냉동부하(q_E)]

① 전등부하 $q_{E1} = W \times f$(백열등)

$q_{E1} = \dfrac{(100 \times 20)}{1000} \times \dfrac{4}{24} = 0.333 ≒ 0.33\, kW$

② 송풍기부하 $q_{E2} = \dfrac{kW}{\eta_m}$

$q_{E2} = \dfrac{2.2 \times 2}{0.85} \times \dfrac{18}{24} = 3.882 ≒ 3.88\, kW$

∴ 기기부하 $q_E = 0.33 + 3.88 = 4.21\, kW$

14 2대의 증발기가 압축기 위쪽에 위치하고 각각 다른 층에 설치되어 있는 경우 프레온 증발기 출구와 흡입구 배관을 연결하는 배관 계통을 도시하시오. (8점)

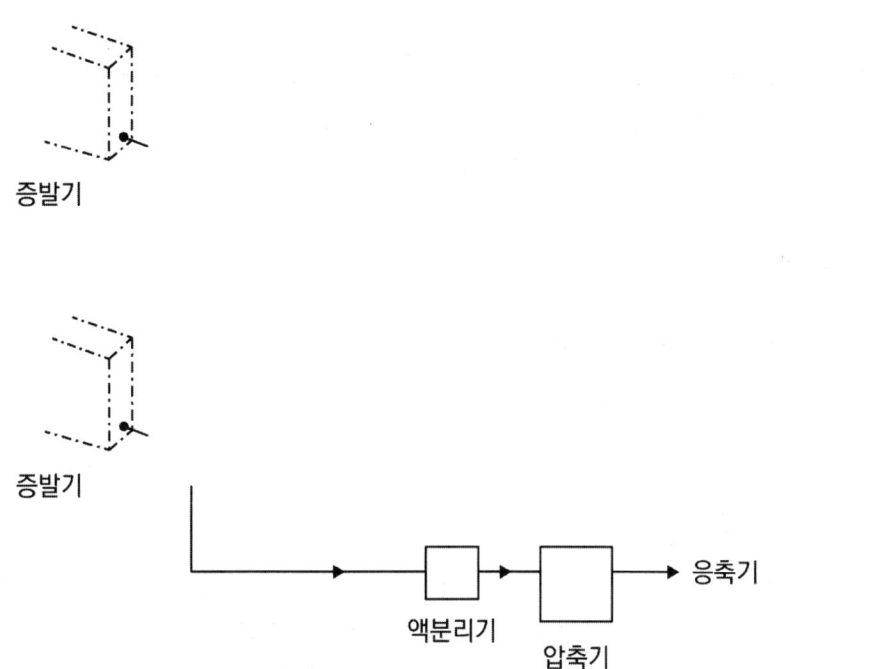

풀이

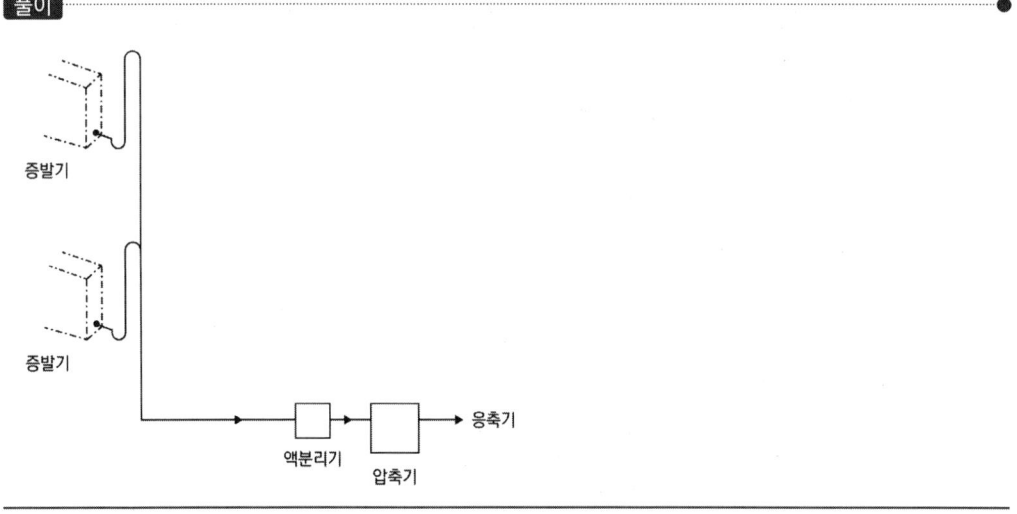

2018 1회

01 흡입 측에 300 Pa(전압)의 저항을 갖는 덕트가 접속되고, 토출 측은 평균풍속 10 m/s로 직접 대기에 방출하고 있는 송풍기가 있다. 이 송풍기의 축동력(kW)을 구하시오. (단, 풍량은 900 m³/h, 정압효율은 0.5로 한다) (2점)

풀이

> **핵심이론** 송풍기의 축동력
>
> $$L_b[\text{kW}] = \frac{P_S \times Q}{\eta_S}$$
>
> P_S : 정압(kPa), Q : 풍량(m³/s)

(1) 송풍기의 정압 P_S

송풍기 정압 효율이 주어졌으므로 송풍기의 축동력을 구할 때, 정압으로 산출해야 한다.

① 송풍기의 정압(P_S) = 전압(P_T) - 토출 측 동압(P_{V2})

여기서, '송풍기의 전압(P_T) = 토출 측 전압(P_{T2}) - 흡입 측 전압(P_{T1})'이므로

$P_S = P_T - P_{V2} = (P_{T2} - P_{T1}) - P_{V2}$ ……… (a)

② $P_{T2} = P_{S2} + P_{V2}$

여기서, 토출 측이 대기압에 방출되므로 '$P_{S2} = 0$ [대기압]'

$P_{T2} = 0 + P_{V2}$

$P_{T2} = P_{V2}$ ……… (b)

따라서, (a)식에 (b)식을 대입하면

$P_S = (P_{T2} - P_{T1}) - P_{V2} = (P_{V2} - P_{T1}) - P_{V2} = -P_{T1}$

∴ $P_S = -P_{T1} = -(-300) = 300\,\text{Pa}$

(2) 송풍기 축동력 L_b

$$L_b[\text{kW}] = \frac{P_S \times Q}{\eta_S} = \frac{\frac{300}{1000}[kPa] \times \frac{900}{3600}[m^3/s]}{0.5} = 0.15\,\text{kW}$$

참고 송풍기의 흡입 측에 걸리는 압력은 진공압력이므로 300 Pa을 −300 Pa로 적용해야 함

※ 게이지압력, 진공압, 절대압력
(1) 게이지압력(= 계기압력) : 압력계로 측정한 압력으로 대기압을 기준으로 그 이상의 압력
(2) 진공압(= 진공게이지압) : 진공계로 측정한 압력으로 대기압을 기준으로 그 이하의 압력
(3) 절대압력 : 완전진공을 기준으로 측정한 압력
   ① 절대압력 = 대기압 + 게이지압력
   ② 절대압력 = 대기압 − 진공압

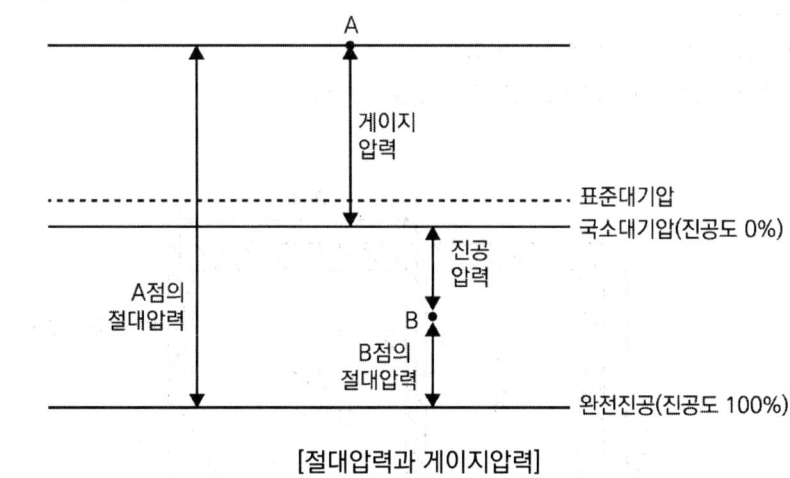

[절대압력과 게이지압력]

02 다음과 같은 조건의 건물 중간층 난방부하를 구하시오. (16점)

[조건]

1. 열관류율(W/m²·K) : 천장(0.98), 바닥(1.91), 문(3.95), 유리창(6.63)
2. 난방실의 실내온도 : 25℃, 비난방실의 온도 : 5℃
   외기온도 : −10℃, 상·하층 난방실의 실내온도 : 25℃
3. 벽체 표면의 열전달률

구분	표면위치	대류의 방량	열전달률(W/m²·K)
실내 측	수직	수평(벽면)	9
실외 측	수직	수직·수평	23

4. 방위계수

방위	방위계수
북쪽 외벽, 창, 문	1.1
남쪽 외벽, 창, 문, 내벽	1.0
동쪽, 서쪽 외벽, 창, 문	1.05

5. 환기횟수

　난방실 : 1 회/h, 비난방실 : 3 회/h

6. 공기의 비열 : 1.01 kJ/kg·K, 공기 밀도 : 1.2 kg/m³

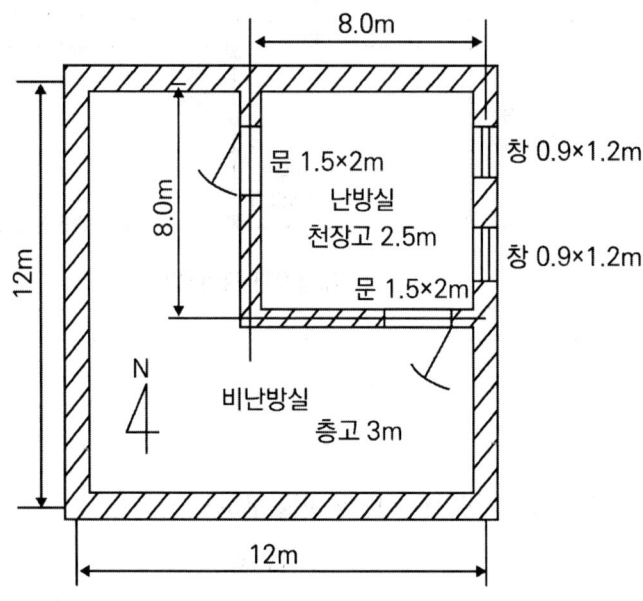

벽체의 종류	구조	재료	두께(mm)	열전도율(W/m·K)
외벽		타일	10	1.3
		모르타르	15	1.5
		콘크리트	120	1.6
		모르타르	15	1.5
		플라스터	3	0.6
내벽		콘크리트	100	1.5

(1) 외벽과 내벽의 열관류율을 구하시오.

(2) 다음 부하계산을 하시오.
 ① 벽체를 통한 부하
 ② 유리창을 통한 부하
 ③ 문을 통한 부하
 ④ 극간풍 부하(환기횟수에 의함)

풀이

(1) 외벽, 내벽 열관류율(K)

 ① 외벽 열관류율(K_1)

$$\frac{1}{K_1} = \frac{1}{\alpha_i} + \frac{\ell_1}{\lambda_1} + \frac{\ell_2}{\lambda_2} + \frac{\ell_3}{\lambda_3} + \frac{\ell_4}{\lambda_4} + \frac{\ell_5}{\lambda_5} + \frac{1}{\alpha_o}$$

$$\frac{1}{K_1} = \frac{1}{9} + \frac{0.01}{1.3} + \frac{0.015}{1.5} + \frac{0.120}{1.6} + \frac{0.015}{1.5} + \frac{0.003}{0.6} + \frac{1}{23} = 0.2623$$

$$\therefore K_1 = \frac{1}{0.2623} ≒ 3.81 \text{W/m}^2 \cdot \text{K}$$

 ② 내벽 열관류율(K_2)

$$\frac{1}{K_2} = \frac{1}{\alpha_i} + \frac{\ell_1}{\lambda_1} + \frac{1}{\alpha_i}$$

$$\frac{1}{K_2} = \frac{1}{9} + \frac{0.100}{1.5} + \frac{1}{9} = 0.2889$$

$$\therefore K_2 = \frac{1}{0.2889} \fallingdotseq 3.46\,\text{W/m}^2\cdot\text{K}$$

(2) 부하계산

① 벽체를 통한 부하 $q_W = K\cdot A\cdot \triangle t\cdot k$

- 동쪽(E)외벽
$$q_{WE} = 3.81\times(8\times3 - 0.9\times1.2\times2)\times(25-(-10))\times1.05 = 3057.982\,\text{W}$$

- 북쪽(N)외벽
$$q_{WN} = 3.81\times(8\times3)\times(25-(-10))\times1.1 = 3520.44\,\text{W}$$

- 서쪽내벽(I)
$$q_{WI} = 3.46\times(8\times2.5 - 1.5\times2)\times(25-5)\times1.0 = 1176.4\,\text{W}$$

- 남쪽내벽(I)
$$q_{WI} = 3.46\times(8\times2.5 - 1.5\times2)\times(25-5)\times1.0 = 1176.4\,\text{W}$$

∴ 벽체를 통한 부하 q_W

∴ q_W = 동쪽 외벽부하 + 북쪽 외벽부하 + 서쪽 내벽부하 + 남쪽 외벽부하
$= 3057.982 + 3520.44 + 1176.4 + 1176.4 = 8931.222 \fallingdotseq 8931.22\,\text{W}$

> **참고**
> 일반적으로 내벽 및 내벽에 설치된 문, 창문 등은 방위계수를 적용하지 않는다. 그러나 문제의 조건 4에서 내벽의 방위계수가 1.0으로 주어졌기 때문에 내벽 방위계수를 적용한다.

② 유리창을 통한 부하 $q_G = K\cdot A\cdot \triangle t\cdot k$
$$q_G = 6.63\times(0.9\times1.2\times2)\times(25-(-10))\times1.05 = 526.289 \fallingdotseq 526.29\,\text{W}$$

③ 문을 통한 부하 $q_D = K\cdot A\cdot \triangle t\cdot k$
$$q_D = 3.95\times(1.5\times2\times2)\times(25-5)\times1.0 = 474\,\text{W}$$

④ 극간풍 부하($q_I = q_{IS} + q_{IL}$)
$$q_I = q_{IS} + q_{IL} = \rho Q_I\cdot C_p\cdot \triangle t + 2501\rho Q_I\cdot \triangle x$$
$$= \frac{[\{1.2\times(8\times8\times2.5\times1)\times1.01\times(25-(-10))\} + 0]\times1000}{3600}$$
$$\fallingdotseq 1885.33\,\text{W}$$

단, 문제에서 절대습도에 대한 조건이 주어지지 않았으므로 잠열에 의한 극간풍 부하(q_{IL})는 무시한다.

03 다음은 단일 덕트 공조방식을 나타낸 것이다. 주어진 조건과 습공기 선도를 이용하여 각 물음에 답하시오. (13점)

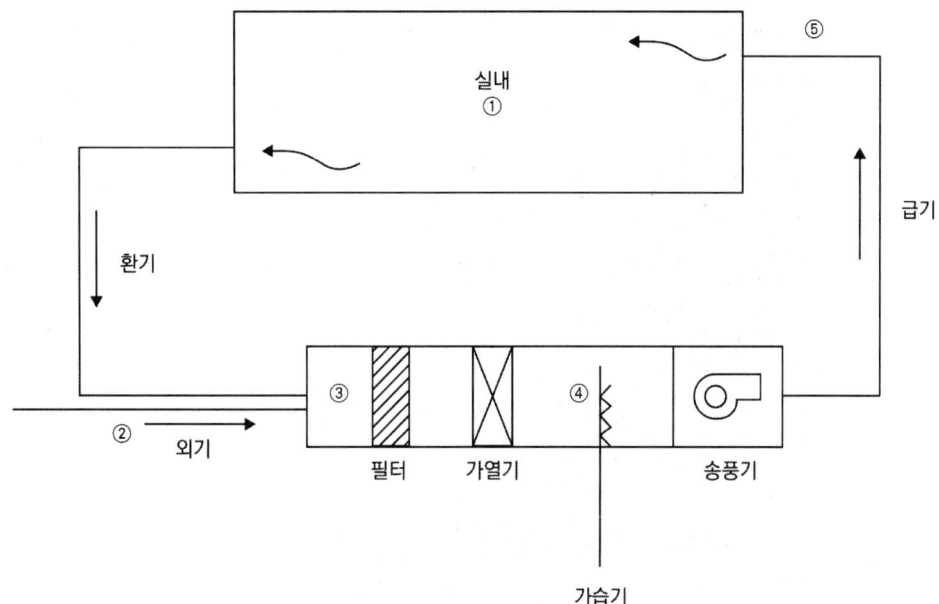

[조건]
- 실내부하
  ① 현열부하(q_S) : 30 kW
  ② 잠열부하(q_L) : 5 kW
- 실내 : 온도 20 ℃, 상대습도 50 %
- 외기 : 온도 2 ℃, 상대습도 40 %
- 환기량과 외기량의 비는 3 : 1
- 공기의 밀도 : 1.2 kg/m³
- 공기의 비열 : 1.01 kJ/kg·K
- 실내 송풍량 : 10000 kg/h
- 덕트장치 내의 열취득(손실)을 무시한다.
- 가습은 순환수 분무로 한다.

(1) 계통도를 보고 공기의 상태변화를 습공기선도상에 나타내고, 장치의 각 위치에 대응하는 점(①~⑤)을 표시하시오.

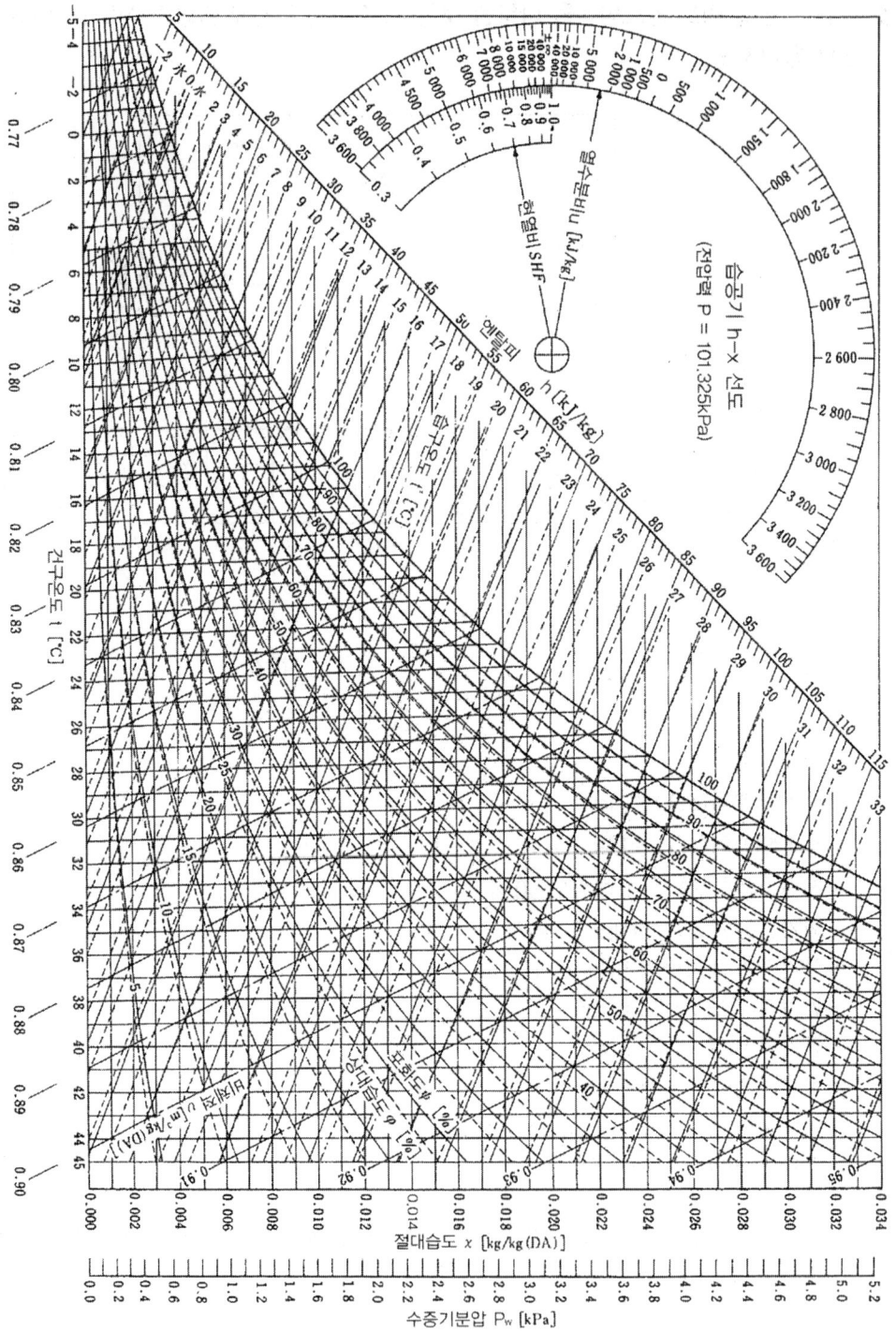

(2) 실내부하의 현열비(SHF)를 구하시오.

(3) 취출공기 온도를 구하시오.

(4) 가열기 용량(kW)을 구하시오.

(5) 가습량(kg/h)을 구하시오.

풀이

(1) 공기선도 작성

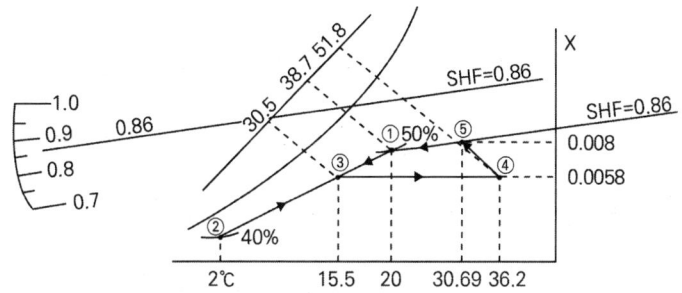

〈선도작성방법〉

1) ①, ②점을 주어진 실내, 외 온도 습도에 의해 표시한다.

2) ③점의 온도를 계산에 의해 구하고 ① ②선분상에 표시한다.

$$t_3 = \frac{G_1 t_1 + G_2 t_2}{G_3} = \frac{7500 \times 20 + 2500 \times 2}{10000} = 15.5\ ℃$$

(열평형식에 의해 $G_3 C_p t_3 = G_1 C_p t_1 + G_2 C_p t_2$ 이므로)

3) 실내부하의 현열비(SHF)를 계산에 의해 구하고, SHF선과 평행한 선을 ①점에서 ⑤쪽으로 긋는다.

$$SHF = \frac{q_S}{q_S + q_L} = \frac{30}{30+5} = 0.857 ≒ 0.86$$

4) 주어진 실내 송풍량과 실내 현열량에 의해 취출공기온도 t_5를 구하여 SHF선상에 표시한다.

$q_S = G \cdot C_p \cdot (t_5 - t_1)$ 에서

$$t_5 = t_1 + \frac{q_S}{G \cdot C_p} = 20 + \frac{30 \times 3600}{10000 \times 1.01} ≒ 30.69\ ℃$$

5) 가습은 순환수 분무가습이므로 습구온도선을 따라 변화한다.

따라서 ⑤점에서 ④점의 선분은 $t_4' = t_5'$ 이 된다.

6) ③점에서 수평선(가열과정)을 그어 ⑤점에서 그은 가습과정 선과 만나는 점이 ④점이 된다.

(2) 실내부하의 현열비

$$SHF = \frac{q_S}{q_S + q_L} = \frac{30}{30+5} = 0.857 ≒ 0.86$$

※ (1)항의 〈선도작성방법〉의 3)에서 구했으나, (2)항에 다시 계산식과 답을 작성하여야 함

(3) 취출공기온도

$$t_5 = t_1 + \frac{q_S}{G \cdot C_p} = 20 + \frac{30 \times 3600}{10000 \times 1.01} ≒ 30.69 \text{ °C}$$

※ (1)항의 〈선도작성방법〉의 4)에서 구했으나, (3)항에 다시 계산식과 답을 작성하여야 함

(4) 가열기 용량(q_H)

[풀이 1] $q_H = G \cdot C_p \cdot (t_4 - t_3) = \dfrac{10000 \times 1.01 \times (36.2 - 15.5)}{3600} ≒ 58.08 \text{ kW}$

[풀이 2] $q_H = G \cdot (h_4 - h_3) = \dfrac{10000 \times (51.8 - 30.5)}{3600} = 59.166 ≒ 59.17 \text{ kW}$

※ 온도로 구한 값과 엔탈피로 구한 값의 오차는 정답으로 인정된다.

(5) 가습량(L)

$$L = G \Delta x = G(x_5 - x_4) = 10000 \times (0.008 - 0.0058) = 22 \text{ kg/h}$$

04

500 rpm으로 운전되는 송풍기가 풍량 300 m³/min, 전압 400 Pa, 동력 3.5 kW의 성능을 나타내고 있는 것으로 한다. 이 송풍기의 회전수를 1할 증가시키면 어떻게 되는가를 계산하시오. (6점)

풀이

※ 1할 증가는 10 % 증가를 의미한다.

풍량 $Q_2 = Q_2 \times \left(\dfrac{N_2}{N_1}\right) = 300 \times \left(\dfrac{500 \times 1.1}{500}\right) = 330 \text{ m}^3/\text{min}$

전압 $P_2 = P_1 \times \left(\dfrac{N_2}{N_1}\right)^2 = 400 \times \left(\dfrac{500 \times 1.1}{500}\right)^2 = 484 \text{ Pa}$

동력 $L_2 = L_1 \times \left(\dfrac{N_2}{N_1}\right)^3 = 3.5 \times \left(\dfrac{500 \times 1.1}{500}\right)^3 = 4.658 ≒ 4.66 \text{ kW}$

> **참고**
> 서로 다른 치수의 송풍기(또는 펌프)를 비교(상사)했을 때
>
> 풍량(유량) $[m^3/s]$ $Q_2 = \left(\dfrac{N_2}{N_1}\right)^1 \times \left(\dfrac{D_2}{D_1}\right)^3 \times Q_1$
>
> 전압[Pa](양정 [m]) $P_2 = \left(\dfrac{N_2}{N_1}\right)^2 \times \left(\dfrac{D_2}{D_1}\right)^2 \times P_1$
>
> 동력[kW] $L_2 = \left(\dfrac{N_2}{N_1}\right)^3 \times \left(\dfrac{D_2}{D_1}\right)^5 \times L_1$

05 송풍기(Fan)의 전압효율이 45 %, 송풍기 입구와 출구에서의 전압차가 1.2 kPa로서, 10200 m³/h의 공기를 송풍할 때 송풍기의 축동력(kW)을 구하시오. (2점)

풀이

축동력 $L_b[\text{kW}] = \dfrac{P_T[\text{kPa}] \times Q[\text{m}^3/s]}{\eta_T} = \dfrac{1.2 \times \dfrac{10200}{3600}}{0.45} \fallingdotseq 7.56 \text{ kW}$

> **참고** 축동력의 단위
> $L_b[\text{kW}] = \dfrac{P_T[\text{kPa}] \times Q[\text{m}^3/s]}{\eta_T} = [kN/m^2] \times [m^3/s] = [kN \cdot m/s] = [kJ/s] = [kW]$

06
다음과 같은 조건 하에서 운전되는 공기조화기에서 각 물음에 답하시오. (단, 공기의 밀도 ρ = 1.2 kg/m³, 비열 C_p = 1.01 kJ/kg·K이다) (6점)

[조건]
1. 외기 : 32 ℃ DB, 28 ℃ WB
2. 실내 : 26 ℃ DB, 50 % RH
3. 실내 현열부하 : 40 kW, 실내 잠열부하 : 7 kW
4. 외기 도입량 : 2000 m³/h

(1) 실내 현열비를 구하시오.
(2) 토출온도와 실내온도의 차를 10.5 ℃로 할 경우 송풍량(m³/h)을 구하시오.
(3) 혼합점의 온도(℃)를 구하시오.

풀이

(1) 실내 현열비(SHF)

$$SHF = \frac{\text{현열}}{\text{전열}} = \frac{\text{현열}}{\text{현열} + \text{잠열}} = \frac{40}{40+7} \fallingdotseq 0.85$$

(2) 송풍량(Q)

$$q_S = \rho Q \cdot C_p \cdot \Delta t$$

$$Q = \frac{q_S}{\rho C_p \Delta t} = \frac{40 \times 3600}{1.2 \times 1.01 \times 10.5} \fallingdotseq 11315.42 \, \text{m}^3/\text{h}$$

(3) 혼합점의 온도(t_3)

$$G_1 C_p t_1 + G_2 C_p t_2 = G_3 C_p t_3$$

$$\rho Q_1 C_p t_1 + \rho Q_2 C_p t_2 = \rho Q_3 C_p t_3 \, (G = \rho Q \text{이므로})$$

따라서,

$$\therefore t_3 = \frac{Q_1 t_1 + Q_2 t_2}{Q_3} = \frac{Q_1 t_1 + (Q_3 - Q_1) t_2}{Q_3}$$

$$= \frac{2000 \times 32 + (11315.42 - 2000) \times 26}{11315.42} = 27.06 \, ℃$$

07 주철제 증기 보일러 2기가 있는 장치에서 방열기의 상당방열 면적이 1500 m²이고, 급탕 온수량이 5000 L/h이다. 급수온도 10 ℃, 급탕온도 60 ℃, 보일러 효율 80 %, 압력 60 kPa의 증발잠열량이 2293 kJ/kg일 때 다음 물음에 답하시오. (단, 물의 비열은 4.2 kJ/kg·K, 증기의 표준방열량은 0.756 kW/m²이다) (8점)

(1) 주철제 방열기를 사용하여 난방할 경우 방열기 절수를 구하시오. (단, 방열기 절당 면적은 0.26 m²이다)
(2) 배관부하를 난방부하의 10 %라고 한다면 보일러의 상용출력(kW)은?
(3) 예열부하를 840000 kJ/h라고 한다면 보일러 1대당 정격출력(kW)은 얼마인가?
(4) 시간당 응축수 회수량(kg/h)은 얼마인가?

풀이

(1) 방열기 절수 = $\dfrac{\text{난방부하}}{\text{표준방열량} \times \text{방열기 절당면적}}$

　　　　　　 = $\dfrac{\text{방열기 상당방열면적}}{\text{방열기 절당면적}} = \dfrac{1500}{0.26} = 5769.23 ≒ 5770$ 절

※ 방열기 절수는 소수점 첫째자리에서 절상(올림)하여 정수로 나타낸다.

(2) 보일러 상용출력 = 난방부하(방열기 부하) + 급탕부하 + 배관손실 부하

① 난방부하 = 방열기 상당방열면적 × 표준방열량 = 1500 × 0.756 = 1134 kW

② 급탕부하 = $GC\Delta t = \dfrac{5000}{3600} \times 4.2 \times (60-10) = 291.666$ kW

③ 배관손실 부하 = 난방부하 × 10 % = 1134 × 0.1 = 113.4 kW

∴ 상용출력 = 1134 + 291.666 + 113.4 = 1539.066 ≒ 1539.07 kW

(3) 보일러 1대당 정격출력
 • 정격출력 = 상용출력 + 예열부하

∴ 1대당 정격출력 = (전체 정격출력) × $\dfrac{1}{2}$ = $\left(1539.06 + \dfrac{840000}{3600}\right) \times \dfrac{1}{2}$ ≒ 886.20 kW

(4) 시간당 응축수 회수량 (= 정격출력시 응축수 회수량)

응축수 회수량 = $\dfrac{\text{정격출력}}{\text{증발잠열량}} = \dfrac{\text{1대당 정격출력} \times 2}{\text{증발잠열량}}$

　　　　　　 = $\dfrac{886.2 \times 2 \times 3600}{2293} = 2782.66$ kg/h

참고 방열기의 표준 방열량			
열매	표준상태		표준방열량 [kW/m²]
	열매온도 [℃]	실내온도 [℃]	
온수	80	18.5	0.523
증기	102	18.5	0.756

08 단일덕트 방식의 공기조화 시스템을 설계하고자 할 때 어떤 사무소의 냉방 부하를 계산한 결과 현열부하 q_S = 7.0 kW, 잠열부하 q_L = 1.7 kW였다. 주어진 조건을 이용하여 물음에 답하시오.

(8점)

[조건]

1. 설계 조건
   ① 실내 : 26 ℃ DB, 50 % RH
   ② 실외 : 32 ℃ DB, 70 % RH
2. 외기 취입량 : 500 m³/h
3. 공기의 비열 : C_p = 1.01 kJ/kg·K
4. 취출 공기온도 : 16 ℃
5. 공기의 밀도 : ρ = 1.2 kg/m³

(1) 냉방 풍량을 구하시오.

(2) 현열비(①) 및 실내공기 과 실외공기의 혼합온도 (②)를 구하고, 공기조화 Cycle (③)을 습공기선도상에 도시하시오.

풀이

(1) 냉방풍량(Q)

$q_S = G \cdot C_p \cdot \triangle t = \rho Q \cdot C_p \cdot \triangle t$ 에서

$Q = \dfrac{q_S}{\rho C_p \triangle t} = \dfrac{7.0 \times 3600}{1.2 \times 1.01 \times (26-16)} ≒ 2079.21 \text{ m}^3/\text{h}$

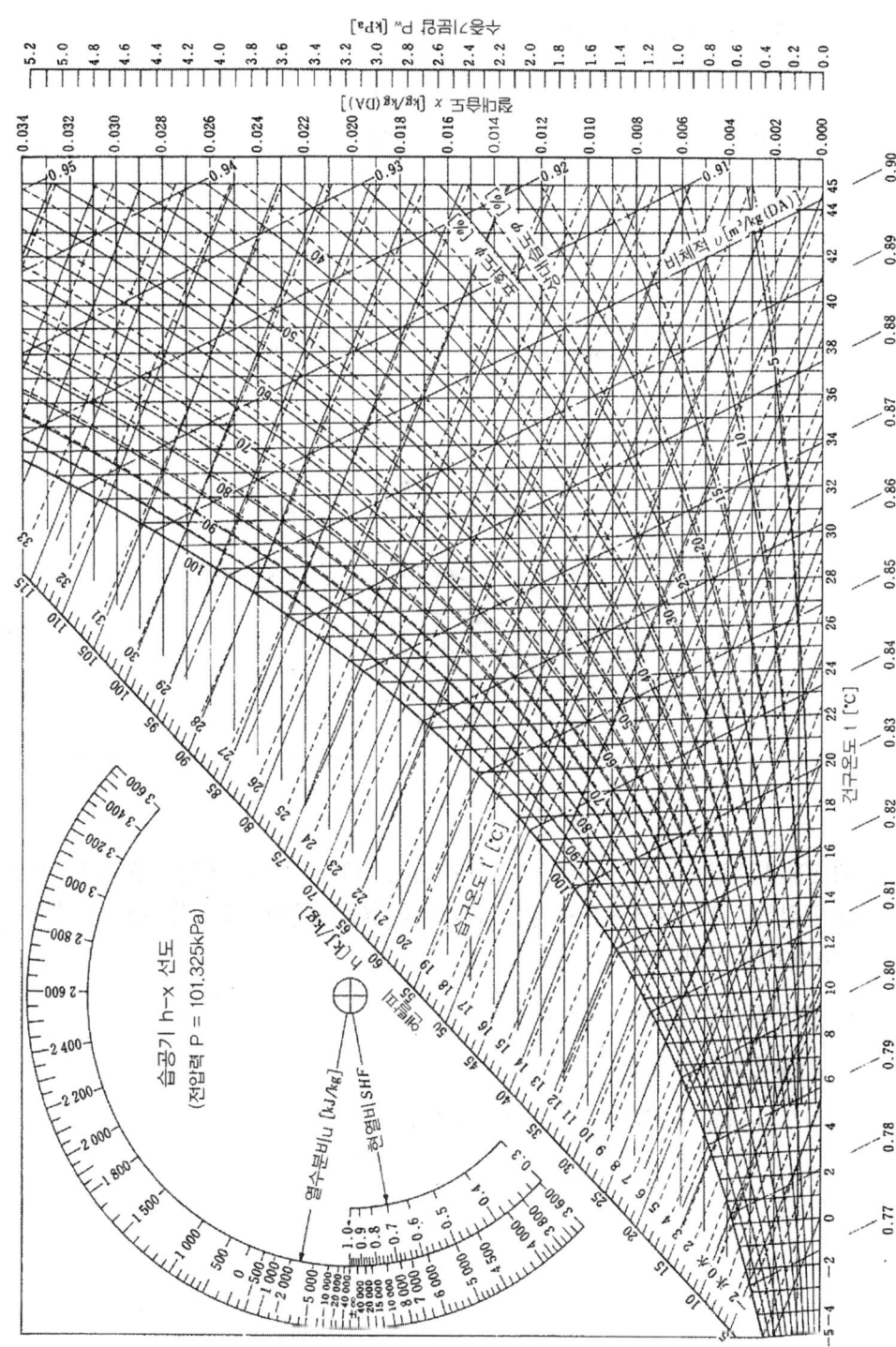

(2) ① 현열비(SHF), ② 혼합공기온도(t_3), ③ 공기조화 Cycle

① 현열비(SHF)

$$SHF = \frac{q_S}{q_S + q_L} = \frac{7}{7+1.7} = 0.804 ≒ 0.8$$

② 혼합공기온도(t_3)

$$t_3 = \frac{Q_1 t_1 + Q_2 t_2}{Q_3} = \frac{(Q_3 - Q_2)t_1 + Q_2 t_2}{Q_3}$$

$$= \frac{(2079.21 - 500) \times 26 + 500 \times 32}{2079.21} ≒ 27.44\ ℃$$

③ 공기조화 Cycle

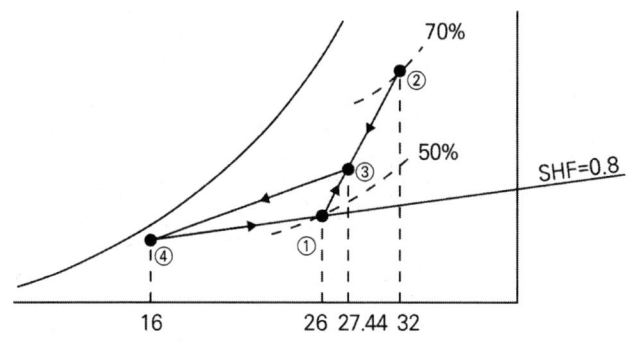

09 펌프에서 수직높이 25 m의 고가수조와 5 m 아래의 지하수까지를 관경 50 mm의 파이프로 연결하여 2 m/s의 속도로 양수할 때 다음 물음에 답하시오. (단, 배관의 마찰손실은 0.3 mAq/100 m이다) (6점)

(1) 펌프의 전양정(m)을 구하시오.

(2) 펌프의 유량(m^3/s)을 구하시오.

(3) 펌프의 축동력(kW)을 구하시오. (펌프 효율 : 70 %)

풀이

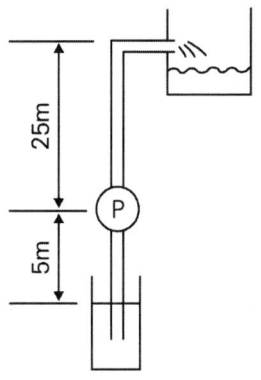

(1) 펌프의 전양정(H)

전양정 = 실양정 + 배관마찰 손실수두 + 토출 측 속도수두

$$= (25+5) + \frac{(25+5) \times 0.3}{100} + \frac{2^2}{2 \times 9.8} \fallingdotseq 30.29\,\text{m}$$

(2) 펌프의 유량(Q)

$$Q = A \cdot V = \frac{\pi}{4}D^2 \times V = \frac{\pi}{4} \times 0.05^2 \times 2 = 0.003926 \fallingdotseq 3.93 \times 10^{-3}\,m^3/s$$

(3) 펌프의 축동력(L_b)

$$L_b[kW] = \frac{\gamma[kN/m^3] \times Q[m^3/s] \times H[m]}{\eta}$$

$$= \frac{9.8 \times (3.93 \times 10^{-3}) \times 30.29}{0.7} = 1.666 \fallingdotseq 1.67\,kW$$

※ 유속이 2 m/s로 주어졌으므로 속도 수두 $\left(\dfrac{V^2}{2g}\right)$를 포함시켜야 함

---

10 실내 현열 발생량 q_S = 31269.6 kJ/h이고, 실내온도 26 ℃, 취출구 온도 16 ℃에서 공기 밀도 1.2 kg/m³, 비열 1.01 kJ/kg·K일 때 취출송풍질량 kg/h은 얼마인가? (2점)

풀이

취출송풍질량 G [kg/h]

$q_S = G \cdot C_p \cdot \triangle t$ 에서 $G = \dfrac{q_S}{C_p \triangle t} = \dfrac{31269.6}{1.01 \times (26-16)} = 3096 \text{ kg/h}$

11 겨울철에 냉동장치 운전 중에 고압 측 압력이 갑자기 낮아질 경우 장치 내에서 일어나는 현상을 3가지 쓰고 그 이유를 각각 설명하시오. (12점)

풀이

① 팽창밸브 통과하는 냉매량이 감소함
   고압이 과도하게 낮아지면서 고압과 저압의 압력 차가 줄어들어 유속이 감소하고 시간에 따른 냉매 유량이 감소함
② 단위시간당 냉동능력 저하
   팽창밸브를 통과하는 냉매량이 감소하므로 단위시간당 냉동능력이 저하됨
   (※ 일반적으로 고압이 낮아지면 냉동효과가 증대되나, 과도하게 낮아지면 냉매량 감소로 냉동효과가 저하됨)
③ 압축기 소요동력 증가
   단위시간당 냉동능력이 저하되므로 동일한 냉동능력을 내기 위해 압축기 가동시간이 증가하고 이에 따라 압축기 소요 동력이 증가함

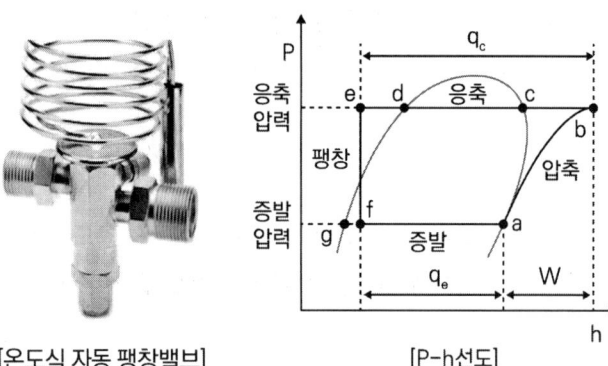

[온도식 자동 팽창밸브]   [P-h선도]

12 공기조화기에서 풍량이 2000 m³/h, 난방코일 가열량 18 kW, 입구온도 10 ℃일 때 출구 온도는 몇 ℃인가? (단, 공기 밀도 1.2 kg/m³, 비열 1.0 kJ/kg·K이다) (2점)

풀이

출구 공기온도(t_2) $q_S = GC_P \triangle t = \rho Q C_P(t_2 - t_1)$에서

$t_2 = t_1 + \dfrac{q_S}{\rho Q C_P} = 10 + \dfrac{18 \times 3600}{1.2 \times 2000 \times 1.0} = 37℃$

※ 난방코일 가열량은 현열량임을 유의한다.

---

13 다음과 같은 조건하에서 냉방용 흡수식 냉동장치에서 증발기가 1 RT의 능력을 갖도록 하기 위한 각 물음에 답하시오. (단, 1 RT = 3.86 kW) (10점)

[조건]

1. 냉매와 흡수제 : 물 + 리튬브로마이드
2. 발생기 공급열원 : 80 ℃의 폐기가스
3. 용액의 출구온도 : 74 ℃
4. 냉각수 온도 : 25 ℃
5. 응축온도 : 30 ℃(압력 31.8 mmHg)
6. 증발온도 : 5 ℃(압력 6.54 mmHg)
7. 흡수기 출구 용액온도 : 28 ℃
8. 흡수기 압력 : 6 mmHg
9. 발생기 내의 증기 엔탈피 $h_3' = 3041.3$ kJ/kg
10. 증발기를 나오는 증기 엔탈피 $h_1' = 2927.4$ kJ/kg
11. 응축기를 나오는 응축수 엔탈피 $h_3 = 545.1$ kJ/kg
12. 증발기로 들어가는 포화수 엔탈피 $h_1 = 438.4$ kJ/kg

상태점	온도(℃)	압력(mmHg)	농도 w_t [%]	엔탈피(kJ/kg)
4	74	31.8	60.4	316.5
8	46	6.54	60.4	273.0
6	44.2	6.0	60.4	270.5
2	28.0	6.0	51.2	238.6
5	56.5	31.8	51.2	291.4

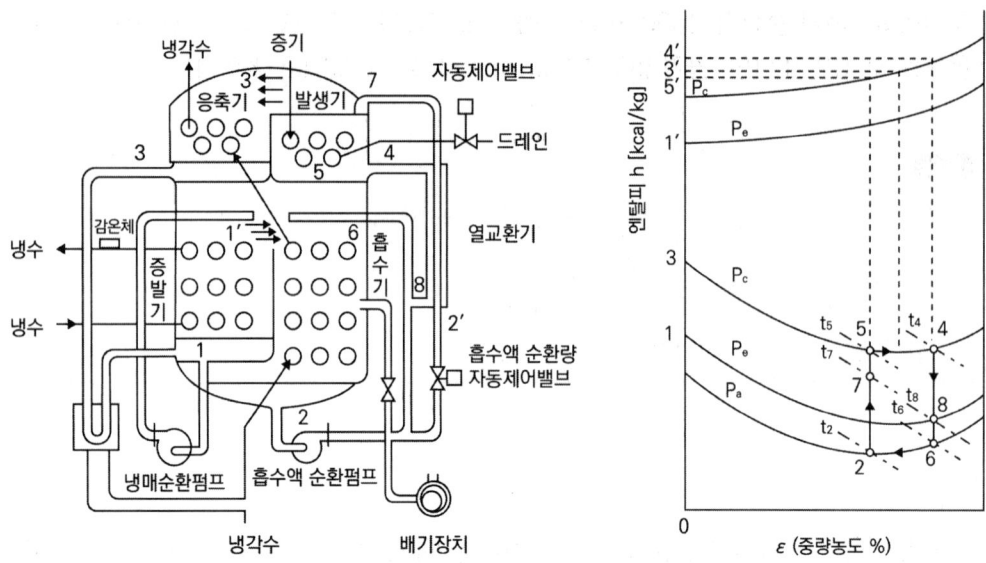

(1) 다음과 같이 나타내는 과정은 어떠한 과정인지 설명하시오.
   ① 4-8 과정
   ② 6-2 과정
   ③ 2-7 과정

(2) 응축기, 흡수기 열량을 구하시오.

(3) 1냉동톤당의 냉매 순환량을 구하시오.

풀이

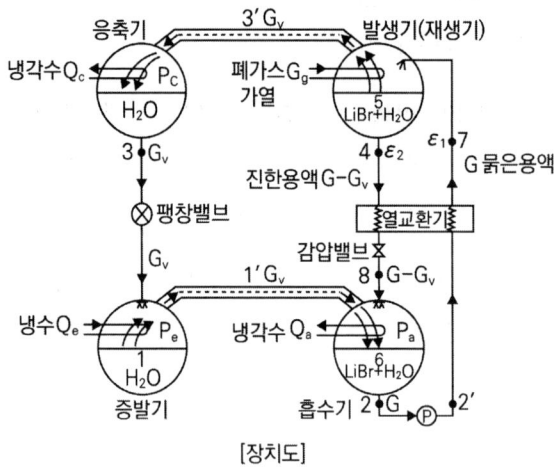

[장치도]

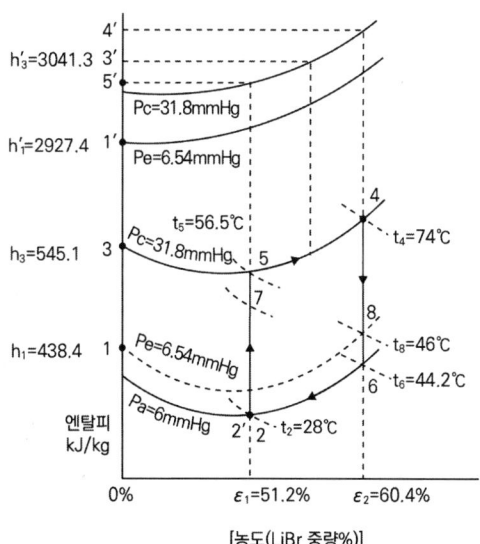

(1) 과정설명

① 4-8 과정 : 발생기(재생기)에서 냉매와 분리되어 농축된 진한 흡수액(LiBr)이 흡수기로 가는 과정 중에 묽은 용액(희용액)과 열교환하여 온도가 74℃에서 46℃로 냉각된다.

② 6-2 과정 : 흡수기에서 진한 흡수액(LiBr)이 냉매인 수증기를 흡수하여 묽은 용액(희용액)이 되어 흡수기를 나오는 과정이다. 6은 진한 용액(농용액), 2는 묽은 용액(희용액) 상태이다.

③ 2-7 과정 : 흡수기의 묽은 용액이 발생기(재생기)로 가는 과정 중에 진한 흡수액(LiBr)과 열교환하여 가열된다.

> 참고
> • 7-4 과정 : 묽은 용액(희용액)이 발생기(재생기)에서 냉매(H_2O)를 G_v만큼 증발시키고 진한 용액(농용액)이 되는 과정
> • 3-1 과정 : 응축기에서 응축된 냉매(H_2O)가 팽창밸브를 거쳐 증발기로 가는 과정

(2) 응축기, 흡수기 열량

① 응축기 응축열량(Q_c)

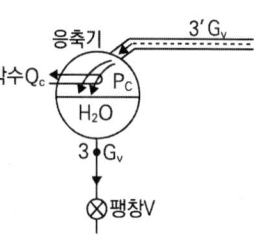

응축기 열평형식을 적용하면, '빠져나간 열량 = 들어온 열량'

$Q_c + G_v h_3 = G_v h_3{'}$ 에서

$Q_c = G_v (h_3{'} - h_3)$ ············ ①

여기서, G_v : 냉매(H_2O)

G_v를 구하기 위해 증발기에서 열평형식을 세우면

$Q_e + G_v h_3 = G_v h_1{'}$ 에서

$Q_e = G_v(h_1{'} - h_3)$ ············ ②

$G_v = \dfrac{Q_e}{h_1{'} - h_3} = \dfrac{1 \times 3.86 \times 3600}{2927.4 - 545.1} ≒ 5.83 \text{ kg/h}$

∴ $Q_c = 5.83 \times (3041.3 - 545.1) = 14552.846 ≒ 14552.85 \text{ kJ/h}$

② 흡수기 열량(Q_a)

흡수기에서 열평형식을 적용하면,

$Q_a + G h_2 = (G - G_v) h_8 + G_v h_1{'}$

$Q_a = (G - G_v) h_8 + G_v h_1{'} - G h_2$

$\quad = G_v \left\{ \left(\dfrac{G}{G_v} - 1 \right) h_8 + h_1{'} - \dfrac{G}{G_v} h_2 \right\}$

$\quad = G_v \{ (f-1) h_8 + h_1{'} - f h_2 \}$ ············ ③

여기서, 용액순환비 $f = \dfrac{G}{G_v} = \dfrac{\varepsilon_2}{\varepsilon_2 - \varepsilon_1}$

용액순환비 $f = \dfrac{G}{G_v} = \dfrac{\varepsilon_2}{\varepsilon_2 - \varepsilon_1} = \dfrac{60.4}{60.4 - 51.2} ≒ 6.565$

∴ $Q_a = G_v \{ (f-1) h_8 + h_1{'} - f h_2 \}$
$\quad = 5.83 \times \{ (6.565 - 1) \times 273 + 2927.4 - 6.565 \times 238.6 \}$
$\quad ≒ 16791.78 \text{ kJ/h}$

(3) 1냉동톤당 냉매순환량(G_v)

앞의 ②식에서 $Q_e = G_v(h_1{'} - h_3)$ 이므로

$G_v = \dfrac{Q_e}{h_1{'} - h_3} = \dfrac{1 \times 3.86 \times 3600}{2927.4 - 545.1} = 5.833 ≒ 5.83 \text{ kg/h}$

참고 용액 순환비 f

발생기에 들어오고 빠져 나가는 LiBr의 양은 일정함. 따라서,

$G \varepsilon_1 = (G - G_v) \varepsilon_2$

$G \varepsilon_1 = G \varepsilon_2 - G_v \varepsilon_2$

$G_v \varepsilon_2 = G \varepsilon_2 - G \varepsilon_1$

$G_v \varepsilon_2 = G (\varepsilon_2 - \varepsilon_1)$

$f = \dfrac{\text{용액순환량}(\text{LiBr} + \text{H}_2\text{O})}{\text{냉매순환량}(\text{H}_2\text{O})} = \dfrac{G}{G_v} = \dfrac{\varepsilon_2}{\varepsilon_2 - \varepsilon_1}$

14 다음의 그림은 각종 송풍기의 임펠러 형상을 나타낸 것이고, [보기]는 각종 송풍기의 명칭이다. 이들 중에서 가장 관계가 깊은 것끼리 골라서 번호와 기호를 선으로 연결하시오. (단, 정답 예 : (8) – (a)) (6점)

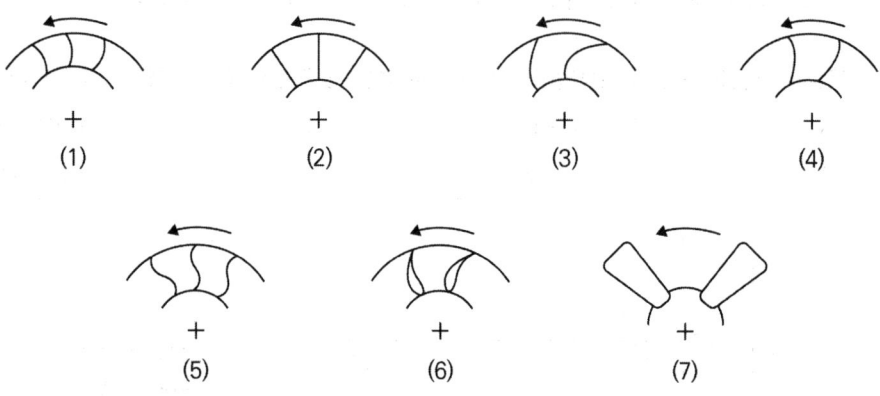

─────────────[보기]─────────────
(a) 터보 팬(사이런트형)   (b) 에어로 휠 팬
(c) 시로코 팬(다익송풍기)   (d) 리밋 로드 팬
(e) 플레이트 팬   (f) 프로펠러 팬
(g) 터보 팬(일반형)

풀이

(1) - (c), (2) - (e), (3) - (a), (4) - (g), (5) - (d), (6) - (b), (7) - (f)

참고

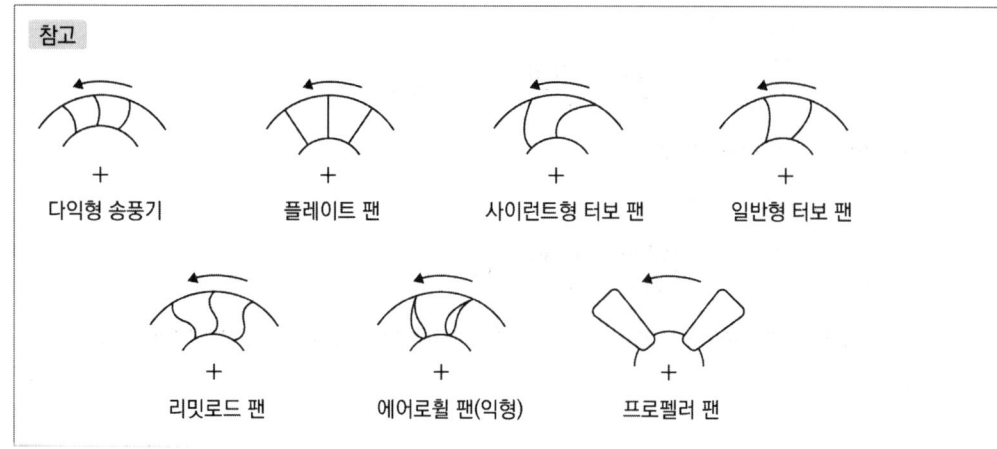

15 R-502를 냉매로 하고 A, B 2대의 증발기를 동일 압축기에 연결해서 쓰는 냉동장치가 있다. 증발기 A에는 증발압력 조정밸브가 설치되고, A와 B의 운전 조건은 다음 표와 같으며, 응축온도는 35℃인 것으로 한다. 이 냉동장치의 냉동사이클을 P-h 선도상에 그렸을 때 다음과 같다면 전체 냉매순환량은 몇 g/s인가? (단, 1 RT = 3.86 kW) (3점)

증발기	냉동부하(RT)	증발온도(℃)	팽창밸브전 액온도(℃)	증발기 출구의 냉매증기 상태
A	2	-10	30	과열도 10℃
B	4	-30	30	건조 포화증기

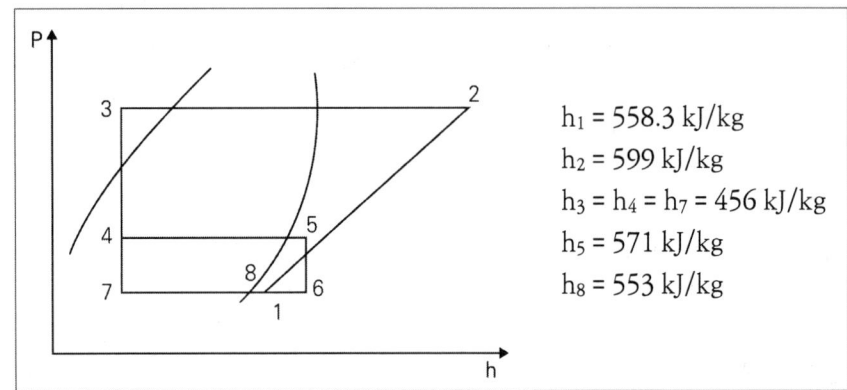

h_1 = 558.3 kJ/kg
h_2 = 599 kJ/kg
h_3 = h_4 = h_7 = 456 kJ/kg
h_5 = 571 kJ/kg
h_8 = 553 kJ/kg

풀이

1) A 증발기 냉매순환량(G_A)

   $Q_A = G_A(h_5 - h_4)$에서

   $G_A = \dfrac{Q_A}{h_5 - h_4} = \dfrac{2 \times 3.86 \times 1000}{571 - 456} = 67.13\,\text{g/s}$

2) B증발기 냉매순환량(G_B)

   $Q_B = G_B(h_8 - h_7)$에서

   $G_B = \dfrac{Q_B}{h_8 - h_7} = \dfrac{4 \times 3.86 \times 1000}{553 - 456} = 159.175\,\text{g/s}$

   ∴ 전체 냉매순환량 $G[\text{g/s}] = G_A + G_B = 67.13 + 159.175 = 226.305 ≒ 226.31\,\text{g/s}$

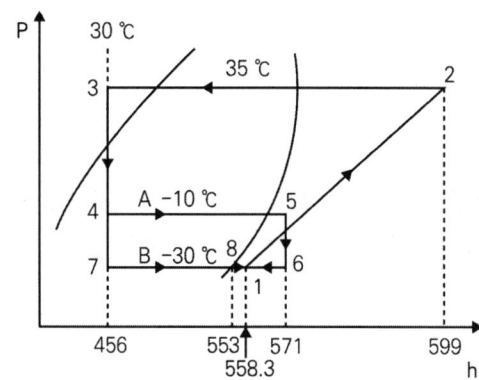

2018 2회

01 500 rpm으로 운전되는 송풍기가 풍량 300 m³/min, 전압 400 Pa, 동력 3.5 kW의 성능을 나타내고 있는 것으로 한다. 이 송풍기의 회전수를 1할 증가시키면 어떻게 되는가를 계산하시오. (6점)

풀이

※ 1할 증가는 10 % 증가를 의미한다.

풍량 $Q_2 = Q_2 \times \left(\dfrac{N_2}{N_1}\right) = 300 \times \left(\dfrac{500 \times 1.1}{500}\right) = 330 \, \text{m}^3/\text{min}$

전압 $P_2 = P_1 \times \left(\dfrac{N_2}{N_1}\right)^2 = 400 \times \left(\dfrac{500 \times 1.1}{500}\right)^2 = 484 \, \text{Pa}$

동력 $L_2 = L_1 \times \left(\dfrac{N_2}{N_1}\right)^3 = 3.5 \times \left(\dfrac{500 \times 1.1}{500}\right)^3 = 4.658 \fallingdotseq 4.66 \, \text{kW}$

> **참고**
>
> 서로 다른 치수의 송풍기(또는 펌프)를 비교(상사)했을 때
>
> 풍량(유량) $[m^3/s]$ $\quad Q_2 = \left(\dfrac{N_2}{N_1}\right)^1 \times \left(\dfrac{D_2}{D_1}\right)^3 \times Q_1$
>
> 전압 [Pa] (양정 [m]) $\quad P_2 = \left(\dfrac{N_2}{N_1}\right)^2 \times \left(\dfrac{D_2}{D_1}\right)^2 \times P_1$
>
> 동력 [kW] $\quad L_2 = \left(\dfrac{N_2}{N_1}\right)^3 \times \left(\dfrac{D_2}{D_1}\right)^5 \times L_1$

02 냉동장치에 사용하는 액분리기에 대하여 다음 물음에 답하시오. (6점)

(1) 설치목적
(2) 설치위치

풀이

(1) 설치목적
압축기로 흡입되는 냉매가스에 혼입되어 있는 액냉매를 분리하여 냉매증기만 압축기로 흡입시켜 액압축(Liquid Hammer)을 방지하고 압축기를 보호하기 위해

(2) 설치위치
증발기와 압축기 사이 흡입배관에 설치한다(이때 증발기보다는 높은 위치에 설치함).

[액분리기]

03 다음 그림 (a), (b)는 응축온도 35 ℃, 증발온도 -35 ℃로 운전되는 냉동사이클을 나타낸 것이다. 이 두 냉동사이클 중 어느 것이 에너지 절약 차원에서 유리한가를 계산하여 비교하시오. (9점)

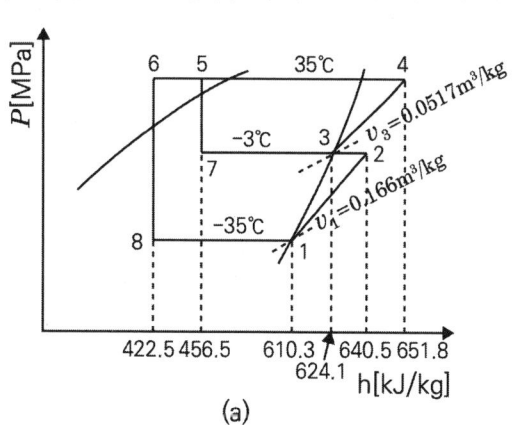
(a)

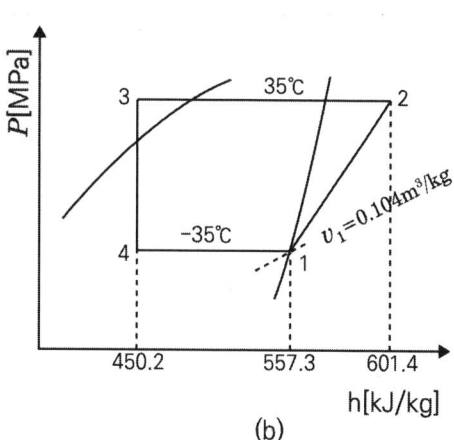
(b)

> 풀이

에너지 절약을 비교하려면 성적계수를 비교하면 된다.

① 2단압축 1단팽창사이클 성적계수(ε_1)

$$\varepsilon_1 = \frac{Q_e}{W_1 + W_2} = \frac{G_L(h_1 - h_8)}{G_L(h_2 - h_1) + G_H(h_4 - h_3)} = \frac{h_1 - h_8}{(h_2 - h_1) + \dfrac{h_2 - h_6}{h_3 - h_7}(h_4 - h_3)}$$

$$= \frac{610.3 - 422.5}{(640.5 - 610.3) + \dfrac{640.5 - 422.5}{624.1 - 456.5}(651.8 - 624.1)} = 2.835$$

여기서, G_H : 고단 측 냉매순환량, G_L : 저단 측 냉매순환량 $\left(\dfrac{G_H}{G_L} = \dfrac{h_2 - h_6}{h_3 - h_7}\right)$

② 1단압축 1단팽창사이클 성적계수(ε_2)

$$\varepsilon_2 = \frac{h_1 - h_4}{h_2 - h_1} = \frac{557.3 - 450.2}{601.4 - 557.3} = 2.428$$

③ 에너지 절약 비교

(a)사이클의 성적계수(2.835)가 (b)사이클의 성적계수(2.428)보다 크므로 (a)사이클이 에너지 절약 차원에서 유리하다.

> 참고 성적계수 비교
>
> $$\frac{\varepsilon_1 - \varepsilon_2}{\varepsilon_1} \times 100 = \frac{2.835 - 2.428}{2.835} \times 100 = 14.35\ \%$$
>
> (a)사이클이 (b)사이클보다 14.35 %만큼 성적계수가 크다. 따라서 (a)사이클이 에너지 절약 차원에서 유리하다.

04 냉동장치의 운전상태 및 계산의 활용에 이용되는 몰리에르 선도(P-i 선도)의 구성요소의 명칭과 해당되는 단위를 번호에 맞게 기입하시오. (6점)

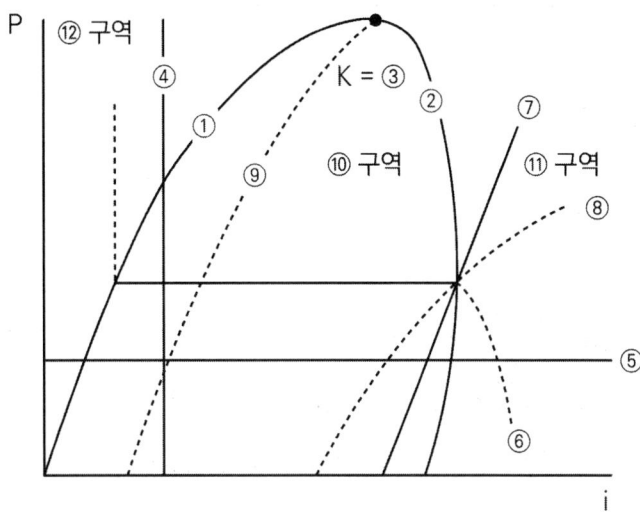

풀이

번호	명칭	단위(SI)
①	포화액선	없음
②	건포화 증기선	없음
③	임계점	없음
④	등엔탈피선	kJ/kg
⑤	등압력선	Pa(abs)
⑥	등온도선	℃
⑦	등엔트로피선	kJ/kg·K
⑧	등비체적선	m^3/kg
⑨	등건조도선	없음
⑩구역	습포화 증기구역(습증기)	없음
⑪구역	과열 증기구역	없음
⑫구역	과냉각 액체구역	없음

05 24시간 동안에 30 ℃의 원료수 5000 kg을 −10 ℃의 얼음으로 만들 때 냉동기용량(냉동톤)을 구하시오. (단, 냉동기 안전율은 10 %로 하고, 물의 응고잠열은 334 kJ/kg, 물과 얼음의 비열이 4.2, 2.1 kJ/kg K이고, 1 RT는 3.86 kW이다) (4점)

풀이

> 참고
> 1) 현열 : $Q = G \cdot C \cdot \Delta t$
> 2) 잠열 : $Q = G \cdot \gamma$

1) $\boxed{30℃\ 물} \xrightarrow{현열} \boxed{0℃\ 물}$ $Q_1 = G \cdot C \cdot \Delta t = 5000 \times 4.2 \times (30-0) = 630000\ kJ$

2) $\boxed{0℃\ 물} \xrightarrow{잠열} \boxed{0℃\ 얼음}$ $Q_2 = G \cdot \gamma = 5000 \times 334 = 1670000\ kJ$

3) $\boxed{0℃\ 얼음} \xrightarrow{현열} \boxed{-10℃\ 얼음}$ $Q_3 = G \cdot C \cdot \Delta t = 5000 \times 2.1 \times (0-(-10)) = 105000\ kJ$

따라서,

냉동기 용량$[kW] = \dfrac{(Q_1 + Q_2 + Q_3)[kJ]}{(24 \times 3600)[\sec]} \times 1.1 = \dfrac{630000 + 1670000 + 105000}{24 \times 3600} \times 1.1$

$\qquad \qquad \quad \fallingdotseq 30.62\ kW$

∴ 냉동기 용량(냉동톤)$[RT] = \dfrac{30.62}{3.86} \fallingdotseq 7.93\ RT$

06 증기 대수 원통 다관형(셸 튜브형) 열교환기에서 열교환량 2100 MJ/h, 입구수온 60 ℃, 출구수온 70 ℃일 때 관의 전열면적은 얼마인가? (단, 사용 증기온도는 103 ℃, 관의 열관류율은 2.1 kW/m²·K이다) (4점)

풀이

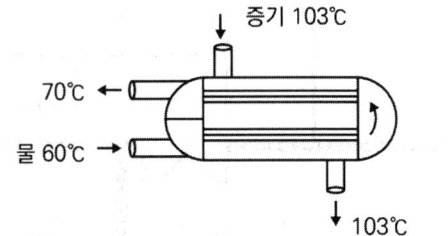
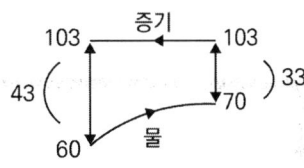

$q = K \cdot A \cdot \triangle t_m$ 에서

$A = \dfrac{q}{K \cdot \triangle t_m}$

여기서, K: 열관류율, A: 전열면적, $\triangle t_m$: 대수평균온도차

$\triangle t_m = \dfrac{\triangle t_1 - \triangle t_2}{\ln \dfrac{\triangle t_1}{\triangle t_2}} = \dfrac{43 - 33}{\ln \dfrac{43}{33}} = 37.779 ≒ 37.78 \ ℃$

$\therefore A = \dfrac{\dfrac{2100 \times 10^3}{3600}[kJ/s]}{2.1[kW/m^2 \cdot K] \times 37.78[℃]} ≒ 7.35 \ m^2$ ※ 1 kW = 1 kJ/s

07 다음과 같은 건물의 A실에 대하여 아래 조건을 이용하여 각 물음에 답하시오. (단, 실 A는 최상층으로 사무실 용도이며, 아래층의 난방 조건은 동일하다) (14점)

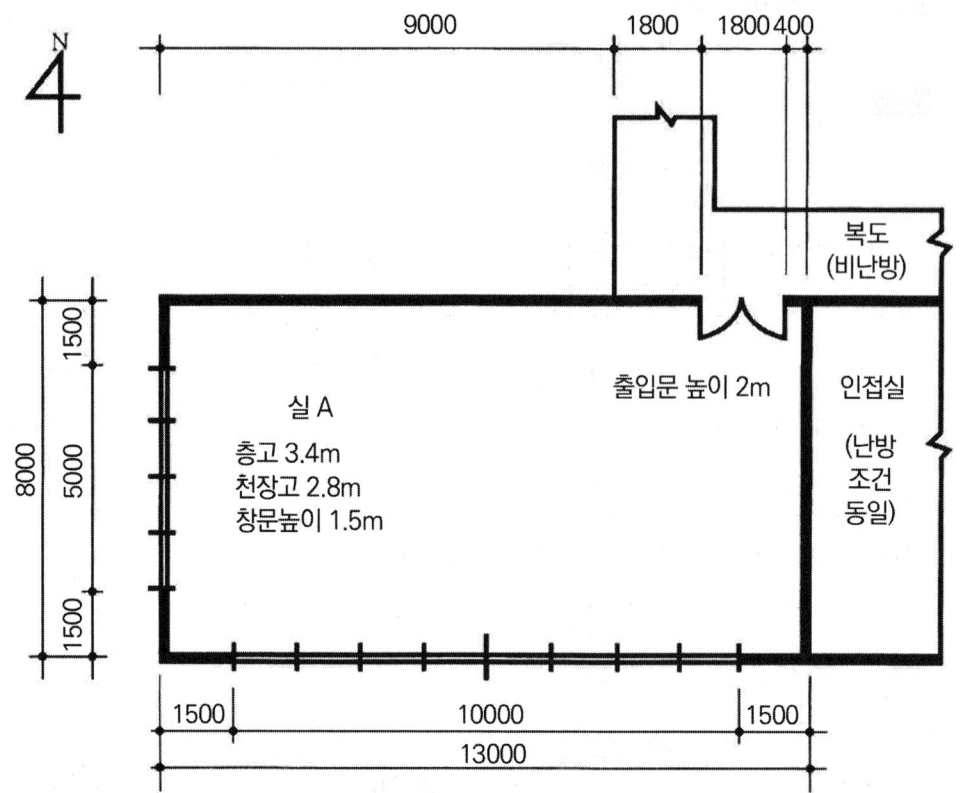

[조건]

1. 난방 설계용 온·습도

구분	난방	비고
실내	20 ℃ DB, 50 % RH, $x = 0.00725\,kg/kg'$	비공조실은 실내·외의 중간 온도로 약산함
외기	-5 ℃ DB, 70 % RH, $x = 0.00175\,kg/kg'$	

2. 유리 : 복층유리(공기층 6 mm), 블라인드 없음, 열관류율 $K = 3.5\,W/m^2 \cdot K$
   출입문 : 목제 플래시문, 열관류율 $K = 2.2\,W/m^2 \cdot K$

3. 공기의 밀도 $\rho = 1.2\,kg/m^3$
   공기의 정압비열 $C_{pa} = 1.01\,kJ/kg \cdot K$
   수분의 증발잠열(상온) $E_a = 2500\,kJ/kg$

100 ℃ 물의 증발잠열 $E_b = 2256 kJ/kg$
4. 외기 도입량은 $25 m^3/h \cdot 인$이다.
5. 외벽

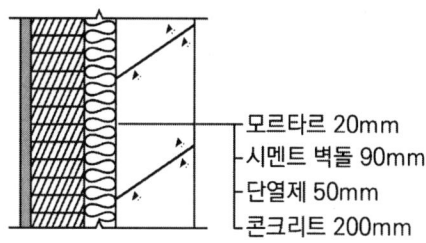
- 모르타르 20mm
- 시멘트 벽돌 90mm
- 단열제 50mm
- 콘크리트 200mm

6. 내벽 열관류율 : $3.0 W/m^2 \cdot K$, 지붕 열관류율 : $0.5 W/m^2 \cdot K$

[표면 열전달률 $\alpha_i, \alpha_o (W/m^2 \cdot K)$]

표면의 종류	난방 시	냉방 시
내면	8.4	8.4
외면	24.2	22.7

[방위계수]

방위	N, 수평	E	W	S
방위계수	1.2	1.1	1.1	1.0

[각 재료의 열전도율]

재료명	열전도율 (W/m·K)
1. 모르타르	1.4
2. 시멘트 벽돌	1.4
3. 단열재	0.035
4. 콘크리트	1.6

[재실인원 1인당 상면적(m^2/인)]

방의 종류	상면적 (m^2/인)	방의 종류		상면적 (m^2/인)
사무실(일반)	5.0	백화점	객실	18.0
은행 영업실	5.0		평균	3.0
레스토랑	1.5		혼잡	1.0
상점	3.0		한산	6.0
호텔로비	6.5	극장		0.5

[환기횟수]

실용적 (m³)	500 미만	500~1000	1000~1500	1500~2000	2000~2500	2500~3000	3000 이상
환기횟수 (회/h)	0.7	0.6	0.55	0.5	0.42	0.40	0.35

(1) 외벽 열관류율을 구하시오.

(2) 난방부하를 계산하시오.
   ① 서측   ② 남측   ③ 북측   ④ 지붕   ⑤ 내벽   ⑥ 출입문

풀이

(1) 외벽 열관류율(K)

$$\frac{1}{K} = \frac{1}{\alpha_i} + \frac{\ell_1}{\lambda_1} + \frac{\ell_2}{\lambda_2} + \frac{\ell_3}{\lambda_3} + \frac{\ell_4}{\lambda_4} + \frac{1}{\alpha_o}$$

$$= \frac{1}{8.4} + \frac{0.02}{1.4} + \frac{0.09}{1.4} + \frac{0.05}{0.035} + \frac{0.2}{1.6} + \frac{1}{24.2} = 1.7925$$

$$\therefore K = \frac{1}{1.7925} ≒ 0.56 \text{ W/m}^2 \cdot \text{K}$$

(2) 난방부하(q)

① 서측 $q_W = K \cdot A \cdot \triangle t \cdot k$
   - 외벽 $q_{W1} = 0.56 \times (8 \times 3.4 - 5 \times 1.5) \times (20 - (-5)) \times 1.1 = 303.38$ W
     (외벽의 벽체 높이 : 3.4 m)
   - 유리창 $q_{W2} = 3.5 \times (5 \times 1.5) \times (20 - (-5)) \times 1.1 = 721.875$ W

   $\therefore$ 서측부하 $q_W = q_{W1} + q_{W2} = 303.38 + 721.875 = 1025.255 ≒ 1025.26$ W

② 남측
   - 외벽 $q_{S1} = 0.56 \times (13 \times 3.4 - 10 \times 1.5) \times (20 - (-5)) \times 1.0 = 408.8$ W
   - 유리창 $q_{S2} = 3.5 \times (10 \times 1.5) \times (20 - (-5)) \times 1.0 = 1312.5$ W

   $\therefore$ 남측부하 $q_S = q_{S1} + q_{S2} = 408.8 + 1312.5 = 1721.3$ W

③ 북측(외벽) $q_N = K \cdot A \cdot \triangle t \cdot k'$

   $q_N = 0.56 \times (9 \times 3.4) \times (20 - (-5)) \times 1.2 = 514.08$ W

④ 지붕 $q_R = K \cdot A \cdot \triangle t \cdot k'$

$q_R = 0.5 \times (8 \times 13) \times (20 - (-5)) \times 1.2 = 1560 \text{ W}$

⑤ 내벽 $q_I = K \cdot A \cdot \triangle t = K \cdot A \cdot \left(t_i - \dfrac{t_i + t_o}{2}\right)$

$q_I = 3.0 \times (4 \times 2.8 - 1.8 \times 2) \times \left(20 - \dfrac{20 + (-5)}{2}\right) = 285 \text{ W}$

⑥ 출입문 $q_D = K \cdot A \cdot \triangle t = K \cdot A \cdot \left(t_i - \dfrac{t_i + t_o}{2}\right)$

$q_D = 2.2 \times (1.8 \times 2) \times \left(20 - \dfrac{20 + (-5)}{2}\right) = 99 \text{ W}$

08 다음과 같은 벽체의 열관류율을 구하시오. (단, 외표면 열전달률 M = 23 W/m²·K, 내표면 열전달률 α_i = 9 W/m²·K로 한다) (4점)

재료명	두께(mm)	열전도율(W/m·K)
1. 모르타르	30	1.4
2. 콘크리트	130	1.6
3. 모르타르	20	1.4
4. 스티로폼	50	0.037
5. 석고보드	10	0.21

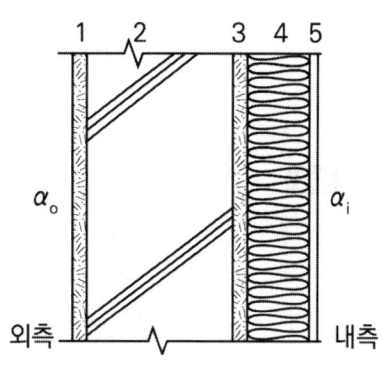

풀이

벽체의 열관류율(K)

$\dfrac{1}{K} = \dfrac{1}{\alpha_o} + \dfrac{\ell_1}{\lambda_1} + \dfrac{\ell_2}{\lambda_2} + \dfrac{\ell_3}{\lambda_3} + \dfrac{\ell_4}{\lambda_4} + \dfrac{\ell_5}{\lambda_5} + \dfrac{1}{\alpha_i}$ (여기서 ℓ : 두께 [m])

$\dfrac{1}{K} = \dfrac{1}{23} + \dfrac{0.03}{1.4} + \dfrac{0.13}{1.6} + \dfrac{0.02}{1.4} + \dfrac{0.05}{0.21} + \dfrac{1}{9} = 1.6705$

∴ $K = \dfrac{1}{1.6705} = 0.598 ≒ 0.60 \text{ W/m}^2 \cdot \text{K}$

09 프레온 냉동장치에서 1대의 압축기로 증발온도가 다른 2대의 증발기를 냉각 운전하고자 한다. 이때 1대의 증발기에 증발압력 조정밸브를 부착하여 제어하고자 한다면 아래의 냉동 장치는 어디에 증발압력 조정밸브 및 체크밸브를 부착하여야 하는지 흐름도를 완성하시오. 또 증발압력 조정밸브의 기능을 간단히 설명하시오. (10점)

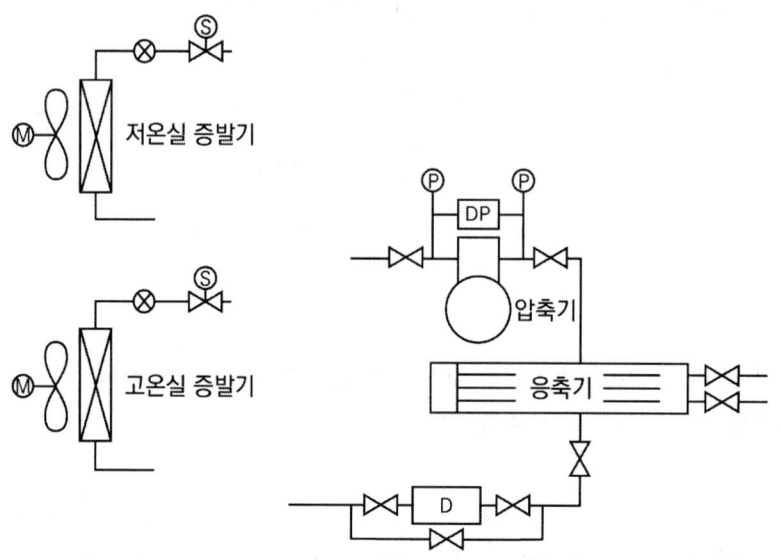

> **풀이**

(1) 냉동장치의 흐름도

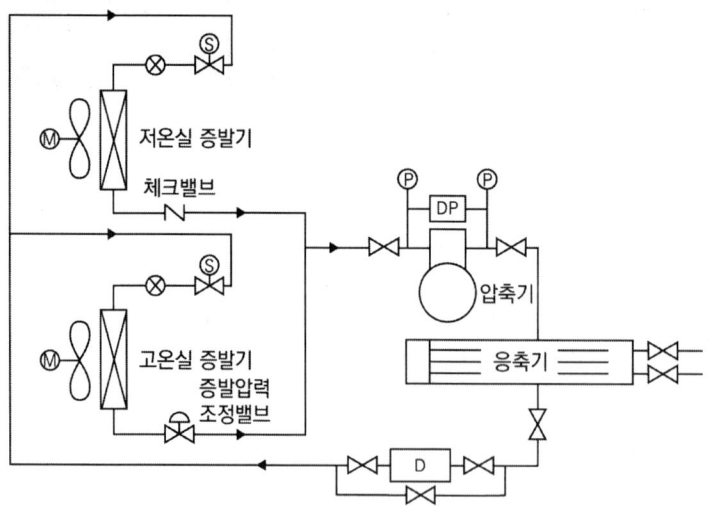

(2) 증발압력 조정밸브(EPR; Evaporator Pressure Regulator)의 기능
증발기의 증발압력(온도)이 일정 압력(온도) 이하로 낮아지는 것을 방지한다.

> **참고** 증발압력 조정밸브와 흡입압력 조정밸브
> 1) 증발압력 조정밸브 : 증발압력이 일정 압력 이하가 되는 것을 방지하고 흡입관 증발기 출구에 설치하며, 밸브 입구 압력에 의해 작동되고 압력이 높으면 열리고 낮으면 닫힘(냉각기 동파 방지)
> 2) 흡입압력 조정밸브 : 흡입압력이 일정 압력 이상이 되는 것을 방지하고 흡입관 압축기 입구에 설치하며, 밸브 출구 압력에 의해 작동되고 압력이 높으면 닫히고 낮으면 열림(전동기 과부하 방지)

10 다음 도면과 같은 온수난방에 있어서 리버스 리턴 방식에 의한 배관도를 완성하시오. (단, A, B, C, D는 라디에이터를 표시한 것이며, 온수공급관은 실선으로, 귀환관은 점선으로 표시하시오) (6점)

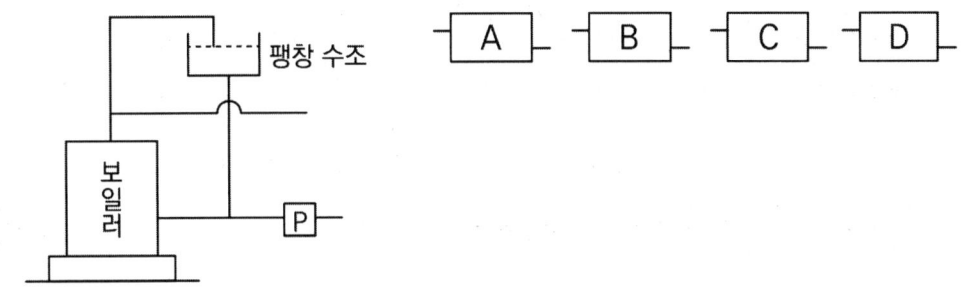

> **풀이**

[리버스 리턴(Reverse Return) 배관 방식]

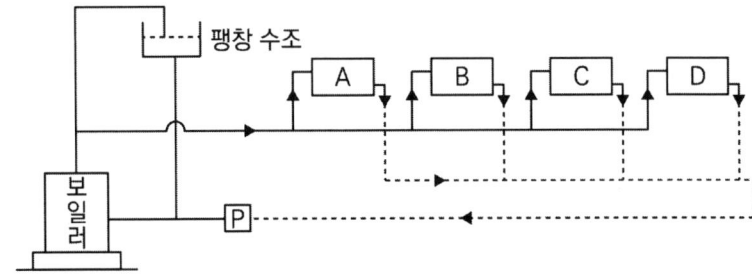

11 장치노점이 10 ℃인 냉수코일이 20 ℃ 공기를 12 ℃로 냉각시킬 때 냉수코일의 Bypass Factor(BF)를 구하시오. (4점)

> **풀이**
>
> $$BF = \frac{12-10}{20-10} = 0.2$$

12 다음과 같은 냉각수 배관 시스템에 대해 각 물음에 답하시오. (단, 냉동기 냉동능력은 150 RT, 응축기 수저항은 80 kPa, 배관의 마찰손실은 40 kPa/100 m이고, 냉각수량은 1냉동톤당 13 L/min이다) (9점)

[관경산출표 40 kPa/100 m기준]

관경(mm)	32	40	50	65	80	100	125	150
유량(L/min)	90	180	320	500	720	1800	2100	3200

[밸브, 이음쇠류 1개당 직관상당길이(m)]

관경(mm)	게이트밸브	체크밸브	엘보	티	레듀셔(1/2)
100	1.4	12	3.1	6.4	3.1
125	1.8	15	4.0	7.6	4.0
150	2.1	18	4.9	9.1	4.9

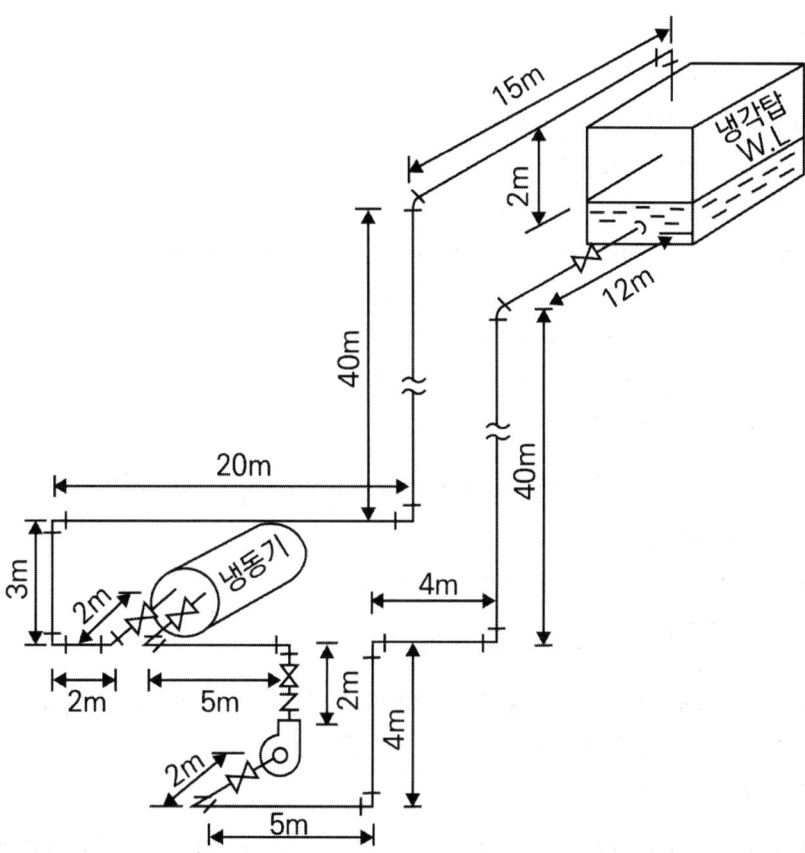

(1) 배관 마찰손실 $\triangle P$(kPa)를 구하시오. (단, 직관부의 길이는 158 m이다)

(2) 펌프양정 H(mAq)를 구하시오.

(3) 펌프의 수동력 P(kW)를 구하시오.

풀이

(1) 배관 마찰손실($\triangle P$)
   밸브 및 이음쇠의 상당길이(ℓ')
   - 냉각수유량 = 150 RT × 13 L/min = 1950 L/min
   - 냉각수유량에 따른 관경산출표에서 관경 125 mm 선정
   - 상당길이표를 참조하여 관경 125 mm에 대한 상당길이 산출
     - 게이트 밸브의 상당길이 = 1.8 × 5개 = 9 m
     - 체크 밸브의 상당길이 = 15 × 1개 = 15 m
     - 엘보의 상당길이 = 4.0 × 13개 = 52 m
   $\ell' = 9 + 15 + 52 = 76\,\text{m}$
   ∴ 마찰손실수두 $\triangle P = (\ell + \ell')R = (158 + 76) \times \dfrac{40}{100} = 93.6\,\text{kPa}$

(2) 펌프양정(H) $H = P/\gamma$
   H = 실양정 + 배관손실수두 + 기기저항 + 속도수두(무시)}
   $= 2 + \dfrac{93.6}{9.8} + \dfrac{80}{9.8} = 19.714 ≒ 19.71\,\text{mAq}$

   ※ 해당 문제에서는 속도수두에 대하여 따로 언급이 없으므로 무시함(일반적으로 공기조화에서 속도수두가 매우 미소하여 무시함)

(3) 펌프의 수동력(P)
   $P = \gamma[kN/m^3] \times Q[m^3/s] \times H[m] = 9.8 \times \dfrac{1.95}{60} \times 19.71 = 6.277 ≒ 6.28\,\text{kW}$

13 역카르노사이클 냉동기의 증발온도 −20 ℃, 응축온도 35 ℃일 때 (1) 이론 성적계수와 (2) 실제 성적계수는 약 얼마인가? (단, 팽창밸브 직전의 액온도는 32 ℃, 흡입가스는 건포화증기이고, 체적효율은 0.65, 압축효율은 0.80, 기계효율은 0.9로 한다) (4점)

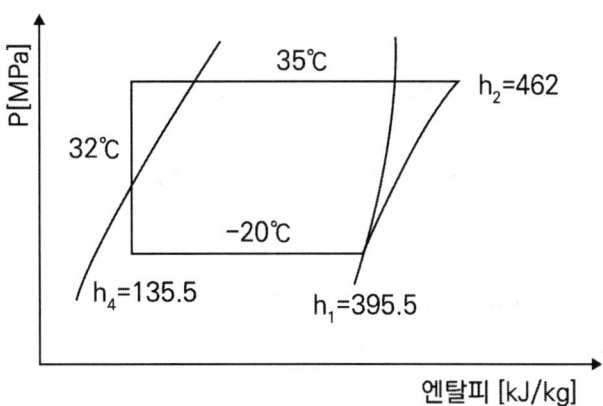

풀이

(1) 이론 성적계수

$$COP_{이론} = \frac{q_e}{W} = \frac{h_1 - h_4}{h_2 - h_1} = \frac{395.5 - 135.5}{462 - 395.5} = 3.909 ≒ 3.91$$

(2) 실제 성적계수

$$COP_{실제} = COP_{이론} \times (\eta_c \times \eta_m) = 3.91 \times (0.8 \times 0.9) = 2.815 ≒ 2.82$$

14 그림과 같은 조건의 온수난방 설비에 대하여 물음에 답하시오. (9점)

[조건]
1. 방열기 출입구온도차 : 10 ℃
2. 배관손실 : 방열기 방열용량의 20 %
3. 순환펌프 양정 : 2 m
4. 보일러, 방열기 및 방열기 주변의 지관을 포함한 배관국부저항의 상당길이는 직관길이의 100 %로 한다.
5. 배관의 관지름 선정은 표에 의한다(표내의 값의 단위는 L/min).
6. 예열부하 할증률은 25 %로 한다.
7. 온도차에 의한 자연순환 수두는 무시한다.
8. 배관길이가 표시되어 있지 않은 곳은 무시한다.
9. 온수의 비열은 4.2 kJ/kg·K이다.

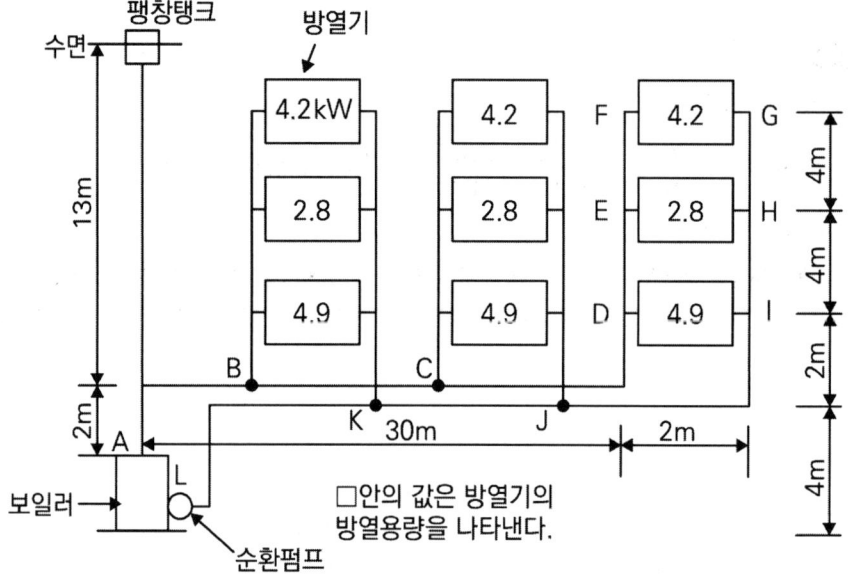

압력강하	관경(A)					
Pa/m	10	15	25	32	40	50
50	2.3	4.5	8.3	17.0	26.0	50.0
100	3.3	6.8	12.5	25.0	39.0	75.0
200	4.5	9.5	18.0	37.0	55.0	110.0
300	5.8	12.6	23.0	46.0	70.0	140.0
500	8.0	17.0	30.0	62.0	92.0	180.0

(1) 전 순환량(L/min)을 구하시오.

(2) B - C간의 관지름(mm)을 구하시오.

(3) 보일러 용량(kW)을 구하시오.

풀이

(1) 전 순환량

$q = G \cdot C \cdot \triangle t$ 에서

$G = \dfrac{q}{C \cdot \triangle t} = \dfrac{(4.2 \times 3 + 2.8 \times 3 + 4.9 \times 3) \times 60}{4.2 \times 10} = 51\,\text{kg/min} = 51\,\text{L/min}$

(물 1 kg = 1 L 이므로)

(2) B - C 간의 관지름

① B - C 간의 순환수량

$G = \dfrac{(4.2 + 2.8 + 4.9) \times 2 \times 60}{4.2 \times 10} = 34\,\text{kg/min} = 34\,\text{L/min}$

② 순환펌프의 압력강하(R)

$R = \dfrac{\text{총 압력강하}}{\text{직관길이} + \text{국부저항상당길이}}$ (즉, $R = \dfrac{\gamma \cdot H_\ell}{\ell + \ell'}[\text{Pa/m}]$)

• 가장 먼 방열기까지 직관길이

  $\ell = 2 + 30 + 2 + (4 \times 4) + 2 + 0 + 30 + 4 = 88\,m$

• 국부저항상당 길이

  $\ell' = $ 직관길이의 $100\% = 88\,m$

• 배관의 총 압력강하(마찰손실수두)

  $H_\ell = 2\,m$ (순환펌프의 양정)

따라서 순환펌프의 압력강하

$$R = \frac{9800 \times 2}{88+88} = 111.363 ≒ 111.36 \, Pa/m$$

③ B - C 간의 관지름

허용되는 압력강하 111.36 Pa/m과 같거나 바로 아래 작은 압력강하 100에서 유량 34 L/min 이상을 감당할 수 있는 관경을 찾으면 40 A가 된다.

∴ B-C 간의 관지름 = 40 A

(3) 보일러 용량

보일러 용량(정격출력) = 방열기 열량 + 배관손실 + 예열부하
$$= (4.2 + 2.8 + 4.9) \times 3 \times 1.2 \times 1.25 = 53.55 \, kW$$

15

①의 공기상태 $t_1 = 25\,℃$, $x_1 = 0.022 \, kg/kg'$, $h_1 = 91.7 \, kJ/kg$, ②의 공기상태 $t_2 = 22\,℃$, $x_2 = 0.006 \, kg/kg'$, $h_2 = 37.7 \, kJ/kg$일 때 공기 ①을 25 %, 공기 ②를 75 %로 혼합한 후의 공기 ③의 상태(t_3, x_3, h_3)를 구하고, 공기 ①과 공기 ③ 사이의 열수분비를 구하시오.

(5점)

풀이

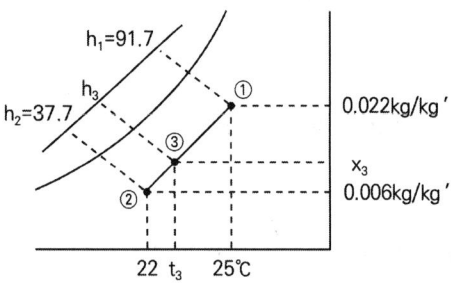

여기서, 실제 선도상에 ①점($t_1 = 25\,℃$ $x_1 = 0.022 \, kg/kg'$)은 공기선도에 나타낼 수 없음

(1) 혼합 후의 공기 ③의 상태(t_3, x_3, h_3)

① $t_3 = \dfrac{G_1 t_1 + G_2 t_2}{G_3} = \dfrac{0.25 \times 25 + 0.75 \times 22}{1} = 22.75\,℃$

(열평형식 $G_3 C_p t_3 = G_1 C_p t_1 + G_2 C_p t_2$이므로)

② $x_3 = \dfrac{G_1 x_1 + G_2 x_2}{G_3} = \dfrac{0.25 \times 0.022 + 0.75 \times 0.006}{1} = 0.01 \, kg/kg'$

(물질평형식 $G_3 x_3 = G_1 x_1 + G_2 x_2$이므로)

③ $h_3 = \dfrac{G_1 h_1 + G_2 h_2}{G_3} = \dfrac{0.25 \times 91.7 + 0.75 \times 37.7}{1} = 51.2 \, \text{kJ/kg}$

(열평형식 $G_3 h_3 = G_1 h_1 + G_2 h_2$ 이므로)

(2) 공기 ①과 공기 ③사이의 열수분비(u)

$u = \dfrac{\triangle h (\text{엔탈피 변화량})}{\triangle x (\text{절대습도 변화량})} = \dfrac{h_1 - h_3}{x_1 - x_3} = \dfrac{91.7 - 51.2}{0.022 - 0.01} = 3375 \, kJ/kg$

2018 3회

01 어떤 냉동장치의 증발기 출구상태가 건조포화 증기인 냉매를 흡입 압축하는 냉동기가 있다. 증발기의 냉동능력이 10 RT, 압축기의 체적효율이 65 %라고 한다면 이 압축기의 분당 회전수는 얼마인가? (단, 이 압축기는 기통 지름 : 120 mm, 행정 : 100 mm, 기통수 : 6기통, 압축기 흡입증기의 비체적 : 0.15 m³/kg, 압축기 흡입증기의 엔탈피 624 kJ/kg, 압축기 토출증기의 엔탈피 : 687 kJ/kg, 팽창밸브 직후의 엔탈피 460 kJ/kg, 1 RT = 3.86 kW) (5점)

풀이

압축기의 분당 회전수(n)

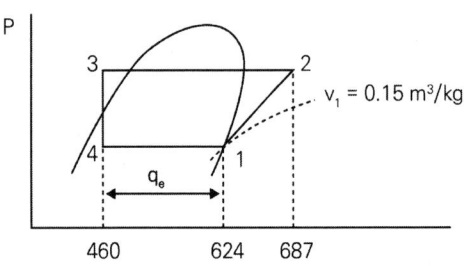

- 피스톤 압출량 $V = \dfrac{\pi}{4} D^2 \cdot L \cdot n \cdot Z \cdot 60$ m³/h 에서

- 압축기 분당 회전수 $n = \dfrac{V}{\dfrac{\pi}{4} D^2 \cdot L \cdot Z \cdot 60}$ rpm

- 냉동능력 $Q_e = G \cdot q_e = \rho V_{act} \cdot q_e = \dfrac{1}{v_1} V_{act} \cdot q_e$

  ($\eta_v = \dfrac{V_{act}}{V}$ 에서 $V_{act} = V \cdot \eta_v$)이므로

  $Q_e = \dfrac{1}{v_1} V \cdot \eta_v \cdot q_e$ 에서

  $V = \dfrac{Q_e \cdot v_1}{\eta_v \cdot q_e}$ ·················· 이 값을 위 회전수식에 대입

∴ 압축기 분당회전수 $n = \dfrac{Q_e \cdot v_1}{\dfrac{\pi}{4} D^2 \cdot L \cdot Z \cdot 60 \cdot \eta_v \cdot q_e}$

$= \dfrac{(10 \times 3.86 \times 3600) \times 0.15}{\dfrac{\pi}{4} \times 0.12^2 \times 0.1 \times 6 \times 60 \times 0.65 \times (624 - 460)}$

$= 480.251 ≒ 480.25 \text{ rpm}$

02 응축기의 전열면적 1 m²당 송풍량이 280 m³/h이고 열통과율이 42 W/m²·K일 때 응축기 입구 공기온도가 20 ℃ 출구 공기온도가 26 ℃라면 응축온도는 몇 ℃인가? (단, 공기 밀도 1.2 kg/m³, 비열 1.01 kJ/kg·K이고, 평균온도차는 산술평균 온도로 한다) (5점)

풀이

- $q = K \cdot A \cdot \triangle t_m$ 에서 $\triangle t_m = \dfrac{q}{K \cdot A}$

여기서, 산술평균온도차 $\triangle t_m = t_c - \dfrac{20 + 26}{2} = t_c - 23$

따라서

$t_c = \triangle t_m + 23 = \dfrac{q}{K \cdot A} + 23$

$q = G \cdot C_P \cdot \triangle t = \rho Q \cdot C_p \cdot \triangle t$

∴ $t_c = \dfrac{q}{K \cdot A} + 23 = \dfrac{\rho Q \cdot C_p \cdot \triangle t}{K \cdot A} + 23$

$= \dfrac{1.2 \times \dfrac{280}{3600} \times 1.01 \times (26 - 20) \times 1000}{42 \times 1} + 23 = 36.466 ≒ 36.47 \text{ ℃}$

03 장치노점이 10 ℃인 냉수코일이 20 ℃ 공기를 12 ℃로 냉각시킬 때 냉수코일의 Bypass Factor(BF)를 구하시오. (5점)

풀이

$$BF = \frac{12-10}{20-10} = 0.2$$

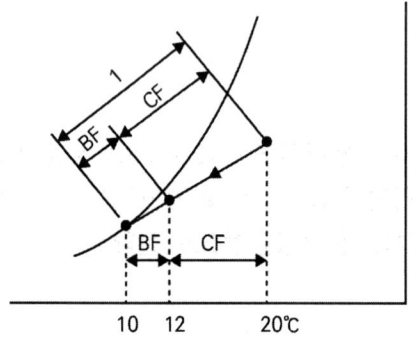

04 ①의 공기상태 t_1 = 25 ℃, x_1 = 0.022 kg/kg', h_1 = 91.7 kJ/kg, ②의 공기상태 t_2 = 22 ℃, x_2 = 0.006 kg/kg', h_2 = 37.7 kJ/kg일 때 공기 ①을 25 %, 공기 ②를 75 %로 혼합한 후의 공기 ③의 상태(t_3, x_3, h_3)를 구하고, 공기 ①과 공기 ③ 사이의 열수분비를 구하시오. (4점)

풀이

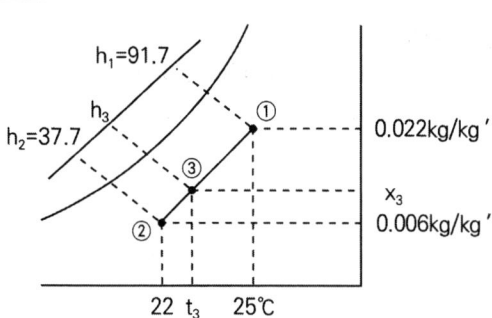

여기서, 실제 선도상에 ①점($t_1 = 25℃\ x_1 = 0.022\ \text{kg/kg}'$)은 공기선도에 나타낼 수 없음

(1) 혼합 후의 공기 ③의 상태(t_3, x_3, h_3)

① $t_3 = \dfrac{G_1 t_1 + G_2 t_2}{G_3} = \dfrac{0.25 \times 25 + 0.75 \times 22}{1} = 22.75\,℃$

(열평형식 $G_3 C_p t_3 = G_1 C_p t_1 + G_2 C_p t_2$ 이므로)

② $x_3 = \dfrac{G_1 x_1 + G_2 x_2}{G_3} = \dfrac{0.25 \times 0.022 + 0.75 \times 0.006}{1} = 0.01\,\text{kg/kg}'$

(물질평형식 $G_3 x_3 = G_1 x_1 + G_2 x_2$ 이므로)

③ $h_3 = \dfrac{G_1 h_1 + G_2 h_2}{G_3} = \dfrac{0.25 \times 91.7 + 0.75 \times 37.7}{1} = 51.2\,\text{kJ/kg}$

(열평형식 $G_3 h_3 = G_1 h_1 + G_2 h_2$ 이므로)

(2) 공기 ①과 공기 ③ 사이의 열수분비(u)

$u = \dfrac{\triangle h(\text{엔탈피 변화량})}{\triangle x(\text{절대습도 변화량})} = \dfrac{h_1 - h_3}{x_1 - x_3} = \dfrac{91.7 - 51.2}{0.022 - 0.01} = 3375\,\text{kJ/kg}$

05 다음의 그림과 같은 암모니아 수동식 가스 퍼저(불응축가스 분리기)에 대한 배관도를 완성하시오. (단, ABC선을 적정한 위치와 점선으로 연결하고, 스톱밸브(Stop Valve)는 생략한다) (5점)

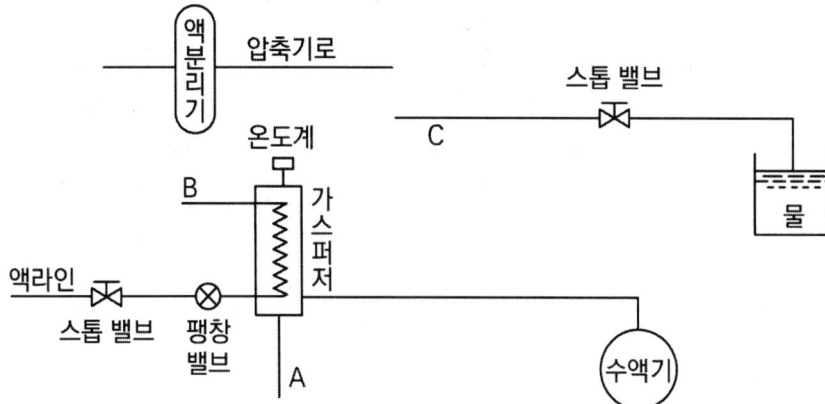

> 풀이

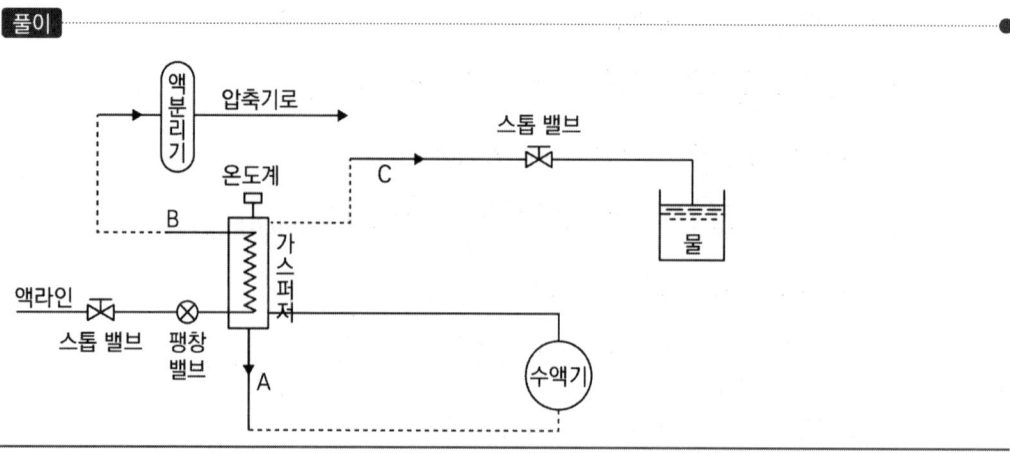

06 R-22 냉동장치가 아래 냉동사이클과 같이 수냉식 응축기로부터 교축밸브를 통한 핫가스의 일부를 팽창밸브 출구 측에 바이패스하여 용량제어를 행하고 있다. 이 냉동장치의 냉동능력 ϕ_o(kW)를 구하시오. (단, 팽창밸브 출구 측의 냉매와 바이패스된 후의 냉매의 혼합 엔탈피는 h_5, 핫가스의 엔탈피 h_6 = 635 kJ/kg이고, 바이패스양은 압축기를 통과하는 냉매유량의 20 %이다. 또 압축기의 피스톤 압출량 V = 200 m³/h, 체적효율 η_v = 0.6이다) (8점)

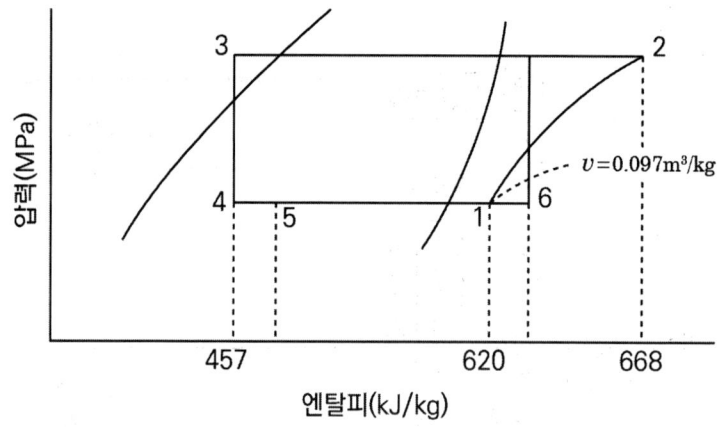

풀이

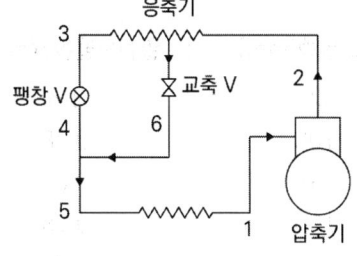
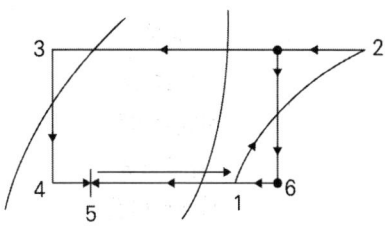

냉동능력(ϕ_o)

$$\phi_o = G \cdot (h_1 - h_5) = \frac{V \cdot \eta_v}{v}(h_1 - h_5)$$

여기서, G : 냉매순환량

$G \cdot h_5 = G_4 \cdot h_4 + G_6 \cdot h_6$에서

$1 \times h_5 = 0.8 \times h_4 + 0.2 \times h_6$

$h_5 = 0.8 \times 457 + 0.2 \times 635 = 492.6 \text{ kJ/kg}$

∴ 냉동능력 $\phi_o = \dfrac{200 \times 0.6}{0.097 \times 3600} \times (620 - 492.6) = 43.78 \: kW$

---

07 다음과 같은 벽체의 열관류율(W/m² · K)을 계산하시오. (5점)

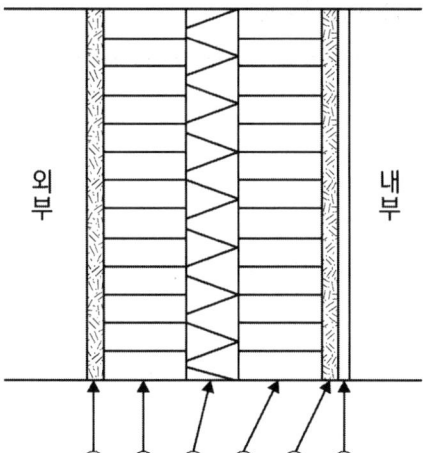

[표1] 재료표

재료번호	종류	재료 두께(mm)	열전도율(W/m·K)
①	모르타르	20	1.3
②	시멘트벽돌	100	0.78
③	글라스울	50	0.04
④	시멘트벽돌	100	0.78
⑤	모르타르	20	1.3
⑥	비닐벽지	2	0.23

[표2] 벽 표면의 열전달률(W/m²·K)

실내 측	수직면	8.7
실외 측	수직면	23.3

풀이

벽체의 열관류율(K)

$$\frac{1}{K} = \frac{1}{\alpha_0} + \frac{\ell_1}{\lambda_1} + \frac{\ell_2}{\lambda_2} + \frac{\ell_3}{\lambda_3} + \frac{\ell_4}{\lambda_4} + \frac{\ell_5}{\lambda_5} + \frac{\ell_6}{\lambda_6} + \frac{1}{\alpha_i}$$

$$= \frac{1}{23.3} + \frac{0.02}{1.3} + \frac{0.1}{0.78} + \frac{0.05}{0.04} + \frac{0.1}{0.78} + \frac{0.02}{1.3} + \frac{0.002}{0.23} + \frac{1}{8.7} = 1.7037$$

$$\therefore K = \frac{1}{1.7037} ≒ 0.59 \text{ W/m}^2 \cdot \text{K}$$

08 어떤 사무소에 표준 덕트 방식의 공기조화 시스템을 아래 조건과 같이 설계하고자 한다. 아래 계통도를 참고하여 다음 각 물음에 답하시오. (10점)

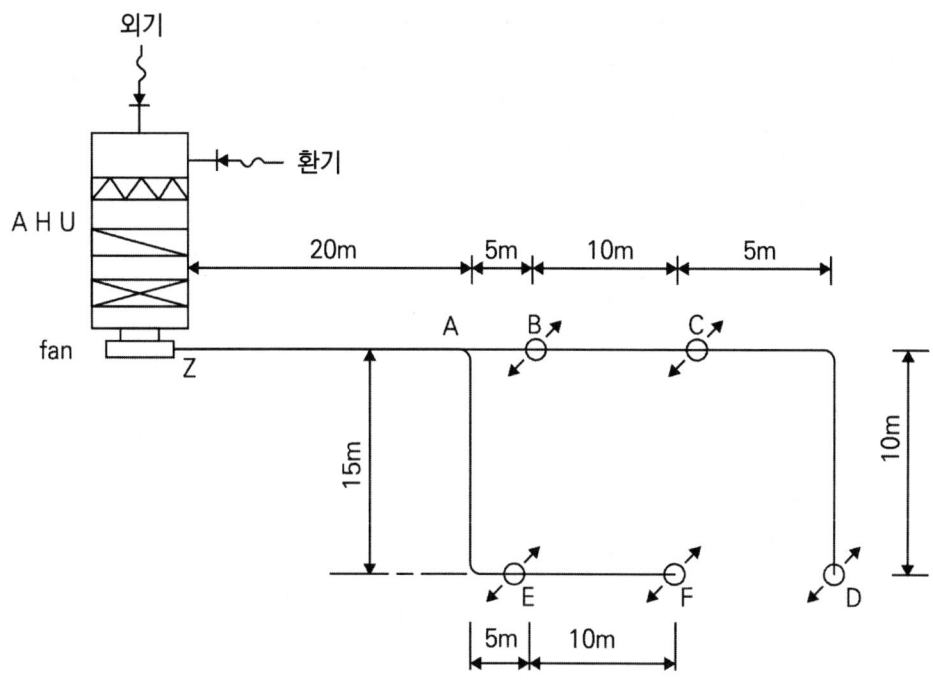

(1) 실내에 설치한 덕트 시스템을 위의 그림과 같이 설치하고자 한다. 각 취출구의 풍량이 동일할 때 장방형 덕트의 크기를 결정하고, Z-F구간의 마찰손실을 구하시오. (단, 마찰손실 $R=1.0\,\mathrm{Pa/m}$, 국부저항은 덕트 길이의 50%이다)

구간	풍량(m^3/h)	원형덕트지름(cm)	장방형 덕트(cm)	풍속(m/s)
Z-A	18000		1000 ×	
A-B	10800		1000 ×	
B-C	7200		1000 ×	
C-D	3600		1000 ×	
A-E	7200		1000 ×	
E-F	3600		1000 ×	

(2) 송풍기 토출 정압을 구하시오. (단, 취출구저항 50 Pa, 댐퍼저항 50 Pa, 공기밀도 1.2 kg/m³이다)

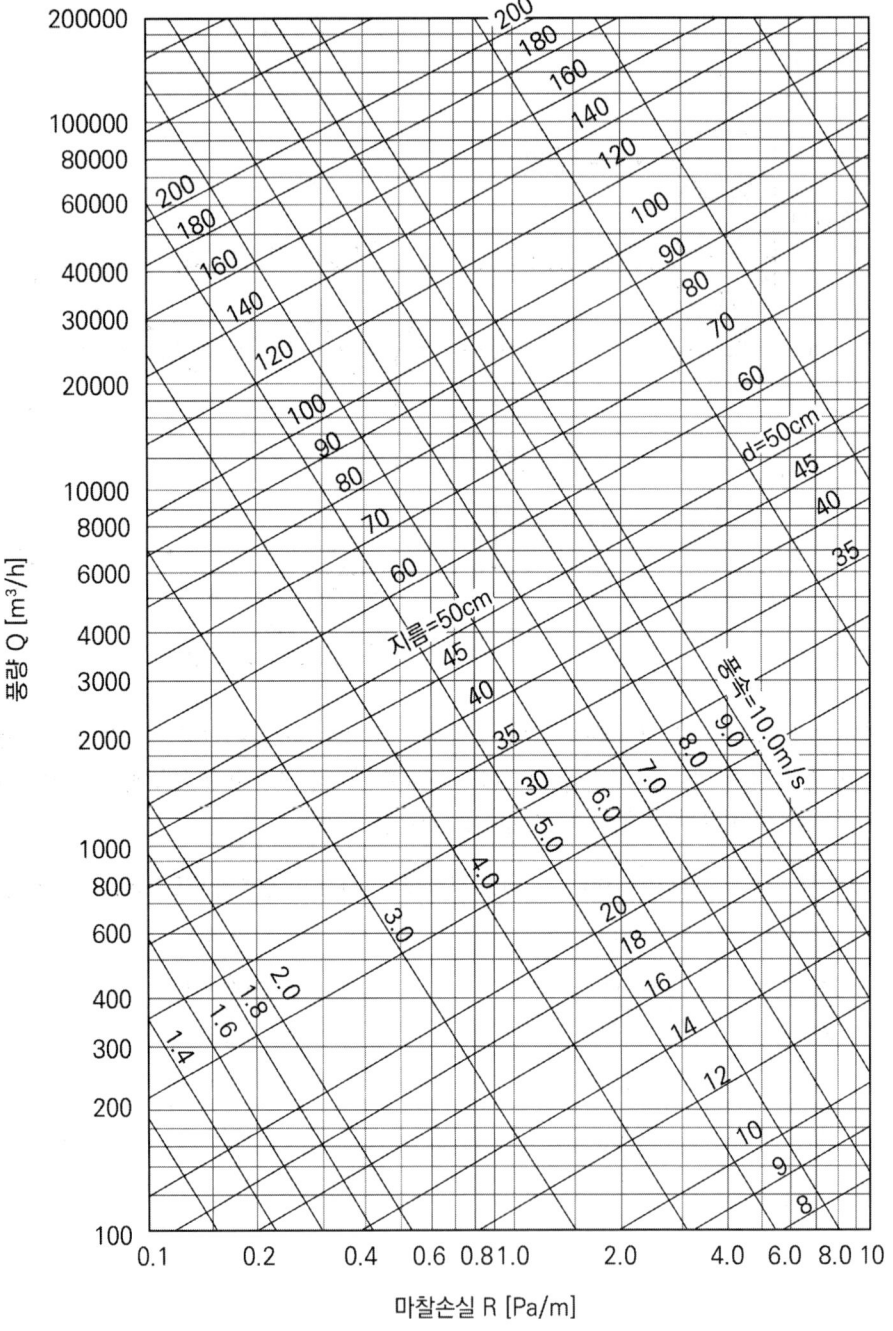

[장방형 덕트와 원형 덕트의 환산표 (단위 : cm)]

단변\장변	10	15	20	25	30	35	40	45	50	55	60	65	70	75	80	85	90	95	100
10	10.9																		
15	13.3	16.4																	
20	15.2	18.9	21.9																
25	16.9	21.0	24.4	27.3															
30	18.3	22.9	26.6	29.9	32.8														
35	19.5	24.5	28.6	32.2	35.4	38.3													
40	20.7	26.0	30.5	34.3	37.8	40.9	43.7												
45	21.7	27.4	32.1	36.3	40.0	43.3	46.4	49.2											
50	22.7	28.7	33.7	38.1	42.0	45.6	48.8	51.8	54.7										
55	23.6	29.9	35.1	39.8	43.9	47.7	51.1	54.3	57.3	60.1									
60	24.5	31.0	36.5	41.4	45.7	49.6	53.3	56.7	59.8	62.8	65.6								
65	25.3	32.1	37.8	42.9	47.4	51.5	55.3	58.9	62.2	65.3	68.3	71.1							
70	26.1	33.1	39.1	44.3	49.0	53.3	57.3	61.0	64.4	67.7	70.8	73.7	76.5						
75	26.8	34.1	40.2	45.7	50.6	55.0	59.2	63.0	66.6	69.7	73.2	76.3	79.2	82.0					
80	27.5	35.0	41.4	47.0	52.0	56.7	60.9	64.9	68.7	72.2	75.5	78.7	81.8	84.7	87.5				
85	28.2	35.9	42.4	48.2	53.4	58.2	62.6	66.8	70.6	74.3	77.8	81.1	84.2	87.2	90.1	92.9			
90	28.9	36.7	43.5	49.4	54.8	59.7	64.2	68.6	72.6	76.3	79.9	83.3	86.6	89.7	92.7	95.6	198.4		
95	29.5	37.5	44.5	50.6	56.1	61.1	65.9	70.3	74.4	78.3	82.0	85.5	88.9	92.1	95.2	98.2	101.1	103.9	
100	30.1	38.4	45.4	51.7	57.4	62.6	67.4	71.9	76.2	80.2	84.0	87.6	91.1	94.4	97.6	100.7	103.7	106.5	109.3
105	30.7	39.1	46.4	52.8	58.6	64.0	68.9	73.5	77.8	82.0	85.9	89.7	93.2	96.7	100.0	103.1	106.2	109.1	112.0
110	31.3	39.9	47.3	53.8	59.8	65.2	70.3	75.1	79.6	83.8	87.8	91.6	95.3	98.8	102.2	105.5	108.6	111.7	114.6
115	31.8	40.6	48.1	54.8	60.9	66.5	71.7	76.6	81.2	85.5	89.6	93.6	97.3	100.9	104.4	107.8	111.0	114.1	117.2
120	32.4	41.3	49.0	55.8	62.0	67.7	73.1	78.0	82.7	87.2	91.4	95.4	99.3	103.0	106.6	110.0	113.3	116.5	119.6
125	32.9	42.0	49.9	56.8	63.1	68.9	74.4	79.5	84.3	88.8	93.1	97.3	101.2	105.0	108.6	112.2	115.6	118.8	122.0
130	33.4	42.6	50.6	57.7	64.2	70.1	75.7	80.8	85.7	90.4	94.8	99.0	103.1	106.9	110.7	114.3	117.7	121.1	124.4
135	33.9	43.3	51.4	58.6	65.2	71.3	76.9	82.2	87.2	91.9	96.4	100.7	104.9	108.8	112.6	116.3	119.9	123.3	126.7
140	34.4	43.9	52.2	59.5	66.2	72.4	78.1	83.5	88.6	93.4	98.0	102.4	106.6	110.7	114.6	118.3	122.0	125.5	128.9
145	34.9	44.5	52.9	60.4	67.2	73.5	79.3	84.8	90.0	94.9	99.6	104.1	108.4	112.5	116.5	120.3	124.0	127.6	131.1
150	35.3	45.2	53.6	61.2	68.1	74.5	80.5	86.1	91.3	96.3	101.1	105.7	110.0	114.3	118.3	122.2	126.0	129.7	133.2
155	35.8	45.7	54.4	62.1	69.1	75.6	81.6	87.3	92.6	97.4	102.6	107.2	111.7	116.0	120.1	124.1	127.9	131.7	135.3
160	36.2	46.3	55.1	62.9	70.6	76.6	82.7	88.5	93.9	99.1	104.1	108.8	113.3	117.7	121.9	125.9	129.8	133.6	137.3
165	36.7	46.9	55.7	63.7	70.9	77.6	83.8	89.7	95.2	100.5	105.5	110.3	114.9	119.3	123.6	127.7	131.7	135.6	139.3
170	37.1	47.5	56.4	64.4	71.8	78.5	84.9	90.8	96.4	101.8	106.9	111.8	116.4	120.7	125.3	129.5	133.5	137.5	141.3

풀이

(1) 장방형 덕트 크기 결정, Z - F구간 마찰손실

① 장방형 덕트 크기 결정
- 덕트 마찰손실선도에서 원형덕트 지름을 구하고, 장방형 덕트환산표에서 덕트크기를 구한다.
- 풍속 $= \dfrac{Q}{A} = \dfrac{풍량}{장방향덕트단면적}$

2018년 3회

구간	풍량(m³/h)	원형 덕트 지름(cm)	장방형 덕트(cm)	풍속(m/s)
Z-A	18000	820	1000×600	8.33
A-B	10800	680	1000×450	6.67
B-C	7200	580	1000×350	5.71
C-D	3600	445	1000×200	5.0
A-E	7200	580	1000×350	5.71
E-F	3600	445	1000×200	5.0

② Z-F구간 마찰손실
- 직관 마찰손실 = (20 + 15 + 5 + 10) × 1.0 = 50 Pa
- 분기부, 곡관 마찰손실 = (덕트길이의 50 %) = 25 Pa(국부저항)
∴ Z-F구간 총 마찰손실 = 50 + 25 = 75 Pa

(2) 송풍기 토출정압(P_S)

송풍기 토출정압 = 토출전압 - 토출 측 동압

토출전압 P_{T2} = 직관마찰손실 + 분기부, 곡관마찰손실 + 취출구저항 + 댐퍼저항

$= 50 + 25 + 50 + 50 = 175 \text{Pa}$

∴ 송풍기 토출정압 $P_{S2} = P_{T2} - P_{V2} = P_{T2} - \frac{1}{2}\rho v_2^2$

$= 175 - \frac{1}{2} \times 1.2 \times 8.33^2 ≒ 133.37 \text{Pa}$

09 다음 물음의 ( )안에 답을 쓰시오. (5점)

(1) 송풍기 동력 kW를 구하는 식 $Q \cdot P_S \times \frac{1}{\eta_S}$ 에서 Q의 단위는 (①)이고, P_S는 (②)로서 단위는 kPa이고 η_S는 (③)이다.

(2) R-500, R-501, R-502는 (   ) 냉매이다.

풀이

(1) ① m^3/s
   ② 정압
   ③ 정압효율

(2) 공비혼합(共沸混合)

> **참고**
> 공비혼합냉매 : 2종의 냉매를 어떤 특정 비율로 혼합하면 각각 냉매의 특성과는 다른 단일냉매의 특성을 나타내게 되며, 액상 혹은 기상에서의 혼합비율이 같은 것. R-500, R-501, R-502 … 로 표기한다.

---

10 다음과 같은 온수난방설비에서 각 물음에 답하시오.(단, 방열기 입·출구 온도차는 10 ℃, 국부저항 상당관 길이는 직관길이의 50 %, 1 m당 마찰손실은 147 Pa, 온수비열은 4.2 kJ/ kg·K이다) (9점)

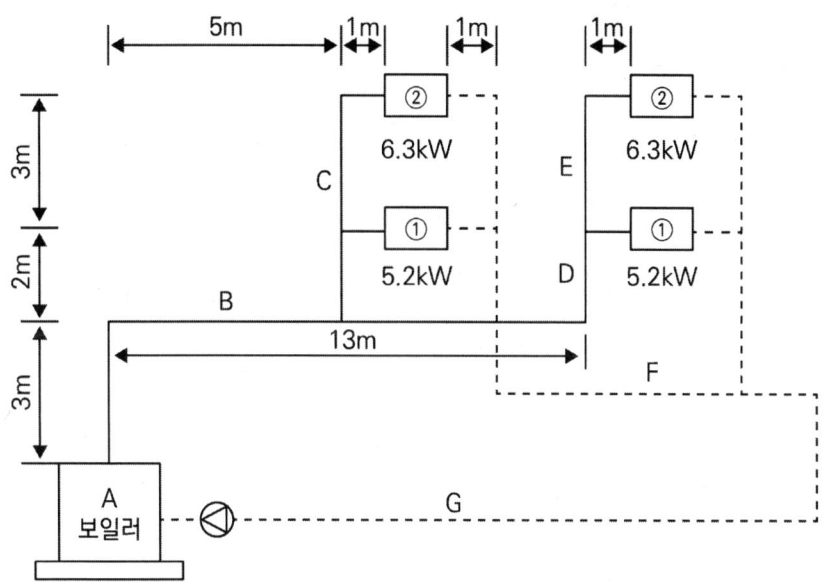

(1) 순환펌프의 전마찰손실(Pa)을 구하시오. (단, 환수관의 길이는 30 m이다)

(2) ①과 ②의 온수순환량(L/min)을 구하시오.

2018년 3회

(3) 각 구간의 온수순환량을 구하시오.

구간	B	C	D	E	F	G
순환수량(L/min)						

풀이

(1) 순환펌프의 전마찰손실

$$\Delta P_\ell = (\ell + \ell')R = (3+13+2+3+1+30) \times 1.5 \times 147 = 11466\,\text{Pa}$$

(2) ①의 온수순환량

$q = G \cdot C \cdot \Delta t$ 에서

$$G_1 = \frac{q_1}{C \cdot \Delta t} = \frac{5.2 \times 60}{4.2 \times 10} = 7.428 \fallingdotseq 7.43\,\text{kg/min} = 7.43\,\text{L/min}$$

②의 온수순환량

$$G_2 = \frac{q_2}{C \cdot \Delta t} = \frac{6.3 \times 60}{4.2 \times 10} = 9.00\,\text{kg/min} = 9.00\,\text{L/min}$$

(물 1kg = 1L 이므로)

(3) 각 구간의 온수 순환량

순환량 $G = \dfrac{q}{C \cdot \Delta t}$ 이므로

B구간 순환량 $G_B = \dfrac{(5.2+6.3) \times 2 \times 60}{4.2 \times 10} = 32.857 \fallingdotseq 32.86\,kg/\text{min} = 32.86\,\text{L/min}$

C구간 순환량 $G_C = \dfrac{6.3 \times 60}{4.2 \times 10} = 9.00\,kg/\text{min} = 9.00\,\text{L/min}$

D구간 순환량 $G_D = \dfrac{(5.2+6.3) \times 60}{4.2 \times 10} = 16.428 \fallingdotseq 16.43\,\text{kg/min} = 16.43\,\text{L/min}$

E구간 순환량 $G_E = \dfrac{6.3 \times 60}{4.2 \times 10} = 9.00\,\text{kg/min} = 9.00\,\text{L/min}$

F구간 순환량 $G_F = \dfrac{(5.2+6.3) \times 60}{4.2 \times 10} = 16.428 \fallingdotseq 16.43\,\text{kg/min} = 16.43\,\text{L/min}$

G구간 순환량 $G_G = \dfrac{(5.2+6.3) \times 2 \times 60}{4.2 \times 10} = 32.857 \fallingdotseq 32.86\,\text{kg/min} = 32.86\,\text{L/min}$

구간	B	C	D	E	F	G
순환수량(L/min)	32.86	9.00	16.43	9.00	16.43	32.86

11 실내조건이 건구온도 27 ℃, 상대습도 60 %인 정밀기계 공장 실내에 피복하지 않은 덕트가 노출되어 있다. 결로 방지를 위한 보온이 필요한지 여부를 계산과정으로 나타내어 판정하시오. (단, 덕트 내 공기온도 20 ℃, 실내 노점온도는 $t_a'' = 18.5$ ℃, 덕트 표면 열전달률 $\alpha_o = 9.3$ W/m²·K, 덕트 재료 열관류율 $K = 0.6$ W/m²·K이다) (5점)

[풀이]

[보온 필요 여부 판정]

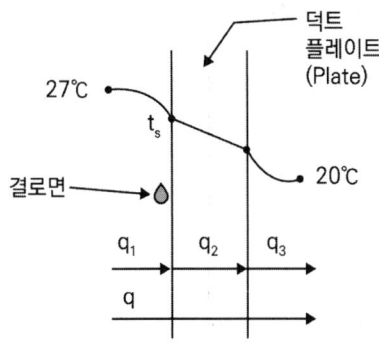

$q_1 = q_2 = q_3 = q$

$q = K \cdot A \cdot \Delta T = K \cdot A (27 - 20)$

$q_1 = \alpha_0 \cdot A (27 - t_s)$

$q_1 = q$이므로

$\alpha_0 \cdot A (27 - t_s) = K \cdot A (27 - 20)$에서

$t_s = 27 - \dfrac{K \times (27 - 20)}{\alpha_0} = 27 - \dfrac{0.6 \times (27 - 20)}{9.3} = 26.548 ≒ 26.55$ ℃

[판정]

실내 노점온도(18.5 ℃)가 덕트 표면 온도 t_s(26.55 ℃) 보다 낮기 때문에 결로가 발생하지 않는다. 따라서 보온은 필요하지 않다.

12 공조기 A, B, C에 관한 다음 물음에 대해 주어진 조건을 참고하여 답하시오. (10점)

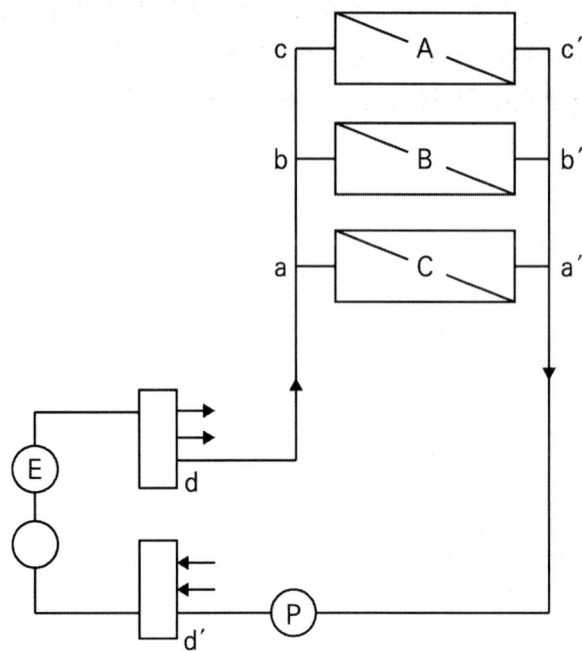

[조건]

1. 각 공조기의 냉각코일 최대부하는 다음과 같다.

부하 \ 공조기	A	B	C
현열부하(kW)	71	74	77
잠열부하(kW)	13	13.5	14

2. 공조기를 통과하는 냉수 입구온도 5℃, 출구온도 10℃이다.
3. 관지름 결정은 단위길이당 마찰저항 R = 0.7 kPa/m이다.
4. 2차 측 배관의 국부저항은 직관길이 저항의 25 %로 한다.
5. 공조기의 마찰저항은 냉수코일 40 kPa, 제어밸브류 50 kPa로 한다.
6. 냉수속도는 2 m/s로 한다.
7. d' - E - d의 배관길이는 20 m로 하고, 펌프양정 산정 시 여유율은 5 %, 펌프효율(η_p)은 60 %로 한다.
8. 순환수의 비열은 4.2 kJ/kg·K로 한다.

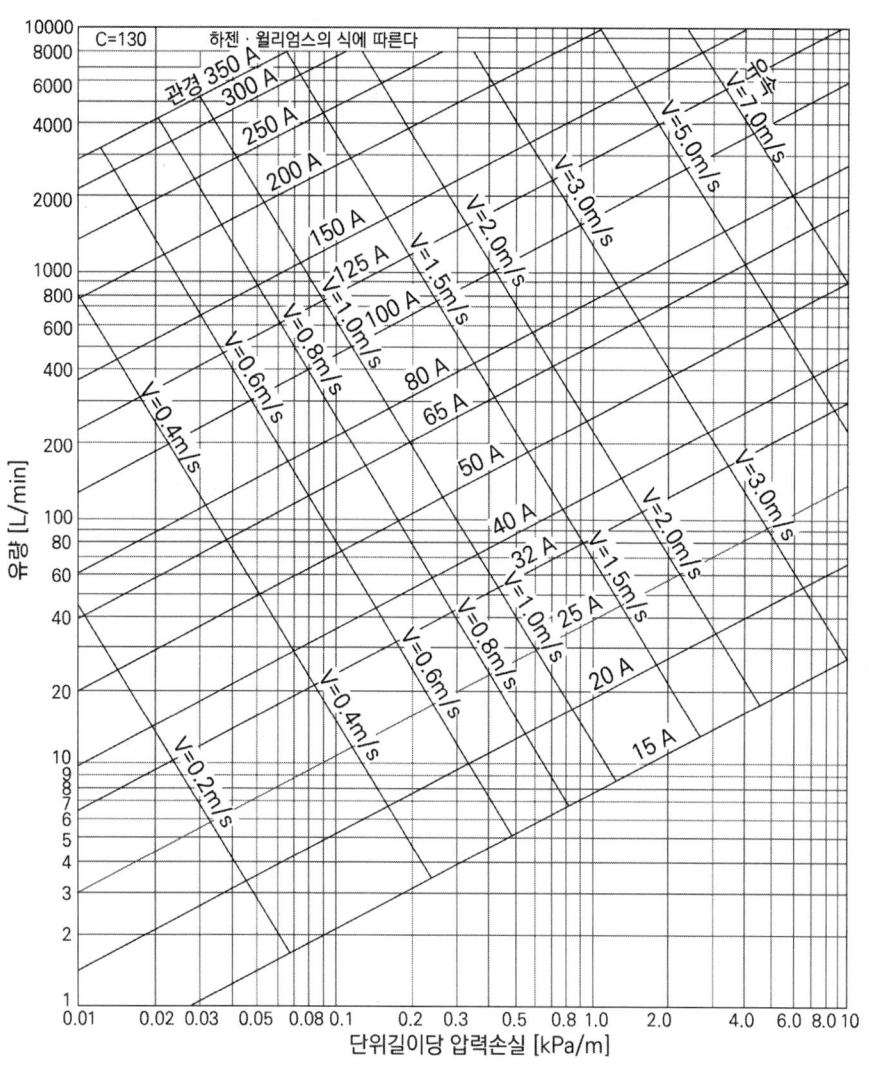

[배관마찰 손실 선도]

(1) 배관 지름 및 수량을 구하시오.

구분 \ 구간	b-c, c'-b'	a-b, b'-a'	d-a, a'-d'	d'-E-d
관지름 d(mm)				125
수량(L/min)				1500
왕복길이(m)	30	30	100	20

(2) 펌프의 양정(mAq)을 구하시오.

(3) 펌프를 구동하기 위한 축동력(kW)을 구하시오.

> **풀이**

(1) 배관 지름 및 수량

① 배관(냉수코일)의 수량

$$q = G \cdot C \cdot \Delta t \text{에서 } G = \frac{q}{C \cdot \Delta t}$$

b - c구간 $G_1 = \dfrac{(71+13) \times 60}{4.2 \times (10-5)} = 240\,\text{kg/min} = 240\,\text{L/min}$

a - b구간 $G_2 = \dfrac{\{(71+13)+(74+13.5)\} \times 60}{4.2 \times (10-5)} = 490\,\text{kg/min} = 490\,\text{L/min}$

d - a구간 $G_3 = \dfrac{\{(71+13)+(74+13.5)+(77+14)\} \times 60}{4.2 \times (10-5)}$

$= 750\,\text{kg/min} = 750\,\text{L/min}$

② 배관의 지름 : 마찰손실수두 표에서 유량에 해당하는 관지름을 산출한다.

구분 \ 구간	b-c, c'-b'	a-b, b'-a'	d-a, a'-d'	d'-E-d
관지름 d(mm)	65	80	100	125
수량(L/min)	240	490	750	1500
왕복길이(m)	30	30	100	20

(2) 펌프의 양정(mAq)

- 2차 측 배관 마찰손실수두 = (30 + 30 + 100) × 1.25 × 0.7 = 140 kPa
- 기기 마찰저항 = 40 + 50 = 90 kPa

∴ 펌프의 양정(전양정) $H_T = \dfrac{(140+90) \times 1.05}{9.8} = 24.642 ≒ 24.64\,\text{mAq}$

(3) 펌프의 축동력(L_b)

$$L_b[kW] = \frac{\gamma[kN/m^3] \times Q[m^3/s] \times H[m]}{\eta_p}$$

$$L_b = \frac{9.8 \times \dfrac{0.75}{60} \times 24.64}{0.6} = 5.03\,\text{kW}$$

13 다음은 단일 덕트 공조방식을 나타낸 것이다. 주어진 조건과 습공기 선도를 이용하여 각 물음에 답하시오. (13점)

[조건]
1. 실내부하
   ① 현열부하(q_S) : 30 kW
   ② 잠열부하(q_L) : 5 kW
2. 실내 : 온도 20 ℃, 상대습도 50 %
3. 외기 : 온도 2 ℃, 상대습도 40 %
4. 환기량과 외기량의 비는 3 : 1
5. 공기의 밀도 : 1.2 kg/m³
6. 공기의 비열 : 1.01 kJ/kg·K
7. 실내 송풍량 : 10000 kg/h
8. 덕트장치 내의 열취득(손실)을 무시한다.
9. 가습은 순환수 분무로 한다.

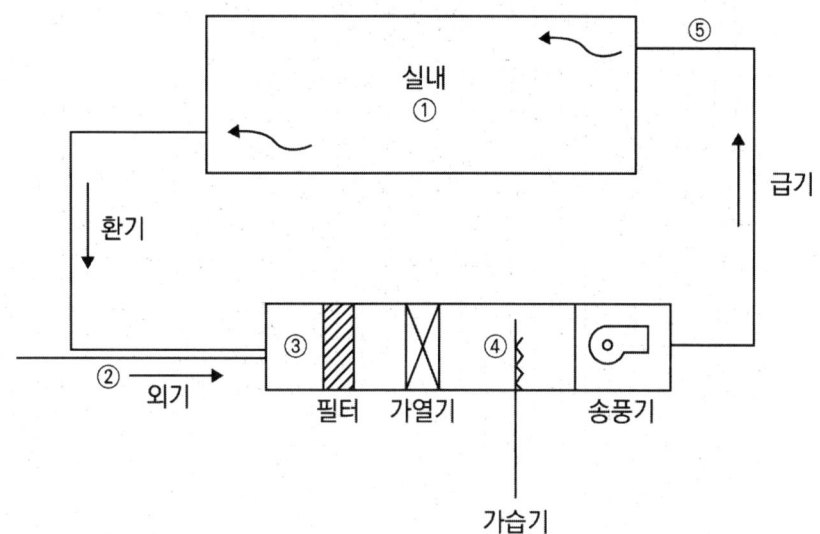

(1) 계통도를 보고 공기의 상태변화를 습공기선도상에 나타내고, 장치의 각 위치에 대응하는 점(① ~ ⑤)을 표시하시오.

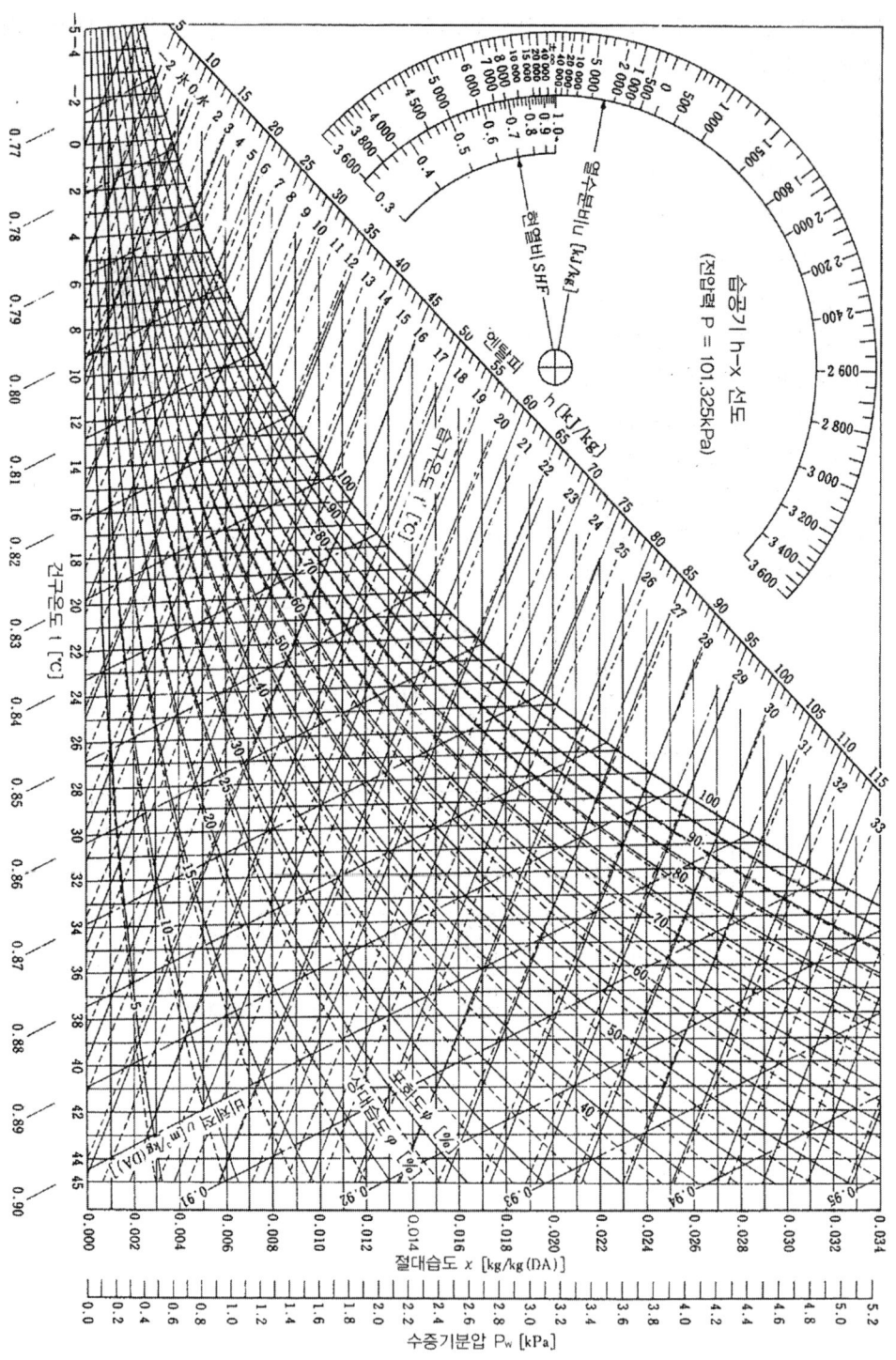

(2) 실내부하의 현열비(SHF)를 구하시오.

(3) 취출공기 온도를 구하시오.

(4) 가열기 용량(kW)을 구하시오.

> **풀이**

(1) 공기선도 작성

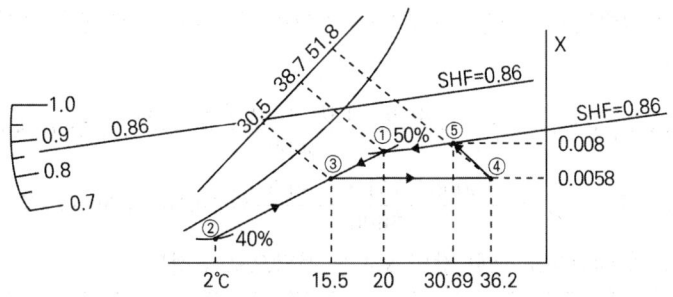

〈선도작성방법〉

1) ①, ②점을 주어진 실내, 외 온도 습도에 의해 표시한다.

2) ③점의 온도를 계산에 의해 구하고, ① ②선분상에 표시한다.

$$t_3 = \frac{G_1 t_1 + G_2 t_2}{G_3} = \frac{7500 \times 20 + 2500 \times 2}{10000} = 15.5 \,\text{℃}$$

(열평형식에 의해 $G_3 C_p t_3 = G_1 C_p t_1 + G_2 C_p t_2$ 이므로)

3) 실내부하의 현열비(SHF)를 계산에 의해 구하고, SHF선과 평행한 선을 ①점에서 ⑤쪽으로 긋는다.

$$SHF = \frac{q_S}{q_S + q_L} = \frac{30}{30 + 5} = 0.857 ≒ 0.86$$

4) 주어진 실내 송풍량과 실내 현열량에 의해 취출공기온도 t_5를 구하여 SHF선상에 표시한다.

$q_S = G \cdot C_p \cdot (t_5 - t_1)$에서

$$t_5 = t_1 + \frac{q_S}{G \cdot C_p} = 20 + \frac{30 \times 3600}{10000 \times 1.01} ≒ 30.69 \,\text{℃}$$

5) 가습은 순환수 분무가습이므로 습구온도선을 따라 변화한다.
따라서 ⑤점에서 ④점의 선분은 $t_4' = t_5'$이 된다.

6) ③점에서 수평선(가열과정)을 그어 ⑤점에서 그은 가습과정 선과 만나는 점이 ④점이 된다.

(2) 실내부하의 현열비

$$SHF = \frac{q_S}{q_S + q_L} = \frac{30}{30 + 5} = 0.857 ≒ 0.86$$

※ (1)항의 〈선도작성방법〉의 3)에서 구했으나, (2)항에 다시 계산식과 답을 작성하여야 함

(3) 취출공기온도

$$t_5 = t_1 + \frac{q_S}{G \cdot C_p} = 20 + \frac{30 \times 3600}{10000 \times 1.01} ≒ 30.69 \,℃$$

※ (1)항의 〈선도작성방법〉의 4)에서 구했으나, (3)항에 다시 계산식과 답을 작성하여야 함

(4) 가열기 용량(q_H)

[풀이 1] $q_H = G \cdot C_p \cdot (t_4 - t_3) = \dfrac{10000 \times 1.01 \times (36.2 - 15.5)}{3600} ≒ 58.08 \,kW$

[풀이 2] $q_H = G \cdot (h_4 - h_3) = \dfrac{10000 \times (51.8 - 30.5)}{3600} = 59.166 ≒ 59.17 \,kW$

※ 온도로 구한 값과 엔탈피로 구한 값의 오차는 정답으로 인정된다.

14 다음 조건에 대하여 각 물음에 답하시오. (9점)

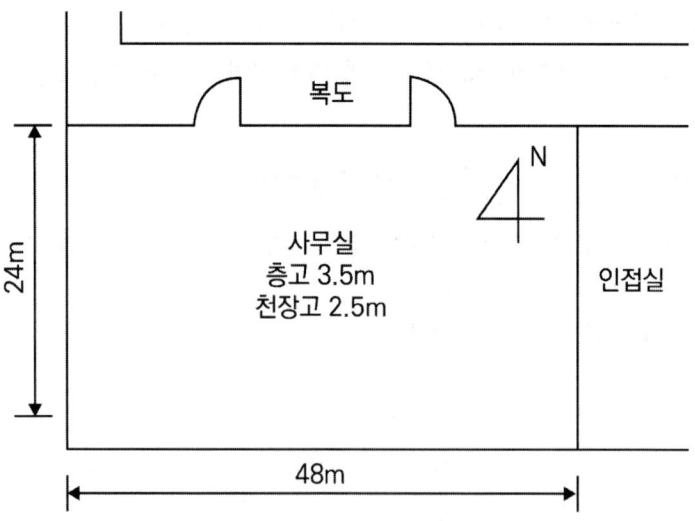

구분	건구온도(℃)	절대습도(kg/kg')
실내	26	0.0107
실외	31	0.0186

[조건]
1. 인접실과 하층은 동일한 공조상태이다.
2. 지붕 열통과율 K = 1.76 W/m²·K이고, 상당 외기온도차 $\triangle t_e$ = 3.9 ℃이다.
3. 조명은 바닥면적당 20 W/m², 형광등, 제거율 0.25이다.
4. 외기도입량은 바닥면적당 5 m³/h·m²이다.
5. 인명수 0.5 인/m², 인체 발생 현열 58 W/인, 잠열 73 W/인이다.
6. 공기의 밀도 1.2 kg/m³, 비열 1.01 kJ/kg·K, 포화액증발잠열 2501 kJ/kg

(1) 인체 발열부하(W) ① 현열, ② 잠열을 구하시오.

(2) 조명부하(W)를 구하시오.

(3) 지붕부하(W)를 구하시오.

(4) 외기부하(W) ① 현열, ② 잠열을 구하시오.

풀이

(1) 인체 발열부하

　　① 현열 $q_{HS} = n \cdot H_S = (48 \times 24) \times 0.5 \times 58 = 33408\,W$

　　② 잠열 $q_{HL} = n \cdot H_L = (48 \times 24) \times 0.5 \times 73 = 42048\,W$

(2) 조명부하 (형광등) $q_E = 1.2 \times W \times f$

　　$q_E = 1.2 \times (48 \times 24) \times 20 \times (1 - 025) = 20736\,W$

　　*제거율 : 천장 속에서 실내취득열량으로 처리되지 않는 열량에 대한 비율

(3) 지붕부하 ($q = K \cdot A \cdot \triangle t_e$)

　　$q = 1.76 \times (48 \times 24) \times 3.9 = 7907.328 ≒ 7907.33\,W$

(4) 외기부하

　　① 현열 $q_{FS} = G_F \cdot C_P \cdot \triangle t = \rho Q_F \cdot C_p \cdot \triangle t$

　　　　$= \dfrac{1.2 \times (48 \times 24) \times 5}{3600} \times 1.01 \times 10^3 \times (31 - 26) = 9696\,W$

　　② 잠열 $q_{FL} = 2501 \cdot G_F \cdot \triangle x = 2501 \cdot \rho Q_F \cdot \triangle x$

$$= 2501 \times 10^3 \times \frac{1.2 \times (48 \times 24) \times 5 \times (0.0186 - 0.0107)}{3600}$$
$$= 37935.168 ≒ 37935.17\,W$$

15 송풍기 상사법칙에서 비중량이 일정하고 같은 덕트 장치의 회전수가 N_1에서 N_2로 변경될 때 풍량(Q), 전압(P), 동력(L)에 대하여 설명하시오.　　　　　　　　　　　　　　(6점)

> **풀이**
>
> ① 풍량　$Q_2 = \left(\dfrac{N_2}{N_1}\right)^1 \times Q_1$: 풍량은 회전수 비에 비례하여 변한다.
>
> ② 전압　$P_2 = \left(\dfrac{N_2}{N_1}\right)^2 \times P_1$: 전압은 회전수 비의 2승에 비례한다.
>
> ③ 동력　$L_2 = \left(\dfrac{N_2}{N_1}\right)^3 \times L_1$: 동력은 회전수 비의 3승에 비례한다.
>
> ---
> **심화**
>
> 공기의 비중량(γ)을 고려한 송풍기의 상사법칙
>
> 풍량(유량) $[m^3/s]$　$Q_2 = \left(\dfrac{N_2}{N_1}\right)^1 \times \left(\dfrac{D_2}{D_1}\right)^3 \times Q_1$
>
> 전압 [Pa] (양정 [m])　$P_2 = \left(\dfrac{N_2}{N_1}\right)^2 \times \left(\dfrac{D_2}{D_1}\right)^2 \times P_1 \times \left(\dfrac{\gamma_2}{\gamma_1}\right)$
>
> 동력 [kW]　$L_2 = \left(\dfrac{N_2}{N_1}\right)^3 \times \left(\dfrac{D_2}{D_1}\right)^5 \times L_1 \times \left(\dfrac{\gamma_2}{\gamma_1}\right)$
>
> γ : 공기의 비중량
> (단, 공기 γ의 변화량이 매우 미소하므로 무시)

Part 03

공·조·냉·동·기·계·기·사

부록

[부록 1] 습공기 h-x 선도

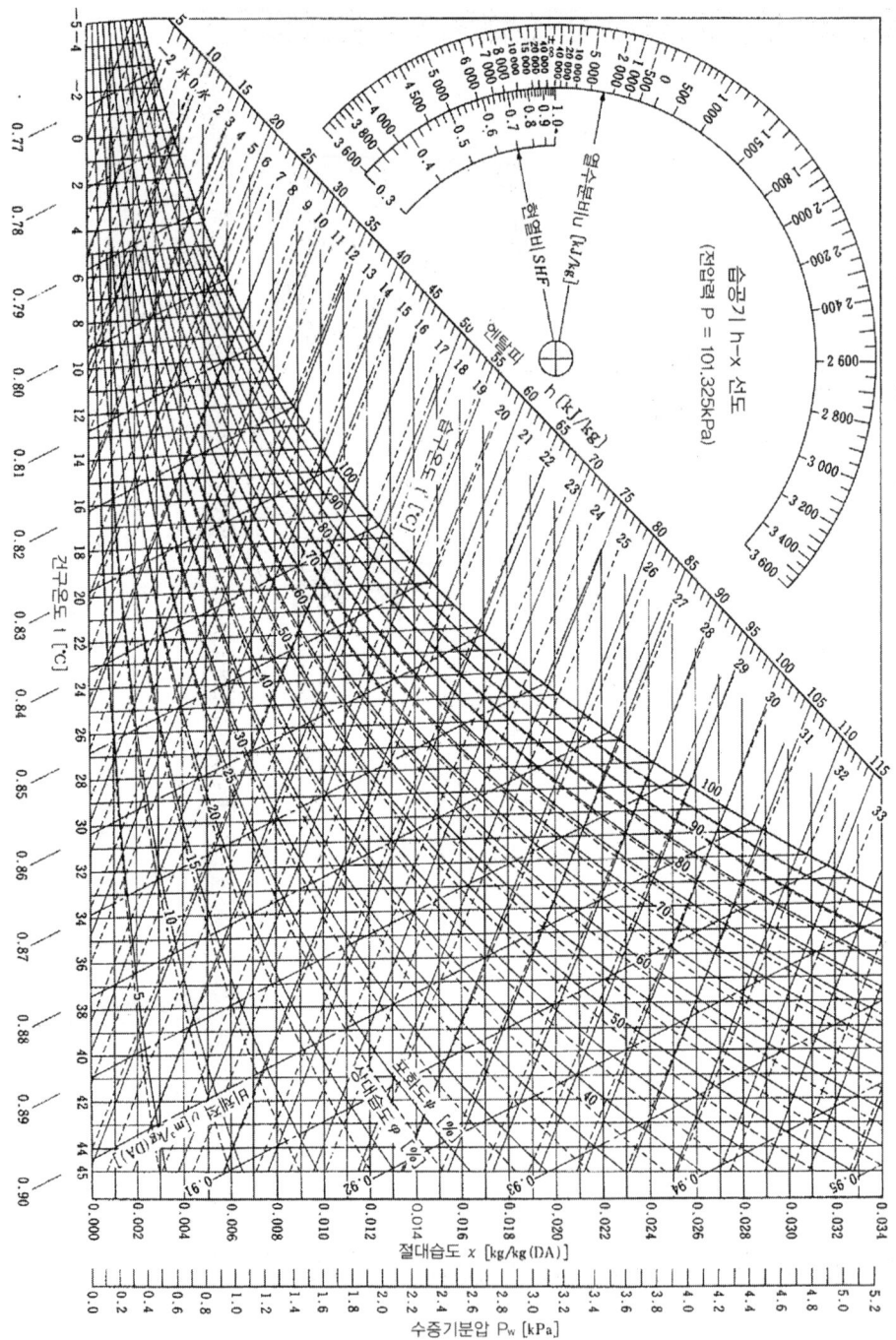

[부록 2] R-134a 몰리에르 선도

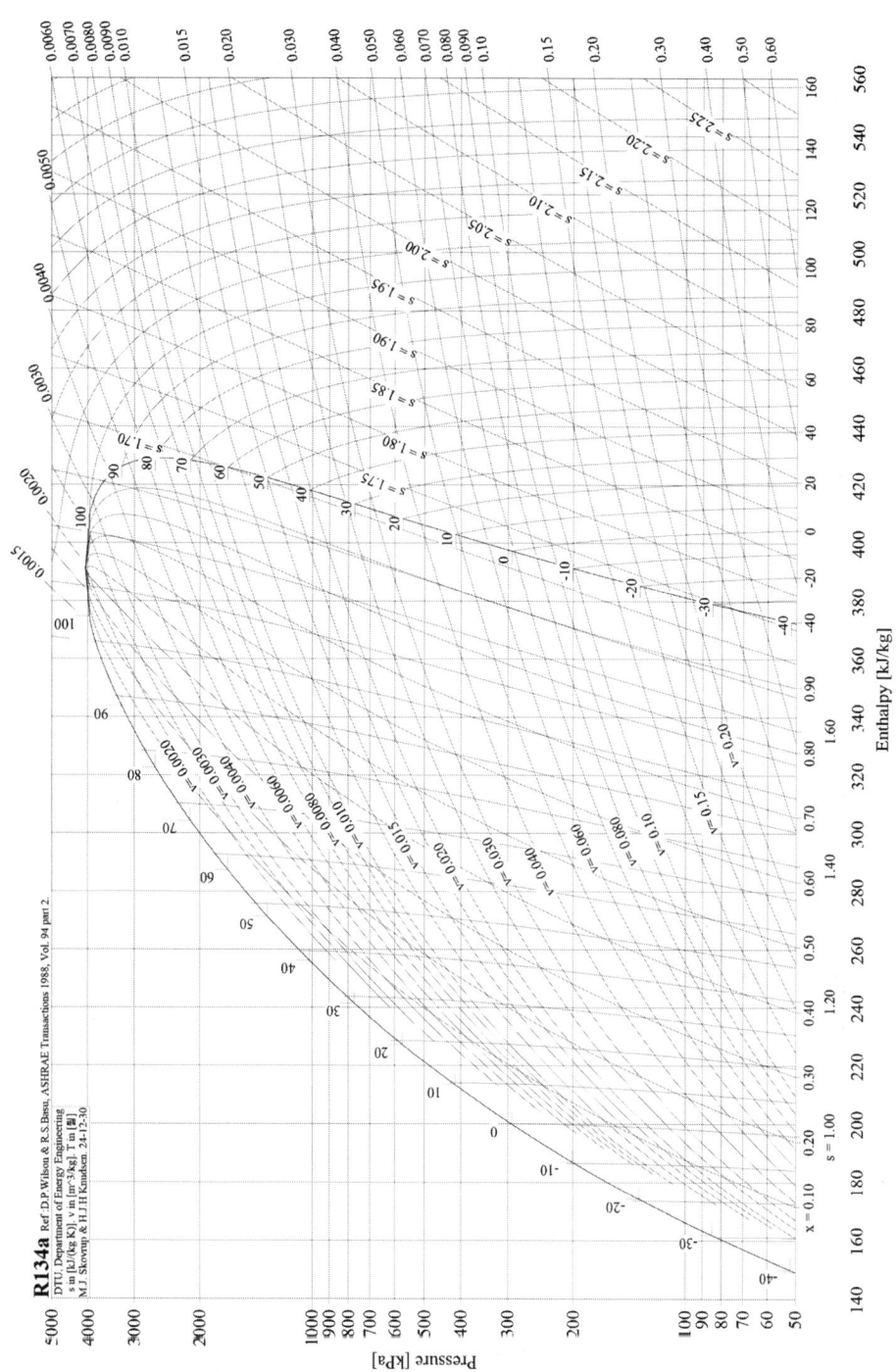

[부록 3] R-410A 몰리에르 선도

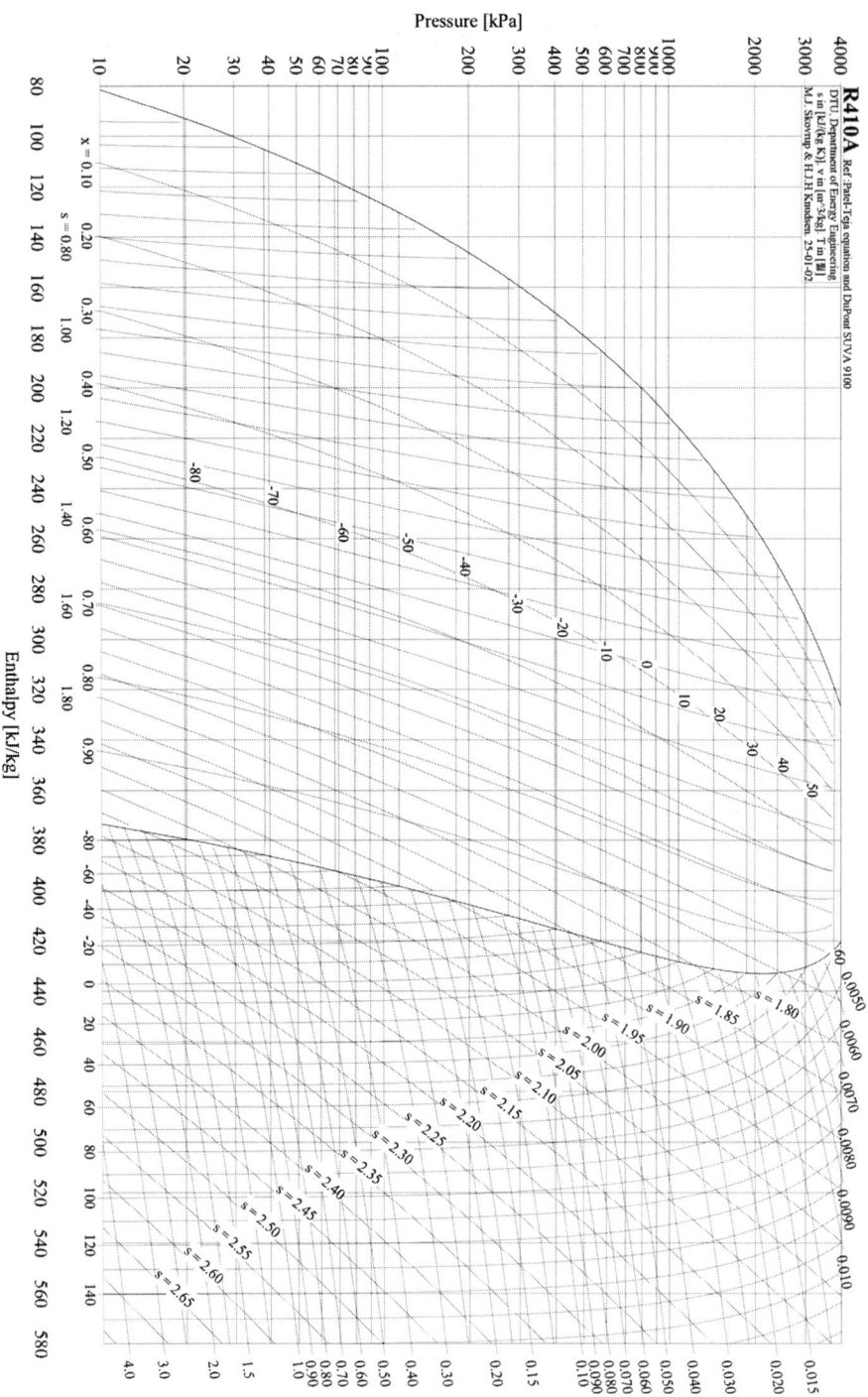

[부록 4] 덕트 마찰손실 선도 (1)

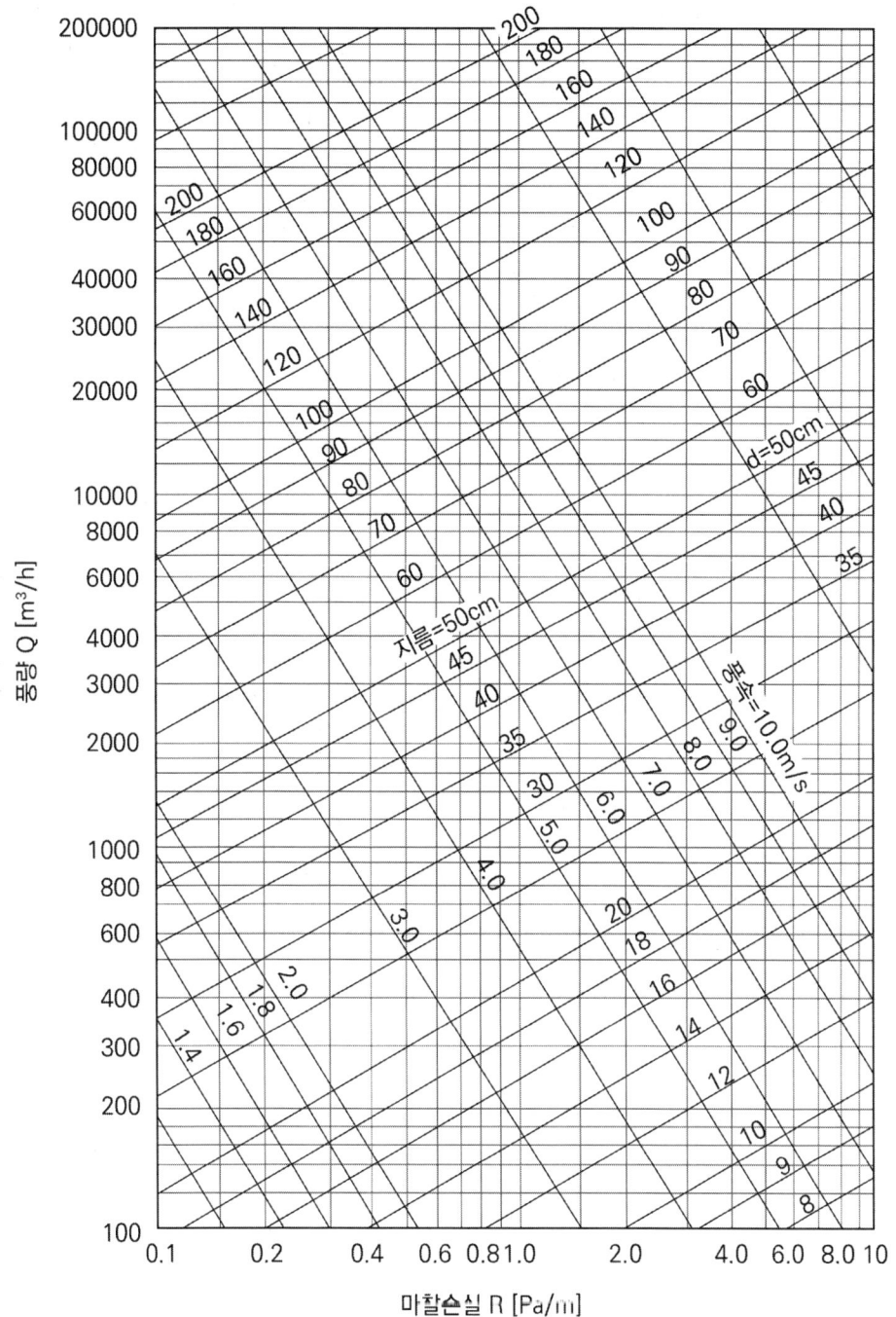

[부록 5] 덕트 마찰손실 선도 (2)

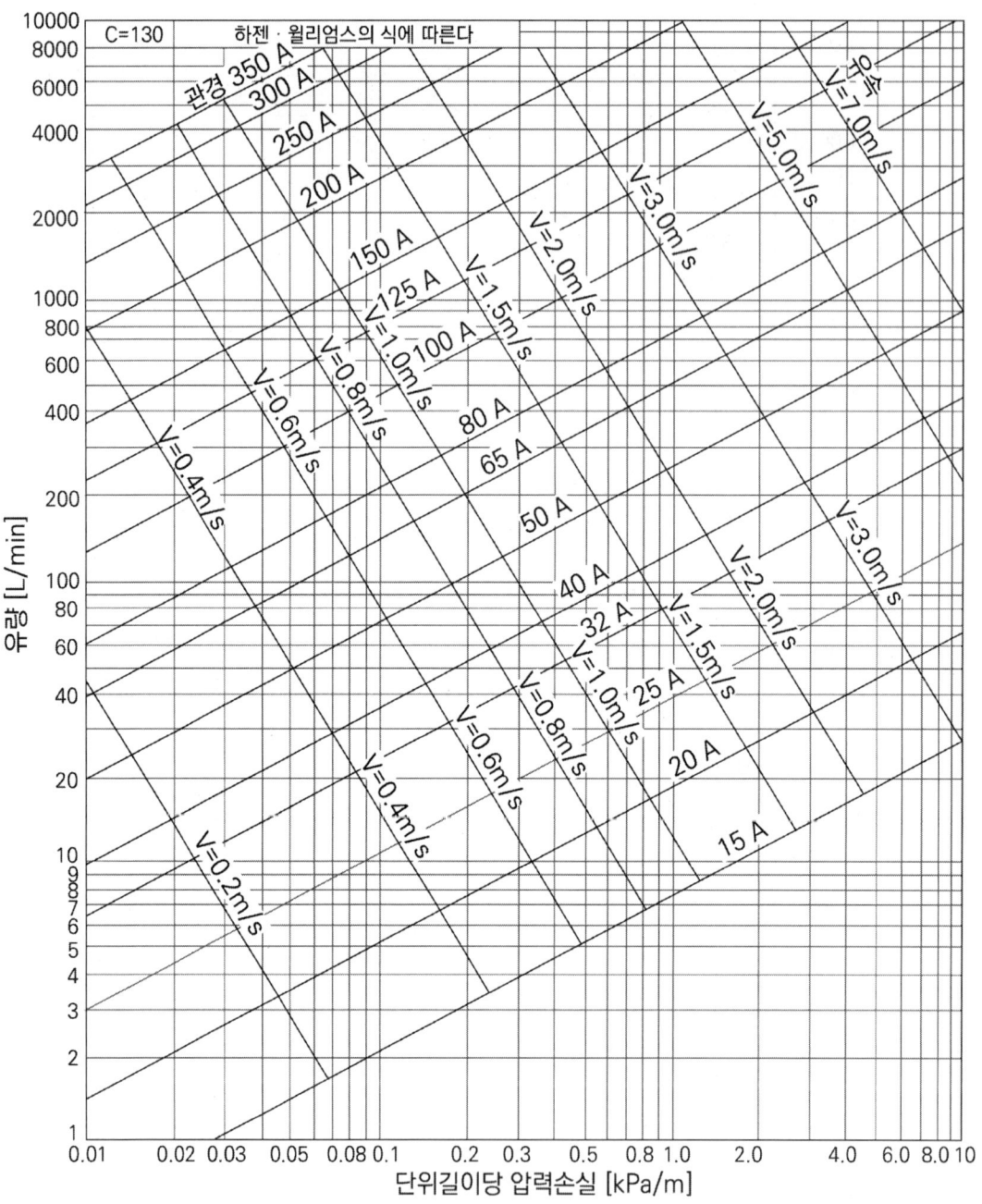

[부록 6] 덕트 마찰손실 선도 (3)

(20℃, 60% 760mmHg)

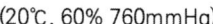

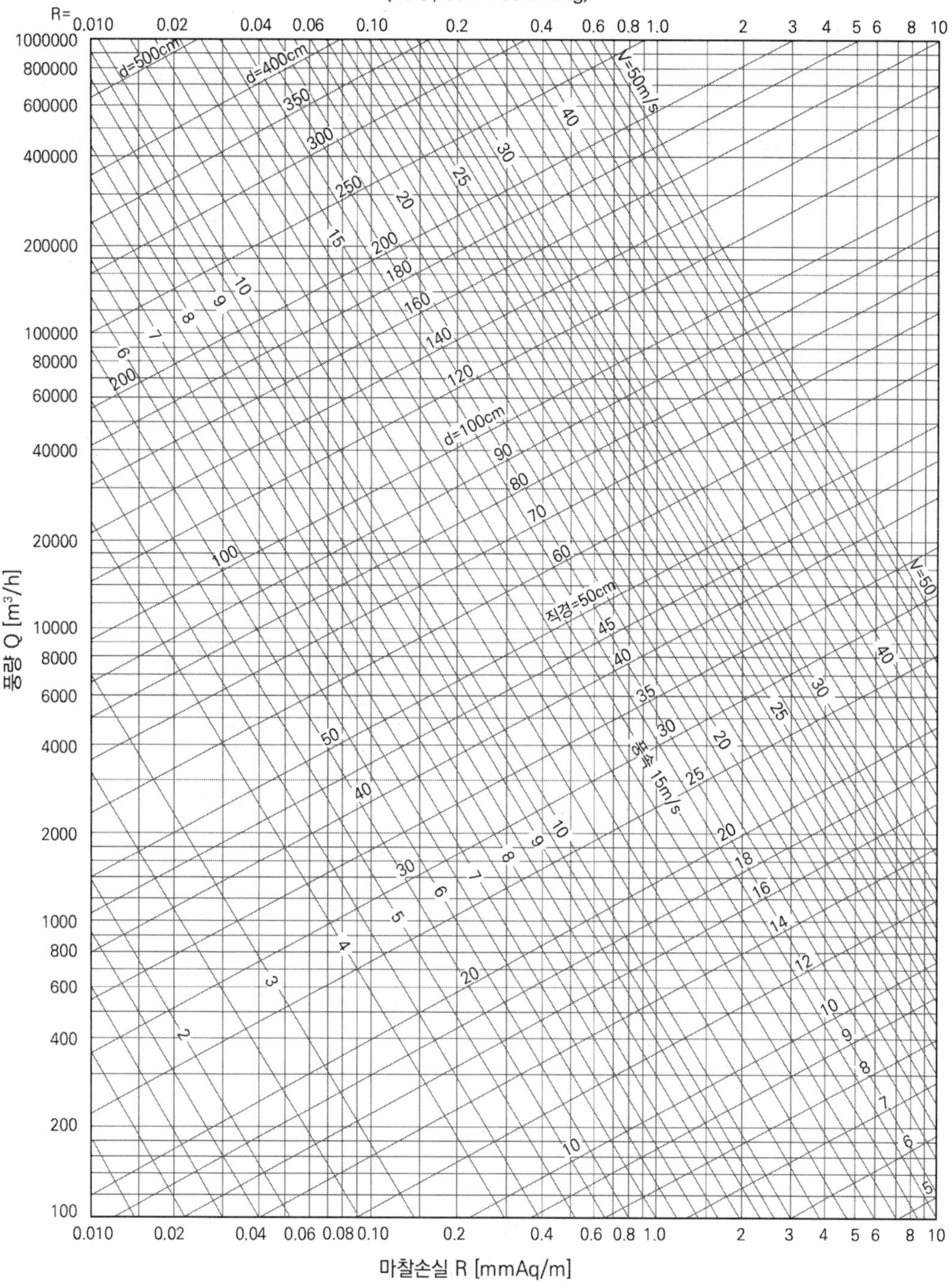

[부록 7] 덕트 마찰손실 선도 (4)

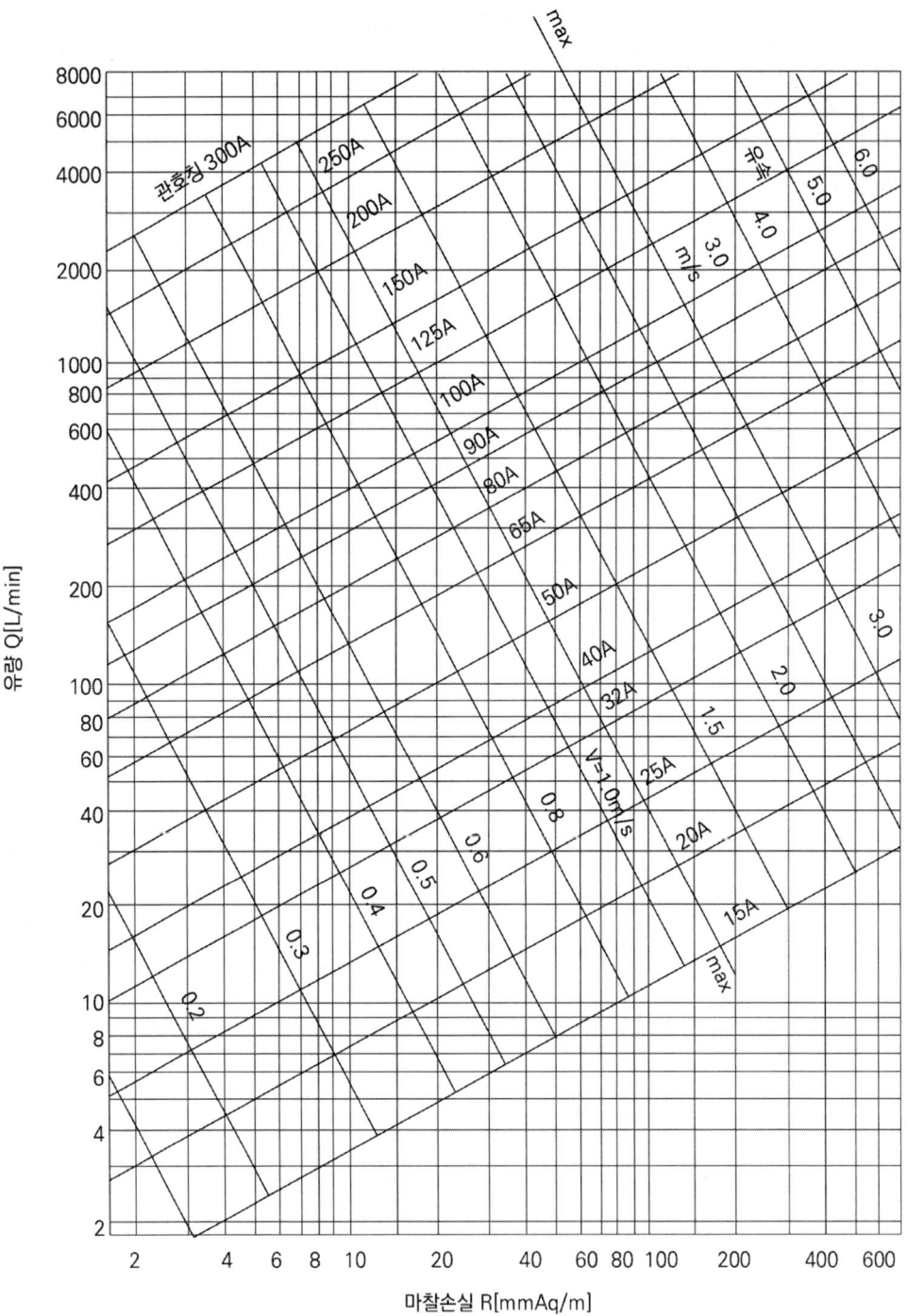

모아바 www.moa-ba.com
모아소방전기학원 www.moate.co.kr

모아 공조냉동기계기사 실기(이론+과년도)

발행일	2025년 7월 15일 초판 2쇄
지은이	이지원
발행인	황모아
발행처	(주)모아교육그룹
주 소	서울특별시 영등포구 영신로 32길 29 세화빌딩 2층
전 화	02-2068-2393(출판, 주문)
등 록	제2015-000006호 (2015.1.16.)
이메일	moagbooks@naver.com
ISBN	979-11-6804-396-1 (13530)

이 책의 가격은 뒤표지에 있습니다.

Copyright ⓒ (주)모아교육그룹 Co., Ltd. All Rights Reserved.

이 책은 저작권법에 의해 보호를 받는 저작물이므로 저자와 출판사의 서면 허락 없이
내용의 전부 또는 일부를 이용하는 것을 금합니다.

공조냉동기계기사 합격!
여러분의 합격은 모아의 보람입니다.

끊임없이 변화를 추구하는 교육기업
모아교육그룹

모아를 선택해주신 여러분께 감사드립니다.

✔ 모아는 혁신적인 교육을 통해 인간의 사고(思考)를 확장 및 변화시킬 수 있다고 믿고 있습니다.

✔ 모아는 미래를 교육으로 변화시킬 수 있다고 믿고 있습니다.

✔ 모아는 청년부터 장년, 중년, 노년까지의 성인교육에 중점을 두고 사업을 진행하고 있습니다.

초고령화, 불확실성의 시대

모아는 당신의 미래를 함께 하는 혁신적인 교육 플랫폼이 되겠습니다.